电子封装技术专业核心课程规划教材

电子封装工艺与装备技术基础教程

高宏伟　张大兴　何西平　付小宁　编著

西安电子科技大学出版社

内 容 简 介

本书首先概述了半导体芯片的前后端制造、芯片封装及电子产品表面组装工艺过程；然后面向电子封装主要工艺过程，阐述了微细加工技术、精密机械技术、传感与检测技术、机器视觉检测技术、微位移技术、机电一体化系统的计算机控制技术等电子封装专用设备的共性基础技术；最后以机械伺服系统设计、微组装技术及其系统设计为例介绍了电子封装专用设备的设计过程。

本书可作为电子封装技术、自动化及仪器仪表等专业高年级本科生的教材及参考书，也可作为从事电子封装专用设备研究的工程技术人员的入门培训教材或参考书。

图书在版编目(CIP)数据

电子封装工艺与装备技术基础教程/高宏伟等编著.
—西安：西安电子科技大学出版社，2017.6
电子封装技术专业核心课程规划教材
ISBN 978-7-5606-4463-9

Ⅰ.①电… Ⅱ.①高… Ⅲ.①电子技术—封装工艺—设备—教材 Ⅳ.①TN05

中国版本图书馆CIP数据核字(2017)第104728号

策划编辑　邵汉平
责任编辑　雷鸿俊
出版发行　西安电子科技大学出版社(西安市太白南路2号)
电　　话　(029)88242885　88201467　　邮　　编　710071
网　　址　www.xduph.com　　电子邮箱　xdupfxb001@163.com
经　　销　新华书店
印刷单位　陕西华沐印刷科技有限责任公司
版　　次　2017年6月第1版　　2017年6月第1次印刷
开　　本　787毫米×1092毫米　1/16　　印张　24.5
字　　数　581千字
印　　数　1～3,000册
定　　价　45.00元
ISBN 978-7-5606-4463-9/TN
XDUP　475500 1-1

西安电子科技大学出版社

电子封装技术专业核心课程教材
编审专家委员会

（按姓氏笔画排序）

前　言

本书是作者在多年教学实践的基础上，根据电子封装工艺与装备技术课程的教学需求而编写的。本书内容可概括为三大部分：第一部分内容包括第1～3章，概述了半导体芯片制造的前后端工艺、芯片封装及表面组装工艺过程，以及各个工艺过程所用设备的类型及典型设备的工作原理；第二部分内容包括第4～9章，详细介绍了面向电子制造的微细加工技术原理以及电子封装专用设备的共性基础技术，书中将精密机械技术、传感与检测技术、机器视觉检测技术、微位移技术、机电一体化系统的计算机控制技术作为电子封装专用设备的共性基础技术；第三部分内容包括第10、11章，介绍机械伺服系统和微组装实验平台系统的设计过程。

电子封装专用设备的类型和品种非常广，本书没有一一做介绍。作者总结出了电子封装专用设备的一些通用基础技术及专有技术，尤其是基于三束的微细加工技术、机器视觉检测技术和微位移技术，它们都是电子封装专用设备的典型技术。

本书由高宏伟、张大兴、何西平和付小宁共同编写。高宏伟负责第1～4章的编写，并负责全书的统稿。张大兴负责第6、9、10章的编写。高宏伟、付小宁负责第7章的编写。何西平、高宏伟负责第5、8、11章的编写。许彦杰、孙亚兰、任仲华、田贺文四位硕士研究生参与了本书的资料整理及校对工作。本书在写作过程中得到了深圳长城开发科技有限公司副总裁于化荣的大力支持，在此表示感谢。

本书可以作为电子封装技术或者相近专业学习电子封装工艺及装备技术的教材，也可以作为电子封装技术从业人员的入门学习资料。本书适合于大学本科专业教学，课时设置32～48课时。

书中引用了部分参考文献中的内容，在此向相关作者及单位表示感谢。由于编者水平有限，书中疏漏和不当之处在所难免，恳请读者批评指正。

作　者
2017年2月于西安

目　录

第1章 绪　论

1.1 电子制造与电子封装

1.1.1 电子产品制造

如今，我们每天工作、生活无法离开的各种电子产品，比如手机、计算机、电视机、打印机等，都是电子产品的典型代表。另外，大量的电子产品以部件或零件的形式应用于各种家用电器、办公自动化设备、医疗设备、通信设备、工业生产设备以及各种交通工具中。

电子产品一般由各式各样的电子元器件、集成电路(也就是芯片)、组装基板、电源、保护壳体等组成。电子产品制造的基础是各种电子材料，基础的电子材料制成元器件，再组装成各种基础部件，最终由各种电子元器件或者部件组成人们需要的各种电子产品。

电子产品的式样、种类繁多，但是其制造过程基本相同。电子产品的物理实现过程可以归纳成图1.1所示的形式。由单晶硅制成半导体芯片(晶圆形式)，晶圆经过测试、封装后成为独立的成品芯片。各种基础材料经过加工成为元器件。覆铜板加工成为PCB基板，陶瓷材料加工成陶瓷基板。成品IC(集成电路，也就是芯片)、各种元器件组装到基板上就构成电子产品的主体结构，再加上覆盖件就成为电子产品。

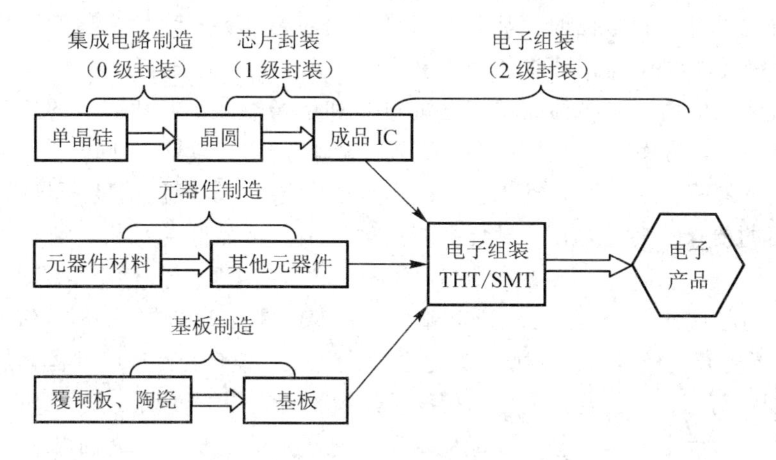

图1.1　电子产品的物理实现过程

下面以一般的智能手机制造为例，说明电子产品的基本制造过程。

一般智能手机的软硬件组成为：手机软件系统+CPU(中央处理器)+GPU(图形处理器)+ROM(只读存储器)+RAM(随机存取存储器)+外部存储器(TF卡、SD卡等)+手机屏幕+触摸屏+话筒+听筒+摄像头+重力感应器+蓝牙(Bluetooth)+无线连接器(WiFi)+PCB基板+连接线+外壳。手机硬件的制造过程大致分为以下几个阶段：

(1) 芯片设计：该阶段主要完成手机上各类芯片的集成电路的设计。

(2) 芯片前端制造：也就是晶圆制造(或称硅片制造，下同)，如CPU、GPU、ROM、RAM等芯片的制造，一般由上游厂家完成。主要厂家有高通、德州仪器、三星、联发科、华为等。

(3) 芯片封装：完成晶圆的测试、晶圆减薄、划片、固晶、键合、封装、测试等工序，一般由芯片封装厂家完成，如日月光、富士通等半导体封装测试企业。

(4) 器件制造：如外部存储器、手机屏幕、触摸屏、话筒、听筒、摄像头、重力感应器、蓝牙、无线连接器、PCB基板、连接线、外壳等部件的制造，这些器件由各类专业生产企业完成。器件中使用的各种芯片一般由芯片制造企业完成。

(5) 手机主板封装：将各种芯片及元器件组装到基板上构成手机主板。主板封装一般在手机制造厂或代工企业完成。

(6) 成品组装：将主板及一些器件组装在手机外壳内，一般也是由手机生产厂或代工企业完成的。

(7) 测试：包括芯片与器件测试和整机测试(包括硬件、软件测试)。电子产品及零部件制造过程中的检测工作，在不同的制造阶段由不同厂家完成。

在电子制造中，芯片制造是基础。芯片制造包括晶圆制造、芯片测试和封装以及芯片成品测试三个主要步骤。晶圆制造工艺漫长，但是可以分为四种基本工艺：薄膜工艺、图形转移工艺、掺杂工艺、其他辅助工艺。芯片制造中的图形转移工艺使用最多，其中的曝光机是电子制造的所有设备中最复杂的设备，也是技术含量最高的设备。

芯片测试和封装过程是两个独立的过程。芯片测试是对晶圆上的单个芯片进行测试。芯片封装首先将晶圆分割成一个个独立裸芯片，然后再将裸芯片安装、固定在基板上，并将其上的I/O点用导线/导体连接到封装外壳引脚上，最后再用金属、陶瓷或塑料进行外包封。封装好的芯片经过成品测试后就变成商品化的芯片。芯片封装基板起着保护芯片和增强芯片电、热性能的作用。目前芯片的封装成本几乎和芯片的制造成本相当。从过去10年的发展情况来看，由于半导体制造工艺的进步和市场对微小芯片需求的急速增长，芯片I/O密度越来越高，芯片尺寸、芯片引线间距和焊盘直径持续减小，同时为提高生产效率，封装速度也在逐渐提高，因而对封装设备的运动精度(主要是定位精度)和运行速度、加速度提出了更高的要求。芯片测试、封装中的关键设备包括晶圆测试机、倒装键合机、引线键合机等。

各式各样的芯片、元器件组装在PCB基板上就变成具备一定功能的板卡级部件，再加上一些辅助器件、外壳就构成了具备不同功能的电子产品。电子组装基本过程就是将电子元器件与PCB基板进行互连。互连工艺由插接技术发展到现在以表面贴装技术(Surface Mounted Technology，SMT)为主，SMT技术极大地促进了电子组装的效率。表面贴装工艺过程包括在PCB上印刷焊膏、贴装元器件、回流焊等。SMT工艺的关键设备是贴片机，其贴片精度、贴片速度、适应范围决定了贴片机的技术能力，贴片机也决定了SMT生产线的效率。

综上所述，电子产品的制造可以分为三个层次。最上面一层是直接面对终端用户的整机产品的制造，如计算机、通信设备、各类音视频产品的制造。中间层次是种类繁多的形成电子终端产品的各种电子基础产品，包括半导体集成电路、电真空及光电显示器件、电子元件和机电组件等。电子整机产品是由电子基础产品经过组装、集成而成的。最下面的层次是支撑着电子终端产品组装和电子基础产品生产的专用设备、电子测量仪器和电子专用材料，它们是整个电子信息产业的基础和支撑。

1.1.2　电子制造技术

总结电子产品的组成及制造工艺流程，可以把电子制造技术归纳为下列技术：

(1) 芯片设计与制造技术。它包括半导体集成电路的设计技术和晶圆制造技术。

(2) 微细加工技术。微纳加工、微加工以及电子制造中使用的一些精密加工技术统称为微细加工。微细加工技术中的微纳加工基本上属于平面集成的方法。平面集成的基本思想是将微纳米结构通过逐层叠加的方法构筑在平面衬底材料上。另外，使用光子束、电子束和离子束进行切割、焊接、3D打印、刻蚀、溅射等加工方法也属于微细加工。

(3) 互连、包封技术。它是指芯片与基板上引出线路之间的互连，如倒装键合、引线键合、硅通孔(TSV)等技术，以及芯片与基板互连后的包封技术等，这些技术就是通常所说的芯片封装技术。

(4) 无源元件制造技术。它包括电容器、电阻器、电感器、变压器、滤波器、天线等无源元件的制造技术。

(5) 光电子封装技术。光电子封装是光电子器件、电子元器件及功能应用材料的系统集成。在光通信系统中，光电子封装可分为芯片IC级的封装、器件封装、模块封装、系统板封装、子系统组装和系统组装。

(6) 微机电系统制造技术。利用微细加工技术在单块硅芯片上集成传感器、执行器、处理控制电路的微型系统。

(7) 封装基板技术。它包括PCB制造技术、陶瓷基板制造技术等。

(8) 电子组装技术。电子组装技术就是通常所说的板卡级封装技术，它以表面组装和通孔插装技术为主。

(9) 电子材料技术。电子材料是指在电子技术和微电子技术中使用的材料，包括介电材料、半导体材料、压电与铁电材料、导电金属及其合金材料、磁性材料、光电子材料、电磁波屏蔽材料以及其他相关材料。电子材料的制备、应用技术是电子制造技术的基础。

1.1.3　电子封装技术

电子封装与组装是电子制造技术中应用最广泛的共性技术，所有的电子产品，从一只普通电阻器到包含上亿个晶体管的集成电路，从简单的只有几个元器件的整流器到包括几十万个元器件和零部件的复杂电子系统，无一不是通过封装与组装技术制造出来的。

在学术界更倾向于把封装与组装统一到一个名称下，而用层级来划分不同领域的技术内容。把封装与组装统一到“多级封装”名称下的封装概念，可以称为广义的电子封装，相应的元器件封装就是狭义的电子封装概念了。图1.2所示就是学术界对电子封装的广义划分。晶圆制造可以看做0级封装。将裸芯片封装成成品芯片看做1级封装，1级封装主要指集成电路封装但不限于集成电路，各种元器件包括无源元件和功能模块或各种功能部件都需要外封装。芯片级封装在半导体产业中由于直接影响到芯片自身性能的发挥，并且涉及与之连接的PCB基板的设计和制造，其重要性越来越受到认可。

元器件、芯片组装到基板上看做2级封装，即板卡级封装。2级封装在企业界普遍使用的是“组装”这个术语，主要指印制电路板组装，但不限于印制电路板，其他电子零部件，如显示器面板、手机、数码相机部件等都是通过第2级封装来完成最后的装配的。板卡级封装目前以表面贴装技术(SMT)为主、通孔安装技术(Through Hole Technology，THT)为辅，是电子制造整机和EMS(Electronic Manufacturing Services，电子制造服务)厂商的技术核心。

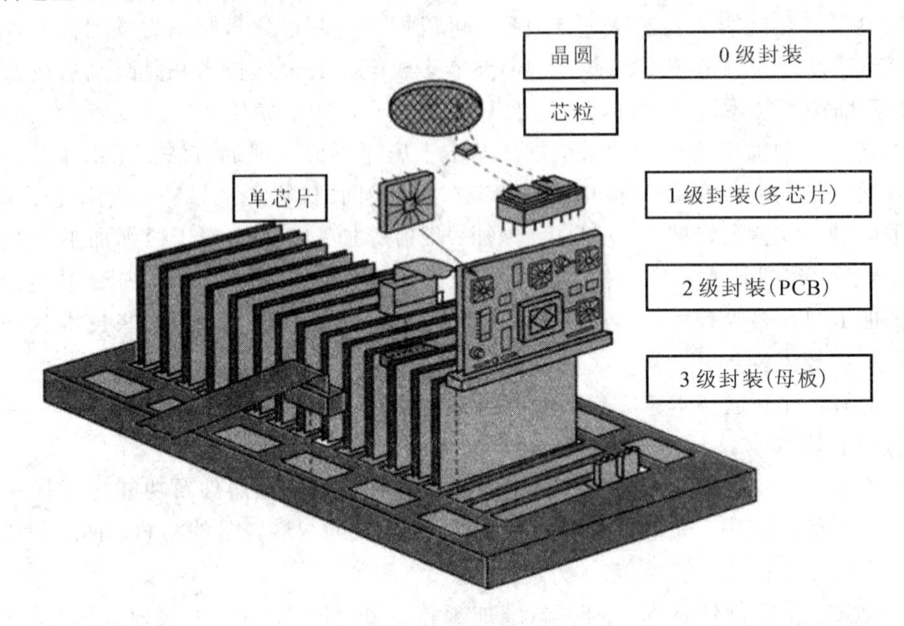

图1.2　电子封装的层级

多个PCB组件安装到母板上就是3级封装，即整机级封装，在企业界一般称为整机组装、整机装连或整机装配，通常以非永久性连接技术与机械结构安装为主，将各种电路板卡和零部件安装到母板或机壳、机箱等外壳中，进而完成整机组装。对于大部分电子产品而言，整机级封装核心主要在于系统设计和各种零部件质量检测、标准化和工艺管理。

按照上述分类方法，本书将晶圆制造(0级封装)、芯片测试/封装(1级封装)和板卡组装(2级封装)的主要工艺与设备作为研究对象。

1.2　电子封装专用设备

对于现代电子制造而言，没有先进的装备不可能制造出现代化电子产品。了解现代电子制造装备及其发展，无论对于把握电子产业全局还是专注某一领域都是非常必要的。随着集成电路制造工业的发展，电子封装专用设备形成了完善而且独立的门类，具备了鲜明的特色。

1.2.1　电子封装专用设备的分类

按照前文所述，电子封装可以总结为几个关键生产过程：半导体芯片制造、芯片测试与封装、基板及膜电路制造、电子组装。电子封装设备的类型也可以按照生产流程来划分。在芯片制造与封装、电子组装的各个工艺阶段中，几乎每一个工序都离不开检测，检测方法以非接触的光电检测技术为主，其中视觉检测方法使用最多。光电检测技术不但在生产工艺中使用很多，而且在电子制造设备的各个系统中大量使用。

1．半导体制造装备

（1）晶圆制备设备，包括单晶硅制造设备、圆片整形加工研磨设备、切片设备、取片设备、磨片设备、抛光设备和各种检验设备等。

（2）电路设计及CAD设备，包括计算机系统、各种输入/输出设备和各种软件等。

（3）制板设备，包括图形发生器、接触式打印机、抗腐剂处理设备、腐蚀设备、清洗设备和各种检验设备等。

（4）半导体晶圆制造设备，包括光刻设备（曝光设备、涂膜设备、显影设备、腐蚀设备等）、清洗设备、掺杂设备（离子注入设备、扩散炉）、氧化设备、CVD（Chemical Vapor Deposition，化学气相沉积）设备、溅射设备、各种测试检测设备和分析评价设备等。

（5）芯片测试与封装设备，包括晶圆测试设备、晶圆减薄设备、划片设备、固晶设备、键合设备、塑封设备、芯片成品检测设备等。

（6）半导体工程设备，包括净化室、净化台、晶圆标准机械接口箱、自动搬送设备和环境控制设备（超净水制造、废气处理、废液处理、精制设备、分析设备、探测器）等。

2．印制电路板、陶瓷基板生产装备

这类装备包括PCB基板加工设备和陶瓷基板加工设备。两种基板使用的基础材料不同，但是生产过程、使用设备的类型基本相似。陶瓷基板制备使用陶瓷烧结设备，PCB基板使用压合设备。其他设备包括钻孔/激光打孔成形设备、湿制程设备、丝印设备、检测设备、电镀设备、喷锡设备、压膜机、曝光机、显影机、制板机、烘烤制程自动线以及环境工程设备等。

3．膜电路制造设备

膜电路包括薄膜和厚膜电路。薄膜电路生产设备与半导体晶圆制造设备基本相同。厚膜电路生产设备主要包括丝网印刷机、厚膜电路光刻机、烧结炉、激光调阻器等。

4．组装及整机装联设备

这类设备包括SMT焊膏印刷机、喷焊膏喷印机、点胶机、自动插件机、贴片机、接驳台、上下料机、回流焊机、波峰焊机、选择性波峰焊机、炉温测量仪、清洗设备、返修设备、自动光学检测设备（AOI）、自动X射线检测设备（AXI）、环境设备、各种辅助设备（零件编带机、钢网清洁机、焊膏搅拌机、锡膏测试仪、元器件及印制电路板烤箱、锡渣还原机等）、氮气设备、电缆加工及检测设备等。

5．其他装备

（1）环境与试验设备，包括高低温/恒温试验设备、湿热试验设备、干燥（老化）试验设备、防护（例如防砂/防尘/防盐雾/防水等）试验设备、冲击试验设备、振动试验设备、无损检测仪器、电磁兼容测试仪、力学试验设备等。

（2）超声波设备，包括超声波电镀设备、超声波清洗机、超声波焊接设备（塑焊机、熔接机、点焊机等）、超声波清洗干燥机、超声波冷水机、超声波熔断机等。

（3）激光加工检测设备，包括激光画线机、激光雕刻机、激光焊接机、激光切割机、激光打孔机、激光打标机、激光剥线机、激光测距仪等。

（4）专业工具，包括手工焊接工具（电烙铁、热风枪、锡炉等）、压接工具以及电动螺丝刀等。

1.2.2 电子封装关键设备及其组成形式

1. 电子封装专用设备中的关键设备

在众多门类的电子封装设备中有一些关键设备。半导体芯片制造中的关键设备是光刻机。芯片测试、封装工艺过程中的关键设备是晶圆测试设备和芯片键合设备。电子组装工艺中的关键设备有全自动焊料涂覆机(包括丝网印刷机、焊膏喷印机)、贴片机和回流焊设备等。在电子产品制造中大量使用的激光加工设备、自动光学检测(Automatic Optic Inspection，AOI)设备和电子显微检测设备也是非常重要的设备。光刻机、晶圆测试机、芯片键合机、丝网印刷机、贴片机、AOI、激光加工设备等光机电一体化设备的设计制造技术横跨电子、机械、自动化、光学、计算机控制技术等众多学科，涉及精密光电子、高速高精度控制、精密机械加工、计算机集成制造等核心技术，是典型的光机电一体化设备。

集成电路制造和电子组装是电子制造行业中最关键、规模最大的两个产业，光刻机与贴片机分别是集成电路制造和电子组装的关键设备，因此行业中通常以拥有这两种设备的数量和水平作为衡量一个国家或地区的半导体制造与电子整机制造能力和水平的标志。光刻机、高速多功能贴片机等电子封装关键设备的研制对于我国实现由电子制造大国向电子制造强国的转变至关重要。

2. 电子封装专用设备中典型设备的组成及其关键技术

上述电子封装中的关键设备可以分为两类：一类是利用能量束进行微加工或显微的设备，如光刻机、激光加工设备、AOI、AXI 等光电显微或加工设备；另一类是微操作设备，它们利用机械手采用吸附或夹持方法将工件进行位置转移操作。微操作的典型设备包括晶圆测试设备、芯片键合机、贴片机、MEMS 器件微组装设备等。微加工设备和微操作设备的共同特点是工作时工作台与工作头部件都需要准确对准，对准精度达到微米或纳米级，对准时间在几毫秒到几十毫秒。精密对准技术在电子封装设备中大量使用，对准操作的例子如下：

(1) 投影式曝光时需要将掩膜版、晶圆分别与掩膜台、晶圆工作台对准，然后掩膜台再与晶圆工作台实现准确对准。晶圆重复曝光时需要反复进行位置对准，对准精度达到纳米级或亚纳米级。

(2) 晶圆测试系统探针测试卡与晶圆的对准操作对准精度达到微米级。飞针在线测试仪测试成品组装电路时探针与焊盘的对准精度在 10 μm 左右。

(3) 芯片倒装键合时，首先将芯片上的凸点与基板上的焊盘对准，然后进行键合操作，对准精度达到微米级。

(4) 芯片与基板采用引线键合方式互连时，引线键合劈刀与芯片焊盘要快速对准，对准精度达到微米级。

(5) 晶圆加工、芯片封装、基板制造采用激光焊接、切割、打孔加工方法时，都是先对准加工位置再加工，对准精度达到微米级。

(6) 全自动丝网印刷机工作时网板与基板首先要对准，对准精度达到微米级。

(7) 贴片时贴装元件引脚必须与 PCB 基板上的焊盘对准，对准精度为 1～10 μm。

由于工作头不能接触工件，并且需要快速对准，因此上述对准操作都采用非接触的视觉识别技术或者其他光电检测技术，以达到快速、高精度对准的目的。

微细加工和微操作设备是电子制造装备中的核心设备，尽管它们的功能不同、结构形式各异，但是它们有着相似的组成形式。如图 1.3 所示，微细加工和微操作设备的基本组成包括：加工刀具或能量源系统，精密位移工作台，高速、高定位精度的夹持机械手或工具，对位检测系统，高刚度基座，以及良好的人机交互系统等。

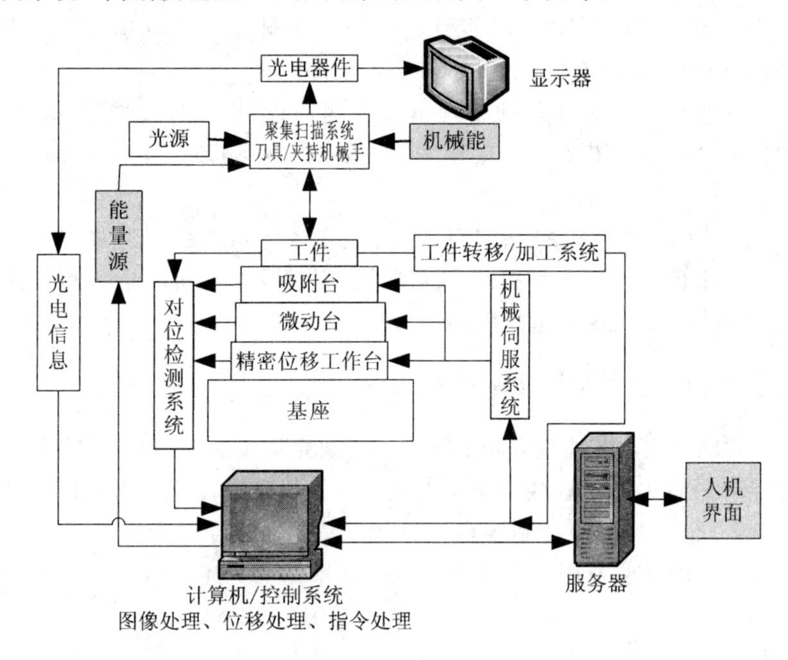

图 1.3 电子制造设备系统典型结构形式

(1) 精密位移工作台。这部分主要部件包括高刚度的工作台以及支持工作台的导轨系统，导轨系统主要为精密无摩擦式气浮或磁浮导轨或者摩擦系数较小的滚动导轨，工作台可以实现大行程高精度位移或者精密微位移。为防止热变形的影响，一般以大理石做工作台，并且机床的基座需要做较高要求的减振设计。目前，高精度、高速位移的直线驱动工作台基本上都采用直线电机驱动方式，减少了机械传动环节，提高了系统响应速度。曝光机的工作台采用宏动加微动工作台的方式，实现了更高精度的位移。

(2) 机架或基座。机架或基座采用轻质、高刚度结构。对振动需要严格控制的系统，如光刻机晶圆承片台基座，需要使用气浮等隔震装置，用大理石做基座。

(3) 高速、高定位精度的夹持机械手或工具，如贴片机的贴片头系统、引线键合机的键合头等，它们都有着较高的运动速度和定位精度。

(4) 能量源、聚焦扫描系统。能量源可以是激光光源、电子束、离子束、X 射线等能量源。聚焦扫描系统用于能量束的会聚与扫描加工。典型设备有光刻机、电子束曝光/刻蚀机、离子束曝光/刻蚀机、激光划片机、激光打标机、激光打孔机、激光调阻机等。

(5) 对位检测系统。该系统利用光电或视觉检测技术实现非接触检测，实现工件、工具之间的对准。对准检测方法包括双目显微镜对准、利用散射光的暗场对准、视频图像对准、相位光栅 TTL 对准、双光束 TTL 对准、双焦点对准方式等。随着微电子产品对光刻分辨力要求的逐渐提高，人们逐渐发展和完善了莫尔条纹对准、干涉全息或外差干涉全息对准和混合匹配及粗、精对准等技术。以视觉对准检测系统为例，视觉检测系统实现工件特征的识别与测量，检测结果由控制系统处理，再由伺服驱动系统完成刀具(或工作头)与工件的对准。

(6) 机械伺服系统。该系统驱动工作台或机械手运动部件按一定规律运动。高速、高精度直线运动系统大部分采用直线电机驱动方式，例如贴片机横梁上贴片头的驱动。运动精度较低时采用直流/交流伺服电机、步进电机加滚珠丝杠的驱动方式。机械伺服系统根据系统精度高低分别选用全闭环、半闭环和开环形式。

(7) 检测与传感系统。实现各种物理量的检测与计量，是自动检测和自动控制的基础。例如使用传感器检测工艺系统中的压力、位移、温度、电流、电压等信号，实现工艺系统的自动控制。

(8) 计算机/控制系统。该系统管理设备的正常运行和产品制造过程，它由软件系统和硬件系统组成。上位机发出各种指令，控制计算机接受上位机的指令和各种传感器的反馈信息，并控制驱动系统或各种执行机构进行工作。

1.2.3 电子封装专用设备共性基础技术

光刻机、晶圆测试机、芯片键合机、贴片机、激光加工设备等电子封装专用设备代表着当今工业制造的最高水平。这些设备基本上都是光机电一体化设备，其技术基础是机械学、光学、电子学、信息处理与控制等多学科相互渗透、相互融合而形成的光机电一体化技术。概括起来，电子封装专用设备的共性基础技术如下所述。

1. 光学技术

光学技术包括光子束的产生与传播技术、光子束加工应用技术等。光子束既可用于检测也可用于加工。光学技术在电子封装中最典型的应用就是光刻工艺中的光刻曝光、激光加工及光学检测。光刻技术的不断进步促进了半导体制造水平的提高。曝光波长由几百纳米变为13.5 nm，半导体制程也就从微米级变为纳米级。激光加工系统在电子封装工艺中具有广泛的应用，包括切割、打孔、打标、焊接、热处理、雕刻、表面清洗、快速成型等。此外，光学技术也用于通信、精密计量测试(激光测距、激光瞄准、激光制导)等。在传感器方面，利用光子技术制作的传感器具有精密、准确、快速、高效、非接触测量等特点。

2. 精密机械技术

电子封装专用设备中包含大量的光机电一体化系统。机械系统是光机电一体化系统的基础，也是光电系统的载体。光机电一体化系统中机械系统以精密机械技术为主。机械技术是关于机械的机构以及利用这些机构传递运动的技术，它是所有电子封装装备技术的基础。机械系统的合理性直接影响控制的复杂程度以及系统的稳定性和可靠性。电子封装装备的高速与高精度等特点，对机械设计和制造技术也提出了更高的要求。机械技术只有不断地采用新材料、新工艺、新原理、新机构才能满足电子封装装备技术的要求。比如曝光机的晶圆台、掩膜台都是精密机械的典型应用，为了实现掩膜版与晶圆的准确对位，工作台需要做多自由度的运动，并且位移精度要达到亚纳米级。

3. 计算机与信息处理技术

计算机技术包括计算机硬件技术和软件技术、网络与通信技术、数据库技术等。信息处理技术包括信息的交换、存取、运算、判断和决策等，实现信息处理的主要工具是计算机。在电子封装装备中，计算机与信息处理装置控制整个设备的运行，信息处理是否正确、及时，直接影响系统工作的质量和效率，因此，计算机应用和信息处理技术已成为促进电子封装装备产品发展的最活跃的因素。人工智能、专家系统、神经网络技术等都属于计算机与信息处理技术。信息处理的能力和水平直接影响电子封装装备系统工作的质量和效率。

4. 检测与传感技术

在电子封装工艺装备中大量使用各种检测与传感器。检测与传感装置是电子制造装备的“感觉器官”，它将传感器变换的电信号输送到信息处理部分进行处理。电子封装装备中，传感器将位移、速度、加速度、力、角度、角速度、角加速度、距离等机械运动量转换成两极板之间的电容量、应变引起的电阻变化、磁场强度与磁场频率变化、光与光的传播、声音的传播等其他物理量，最终转化成电压或者频率信号，通过相应的信号检测装置反馈给控制与信息处理装置，因此检测与传感是实现自动控制的关键环节。

5. 机器视觉检测技术

机器视觉检测技术包括成像技术与机器视觉等技术。机器视觉的基础是图像识别。图像识别是以图像的主要特征为基础的。数字图像识别主要是研究图像中各目标的性质和相互关系，识别出目标对象的类别，从而理解图像的含义。它囊括了数字图像处理技术的很多应用项目，如光学字符识别(OCR)、产品质量检验、人脸识别、自动驾驶、医学图像和地貌图像的自动判读理解等。电子封装工艺中大量使用图像识别技术进行机械定位或制造质量的快速检测。

6. 自动控制技术

在光机电一体化系统中，自动控制技术包括自动控制理论、控制系统设计、系统仿真、现场调试、可靠运行等方面的内容。自动控制对象包括高精度定位控制、速度控制、自适应控制、自诊断、校正、补偿等。由于计算机的广泛应用，自动控制技术越来越多地与计算机控制技术联系在一起，成为电子制造装备中十分重要的关键技术。

7. 伺服驱动技术

伺服驱动技术的主要研究对象是伺服驱动单元及其驱动装置。伺服驱动单元有电动、气动、液压等多种类型，电子封装装备产品中多数采用步进电机、直流伺服电机、交流伺服电机、电液马达等，需要高速、精密移动的工作系统普遍使用直线电机及气浮(或磁浮)的运动单元。驱动装置目前多采用电力电子器件及集成化功能电路。

伺服驱动装置是计算机控制器和机械执行机构的接口，它将电能、气压能、液压能转化为执行机构作直线或旋转运动的机械能。伺服驱动装置对电子封装装备的动态性能、稳态精度、控制质量等具有决定性的影响。

8. 热控制技术

在电子封装装备中热的控制方式有两种：一是热作为一种能量在制造工艺中被使用，二是热作为设备或者电路工作中一种有害“副产品”被治理。在电子封装工艺系统中需要加热设备，也需要散热设备。热通过热传导、热对流和热辐射三种方式进行传递。需要加热的工艺设备，在加热时要提高热效率，准确控制温度和热量，达到工艺目标；需要散热的工艺设备，散热设计要考虑提高散热效率，将热影响控制在可接受的范围。

高精度的电子封装装备，其结构的热变形对系统精度影响较大，在结构设计时要充分考虑热变形的影响。

9. 系统集成技术

按照系统工程的观点和方法，将总体分解成互为有机联系的若干个功能子单元，再以功能单元为子系统进行分解，直到找出一个可以具体实现的技术方案，然后对各种技术方案的组合进行评估、选优。系统集成技术包括的内容丰富，其中接口技术是最为关键的内容之一。可以毫不夸张地说，光机电一体化系统的集成就是研究接口的技术。接口包括机械接口、电气接口、人机接口、环境接口等。

10. 制造环境技术

环境对电子封装的影响和重要性，是随着近代电子科技的发展和电子产品普及逐渐为人们所认识的。通常电子封装装备所处的环境要求包括温度、湿度、电场、磁场、振动、空气清洁度等。环境技术条件的变化对电子产品制造质量的影响非常大。例如，电子产品生产厂房的洁净度与产品质量的关系，就是在一系列的质量故障中总结出来的。电子封装中由于静电危害造成的损失占产品总量的10%左右。

以芯片制造环境要求为例，加工半导体芯片要求级别最高的洁净室，也称为超净室，要求包括：1 m^3中粒径在0.1 μm以上的浮游微粒数在10个以下(ISO1级)；温度保持在(23±0.5)℃；相对湿度保持在45×(1±5%)RH；污染气体分子保持在十亿分之一以下。为了确保超净室的清洁度，要使用能滤掉99.9999%以上微粒的化学过滤器。

环境的温度变化和振动会损害曝光机的运动精度。为了保证曝光机的纳米级对准精度，需要严格控制曝光机工作环境的温度变化，并对曝光机安装基础进行隔振处理。

由于环境对电子封装的影响是隐蔽的、持续的、累积的，因而造成的损失往往是令人吃惊的。而对于制造环境的了解和重视，获得的回报也是丰厚的。

1.3 电子封装专用设备的特点及其发展

1.3.1 现代电子封装专用设备的特点

进入2014年后，使用13.5 nm波长极紫外曝光技术使得半导体制造的特征值已迈入10～20 nm范围。2014年9月英特尔正式发布了Core-M 14 nm处理器，宣告半导体制造的先进代表水平由22～28 nm制程变为10～14 nm制程。半导体制造技术的进步意味着以曝光机、引线键合机、贴片机为代表的电子制造设备的技术状态又进入一个新的发展阶段。

现代电子封装装备中的光刻机、引线键合机、贴片机等设备是当今制造装备中的典型代表。它们是高精度、高速度、高度技术集成的大批量制造装备。例如光刻机的晶圆、掩膜工作台位移控制精度达到了纳米或亚纳米级精度，已经达到了所有设备移动精度控制的极限。引线键合机的键合头、贴片机的贴片头是高速、高精度运动设备的典范。高速、高精度运动给设备结构设计、检测技术、运动控制带来了巨大挑战。

电子封装装备技术的进步极大地促进了电子制造工艺技术的发展。现代电子封装装备的特点和发展趋势，可以用“四高四化”来概括，即高精度、高效率、高度集成、高投入、柔性化、智能化、绿色化、多样化。

1.3.2　国内电子封装装备技术发展现状

在电子封装行业中光刻机和贴片机的技术水平以及使用数量能衡量一个企业的制造水平，这些设备的制造能力也能够衡量一个国家的电子制造装备水平。目前，国际上以ASML公司为代表，光刻机的制造水平能满足12英寸(注：1英寸≈2.54厘米)晶圆光刻工艺需求、特征值为10～20 nm的芯片的制造。在未来的1～3年内光刻机的制造水平将转换为18英寸和10 nm制程。我国在光刻机设备研制中，以上海微电子装备有限公司为代表，他们研制的光刻机的制造水平能满足2～8英寸晶圆光刻工艺需求，特征值为90～2000 nm的芯片的制造。

在电子组装行业目前普遍使用表面贴装技术。目前，日、美等发达国家80%以上的电子产品采用了SMT。其中，网络通信、计算机和消费电子是主要的应用领域，其他应用领域还包括汽车电子、医疗电子等。

SMT生产线主要包括以下几种设备：印刷机、SPI(锡膏检测仪)、贴片机、回流焊设备、AOI检测设备、X-Ray检测设备、返修工作站等。涉及的技术包括贴装技术、焊接技术、半导体封装技术、组装设备设计技术、电路板成形工艺技术、功能设计模拟技术等。

国内在丝网印刷机、回流焊、AOI(自动光学检测)设备等环节取得了巨大进步，而在主流的SMT生产线中看不到一台国产的高速高精度的贴片机。

贴片机是用来实现高速、高精度、全自动贴放元器件的设备，关系到SMT生产线的效率与精度，是最关键、最复杂的设备，通常占到整条SMT生产线投资的60%以上。目前，贴片机已从早期的低速机械贴片机发展为高速光学对中贴片机，并向多功能、柔性化、模块化发展。主要制造商包括ASMPT(ASMPT于2011年收购西门子旗下的SIPLACE贴装设备部)、松下、环球、富士、雅马哈、JUKI、三星等。

国内企业在印刷、焊接、检测等环节已研制出一些技术含量较高的产品，如凯格的印刷机，日东、劲拓的焊接设备，神州视觉的AOI检测设备，日联的X-Ray检测设备等。

1.3.3　电子封装装备的发展趋势

电子产品制造的一个基础是各种电子元器件的制造技术。随着科学技术的飞速发展，电子元器件技术也在不断进步，新型电子元器件层出不穷。新型电子元器件的发展趋势是高频化、片式化、微型化、薄型化、低功耗、响应速率快、高分辨、高精度、高功率、多功能、组件化、复合化、模块化和智能化。元器件的功能与结构的改变促进了元器件制造技术的进步。

电子产品制造的另一个基础是电子元器件的组装技术。电子元器件的组装技术的进步是提高电子产品生产效率、降低制造成本的主要途径。电子元器件的组装方式又促进了电子元器件、基板的制造技术进步，也推进了电子组装设备的技术进步。例如，表面组装技术促进了电子元器件的结构变化，极大地提高了电子组装的效率。

(1) 半导体制造工艺技术的进步促进了制造装备的变革。

半导体芯片制造中目前普遍使用直径为12英寸(300 mm)的晶圆。为了提高生产效率及降低生产成本，18英寸(450 mm)晶圆是最好的选择。随之而来的是所有晶圆制造装备都需要重新设计以适应18英寸晶圆制程。

当前利用极紫外(EUV)光刻技术，半导体芯片制造的特征值(线距或线宽)正从22 nm

过渡到10～14 nm。2015年IBM公司宣布利用硅锗(SiGe)沟道晶体管和极紫外(EUV)光刻技术实现了7 nm芯片，这一级别的芯片技术在未来支持大数据的系统和移动产品中，有望提升50%的功效，并带来50%的性能提升。人们对半导体芯片特征值的追求将极大地促进光刻技术工艺与设备的发展。

(2) 芯片封装形式的变化促进封装设备的更新换代。

封装形式发展的方向是单位面积或单位体积内容纳更多的I/O管脚数或者更多的集成电路数。目前，以传统的芯片封装技术为基础发展了晶圆级封装(WLP)技术、叠层封装技术、系统级封装(SiP)技术、三维封装技术等。例如，使用倒装芯片、球栅阵列方式可以提高单位面积的I/O管脚数，采用三维封装技术可以提高单位体积内的集成电路容量。另外一个技术是解决芯片封装的效率问题，解决方法是晶圆级封装，也就是在划片之前在晶圆上制造出I/O管脚然后再分离成单个芯片。传统的芯片封装工艺中，芯片与基板的互连主要采用引线键合工艺，晶圆级封装(WLP)、叠层封装、系统级封装(SiP)和三维封装中芯片与基板及芯片与芯片的连接普遍采用倒装键合和TSV(硅通孔)技术。封装工艺技术的进步促使原有设备发展，同时催生出许多新型设备。

(3) 半导体封装与表面贴装技术的融合趋势明显。

随着电子产品体积日趋小型化、功能日趋多样化、元件日趋精密化，半导体封装与表面贴装技术的融合已成大势所趋。目前，半导体厂商已开始应用高速表面贴装技术，而表面贴装生产线也综合了半导体的一些应用，传统的装配等级界限日趋模糊。技术的融合发展也带来了众多已被市场认可的产品。比如，环球仪器子公司Unovis Solutions的直接晶圆供料器，即为表面贴装与半导体装配融合提供了良好的解决方案。

在贴片机的贴装速度方面，代表全球贴片机先进水平的ASMPT公司的SIPLA-CEX4iS，贴装速度达到150 000CPH，实际贴装节拍为0.024秒/点。

JEITA(日本电子信息技术产业协会)电子组装技术委员会在《2013年组装技术路线图》中预计，随着消费者对中低端电子产品需求的爆发式增长，超大量生产的要求有望使贴片机的贴装速度在2016年达到160 000CPH(0.0225秒/点)，2022年达到240 000CPH(0.015秒/点)。芯片级封装器件的贴装速度将从2012年的3600CPH提升至2016年的3800CPH、2022年的4000CPH。

目前，电子产品选用的硅芯片趋于小型化、薄型化，芯片接线间距和焊球直径一直在减小，对贴装设备的对准和定位精度提出了更高要求。

(4) 微细加工与微组装技术的发展。

微细加工技术包括平面集成技术、激光3D打印技术、精密机械加工技术等。半导体芯片的制造主要使用平面集成技术。平面集成的基本思想是将微纳米结构通过逐层叠加的方法构筑在平面衬底材料上，各种材料采用薄膜沉积的方法添加到平面衬底上。微细加工主要使用光子束、电子束、离子束等能量束进行曝光、刻蚀、溅射、选择性沉积、切割、打孔、焊接等加工。另外，微细加工也包括一些精密机械或化学机械加工方法，例如光学器件的精密加工、晶圆减薄加工中使用的化学机械抛光(CMP)方法等。

电子产品的日益微型化，促使电子组装也要使用微组装技术。例如，各种MEMS器件的组装就要使用微组装系统。在封装技术中，叠层封装、系统级封装(SiP)、三维封装也在大量使用微组装技术。

微细加工系统的工件定位精度为几微米到几纳米，微组装系统的定位精度为几微米到小于 1 μm。例如，曝光机的掩膜台与晶圆台的对准精度达到纳米级，晶圆测试台、键合机键合工作台、贴片机贴片工作台和微组装系统的夹持机械手的定位精度达到微米或亚微米级。微细加工系统及微组装系统的工件定位装置的基本组成包括高精度大行程位移系统、多自由度微位移系统、多自由度微夹持(或吸附)系统以及精密对准检测系统。

对于微米级定位精度的工作台，一般使用宏动工作台就能实现；对于纳米级定位精度的工作台，则需要使用宏动和微动复合工作台技术。基本结构是在宏动工作台的基础上叠加上微动工作台。宏动工作台实现长行程的运动，定位精度为几十微米；微动工作台使用微位移技术，行程为几微米到几百微米，定位精度可实现纳米或亚纳米级。

微位移系统是指采用微位移技术实现小行程(一般小于毫米级)、高精度和高灵敏度的运动系统，它是精密机械和精密仪器的关键部件之一。微位移系统一般由微位移机构、检测传感装置和控制系统组成。微位移系统的执行装置通常使用精密机械式致动器、压电式致动器、电热式致动器、电磁式致动器、磁致伸缩致动器、形状记忆合金等。微位移技术的发展促进了精密机械系统的进步，从而进一步推动了微细加工及微组装技术的发展。

思考与练习题

1.1　举例说明电子产品的物理实现过程。

1.2　电子封装技术可以归纳为哪些技术？

1.3　半导体芯片制造工艺装备包括哪些类型？

1.4　为什么说光刻机是电子制造的最关键设备？

1.5　举例说明典型电子封装设备包括哪些子系统。

1.6　分析说明一种主流贴片机的性能、主要结构及应用范围。

1.7　举例说明电子制造装备为什么是高精度的、高度技术集成的装备。

参考文献

[1]　王天曦，王豫明. 现代电子制造概论. 北京：清华大学出版社，2011.

[2]　吴懿平. 电子制造技术基础. 北京：机械工业出版社，2005.

[3]　王天曦，王豫明. 贴片机及其应用. 北京：清华大学出版社，2011.

[4]　姚汉民. 光学投影曝光微纳加工技术. 北京：北京工业大学出版社，2006.

[5]　中国电子学会电子制造与封装技术分会. 电子封装工艺设备. 北京：化学工业出版社，2012.

[6]　周德俭. 表面组装工艺技术. 北京：国防工业出版社，2009.

[7]　高宏伟，张大兴，王卫东，等. 电子制造装备技术. 西安：西安电子科技大学出版社，2015.

[8]　Mahalik N P. 微制造与纳米技术. 蔡艳，吴毅雄，等译. 北京：机械工业出版社，2015.

第2章　半导体芯片制造工艺与设备

2.1　概　　述

1. 固态半导体芯片的制造过程

半导体芯片的种类及结构形式有多种多样，但是制造过程基本相同。以固态半导体芯片的制造过程为例，固态半导体器件制造大致经历了五个阶段：材料准备、晶体生长和晶圆准备、晶圆制造和分选、封装、终测。

这五个阶段是独立的，分别作为半导体芯片制造的工艺过程，一般由不同的企业独立完成。

1）材料准备

材料准备是指对半导体材料进行开采并根据半导体标准进行提纯。硅以沙子为原料，沙子通过转化可成为具有多晶硅结构的纯净硅。

2）晶体生长和晶圆准备

在固态半导体器件制造的第二个阶段，材料首先形成带有特殊的电子和结构参数的晶体。之后，在晶体生长和晶圆准备工艺中，晶体被切割成被称为硅片(通常也被称为晶圆)的薄片，并进行表面处理。第二阶段的工艺过程分为10个步骤，如图2.1所示。

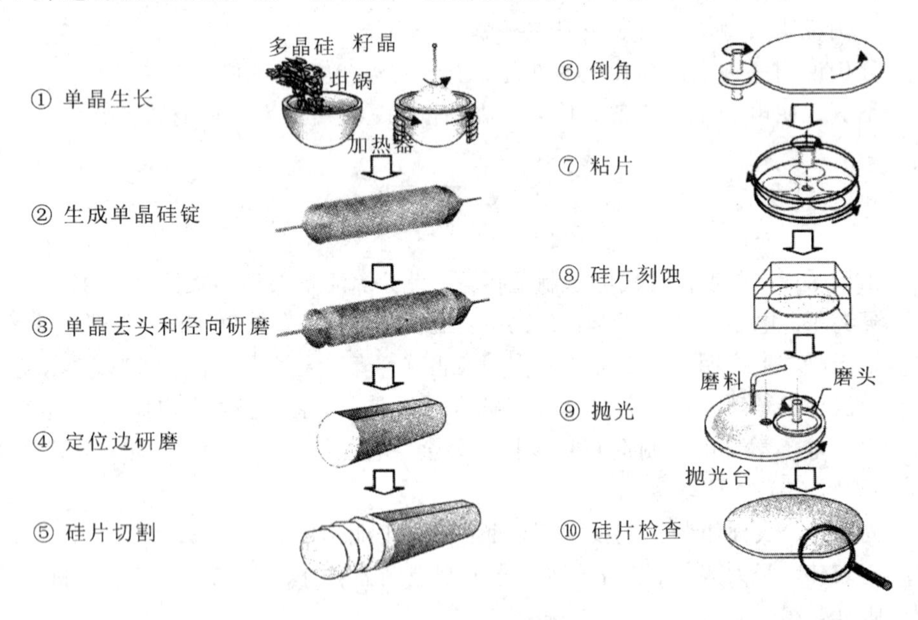

图2.1　晶体生长和晶圆准备

晶体生长和晶圆准备设备包括单晶硅制造设备、圆片整形加工研磨设备、切片设备、取片设备、磨片倒角设备、刻蚀设备、抛光设备、清洗和各种检验设备以及包装设备。

3）晶圆制造和分选

第三个阶段是晶圆制造，也叫集成电路的制造或芯片制造，也就是在硅片表面上形成器件或集成电路。在每个晶圆上可以形成数以千计的同样器件。在晶圆上由分立器件或集成电路占据的区域称为芯片。在封装之前还需要对晶圆上的每个芯片做测试，对失效芯片做出标记。

4）封装、测试

后面两个阶段是封装和测试。封装是通过一系列的过程把晶圆上的芯片分割开，然后将它们封装起来。最后对每个封装好的芯片做测试，并剔除不良品，或分成等级。

从载有集成电路的晶圆到封装好的芯片，这一过程通常称为集成电路的后道制造，需要经过的工序大致包括晶圆测试、晶圆减薄和划片、贴片与键合、芯片封装、成品芯片测试等。半导体芯片的封装、测试工艺过程及设备使用将在第 3 章做详细介绍。

2. 晶圆制造工艺过程

半导体芯片制造即晶圆制造是一个非常复杂的过程。在半导体制造工艺中 CMOS（Complementary Metal Oxide Semiconductor，互补金属氧化物半导体）技术具有代表性，这里以 CMOS 工艺为例说明半导体制造的基本流程。图 2.2 为 CMOS 工艺流程中的主要制造步骤，基本工艺过程包括硅片氧化工艺、在氧化硅表面涂敷光刻胶、使用紫外光曝光、曝光后显影露出氧化硅表面、刻蚀氧化硅表面、去除未曝光的光刻胶、形成栅氧化硅、多晶硅淀积、多晶硅光刻及刻蚀、离子注入、形成有源区、氮化硅淀积、接触刻蚀、金属淀积与刻蚀。

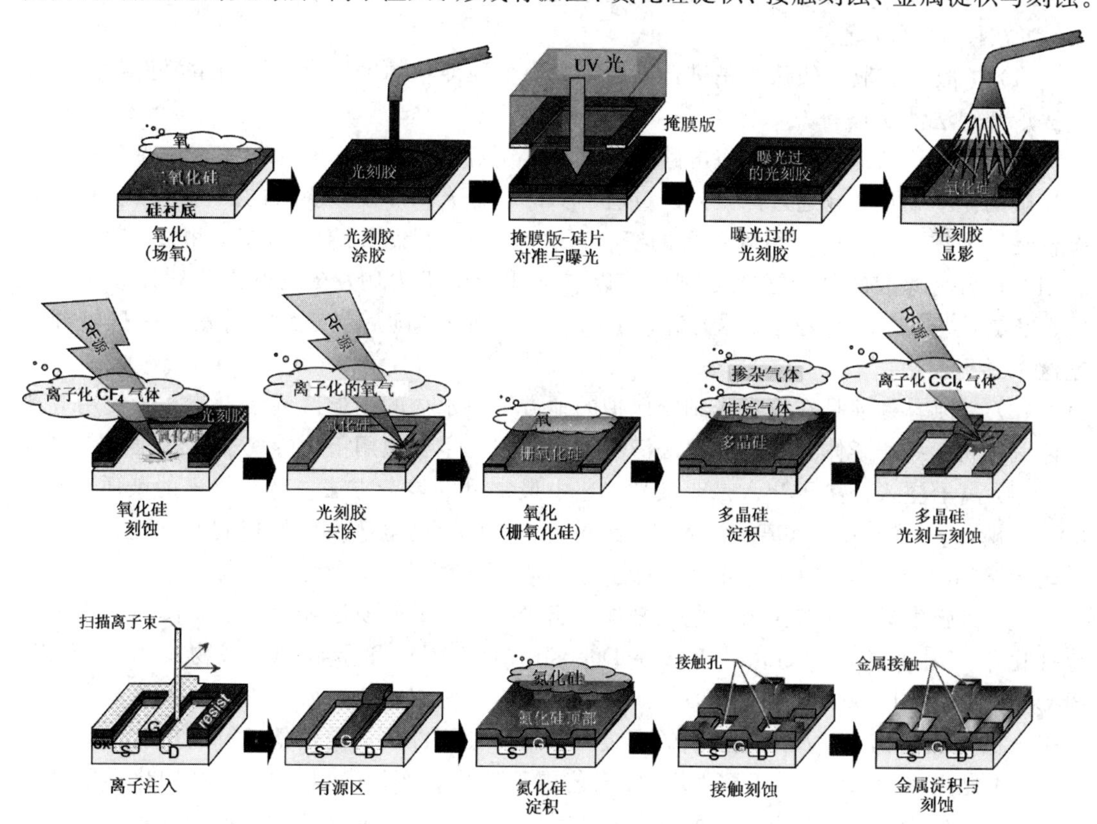

图 2.2　CMOS 工艺流程中的主要制造步骤

大批量的芯片生产一般是在晶圆制造厂中集中加工制造的。如图 2.3 所示，硅片的制造分为六个独立的生产区域：扩散(包括氧化、淀积和掺杂工艺)、光刻、刻蚀、薄膜生成、离子注入和抛光。

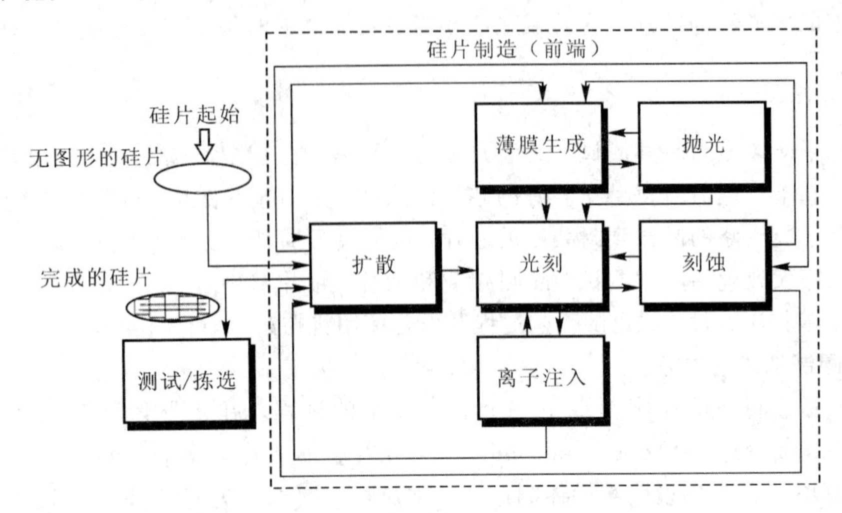

图 2.3 亚微米 CMOS IC 制造厂典型的硅片流程模型

从图 2.3 中可以看出半导体制造的主要工艺是在多次重复进行“薄膜生成”、“光刻”、“刻蚀”、“扩散”、“离子注入”和“抛光”等工艺，在重复进行的工艺之间穿插“清洗、热处理、工艺检测”等工艺。

(1) 扩散。扩散一般认为是进行高温工艺及薄膜淀积的区域。扩散的主要设备是高温扩散炉和湿法清洗设备。

(2) 光刻。光刻的目的是将电路图形转移到覆盖于硅片表面的光刻胶上。光刻胶是一种光敏的化学物质，它通过深紫外线(或极紫外线)曝光来印制掩膜版的图像。涂胶和显影设备是用来完成光刻的一系列工具的组合。光刻过程包括预处理、涂胶、甩胶、烘干，然后用机械臂将涂胶的硅片送入光刻机。以步进式光刻机为例，在进行硅片和掩膜版的对准、聚焦后，步进式光刻机先曝光硅片上的一小片面积，随后步进到硅片的下一区域并重复这一过程。

(3) 刻蚀。刻蚀是在没有光刻胶保护的地方留下永久的图形。刻蚀工艺一般使用等离子体刻蚀机、等离子体去胶机和湿法清洗设备。现在主要使用干法等离子体刻蚀工艺。

(4) 离子注入。离子注入是亚微米工艺中最常见的掺杂方法。将要掺入的杂质，如砷(As)、磷(P)、硼(B)注入离子注入机，经过电离，再由高电压或磁场控制并加速，高能杂质离子穿透涂胶硅片的表面，最后进行去胶和清洗硅片完成离子注入。

(5) 薄膜生成。薄膜生成工艺用来加工出半导体中的介质层和金属层。薄膜生成工艺包括化学气相淀积(Chemical Vapor Deposition，CVD)和金属溅射(物理气相淀积，Physical Vapor Deposition，PVD)。薄膜产生后需要使用快速退火装置(RPT)修复离子注入引入的衬底损伤，以及完成金属的合金化。最后使用湿法清洗设备进行硅片清洗。

(6) 抛光。CMP(化学机械平坦化)工艺用于硅片表面的平坦化。CMP 用化学腐蚀与机械研磨相结合，以去除硅片表面的凹凸不平。其主要设备是抛光机，辅助设备包括刷片机、清洗装置和测量工具。

尽管半导体制造工艺非常复杂，但是产业界通常将这些复杂的工艺过程归纳为加法工艺、减法工艺、图形转移工艺及辅助工艺等工艺过程。

(1) 加法工艺：包括掺杂和薄膜生成工艺，使用设备主要有扩散炉、离子注入机和退火炉。薄膜生成工艺包含氧化、化学气相淀积、溅射和外延，使用设备包括氧化炉、CVD 反应炉、溅射镀膜机和外延设备。掺杂工艺中有扩散和离子注入工艺。

(2) 减法工艺：指刻蚀工艺，包括干法刻蚀和湿法腐蚀，使用设备包括湿法刻蚀机和反应离子刻蚀机。

(3) 图形转移工艺：主要方法为光刻工艺，使用设备有涂胶和显影设备以及光刻机。

(4) 辅助工艺：主要包括抛光与清洗。抛光一般使用化学机械平坦化完成抛光工艺，使用设备有 CMP 抛光机、硅片清洗机等。

行业内也将半导体制造工艺过程分为四种基本工艺：薄膜生成工艺、图形转移工艺、掺杂工艺和其他辅助工艺(包括热处理工艺 、清洗工艺、CMP)。下面将分别介绍这四种工艺及其使用设备。

2.2　薄膜生成工艺

2.2.1　薄膜生成方法

图 2.4 所示薄膜生成工艺是通过生长或淀积的方法，生成集成电路制造过程中所需的各种材料的薄膜，如金属层、绝缘层、半导体层等。半导体中各个层次的制造工艺如表 2.1 所示。例如，可以利用蒸发、溅射、电镀工艺生成金属导体层。二氧化硅作为绝缘层，可以用热氧化工艺、化学气相淀积工艺或溅射工艺来加工。使用化学气相淀积工艺方法可制作出以多晶硅或者单晶硅为材质的半导体层。

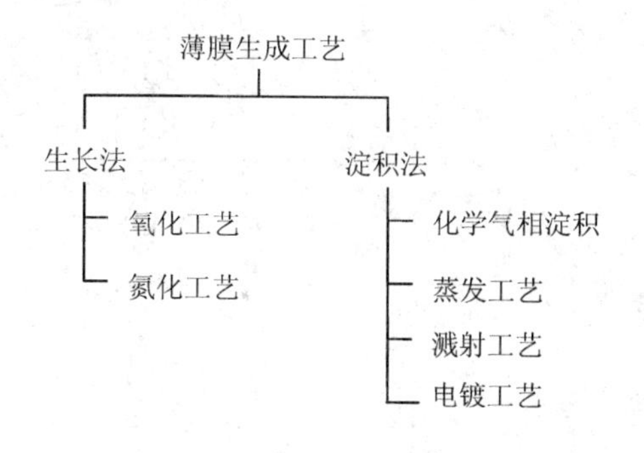

图 2.4　薄膜生成工艺类型

表 2.1　半导体中各个层次的制造工艺

层次类	热氧化工艺	化学气相淀积工艺	蒸发工艺	溅射工艺	电镀工艺
绝缘层	二氧化硅	二氧化硅 氮化硅		二氧化硅 一氧化硅	
半导体		外延单晶硅 多晶硅			
导体			铝 铝合金 镍 金	铝 铝合金 钨 钛 钼	金 铜

2.2.2 氧化工艺

氧化(Oxidation)工艺的主要目的是在硅衬底表面形成 SiO_2 氧化膜。SiO_2 在微电子和微系统中的主要应用包括：钝化晶体表面，形成化学和电的稳定表面，即器件表面保护或钝化膜；作为后续工艺步骤(扩散或离子注入)的掩膜(掺杂掩膜、刻蚀掩膜)；形成介质膜用于器件间的隔离或作器件结构中的绝缘层(非导电膜)；在衬底或其他材料间形成界面层(或牺牲层)。

热氧化是指在高温炉中反应，形成较厚的 SiO_2 氧化层的过程，也称为热生长法。根据不同的作用，氧化层的厚度为 60～10 000 Å。氧化温度一般为 900～1200℃。

热氧化法有三种环境：干氧氧化(O_2)、水蒸气氧化(H_2O)和湿氧氧化(H_2O+O_2)。热氧化生成二氧化硅的过程如图 2.5 所示，设备原理如图 2.6(a)所示，图 2.6(b)是一种卧式热氧化炉。

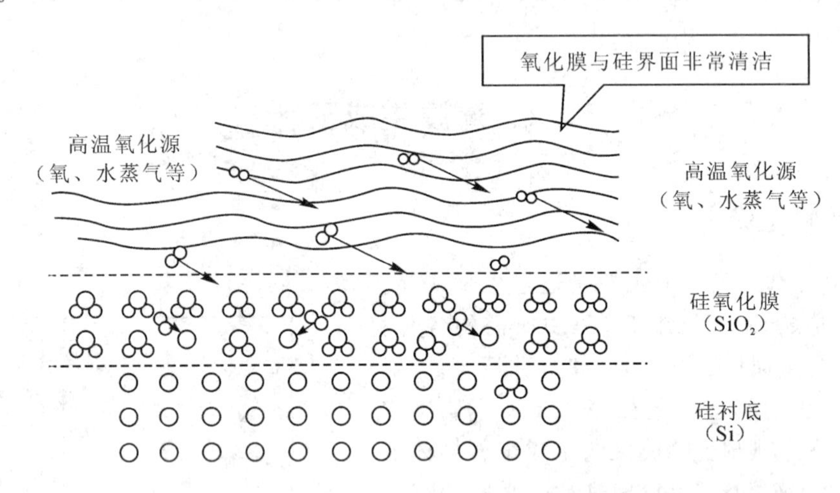

图 2.5 热氧化生成二氧化硅示意图

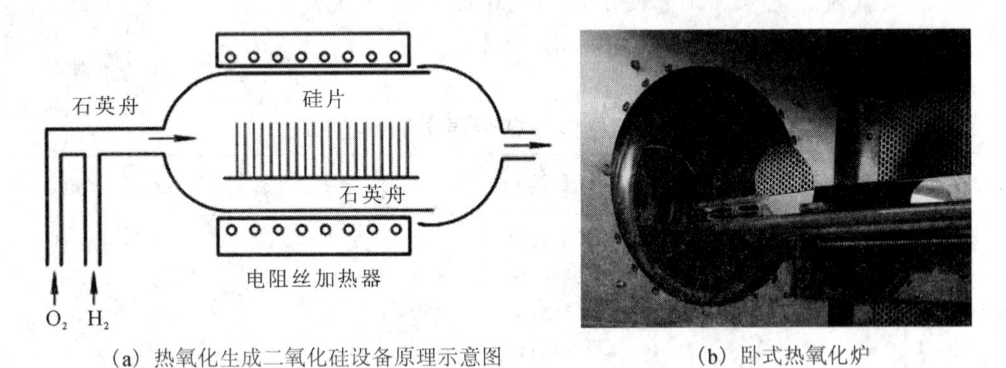

(a) 热氧化生成二氧化硅设备原理示意图　　(b) 卧式热氧化炉

图 2.6 热氧化生成二氧化硅原理及设备

O_2 或 H_2O 浸入硅衬底，在 Si 与 SiO_2 界面上形成新的 SiO_2，清洁的 Si－SiO_2 界面不断向 Si 中延伸。下面是热氧化法的两种化学反应式：

$$Si(固)+O_2(气)\rightarrow SiO_2(固) \tag{2-1}$$

$$Si(固)+2H_2O(汽)\rightarrow SiO_2(固)+2H_2(气) \tag{2-2}$$

2.2.3　淀积工艺

硅材料上加膜层的方法有化学气相淀积(CVD)和物理气相淀积(PVD)。目前 CVD 技术已成为微电子和微系统加工中最重要的工艺之一。微电子和微系统加工中可淀积的薄膜有金属薄膜和非金属薄膜。金属薄膜包括 Al、Ag、Au、W、Cu、Pt、Sn 等；非金属薄膜包括 SiO_2、Si_3N_4、SiGe(硅锗合金)、BPSG(硼磷硅玻璃)、Al_2O_3、ZnO 等。

1. 化学气相淀积(CVD)

化学气相淀积是利用气态的先驱反应物，以某种方式激活后，通过原子或分子间化学反应的途径在衬底上淀积生成固态薄膜的技术。CVD 膜的结构可以是单晶、多晶或非晶态。利用 CVD 可获得高纯的晶态或非晶态的金属、半导体、化合物薄膜，能有效控制薄膜化学成分，且设备运转成本低，与其他相关工艺有较好的相容性。图 2.7 所示为 CVD 法成膜示意图。

CVD 工艺采用的设备为 CVD 反应炉，根据反应压力可分为常压或低压 CVD 炉。CVD 反应炉常用的有卧式反应炉和立式反应炉。图 2.8 所示为 CVD 卧式反应炉工作原理示意图。为避免高温，可以采用其他的能量供应形式。例如，通过高能射频源获得的等离子体就是一种可选形式，称为等离子增强 CVD(PECVD，Plasma Enhanced CVD)。

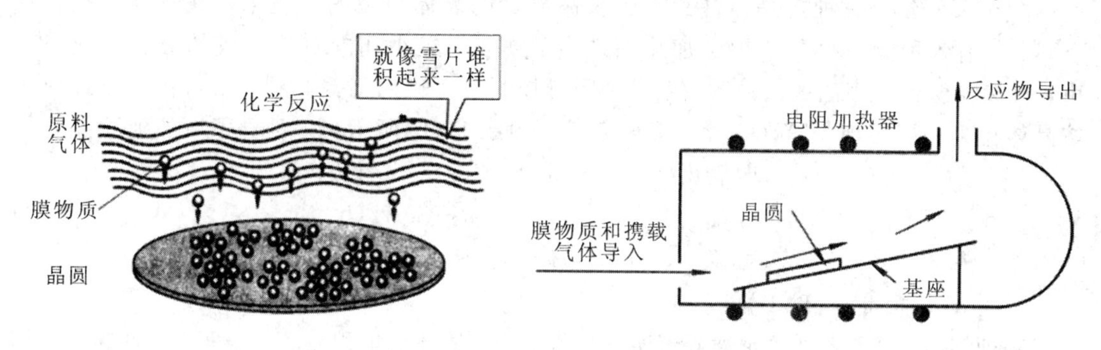

图 2.7　CVD 法成膜示意图　　　图 2.8　CVD 卧式反应炉工作原理示意图

2. 外延工艺与设备

外延(Epitaxy)是在单晶衬底上、合适的条件下沿衬底原来的结晶轴向，生长一层晶格结构完整的新的单晶层的制膜技术。新生单晶层按衬底晶相延伸生长，并称为外延层。长了外延层的衬底称为外延片。常用的外延工艺分为以下几种：

(1) 气相外延(Vapor Phase Epitaxy，VPE)，是常用方法。

(2) 液相外延(Liquid Phase Epitaxy，LPE)，适用Ⅲ和Ⅴ簇金属。

(3) 固相外延(Solid Phase Epitaxy，SPE)，熔融再结晶。

(4) 分子束外延(Molecular Beam Epitaxy，MBE)，适用超薄工艺。

气相外延工艺和 CVD 方法类似，通过包含反应物的携载气体，在衬底表面淀积同质材料。外延工艺主要用于在硅衬底表面淀积多晶硅薄膜，这些多晶硅是掺杂的硅晶体且晶向随机排列，用于在硅衬底指定区域实现导电。外延工艺与 CVD 方法的工艺设备结构基本相同。使用时用 H_2 作为携载气体。为安全起见，在工艺开始之前采用 N_2 清除反应炉中可能存在的 O_2。外延层的形成过程如图 2.9 所示，化学反应公式见式(2-3)。图 2.10(a)所示为一种气相外延设备。

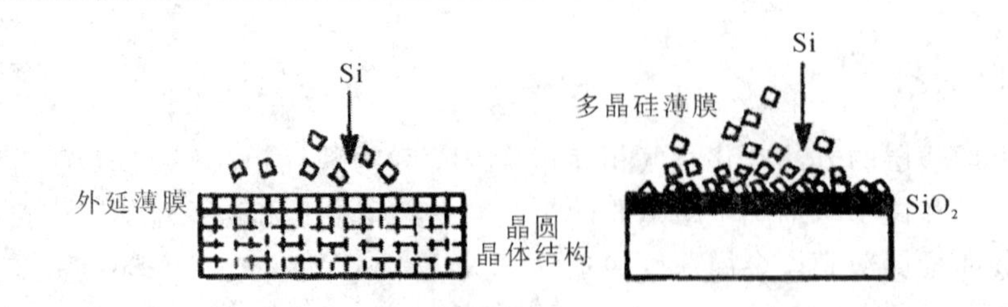

图 2.9 外延层的形成过程

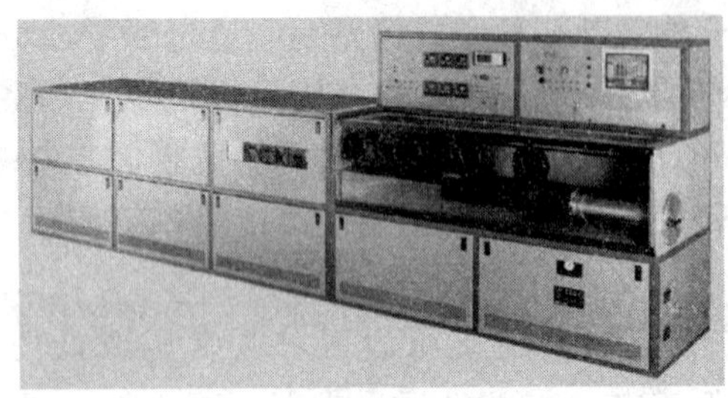

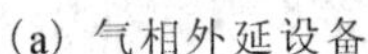

(a) 气相外延设备

(b) 分子束外延设备

图 2.10 外延设备

分子束外延是一种在晶体基片上生长高质量的晶体薄膜的新技术。在超高真空条件下，由装有各种所需组分的炉子加热而产生的蒸汽，经小孔准直后形成的分子束或原子束，直接喷射到适当温度的单晶基片上，同时控制分子束对衬底扫描，就可使分子或原子按晶体排列一层层地“长”在基片上形成薄膜。图 2.10(b)所示为一种分子束外延设备。

$$\begin{cases} \text{四氯化硅} & SiCl_4+2H_2 \leftrightarrow Si+4HCl \\ \text{硅烷} & SiH_4+\text{heat} \leftrightarrow Si+2H_2 \\ \text{二氯二氢硅} & SiH_2Cl_2 \leftrightarrow Si+2HCl \end{cases} \tag{2-3}$$

3. 物理气相淀积(PVD)

物理气相淀积是指膜物质微粒经蒸发或溅射逸出固体后堆积在晶片表面上。使固体膜物质转移到硅材料上形成膜层，主要有蒸发和溅射两种方法。PVD 法成膜过程如图 2.11 所示。

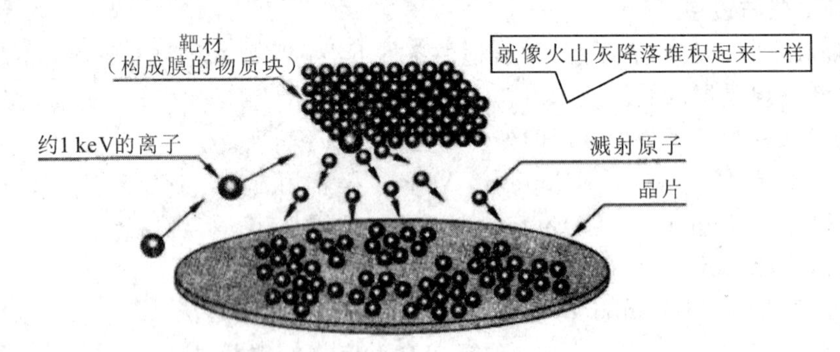

图 2.11 PVD 法成膜示意图

溅射是等离子工艺。在溅射过程中，惰性气体离子(通常为氩，Ar^+)加速冲向靶(阴极)，从靶中移出材料粒子。这些粒子构成蒸汽柱，凝结在衬底上。在微电子学和微型机电系统中，溅射是金属化层淀积的主要方法。溅射工艺包含四个阶段：通过引入气体的原子(Ar)与电子碰撞创造出离子，离子加速冲向靶；通过离子对靶的撞击，移出靶原子；自由的靶原子向衬底传输；在衬底上靶原子凝结。图 2.12 是具有装载反应室、复合靶和旋转衬底托盘的水平射频磁控溅射机示意图。

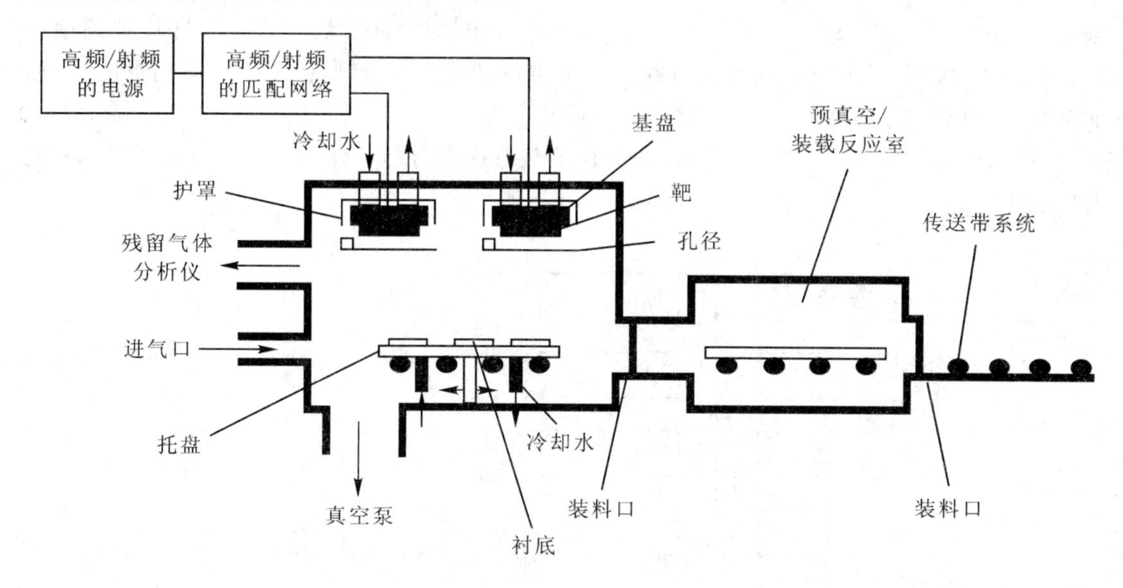

图 2.12　具有装载反应室、复合靶和旋转衬底托盘的水平射频磁控溅射机示意图

2.3　图形转移工艺

2.3.1　图形化工艺方法

图形化工艺是半导体工艺过程中最重要的工序之一，它是用来在不同的器件和电路表面上建立平面图形的工艺过程。这个工艺过程的目标有两个：首先是在晶圆表面上产生图形，这些图形的尺寸在集成电路或器件设计阶段建立；第二个目标是将电路图形正确地定位于晶圆表面。整个电路图形必须被正确地置于晶圆表面，它们与晶圆衬底的相对晶向以及电路图形上单独的每一部分之间的相对位置也必须是正确的。

图形化工艺是一种基本操作，在操作结束时，晶圆表面层上将剩下孔洞或岛区。图形化工艺也经常被称为光刻(Photolithography)。图形化工艺过程主要分为光刻工艺和刻蚀工艺。

光刻的本质是把临时电路结构复制到以后要进行刻蚀和离子注入的硅片上。这些结构首先以图形形式制作在称为掩膜版的石英板上，然后用紫外光透过掩膜版把图形转移到硅片表面的光敏薄膜上。芯片大批量生产工艺中的光刻以紫外光刻为主。掩膜版制作也使用光刻工艺，但是通常使用电子束、离子束进行曝光。图形转移中的光刻曝光技术在本书第 4 章将做详细介绍。

光刻显影后图形出现在硅片上，然后用一种化学刻蚀工艺把薄膜图形成像在下面的硅片上，或者被送到离子注入工作区来完成硅片上图形区中可选择的掺杂。转移到硅片上的各种各样的图形确定了器件的众多特征，如通孔、器件各层间必要的金属互连线以及硅掺杂区。从物理上说，集成电路是由许许多多的半导体元器件组合而成的，对应在硅晶圆片上就是半导体、导体以及各种不同层上的隔离材料的集合。

一般来说，互连材料淀积在硅片表面，然后有选择性地去除它，就形成了由光刻技术定义的电路图形。这种有选择性地去除材料的工艺过程叫做刻蚀，在显影检查完后进行，刻蚀工艺的正确进行非常关键，否则芯片将不能工作。更重要的是，一旦材料被刻蚀去掉，在刻蚀过程中所犯的错误将难以纠正。刻蚀的要求取决于要制作的特征图形的类型，如合金复合层、多晶硅栅、隔离硅槽或介质通孔。

图形化工艺过程如图 2.13 所示，图形化工艺过程包含两个基本过程，即光刻工艺和光刻后续工艺。

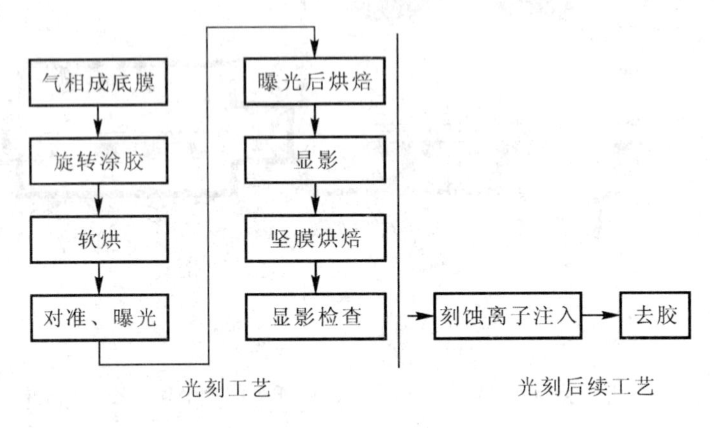

图 2.13　图形化工艺过程

2.3.2　光刻工艺

光刻包括两种基本的工艺类型：负性光刻和正性光刻。负性光刻把与掩膜版上图形相反的图形复制到硅片表面。正性光刻把与掩膜版上相同的图形复制到硅片上。这两种基本工艺的主要区别在于所用光刻胶的种类不同。如图 2.14 所示，光刻工艺过程包括 8 个基本步骤：气相成底模、旋转涂胶、软烘、对准和曝光、曝光后烘焙、显影、坚膜烘焙、显影检查。

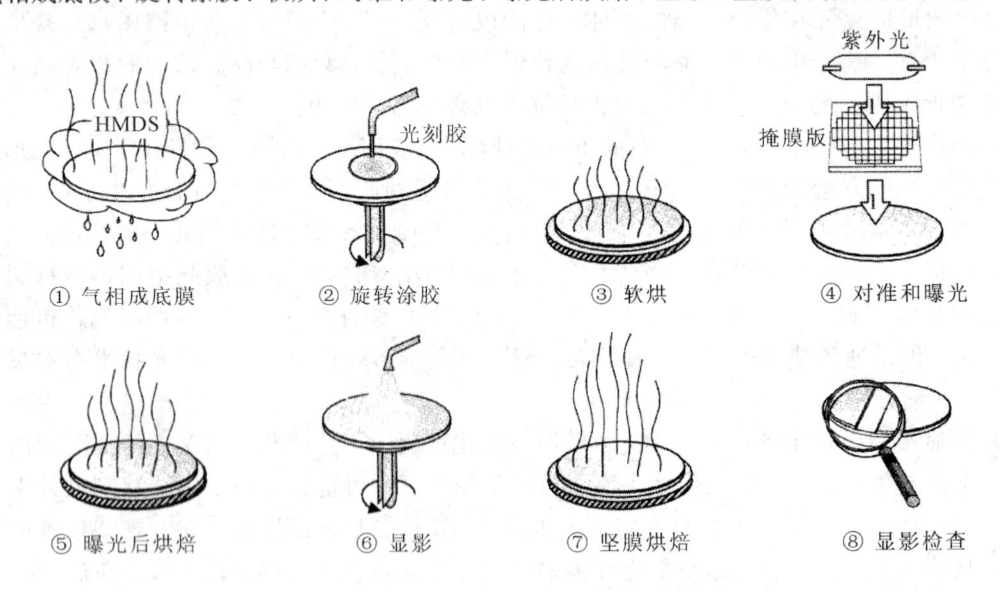

图 2.14　光刻的基本工艺步骤简图

如图 2.15 所示，由硅片传送系统将光刻工艺的基本设备串接在一起组成自动硅片光刻工艺加工系统，实现硅片的自动化光刻加工。在光刻的基本工艺中对准和曝光是最为关键的工艺。对准和曝光通常在曝光机(通常也被称做光刻机)上完成，曝光机是光刻工艺系统的核心设备。

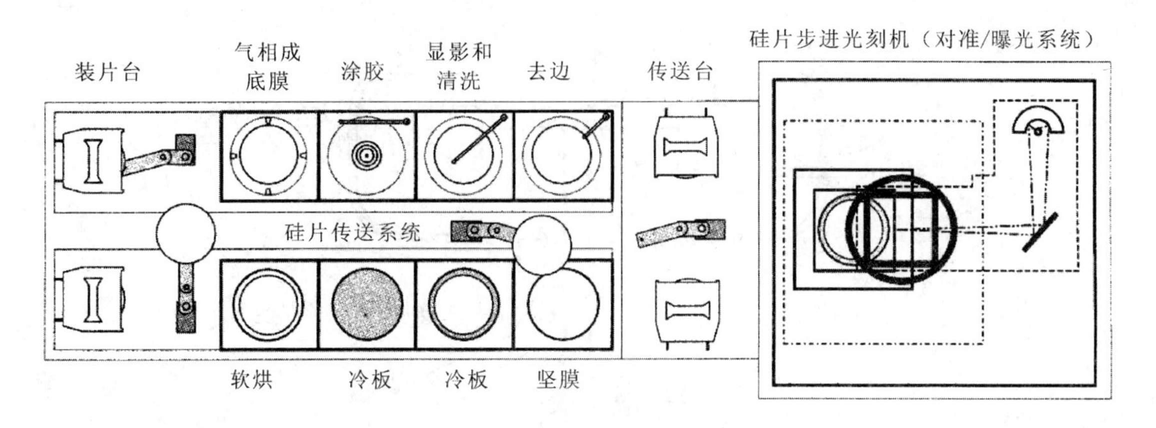

图 2.15　自动硅片轨道系统

1. 气相成底膜

气相成底膜包括硅片清洗、脱水烘焙和硅片成底膜三个步骤。气相成底膜采用湿法清洗和去离子水冲洗以去除玷污物，通过脱水烘焙去除水汽，然后马上用六甲基二硅烷(HMDS)进行成底膜处理，它起到提高黏附力的作用。成底膜过程通常在图 2.15 所示的自动化轨道系统上与其他工艺按顺序完成。

2. 旋转涂胶

光刻胶最基本的组成是有机溶剂中的一种聚合物溶液。光刻胶的物理特性包括分辨率、对比度、敏感度、黏滞性、黏附性、抗蚀性、表面张力、存储与传送特性、玷污和颗粒控制等。光刻胶主要有两个作用：将掩膜版上的图形转移到光刻胶上，在后续工艺中保护下面的材料。光刻胶适合于旋转涂胶，硅片会持续旋转涂胶直到硅片表面形成一层薄膜。光刻胶涂覆方法的四个基本步骤分别为滴胶、旋转铺开、旋转甩掉多余胶、溶剂挥发。

硅片上光刻胶涂胶的厚度和均匀性是非常关键的质量参数。光刻胶涂覆过程中的主要技术参数为：滴胶量，约 1～3 cc；成膜厚度约 1 μm，厚度变化为 20～50 Å。

光刻胶喷涂系统组成如图 2.16 所示，硅片吸附在真空吸盘上，真空吸盘可绕 Z 轴旋转，喷嘴可沿 X、Y、Z 轴移动，围绕 Z 轴旋转。喷嘴沿硅片径向分滴光刻胶，这样光刻胶就可以均匀地喷涂在硅片表面上。光刻胶涂覆后，在硅片边缘的正反两面都会有光刻胶的堆积。边缘的光刻胶一般涂布不均匀，不能得到很好的图形，而且容易发生剥离(Peeling)而影响其他部分的图形，所以需要去除。图 2.16 中“背面 EBR”装置为边缘光刻胶的去除装置。

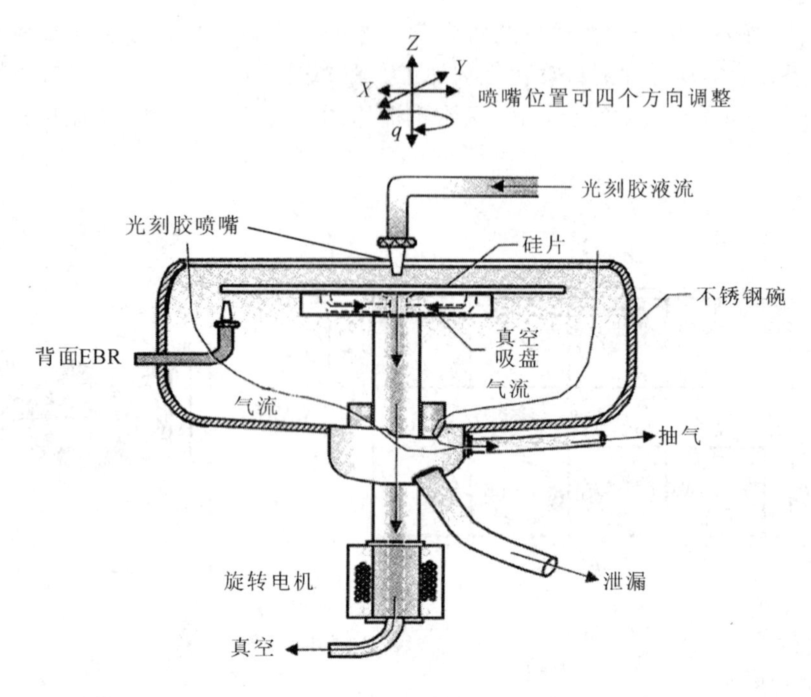

图 2.16　光刻胶喷涂系统组成

3. 软烘

软烘的目的是去掉光刻胶中的溶剂、增强光刻胶的黏附性、释放旋转涂胶产生的内应力、改善线宽控制以及防止光刻胶黏附到其他器件上。软烘在真空热板上进行，软烘设备工作原理如图 2.17 所示，硅片放在真空热板上，热量从硅片背面通过热传导方式加热光刻胶。一般软烘温度为 85～120℃，时间为 30～60 s。软烘后将硅片转移到轨道系统的冷板上冷却(见图 2.15)以便下一步操作。

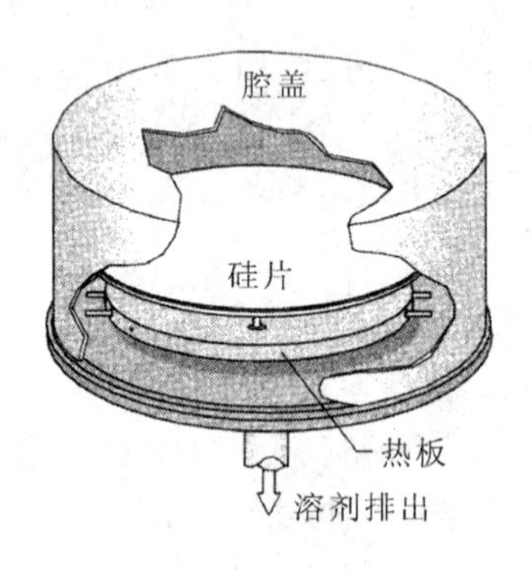

图 2.17　在真空热板上软烘

4. 对准和曝光

以光学紫外曝光为例，首先将硅片定位在光学系统的聚焦范围内，硅片的对准标记与掩膜版上相匹配的标记对准后，紫外光通过光学系统和掩膜版图形进行投影。掩膜版图形若以亮暗的特征出现在硅片上，则光刻胶就曝光了。

图 2.18 所示为紫外曝光系统曝光过程示意图。该曝光系统包括一个紫外光源、一个光学系统、一块由芯片图形组成的投影掩膜版、一个对准系统和涂过光刻胶的硅片。硅片

放在可以实现 X、Y、Z、θ 方向运动的承片台上，由对准激光系统实现承片台上的硅片与掩膜版之间的对准，由光源系统、投影掩膜版、投影透镜实现硅片上光刻胶的曝光。单次曝光过程包括聚焦、对准、曝光和步进。

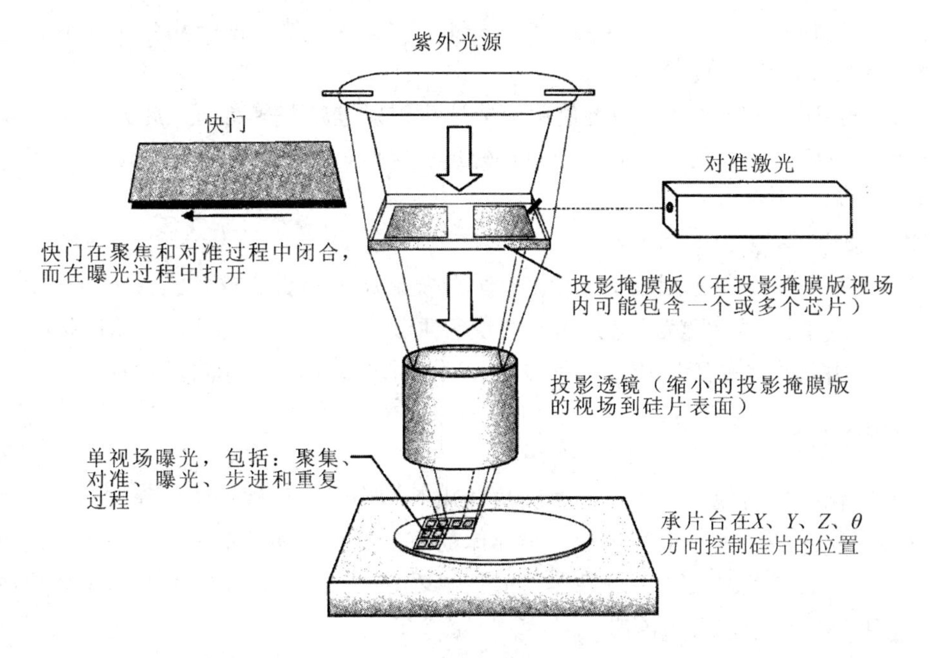

图 2.18　紫外曝光系统曝光过程示意图

光学曝光技术经历了不同的发展阶段。按照掩膜版与硅片的位置关系区分，从最初的接触式曝光，发展到接近式曝光，直到现在的投影式曝光。曝光光源主要使用紫外光、深紫外光和极紫外光，现今最常用的是汞灯和准分子聚光光源。

光刻设备的发展和使用经历了五个不同阶段，分别是接触式光刻机、接近式光刻机、扫描投影光刻机、分步重复光刻机和步进扫描光刻机。

曝光与对准过程主要由光刻机完成。光刻机造价高昂，是非常复杂的系统，涉及的技术也非常多。光刻机是芯片生产的关键设备，也是电子制造的核心技术设备。

5. 曝光后烘焙

曝光后的硅片从曝光系统又回到硅片轨道系统，需要进行短时间的曝光后烘焙。其目的是促进光刻胶的化学反应，或者提高光刻胶的黏附性并减少驻波。在光刻胶的产品说明书中，生产商会提供后烘的时间和温度。进行后烘时，硅片放在自动轨道系统的一个热板上，处理的温度和时间需要根据光刻胶的类型确定。典型后烘的温度为 90～130℃，时间为 1～2 min。

6. 显影

用化学显影液溶解由曝光造成的光刻胶可溶解区域就是光刻胶显影，目的是把掩膜版图形准确复制到光刻胶中。显影的要求重点是产生的关键尺寸达到规格要求。

现在生产线上显影液的涂覆方法主要有两种：连续喷雾显影和旋转浸没显影。光刻胶显影过程需要控制的主要工艺技术参数包括显影温度、显影时间、显影液量、当量浓度、清洗和排风。

7. 坚膜烘焙

显影后的热烘焙称为坚膜烘焙，目的是蒸发掉硅片光刻胶中的剩余溶剂，从而使光刻胶变硬，提高光刻胶与硅片的黏附性。坚膜过程也可以蒸发掉残余在硅片上的显影液和清洗用水。坚膜过程通常在硅片轨道系统的热板上，或在生产线上的专用炉中完成。坚膜温度大致为：正胶 130℃，负胶 150℃。

对于 DNQ 酚醛树脂光刻胶则可使用深紫外线照射进行坚膜处理，此方法使正胶树脂发生交联形成较硬的表面层，增加了光刻胶的热稳定性，可以承受 125～200℃等离子刻蚀及离子注入工艺工作温度。

8. 显影检查

显影检查是为了发现光刻胶中成像的缺陷。显影检查后合格硅片投入下道工序，有缺陷硅片可进行返工操作，也就是通过去胶清洗后重新进行光刻工艺过程。显影检查一般借助光学显微镜由熟练操作工完成。大批量生产时显影检查通常使用自动检查设备。

2.3.3 刻蚀工艺

刻蚀是用化学或物理的方法有选择地从硅片上去除不需要材料的过程。刻蚀是在硅片上进行图形转移的最后主要工艺步骤。半导体刻蚀工艺有两种基本方法：干法刻蚀和湿法腐蚀。干法刻蚀是亚微米尺寸下刻蚀器件的最主要方法，湿法腐蚀使用液体腐蚀的加工方法，主要用于特征尺寸较大的情况。

按照被刻蚀材料来分，干法刻蚀主要分成金属刻蚀、介质刻蚀和硅刻蚀。刻蚀也可以分成有图形刻蚀和无图形刻蚀。有图形刻蚀可用来在硅片上制作不同图形，例如栅、金属互连线、通孔、接触孔和沟槽。无图形刻蚀用于剥离掩蔽层。有图形或无图形刻蚀都可以分别采用干法刻蚀或湿法腐蚀。

刻蚀的主要工艺参数有：刻蚀速率、刻蚀剖面、刻蚀偏差、选择比、均匀性、残留物、聚合物、等离子体诱导损伤、颗粒玷污和缺陷。

1. 干法刻蚀

在半导体制造中，干法刻蚀是用来去除表面材料的最主要的刻蚀方法。干法刻蚀是把硅片表面暴露于气态中产生的等离子体，等离子体通过光刻胶中开出的窗口与硅片发生物理或化学反应，从而去掉暴露的材料。

一个等离子体干法刻蚀系统由发生刻蚀反应的反应腔、一个产生等离子体的射频电源、气体流量控制系统、去除刻蚀生成物和气体的真空系统等组成。刻蚀反应系统包括传感器、气体流量控制单元和终点触发探测器。一般的干法刻蚀中的控制参数包括真空度、气体混合组分、气流流速、温度、射频功率和硅片相对于等离子体的位置。常用的干法等离子体反应器类型包括圆筒式等离子体反应器、平板式反应器、顺流刻蚀系统、三级平面反应器、离子铣、反应离子刻蚀器、高密度等离子体刻蚀机等。

图 2.19 所示为由平板反应器构成的平板等离子刻蚀机系统。反应器有两个大小和位置对称的平行金属板，硅片背面朝下放置于接地的阴极上面，RF 信号加在反应器的上电极。由于等离子体电势高于地电势，因此这是一种带能离子进行轰击的等离子体刻蚀模式。一个刻蚀系统的能力及控制方法对成功加工硅片非常关键。

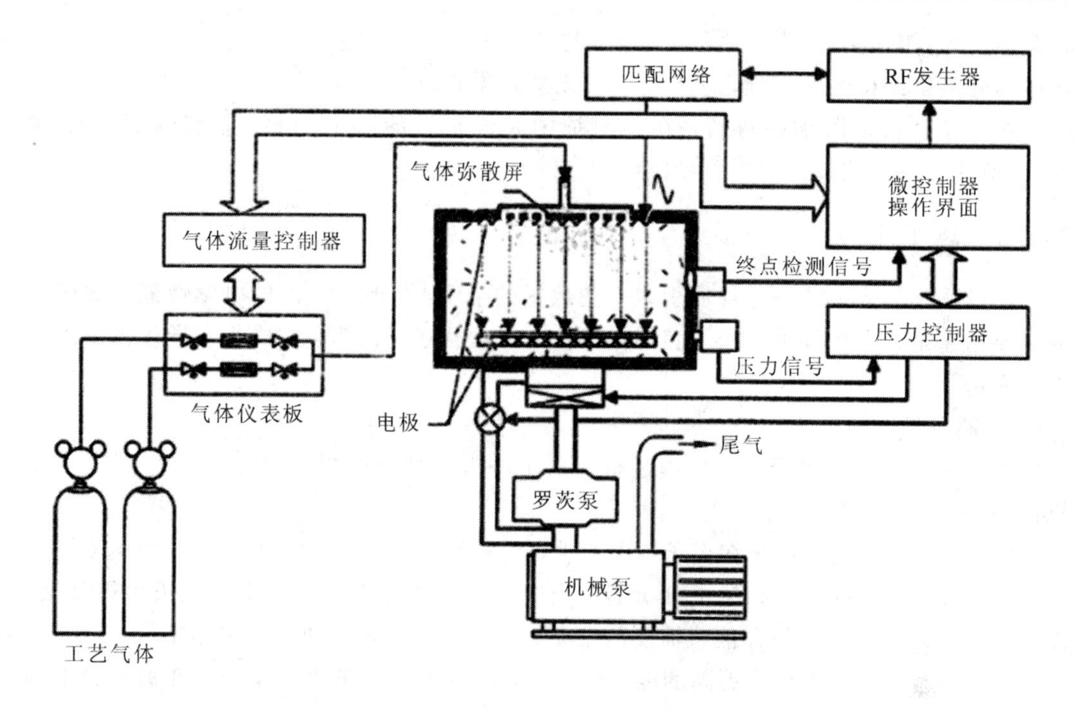

图 2.19　平板等离子刻蚀系统组成示意图

2. 湿法腐蚀

早期湿法腐蚀主要用于硅片刻蚀，现在湿法腐蚀的功能大部分被干法刻蚀代替。目前湿法腐蚀主要用于漂去氧化物、去除残留物、表层剥离以及较大特征尺寸的图形腐蚀。湿法腐蚀设备较为简单，通常使用一个液体槽，采用浸泡或喷射的方法批量处理硅片。

湿法腐蚀设备的主要控制参数包括溶液浓度、浸泡时间、腐蚀槽的温度、溶液槽的搅动、处理硅片的批次等。

2.4　掺杂工艺

掺杂是把杂质引入半导体材料的晶体结构中，以改变半导体材料电学性能的一种方法。在芯片制造中常用两种方法向硅片中引入杂质元素，即热扩散和离子注入。热扩散利用高温驱动杂质穿过硅的晶格结构，这种方法受到时间和温度的影响。离子注入通过高压离子轰击把杂质引入硅片。杂质通过与硅片发生原子级的高能碰撞，才能被注入。

2.4.1　扩散

扩散分为三种，即气态、液态和固态。在半导体制造中，利用高温扩散驱动杂质穿过硅晶格。硅中固态杂质的扩散需要三个步骤：预淀积、推进和激活。

在淀积过程中，硅片被送入高温扩散炉，杂质原子从材料源处转移到扩散炉内，炉温通常设为 800～1000℃，持续时间为 10～30 min，这时杂质处于硅片的表面，为防止杂质的流失，在硅的表面需要生成薄层氧化层。预淀积过程为扩散过程建立了浓度梯度，从表面深入到硅片的内部，杂质的浓度逐渐降低。热扩散的第二步是推进，其作用是使淀积的杂质穿过硅晶体，在硅片中达到一定的深度。推进温度为 1000～1250℃。热扩散的第三步是激活，当温度进一步升高时，杂质原子与硅原子键合，从而改变硅的导电率。杂质只有在成为硅晶格结构的一部分，才有助于形成半导体硅。

扩散在高温扩散炉中进行，在高温炉中完成扩散的三个步骤。高温炉设备结构见2.5.1节热处理工艺设备。

2.4.2 离子注入

通过物理注入方式向硅衬底引入一定数量的杂质，将改变硅片的电学性能。离子注入的主要用途是掺杂半导体材料。目前离子注入方法优于扩散工艺，成为半导体掺杂工艺的主要方法。

1. 离子注入机

离子注入工艺在离子注入机内进行。离子注入机结构如图2.20所示，一般离子注入机设备包括五个部分。

（1）离子源。注入离子在离子源中产生，正离子由杂质气态源或固态源的蒸汽产生。

（2）引出电极(吸级)和离子分析器。离子通过离子源上的一个窄缝被吸出组件吸引。注入机中的磁性离子分析器能将需要的杂质离子从混合的离子束中分离出来。

（3）加速管。为了获得更高的能量(也就是运动速度)，正离子还需要在加速管中的电场下进行加速。

（4）扫描系统。注入机离子束斑约1～3 cm^2，需要通过扫描覆盖整个硅片。可以通过固定硅片、移动束斑或者移动硅片、束斑固定进行扫描。扫描系统有静电扫描、机械扫描、混合扫描和平行扫描。

（5）工艺腔。离子束注入在工艺腔中进行。一般工艺腔包括扫描系统、硅片装卸终端台、硅片传输系统、检测系统以及控制沟道效应的装置。

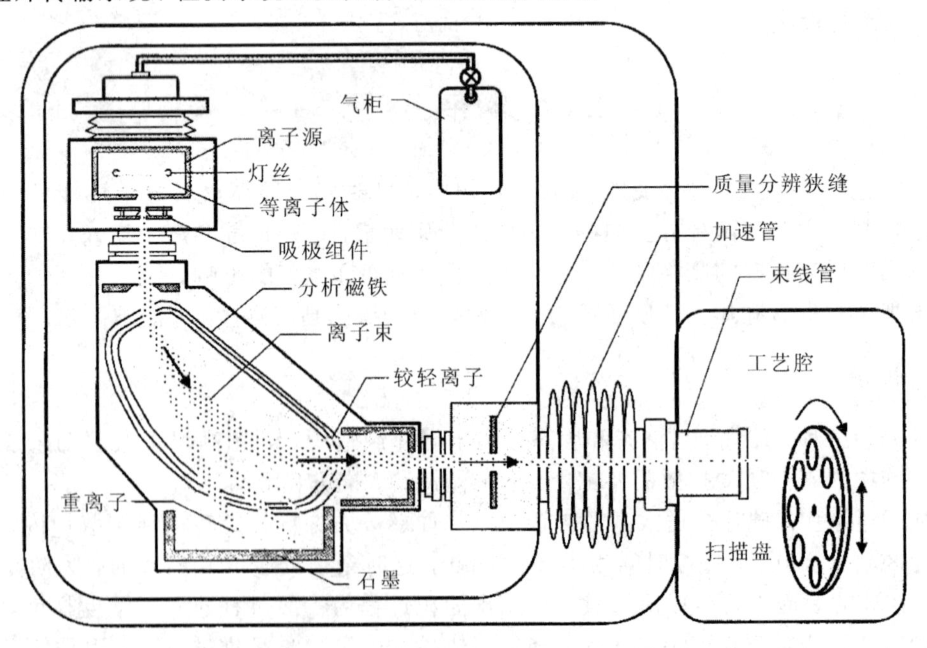

图2.20 离子注入机组成示意图

2. 离子注入参数

离子注入参数主要有剂量和射程。剂量是单位面积硅片注入的离子数，单位是原子每平方厘米(或离子每平方厘米)。射程是离子注入过程中，离子穿入硅片的总距离。注入机的能量越高，则杂质原子穿入硅片深度越大。

2.5　其他辅助工艺

2.5.1　热处理工艺

半导体生产中的热处理工艺主要是退火工艺。在离子注入后，硅片的晶格因原子撞击而损伤。另外被注入离子不占据硅的晶格，处于晶格间隙位置。经过退火处理后杂质原子被激活，运动到硅片晶格上。退火的同时修复了晶格损伤。

1. 热处理工艺

晶格修复温度大约为 500℃，激活杂质原子温度大约为 950℃。硅片退火使用两种方法，即高温退火和快速热处理。

(1) 高温退火：在高温炉中将注入杂质的硅片加热至 800～1000℃，保温 30 min。在此温度下可修复晶格损伤，并且实现硅晶格上原子的替换。这种热处理工艺会造成杂质的扩散。

(2) 快速热处理：快速升温到 1000℃，并且快速对硅片进行退火处理。通常在通入 Ar 或 N_2 的快速热处理机中对硅片进行注入离子后的退火处理。退火工艺要在保证晶格的修复、激活杂质和防止杂质扩散三者之间取得平衡，最好的方法就是获取最佳的升温速度和保温时间。

2. 热处理工艺设备

热处理工艺设备主要是高温炉设备。这类高温炉设备同样可用于热生长氧化物、各种淀积膜生成、玻璃体回流及硅化膜的生成。热处理工艺设备有三种：卧式炉、立式炉和快速热处理器。

1) 卧式炉

卧式炉是早期广泛使用的热处理炉，主要结构是使用水平放置的石英管，在石英管中放置硅片，管子外围进行加热。

2) 立式炉

立式炉更容易操作，也容易控制温度和均匀性，因此逐渐取代了卧式炉。如图 2.21 所示，立式高温炉主要由五部分组成，即石英工艺腔、硅片传输系统、气体分配系统、尾气系统和温控系统。

(1) 工艺腔：工艺腔由垂直的石英罩、多区加热丝和加热管套组成。工艺腔体内通过热电偶实现精确的温度控制，加热单元是缠绕在炉管外部的金属电阻丝。

(2) 硅片传输系统：使用自动机械系统装卸工艺腔中的硅片。

(3) 气体分配系统：控制炉管内的气体成分，可满足不同工艺需要。

(4) 控制系统：控制工艺参数，如工艺时间、温度、工艺步骤顺序、气体种类、气流速度、升降速率和装卸硅片。

立式炉的一种形式是快速升温立式炉。典型的快速升温立式炉的温升速率达到80℃/min，冷却速度为 60℃/min。能同时处理 100 片以上硅片。硅片的温升及冷却都能精确控制。

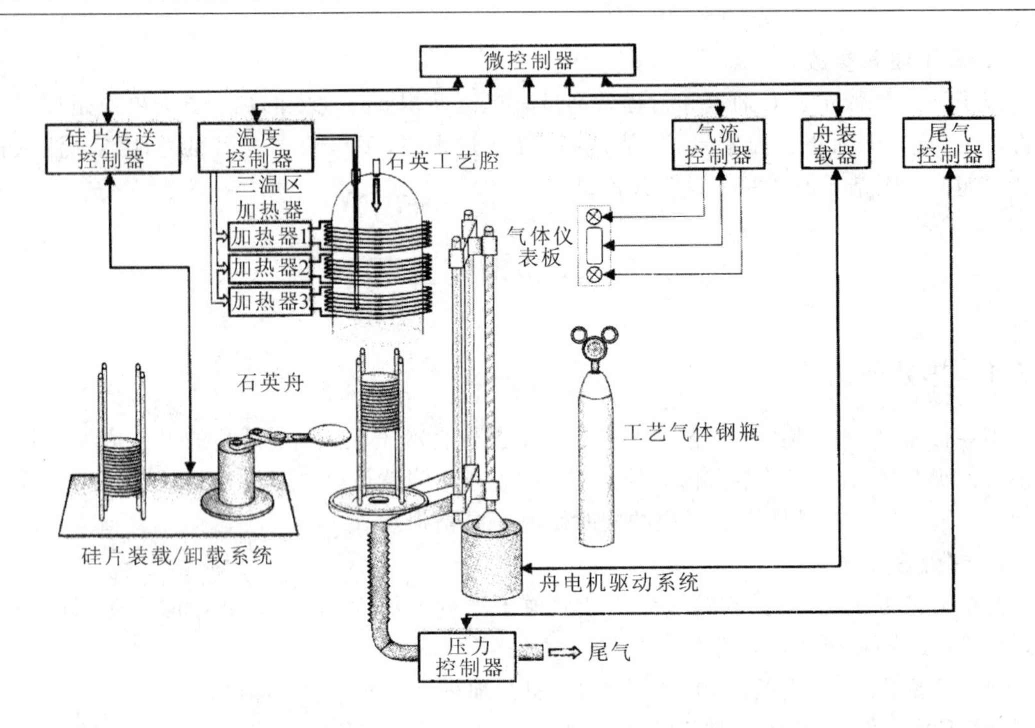

图 2.21 立式热处理炉系统组成示意图

3）快速热处理器

快速热处理(RTP)是在几分之一秒内，将硅片加热至400～1300℃的一种工艺方法。快速热处理器的组成原理如图2.22所示。热源为组装在一起的多盏卤钨灯，热源灯分成多个区域可以降低加热的不均匀性。卤钨灯产生的短波长辐射加热硅片。RTP系统的温度检测方法一般使用热电偶或者光学高温计。

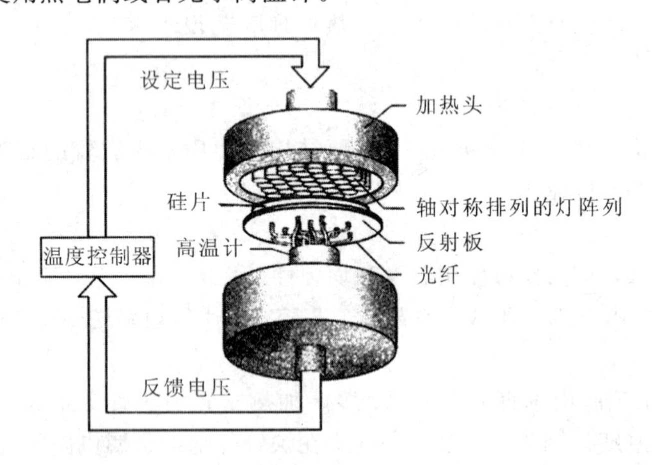

图 2.22 快速热处理系统结构示意图

RTP工艺最广泛的用途是离子注入后的退火，主要优点是缩短加热时间，节约加热费用。此外，RTP工艺还可以用于淀积膜的处理、硼磷硅玻璃回流、阻挡层退火、硅化物形成等。

2.5.2 清洗工艺

硅片清洗的目的是去除所有表面玷污，如颗粒、有机物、金属和自然氧化物等。硅片清洗工艺贯穿于硅片加工的各个阶段，前后有上百次。清洗工艺主要采用湿化学法。为了减少化学溶剂的使用，通常也使用超声清洗器、喷雾清洗器、刷洗器等以增加清洗效果。

(1) 超声清洗器。在清洗槽中增加能产生 1 MHz 超声能的兆声发生器，利用超声能量产生的气泡去除污物，从而降低清洗温度，减小清洗剂溶液的浓度。

(2) 喷雾清洗器。喷嘴高速喷出雾状清洗液与旋转运动的硅片之间产生物理作用力，增加清洗效果。

(3) 刷洗器。硅片刷洗能大量去除硅片表面的颗粒物，这种方法主要用于化学机械抛光后的清洗。喷嘴喷射出清洗液或者去离子水，转动刷涮洗做旋转运动的硅片，从而增加清洗效率。

(4) 水清洗设备。水清洗设备有溢流清洗器、排空清洗器、喷射清洗器和加热去离子水清洗机。

(5) 硅片甩干。硅片清洗结束后需要甩干，通常使用旋转式甩干和异丙醇蒸汽干燥法两种方法。

2.5.3 CMP

CMP 即化学机械抛光(Chemical Mechanical Planarization)，通常称为抛光。化学机械平坦化是实现多层金属技术的主要平坦化技术，它通过硅片和一个抛光头之间的相对运动来平坦化硅片表面，在硅片表面和抛光头之间有磨料，并且施加一定压力。CMP 设备的工作原理如图 2.23 所示，图 2.23(a)为平坦化加工原理图，图 2.23(b)为带有多个磨头的 CMP 设备示意图。在抛光时一个磨头上装有一个硅片，在传送和抛光过程中，磨头依靠真空来吸附硅片。抛光时磨料由磨料喷嘴喷涂到抛光垫上，磨头和转盘的旋转运动实现了硅片的抛光。磨料与硅片的化学反应促进了抛光效果。

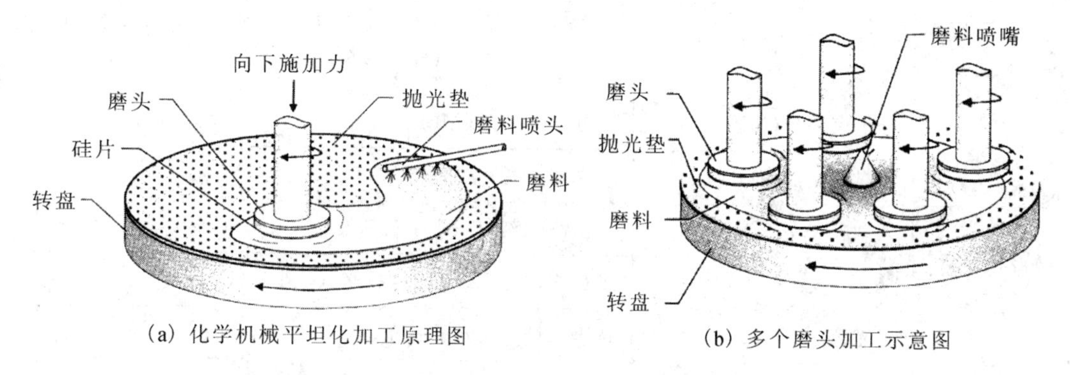

(a) 化学机械平坦化加工原理图　　(b) 多个磨头加工示意图

图 2.23　化学机械平坦化设备工作原理示意图

CMP 的主要工艺参数有：抛光时间、磨头向下压力、转盘速度、磨头速度、磨料化学成分、磨料流速、抛光垫修整、硅片/磨料温度、硅片背压。

CMP 工作过程的一个重要工艺步骤是终点检测，通常使用两种方法。一是电机电流终点检测，在抛光时硅片上不同材料的摩擦特性不一致，那么磨头电机感受到的阻力会有不同变化，电机电流也会相应发生变化。通过检测电机电流变化判断抛光过程是否进入不同材料层，从而判断是否到达抛光终点。二是光学终点检测，该技术是基于光的反射系数，在反射光谱学中，光从膜层上反射的不同角度与膜层材料和厚度有关。当膜层从一种材料的界面变化到另一种材料的界面时，光学终点检测测量到从抛光膜层反射过来的紫外光或可见光之间的干涉，从而判断是否到达抛光的终点。

2.6 半导体芯片制造工艺与设备及关键工艺技术

2.6.1 半导体芯片制造工艺与设备

半导体芯片的制造可以分为制造准备和制造过程两个阶段。制造准备阶段需要做的工作包括集成电路设计、掩膜版设计制造、硅片的制备及制造环境的创建。芯片制造过程包括的主要工艺有薄膜生成工艺(氧化、淀积)、图形转移工艺(光刻、刻蚀)、掺杂工艺(扩散、离子注入)以及其他辅助工艺(热处理、清洗、CMP)等。芯片制造工艺设备按照工艺过程组成相应的生产线。

1. 半导体芯片制造工艺

以 64GbCOMS 器件制造为例，整个工艺过程大约需要 180 个主要步骤、52 个清洗/剥离步骤以及多达 28 块掩膜版。这些工艺步骤基本上都属于上述四种基本工艺。如果集成电路的特征值进一步减少，需要的工艺步骤数将会增加到 500 或更多。表 2.2 所列为 CMOS 器件制造时使用的工艺类型及实际可选工艺方法。

表 2.2 CMOS 器件制造工艺类型及实际可选工艺方法(摘要)

基本工艺	工　艺	可选工艺方法
薄膜工艺	氧化	常压
	高压	快速热氧化(RTO)
	化学气相淀积(CVD)	常压、低压(LPCVD)，等离子增强(PECVD)，气相外延(VPE)，有机金属气相淀积(MOCVD)
	分子束外延(MBE)	分子束外延(MBE)
	物料气相淀积(PVD)	真空蒸发，溅射
图形化工艺	光刻胶	正性光刻胶，负性光刻胶
	曝光系统	接触式、接近式、扫描投影式、步进式
	曝光源	高压汞灯、准分子激光、X 射线、电子束
图形化工艺	图像加工	单层光刻胶，多层光刻胶，减反射膜，离轴照明，环形照明，平坦化，反差增强
	刻蚀	湿法化学液体/蒸发，干法(等离子体)，剥离法，离子铣
掺杂	扩散	卧式开口/立式密闭式，中束流/大束流，低压/高压(能量)
加热	热	热板，传导，快速热处理
	辐射	红外(IR)

2. 半导体芯片制造工艺设备的分类

1) 电路设计用设备

半导体芯片中的集成电路需要大量的设计，使用的设计设备包括计算机系统、各种输入/输出设备和各种软件等。

2) 制板设备

在半导体芯片制造过程中要使用各式各样的掩膜版。掩膜版的制造过程与芯片制造过程类似，也要使用成膜、曝光、刻蚀设备以及清洗和各种检验设备等。掩膜版制造所用的图形设备一般使用电子束扫描曝光设备，在玻璃板的铬膜上直接刻蚀出可局部透光的掩膜图形。电子束扫描曝光系统采用与电视显像管原理相似的光栅扫描系统。

3) 半导体工程设备

半导体芯片的加工主要在超净室中进行。超净室的要求包括：1 m^3中粒径在0.1 μm以上的浮游微粒数在10个以下(ISO1级)；温度保持在(23±1)℃；相对湿度保持在(45±5)%RH；污染气体分子保持在十亿分之一以下。为了确保超净室的清洁度，要使用能够滤掉99.9999%以上的微粒的化学过滤器。此外，芯片制造环境的温度变化和振动也会损害光刻加工时的对准和曝光精度。为了保证曝光机的纳米级对准精度，需要严格控制曝光机工作环境的温度变化，并对曝光机安装基础进行隔振处理。

半导体制造的工程设备包括净化室、净化台、晶圆标准机械接口箱、自动搬送设备和环境控制设备(超净水制造、废气处理、废液处理、精制设备、分析设备、探测器)等。另外还需要一些静电处理与防护设备。

4) 半导体芯片制造工艺设备

从单晶硅片到包含有芯片的成品晶圆是复杂而漫长的过程，在这个过程使用了大量的设备，这些设备包括光刻设备(曝光、涂膜、显影、腐蚀设备等)、清洗设备、掺杂设备(离子注入设备、扩散炉等)、氧化设备、CVD设备、溅射设备、各种测试检测设备和分析评价设备等。与表2.2所述工艺类型对应的设备基本包含了绝大部分半导体芯片制造工艺设备。

3. 半导体芯片制造厂生产线的组成

硅片制造厂生产线一般包括光刻系统、离子注入系统、扩散系统、刻蚀系统、薄膜系统、金属化系统等。硅片制造厂生产线的布置如图2.24所示，其中光刻系统的布置如图2.15所示。

如图2.24所示，每个生产子系统内部有自己的上/下片系统、加工系统、检测系统等。在各个加工系统之间由硅片转运系统完成硅片的转运。整个生产线会按照各个子系统的生产能力进行配置，以满足均衡生产。一个硅片从投入生产系统到出片需要经过若干天，这段时间的长短是影响产品上市时间的关键因素。投入片数与产出片数之比可以衡量整个系统的加工质量，也可以按照单位时间产出的硅片数判断该系统的生产效率。生产的每个硅片上的所有芯片(晶粒)并不是个个合格，因此也可以按照产出的芯片的合格率去衡量生产系统的质量。硅片上芯片的合格率有待于半导体后端制造工艺中的晶圆检测的结果。

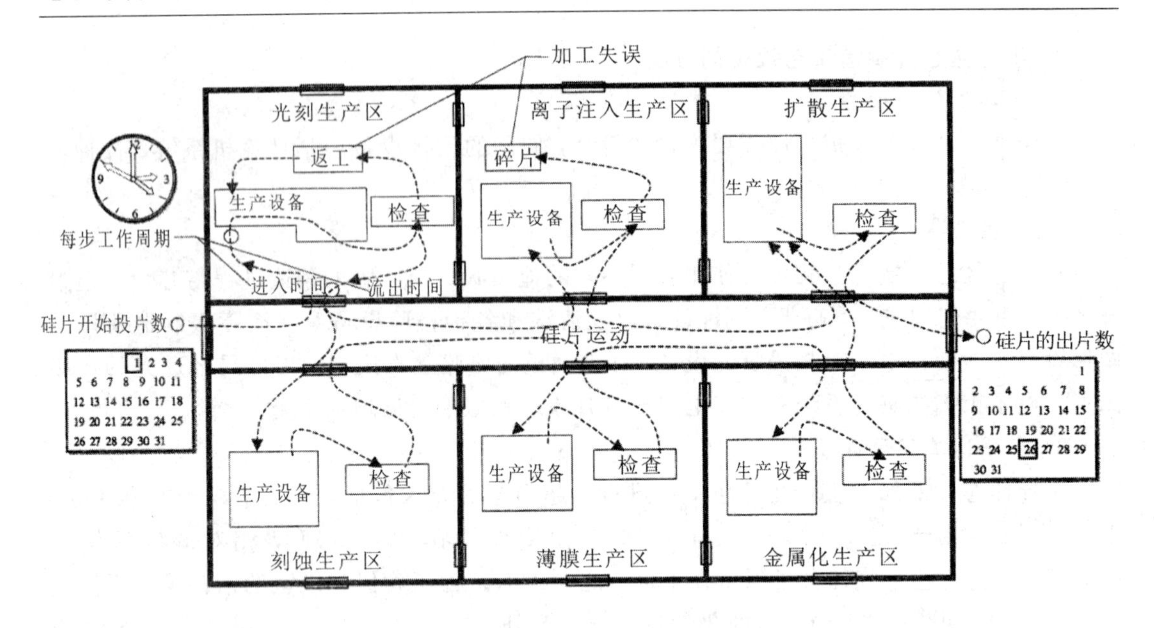

图 2.24　硅片制造厂生产线布置示意图

2.6.2　半导体制造关键工艺技术

1. 半导体制造关键工艺技术及设备

半导体芯片制造工艺过程中使用最多的是光刻工艺。光刻工艺系统所用设备由自动硅片轨道系统串联而成。曝光晶圆尺寸大小、曝光分辨率和单位时间曝光晶圆数是衡量一个光刻机性能的主要技术指标，也是决定一个光刻生产线生产能力的核心设备。

目前通常使用的光刻机包括接触式光刻机、接近式光刻机、扫描投影光刻机、分步重复光刻机和步进扫描光刻机。一般根据生产批量及芯片的特征值不同分别使用不同的光刻系统。接触式光刻机和接近式光刻机通常用于实验室小批量生产微米级芯片，此外也用于微机械结构的光刻加工。大批量亚微米到纳米级芯片通常使用扫描投影光刻机、分步重复光刻机和步进扫描光刻机。

2. 光刻技术及设备的发展

从图 2.25 所示的光学曝光随集成电路最小尺寸的演变图可以看出，从 20 世纪 80 年代到本世纪初，光学曝光是主要的光刻方法，光学曝光使用深紫外光。从 20 世纪 80 年代初的 3 μm 集成电路到 2004 年 90 nm 的集成电路的发展，光学曝光光源使用汞灯，波长从 G 线(436 nm)、I 线(365 nm)，再到使用准分子激光光源，波长为 248 nm 和 193 nm。过去的 10 年中产业界利用大数值孔径和浸没式曝光技术，以及离轴照明技术(Off Axis Illumination，OAI)、空间滤波技术、相位移掩膜(Phase Shift Mask，PSM)技术、光学临近效应校正技术等光学曝光分辨率增强技术，使用 193 nm 的深紫外光将集成电路最小尺寸做到了 22 nm。

目前利用极紫外(EUV)光刻技术，半导体芯片制造的特征值(线距或线宽)正从 22 nm 过渡到 10～14 nm。2015 年 IBM 公司宣布利用硅锗(SiGe)沟道晶体管和极紫外光刻技术实现了 7 nm 芯片。

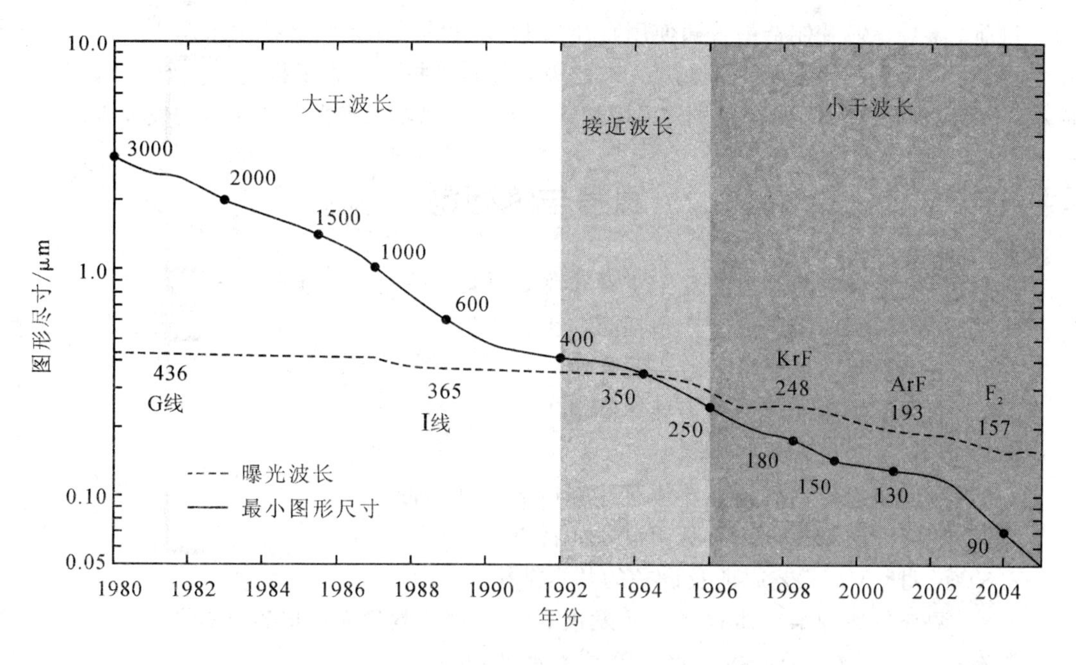

图 2.25　光学曝光随集成电路最小尺寸的演变

图 2.26 所示为光刻技术与设备的发展历程。为了实现更小的集成电路的特征值(例如 10 nm 以下)，选用极紫外光刻技术、角度限制投影电子束光刻技术(SCALPEL)、离子束投影光刻技术(IPL)和 X 射线光刻技术将是最为可行的技术方案。光学曝光技术的原理及技术演变将在第 4 章作详细介绍。

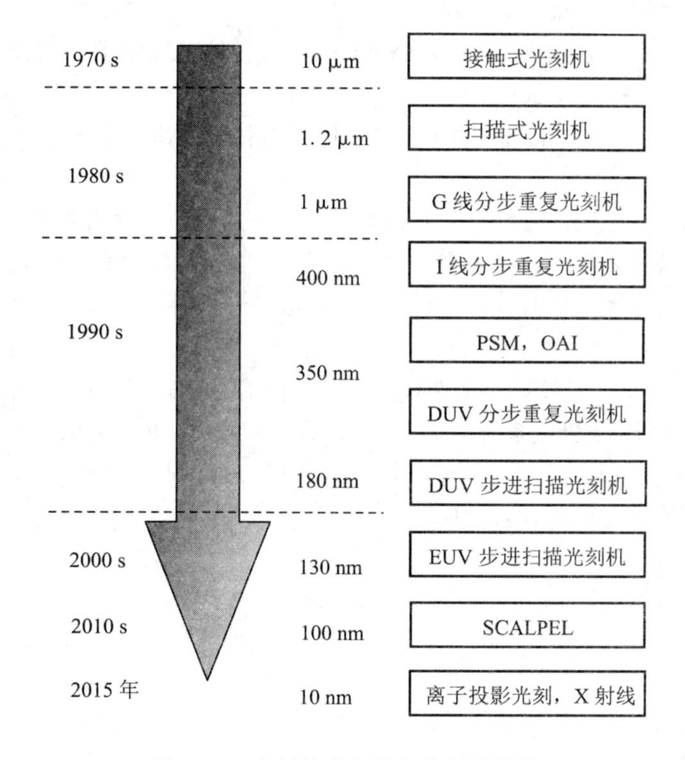

图 2.26　光刻技术与设备的发展趋势

目前，半导体芯片制造中普遍使用直径为12英寸的晶圆。曝光技术采用193 nm深紫外曝光技术，较为先进的企业使用13.5 nm的极紫外曝光技术。为了提高生产效率，降低生产成本，使用18英寸(450 mm)晶圆、采用极紫外曝光技术是未来半导体制造的发展方向。

思考与练习题

2.1 列出集成电路制造的5个重要步骤，简要描述每一个步骤。

2.2 举例说明薄膜生成工艺包括哪些工艺内容。

2.3 举例说明图形化工艺的主要作用。

2.4 举例说明热处理炉在半导体制造工艺中的用途。

2.5 光刻工艺包含哪些步骤？

2.6 为什么说光刻机是半导体芯片制造的关键设备？

2.7 举例说明刻蚀方法及所用设备的特点。

2.8 说明CMP工艺原理及设备的基本结构。

2.9 调查本地的半导体制造产业发展状态，撰写小型调查报告。报告中列举本地半导体制造产业上下游生产厂家的产品及技术水平状态。

参考文献

[1] Peter Van Zant. 芯片制造：半导体工艺制程实用教程. 5版. 韩郑生，等译. 北京：电子工业出版社，2010.

[2] Hwaiyu Geng(耿怀玉)，等. 半导体集成电路制造手册. 赵树武，等译. 北京：电子工业出版社，2006.

[3] Michael Quirk，Julian Serda. 半导体制造技术. 韩郑生，等译. 北京：电子工业出版社，2009.

[4] 王天曦，王豫明. 现代电子制造概论. 北京：清华大学出版社，2011.

[5] 崔铮. 微纳米加工技术及其应用. 3版. 北京：高等教育出版社，2013.

[6] 高宏伟，张大兴，王卫东，等. 电子制造装备技术. 西安：西安电子科技大学出版社，2015.

[7] 金玉丰，陈兢，缪旻. 微纳米器件封装技术. 北京：国防工业出版社，2012.

[8] Chang Liu. 微机电系统基础. 2版. 黄庆安，译. 北京：机械工业出版社，2013.

[9] N. P马哈里克(N. P. Mahalik). 微制造与纳米技术. 蔡艳，吴毅雄，等译. 北京：机械工业出版社，2015.

第3章　电子封装工艺与设备

3.1　概　　述

根据电子产品的构成及产业链的形态，可以将电子制造总结为几个关键生产环节：半导体芯片制造、晶圆测试、芯片封装、基板与膜电路制造、电子组装。产业界通常将晶圆测试、芯片封装和电子组装称为电子封装。本章将围绕电子封装产业，以晶圆测试、芯片封装、基板与膜电路制造及电子组装为主线，介绍电子封装的主要工艺方法及关键设备。

从载有集成电路的晶圆到封装好的芯片，这一过程通常称为集成电路的后道制造，也就是半导体芯片的封装与测试过程。芯片的封装对集成电路起支撑和机械保护作用，是芯片进行信号传输、电源分配、散热及环境保护的需要。半导体芯片的封装与测试主要工序包括晶圆测试、晶圆减薄和划片、贴片与键合、芯片封装、芯片成品测试等过程。传统芯片封装的基本工艺流程如图3.1所示。

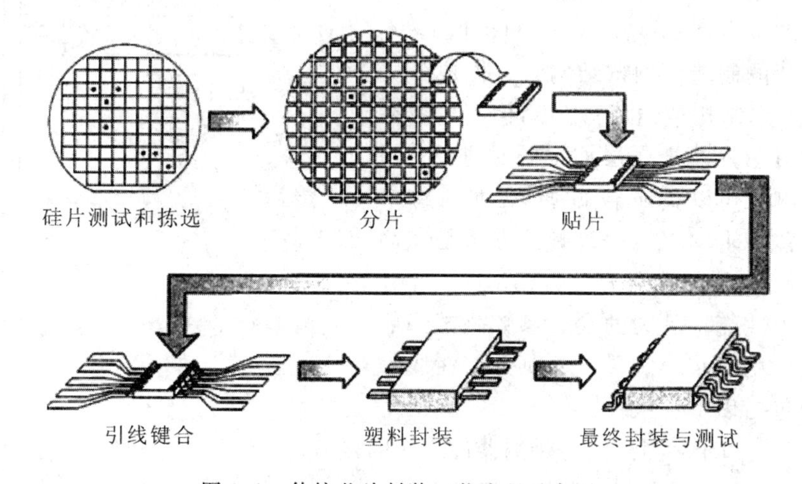

图3.1　传统芯片封装工艺流程示意图

随着人们对芯片上集成电路数量的追求，传统的封装形式已经无法满足人们的需要。芯片封装形式随着技术发展产生了巨大变化，当代先进的芯片封装形式包括倒装芯片、球栅阵列、板上芯片、卷带式自动键合、多芯片模块、芯片尺寸封装、圆片级封装等。

无论传统封装还是先进封装工艺，有一种封装工艺就有一类相应的工艺装备。一种封装形式的诞生意味着大量新工艺装备的出现。目前，芯片封装的主要工艺设备包括：晶圆测试设备、晶圆减薄与划片设备、(粘片)固晶机、引线键合机、倒装键合机、注塑设备、芯片打标机、芯片测试设备等。

电子终端产品制造的主要工序是板级封装，也称作电子组装或二级封装。电子组装常用的工艺设备有：丝网印刷机、插件机、点胶机、贴片机、回流焊机、波峰焊炉、自动光学检测系统(AOI)等。

元器件、基板、焊料、助焊剂在投入组装工序之前需要检测，组装工艺过程以及组装好的电子产品也需要检测。电子组装各个环节的检测与质量分析设备是电子产品制造不可或缺的装备。

3.2 晶圆检测

晶圆检测在产业界叫做晶圆测试。晶圆测试已经成为芯片封装行业的一个独立生产环节。在晶圆被分割成单个芯片之前，对晶圆上的单个芯片进行测试，这种测试可确定各个芯片的功能和性能是否达到设计要求。这种测试通常使用探针测试，一般叫做中测。测试结果对稳定和提高产品合格率及产品质量有着极其重要的作用，同时也是降低封装成本的一种重要手段。

晶圆测试有两种类型的电学测试：在线参数测试和晶圆分选测试。

3.2.1 在线参数测试

在线参数测试在完成第一层金属刻蚀后马上进行，主要目的是验证工艺方法的正确性和可靠性，是对工艺问题的早期鉴定。测试结构做在晶圆上芯片之间的空隙区(也叫街区)，不影响正常芯片的制造。测试结构常常做成分立晶体管、电阻率结构或电容阵列结构等等。在线参数测试与芯片的金属层加工同时进行，因此在线参数测试可以验证金属薄膜层加工结果是否满足工艺要求。在线参数测试方法是在晶圆不同位置加工多个样本进行测试，以统计分析法评估加工性能。晶圆的在线参数测试一般使用自动参数测试仪。如图 3.2 所示，在线参数测试系统包括以下子系统：

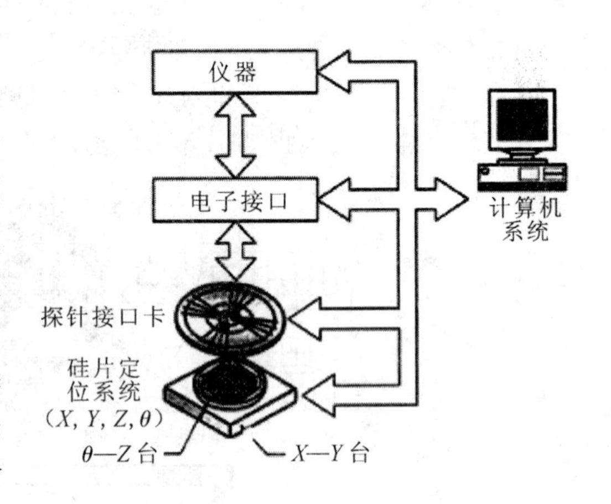

图 3.2　自动参数测试系统组成示意图

(1) 探针接口卡：测试仪与待测器件之间的接口。

(2) 晶圆定位系统：实现探针接口卡上探针与晶圆上待测接触点的对准。晶圆定位系统的伺服驱动系统在光学对准系统的支持下，实现晶圆在 X、Y、Z 和 θ 方向的移动或转动，X、Y 和 θ 坐标保证探针与压焊点中心的对准，如图 3.3 和图 3.4 所示。Z 轴运动保证探针与压焊点有微量的接触压力，也就是探针运动到铝压焊点表面时，探针有 50～100 μm 的过操作以保证探针刺穿要探查的铝压焊点表面。探针接触压力划伤作用如图 3.4 所示。

(3) 测试仪器：用于测量集成电路上亚微安级电流和微法级电容，以及通过测试电流、电压值得出被测试电路的电阻值。

(4) 计算机系统：包括测试软件、测试控制系统和计算机网络。

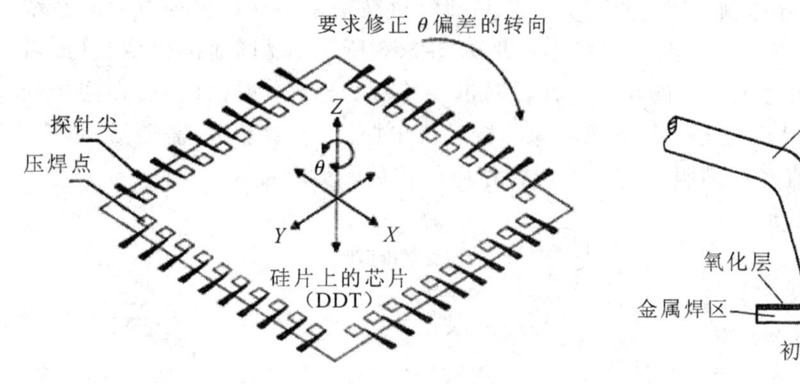

图 3.3　探针卡与芯片对准原理示意图

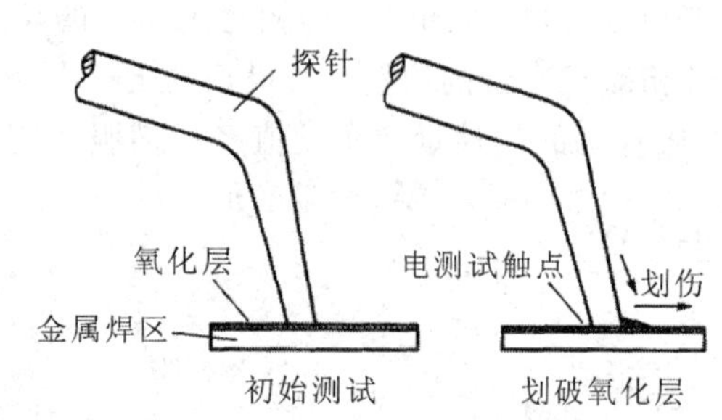

图 3.4　探针接触压力划伤作用

3.2.2　晶圆分选测试

晶圆分选测试是集成电路制造的重要测试阶段，它在晶圆制造完成后进行，可以分选出合格芯片和失效芯片。测试后晶圆上的失效芯片需要做出标记，并且将失效芯片的位置信息提供给后续工艺系统，以备后续封装工艺只对合格芯片进行贴片、键合、封装等操作。随着晶圆直径增大，晶圆上芯片数量剧增，测试环节又不能减少，因此测试就会增加许多成本。一般芯片测试覆盖率为 95%以上，对于重要产品需要 100%测试。晶圆分选通常进行以下测试：

(1) DC 测试：连续性、开路/短路和漏电流测试。连续性测试是指确保探针和压焊点之间的电学接触的连续性检查。

(2) 输出检查：测试输出信号以检验芯片性能。

(3) 功能测试：检验芯片是否按照产品数据规范的要求工作。

晶圆分选测试与在线参数测试的过程及设备系统基本相同，测试设备结构如图 3.5 所示。测试过程也需要实现探针卡上探针与晶圆上芯片的输入、输出焊盘进行对准。

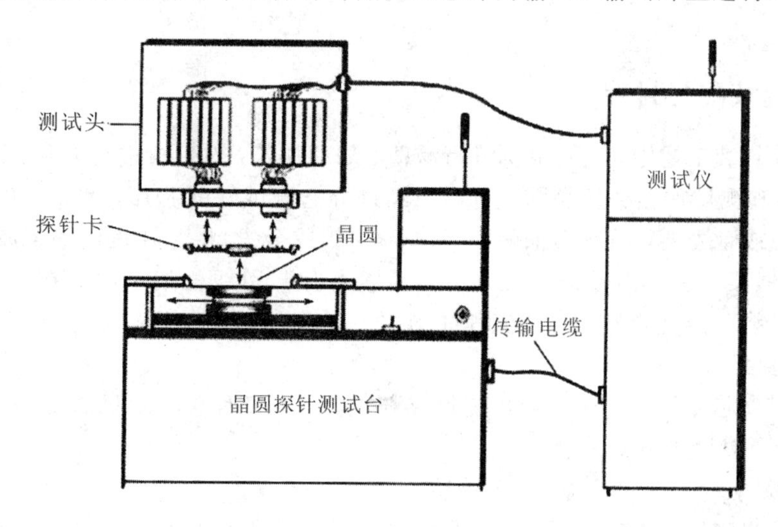

图 3.5　探针测试系统构成示意图

晶圆进行在线测试与分选测试时，测试探针与晶圆的对准是采用计算机视觉检测系统配合精密伺服驱动系统完成的。对准系统工作原理如图 3.6 所示，晶圆对准摄像头(或者下视相机)负责测量晶圆相对工作台的位置，针尖对准摄像头(或者上视相机)负责测量探针相对工作台的位置，对得到的上视及下视图像分析后得出探针(或者晶圆)需要沿 X、Y、θ 轴移动的位移量及角度值经过伺服系统驱动执行相应位移后，实现对准。

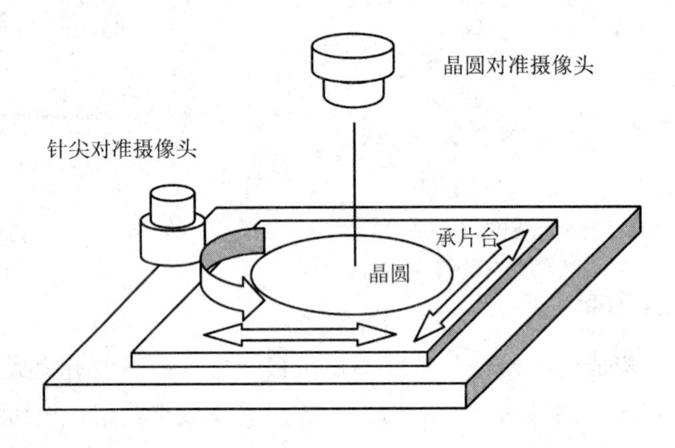

图 3.6　探针测试台对准系统工作原理图

对准问题在其他工艺过程中也会用到，例如光刻过程中掩膜版与被光刻晶圆的对准，芯片封装时裸芯片与引线框架的对准，引线键合时引线与焊盘的对准，倒装键合时芯片凸点与基板上焊盘的对准，焊料涂覆中丝网印刷网版与基板的对准，贴片工艺中芯片引脚与基板上焊盘的对准等等。这些工艺中的对准实现方法基本相同。

对准问题贯穿于芯片制造、封装及表面组装的各个工艺阶段。工作设备的对准精度及速度对生产效率影响巨大。对准精度及对准速度代表着制造装备的能力和装备制造的水平。

3.3　芯片封装

3.3.1　传统装配与封装

传统芯片封装工艺中，先对晶圆进行减薄、划片加工，然后再进行装片、键合，最后进行塑封、打标和测试加工。从晶圆上分离出经过分选测试好的芯片，并将好的芯片黏附在金属引线框架或管壳上，随后用细的金属线(铜、铝或金线)将芯片表面的金属压焊点(I/O 接口)和引线框架上引线内端进行互连。最后将芯片与引线框架一起放在一个保护壳内，也就是进行封装。传统的封装工艺流程如图 3.1 所示。

1. 传统装配

目前大部分芯片封装仍在使用传统封装方式，基本过程包括晶圆背面减薄、分片、装片、引线键合、塑封和测试。

1) 背面减薄

在完成晶圆测试工艺流程后，成品晶圆将通过背面研磨的方式减薄，以使得芯片能够封装进封装体中。以 12 英寸晶圆(直径 300 mm)为例，晶圆在前道制造时厚度是 775 μm，经过背面研磨厚度一般减到 200～300 μm，有时甚至只有几十微米厚。研磨过程通常有两种方式。

晶圆研磨第一种方式是缓进式。这种方法的基本原理是将晶圆通过一个杯形砂轮的底部进行研磨。研磨砂轮旋转并轴向进给实现晶圆逐层减薄。通常晶圆研磨机有三个轴，每个轴上安装不同粒度的砂轮，分别作粗磨、中度磨和精细磨。缓进式研磨系统原理如图 3.7(a)所示。

晶圆研磨第二种方式是切入式。切入式研磨系统通过将晶圆放置在载台上旋转，同时杯形砂轮逐渐下切来实现研磨。研磨机有两个轴，分别作粗磨和精细磨。切入式研磨过程工作原理如图 3.7(b)所示。

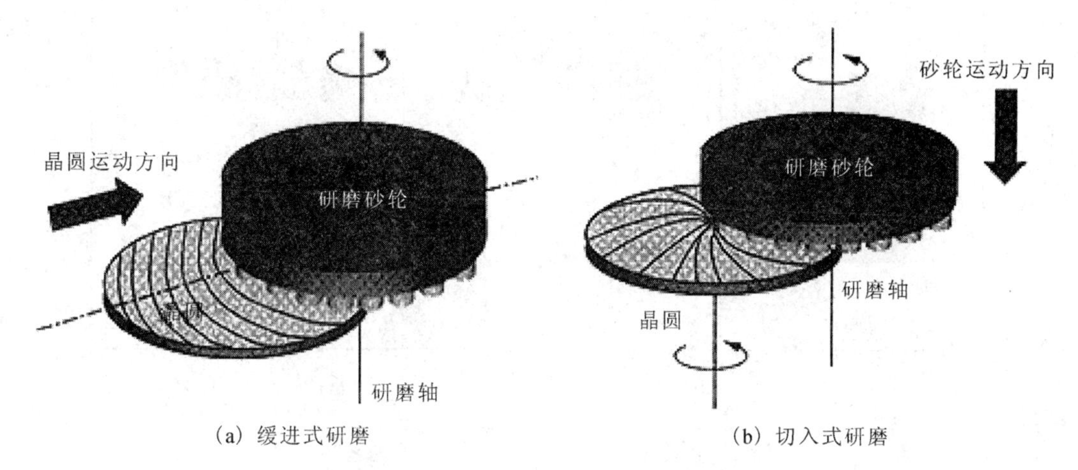

图 3.7　晶圆减薄加工时的研磨方式

两种晶圆研磨加工过程基本相同。首先由粗磨轴进行粗磨，磨掉大约 80%～90%的厚度余量，剩余磨量通过精磨轴完成。研磨加工的关键点在结束前的驻留(消痕)阶段。杯形砂轮在研磨过程中会产生弹性形变，造成研磨痕迹。磨削时需要做消痕处理，也就是说，一旦测得研磨即将结束(通过在线测量仪的反馈)，轴杆便停止下切，晶圆载台在此状态下继续旋转数圈。

一般晶圆研磨机系统由以下子系统构成：

(1) 承片台：多套承片台分布在 360°圆周上。

(2) 分度工作台：实现多套承片台的分度。

(3) 空气静压电主轴：研磨轴采用空气静压电主轴。

(4) 磨轮进给系统：磨削量精密微进给系统。

(5) 折臂式机械手：由承载晶圆的手爪和机械手组成，用于晶圆研磨机的上料、下料。机械手具有 4 个自由度，实现定位精度约为 0.01 mm。

(6) 在线测量系统：晶圆研磨过程实时测量晶圆的厚度，通常使用接触式在线测量探针监控系统。

晶圆研磨机的主要技术指标有加工精度(包括片间误差、总厚度误差、研磨表面粗糙度)、减薄厚度、亚表面损伤、崩边等。

2) 分片

分片是将经过背面研磨工艺减薄的晶圆切割成单个芯片的工艺制程。常用分片工艺包括砂轮划片、干式激光划片、微水导激光划片等。

(1) 砂轮划片。

晶圆固定在划片机刚性框架的黏膜上，黏膜用于支撑分离后的芯片。划片刀通常使用25 μm厚的金刚石圆形刀片，刀片旋转速度约30 000～60 000 r/min。切割时沿X和Y向分别划片，并用去离子水冲洗晶圆以去除划片过程中产生的硅浆残渣。划片时可以划透晶圆(刀片切入黏膜)，也可以不划透晶圆(待装配时再用机械方式分离)。

砂轮划片有多种方式，如半切式划片、胶带切法、不完全切法、双刀片划片法等。图3.8(a) 所示为半切法砂轮划片工艺过程。

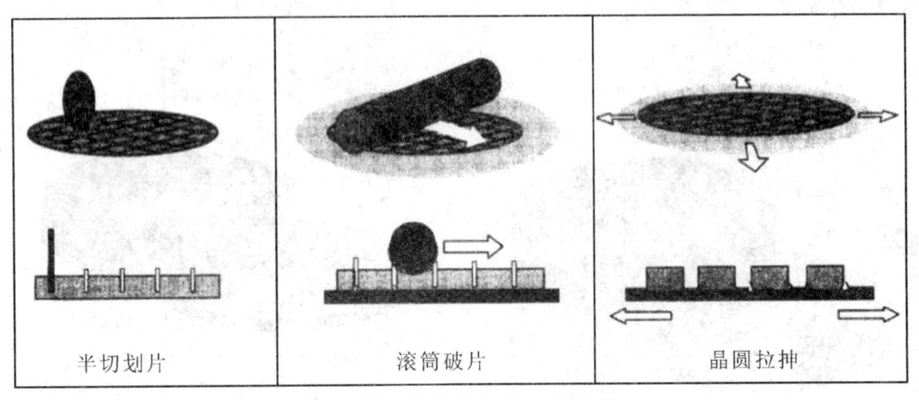

(a) 半切法砂轮划片工艺过程

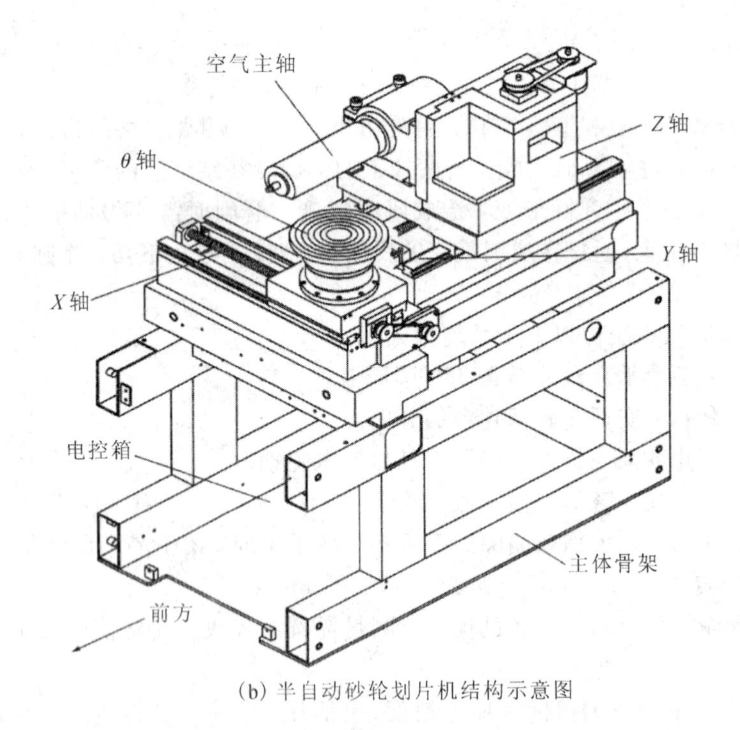

(b) 半自动砂轮划片机结构示意图

图 3.8 砂轮划片工艺与设备

① 半切法：将晶圆用真空直接吸附在晶圆载台上，刻划晶圆形成深入晶圆 2/3 的凹槽。接下来，晶圆放在特殊的具有延展性的胶带上，晶圆在一个滚筒下面通过时胶带被拉

伸，由此晶圆在贴片前被破开。

② 胶带切法：晶圆通过划片胶带放置在不锈钢的划片框架中间，晶圆被完全切开，并深入胶带 20～30 μm。

③ 不完全切法：这种方法在切割晶圆时保留 10～20 μm 厚度不完全切穿，然后在贴片工艺中用顶片针将芯片分离。

④ 双刀片划片法：采用并列两个刀片同时进行切割。

划片机分为半自动和全自动划片机。全自动划片机设备一般具备对准系统、划片和晶圆清洗一体化功能。图 3.8(b)所示为半自动砂轮划片机结构示意图。全自动和半自动划片机都由四维工作台(X、Y、Z、θ 轴)和主轴系统(划片主轴)构成。主轴采用空气静压电主轴，刀片安装在主轴前端。在晶圆被划片之前，切割部位必须对准，知道刀片和晶圆载台的相对位置对于划片机的控制是非常重要的。半自动划片机采用人工对准，全自动划片机采用视觉检测对准系统。一般划片机的精度在几微米之内。划片过程中切割刀片容易破损，因此，机械划片设备需要配置刀片破损探测装置。全自动划片机通过视觉检测系统识别划痕来检查划片的质量。划片时使用去离子水做冷却液，其方法是将二氧化碳溶入去离子水中，形成微弱的碳酸，从而将去离子水中的电阻率降到 1 MΩ·cm，这样可起到降低刀片冷却液表面张力、清除颗粒污物以及延长刀片使用寿命的作用。划片工艺使用 UV 胶带时，在划片后晶圆放入框架匣内之前用紫外光照射来降低 UV 胶带的黏性，以便在划片工艺结束后直接进行贴片工艺。

(2) 干式激光划片。

干式激光划片工艺是利用激光束刻蚀晶圆表面来实现晶圆的切割，相比砂轮划片有很大优势，例如切缝小、划痕小，没有刀具破损带来的问题。干式激光划片机与砂轮划片机功能结构基本相同，只是砂轮划片刀具换成了激光束，刀具主轴系统被激光器及导光系统取代，四维工作台及相应功能、划片质量检测系统与砂轮划片机基本一致。干式激光划片主要考虑加工部位散热、粉尘处理及抗污染措施等。紫外激光划片则重点考虑紫外激光传输、聚焦镜片设计制造及镀膜处理，尤其是整个紫外激光器及光路系统的可维护性等。

(3) 微水导激光划片。

微水导激光划片是在干式激光划片的基础上改进而来的，增加了高压水柱用于散热，二者设备结构基本相同。高压纯净水经钻石喷嘴上的微孔喷出，水柱的直径根据喷嘴孔径而异，一般有 30～100 μm 等多种规格。激光被导入水柱中心，利用微水柱与空气界面全反射的原理，激光将沿着水柱行进。在水柱维持稳定不开花的范围内都能进行加工。

微水导型激光划片机主要包括耦合装置、液压系统、激光光路传递系统、X/Y 型二维精密工作台系统、电气控制系统等。在系统需要时可以在 X/Y 型二维精密工作台上增加旋转台，即增加 θ 轴。

瑞士 SYNOVA(喜诺发)公司研制出了半导体晶圆划片水导激光切割系统，该系统采用人工或视觉系统自动瞄准，切割完后自动以超纯水清洗，手动进退料，适合量产。图 3.9(a)所示为微水导激光划片加工工艺原理。低压纯净水从压力水腔左边进入，经钻石喷嘴上的微孔喷出。由于喷嘴考虑到流体力学的设计，出来的水柱像光纤一样既直又圆。激光束从上方导入，经过聚焦镜及水腔的窗口进入，聚焦于喷嘴的圆心。水柱的直径为 30～100 μm，激光被导入水柱中心，利用微水柱与空气界面全反射的原理，激光将沿着水柱前进。这样激光束的作用距离为喷嘴直径的1000倍。如100 μm喷嘴直径，则有效工作距离为100 mm。图3.9(b)为系统主体结构示意图，图3.9(c)为水循环系统示意图。

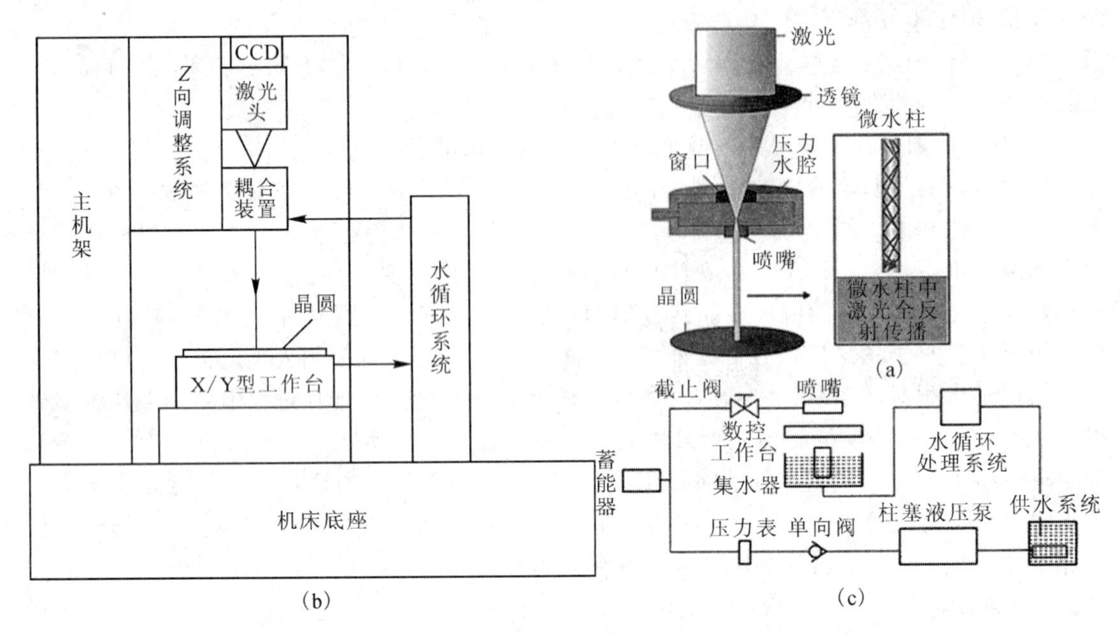

图3.9　瑞士SYNOVA公司半导体晶圆划片水导激光切割系统

3）装片

装片操作是将芯片从经过划片处理的晶圆上分离出来，粘贴在封装基座或引线框架上。装片操作在自动装片机上完成，该类设备通常被称为固晶机(Die Bonder)，因此装片过程也被称作固晶或贴片过程。工作时，固晶机的输送轨道将封装底座或引线框架送到固定位置并定位，在每个芯片安装位置滴涂黏结剂(环氧树脂粘片)，固晶机上的专用夹头夹住(或用真空吸嘴吸附)芯片并将其放在要装配的封装底座或引线框架上。芯片的分选方法是，根据探测有无墨水(有问题芯片用墨水标识)标识点识别或者通过晶圆测试分选系统提供的合格芯片分布坐标数据选出无问题芯片。

图3.10所示为固晶过程示意图。一般采用下列方法之一将芯片黏结到引线框架或封装基座上。

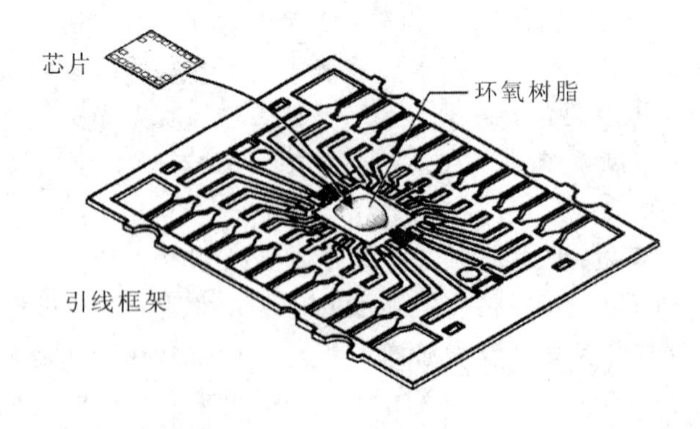

图3.10　(固晶)贴片过程示意图

(1) 环氧树脂粘贴。滴涂系统将环氧树脂以不同图案形式(通常为X型或Z型)滴涂到引线框架或封装基座上，贴片工具将芯片背面朝下放在滴涂了环氧树脂的位置处，经过循环加热固化环氧树脂。如果芯片工作时发热量较多而需要通过引线框架或封装基座散热，一般使用含有银粉的导热树脂进行粘贴。

(2) 共晶焊粘贴。如果采用共晶焊粘贴，则在晶圆减薄后在其背面淀积一层金。陶瓷基座上也有一层金属化表面。共晶粘贴时加热温度为 420℃(该温度高于 Au - Si 共晶温度)，加热时间约 6 s，这种方法使得芯片与引线框架之间形成共晶合金互连。

(3) 玻璃焊料粘贴。在有机媒介质中加入银和玻璃颗粒组成玻璃焊料，玻璃焊料粘贴用于陶瓷基座。玻璃焊料具有较好的密封性，可以防止潮气和沾污。粘贴时首先将玻璃焊料直接涂在 Al_2O_3 陶瓷底座上，贴装芯片后加热固化。

4) 引线键合

引线键合(Wire Bonding)是将芯片上的金属焊盘(输入/输出接口)与引线框架或封装基座上的电极内端进行电连接的最常用方法。引线材料通常使用 Au、Al 或 Cu，引线材料做成丝线状或带状。早期标准丝线状键合线直径为 25～75 μm。焊线一端连接芯片上的金属焊盘，另一端连接引线框架或基座。键合工具将金属线引线到每个芯片的焊盘处键合(称为第一焊点)，然后再引线到引线框架的焊点处键合(称为第二焊点)，依次完成所有键合点。键合点位置精度为 3～5 μm，键合速度达到 25 线/s。按外加能量形式的不同，引线键合可分为热压键合、超声键合和热超声键合三种形式。按键合工具，也就是毛细管劈刀的不同，可分为楔形键合(Wedge Bonding)和球形键合(Ball Bonding)。图 3.11 为芯片引线键合结构示意图。

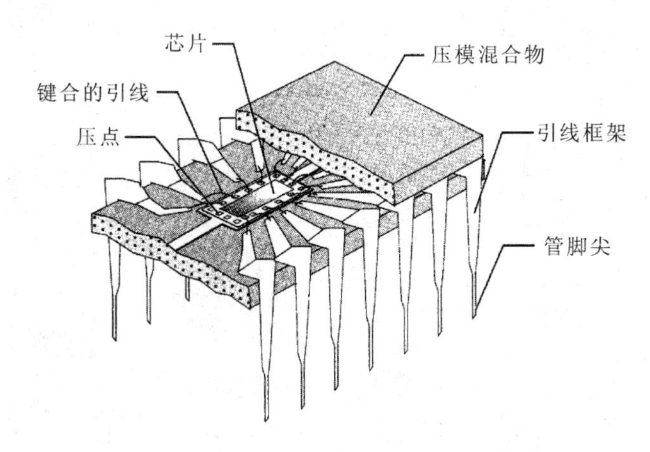

图 3.11　芯片引线键合结构示意图

键合前芯片、引线、引线框架表面必须保持清洁。长期放置的芯片、引线、引线框架在键合前需要经过超声或等离子清洗。

(1) 热压键合。如图 3.12 所示，在热压键合时热能和压力一起分别作用到第一、第二键合点。键合时使用毛细管劈刀用机械力将引线定位在被加热的芯片键合点上，并施加压力，在力和热的共同作用下形成键合。第一、第二键合点分别键合，依次完成所有键合点。

(2) 超声键合。超声键合以超声能和压力共同作用作为键合的能量来源完成各个点的键合。这种方式能满足不同金属间的键合，如 Al 和 Al、Au 和 Al。图 3.13 所示为超声键合过程示意图，使用劈刀为楔焊劈刀。引线从毛细劈刀底部的孔中输送到第一键合点并定位，劈刀尖部加压并在超声作用下快速机械振动，振动摩擦产生的热及压力作用在键合金属之间形成冶金键合。振动频率为 60～100 kHz。用同样方法完成第二键合点，之后劈刀上移扯断引线，进入下一个循环直到完成芯片与引线框架之间所有的连接点。

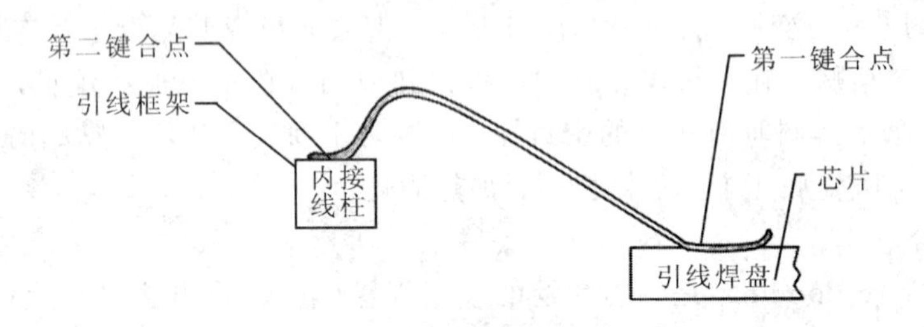

图 3.12　热压键合

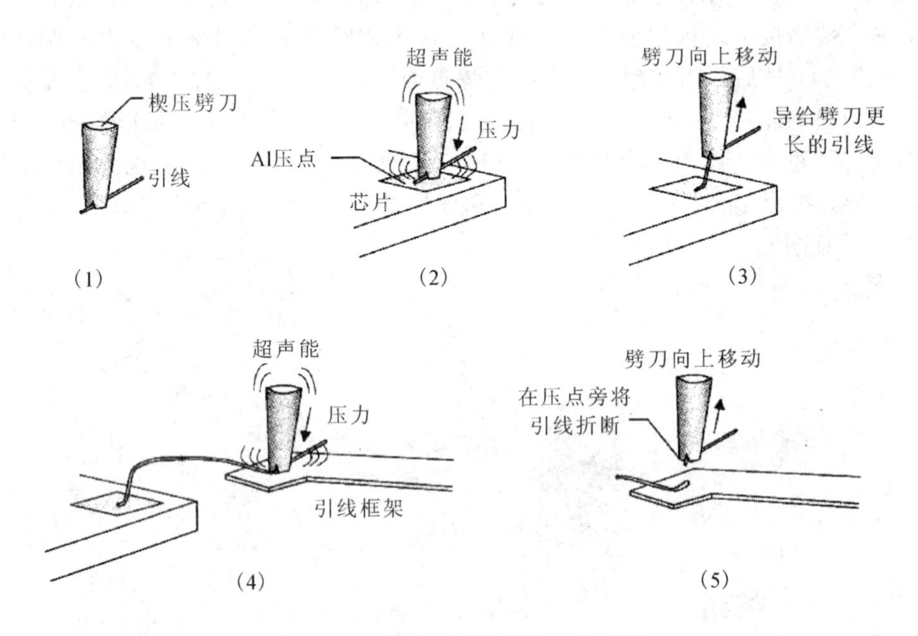

图 3.13　超声(楔焊)键合工艺过程

(3) 热超声球键合。这是结合了超声振动、热和压力作用的键合技术。热超声键合以金丝线和铜丝线为主。如图 3.14 所示，工作时首先将基座加热到 80～150℃，毛细管劈刀前端伸出少量引线，通过放电打火产生的高温将引线融化成球状，劈刀下移到第一键合点，劈刀加压，同时超声振动，在焊线球和芯片上焊盘之间产生冶金键合。之后劈刀上移并释放一定长度的焊线，然后移动到第二键合点，同样施加压力和超声能形成第二键合点。劈刀上移扯断焊线，进入下一个循环直到完成芯片与引线框架之间所有的连接点。

芯片封装大批量生产时使用全自动引线键合机，小批量生产时一般使用桌面型手动或者半自动键合机。全自动引线键合机以热超声球焊机为主，桌面型手动或者半自动键合机一般兼容楔焊、球焊两种形式。

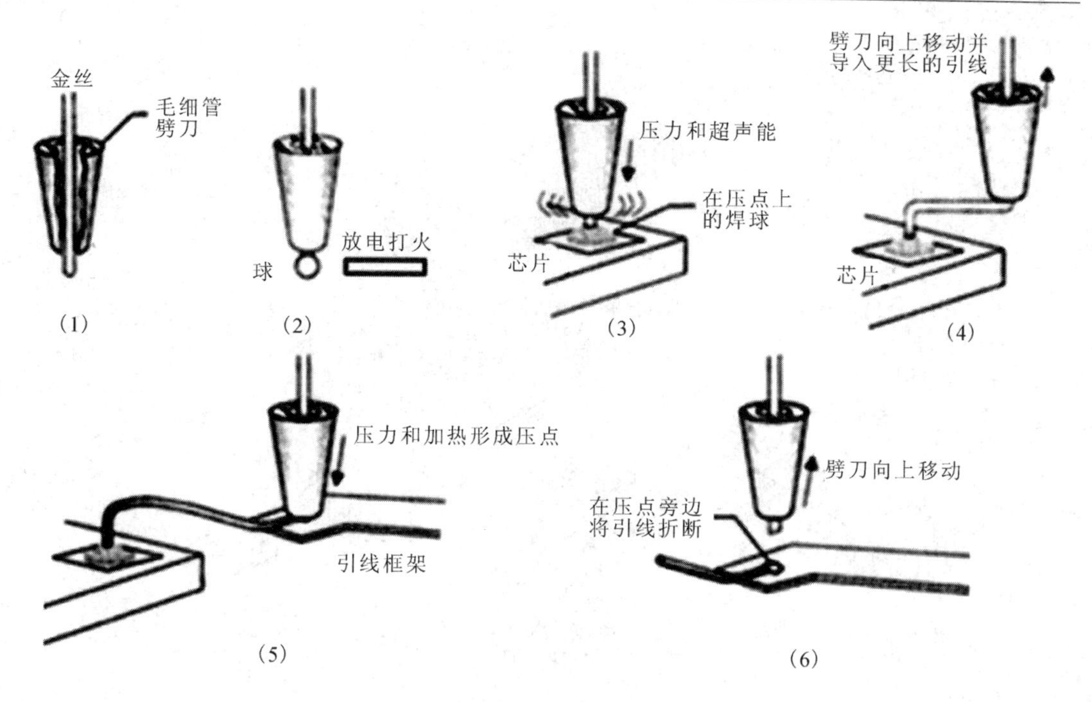

图3.14　热超声球键合工艺过程

2. 传统封装

芯片与引线框架或基座连接后需要外封装使芯片应对工作环境的考验。早期半导体芯片封装采用金属封装形式，现在金属封装仍然用于分立器件和小规模集成电路。传统封装最广泛使用的两种形式是塑料封装和陶瓷封装。

1）塑料封装

塑料封装使用环氧树脂聚合物将已完成引线键合的芯片和模块化工艺的引线框架完全包封。塑封后芯片管壳伸出的仅为二级封装必需的管脚。目前，塑封后的管脚形式使用最多的是插孔式和表面贴装(SMT)管脚。插孔式管脚穿过电路板，SMT管角粘贴到电路板的表面。如图3.15所示，塑料封装的典型形式有双列直插封装(DIP)、单列直插封装(SIP)、薄型小尺寸封装(TSOP)、四边形扁平封装(QFP)、具有J型管脚的塑料电极芯片载体(PLCC)、无管脚芯片载体(LCC)等。

塑封过程基本是传统的注塑加工过程。首先由自动输送装置将已贴装了芯片的条状引线框架置于注塑机的封装模具中。塑封的预成形树脂经过85～95℃预热后储存在中间容器中。在注塑机活塞的压力下，封闭上下模具再将半熔化后的树脂挤压到浇道中，并经过浇口注入模腔中。塑封料在模具中快速固化，保压一定时间后塑封件被推出注塑模具，注塑过程结束。芯片塑封过程使用设备有排片机、预热机、压机、模具和固化炉，在自动化生产线中这些设备构成一套系统，通常称为自动塑封系统，集成了排片、上料、预热、装料、清模、去胶和收料功能。

经过塑封后的引线框架是多个芯片的组合体，需要先将引线框架上的多余残料去除，并且经过电镀以增加引脚的导电性及抗氧化性，而后再进行剪切成形，将引线框架上已封装好的芯片分离成单个芯片。

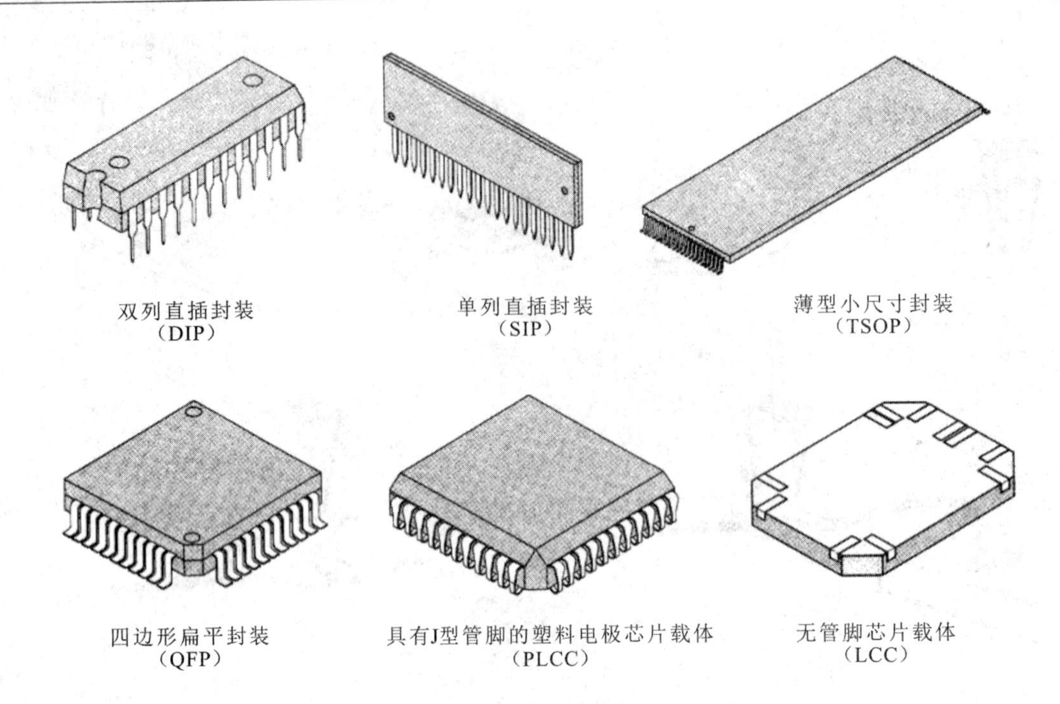

图 3.15　典型的塑封集成电路封装形式

切筋成形机具备自动上料、自动传递、自动成形、自动检测、自动装管、自动收料的功能，代表设备如 ASM 公司的 MP209 机械压力切筋成形系统。

引脚电镀在流水线式的电镀槽中进行。浸锡处理工艺流程为：去飞边、去油、去氧化物、浸助焊剂、浸锡、清洗、烘干，浸锡在引脚浸锡机上进行。其代表设备如 ACE 公司的 LTS200 引脚浸锡机。

塑封后在芯片上表面用喷墨印刷或激光打标方法打上标记，用于标明芯片的代号、生产厂家、商标等信息。

2）陶瓷封装

陶瓷封装的特点是气密性好、可靠性高，主要用于大功率器件封装。陶瓷封装有两种技术：耐熔陶瓷和陶瓷双列直插。

（1）耐熔陶瓷。用氧化铝（Al_2O_3）粉和适当玻璃粉及有机媒介质混合成浆料，通过压铸、干燥制成 1 密耳厚（25.4 μm）的薄片。将电路连线通过淀积方式制作在单层陶瓷上，用金属化通孔互连不同的层。几个陶瓷片精确对位后碾压在一起，在 1600℃烧结后成为高温共烧结陶瓷（HTCC），如果烧结温度在 850～1050℃则生成低温共烧结陶瓷（LTCC）。图 3.16（a）所示为四层耐熔陶瓷加工方法。

如图 3.16（b）所示，陶瓷封装最常使用的是针栅阵列（PGA）封装形式，管壳的管脚形式是 100 密耳（2.54 mm）间距的铜管脚。芯片封装时芯片被粘贴在陶瓷的底座上，通过引线键合方式使得芯片与底座上的引脚相连。最后用一个盖封闭合形成陶瓷的管壳，管壳内可以是真空，也可以充入氮气或惰性气体。

（2）陶瓷双列直插。如图 3.16（c）所示，将芯片粘贴在陶瓷基座上，芯片通过引线键合方式与引线框架连接。引线框架被夹持在陶瓷基座和陶瓷盖之间，最后用低温玻璃材料将陶瓷盖和基座密封。这种封装称为陶瓷双列直插（CERDIP）。

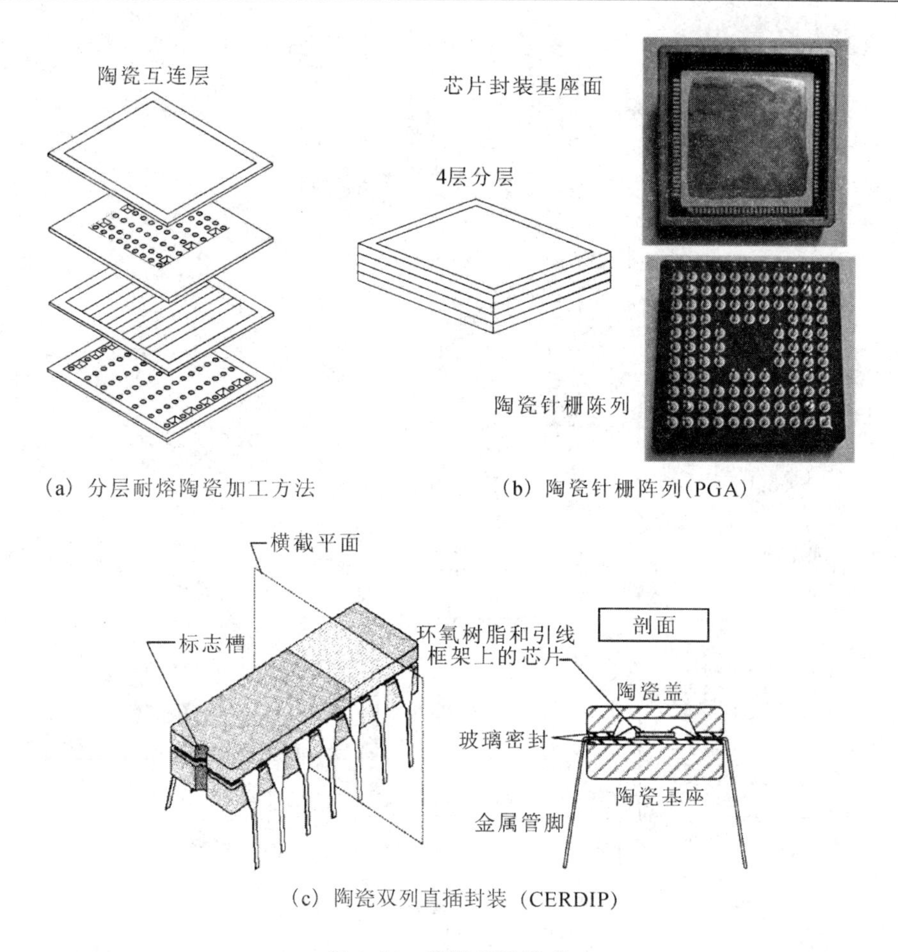

(a) 分层耐熔陶瓷加工方法　　(b) 陶瓷针栅阵列(PGA)

(c) 陶瓷双列直插封装 (CERDIP)

图 3.16　陶瓷封装形式

3.3.2　先进装配与封装

随着终端产品尺寸日益减小，集成电路的外形尺寸也要随之减小，那么封装好的芯片上的I/O管脚的密度就要增加，这给传统芯片封装工艺带来了巨大挑战。为解决芯片封装的难题，近年来发展了一些新的集成电路封装形式。封装形式发展的方向是单位面积或单位体积内容纳更多的I/O管脚数或者更多的集成电路数。例如，使用倒装芯片、球栅阵列方式可以提高单位面积的I/O管脚数，采用三维封装技术可以提高单位体积内的集成电路容量；另外一个技术是解决芯片封装的效率问题，解决方法是晶圆级封装，也就是在划片之前在晶圆上制造出I/O管脚然后再分离成单个芯片。近十年来已在大量使用或者正在成熟的封装形式包括倒装芯片、球栅阵列、板上芯片、载带自动键合、晶圆级CSP封装、系统级封装、三维封装技术等。

1. 倒装芯片

倒装芯片(Flip Chip，FC)封装技术是将芯片表面焊料凸点面向基座的粘贴封装技术。如图3.17(a)所示，由于芯片凸点与基座之间的连线变短，这为高速信号提供了良好连接，电信号经过基座上的金属通孔最后传递到基座上的连接管脚。如图3.17(b)所示，芯片上的凸点采用面阵方式，改变了凸点周边阵列方式，从而提高了单位面积的I/O管脚数。芯片与基座键合时采用一次键合方式，改变了引线键合时逐点键合的方式，大大提高了键合效率。

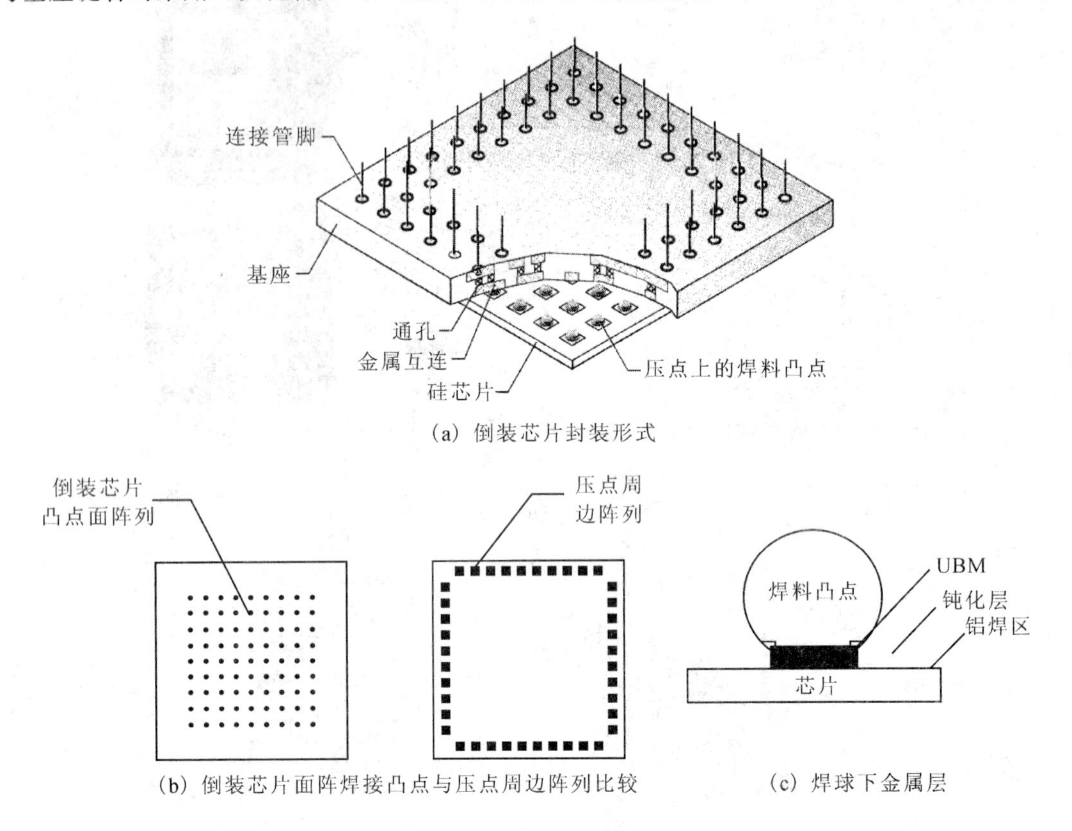

(a) 倒装芯片封装形式

(b) 倒装芯片面阵焊接凸点与压点周边阵列比较

(c) 焊球下金属层

图 3.17　倒装芯片封装技术

芯片上的焊料凸点工艺被称为 C4(可控塌陷芯片连接，Controlled Collapse Chip Connection)。典型 C4 焊料凸点使用蒸发或物理气相淀积(溅射)法淀积在硅的芯片压焊点上。凸点生成方法也可以采用“电镀焊料凸点”、“锡球置放”、“印刷焊料凸点”、“激光凸点制造法”等，或者使用基于引线键合工艺法在晶圆上形成凸点(称为机械打球凸点，采用引线键合方法在芯片上形成球形后就将引线剪断，这样就会形成一个球形凸点)。目前普遍采用的凸点制造方法是电镀工艺，焊球植球工艺也是应用较广的工艺。DEK 公司开发了 DirEKt Ball Placement(焊球置放印刷机)。如图 3.17(c)所示，芯片上的凸点由 UBM (Under Bumping Metallization，凸点下金属)和焊料球两部分组成，焊球通过植球机置放。UBM 是芯片和焊球之间的金属过渡层，位于晶圆钝化层的上部，与金属层有着非常好的黏附特性，也有着润湿特性，同时也可以阻挡扩散层来保护芯片。

倒装芯片装配到基座上使用了 SMT 技术，它利用自动对准显示系统将芯片准确放置在基座上，芯片的 C4 焊料凸点被定位在基座相应焊盘上，经过回流焊建立电学和物理连接。为避免焊点承受附加应力作用，保证焊点连接的可靠性，在芯片和基座之间用流动环氧树脂填充芯片和基座之间的空隙。由于面阵贴装结果的不可见性，贴装后需要使用 X 射线检测系统检查焊点的完整性。

倒装芯片封装工艺包括晶圆检查、减薄、划片、芯片键合、塑封、焊球制备、印刷、回流焊等主要流程。其中最为重要的是倒装芯片键合、倒装芯片表面制作球下金属层

(UBM)以及凸点生成等工艺。

2. 球栅阵列

球栅阵列(Ball Grid Array，BGA)与针栅阵列(PGA)是相类似的封装设计。如图 3.18 所示，BGA 的芯片使用倒装键合、引线键合或自动载带键合技术将芯片粘贴到基座的顶部。基座由陶瓷或塑料构成，基座(BGA 衬底)上分布有连接基座与电路板的共晶焊料球阵列，基座上下表面之间有金属通孔构成电连接。BGA 焊球间距可以做到 20 密耳(0.5 mm)，因此高密度的 BGA 封装可有多达 2400 个管脚。BGA 封装芯片可以与其他表面贴装元件一样采用 SMT 技术贴装到电路板上，最后一起采用回流焊方式形成互连。

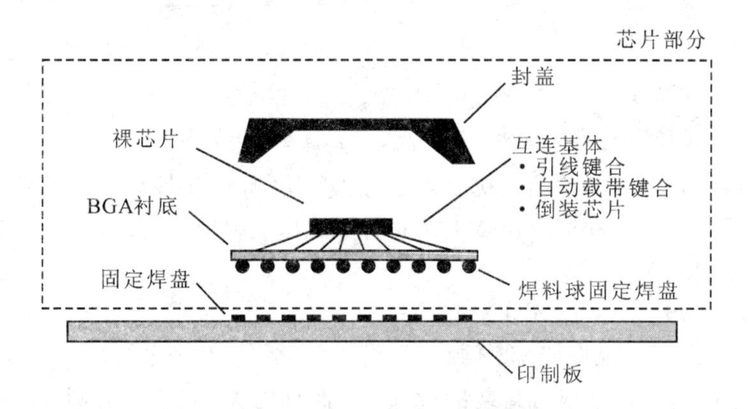

图 3.18　球栅阵列芯片封装结构

BGA 芯片封装中基座上的焊料球与基座的连接工艺包括植球、回流焊、植球后的检测等，所用设备包括植球机、回流焊炉、自动光学检测设备(AOI)等。

3. 板上芯片

如图 3.19 所示，将集成电路芯片直接用环氧树脂固定到其他 SMT 组件(如印制电路板)上，再用引线键合法将其与基座(印制电路板等)互连，最后将芯片与连线用环氧树脂封盖。这种工艺方法通常称为板上芯片(Chip On Board，COB)，其目的是减少传统 SMT 封装尺寸，主要用于图像卡和智能卡的设计制造中。

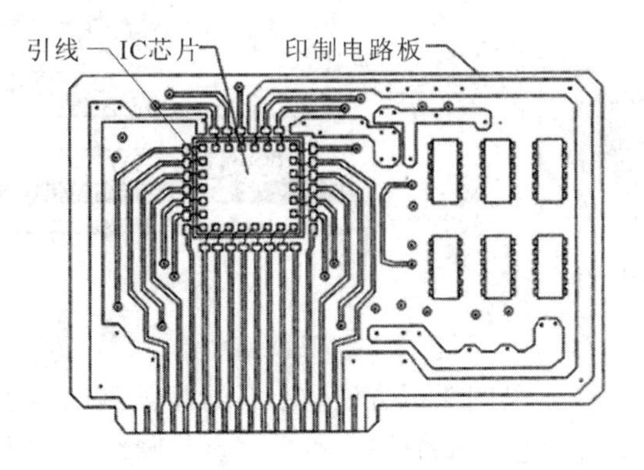

图 3.19　板上芯片(COB)

4. 载带自动键合(TAB)

TAB 技术是在类似于 135 胶片的柔性载带上黏结金属铜箔薄片，经刻蚀作出引线框图形，铜引线有内外连接端，如图 3.20 所示。铜引线内端与芯片采用热压键合过程。键合后用环氧树脂将芯片覆盖进行保护，并将带卷成卷用于二级装配。在二级装配过程中，将芯片和电极从带上取下，然后用焊料回流焊工艺与电路板连接。

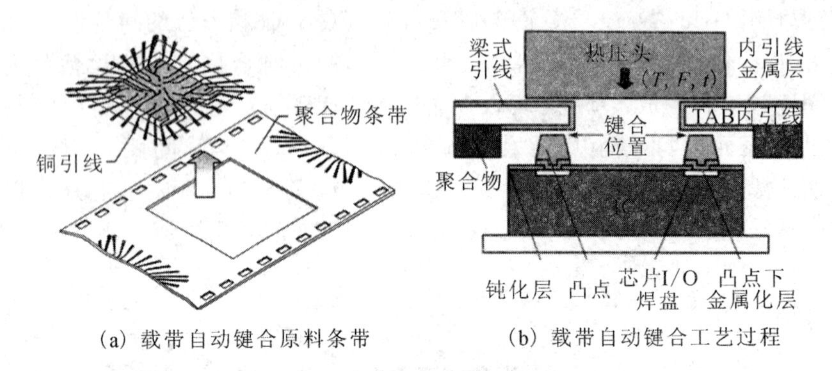

(a) 载带自动键合原料条带　　(b) 载带自动键合工艺过程

图 3.20　载带自动键合工艺

载带内引线键合区与芯片凸点键合，外引线与 PCB 板连接时主要使用的设备有热压焊机和回流焊机。载带自动键合设备工作时需要芯片与载带的对准，因此该类设备同贴装设备一样需要有视觉对位系统。

5. 晶圆级 CSP 封装(WLCSP)

如图 3.21(a)所示，晶圆级 CSP 封装是指芯片封装尺寸为芯片大小，封装过程在晶圆上进行，有别于以前的先分割后封装的过程，因此称为 WLCSP。晶圆级封装将传统的半导体前后道生产过程联系在一起，将第一级互连和在划片前在晶圆上进行封装的 I/O 端放在一起进行，这种方法增加了生产效率，同时大大降低了生产成本。这种封装方法的关键技术是要在芯片焊盘的细间距尺寸和第二级电路板所需的大间距尺寸焊点之间建立界面。如图 3.21(b)所示，晶圆上单个芯片上的铝旧焊区一般分布在芯片的四周，经过晶圆级重新布线(RDL)、电镀铜和凸点下金属化以及凸点制作，最后转换成面阵分布的凸点，凸点用于二级封装时与电路板互连。封装好的芯片经过划片分割后称为面阵列凸点式 CSP。

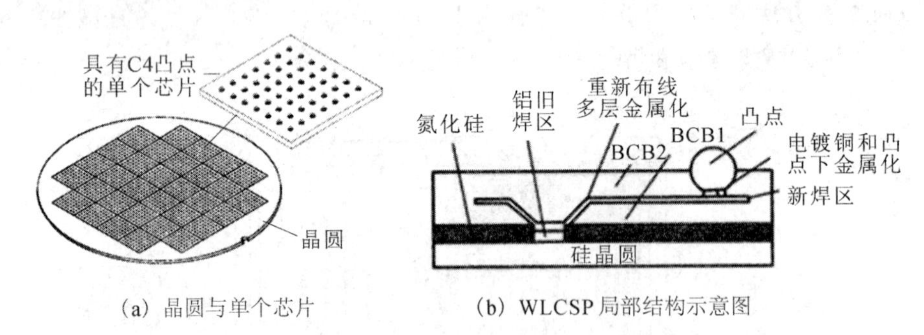

(a) 晶圆与单个芯片　　(b) WLCSP 局部结构示意图

图 3.21　晶圆级封装

晶圆级封装同时也改变了晶圆测试方法，原有的晶圆测试、分选变成了对晶圆上芯片的测试和分选，减掉了原有工艺中单个芯片的测试。晶圆级 CSP 封装方法在管壳尺寸、芯片封装后高度、组件可靠性、焊接点可靠性、电学性能、封装成本等方面与其他封装技术相比都有巨大优势，与现有 SMT 基础结构的集成度较高。

晶圆级 CSP 封装完全利用现有半导体制造工艺设备。晶圆级封装工艺过程的重布线/UBM制作/凸点生成用到的工艺设备有：光刻机、刻蚀机、溅射台、CVD、电镀设备、丝网/模板印刷机、改进金丝球焊机、回流炉等。

6. 系统级封装

系统级封装（System-in-Package，SiP）是指把不同功能的有源器件、无源器件、MEMS、光学等其他器件封装在单一标准体内，作为一个单一器件用于实现多种功能。这种封装方法主要是使用成熟的商用元器件在短期内开发出消费产品。

通过成熟的芯片封装技术如引线键合、倒装芯片、堆叠器件、嵌入式或多层封装技术的组合，SiP 可实现高密度和多功能系统或子系统。当前以智能手机为代表的消费类产品促进了系统集成技术的发展。系统集成采用了系统级封装技术、多芯片封装技术（Multi Chip Module，MCM）和系统级芯片集成技术（System-on-Chip，SoC）。

系统级封装工艺是多种封装工艺技术的组合，其使用设备与晶圆级 CSP 封装工艺基本相同。

7. 三维封装技术

三维立体封装（3D）是在垂直于芯片表面的方向上实现多层裸片的堆叠、互连，是一种高级的 SiP 封装技术，其目的是实现占用空间小，电性能稳定的系统级封装。三维立体封装采用硅通孔（Through Silicon Via，TSV）、倒装键合和引线键合等互连技术实现裸片、微基板、无源元件之间的互连。三维立体封装器件的主要优点包括：体积小、质量轻、信号传递延迟短、噪声低、功耗低、可靠性高、成本低等。目前三维封装技术主要包括以下几种：

(1) 芯片堆叠互连。芯片堆叠互连有三种基本形式：封装叠层（芯片先封装后叠层最后再封装）、裸芯片叠层（芯片分割后叠层，上下片间用 TSV 互连）和硅圆片叠层（晶圆叠层，上下层间用 TSV 互连，最后再分割）。

(2) 硅通孔（TSV）3D 互连技术。TSV 技术通过在芯片和芯片、晶圆和晶圆之间制造垂直通孔，实现叠层芯片之间的互连。如图 3.22 所示，使用 TSV 技术实现芯片的三维堆叠。TSV 互连的 3D 芯片堆叠技术包括硅通孔制造技术，绝缘层、阻挡层和种子层的淀积技术，通孔中铜的电镀、CMP 平坦化和重新布线电镀技术，晶圆减薄技术，堆叠时的对准技术、键合及后续的芯片分割技术等。

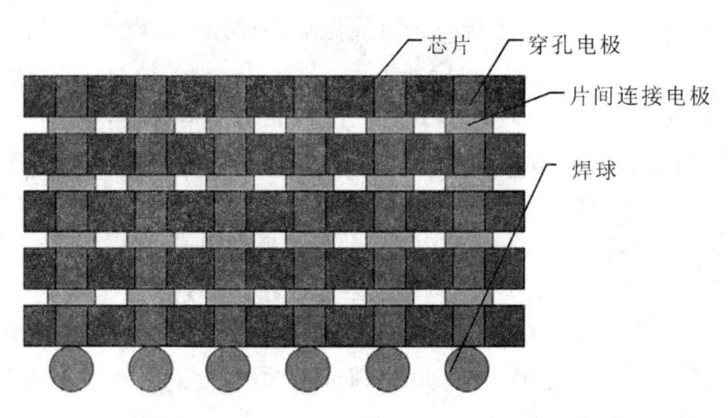

图 3.22　TSV 技术实现芯片的三维堆叠

(3) 叠层多芯片模块 3D 封装。按照一定的组装方式把集成电路与其他各种功能元器件组装到 MCM 基板上，再将组装有元器件的基板安装在金属或陶瓷封装中。这类封装工艺技术用到了高性能的基板制造技术、多层布线技术、精密组装技术、管芯和组件测试技术。

(4) 叠层封装(PoP)。PoP是电路板级组装，实现了器件之间的堆叠组装，是指在贴装了器件的电路板上再堆叠贴装上一层器件，最后进行回流焊。PoP叠层封装主要使用SMT工艺设备。

三维封装技术中用到的设备与晶圆级封装设备基本相同。关键设备有键合、贴装设备、TSV设备、晶圆减薄设备，其中后两类设备的影响更大。

在三维封装技术中，TSV技术可以说是应用最广的技术，也可以被称为继引线键合、TAB、倒装键合之后的第四代封装互连技术。使用TSV技术可大大节约系统主板的空间，而且可使能耗大幅降低。

3.4 基板及膜电路制造工艺与设备

3.4.1 概述

基板是芯片封装和电子组装的基座，其作用既是芯片或器件的支撑基础，也为芯片、器件提供互连导体。在电子组装中通常使用由有机多层材料组成的PCB板做组装基板。

在混合电路制作中主要使用陶瓷材质基板，在陶瓷基板上制作出厚膜电路和薄膜电路。目前使用较多的是低温共烧陶瓷(LTCC)基板，这是一种多层陶瓷技术，它可以将无源元件埋置到多层陶瓷的内部，从而实现无源器件的集成化。

3.4.2 基板制造

在电子封装或电子组装中都用到了基板，基板使用最多的是PCB基板和陶瓷基板，下面将分别介绍这两类基板的类型和生产工艺方法、使用设备。

1. PCB基板

PCB(Printed Circuit Board)基板也叫印制电路板，是组装电子元器件用的基板。PCB基板是在通用基材上按预定设计形成点间连接及印制元件的印制电路板。其主要功能是使各种电子元器件形成预定电路的连接，起中继传输的作用，是电子产品的关键电子互连件以及结构支撑件。

PCB板从结构变形性能上分为刚性板、挠性板和刚挠结合板，从内部结构上分为单面板、双面板、多层板等。PCB板的几个重要发展方向是：多层板(MPCB)、高密度互连板(HDI)、埋置元件电路板、挠性PCB(FPC)等。

印制电路板制造最常用的一种方法是减成法，即采用图形转移技术在覆铜板上形成导线区域，然后将多余的铜箔去掉。印制电路板也用加成法制作，即在未覆铜的基材上采用丝印法、粘贴法附加上设计好的导电图形层。印制电路板制作的另一种方法叫半加成法。在未覆铜箔基材上，使用化学法沉积金属，再使用电镀或刻蚀法，或者多种方法并用形成导电图形。

PCB板制造的主要工艺流程如图3.23所示，该工艺流程可以制作多层板的内层，也可以制作单面板、双面板和多层板的外层导体层。一般PCB板导体层制作需要经过以下过程：形成光致抗蚀层、紫外线曝光、图形刻蚀、图形检查等工序。在小批量生产中可以采用数字喷墨打印方式，按照导线图形将刻蚀用的抗蚀剂直接打印到覆铜板上，经过UV

光固化后便可以进行刻蚀，从而得到导线图形。这种工艺方法可以缩短工艺流程，减少工艺设备，目前已被广泛采用。

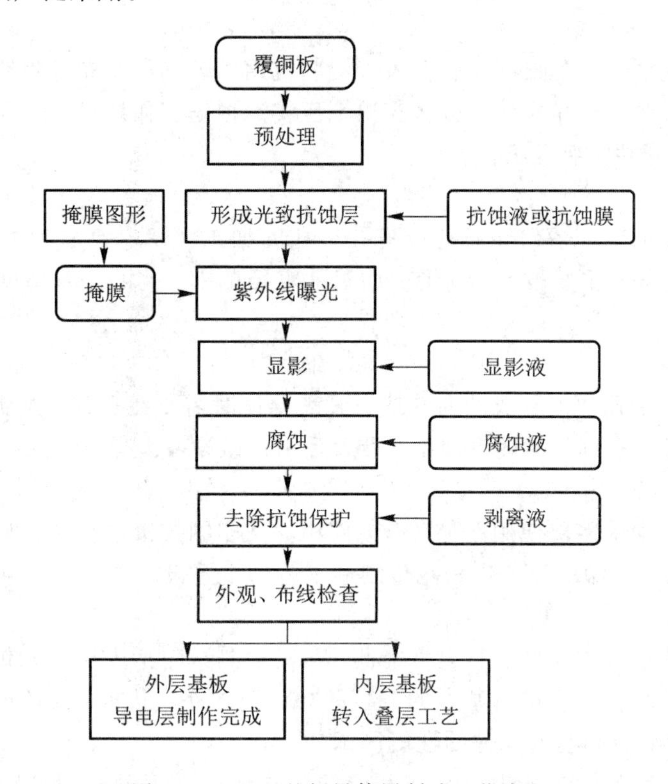

图 3.23　PCB 基板导体层制造工艺流程

加工多层板时使用叠层工艺。将加工好的内层板、外层板或铜箔、缓冲层、半固化片、不锈钢隔离板等按照上下顺序放入模板之间并进行定位，保证上下层之间线路的对准，然后在高温下用压机进行压合。其中的半固化片是由玻璃布浸渍环氧树脂后烘去溶剂而成的一种片状材料，在高温、高压下半固化片能将其他层板黏合在一起。完成层压后的多层板上下层间的导电是通过钻孔、孔内镀铜实现的。最后进行外层板上线路制作。

挠性板制作工艺与刚性基板制作工艺基本相同，只是使用基材不同，将单块刚性基材板变成连续的带材，使用连续传递滚筒(Roll-to-Roll)生产工艺。

印制电路板生产工艺设备包括以下类型：

1）图形生成设备

在覆铜板表面粘贴干膜抗蚀剂时需要使用干膜贴膜机。覆铜板表面涂敷液态光致抗蚀剂时需要湿膜涂布机。对覆铜板表面的抗蚀剂曝光时需要使用曝光机。按照曝光方式不同，曝光机主要有平行光曝光机、非平行光曝光机和激光直写曝光(LDI)机。覆铜板表面曝光原理与半导体晶圆制造工艺的光刻曝光原理相同。激光直写曝光技术去掉了掩膜，大大提高了基板制作效率，因此 LDI 设备已经成为基板制造行业的首选曝光设备。

曝光后的显影主要采用喷淋设备将显影液喷涂到覆铜板表面，喷涂工艺主要控制显影液的浓度和温度。

2）刻蚀设备

显影后的覆铜板表面需要刻蚀掉不用的铜箔部分，留下的部分就是导线部分。一般使用真空刻蚀机将45～55℃温度下的刻蚀剂喷淋到铜箔表面，刻蚀掉多余的铜箔，在基板上形成导线。最后用剥膜机清除刻蚀板面留存的抗蚀层。

3）PCB真空层压设备

层压基板设备主要有浸胶机和压合机。浸胶机用于玻璃纤维布等增强材料的浸胶、干燥。压合机主要用来将叠好的多层板在高温下压实。根据工作原理，压合机的类型有舱压式压合机、真空压合机、液压压合机等。

4）钻孔设备

PCB板上需要加工一系列导通孔或盲孔。孔的加工技术有高转速机械钻孔和激光打孔技术。孔加工设备的主要技术指标有：加工孔直径范围、孔的位置精度与钻孔重复定位精度、孔加工速度等。

5）电镀铜设备

PCB板上经过钻孔加工制成的通孔或盲孔做导体时需要在孔壁上电镀铜，一般采用电镀加工设备完成通孔和盲孔的镀铜加工，最后采用刻蚀设备去掉电镀保护层。

6）丝网印刷设备

PCB板制作过程中多次使用图形转移，使用丝网印刷技术进行图形转移是最经济、最有效的方法，因此丝网印刷设备也是基板制造工艺的主要设备之一。

7）PCB板电性能测试设备

PCB板在制造过程中需要进行电性能测试，一般测试包括内层板刻蚀后、外层导线刻蚀后及成品。PCB基板除了进行基本的“通”和“断”测试外，根据需要还可以进行导线的耐电流、网络间的耐电压和埋入元件的性能测试。

PCB基板电性能的测试分为接触式和非接触式测试。接触式测试一般采用针盘测试机和飞针(移动探针)测试机。测试过程是将一系列探针头端在一定压力下与PCB基板上的焊盘接触，探针的尾端接入测试系统，通过被测试导线两端的电流变化来判断导线是否导通，以及电阻值的大小。因为PCB基板上的导线图形千变万化，故探针排列做成可变动式，也就是使用飞针(移动探针)测试机更经济一些。飞针测试机的重要指标是探针的运动速度、定位精度、重复定位精度以及探针与PCB焊点接触压力的控制等。

非接触式测量方法中成熟应用的有电子束测试，正在开发的方法有离子束测试和激光测试。

8）自动光学检测(AOI)系统

自动光学检测系统在芯片制造、封装和电子组装中有着广泛的用途。自动光学检测是一种基于图像检测与处理技术的非接触测试方法，检测过程效率高、成本低。通过摄像头自动扫描PCB板表面采集图像，将经过图像处理得到的PCB表面的图形数据与数据库的标准图形进行比对，检查出PCB上的缺陷，缺陷经标记后供质量判断及后续修复。PCB基板制造工艺过程中，自动光学检测技术使用范围包括底片的检测、板的潜像质量检测、铜表面显影后的图像质量检测、刻蚀生成的导体电路图形质量检测、机械钻孔后的质量检测、检查微孔质量等。

9）PCB板成形设备

PCB板需要加工外形或在板上开V形槽等，加工方法主要有机械切削加工、冲切加工和激光切割加工。机械切削加工一般使用数控机床开V槽、铣孔、铣斜边、切断等，冲切外形或内孔时使用模具在冲床上完成。PCB板也可以使用激光束进行加工。激光加工是利用激光光斑照射后产生的高温将材料熔化形成孔洞，控制光斑运动轨迹就能将基板切割成所需的形状，如果控制光斑能量或照射时间长短就能制成不同深浅的孔洞。

在单件或小批量生产电路板时也用机械雕刻或激光束刻蚀法制作电路板，加工方法是将覆铜板表面用刀具或激光束去掉多余的覆铜层，留下的就是导线体。

10）激光打标设备

PCB基板上需要标注各种记号。使用印刷方法时，需要制造印刷模板，生产成本较高，灵活度不高。现在普遍使用激光打标设备在PCB上做出记号。一种方法是控制激光光斑的照射时间和功率大小，将PCB板表面物质烧熔露出深层物质。另外一种方法是通过激光照射使表层物质发生物理化学反应而刻出痕迹，从而在PCB板表面做出图形、文字等标记。激光打标设备主要有激光喷码机、激光打标机等。

2. LTCC基板

LTCC(Low Temperature Co-fired Ceramic，低温共烧陶瓷)技术是1982年休斯公司开发的新型材料技术，是将低温烧结陶瓷粉制成厚度精确而且致密的生瓷带，在生瓷带上利用激光打孔、微孔注浆、精密导体浆料印刷等工艺制出所需要的电路图形，并将多个被动组件(如低容值电容、电阻、滤波器、阻抗转换器、耦合器等)埋入多层陶瓷基板中，然后叠压在一起，内外电极可分别使用银、铜、金等金属，在900℃下烧结，制成三维空间互不干扰的高密度电路，也可制成内置无源元件的三维电路基板，在其表面可以贴装IC和有源器件，制成无源/有源集成的功能模块，可进一步将电路小型化与高密度化，特别适合用于高频通信用组件。

LTCC基板可以作为其他封装形式的载体，LTCC也是一种封装形式。LTCC集成器件与模块有极广泛的应用，如手机、蓝牙、GPS、数码相机、汽车电子等。手机中使用的LTCC产品包括LC滤波器、双工器、耦合器、变压器等。

LTCC基板制作的基本工艺过程为：原料配料、流延成带状、切断成生瓷片、生瓷片上打孔、用金属浆料填充通孔、丝网印刷金属导体(印制导线、电极)、叠片、热压、切片、烧结成形。

LTCC基板制造工艺步骤如图3.24所示，从中可以总结出以下关键工艺步骤。

(1) 微通孔的加工技术。一般使用机械钻孔、冲孔和激光打孔。以激光打孔为最优方案，使用CO_2激光打孔设备可以加工出小于50 μm的孔径，打孔深度可达20 mm。

(2) LTCC基板金属化。在基板表面和内部形成电路图形用于器件的互连，主要方法包括丝网印刷、数控直接描绘、光刻浆料和薄膜淀积。基板金属化最难的是基板上的微孔内壁金属化工艺，一般使用厚膜丝印机或挤压式填孔机进行填充。

(3) 导线制作工艺。LTCC基板上需要制造出精细导线，一般使用溅射与光刻组合的薄膜工艺、精密丝网印刷法、厚膜直接描绘法、厚膜网印后刻蚀法、激光直写布线技术等。

激光直写布线技术采用了激光3D打印技术。在数控系统控制下，激光束按导电图形扫描预先涂敷在基板上的浆料，在热能作用下浆料中的导电颗粒与导带、基板进行互连形成导电图形。

LTCC基板与PCB基板生产工艺有许多相似之处，所以使用设备也相近。

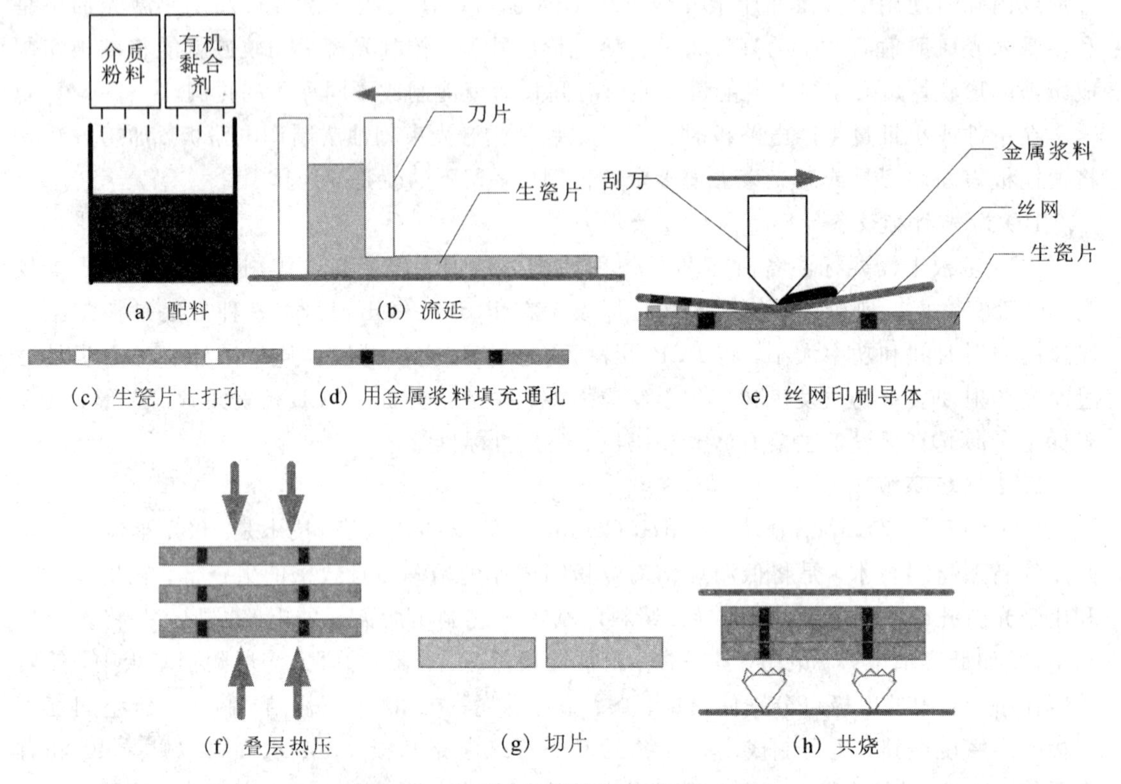

图 3.24 LTCC 基板制造主要工艺步骤

LTCC 多层陶瓷基板加工使用了以下主要工艺装备：

(1) 激光打孔机：数控系统与 CO_2激光器系统的组合，用于生瓷片上的微孔加工。

(2) 对准叠片机：多层基板需将单层生瓷片进行叠层，在堆叠过程中生瓷片上的孔需要上下对准。对准过程的检测由视觉对准系统完成。

(3) 图形检测设备：陶瓷片上导线图形的完整性，微孔的形状与分布等表面质量情况需要使用自动光学检测(AOI)系统进行无接触检测。

(4) 叠层、热压设备：叠层设备将生磁片进行叠层，然后使用真空层压机进行热压处理。

(5) 激光陶瓷基板划切机：多层基板热压后烧结前需要划切成小块基板，通常使用激光划切设备，划切时可以切透或者划痕后机械断开。

(6) 排胶与共烧设备：多层基板烧结时需要逐渐加热进行排胶、去除生瓷内有机物，最后在 850～875℃保温烧结，使用设备有马福炉或者链式炉。

3.4.3 厚膜、薄膜电路制造

以陶瓷等绝缘材料为基板采用厚膜或薄膜工艺制成集成电路，并在基板上将分立的半导体芯片、微型元件混合组装，最后再进行封装。这种技术通常称为混合微电子技术，是电子封装技术的一个分支。混合微电子封装技术可以分为厚膜电路制造和薄膜电路制造技术，可以在陶瓷基板上制作出电阻、电容等无源元件，制作出布线导体用于连接电路元器件。厚膜电路制造工艺与 LTCC 基板制造相似，主要使用丝网印刷与烧结等技术。薄膜电路制作主要使用半导体芯片制造技术，如溅射、淀积、光刻和刻蚀等技术。

1. 厚膜电路制造工艺与设备

厚膜集成电路制造方法是将导体浆料、电阻浆料和绝缘材料浆料等通过丝网印刷方法印制到陶瓷基板上，然后经烘干、烧结实现膜与基板的粘贴从而在陶瓷基板上构成电路。厚膜电路制造涉及的关键技术包括：厚膜图形形成方法、厚膜金属化技术、陶瓷基板制作技术、各种浆料制备技术、丝网网板制作和厚膜丝网印刷技术。

厚膜电路图形形成方法分为两类：一是在烧制好的基板上重复进行印制电路图形和绝缘层，印制一层后进行一次烧结；二是在生瓷片上，分别进行打孔、印制电路图形、生片叠层、热压，最后进行排胶烧结。厚膜集成电路基板以及厚膜电路各层的制造工艺流程如图 3.25 所示。

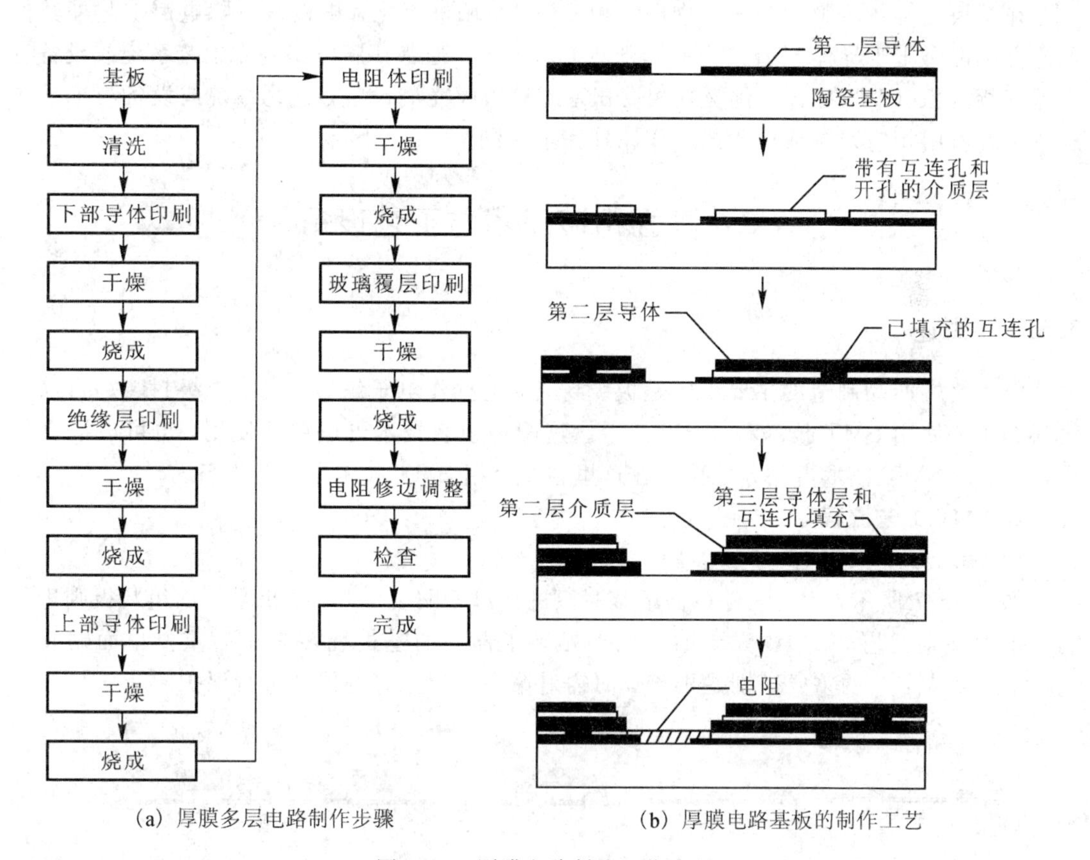

(a) 厚膜多层电路制作步骤　　(b) 厚膜电路基板的制作工艺

图 3.25　厚膜电路制造工艺流程

厚膜电路制造工艺用到的主要设备有：丝网印刷机、厚膜电路光刻机、烧结炉、激光调阻器等。前三种设备是通用设备，激光调阻器是专用设备。印刷工艺制成的电阻阻值有误差，激光调阻器使用激光束将厚膜电路上的电阻进行切口处理，改变电阻体的导电截面积，以改变电阻阻值大小并达到设计值。

2. 薄膜电路制造工艺

薄膜电路以陶瓷等绝缘材料为基板，采用真空蒸发、溅射和电镀等薄膜工艺制成厚度 1 μm 左右的金属、半导体、金属氧化物、多种金属混合相、合金或绝缘介质薄膜。多层薄膜构成了晶体管、电阻、电容和电感元件以及它们之间的连线，并组成无源网络，再组装上分立的微型元器件后外加封装就构成了混合集成电路。

薄膜电路工艺比厚膜电路工艺的质量稳定、可靠性高，制造工艺重复性好。薄膜电路制造工艺流程如图3.26所示。从图中可以看出薄膜制造工艺与半导体芯片制造工艺基本相同。

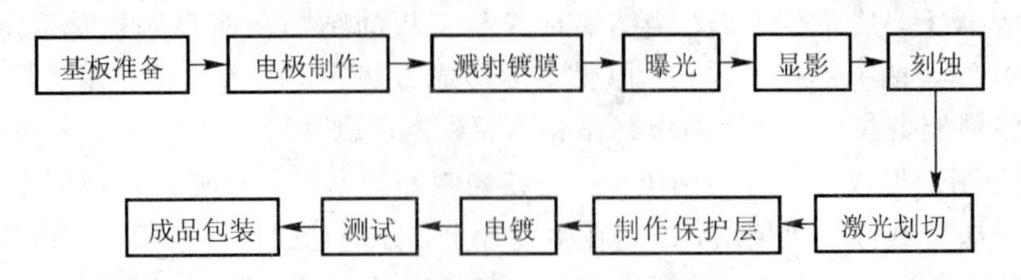

图3.26 薄膜电路制造工艺流程

在基板上制作薄膜的方法有物理气相淀积法、阳极氧化和电镀法。除电镀工艺外其他工艺方法都属于半导体制造工艺中的典型工艺方法。通常薄膜电路制作工艺系统或设备有物理气相淀积(PVD)系统、化学气相淀积系统和薄膜光刻设备，这些系统或设备与半导体制造过程所用相应系统或设备的工作原理完全相同。

3.5 表面组装技术与工艺设备

3.5.1 概述

电子终端产品制造的主要工序是板级封装，也称作电子组装，或叫二级封装。目前二级封装主要使用SMT技术和THT技术。这两种组装技术可以单独使用，也可以混合使用，现阶段SMT技术占主导地位。在这里主要介绍SMT技术工艺与设备。

1. SMT工艺流程

1）片式元件单、双面贴装工艺

如图3.27所示，片式元件单面组装时只进行单面贴装工艺，如果是双面组装板则进行两次单面贴装工艺，第二次贴装时将已经贴装了器件的基板翻转180°后重复单面贴装工艺，二次贴装工艺的主要区别是再流焊时需对第一次焊接好的器件进行保护。

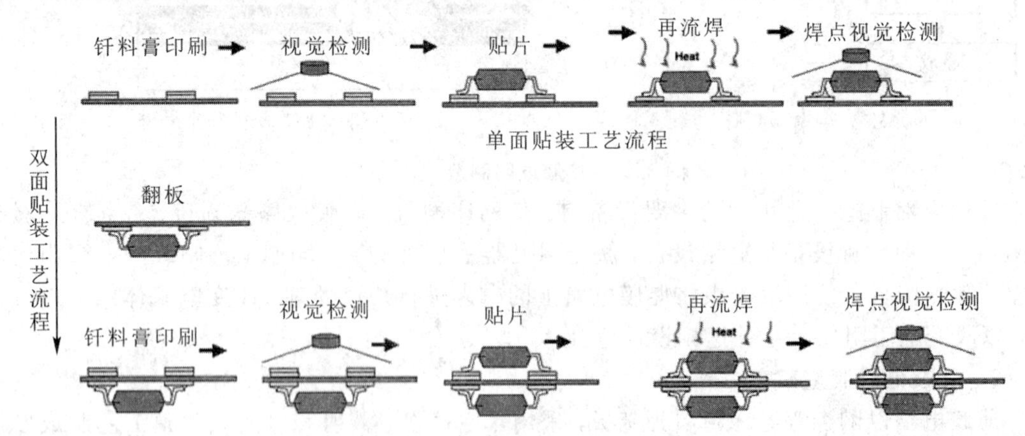

图3.27 片式元件单、双面贴装工艺流程

2）单、双面混合贴装工艺

如图3.28所示，对于一面是表面贴装，另一面是混装(既有表面贴装又有通孔安装)的

组装板，一般是先进行单面的贴装工艺(图3.28中的A面)：印刷焊料、贴装元件、再流焊。基板翻转后进行另一面混装工艺(图3.28中的B面)：点胶、贴装元件、加热固化胶黏剂、二次翻转基板、插装通孔元件、波峰焊、清洗。图3.28中B面上的贴装元件与插装元件一起用波峰焊与基板互连。

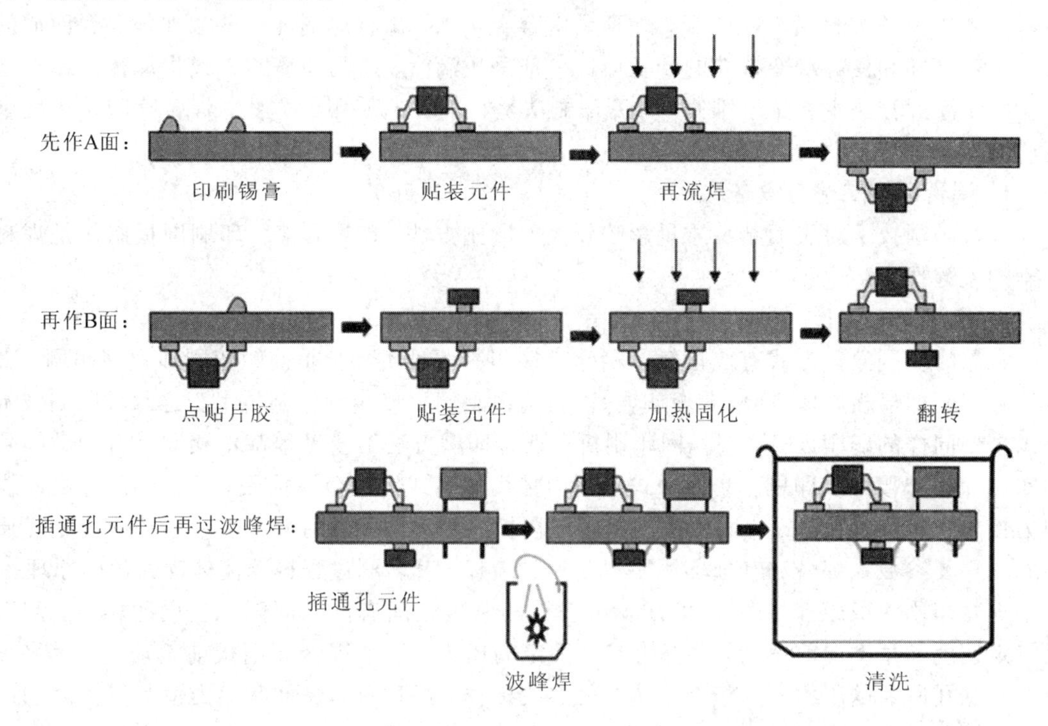

图3.28　单、双面SMT与THT混装工艺流程

2. SMT生产线组成

SMT生产线工艺流程为：基板准备、印刷焊膏、焊膏印刷检查、贴片、贴片检查、再流焊、焊后检查、在线测试、基板储运。

根据产品生产量、批量数的不同SMT生产线的配置略有变化，但是主要设备包括焊膏印刷机、胶黏剂点胶机、贴片机、再流焊或波峰焊炉，辅助设备包括检测设备、返修设备、清洗设备、干燥设备和物料储运设备。图3.29是全自动SMT生产线的典型配置示意图。

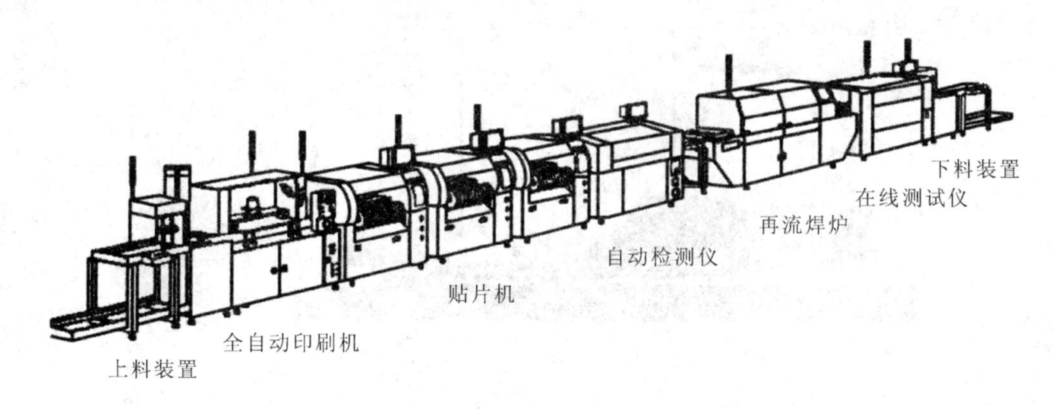

图3.29　典型SMT全自动生产线设备配置示意图

3.5.2　焊料涂覆技术与工艺设备

表面贴装的基本过程是将焊料涂覆在基板上或预制在元器件上，然后贴装元件，最后使用再流焊方式实现元件与基板的互连。焊料可以预制在元器件上，如 BGA 封装芯片。涂覆在基板上的焊料通常叫焊膏，焊膏是由合金粉末、糊状焊剂和一些添加剂混合而成的具有一定黏性和良好触变特性的膏状体。一般采用滴涂、印刷和喷印方式将焊膏涂覆在基板上。滴涂焊膏法主要用于维修，焊膏印刷法是目前普遍使用的方法，焊膏喷印是小批量生产的理想方法。

1. 焊膏印刷工艺与设备

焊膏印刷技术对表面贴装质量影响较大。印刷方法、印刷设备、印刷网板制作是焊料印刷的关键技术。

1）焊膏印刷工艺

常用的印刷涂敷方式有非接触印刷和直接印刷两种类型，非接触印刷即丝网印刷，直接接触印刷即模板漏印(亦称漏板印刷)。目前多采用直接接触印刷技术。这两种印刷技术可以采用同样的印刷设备，即丝网印刷机。两种印刷方法工艺过程基本相同。有刮动间隙的印刷即为非接触式印刷，非接触式印刷中采用丝网或挠性金属掩膜；无刮动间隙的印刷即为接触式印刷，接触式印刷中采用金属漏模板。刮动间隙、刮刀压力和移动速度是优质印刷的重要参数。焊膏和其他印刷浆料是一种流体，其印刷过程遵循流体动力学的原理。

焊膏印刷涂敷原理如图 3.30 所示。丝网与基板之间有刮动间隙。丝网印刷时，刮刀以一定速度和角度向前移动，对焊膏产生一定的压力，推动焊膏在刮板前滚动，产生将焊膏注入网孔所需的压力。由于焊膏是黏性触变流体，焊膏中的黏性摩擦力使其层流之间产生切变。在刮刀凸缘附近与丝网交接处，焊膏切变速率最大，这就一方面产生使焊膏注入网孔所需的压力，另一方面切变率的提高也使焊膏黏性下降，有利于焊膏注入网孔。所以当刮板速度和角度适当时，焊膏将会顺利地注入丝网网孔。刮刀速度、刮刀与丝网的角度、焊膏黏度和施加在焊膏上的压力，以及由此引起的切变率的大小是丝网印刷质量的主要影响因素。它们相互之间还存在一定制约关系，正确地控制这些参数就能获得优良的焊膏层印刷质量。图 3.31 所示为丝网印刷工艺过程，开始阶段网板与 PCB 板不接触，印刷中刮刀压迫丝网与 PCB 板接触，并将焊膏挤入网孔。脱板时需要按照设定的速度进行脱板。

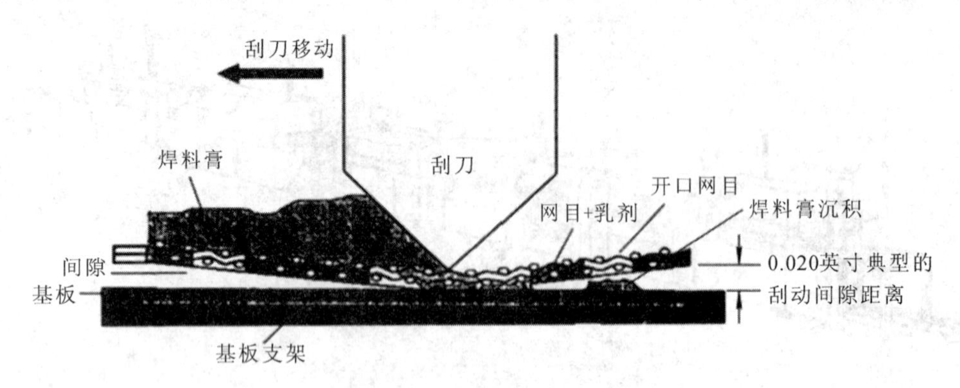

图 3.30　焊膏印刷涂敷原理

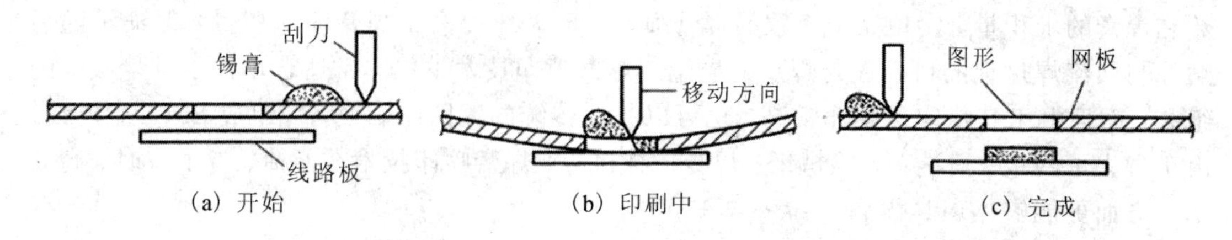

图 3.31　丝网印刷工艺过程

接触式的漏板焊膏印刷工作过程如图 3.32 所示。印刷前将 PCB 放在工作支架上，由真空吸附或机械方法固定，将已加工有印刷图像窗口的漏模板放在一金属框架上绷紧并与 PCB 对准，金属漏模板印刷时不留刮动间隙。印刷开始时，预先将焊膏放在漏模板上，刮刀从漏模板的一端向另一端移动，并压迫漏模板使其与 PCB 面接触，同时刮压焊膏通过漏模板上的印刷图像窗口将焊膏印制(沉积)在 PCB 相应的焊盘上。

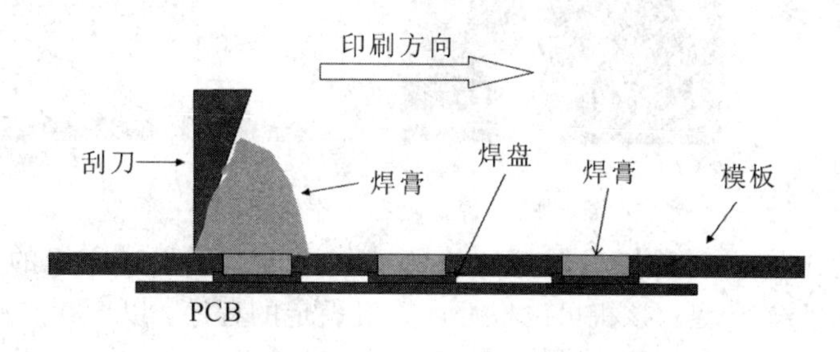

图 3.32　漏板印刷法工作过程示意图

2) 焊膏印刷设备

目前，印刷机主要分为手动、半自动和全自动三种。手动印刷机主要用于单件小批量的实验室之中。

半自动印刷机适用于中小批量的、较多尺寸元件的贴装场合。其操作简单，印刷速度快，结构简单，缺点是印刷工艺参数可控点较少，印刷对中精度不高，焊膏脱模差，一般适用于 0603(英制)以上元件、引脚间距大于 1.27 mm 的 PCB 印刷工艺。

全自动丝网印刷机是目前大批量生产线的标准配置，其优点是印刷对中精度高，焊膏脱模效果好，印刷工艺较稳定，适用密间距元件的印刷，缺点是维护成本高，对作业员的知识水平要求较高。全自动焊膏印刷机的基本功能包括：在线编程或远程接受控制程序；自动输送 PCB 板，机械初步定位配合光学自动检测系统将 PCB 与网板进行精确定位；焊膏自动添加到印刷网板上；刮刀具备自动完成涂敷系列动作，并且下压压力、移动速度可调；印刷结束的 PCB 板能自动送出。一些高端的全自动焊膏印刷机也会具备一些辅助功能，例如印刷后焊膏厚度检测、网板自动清洗、网板自动更换等。

2. 焊膏喷印技术与设备

图 3.33 所示为焊膏喷印工作原理示意图。焊膏喷印的基本原理是：焊膏储藏在可更换的管状容器中，通过微型螺旋杆将焊膏定量输送到一个密封的压力舱，然后由一个压杆压出定量的焊膏微滴并高速喷射在焊盘上。

焊膏喷印技术无点涂、印刷方法的缺陷，而且与传统的网板印刷相比，具有不需要网板的优势。通过计算机控制，其喷印程序可以完全控制每一个焊盘上的喷印细节，喷印次数和焊膏的堆积量，实现完全一致的焊膏喷印，极大地提高了焊膏喷印质量，保证了随后贴片与回流焊过程的可控性与焊点的质量。焊膏喷印技术不仅非常适合单件小批量板卡的组装，而且由于其喷印速度非常高，也可以替代传统的钢网印刷设备，组成SMT生产线。由于省去了网板、清洗剂、擦拭纸、焊膏搅拌机等，焊膏喷印技术在便捷、省工省时、高效率等方面更能够体现其优势。

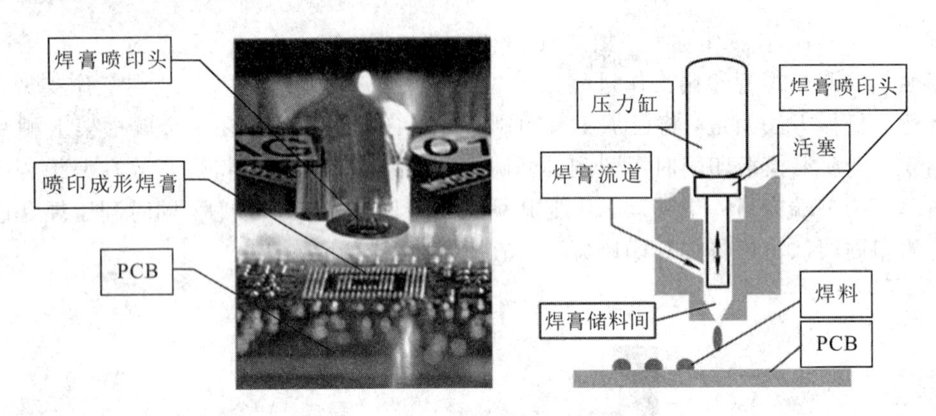

图 3.33　焊膏喷印工作原理

焊膏喷印机的工作原理类似喷墨打印机的工作原理。焊膏喷印机的典型代表产品是MYDATA 公司的MY500型。该机可以根据计算机设定的程序，以500点/s(180万点/h)的最高速度在电路板上喷射焊膏。喷印头的最小喷印点为0.25 mm，能够在间距为0.4 mm的元件焊盘上喷印焊膏，并很容易在大焊盘附近喷印小焊盘，可以在大器件或连接器旁边喷印0201等微型片式芯片的焊点，可以任意设定每一个焊盘的焊膏喷印量和喷印面积，可以在不同的层面上喷印焊膏，甚至在已经喷印的焊盘上再增加喷印焊膏的堆积量。其焊膏喷印精度达到单点重复精度 $3\sigma(X, Y)54\ \mu m$。

3.5.3　胶黏剂涂敷工艺与设备

胶黏剂的作用是在混合组装中把SMC/SMD暂时固定在PCB的焊盘图形上，以便随后的波峰焊接等工艺操作得以顺利进行。在双面表面组装情况下，辅助固定SMIC以防翻板和工艺操作中出现振动时导致SMIC掉落，需要在PCB虚设焊盘位置上涂敷胶黏剂。点胶工艺的应用如图3.34(a)所示。注射点胶工艺过程如图3.34(b)所示。

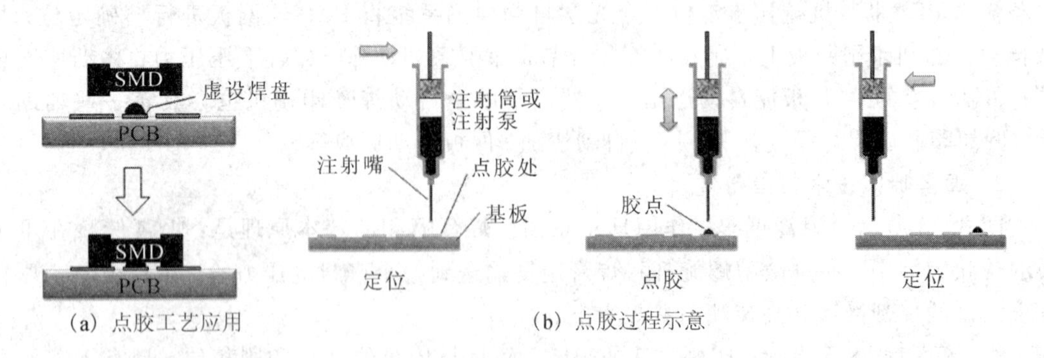

(a) 点胶工艺应用　　(b) 点胶过程示意

图 3.34　点胶工艺应用与点胶过程示意图

胶黏剂涂敷方法有：分配器点涂(亦称注射器点涂)技术、针式转印技术和丝网(或模板)印刷技术。目前点胶工艺使用设备以自动点胶机为主。

1. 分配器滴涂工艺与设备

分配器点涂是将胶黏剂一滴一滴地点涂在 PCB 贴装 SMC/SMD 的部位上。预先将胶黏剂灌入分配器中，点涂时，从分配器上容腔口施加压缩空气或用旋转机械泵加压，迫使胶黏剂从分配器下方空心针头中排出并脱离针头，滴到 PCB 要求的位置上，从而实现胶黏剂的涂敷。由于分配器点涂方法的基本原理是气压注射，因此该方法也称为注射式点胶或加压注射点胶法。

采用分配器点涂技术进行胶黏剂点涂时，气压、针头内径、温度和时间是其重要工艺参数，这些参数控制着胶黏剂量的多少、胶点的尺寸大小以及胶点的状态。气压和时间合理调整，可以减少胶黏剂(胶滴)脱离针头不顺利的拉丝现象。为了精确调整胶黏剂量和点涂位置的精度，专业点胶设备一般采用计算机控制技术，按程序自动进行胶黏剂点涂操作。这种设备称为自动点胶机，它能按程序控制一个或多个带有管状针头的点胶器在 PCB 的表面快速移动、精确定位，并进行点胶作业。

分配器滴涂设备的主要区别在所使用注射泵的技术，目前注射泵技术有：时间压力法、阿基米德螺栓法、活塞正置换泵法、阀门喷射法等。

2. 针式转印技术及设备

针式转印技术一般是同时成组地将胶黏剂转印到 PCB 贴装 SMC/SMD 的所有部位上。图 3.35 所示为针式转印系统及其工作原理。一系列的转印针按需转印胶黏剂位置固定在针床上，转印针头集体浸没到胶黏剂容器槽中沾上胶黏剂，针床运动到 PCB 基板上并进行对准，针床下降到一定位置将胶黏剂转印到 PCB 基板上。

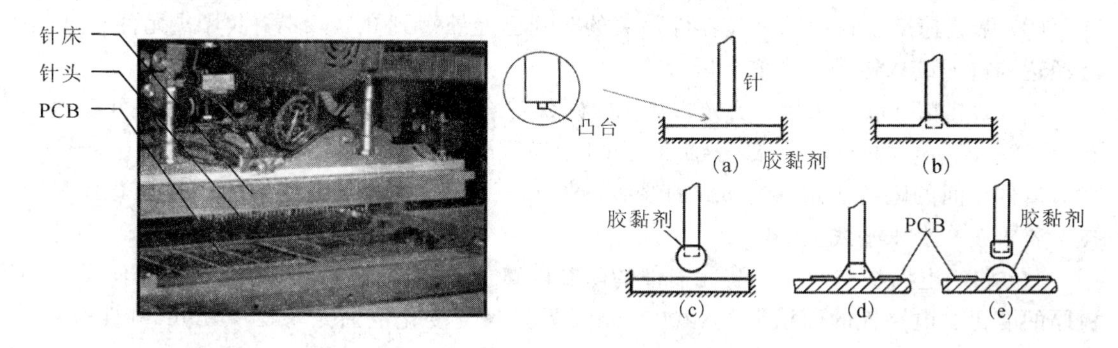

图 3.35　针式转印系统工作原理

针式转印技术的主要特点是能一次完成多个元器件的胶黏剂涂敷，设备投资成本低，适用于同一品种大批量组装的场合。它有施胶量不易控制、胶槽中易混入杂物、涂敷质量和控制精度较低等缺陷。随着自动点胶机的速度和性能的不断提高，以及由于 SMT 产品的微型化和多品种少批量特征越来越明显，针式转印技术的适用面已越来越小。

3.5.4　贴片技术及工艺设备

1. 贴片技术

贴片的基本过程是用一定的方式把 SMC/SMD(表面贴装元件和表面贴装器件)从它的包装中取出，并贴放在印制板的规定位置上。贴装过程中贴片头、元器件、PCB 基板、对准检测系统的位置关系如图 3.36 所示。贴片过程的基本动作包括：PCB 基板输送到贴装位置并固定，基板检测系统识别基板上的 Mark 点后计算出所有器件的贴装位置坐标；贴片头从元器件送料器中用真空吸附方法拾取元器件；贴片头在运动过程中元器件对准检测系统经过图像采集、分析得到元器件相对于贴片头的位置坐标，从而得到贴片头的最终运动坐标；贴片头在运动过程中根据贴片元件与焊盘的位置偏差进行相应调整，贴片头携带元器件运动到贴装位置后将元器件贴装到 PCB 基板上。

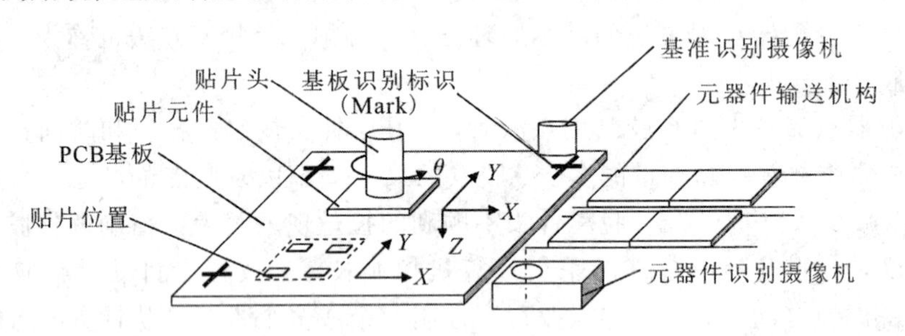

图 3.36　贴片工作原理

贴装元器件需要一片一片贴装到 PCB 基板上，相比焊料涂覆和再流焊工序，SMT 生产线中贴片工序的生产效率最低，因此贴片机必须是高速工作的系统。贴片时需要将元器件的所有引脚与 PCB 基板上的焊盘对准，因此，贴片过程也是一个高精度的对位过程。衡量贴装质量的一个重要参数是贴装位置精度。贴片技术的主要特征体现在以下几个方面：

(1) 贴装对象的变化巨大。表面贴装元器件的种类涵盖了传统电子元器件的全部，元器件的体积相差数百倍，元器件的顶面材料包括陶瓷、金属及各种塑料等多种表面平整度和粗糙度各不相同的材料。

(2) 贴装速度。目前每个元器件贴装的时间已经缩短到 0.06 s 左右(片式元件)，几乎已经达到机械结构运动速度的极限。

(3) 贴装精确度。采用机、光、电和软硬件综合技术，现在贴装精确度已经可以达到 3σ 下 22～25 μm 的精度，一部分细小元件和细节距 IC 贴装精度甚至达到 4σ 下 20 μm；元件与器件之间的距离达到 0.1 mm 的量级，意味着 SMT 贴装精确度指标已经与芯片封装技术要求在一个水平线上。

(4) 印制电路板。承载贴装元器件的印制电路板与贴装技术相关的主要是几何尺寸和板厚的变化。电路板的面积为 1～4000 cm^2，厚度尺寸变化范围为 0.5～6 mm(刚性板)。

2. 贴装精度分析

随着贴片元件引脚密度增加，现在贴片机的贴装精确度已经达到微米数量级。贴片过程中最主要的是准确放置贴片元件。贴片工艺中以被贴装元器件相对于 PCB 上的标定位置的偏差大小表明贴片机的工作能力，也就是贴片机的贴装精度。贴装精度被定义为贴装元器件引脚偏离标定位置最大的综合位置误差。

贴片机控制贴片元件以平面 X、Y、θ(围绕 Z 轴的转角)三个坐标来定位。三个坐标综合的结果决定贴装的精度，并最终影响后序焊接工序的工艺质量。目前在高精度贴片机中 X、Y 方向可以提供高达 22 mm/3σ 的定位精度，θ 角可达 $\pm$ 0.05°/3σ。如图 3.37 所示，贴装精度通常用贴装后元器件的引脚相对 PCB 基板上焊盘的位置误差大小来衡量，位置误差包括图 3.37(a)所示的平移误差和图 3.37(b)所示的旋转误差。

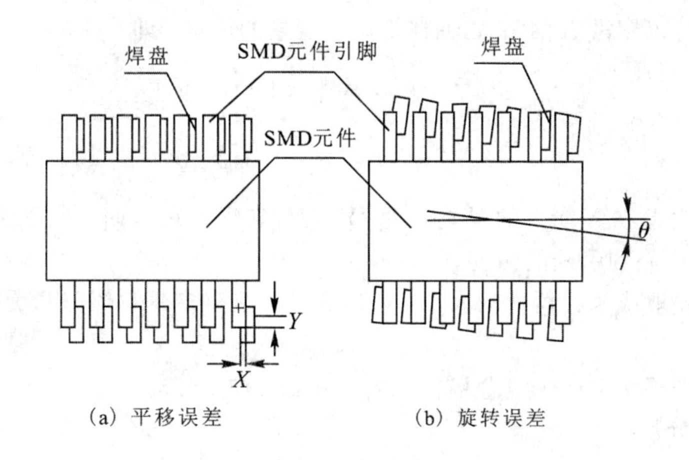

图 3.37　贴装误差

1) 平移误差

如图 3.38 所示，平移误差(元器件中心的偏离)主要来自 $X-Y$ 定位系统的不精确性，它包括位移、定标和轴线正交等误差。

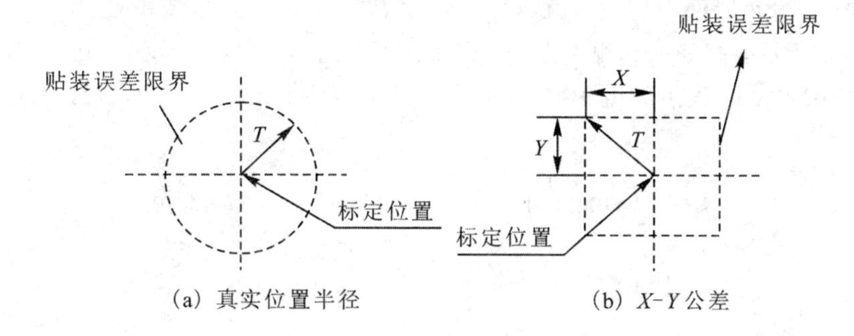

图 3.38　平移误差的定义

贴片元器件贴装后总会存在平移误差。从理论上考虑，平移误差应该规定为在电路板上元器件相对于设计中心标定位置的真实位置半径 T。如果考虑 $X-Y$ 坐标的公差，则 T 可由下面的等式得到：

$$T = \sqrt{X_t^2 + Y_t^2} \tag{3-1}$$

其中：X_t 为沿 X 轴误差分量；Y_t 为沿 Y 轴误差分量。

2) 旋转误差

如图 3.39 所示，旋转误差是相对于标定贴装取向的角度公差。离开元器件中心最远的端子旋转误差最大。旋转误差来自元器件定心机构的不精确性，或者贴装工具旋转的角度误差。为了简化分析，利用元器件外轮廓角点的位移近似表示这种误差，即

$$R = 2L\sin\left(\frac{\theta}{2}\right) \tag{3-2}$$

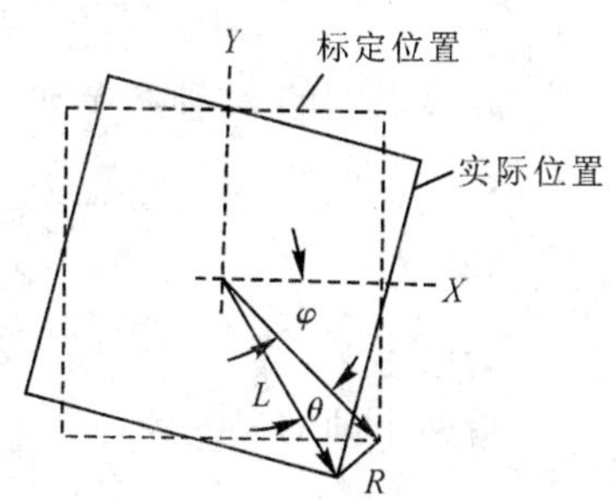

图 3.39　旋转误差的定义

其中：L 为元器件中心到外轮廓角点的距离；θ 为离开标定取向最大角度偏离；R 为由旋转误差引起的真实误差偏移。

旋转误差也可以用沿 X 轴和 Y 轴计算旋转误差的分量，即

$$\begin{cases} X_r = 2L\sin\left(\dfrac{\theta}{2}\right)\sin\varphi \\ Y_r = 2L\sin\left(\dfrac{\theta}{2}\right)\cos\varphi \end{cases} \tag{3-3}$$

其中：X_r 为旋转误差在 X 向上的误差分量；Y_r 为旋转误差在 Y 向上的误差分量；φ 为相对于 X 轴从元器件中心到引线的角度。

可见旋转误差取决于元器件的大小，所以必须分别确定平移误差和旋转误差。

3）*总误差*

旋转误差和平移误差产生组合累积效果，由这两种成分的矢量相加求得总的误差在 X 轴和 Y 轴的误差分量：

$$\begin{cases} T_x = X_t + X_r \\ T_y = Y_t + Y_r \end{cases} \tag{3-4}$$

总的误差为

$$T_{PR} = \sqrt{T_x^2 + T_y^2} \tag{3-5}$$

当选定贴装的元器件类型后，就可由这两个数值计算总的贴装精度。

如图 3.40 所示，假如一台贴片机在 X 轴和 Y 轴上的平移误差为±0.01 mm，它的旋转角误差为±0.2°，84 根引线的 PLCC(对角线长度为 42 mm)，其 $L=21$ mm。所以旋转误差 R 为

$$R = 2L\sin\left(\frac{\theta}{2}\right) = 2\times 21\sin 0.1 = 0.073\ \text{mm}$$

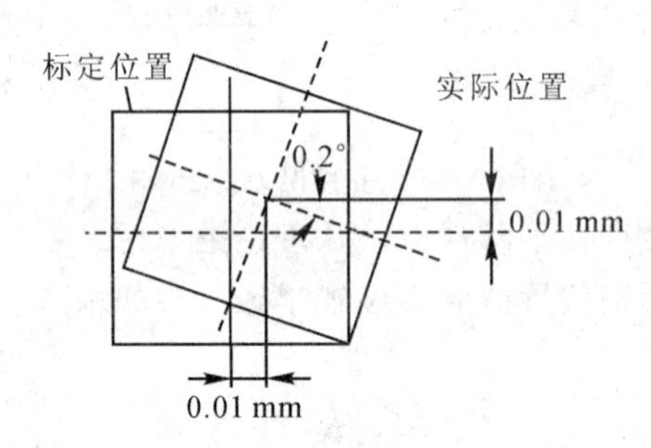

图 3.40　贴装误差计算实例示意图

旋转误差的 X 轴和 Y 轴成分：

$$X_r = 2L\sin\left(\frac{\theta}{2}\right)\sin\varphi = 0.073\sin 45^\circ = 0.052\ \text{mm}$$

$$Y_r = 2L\sin\left(\frac{\theta}{2}\right)\cos\varphi = 0.073\cos 45^\circ = 0.052\ \text{mm}$$

沿两个轴的误差为

$$T_x = 0.01 + 0.052 = 0.062\ \text{mm}$$

$$T_y = 0.01 + 0.052 = 0.062\ \text{mm}$$

所以，贴装总误差为

$$T_{PR} = \sqrt{0.062^2 + 0.062^2} = 0.088\ \text{mm}$$

3. 贴片机的组成

按照自动化程度划分，贴片机分为手动贴片机、半自动化贴片机和全自动贴片机。无论哪种贴片机都包含机械主体、贴片头、PCB板输送系统、元器件供料系统、基板与元器件对准系统。全自动贴片机包含复杂的控制和软件系统。图3.41所示为贴片机的基本组成。

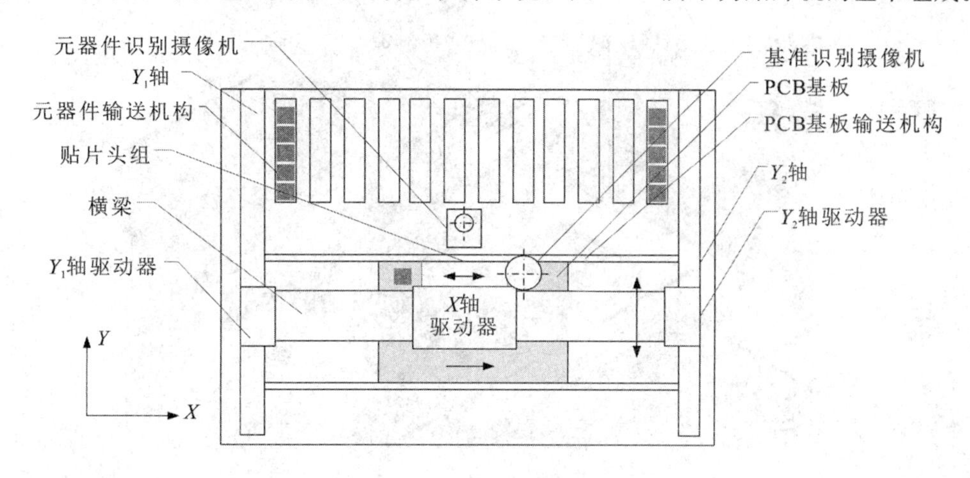

图3.41 贴片机基本组成

1）机械主体

机械主体包括机械支撑结构、PCB传送结构、元件传送结构、X/Y轴驱动机构、贴片头等系统。如图3.41所示，贴片机的机械主体一般采用横梁式结构，贴片头安装在横梁（X向运动轴）上，横梁在底座上做Y向移动，贴片头上有多个贴片吸嘴，贴片吸嘴做Z向运动和θ角的旋转。

（1）贴片机主体结构形式。

贴片机的X/Y轴定位形式主要采用横梁式结构，横梁与两侧的导轨构成拱形结构，如图3.42所示。贴片机可以采用单横梁单贴片头结构、单横梁双贴片头结构、双横梁双贴片头等结构。

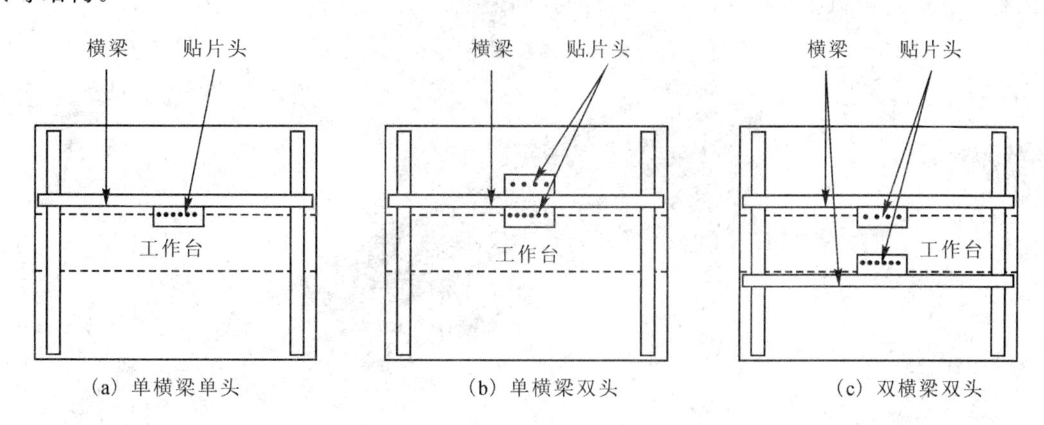

图3.42 X/Y轴定位与贴片头结构形式

横梁也可以做成悬臂梁形式，如图3.43所示，西门子SIPLACE X4I型双模块复合式贴片机是一种较为典型的结构，一个固定横梁上安装四个悬臂梁，每个悬臂梁上安装一个垂直转轮式贴片头。贴片头在悬臂梁上做Y向移动，悬臂梁在固定横梁上做X向移动。

在拾取和贴装位置转轮依次转动拾取和贴装元器件，贴片头在拾取和贴装位置之间对贴片头上的每个元器件进行位置校正分析。

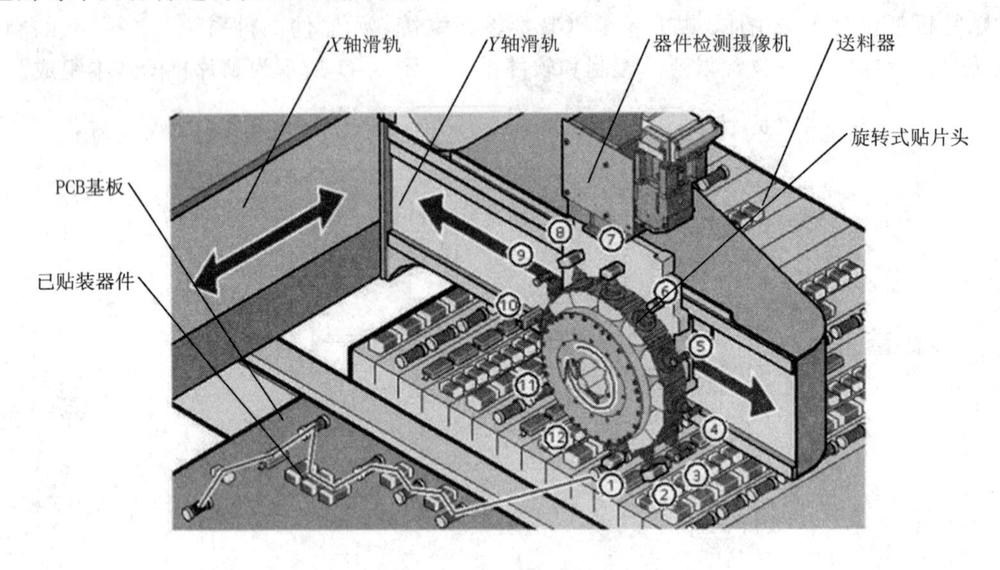

图 3.43　西门子复合式贴片机悬臂梁结构

(2) PCB 传送结构。

PCB 传送结构负责将印刷过焊膏的 PCB 板输送并固定到贴装位置，等贴装完成后再将 PCB 板输送到卸料位置。PCB 传送结构分为单工作台单轨道传送和单工作台双轨道传送两种形式，复合贴片机采用多轨式。

如图 3.44 所示，双轨式 PCB 传送机构一次传送两个板。在双轨内有 6 个区域，区域 A、C、D 和 F 用来输入/传出 PCB，区域 B 和 E 用来贴片。贴片机一次最多可放 3 块 PCB，一般两个板在区域 B 和 E，另一个板可以在任何其他输入/传出位置。当一个板贴片时，另一个板在预备轨道的缓冲区域内，前一个板贴片完成后，立即开始处理预备轨道区域的板，这样就可以把传送 PCB 板的时间降到最低。

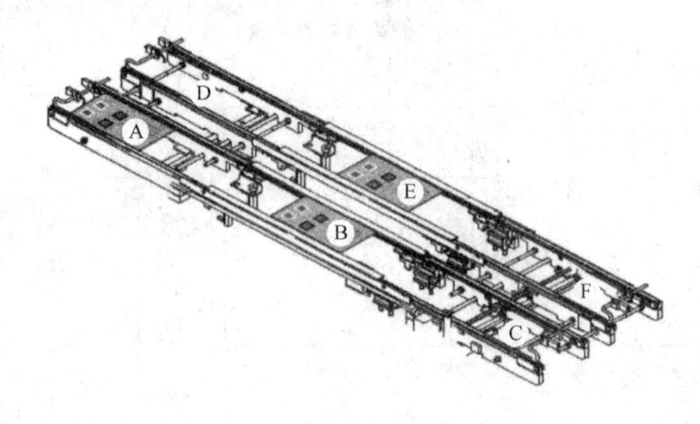

图 3.44　双轨式 PCB 传送机构

(3) 元器件送料机构。

在贴片机中，元器件是通过供料器(Feeder)将包装中元器件按贴片机指令提供给吸嘴，因而供料器和表面贴装元器件的包装形式及其质量对拾取元件具有重要影响。供料器也称为喂料器，是贴装技术中影响贴装能力和生产效率的重要部件，以至于有的贴片机型号中直接以可容纳供料器数量作为标志。

对于拱架式结构贴片机可以使用不同形式元件包装的送料器，如卷带装、管装、托盘装和散料盒装。

图 3.45 所示为西门子 SIPLACE X4I 型双模块复合式贴片机的送料器与送料架结构形式。

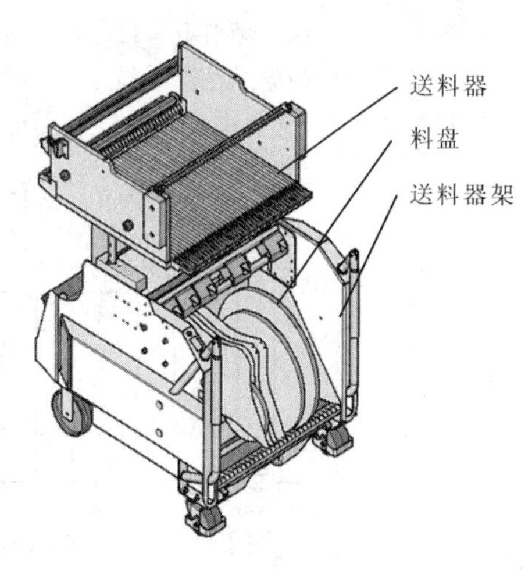

图 3.45　西门子 SIPLACE X4I 型双模块复合式贴片机的送料器与送料器架

(4) 贴片头。

传统的拱架式结构的贴片头有单吸嘴结构和多吸嘴并列结构。单吸嘴贴片头在一个贴装循环中只能贴装一个元件，相对贴装的精度较高。多吸嘴并列贴片头有2～12 个并列平行的吸嘴贴装轴，在一个贴装循环中可以吸取、校正和贴装多个元件，从而可以提高贴装的速度。由于贴片元件的大小不一，而贴片头上贴装轴的数量有限，因此在拱架式贴片机上一般都有一个专门的吸嘴储藏机构，供贴片头在需要时进行吸嘴更换，以便贴片头采用合适的吸嘴来吸取和贴装元件。

贴片头的结构形式分为转动式和平动式。转动式贴片头结构又分为转塔式、转轮式和小转塔式三种。图 3.46(a)所示为小转塔式贴片头结构。

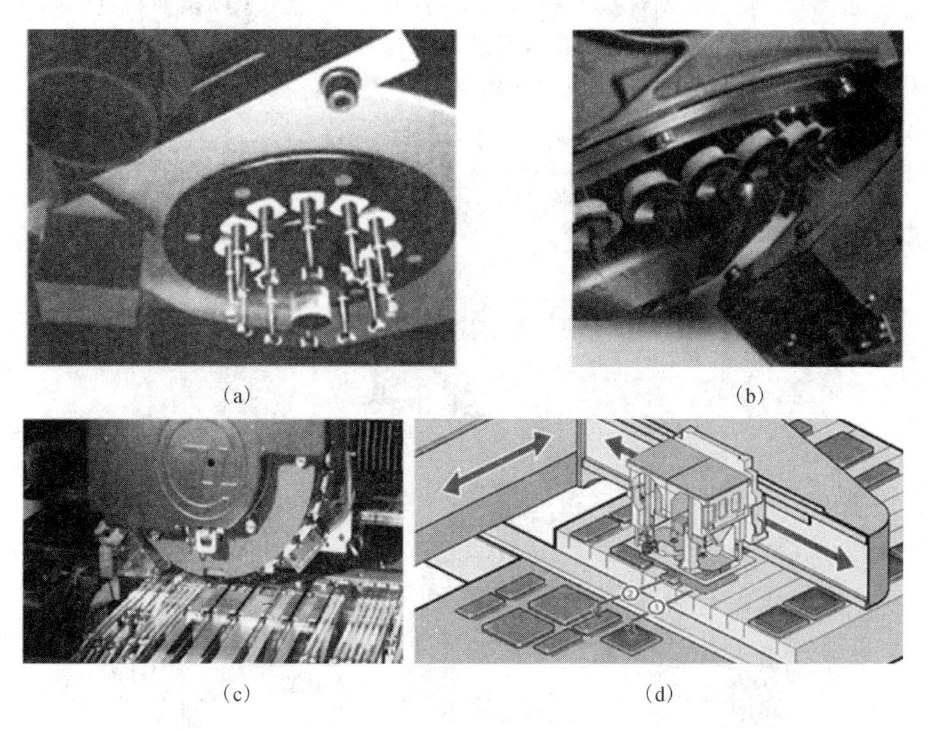

(a)　(b)　(c)　(d)

图 3.46　贴片机所用贴片头结构形式

转轮式结构分为垂直式和倾斜式。图 3.46(b)所示为倾斜转轮式贴片头，图 3.46(c)所示为垂直转轮式贴片头。转轮式贴片头结构适用于拱架式工作台形式，贴片时 PCB 固定，贴片头做 X/Y 向移动＋90°/45°转动＋Z 向直线运动。图 3.46(d)所示为平动式贴片头结构，并列着多个平行的吸嘴贴装轴，适用于拱架式工作台形式，能实现 X/Y 向平动。各种贴片头上的吸嘴都能小范围旋转，以实现贴装角度对准。

2）控制系统

图 3.47 所示为贴片机的控制系统组成。贴片机的控制系统一般由供料系统、传送系统、输入/输出系统、贴装系统、定位系统、视觉系统、报警系统、电源系统及人机系统等各个子系统的控制系统组成。

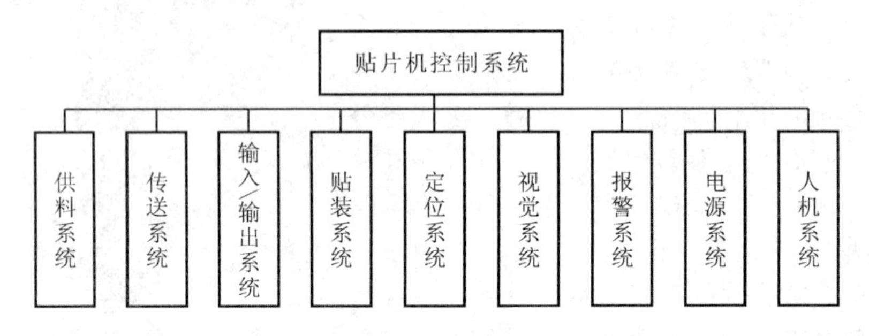

图 3.47　贴片机控制系统组成

3）对准系统

贴片机的对准系统包括 PCB 基板的对准检测系统和元器件对准系统。贴片机的对准检测系统构成及工作原理如图 3.48 所示。当一块新的待贴装 PCB 通过送板机构传送到指定位置固定起来时，安装在贴片头上的基准识别（MARK 点）CCD 摄像机在相应的区域通过图像识别算法搜寻出 MARK 点，并由系统软件计算出其在贴片工作台坐标系中的坐标，同时将相应的元器件应贴装的位置数据送给主控计算机。

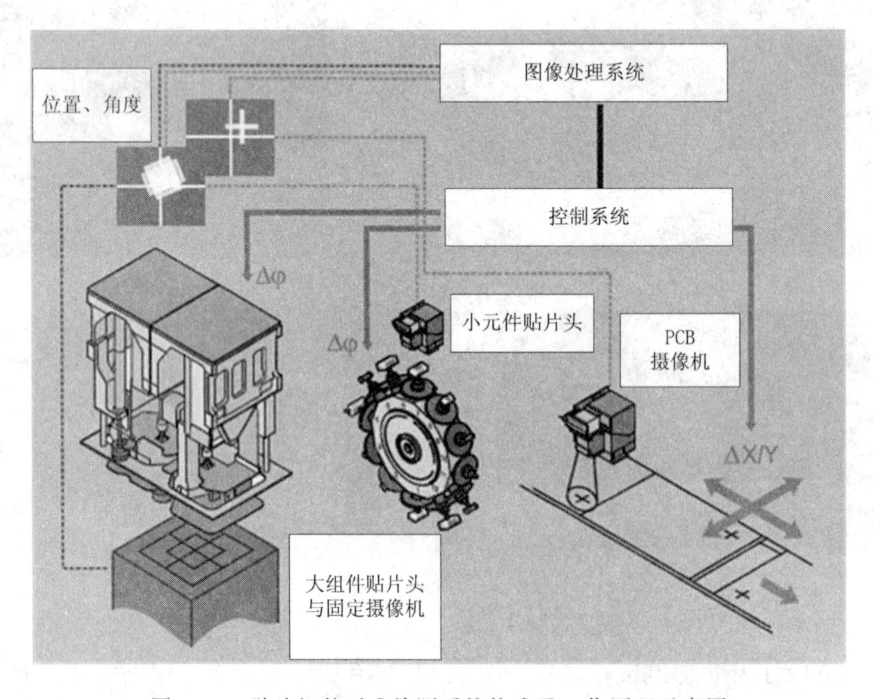

图 3.48　贴片机的对准检测系统构成及工作原理示意图

早期的对准是将检测传感器(照相机或其他光敏元件)固定在贴片机机座上，贴片头拾取元件后需要经过检测传感器并停留一定时间以完成检测调整的对准要求。如果采用视觉系统，则对 CCD 的速度、A/D 转换器、传输电路和通信协议、视频处理器和存储器、主控计算机运算和处理速度，以及贴片头的机电传输伺服驱动系统都有相应的速度要求，才能达到缩短对准时间及提高贴装效率的目的。

当相应的贴装元器件被拾取后，经过元件摄像机时，摄像机对元器件进行检测，得到其相对于拾取吸嘴的位置坐标并送给主控计算机，与目标位置比较，得到贴片头应移动的位置和转角，在贴装前进行位置和转角的调整，从而达到视觉对准的目的。元器件的对准识别根据器件的大小由不同的摄像机进行对准识别。较小的元件通过装在贴片头上的摄像机进行识别，较大的元器件采用较大的贴片头拾取后移动到固定摄像机处进行识别。

为了提高对准检测的速度，现在的贴片机普遍采用飞行对中检测技术。飞行对中是指将摄像机或激光检测系统直接安装在贴片头上，在贴片头拾取元件移到指定位置的过程中，完成对元件的检测和对中的方式。这种技术一般用在旋转式多吸嘴贴片头中，它可以大幅度缩短对中的时间，提高贴装效率。

安装在头部的摄像机一般采用线性传感器技术，在拾取元件移动到指定位置的过程中完成对元件的检测。线性检测技术原理如图 3.49 所示，光源模块由 LED 发光二极管与散射透镜构成，接收模块由线阵 CCD 及一组光学透镜组成。

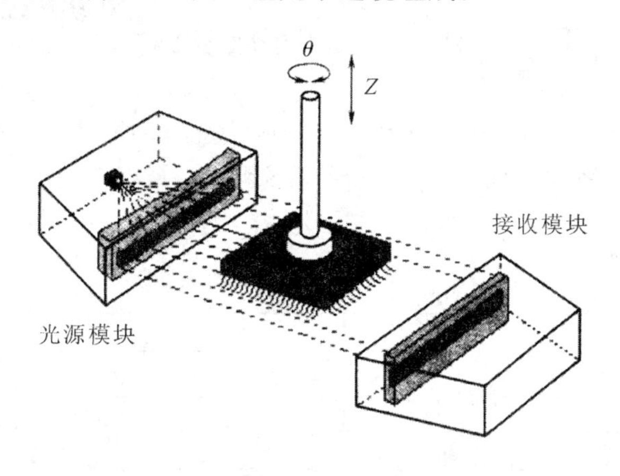

图 3.49　线性传感器系统组成示意图

激光检测对位的原理如图 3.50 所示。从光源产生一束适中的光束照射在元件上来测量元件投射的影响。这种方法可以测量元件的尺寸、形状以及吸嘴中心轴的偏差。激光检

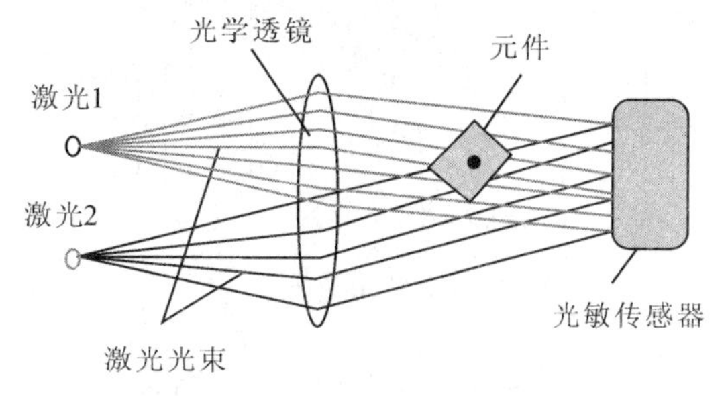

图 3.50　激光对位系统

测的最大优点是速度快，因为元件不需要从摄像机上方走过。但其主要缺陷是不能对元件进行引脚检查，因此主要用于对片状元件的检测。激光对位允许“飞行中”修正，有能力处理所有形状和大小的元件，并且能精确地决定元件位置和方向。但是，甚至最复杂的激光系统也无法测量引脚和引脚间距。

CCD 摄像机系统则既能够判断元件位置和方向，同时又能够测量引线和引线间距，因此大多数贴片机都采用 CCD 摄像机定位系统。CCD 摄像机系统无须对系统进行调整就能够适应各种更新的元器件封装，因而具有更好的灵活性。如图 3.51 所示，CCD 检测技术可以使用“背光”及“前光”技术，采用可编程的照明控制可以适应不同元器件的识别要求。一般 QFP 元件适合于从背后照明，BGA 元件从前面照明则能识别完整的锡球布置。

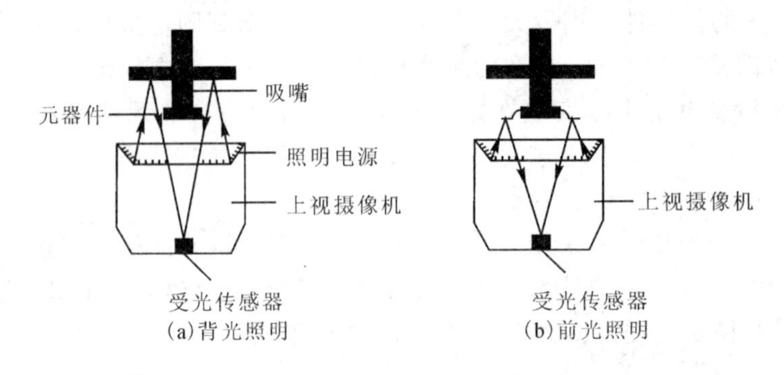

图 3.51　前光和背光照明技术

4）软件系统

图 3.52 所示为全自动贴片机软件系统的构成。全自动贴片机的软件系统包括数据库管理系统、控制系统、视觉系统、安全监控、系统调节、帮助系统、智能管理系统等。

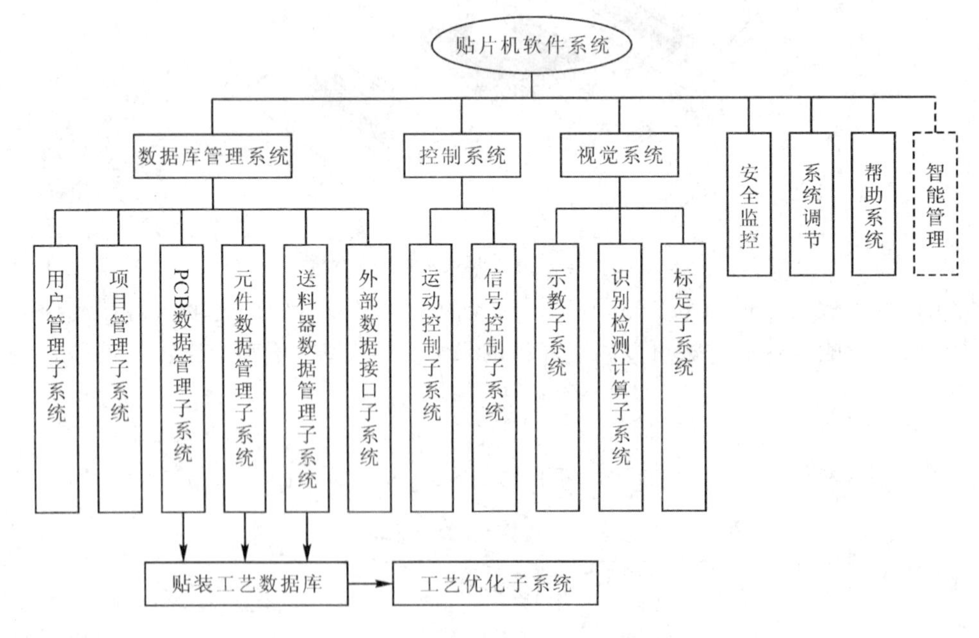

图 3.52　全自动贴片机软件系统构成

4. 典型贴片机

贴片机技术的发展方向主要是在满足贴装精度的前提下，提高贴装速度、贴装效率以及贴装元器件的适应性。为了提高贴片机的生产效率，以西门子、富士和松下公司为代表的贴片机制造厂商按照各自的技术路线研发了一些高速多功能贴片机，例如西门子、松下公司研制了模块化复合式系列贴片机，富士公司研制了模组型高速多功能贴片机。

1）双模块复合式贴片机

在电子产品制造商中，SIPLACE X 系列被视为业界的标准产品，无论是要求最高速度还是绝对的精准度(手机、平板电脑、笔记本电脑、LED 贴装等)，它都能够提供有效支持。SIPLACE X 系列具备最高生产线速度、最低的缺陷率、一致的 01005 和公制 03015 元器件贴装的产能与质量、不停机物料设置变更和快速的新产品引入功能。SIPLACE X 系列提供有双悬臂、三悬臂或四悬臂型号，甚至可以根据需要增加或减少悬臂。

西门子 SIPLACE X4I 型双模块复合式贴片机结构如图 3.53 所示。可选配的贴片头有倾斜转轮式、垂直转轮式和水平排列式。

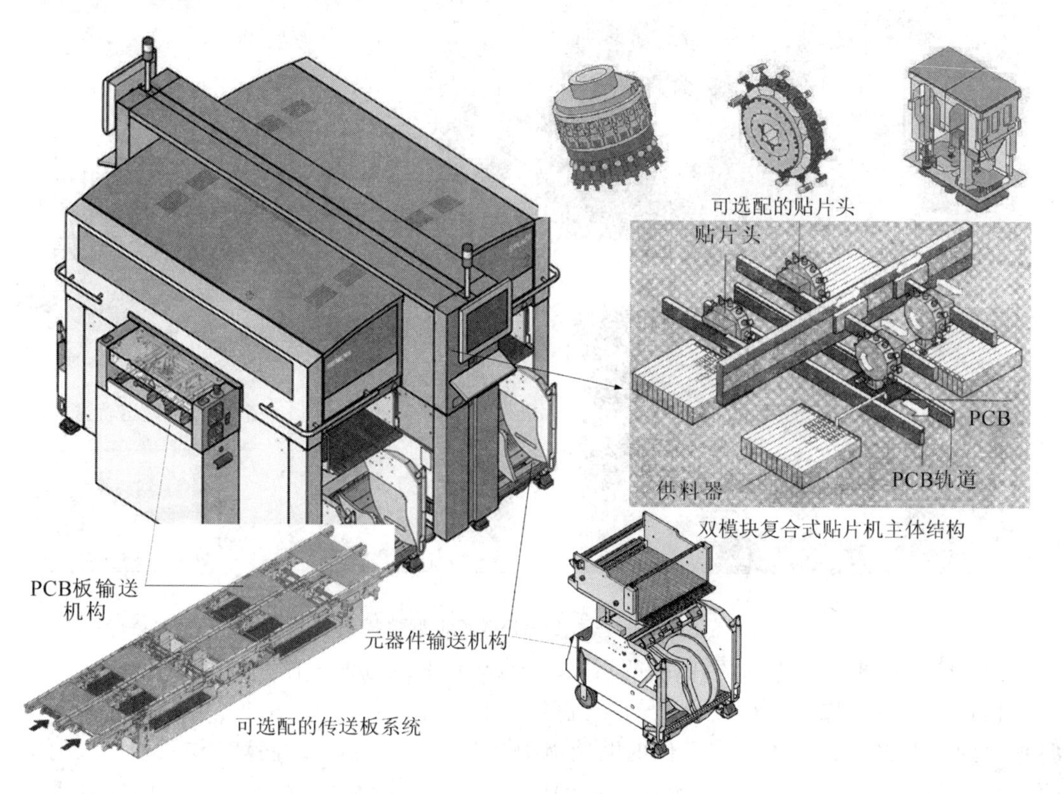

图 3.53　西门子 SIPLACE X4I 型双模块复合式贴片机结构

贴片机主体结构由两台贴片机组合而成。一个固定横梁的两侧各有两个悬臂梁，四个悬臂梁上分别安装一个贴片头。悬臂梁和贴片头的 X/Y 轴运动都是依靠直线电机驱动，贴装头沿着悬臂梁移动，悬臂梁沿着固定横梁移动，从而实现了贴片头的 X/Y 轴快速、高精度运动。贴片头在拾取元器件的同时，元器件检测摄像机在做对中检测。

PCB 输送系统沿着与固定横梁垂直方向布置。可选配的 PCB 输送系统有单轨和双轨道式结构。每台贴片机可以安装四套送料器架，每个送料器架可以安装多个元器件输送系统(飞达)。

2) 多功能模组式贴片机

图 3.54 所示为日本富士公司推出的 FUJINXT Ⅲ型模组式高速多功能贴片机。多功能模组式贴片机的组成原理是：在模组主体的基础上加装多个高速贴片系统，加装的贴片系统使用通用基座。单个高速贴片系统有自己的送料器、贴片头以及元器件对准检测系统，使用的贴片头可以是单个贴片头，也可以是小转轮式贴片头。根据贴装元器件的尺寸大小，可以将贴片头设计成不同规格。元器件送料系统是通用系统，可以在不同贴片系统上使用。多功能模组式贴片机的 PCB 输送系统是共用系统。根据这种组合方法，贴装生产线可以非常灵活地搭建贴片机系统，维修或者更换产品也非常方便。

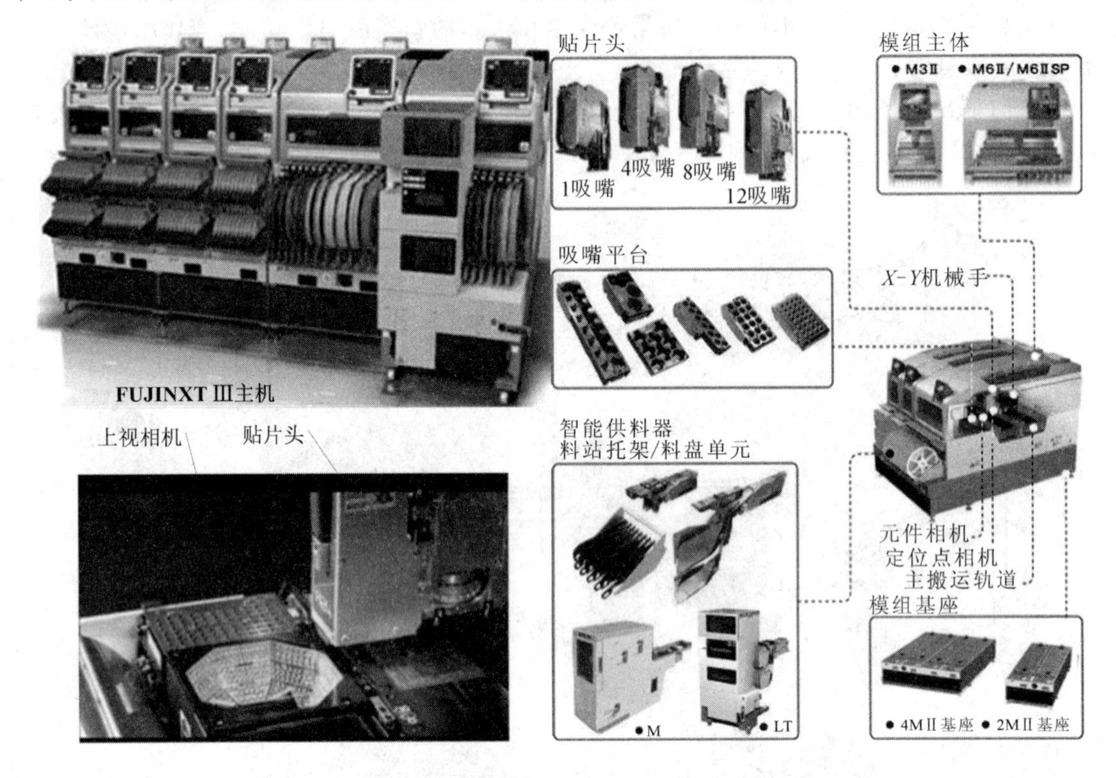

图 3.54　日本富士公司 FUJINXT Ⅲ型多模组式贴片机

FUJINXT Ⅲ是在 2008 年推出的 NXTⅡ的基础上改进而来的。通过高速化的 X/Y 机械手和料带供料器以及使用新研发的相机(Fixed On-the-fly Camera)，可以提高包括从小型元件到大型异形元件等所有元件的贴装能力。此外，使用新型高速工作头(H24 工作头)后，每个模组的元件贴装能力高达 35 000 CPH，比 NXTⅡ提高了约 35%。FUJINXT Ⅲ不仅可以对应现在生产中使用的最小的 0402 元件，还可以贴装 03015 超小型元件。此外，通过采用比现有机种更具刚性的机器构造、独自的伺服控制技术以及元件影像识别技术，可以达到行业顶尖的小型芯片的贴装精度：$\pm 25\ \mu m(3\sigma)Cpk \geqslant 1.00$。

3.5.5　焊接技术与工艺设备

焊接是焊料合金和要结合的金属表面之间形成合金层的一种连接技术。表面组装采用软钎焊技术，它将 SMC/SMD 焊接到 PCB 的焊盘图形上，使元器件与 PCB 电路之间建立可靠的电气和机械连接，从而实现具有一定可靠性的电路功能。这种焊接技术的主要工艺过程是：用焊剂将要焊接的金属表面洗净(去除氧化物等)使之对焊料具有良好的润湿性，熔融焊料润湿金属表面并随后冷却，最后在焊料和被焊金属间形成金属间化合物。

根据熔融焊料的供给方式，在 SMT 中采用的软钎焊技术主要有波峰焊(Wave Soldering)和再流焊(Reflow Soldering)。一般情况下，波峰焊用于插装和混合组装方式，再流焊用于全表面组装方式。

根据提供热源的方式不同，再流焊有传导、对流、红外、激光、气相焊等方式。波峰焊是通孔插装技术中使用的传统焊接工艺技术，根据波峰的形状不同有单波峰焊、双波峰焊等形式之分。在混合组装中还使用选择性波峰焊技术。波峰焊技术与再流焊技术是印制电路板上进行大批量焊接元器件的主要方式。

波峰焊与再流焊之间的基本区别在于热源与钎料的供给方式不同。在波峰焊中，钎料波峰有两个作用：一是供热，二是提供钎料。在再流焊中，焊膏由专用设备定量涂覆，热是由再流焊炉自身的加热机理决定的。

1. 再流焊工艺技术与设备

再流焊(亦称回流焊)是预先在 PCB 焊接部位(焊盘)施放适量和适当形式的焊料，然后贴放表面组装元器件，经固化(在采用焊膏时)后，再利用外部热源使焊料再次流动达到焊接目的的一种成组或逐点焊接工艺。

再流焊的技术特征非常明显，进行再流焊时元器件受到的热冲击小，焊料只在需要部位施放焊料，因此能控制焊料施放量，并且能避免焊后桥接等缺陷的产生。当元器件贴放位置有一定偏离时，由于熔融焊料表面张力的作用，只要焊料施放位置正确，就能自动校正偏离，使元器件固定在正常位置。再流焊可以采用局部加热热源，从而可在同一基板上，采用不同焊接工艺进行焊接。基于工艺保证，焊料中一般不会混入不纯物。

目前主要有三种方法供给焊料，即焊膏法、电镀焊料法和熔融焊料法。焊膏法即通过印刷、滴涂、喷印方式将焊料预置到 PCB 基板的焊盘上。在元器件和 PCB 上预敷焊料，在某些应用场合可采用电镀焊料法和熔融焊料法将焊料预敷在元器件电极部位或微细引线上，或者是 PCB 的焊盘上。预成形焊料是将焊料制成各种形状，有片状、棒状和微小球状等预成形焊料，焊料中也可含有焊剂。预成形焊料主要用于半导体芯片的键合和部分扁平封装器件的焊接工艺中，如 BGA 封装形式。

如今，根据不同用途研制出了一系列加热方式的再流焊工艺设备，加热方式、工艺及设备应用特点如表 3.1 所示。再流焊的加热方式主要有辐射性热传递(红外线)、对流性热传递(热风、液体)和热传导(热板传导)三种方式。红外线、气相、热风循环和热板等加热都属于整体加热方式，适合于大批量生产方式的整板焊接。加热工具、红外光束、激光和热空气等加热属于局部加热方式，适合 PCB 板的局部焊接。

根据加热方式的不同，再流焊炉的形式有热板传导式、热风回流式、红外线辐射式、红外热风式、气相式以及激光式再流焊炉。

传统上使用含铅的再流焊焊料，现在的焊料是无铅焊料。典型的无铅再流焊工艺过程的温度曲线如图 3.55 所示，再流焊过程分为预热、保温、再流焊(回流焊)和冷却四个过程。

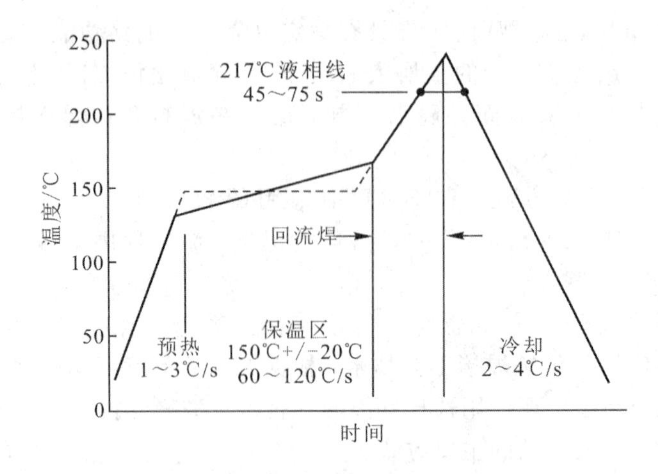

图 3.55 典型无铅焊料再流焊温度曲线图

表 3.1 再流焊加热方式及工艺特点

加热方法	加热原理	工艺及设备应用特点
红外	吸收红外线热辐射加热	(1) 连续，同时成组焊接，加热效果很好，温度可调范围宽，减少了焊料飞溅、虚焊及桥焊； (2) 材料不同，热吸收不同，温度控制困难
气相	利用惰性溶剂的蒸汽凝聚时放出的气体潜热加热	(1) 加热均匀，热冲击小，升温快，温度控制准确，同时成组焊接，可在无氧环境下焊接； (2) 设备和介质费用高，容易出现吊桥和芯吸现象
热风	高温加热的空气在炉内循环加热	(1) 加热均匀，温度控制容易； (2) 易产生氧化，强风使元件有移位的危险
激光	利用激光的热能加热	(1) 适于高精度焊接，非接触加热； (2) 用光纤传送 CO_2 激光在焊接面上反射率大，设备昂贵
热板	利用热板的热传导加热	(1) 由于基板的热传导可缓解急剧的热冲击，设备结构简单、价格便宜； (2) 受基板的热传导性影响，不适合于大型基板、大元器件，温度分布不均匀

1）气相再流焊技术与设备

气相再流焊接使用氟惰性液体作热转换介质。加热氟惰性液体，利用它沸腾后产生的饱和蒸汽的气化潜热进行加热。液体变为气体时，液体分子要转变成能自由运动的气体分子，必须吸收热量，这种沸腾的液体转变成同温度的蒸汽所需要的热量叫汽化热，又叫蒸发热。反之，气体相变成为同温度的液体所放出的热量叫凝聚热，在数值上与汽化热相等。因为这种热量不具有提高气体温度的效果，所以被称为汽化潜热。氟惰性液体由气态变为液态时就放出汽化潜热，利用这种潜热进行热的软钎焊接方法就叫做气相焊接(Vapor Phase Soldering，VPS)。

当相对比较冷的被焊接的 SMA 进入饱和蒸汽区时，蒸汽凝聚在 SMA 所有暴露的表面上，把汽化潜热传给 SMA(PCB、元器件和焊膏)。在 SMA 上凝聚的液体流到容器底部，再次被加热蒸发并再凝聚在 SMA 上。这个过程继续进行并在短时间内使 SMA 与蒸汽达到热平衡，SMA 即被加热到氟惰性液体的沸点温度。该温度高于焊料的熔点，所以可获得合适的再流焊接温度。

气相焊接(VPS)系统一般有批量式和连续式两种结构形式。如图 3.56 所示的批量式 VPS 系统中使用全氟化液体 FC－70(全氟三胺)和二次蒸汽液体 FC－113(三氯三氟乙烷)两种混合液体。1975 年美国 3M 公司推出了全氟化液体 FC－70，其沸点为 239℃，具有气相再流焊接所必需的全部物理性能，适用于可靠的气相焊接。为避免 FC－70 液体的损失在主液中加入二次蒸汽液体 FC－113，它的沸点为47.6℃，密度在 25℃时为1554.3 kg/m³，蒸汽密度为 7.3 kg/m³。FC－113 蒸汽在沸点 47.6℃时具有热和化学稳定性。

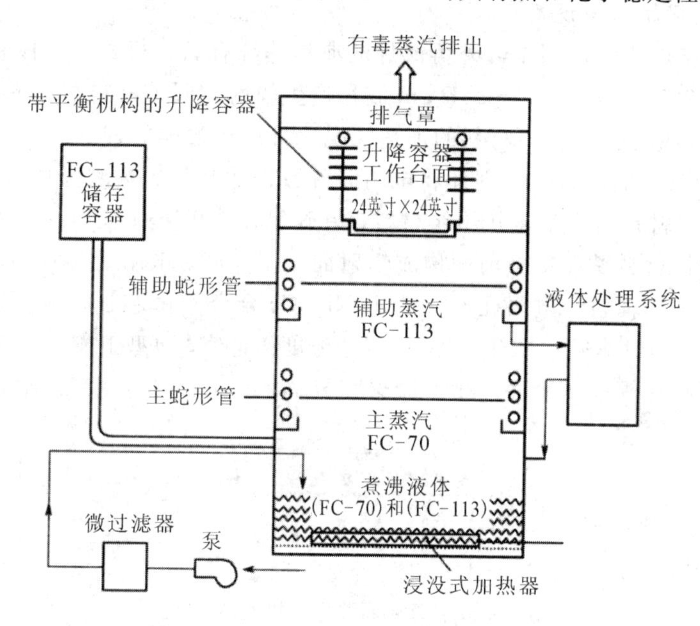

图 3.56　普通批量式 VPS 系统结构示意图

批量式 VPS 系统由电浸没式加热器、冷凝蛇形管、液体处理系统和液体过滤系统组成。电浸没式加热器和冷凝蛇形管置于一个不锈钢容器内构成两个蒸汽区。主蒸汽区位于容器下部，由氟惰性蒸汽组成，是 SMA 的再流加热区。主蒸汽区上面是辅助蒸汽区，是由 FC－113 产生的二次蒸汽区，这个蒸汽区对于批量式 VPS 系统是很关键的，它使批量式系统具有了实用价值和高的效率，并减少了主蒸汽的损失。另外它还给 SMA 提供预热条件，因为这个蒸汽区温度一般稳定在 82～107℃。

图 3.57 所示为典型的连续式 VPS 系统构成。连续式 VPS 系统由氟惰性液体加热槽、冷却部分、开口部分、液体处理装置和传送机构等组成。蒸汽冷凝蛇形管布置在工作区的两端，以防止主蒸汽的泄露。连续式 VPS 系统进行再流焊时 SMA 放在传送带上进行连续工作。连续式 VPS 系统可在系统前端设置预热器与焊接系统连成线。预热会使焊膏所含溶剂有一定程度的蒸发，焊剂易于固着在焊料上，提高了与基板的黏性，能防止元件直立现象的产生，并减少了元器件因受热冲击而损坏的危险。

气相再流焊存在芯吸(焊料离开焊盘上移到器件引线上)和曼哈顿现象(焊接后器件直立)等缺陷，因此气相再流焊工艺逐渐被红外加热再流焊取代。

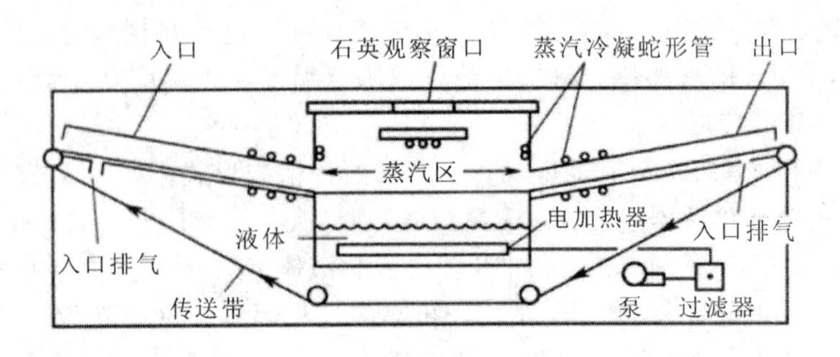

图 3.57　典型的连续式 VPS 系统结构示意图

2）红外再流焊技术与设备

（1）红外再流焊热源。用于红外再流焊的典型热源有面源板式辐射体和灯源辐射体两种类型，分别以 2.7～5 μm 和 1～2.5 μm 波长产生辐射。同种材料情况下，面源辐射体产生的辐射大多数被吸收，因此，材料的加热情况比灯源辐射体的好。

如图 3.58 所示，面源板式辐射体将电阻元件嵌进适当的导热陶瓷材料中，并尽量接近辐射平面，陶瓷基材料后面附着热绝缘材料，以确保在一个方向辐射。薄的轻质电绝缘高辐射系数的辐射体材料贴在平板前面构成辐射面。工作时，电阻元件加热辐射体材料，在整个面上发出均匀的辐射。电阻元件一般用 Ni－Cr 合金丝做芯子，用氧化镁封在不锈钢外壳内。面源板式辐射体通常具有 800℃的峰值温度额定值，典型工作寿命为 4000～8000 h。工作时焊剂挥发物在辐射体平面上生产凝聚和分解，因此需要定期清洗辐射体表面。

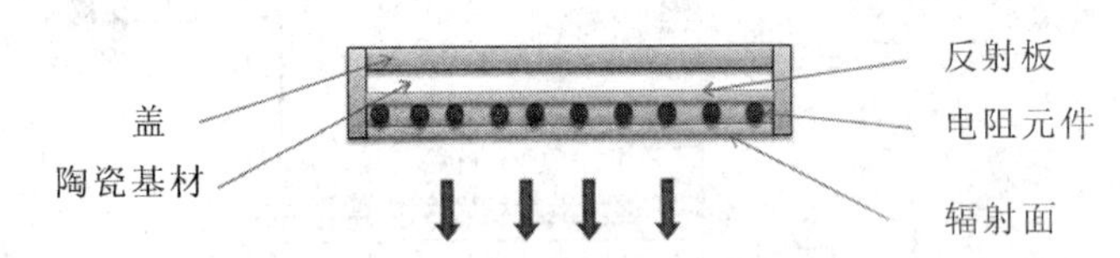

图 3.58　面源板式辐射体

灯源辐射体有两种通用结构，即 T－3 灯和 Ni－Cr 石英灯。如图 3.59 所示，T－3 灯是将旋转绕制的钨灯丝密封在石英管内，灯丝由小钽盘支撑，灯管抽真空后用惰性气体（如氩气）填充，以减少灯丝和密封材料氧化变质。这种灯的峰值温度是 2246℃。Ni－Cr 石英灯结构上与 T－3 灯类似，区别在于石英管内不抽真空，这种灯的峰值温度是 1100℃。用石英材料做灯壳是由于其能耐钨丝工作高温，同时石英透射率高，能使 93 %以上的能量穿透。

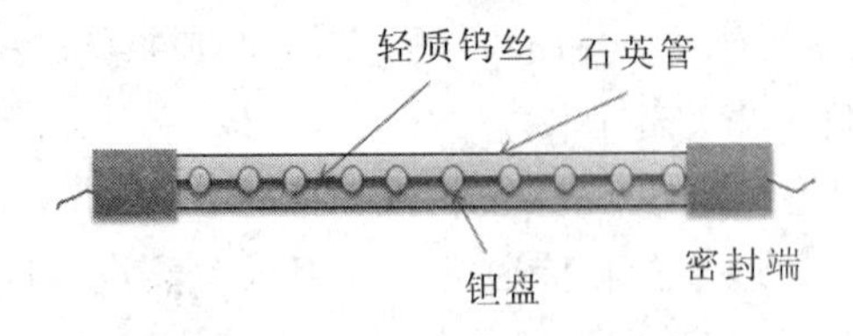

图 3.59　T－3 灯的结构示意图

（2）近红外再流焊接设备。图 3.60 所示为灯源和面源板组合结构的红外再流焊接炉结构。在预热区使用远红外（面源板）辐射体加热器，再流焊接区使用近红外源辐射体作加热器，所以也叫近红外线再流焊接设备。如果在预热区也采用灯源辐射，会由于加热速度快引起焊膏暴沸。这种组合结构的红外焊接设备在一定程度上克服了采用单纯灯源辐射体的焊接设备存在的问题。

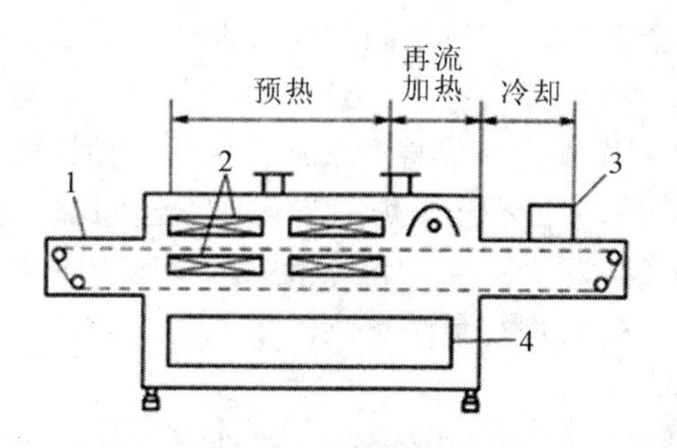

1—无网眼传送带；2—平板式加热器；
3—冷却风扇；4—控制系统

图 3.60　灯源和面源组合结构的红外再流焊接炉

(3) 远红外再流焊接设备。典型远红外再流焊接设备是面源板远红外再流焊接炉。如图 3.61 所示，设备分成预热和再流加热两个区，可根据需要分别控制温度。6 块面源板加热器分为 3 组，两组用于预热，一组用于再流焊加热，可根据 SMA 的具体情况增加加热器的数目。红外再流焊接设备一般都采用隧道式加热和连续式 PCB 传送机构。传送机构有带式和链式两种。目前链式传送机构已占多数，适用于组成 SMT 生产线，并可用于双面 SMA 的焊接；带式传送机构主要用网状不锈钢带制成，多适用于试生产和多品种小批量生产。

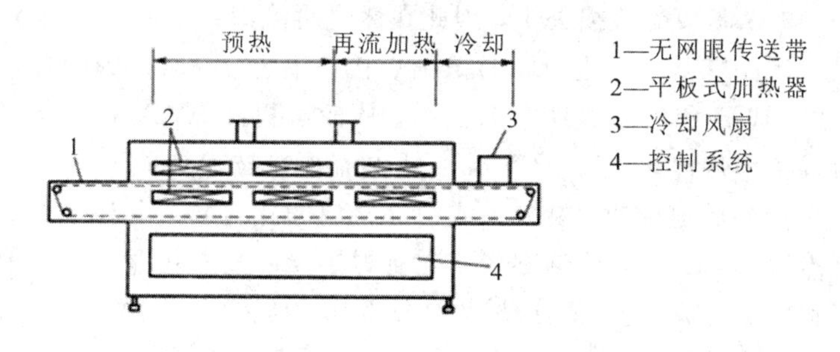

图 3.61　面源板远红外再流焊接炉

(4) 空气循环远红外再流焊接设备。图 3.62 所示是一种把热风对流和远红外气氛对流组合在一起的红外再流焊接设备结构，它以远红外辐射加热为基础，通过耐热风扇使炉内热空气循环。采用这种加热方式具有下列特点：可使设备内部气氛温度均匀稳定；可用于高密度组装的 SMA 再流焊接；即使在同一基板上元器件配置不同，也可在均匀的温度下

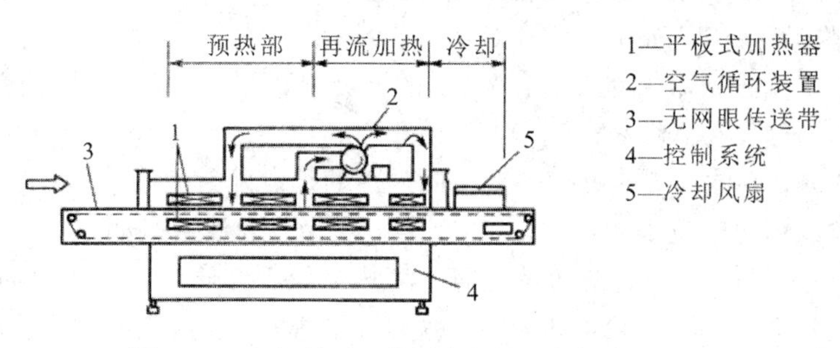

图 3.62　空气循环红外再流焊接设备结构示意图

进行再流焊接；基板表面和元器件之间的温差小；可对PLCC下面贴装有片式元件的SMA同时进行再流焊接。一般不会产生像VPS法因急剧加热而引起的芯吸现象及元件直立现象。

(5) 远红外特种气氛再流焊接设备。远红外特种气氛再流焊接设备是在图3.62空气循环远红外焊接设备中通入惰性气体代替空气而构成的一种红外再流焊接设备，这种再流焊接设备的优点有：焊料再流时，不会因焊剂劣化而引起润湿不良；由于不易发生反复氧化，所以即使反复再流焊接也不会产生润湿不良；减少了焊剂碳化，焊后容易清洗；与免洗焊膏相结合，采用惰性气体可进行免洗再流焊接工艺。

3) 激光再流焊接技术

利用激光束直接照射焊接部位，焊接部位(器件引线和焊料)吸收激光能并转成变热能，温度急剧上升到焊接温度，导致焊料熔化，激光照射停止后，焊接部位迅速空冷，焊料凝固，形成牢固可靠的焊接连接。

影响焊接质量的主要因素是：激光器输出功率、光斑形状和大小、激光照射时间、器件引线共面性、引线与焊盘接触程度、电路基板质量、焊料涂敷方式和均匀程度、器件贴装精度、焊料种类等。

在激光再流焊接中普遍采用固体YAG激光和CO_2激光。YAG激光的波长为1.065 μm，属近红外领域。CO_2激光波长为10.63 μm，属远红外领域。在金属表面上，波长越长，光的反射率越大，为了加热器件引线和预敷的焊料面，波长短有利，所以YGA激光作再流焊接的热源比CO_2激光效率高。而且，电路基板对YAG激光的吸收率比对CO_2激光的吸收率小，所以基板受热损失小，因此在激光再流焊系统中，常用YAG激光。

用激光所具有的高能密度能进行瞬时微细焊接，并且把热量集中到焊接部位进行局部加热，对器件本身、PCB和相邻器件影响很小，从而可提高SMA的长期可靠性。激光加热过程一停止就发生空冷淬火，比VPS或红外再流焊接技术更能形成细晶粒结构的坚固焊接连接。由于焊点形成速度快，能减少或消除金属间化合物，有利于形成高韧性低脆性焊缝。用光导纤维分割激光束，可进行多点同时焊接。在多点间焊接时，可使PCB固定而移动激光束进行焊接，易于实现自动化。图3.63所示为美国Vanzetti系统公司的ILS7000激光焊接系统，这是一种典型的聚焦束激光焊接系统。

ILS7000激光焊接系统在进行焊接的同时，用红外探测器测量焊点温度，与所建立的标准焊点质量数据库中的数据进行比较和分析判别，将结果反馈给系统，控制焊接参数。由于采用了红外探测器、机器视觉和计算机系统，能监测和控制焊接过程，实现了智能化，所以该系统具备显著的特点。焊接过程中所积累的数据立即提供给过程控制使用，可跟踪焊接中出现的问题，由系统及时校正。焊接速度范围是每根引线用时50～150 ms。ILS7000激光焊接系统组成如下：

(1) 定位用氦氖激光器：用来测定YAG的靶面积，用于初始$X-Y$编程。

(2) 双快门连续YAG激光器：标准输出功率为12.5 W，光斑直径为0.1～0.6 mm。

(3) 红外探测器：监控焊接过程中激光向加热的焊点发射的能量。

(4) 伺服控制精密定位工作台：实现工作台上SMA的精密运动。

(5) 数字计算机机系统：计算机系统通过将热图像和存储在计算机中的参考图像进行比较，识别不正常焊点。当焊料熔化或测出温度不正常焊点时，红外传感器的读数使计算机关闭激光。计算机系统能把缺陷数据送至标记台，用墨水标出有缺陷的焊点，并能使

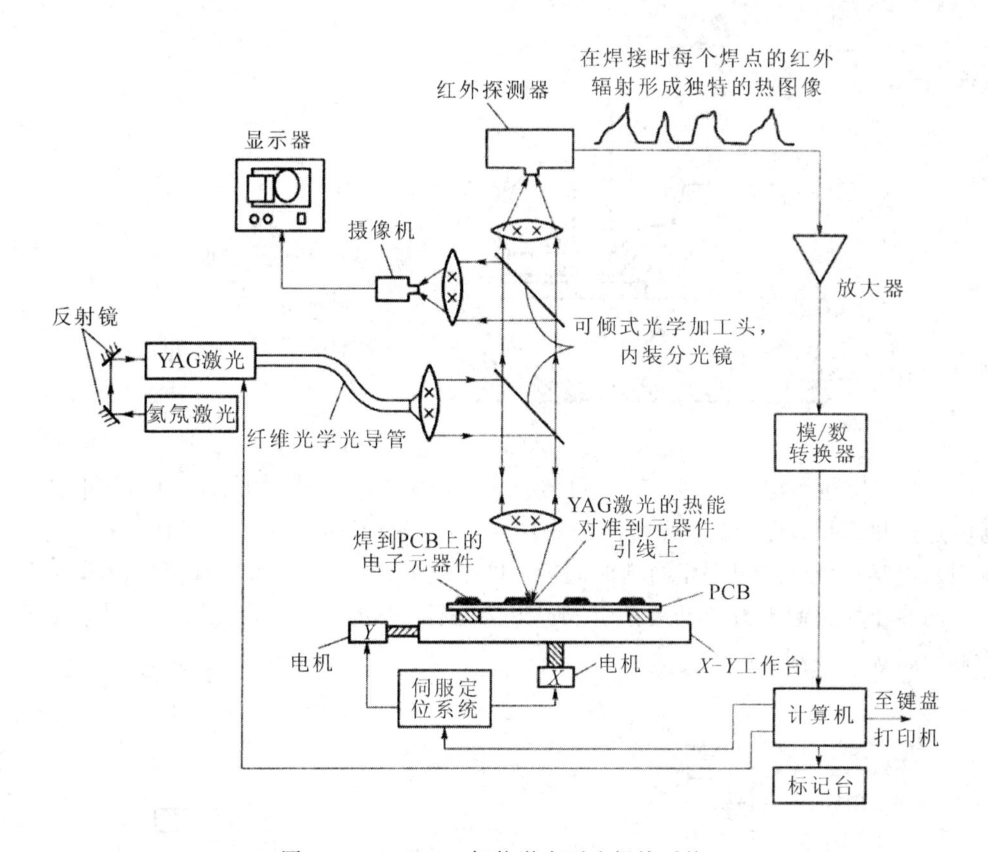

图 3.63　ILS7000 智能激光再流焊接系统

$X-Y$工作台连续地定位到加热点。

(6) 精密光学元件和光导纤维组成的光路系统：主要部件包括纤维光学光导管和内装分光镜的光学加工头。纤维光学光导管用来将激光能送至倾斜式光学系统。内装分光镜的光学加工头将光能送至元器件引线，并把红外热图像传送至探测器，还使摄像机能观察YAG 激光的靶面积。

(7) 其他：TV 显示器用来显示 YAG 靶面积，用于初始 $X-Y$ 编程和操作监控；摄像机用来观察 YAG 激光的靶面积；模/数转换器将红外探测器读数数字化，供计算机比较。

4) 工具再流焊技术

工具再流焊技术是利用电阻或电感加热与表面组装器件引线接触的焊接工具，给焊接部位施加足够的温度和适当的压力，使焊料再流而达到焊接功能的一种成组的焊接方法。这种焊接技术可分为手动、半自动和自动三种类型，主要应用于特殊表面组装器件的组装以及不易采用生产线组装的多品种、少数量的 SMA 组装。

工具再流焊接技术根据加热方式的不同分为热棒法、热压块法、平行间隙法和热气喷流法四种类型，每种类型的焊接又可以采用手动、半自动和全自动方式进行。

(1) 热棒法。如图 3.64 所示，在通常称为热靴的头上装上金属电阻叶片，热靴和叶片尺寸取决于器件的尺寸。热棒再流焊接采用脉冲电流进行加热。热棒再流焊接系统工作过程包括预置压力使带加热叶片的气动热靴与引线接触，经过再流加热、焊料固化和热靴提升等过程完成整个再流焊接周期。

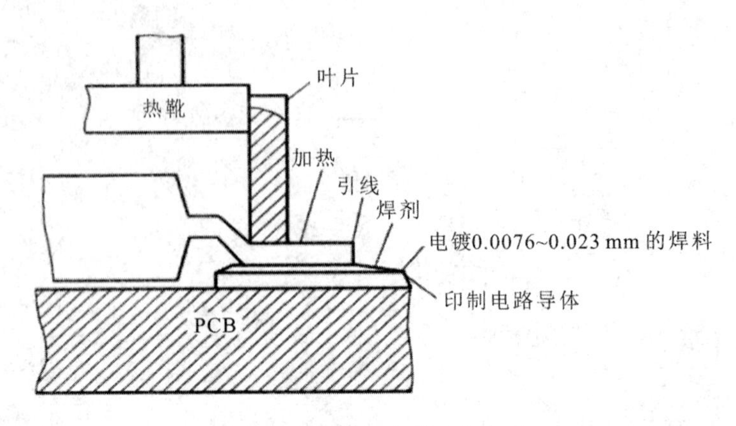

图 3.64 热棒再流焊接示意图

(2) 热压块法。图 3.65 所示为热压块法再流焊工艺过程。其工作原理是电流加热工具通电加热热压块，焊接时，弹簧压板先压住引线，然后热压块下降压住压板，通过热传导使预敷焊料再流。经过一定再流时间后，热压块上升，弹簧压板仍压住引线，待焊料固化后再同热压块一起上升离开器件引线。焊接完后一般空冷，或者用惰性气体轻吹焊接部位进行强制快速冷却。

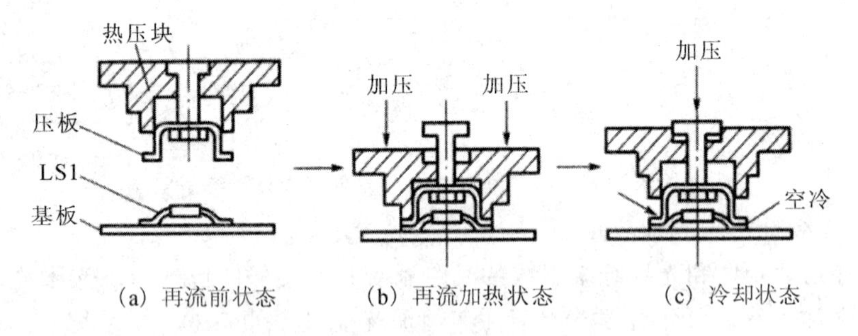

图 3.65 热压块法再流焊工艺过程

(3) 平行间隙法。用平行的两根电极压住引线，通过大电流，利用在引线和焊料内部产生的焦耳热使预敷焊料加热再流。图 3.66 所示为平行间隙焊接法示意图。

(4) 热气喷流法。利用加热器加热空气或氮气等，使之从喷嘴喷出进行焊料再流。根据气体流量和加热器的温度调整进行温度控制。热气喷流法再流焊工艺系统组成如图 3.67所示。

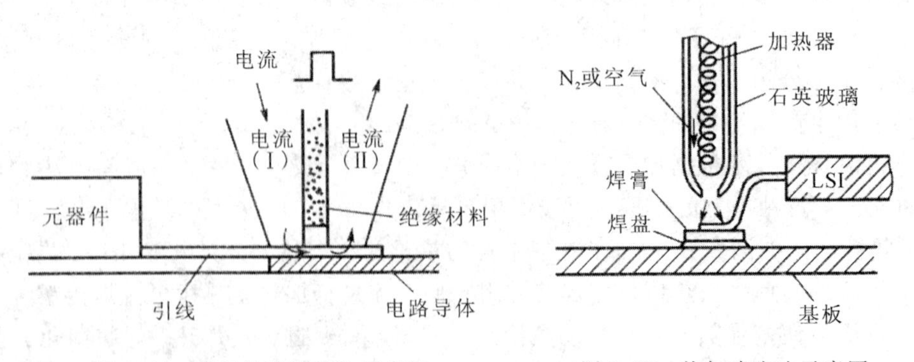

图 3.66 平行间隙焊接法示意图

图 3.67 热气喷流法示意图

2. 波峰焊工艺技术与设备

波峰焊是利用波峰焊机内的机械泵或电磁泵，将熔融钎料压向波峰喷嘴，形成一股平稳的钎料波峰，并源源不断地从喷嘴中溢出。装有元器件的印制电路板以直线平面运动的方式通过钎料波峰面而完成焊接的一种成组焊接工艺技术。波峰焊技术是由早期的热浸焊接(Hot Dip Soldering)技术发展而来的。波峰焊机的波峰形式从单波峰发展到双波峰，双波峰的波形又可分为λ、T、Ω和O旋转波四种波形。按波形个数又可分成单波峰、双波峰、三波峰和复合波峰四种。

图3.68所示为波峰焊机工作流程图。波峰焊设备结构与工作过程如图3.69所示。

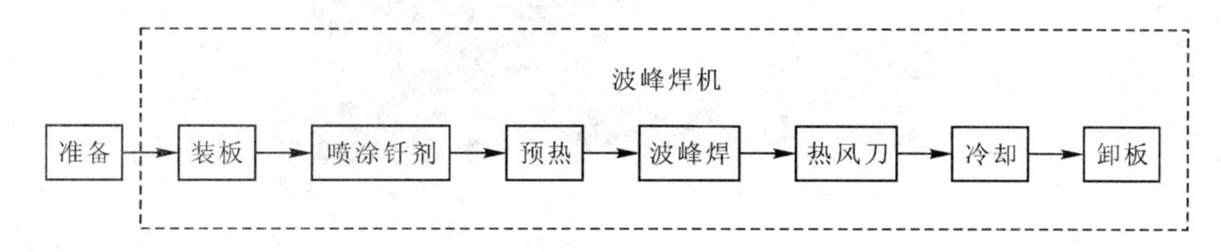

图3.68　波峰焊机工作流程图

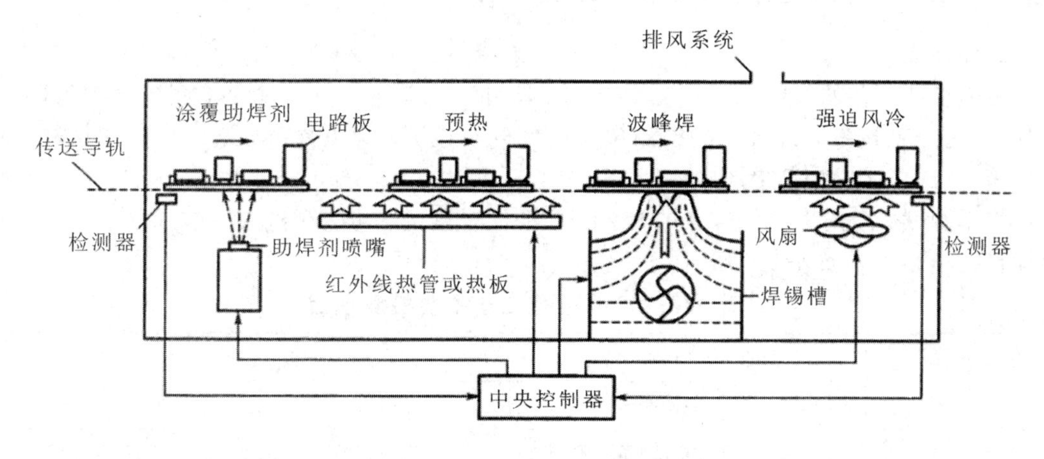

图3.69　波峰焊机工作原理示意图

波峰焊需要大量消耗焊料，焊接质量不稳定。随着技术进步，近年来在混合式组装工艺中用选择性波峰焊设备逐步取代普通的波峰焊机。

选择性波峰焊接指的是对表面贴片线路板上的穿孔元器件的焊接。选择性波峰焊接机器对需要焊接引脚有选择性地局部喷涂助焊剂然后喷涂焊锡，如果需要的话，还可以对线路板加以预热，这种工艺方法不需要特别的模板或工具。每一个焊点的工艺参数都可以根据所焊元件的要求而分别设定，这样整块板子的焊接质量就得到了极大的提高。与多数的通孔焊接流程一样，选择焊的工艺同样分为三个部分，即喷涂助焊剂、预热和焊接。图3.70所示为选择性波峰焊系统。

选择性波峰焊机使用$X/Y/Z$移动平台，焊料喷嘴相对于PCB基板的移动路径可设定，针对编程的点进行焊接。移动路径、移动速度、焊料温度、氮气(用于预热和保护)温度和波峰高度均可设定。同一块PCB板可设定不同的焊接速度来得到不同要求的焊点。比如大的吸热焊盘，焊接速度可以设慢一些，小焊盘焊接可以走快一些。选择性波峰焊只是针对所需要焊接的点进行助焊剂的选择性喷涂，线路板的清洁度因此大大提高，对于后端没有清洗工艺的产品，选择性波峰焊大幅度地减少了助焊剂的残留物。

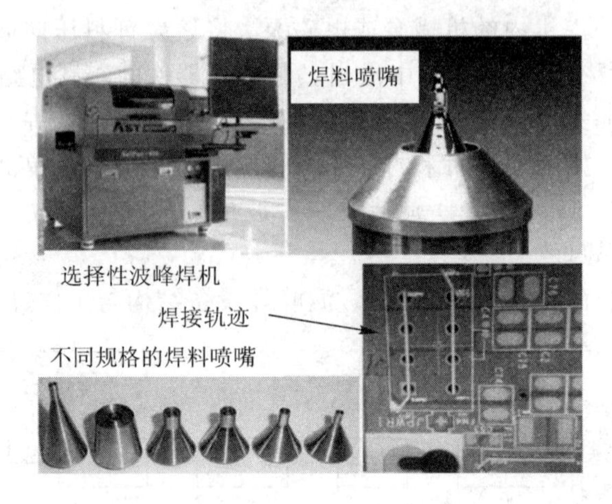

图 3.70 选择性波峰焊系统

3.5.6 表面组装工艺检测技术与设备

1. 检测项目

表面组装工艺的材料检测包含 PCB、元器件、焊膏等。工艺过程检测包含焊膏印刷、贴片、焊接、清洗等。组装成品检测包含组件外观检测、焊点检测、组件性能测试和功能测试等。目前，在 SMT 生产中使用了各种自动测试方法，如元器件测试、PCB 光板测试、自动光学测试、X 光测试、SMA 在线测试、非向量测试、功能测试等。表面组装工艺的检测项目及检测内容如表 3.2 所示。

表 3.2 表面组装工艺主要检测项目

组装工序	管理项目	检查项目
PCB 检测	表面污染、损伤、变形	入库/进厂时检查、投产前检查
焊膏印刷	网板污染、焊膏印刷量、膜厚	印刷错位、模糊、渗漏、膜厚
点胶	点胶量、温度	位置、拉丝、溢出
SMD 贴装	元器件有无、位置、极性正反、装反	贴片质量
再流焊	温度曲线设定、控制	焊点质量
焊后外观检查	基板受污染程度、焊剂残留、组装故障	漏装、翘立、错位、贴错(极性)、装反、引脚上浮、润湿不良、漏焊、桥连、焊锡过量、虚焊(少焊锡)、焊锡珠
电性能检测	在线检测、功能检测	短路、开路，制品固有特性

2. 表面组装工艺常用检测技术

1) 显微检测技术

显微检测技术是通过体视或者数码显微系统目视检测各种原材料、PCB 基板、焊点等存在的缺陷。显微检测设备有三类，一类是通用的体视显微镜，第二类是在通用显微镜系统中增加了数码显示系统，第三类是单纯的数码显微系统。其中第三类设备在生产现场使用更多一些。

2）红外激光检测技术

用红外激光脉冲照射焊点，使焊点温度上升而又降回环境温度，利用测得的辐射升降曲线(焊点的热特征)与“标准”曲线比较来判别各种焊点缺陷。用于焊接过程及焊接后的焊点质量检查。图 3.71 所示为激光/红外检测仪工作原理示意图。由激光发生器发出一定波长(典型波长 $\lambda=1.06\ \mu m$)的激光，经透镜聚光后由光纤传导至检测透镜，聚焦后射向焊点。焊点处受激光照射产生热量，一部分被焊点吸收，另一部分分散发射出来，由红外表面温度计测出其温度数值，通过计算机与用标准板做成的焊点温度升降曲线进行对比分析，判断缺陷的类型。这种系统的红外探头可向四个方向倾斜 15°，所以即使对 J 型内弯引线焊点也能进行检测。这种检测技术的优点是：检测一致性和可靠性好；检测速度快，每秒可检测 10 个以上焊点；能对焊接缺陷进行统计分析，便于质量控制。

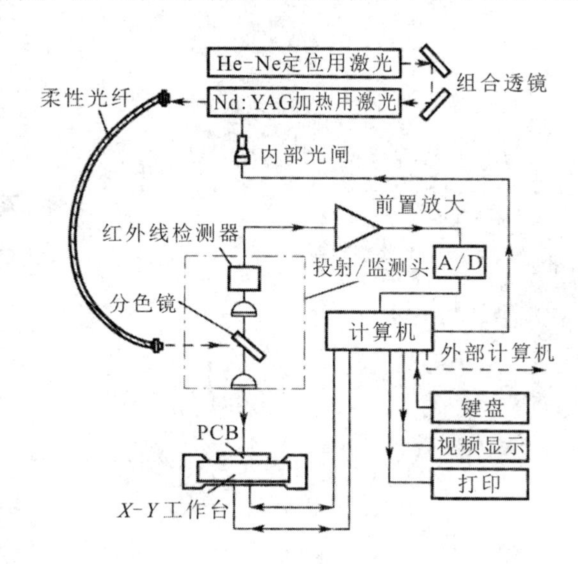

图 3.71　激光/红外检测仪工作原理示意图

3）X 射线检测技术

不可见焊点质量检查，例如表面组装器件回流焊后焊点不可见，只有用 X 射线检测仪才能看到芯片下面焊点的质量。高密度的印制电路板的球栅阵列(BGA)芯片，在焊接和检查时，因为焊点位于封装和电路板之间，使用 X 射线成像是必不可少的。而 J 型和鸥翼式芯片，部分焊点是无法用视觉系统检查的。在这些情况下，X 射线的横截面成像方法，如分层成像与合成(DT)方法，能够形成三维物体的横截面图像，可以用来成像和检查焊点。

普通 X 射线(直射式)影像分析只能提供检测对象的二维图像信息，对于遮蔽部分很难进行分析。扫描 X 射线分层照相技术能获得三维影像信息，而且可消除遮蔽阴影。与计算机图像处理技术相结合能对 PCB 内层和 SMA 上的焊点进行高分辨率的检测。通过焊点的三维影像可测出焊点的三维尺寸、焊锡量，准确客观地确定各种不可视焊接缺陷。还能对通孔的质量进行非破坏性检查。

X 射线的横截面成像系统也叫 DT 系统，由一个扫描 X 射线管、图像增强器、旋转棱镜以及可变焦镜头的相机组成，如图 3.72(a)所示。

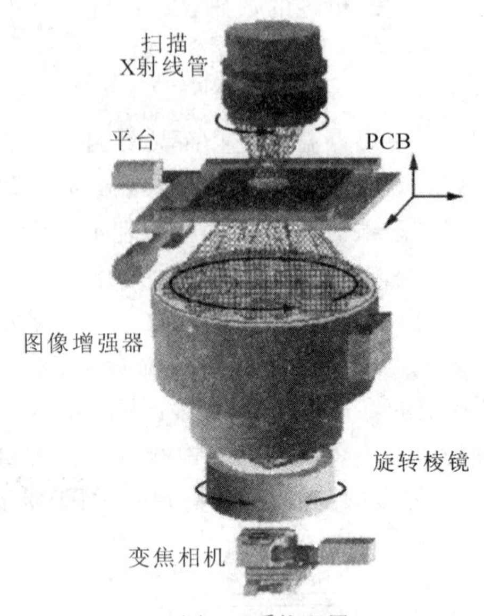

(a) DT系统配置

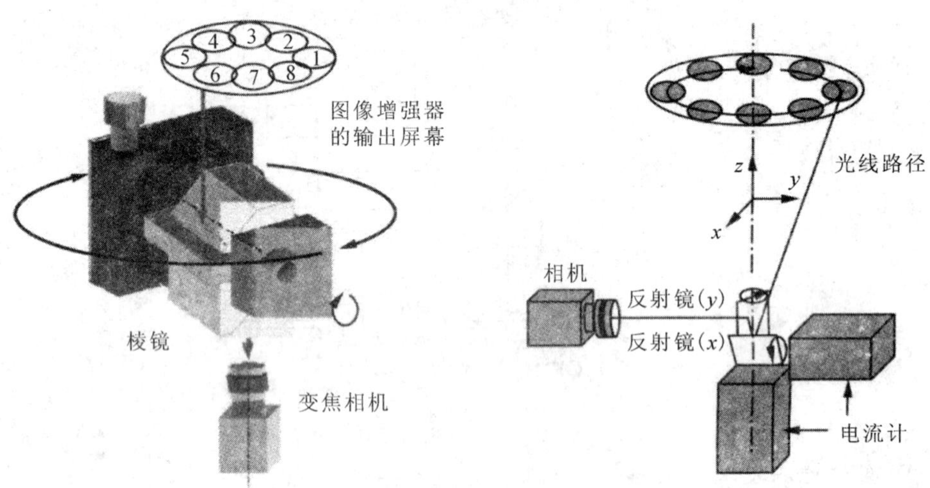

(b) 使用棱镜和电流计的图像扫描

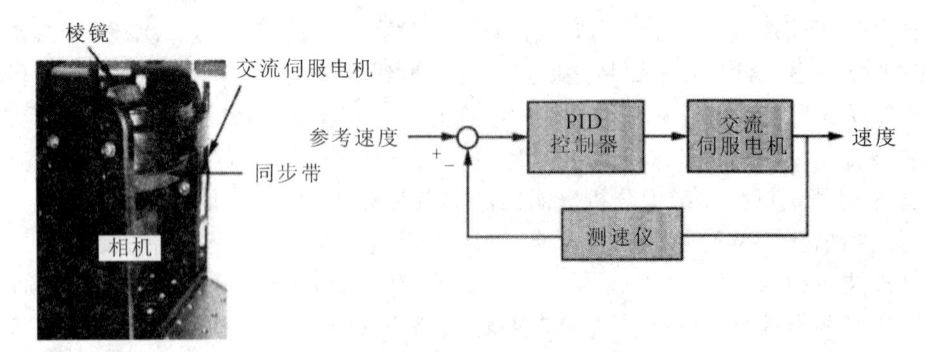

(c) 使用旋转棱镜的交流伺服

图 3.72 DT 系统组成

扫描X射线管用来控制X射线光斑的位置，从不同方向把X射线投射到PCB上。PCB上有一个预定的X射线圆形轨道，图像增强器收集通过PCB的X射线，它作为X射线探测器起着重要的作用。光子辐射在其屏幕上，与X射线的强度成比例。在八个或者以上的角度设定变焦相机来获得图像。

图像捕捉可使用旋转棱镜和电流计。如图3.72(b)、(c)所示，棱镜旋转与X射线位置同步，抓取图像增强器屏幕上的投影图像。棱镜的旋转控制是由一个交流伺服电动机实现的，其角速度由速度控制回路控制，随着电流计、双轴电流计控制*XY*平面镜的角度，并追踪X射线的位置。两个独立的伺服电动机通过反馈回路进行控制。从八个不同的位置获取的图像保存在计算机数据存储器中，在聚焦平面平均生成一个横截面图像。

图3.73所示为三个不同聚焦平面上的球栅阵列焊点和横截面图像。聚焦平面位于载体、球心、焊盘中。采用分层成像方法或者DT法获取的BGA焊点的X射线横截面图像，具有内在的模糊和伪影特征。这个问题是用于质量分类的特征提取的主要障碍。使用神经网络的方法不需要很大代价就可以从焊点的图像提取适当的几何特征。因此，可以预计神经网络方法将优于以几何特征为基础的常规方法。

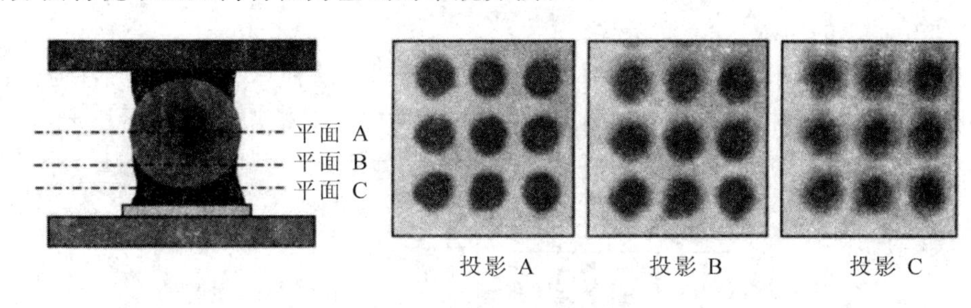

图3.73　BGA的焊点及其横截面图像的示意图

4) 自动光学检测技术

自动光学检测(Automated Optical Inspection，AOI)使用机器视觉作为检测标准技术，是工业制程中常见的代表性手法，利用光学方式取得成品的表面状态，以影像处理来检出异物或图案异常等瑕疵，因为是非接触式检查，所以可在中间过程检查半成品。AOI系统可以单独作为检查设备，也可以安装在生产线上作为组装工艺的专用设备。

在电子组装行业中一般使用专用的AOI系统对元器件、PCB光板、工艺过程、焊后组件等进行实时的在线或非在线监测。因此AOI系统也可分为在线型和非在线型系统，二者的主要区别在于在线型AOI系统需要配置PCB组件的上料、下料及传送系统，非在线型AOI系统通过人工摆放PCB组件。

以PCB加工检测为例，AOI的检测目标包括：底片的检测、板的潜像质量检测、铜表面显影后的图像质量检测、导体电路图形(刻蚀后)质量的检测、机械钻孔后的质量检测、检查微孔质量、内层检测等等。

在表面组装系统中根据AOI在线设备在流水线上的位置通常分为三种：第一种是放在丝网印刷后检测焊锡膏印刷质量的AOI，叫做丝网印刷后AOI；第二种是放在贴片后检测元器件贴装质量的AOI，叫做贴片后AOI；第三种是放在再流焊后同时检测元件贴装和焊接质量的AOI，称为再流焊后AOI。这三种AOI设备的结构基本相同，工作原理接近，主要的区别是成像系统稍有不同。丝网印刷后AOI需要检测是否印有焊锡膏、焊锡膏之间有没有互连，还要测量焊锡膏的高度和印刷面积。现在一般采用激光三角测量和体积像素获取法构成三维测量系统，以实现焊锡膏的三维检测。激光测量技术通过对 PCB 表面进行逐行扫描获取印刷后焊锡膏的三维信息。体积像素法是采用波纹干涉测量原理(Fast Moire Interferometry)进行焊锡膏三维结构信息的获取。体积像素法系统使用一个带投影单元的数码相机，投影单元将激光投影到 PCB 任何表面上，被测焊锡膏的二维、三维信息被相机所获取，焊锡膏的高度信息通过叠加两束激光束的波阵面来计算，从而得到每个像素的高度信息。

贴片后的 AOI 系统通常采用高分辨率彩色 CCD，对贴装了元器件的基板进行整体扫描，捕获被测元件的图像信息，并通过元器件图像的外观匹配、结构和几何尺寸的分析，快速地检测出有缺陷的元器件，且对贴片机的贴片能力进行实时统计分析。

再流焊后 AOI 通常分为二维 AOI 和三维 AOI。一般二维 AOI 采用垂直摄像头并通过彩色高亮度方法实现对焊点质量的判别。三维 AOI 系统除了使用垂直摄像头外，还增加了角度摄像头，角度摄像头从侧面观察焊点图像。例如泰瑞达 Optima7300AOI 系统采用一个垂直摄像头和四个角度摄像头组成检测系统。

(1) AOI 系统的组成。

图 3.74 所示为基于图像的 AOI 系统的组成原理图。这种 AOI 系统包括检测系统、图像数据处理系统、输出控制系统等。检测系统主要是传感器模块。传感器由光学/视觉传感器、光源(包括照明、结构光)和传感器定位控制单元组成。照明光源通过一个独立的控

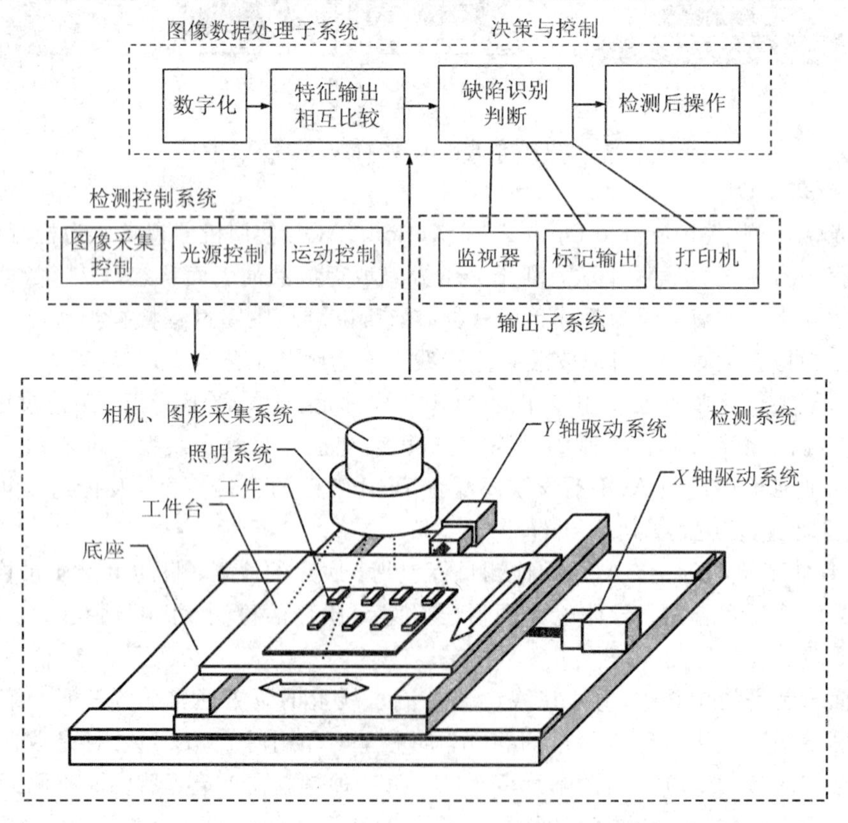

图 3.74　AOI 系统的组成原理示意图

制机制来调整其强度和位置。典型的应用是通过控制照明、光源来调整入射光变化的角度和强度，而检流计提供扫描行动光源和光学单元，如平面镜、分光镜、透镜等。

基于视觉的检测系统包括照明系统、图像采集系统、图像处理系统、位置控制系统以及决策与控制系统。如果采用光学传感器，例如采用激光三角法的系统，那么系统就包括一个激光光源、光学元件(分光镜和可调反射镜)和探测器等。

① 照明系统。选择哪种照明方法，在很大程度上取决于PCB表面特性和相机所施加的制约因素。例如，电子零件边缘图像寻找一般采用的照明技术包括直接照明、垂直照明和双向照明。即使在一个适当的光线条件下，测定方法都需要经验或实验分析，因为没有一个固定、可靠的分析方法。

② 图像采集系统。图像采集使用了平面或者线性CCD相机，根据应用情况，也经常采用激光扫描摄影机。选择相机应考虑最大分辨率和景深(DOF)，要使传感器更加准确地表现出缺陷的细节。

AOI系统三维图像获取原理为：在相机前端装有一个喇叭反光罩，罩内有三圈灯泡组成的不同角度的LED光源。摄像过程中，灯光处理装置控制三圈光源按序发光，由于不同圈光源发出的光角度不同，因此分别在摄像时得到垂直光源、水平光源、偏差光源反射的影像，综合2～3个图像就形成一个被检测器件的三维模型。

③ 图像处理系统。图像处理涉及增强所获取图像的噪声去除能力、增强图像的对比度、与图像背景对比边缘化的图像。增强技术包括阈值、卷积和图片处理等方法。图像处理知识可参考第7章内容。

④ 位置控制系统。通常被检测物体面积较大，无论是视觉检测或者基于光学检测，两种检测系统检测时都是通过定位控制系统按顺序扫描全部需要检测的部位。在光学检测系统中通常通过控制光传播路径来扫描整个检查区，一般是通过一个定位机制(扫描设备)如检流计来实现的。

⑤ 决策与控制系统。决策模块收到信号处理模块的信息以确定所检测工艺系统的各种状态信息，包括焊料涂敷的缺陷、贴装元件的姿态及位置信息、焊点质量等等，基于这些信息，由控制模块做出决定对工艺系统的参数进行实时调整，或者给出缺陷信息。例如，控制PCB的位置、准确放置电子元件和控制焊膏印刷速度等。控制模块还可以执行清理损坏的元件和那些需要更换零件的PCB组件。

(2) AOI系统用于组装质量控制的基本思想。

在使用AOI系统时一般通过DRC检测算法及图形识别法两种方法控制PCB组件的质量。

① DRC检测算法的基本思想和规则。DRC(Design Rule Checking，设计规则检查)使用一套用户设计的规则来检测违反设计规则的二进制数据，所有不符合规则的特征都认为是缺陷。规则包括：允许的最大最小线宽、最大最小焊盘尺寸、最小导体间距、所有的线条都必须以焊盘结束等。可以检测的缺陷包括：毛刺、鼠咬、线条、间距、焊盘尺寸等。

② 图形识别法的基本思想和规则。通过视觉检测系统建立被识别工件的平面或者空间立体结构模型，将存储的数字化图像与实际图像比较。检查时按照一块完好的印制电路板或根据模型建立起来的检查文件进行比较，或者按照计算机辅助设计中编制的检查程序进行。精度取决于分辨率和所用检查程序，一般与电子测试系统相同，但是采集的数据量大，数据实时处理要求高。由于图形识别法用实际设计数据代替DRC中的既定设计原则，

因此具有明显的优越性。

例如，使用图像识别AOI技术检测焊点质量的基本过程是：利用光学摄像机获取被测焊点的三维图像，经数据化处理后与标准焊点图像进行比较并判断，确定出故障或缺陷的类别及位置。

5）SMT组件性能在线测试技术

由于高密度贴装电路板上元器件的端脚布线密集而容易造成焊接缺陷，另外元器件小型化后容易出现漏装、错装等现象，因此，SMT组件完成组装工艺后需要进行在线测试。在实际生产中，除了焊点质量不合格导致PCB组件失效以外，元器件极性贴错、元器件品种贴错、贴装位置超标都会导致焊接缺陷。可使用在线测试仪(In-Circurt Tester，ICT)进行性能测试，并同时检测出影响其性能的相关缺陷。这些缺陷包括：焊点的桥连、虚焊、开路，以及元器件极性贴错、数值超差等。ICT的检测信息将是调整生产工艺的主要依据。

SMT组件性能在线测试包含性能测试和功能测试，一般使用在线测试仪、飞针测试仪等专用设备。在线测试使用的技术包括：模拟器件式在线测试技术、向量法测试技术、边界扫描测试技术、非向量测试技术(包括电容耦合测试、频率电感耦合测试等)等。

根据测试方法的不同，测试技术可分为非接触式测试和接触式测试。非接触式测试包括光学自动检查、电容式及刷测等。生产线常用的接触式测试设备有飞针测试机、专用测试机及泛用测试机，按照测试探针的结构形式，接触式测试设备也分为飞针测试仪和针床式测试仪。

(1) 飞针在线测试技术。内电路测试是组装电路板的检查任务之一，这种测试可使得焊接在PCB上的电子元器件在高速情况下达到电导率的完整性，同时能够检测该组装电子零件故障和检查焊接定位的准确性。商业中应用的检测设备以飞针在线测试仪(飞行探测系统)为主。飞针在线测试仪采用了安装在机器人终端的测试探针。如图3.75所示，测试作业时，根据预先编排的坐标位置程序，移动测试探针到测试点处与之接触，各测试探针根据测试程序对装配的元器件进行开路/短路或元件测试。探针接触物体表面焊点的同时，弹簧因为压缩聚集能量。目前工业中所用的探测设备当采用刚性探针时，如果探针以高速(0.2～0.4 m/s)接触弱刚性焊点，则控制接触力是非常困难的。

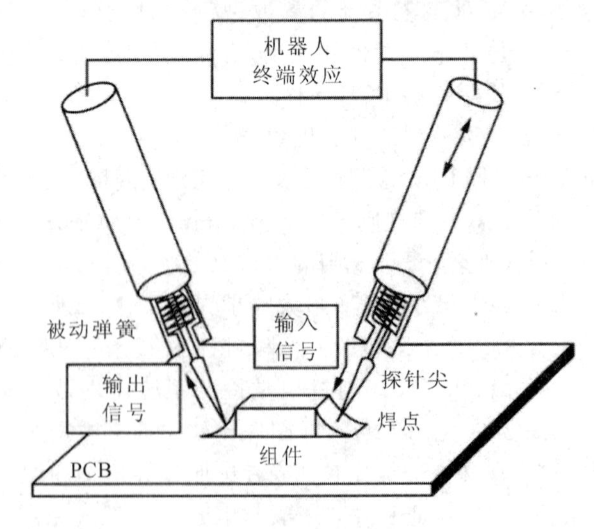

图3.75　电路板在内部电路测试的常规飞行探测方法

内电路测试所用的探测系统需要有能力在复杂条件下成功完成接触工作，保证在最小的冲击力下，接触期间有最小振荡，并且探针尖端没有滑动等。图 3.76 所示为一种探测系统组成示意图，该探测系统包含宏观的移动设备、一个接触探针、一个力传感器、一个光学位移传感器和一个静态电磁传感器装置。在光学传感器的帮助下，这个传动装置提供给接触式探针微动，使得当探针与物件接触时，接触压力尽可能地小。

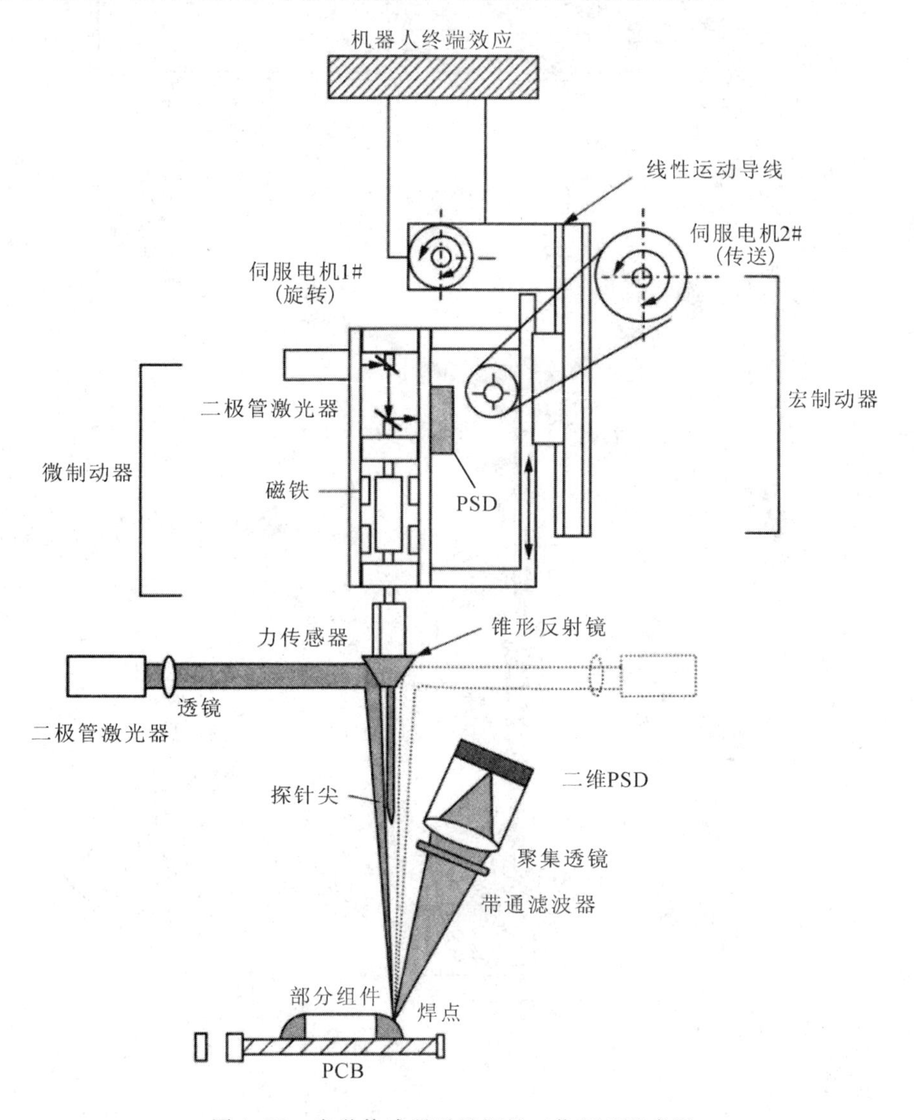

图 3.76　光学传感器引导探针工作原理示意图

图 3.77(a)所示为一种探针的微动装置结构示意图。该微动装置利用洛仑兹力—载流导体在静磁场内所产生的力进行探针的驱动。制动器采用直线导轨，用来执行一个自由度的平移运动。导体和移动线圈定位在四个矩形钕铁硼(NdFeB)磁铁之间，提供高磁场差。微动装置的位置通过传感器测量。位置传感器由一个激光二极管、两个平面镜和一个二维PSD(位置敏感器件)组成。光线从固定的激光二极管发出，投射到固定的平面镜上，以 90°反射到运动方向。光线投射到连接移动线圈的平面镜并反射到 PSD 传感器上。反射光斑的中心很容易通过测量 PSD 的输出电流得到。设备的感应分辨率可以通过一个商用的激

光位移传感器探测到，探测结果在±6 μm之内。图3.77(b)所示为光学间隙传感器工作原理示意图。

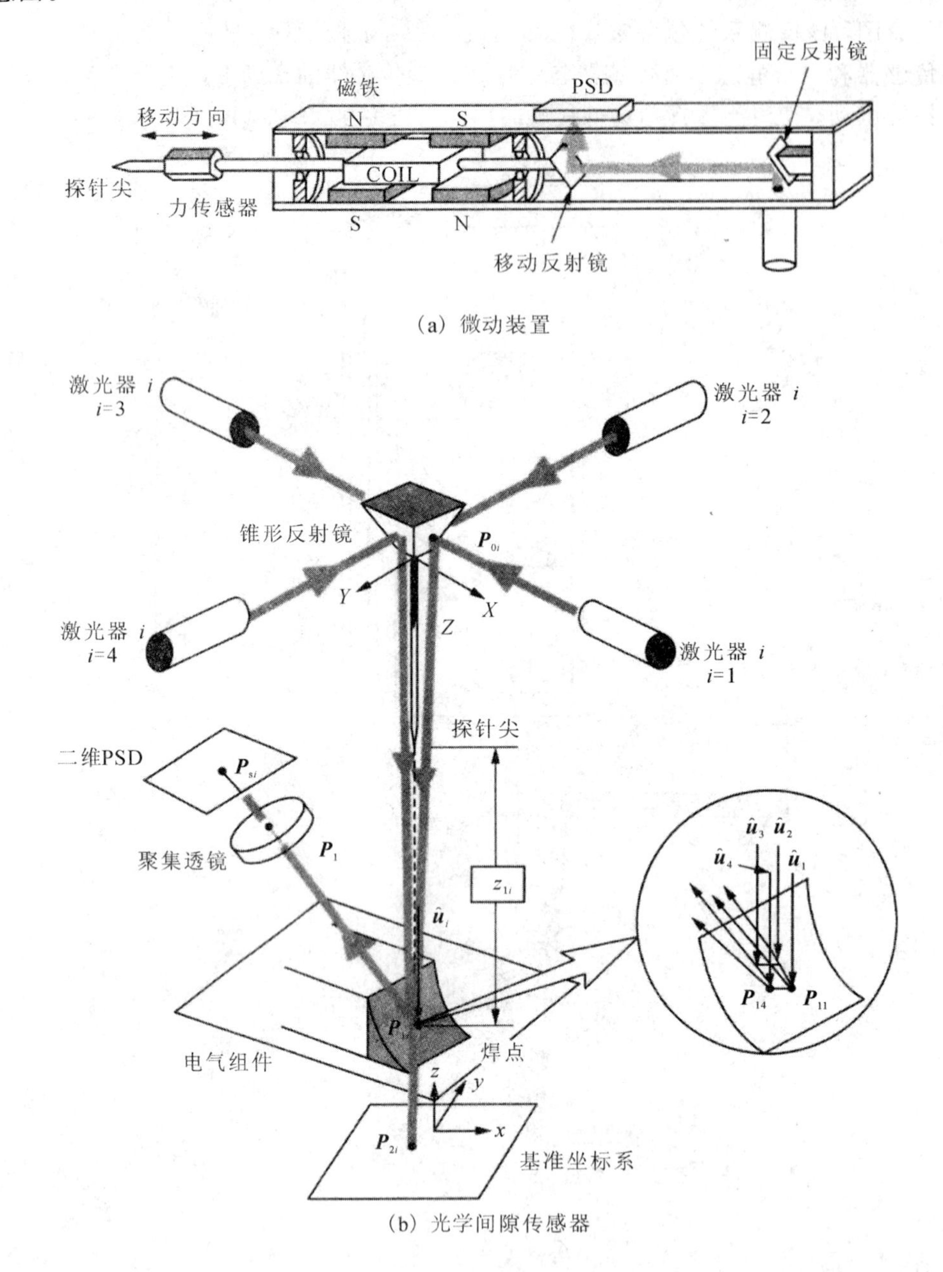

(a) 微动装置

(b) 光学间隙传感器

图 3.77 微光学传感器结构

探针与焊点的接触力控制通过精确地控制探针位置来调节撞击的速度，接触过渡所需的工作时间仅需0.1 s，因此，必须达到一种快速的、稳定的控制，机械手的探测方向必须经过调整，其轨迹参考光学传感器测量的间距值进行调整。

(2) 针床在线测试技术。针床式在线测试仪可在电路板装配生产流水线上高速静态地检测出电路板上元器件的装配故障和焊接故障，还可在单板调试前通过对已焊装好的实装板上的元器件用数百毫伏电压和10 mA以内电流进行分立隔离测试，从而精确地测出所装电阻、电感、电容、二极管、三极管、可控硅、场效应管、集成块等通用和特殊元器件的漏装、错装、参数值偏差、焊点连焊、印制板开短路等故障，并可准确确定故障是哪个元件或开短路位于哪个点。

针床式在线测试设备的工作原理与晶圆探针卡测试系统的工作原理基本相同，其中的测试针床的作用与晶圆探针卡的作用相同，只是结构更大一些。针床主要用于通断测试，它是针对待测印制电路板上焊点的位置，加工若干个相应的带有弹性的直立式接触探针阵列(也就是通常所说的针床)，通过压力使针床上的探针与PCB板上的焊点接触。针床式在线测试设备由控制系统、测量电路、测量驱动及上、下测试针床(夹具)等部分构成。控制系统含有标准配置的计算机和综合控制软件系统。上、下测试针床上对应于被测试电路组件的测试点规则分布测试探针，测试时，被测试电路组件由上、下针床夹持在针床中间，测试探针精密接触被测试点，针床的上下移动可控。图3.78所示为针床在线测试仪以及测试夹具示意图。

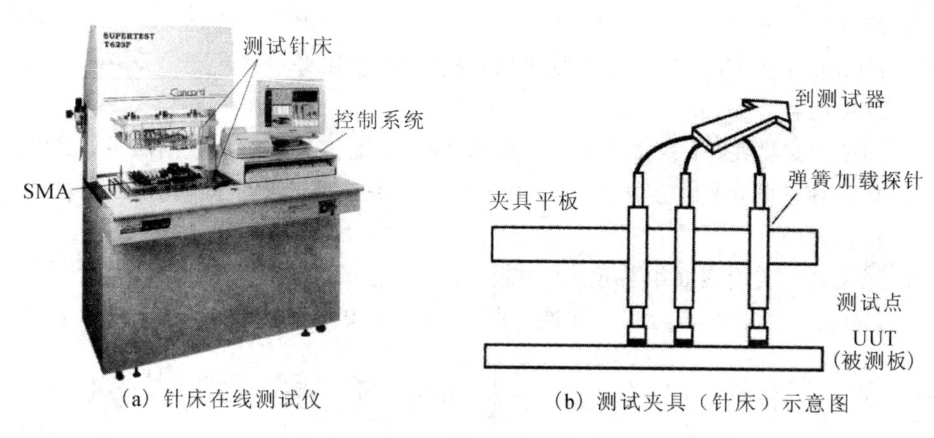

(a) 针床在线测试仪　　　(b) 测试夹具（针床）示意图

图3.78　针床在线测试仪及测试夹具

思考与练习题

3.1　简述晶圆在线参数测试和晶圆分选测试的测试内容及技术原理。

3.2　简要说明传统芯片封装有哪些方法及芯片封装的基本过程。

3.3　举例说明PCB基板的制造工艺过程。

3.4　举例说明薄膜电路、厚膜电路制造工艺过程，并列举两种工艺所用设备类型。

3.5　简要说明薄膜电路制造与晶圆制造工艺有什么区别。

3.6　表面组装工艺生产线由哪些设备组成，哪些属于核心设备？

3.7　常用的焊料涂敷方法有哪些？各有什么特点？

3.8　用实例说明贴片机的组成、工作原理及主要技术参数。

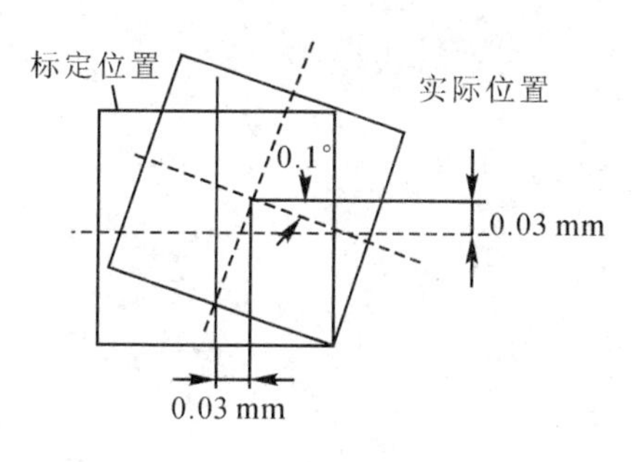

图3.79　芯片贴装误差示意图

3.9　如图3.79所示，一台贴片机在 X 轴和 Y 轴上的平移误差为±0.03 mm，它的旋转角误差为±0.1°，84 根引线的 PLCC(对角线长度为 42 mm)在最坏情况时总的贴装误差是多少？

3.10 用实例说明多温区回流焊炉的组成、工作原理及主要技术参数。

3.11 简要说明选择性波峰焊设备的应用及系统组成。

3.12 简述 X 射线检测仪的工作原理。

3.13 用实例说明 AOI 系统的组成、工作原理及主要技术参数。

3.14 PCB 组件成品的检测方法有哪些？分别说明其技术原理。

参考文献

[1] Quirk M, Serda J. 半导体制造技术. 韩郑生，等译. 北京：电子工业出版社，2009.

[2] 中国电子学会电子制造与封装技术分会. 电子封装工艺设备. 北京：化学工业出版社，2011.

[3] Hyungsuck Cho. 光机电系统手册：技术和应用. 李杰，毛瑞芝，等译. 北京：科学出版社，2010.

[4] 周德俭，吴兆华. 表面组装工艺技术. 2 版. 北京：国防工业出版社，2009.

[5] 高宏伟，张大兴，王卫东，等. 电子制造装备技术. 西安：西安电子科技大学出版社，2015.

[6] 张文典. 实用表面组装技术. 4 版. 北京：电子工业出版社，2015.

[7] Harper C A. 电子封装与互连手册. 4 版. 贾松良，蔡坚，等译. 北京：电子工业出版社，2009.

[8] 吴懿平. 电子制造技术基础. 北京：机械工业出版社，2005.

第 4 章　微细加工技术

4.1　概　　述

高性能的电子产品以半导体芯片、微系统、微小型组件/系统为主。半导体芯片制造通常以微纳加工方法为主。以微机电系统(MEMS)级(厘米级)为代表的系统级器件、组件、产品通常称为微系统，微系统一般需要采用微纳加工和微电子封装等技术制作。微小型组件/系统是指大于 MEMS 的微系统，需要采用微加工、微组装手段实现。

我们可以将电子产品制造的核心方法分为两类技术。一类是采用能量束(光子束、电子束、离子束)进行的微纳加工，或者使用刀具(划片刀、磨削砂轮等)进行的精密加工，我们将这些加工方法统称为微细加工技术。其加工特点是被加工对象发生了形状改变或性能变化，加工量非常少，加工精度在几纳米到几十微米之间。这类加工方法以微纳加工的光刻、刻蚀、离子注入等为主，另外包括电子封装与组装中的精密切割、磨削、打孔、焊接等成型加工技术。微细加工系统具有共同的特点，一般由能量束或刀具、精密对位检测系统、精密工件台、工件转运等子系统组成。

电子产品制造的另一类加工技术就是微组装技术，这类加工技术只是将被加工对象进行位置移动，并且被加工对象之间进行准确的对位并互连。微组装系统一般由机械手、精密对位检测系统、精密工件台、工件上/下料等子系统组成。

微细加工和微组装设备的组成基本相同，工作过程也基本相同。工作时刀具(包括实体刀具或能量束)或机械手与工件需要高速、精密对准。精密对准以光电检测对准技术为主。系统的机械定位精度为几纳米到几十微米。微细加工系统的典型代表是曝光机，现在高精度曝光机的套刻对准精度已达到 3～5 nm。微组装系统的典型代表是高速、高精度贴片机，高精度贴片机的对准精度已达到 3～5 μm。

本章将介绍微细加工技术中应用最广泛的光子束、电子束、聚焦离子束加工技术及其加工系统。微组装技术的有关知识参见第 11 章的“微组装技术及其系统设计”。

4.1.1　微细加工技术的含义

在此将微纳加工、微加工以及电子制造中使用的一些精密加工技术统称为微细加工。微细加工以微纳加工方法为主。微细加工技术中的微纳加工基本上属于平面集成的方法。平面集成的基本思想是将微纳米结构通过逐层叠加的方法构筑在平面衬底材料上。各种材料采用薄膜沉积的方法添加到平面衬底上。平面集成包括三个基本部分，即薄膜沉积、图形成像和图形转移，如图 4.1 所示。薄膜沉积是微纳加工的第一步，图形化(图形成像)是微纳加工的第二步，将成像材料的图形结构转移到平面衬底上(图形转移)是第三步。

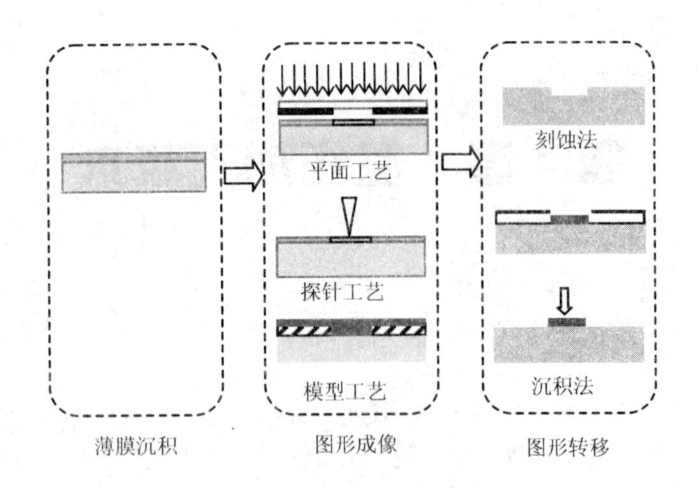

图 4.1 微纳加工基本工艺过程

微纳加工技术的核心是图像成形技术。微纳加工技术也随着图像成形技术不断进步、发展，成像分辨率不断提高，促使微纳制造结构尺寸的日益减小。

光刻法是平面图形化工艺的主流成像方法。光刻时的曝光可以使用掩膜也可以不用掩膜，可以采用光学曝光，也可以采用电子束、离子束或者原子束进行曝光。

聚焦离子束刻蚀是图形转移最主要的方法。聚焦离子束也可以通过溅射或化学气体辅助沉积法，直接在各种材料表面形成微纳米结构。

聚焦激光束可以作为切割、打孔、雕刻和焊接工具，已经广泛应用于电子封装和组装工艺中。高度聚焦的激光束也可以直接剥蚀形成微纳米结构，例如近年来飞速发展的飞秒激光加工技术。利用激光对某些有机化合物的光固化作用也可以直接形成三维立体结构，这种技术属于 3D 打印技术的一种。

微细加工技术在芯片封装过程中的应用主要是晶圆的减薄、划片、激光打标等。在混合电路制造和 PCB 基板制备中使用精密加工技术，加工精度在几微米到几十微米之间。这些加工方法也可以纳入微细加工。

综上所述，微细加工方法包括平面集成方法以及使用光子束、电子束、离子束进行的精密打孔、切割、雕刻、焊接、3D 打印等。

4.1.2 微细加工技术的应用

微细加工技术的应用包括以下几方面：

（1）微纳图形掩膜(Mask)的制备，如电子束曝光制版。

（2）微纳图形形成，如曝光光刻(Exposure Lithography)的应用。微纳图形形成方法有：接近式曝光、接触式曝光、投影式光学曝光、X 射线与极紫外线曝光、投影式电子束与离子束曝光，以及微纳(机械)印制技术(Imprint Lithography)等。

（3）薄膜沉积(Film Deposition)中的应用，主要方法有脉冲激光沉积。

（4）刻蚀(Etching)技术应用。刻蚀加工方法有溅射刻蚀、离子束刻蚀、反应离子束刻蚀及激光刻蚀等。

（5）化学机械平坦化。

（6）芯片封装中的微细加工技术。芯片封装中的微细加工包括晶圆减薄、划片、激光打标等。

(7) 混合电路制造中的应用。混合电路制造中使用所有微纳制造技术，以及激光划片、激光调阻、机械精密打孔等微细加工方法。

(8) PCB 基板加工中的应用。它包括激光划板及打孔，机械精密打孔、切割等。

(9) 其他应用，如 3D 打印等。

4.1.3　微细加工与检测系统

1. 微细加工典型设备系统

电子制造装备中属于微细加工的设备有曝光机、离子束刻蚀机、离子注入机、显微测量系统(电子束或离子束扫描电镜)、晶圆测试机、晶圆减薄、划片、激光调阻机、激光再流焊机、激光打标机等。

2. 微细加工系统特征

微细加工系统的主要特征包括以高能量密度的三束作为加工工具，使用机器视觉检测系统或光电系统进行精密对准操作，以及使用高位移精度的工作台或工作头实现精密加工。

1) 利用光子束、电子束、离子束作为加工工具

微细加工系统主要利用光子束、电子束和离子束的短波长、高能量密度的特点，通过平面集成或立体刻蚀的办法实现微细加工。

2) 精密对准操作

曝光机、晶圆测试机、芯片键合机、激光微细加工设备等典型的微细加工设备的共同特点是在工作时工作台与工作头部件都需要准确对准，在极短的时间内实现微米或纳米级对准。

3) 高精度微位移工作台

微细加工设备的工作台一般都是高精度微位移工作台，一般由一个宏动工作台和一个微动平台组成。工作台由大行程高精度直线伺服电机分别进行多向驱动，由结构紧凑、响应快、稳定性高，能实现微米、纳米级定位精度的多自由度微位移机构(常用压电或电磁驱动)完成工作台的精密定位。

3. 微细加工检测系统

电子制造中微纳米尺度的结构以及加工过程的检测通常使用光学及激光方法、电子与离子显微分析方法、声学方法、扫描探针显微方法等。

1) 光学及激光方法

使用光学及激光成像方法进行检测时，使用的检测设备包括光学显微镜、激光扫描共焦显微镜，以及基于干涉计量的激光测量仪器、激光扫描故障检测系统等。

2) 电子与离子显微分析方法

利用电子束和离子束进行显微分析时，使用的检测仪器有透射式或扫描式电子显微镜、发射式电子显微镜和场离子显微镜等。

3) 声学方法

由超声波构成高分辨率的显微成像系统，也可以用于微细结构的观测分析。这类仪器包括扫描声学显微镜、扫描电子声学显微镜等。

4) *扫描探针显微方法*

将微小探针与观测样品的距离保持在微观的“近场”范围内，从而就近观测样品的微观特征与尺寸或者化学性质。根据探针的类型和物理作用，扫描探针显微镜主要有扫描隧道显微镜、原子力显微镜和扫描近场光学显微镜等。

4.2 光子束加工技术

在电子制造中光子束技术主要应用于光刻加工和激光加工。光刻工艺过程是图形转移的最基本方法，也是平面上实现微细加工的主要手段。根据光刻加工使用的曝光光源的不同，光刻加工一般分为深紫外光刻、准分子激光光刻、极紫外光刻(EUVL)和X射线光刻等。

激光加工主要利用激光束聚焦后产生的高密度能量进行加工。正在发展的一项激光加工技术就是用皮秒或飞秒超短脉冲激光进行微细加工。超短脉冲激光可以在陶瓷基板上加工微孔，划线、切割，进行涂层烧蚀(去除)、表面结构化、雕刻成型等。

4.2.1 光子加工技术基础

现代物理学概念里光微粒是光子。作为粒子的光子，其基本特点是离散，即量子化效应。光具有量子化的、微粒的特征，被视为静止质量为零，具有一定的能量和动量的粒子—光子的集合。

不同频率(波长)的电磁波(光子)表现出不同的波动和光量子性质。随着频率增大，光波的波长减少，单个光子的能量随之增大，它们与不同光(物质)相互作用的过程相关联。例如：

· 广播使用的无线电波：几百米波(中波)，几十米、几米波(短波)；

· 微波：分米波、厘米波、毫米波；

· 太赫兹(THz)波：亚毫米波，与某些物质的弛豫过程相关；

· 红外线：微米波，与分子作用、分子的振动能级、转动能级等相关联；

· 可见光：亚微米波，能量为1 eV左右，与原子的最外层(价)电子的作用和相应的化学反应相关联；

· 紫外线：亚微米(纳米)波，能量为几至几百电子伏(eV)；

· X射线：纳米-亚纳米-亚埃波，能量为几百至几万电子伏，与内层电子作用相关联；

· γ射线：能量为1 MeV以上，与原子和基本粒子构成相关联。

电磁波频(波)谱与光子的能量如图4.2所示。光波或光束实际上是一种电磁波，同时又在很多现象中显示其微粒的、量子化的性能，称为光子。电磁波的波长和频率覆盖了非常宽的范围——从波长几千米的无线电波到波长极短的γ射线，对应的光子也有不同的能量。电磁波的频率ν、波长λ与光子能量E、动量p之间的关系为

$$E = h\nu,\ p = hk \tag{4-1}$$

式中：h为普朗克常数，$h=6.62\times10^{-34}\,\mathrm{J\cdot s}$；波数$k = 2\pi/\lambda$。

自然界和各种技术中的电磁波的波长或光子的能量在非常大的范围内变化。微细加工中使用的光子从近红外线到紫外线，相应的能量范围约为0.1 eV到几百电子伏。光子与

物质相互作用包括物理和化学两个方面。物理作用包括引起物质的电子能态的激发和热激发，其中热激发包括气态分子的转动激发与固态物质晶格振动的激发。

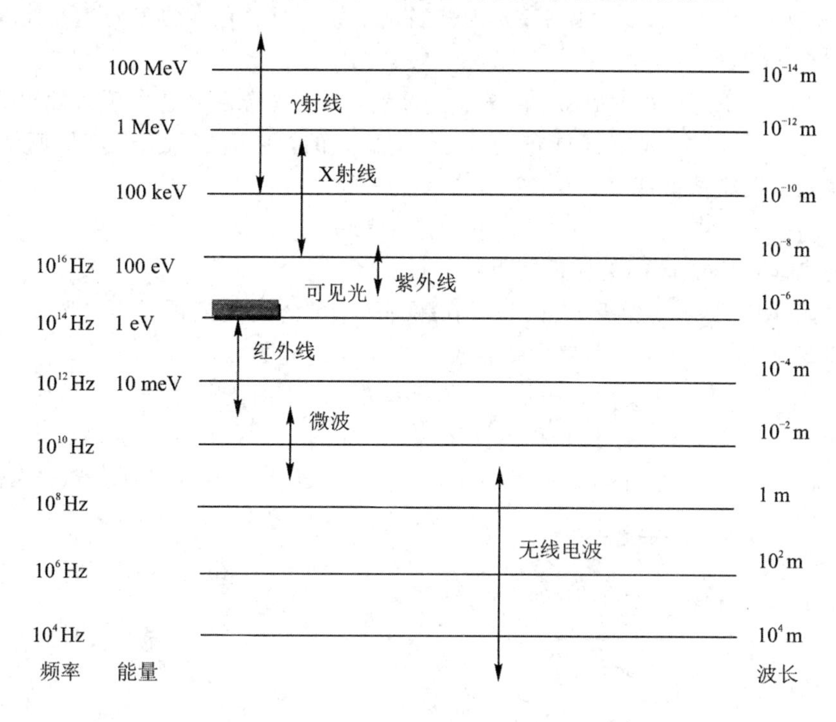

图 4.2　电磁波频(波)谱与光子的能量

1. 微细加工技术中的光源

根据不同加工方法，微细加工技术中的光源主要包括：光学曝光系统的光源，激光诱导化学气相沉积和外延系统使用的光源，激光刻蚀使用的光源，激光退火和热处理使用的光源，激光机械加工——钻孔、切割、焊接、雕刻用的光源，以及微细结构的光学检测与计量等使用的光源。激光具有高亮度、高方向性、高单色性和高相干性，因此，激光是微细加工中的主要光源。

1）激光产生原理与激光器的基本组成

(1) 激光产生原理。

如图 4.3 所示，组成物质的原子中有不同数量的电子分布在不同的能级上，原子受到外界能量作用时，电子的分布就会发生变化，原子的能量也随之变化，原子从一种能量状态变化到另一种能量状态的过程叫做跃迁。原子跃迁时的能量变化 ΔE 以光波的形式发射或吸收。

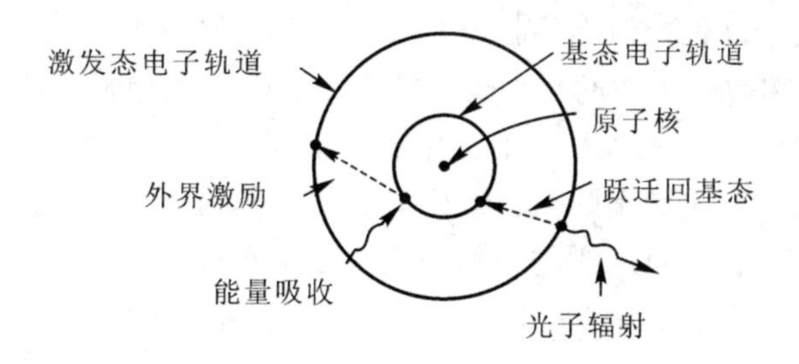

图 4.3　原子的结构和能量变化

$$\Delta E = h\nu = \frac{hc}{\lambda} \tag{4-2}$$

式中：c 为光速；λ 为波长；ν 为频率；h 为普朗克常数。原子存在自发辐射、受激吸收、受激辐射等状态。

① 自发辐射。图 4.4(a)所示为自发辐射过程，普通光源发光就属于自发辐射，是一种非相干光。处于激发状态的粒子能量大，是很不稳定的，它可以不依赖于任何外界因素而自动地从高能量级跳回低能级，并辐射出频率为 ν 的光波：

$$\nu = (E_2 - E_1)h \tag{4-3}$$

式中：E_2 为高能量级能量；E_1 为低能量级能量。

② 受激吸收。处于低能级 E_1 的粒子在频率为 ν 的入射光的诱发下，吸收入射光的能量而跃迁到高能级 E_2 的过程称为受激吸收，如图 4.4(b)所示。

③ 受激辐射。处于高能级 E_2 的粒子在频率为 ν 的入射光的诱发下，辐射出能量为 $h\nu$ 的光波而跃迁回低能级 E_1 的 过程称为受激辐射，如图 4.4(c)所示。受激产生的光同入射光具有完全相同的频率、相位、传播方向和偏振状态，因此受激辐射具有光放大作用。

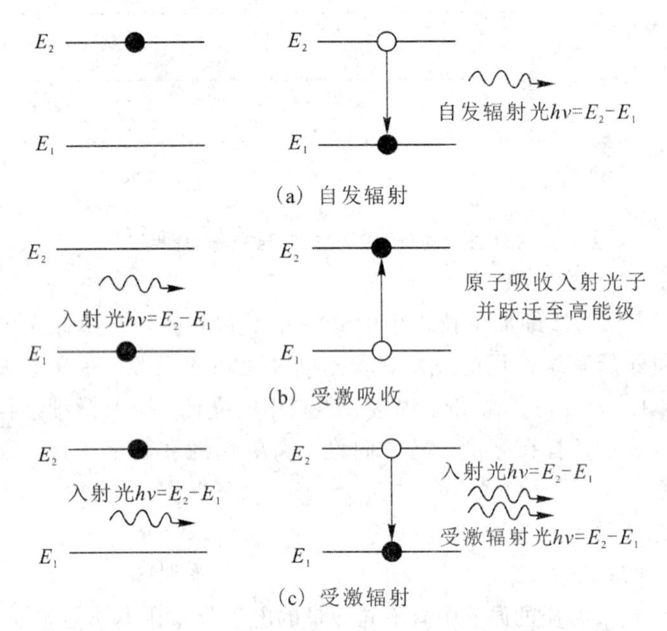

图 4.4 原子的自发辐射、受激吸收和受激辐射

通常情况下，物质体系处于热力学平衡状态，受激吸收和受激辐射同时存在，其吸收和辐射的总概率取决于高低能级上的粒子数。一般激光器利用气体辉光放电、光辐射等手段激励粒子体系，破坏粒子体系的热平衡，当受激辐射占优势时，对外界入射光的反应效果是总发射大于总吸收，这时的体系就被激活，产生与入射光相同状态的受激辐射光。

激光是受激辐射而产生的增强光。产生激光的工作物质受激发造成粒子反转状态，并不断增强至占优势的过程。将受激的工作物质放在两端有反射镜的光学谐振腔中，并提供外界光辐射，如氙灯、氪灯或辉光放电等，则受激辐射将会不断产生激光光子。在此产生的光子中，其运动方向与光腔轴线方向不一致的光子，都从侧面逸出腔外并转换为热能，没有激光输出。只有运动方向与光腔轴线方向一致的光子，被两面反射镜不断往返反射，来回振荡，从而得到放大。当这种放大超过腔内损耗(包括散射、衍射损耗等)，即光放大超出腔内的阈值时，则会在激光腔的输出端产生激光辐射——激光束。

受激辐射光有三个特征：① 受激辐射光与入射光频率相同，即光子能量相同；② 受激辐射光与入射光相位、偏振和传播方向相同，所以两者是完全相干的；③ 受激辐射光获得了增强。

(2) 激光器的基本组成。

任何激光器都包括三个基本要素：可以受激发的激光工作物质、工作物质要实现粒子数反转及光学谐振腔。

各种激光器产生激光的原理基本相同，因此激光器有着相同的功能单元。

① 增益介质和谐振腔。如图 4.5 所示，光源的两个基本组成部分是活跃的介质和谐振腔。活跃介质是发射激光的材料，同样也是光放大的材料，因此被称为增益介质。增益介质可以是气体、固体甚至液体。当作为增益介质的材料受到激发，然后从激发态降落到低能态时，必须辐射出光，也就是特定波长的电磁波。图 4.5 所示的谐振腔由前后两个反射镜组成。谐振腔把不断放大的光束反射回增益介质。谐振腔决定激光的传播方向并且保证了受激发辐射得到足够的放大。

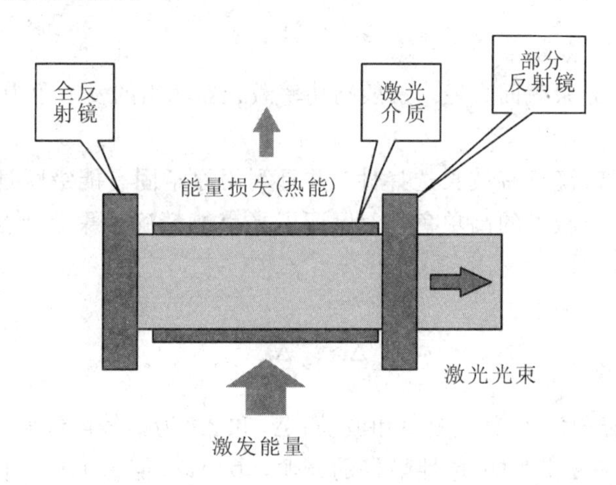

图 4.5　激光器的功能单元

② 泵浦和冷却。在增益介质能够发射激光之前，必须对其进行激发，这个过程称作泵浦。每个光源都需要一个泵浦源。泵浦可以以光学形式、电学形式或者化学反应实现。例如，CO_2激光器是使用高频交流电来进行泵浦的。

激发能量有很大一部分转换成了热量，为保证谐振腔和增益介质能继续工作，需要使用冷却系统进行冷却。

2) 激光的特性

激光的特性主要包括高亮度、高方向性、高单色性和高相干性，这些特性决定了激光的用途。

(1) 高亮度。

激光通过透镜或反射镜聚焦后，光斑大小为光波长量级，形成极高的能量密度。激光的亮度 B 定义为单位发光表面 S 沿给定方向上单位立体角 Ω 发出的光功率 P 的大小，即

$$B=\frac{P}{S\Omega}\ (\mathrm{W/cm^2\cdot sr}) \tag{4-4}$$

光的亮度对比如下：

太阳光：2×10^{3} W/(cm^{2} · sr)；

气体激光器：2×10^{8} W/(cm^{2} · sr)；

固体激光器：2×10^{11} W/(cm^{2} · sr)。

在实际应用中，激光沿给定方向上单位立体角是固定的，因此激光作用在工件表面单位面积的功率 P 即功率密度 P_{m} 作为激光加工的重要工艺参数之一，即

$$P_{m}=\frac{P}{S}\ (\mathrm{W/\ cm^{2}}) \tag{4-5}$$

该功率密度可通过调整焦距后光斑大小和控制激光器输出功率达到可调、可控的目的。

(2) 高方向性。

从谐振腔发出的只能是反射镜反射后无显著偏离谐振腔轴线的光波，因此激光束的发散角非常小。一般气体激光器的发散角可达 10^{-3} rad，通过外光路系统的改进，如加上望远镜系统，也可以改善方向性。

光束的立体发散角为

$$\Omega\approx\left(2.44\,\frac{\lambda}{D}\right)^{2} \tag{4-6}$$

式中：λ 为波长；D 为光束截面直径。一般高功率激光器输出的发散角为毫弧度(mrad)量级。

(3) 高单色性。

激光谐振腔的反射镜具有波长选择性，并且利用原子固有能级跃迁的结果使得激光具有极高的单色性。由于激光的高单色性，保证了光束能精确地聚焦到焦点上，得到极高的功率密度。

单色性的表征公式如下：

$$\frac{\Delta\nu}{\nu}=\frac{\Delta\lambda}{\lambda} \tag{4-7}$$

式中：ν 和 λ 分别为辐射波的中心频率和波长；$\Delta\nu$ 和 $\Delta\lambda$ 为谱线的线宽。

例如，氪灯是普通光源中单色性最好的光源，其 $\Delta\nu/\nu$ 值为 10^{-6}，稳频激光器输出的单色性 $\Delta\nu/\nu$ 可达 $10^{-10}\sim10^{-13}$ 量级。

(4) 高相干性。

当两列振动方向相同、频率相同、相位固定的单色波叠加后，光的强度在叠加区不是均匀分布的，而是在一些地方有极大值，在一些地方有极小值。这种在叠加区出现的光强分布呈稳定的强弱相间的现象称为光的干涉现象，即两列光具有相干性。相干性完全是由光波场本身的空间分布(发散角)特性和频谱分布特性(单色性)所决定的，从而对光束的聚焦性能有重要影响。

2. 常用激光器

1) 激光器的类型

可用于加工的激光器包括掺钕钇铝石榴石(YAG)固体激光器、蓝宝石(Ti:Sapphire)激光器、铜蒸气激光器、二氧化碳或一氧化碳激光器、准分子激光器。

按照增益介质的形态激光器可以分为气体激光器、固体激光器、二极管激光器和染料激光器。激光器的种类与应用如表 4.1 所示。

表 4.1　激光器的种类与应用

激光器类型	激光增益介质	激光器实例	波 长	应 用
气体激光器	气体或蒸汽	CO_2激光器	10 600 nm(远红外)	材料加工
		氦氖激光器	633 nm(红)	测量技术
		准分子激光器	157～353 nm(紫外)	测量技术、光化学、光刻
固体激光器	掺杂了激活离子的晶体或玻璃	红宝石激光器	694 nm(红)	人类发明的第一台激光器
		Nd:YAG 激光器	1060 nm	材料加工
		Nd:玻璃激光器	1064 nm(近红外)	材料加工
		Yb:YAG 激光器	1030 nm(近红外)	材料加工
二极管激光器	半导体	GaInP(磷化铟镓)	670～680 nm(红)	娱乐电器、电信、固体激光器泵浦源、材料加工
		GaAs(砷化镓)	780～980 nm(近红外)	
染料激光器	高度稀释的有机染料		波长可调谐，300～1200 nm	光谱学

2）激光器的结构

激光器的结构按照工作物质分类，可分为固体激光器、气体激光器、染料激光器和半导体激光器；按照谐振腔性能分类，可分为稳定谐振腔激光器和非稳定谐振腔激光器；按照振腔结构分类，可分为外腔式激光器、内腔式激光器和半内外腔式激光器；按照激光器的运转方式分类，可分为连续激光器和脉冲激光器；按照激光器的输出波长分类，可分为红外激光器、可见光激光器和紫外激光器。

激光器的结构一般由工作物质、泵浦系统、谐振腔、冷却滤光系统及激光电源等组成。激光工作物质是激光器最重要的组成部分，是激光器的核心(由激活离子和基质组成)。

泵浦源为在工作物质中实现粒子数反转而提供光能。常用的泵浦源有惰性气体放电灯、金属蒸气灯、钨丝灯、太阳能及发光二极管。惰性气体放电灯是当前最常用的，如氙、氪闪光灯和氪弧灯。

聚光腔将泵浦源辐射的光能有效均匀地会聚到工作物质上，以获得高的泵浦效率。

谐振腔由全反射镜和部分反射镜组成。受激辐射光通过反馈在其中形成放大与振荡，并由部分反射镜输出。

冷却与滤光系统是激光器中必不可少的辅助装置，其作用是防止聚光腔及内部元件温升过高，同时还可减少泵浦灯中紫外辐射对工作物质的有害影响。

固体激光器是以掺杂了离子的绝缘体或玻璃作为工作物质的激光器。少量的过渡金属离子(Cr^{3+})或稀土离子(Nd^{3+})掺入到晶体(Al_2O_3)或玻璃当中，经过光泵激励后，产生受激辐射，发射激光。最常用的固体激光物质主要有四种，即红宝石、钕玻璃、掺钕钇铝石榴石和钛宝石，因此固体激光器包括掺钕钇铝石榴石激光器、红宝石激光器、钛宝石激光器、半导体激光器等。

气体激光器包括氦-氖激光器、二氧化碳激光器、氩离子激光器和准分子激光器。

下面简要介绍微细加工中常用的CO_2激光器、准分子激光器和固体激光器的结构。

(1) CO_2激光器。

CO_2激光器的增益介质是氦气、氮气和二氧化碳的混合气体，氦气、氮气是辅助气体。一般的混合比例约为：二氧化碳 5.5%、氮气 29.0%、氦气 65.5%。泵浦源为高压直流电或高频交流电。工作时，泵浦源启动气体放电，混合气体中的氮分子碰撞并激活它们的自由电子，氮分子开始振荡。振荡的氮分子将能量转移给相碰撞的二氧化碳分子，导致后者从基态跃迁到激光上能级。当辐射出波长为 10.6 μm 的激光时，二氧化碳分子转移到下能级，同时释放出热量。惰性气体氦原子通过撞击二氧化碳分子，吸收了二氧化碳分子转移能级时释放的热量，从而使得激光下能级的离子数加速下降。气体可以在放电腔外循环冷却，也可以通过扩散冷却。图 4.6 所示为 CO_2激光器的激光产生过程示意图。

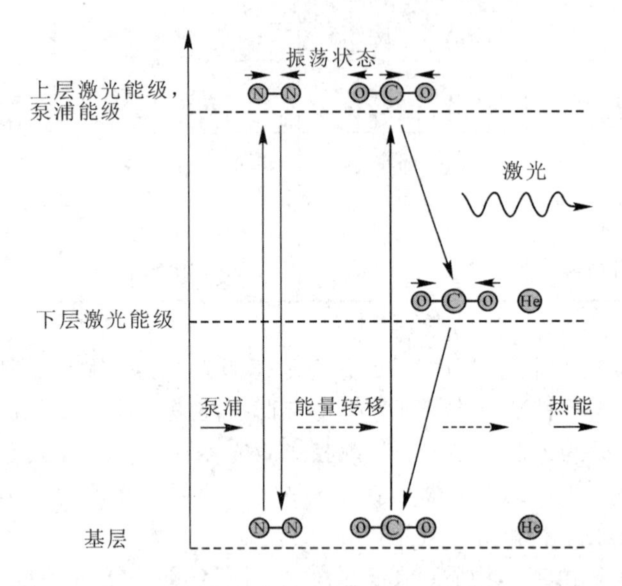

图 4.6 CO_2激光器的激光产生过程示意图

按照谐振腔的形式、泵浦类型和冷却方式的区别，工业用 CO_2激光器可以分为封离型 CO_2激光器、横向流动型 CO_2激光器、快速轴流型 CO_2激光器和扩散冷却型 CO_2激光器。

① 封离型 CO_2激光器。图 4.7 所示为封离型 CO_2激光器的结构示意图。放电管中通入直流电流，大小为几十到几百毫安。放电管中有混合气体，包含氮气和 CO_2等。氮分子受到电子撞击被激发，而后与 CO_2分子碰撞，CO_2分子得到氮分子的能量从低能级跃迁到高能级上，形成粒子数反转发出激光。

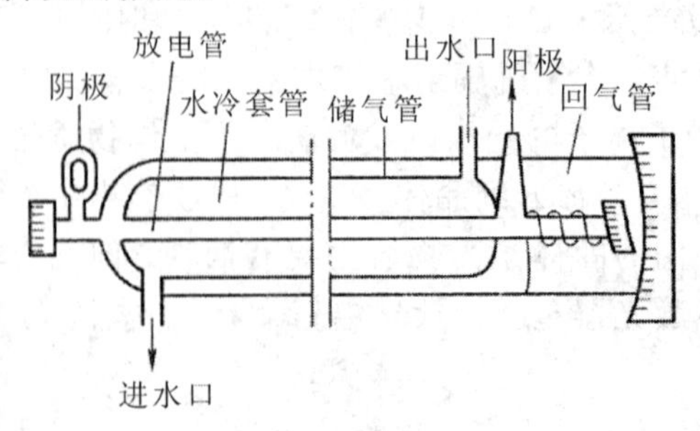

图 4.7 封离型 CO_2激光器结构示意图

激光管使用硬质玻璃加工而成，采用层套式结构。最内层是放电管，第二层为水冷套管，目的是冷却工作气体，使输出功率稳定。最外一层是储气管。放电管在两端都与储气管连接，使得气体在放电管与储气管中循环流动，实现气体交换。放电管的长度与输出功率成正比。

② 横向流动型 CO_2 激光器。如图 4.8 所示，横向流动型 CO_2 激光器中工作气体沿着与光轴垂直的方向快速流过放电区以维持腔内有较低的气体温度，从而保证有高功率输出。单位谐振腔有效长度的输出激光功率达 10 kW/m，商用可达 25 kW。

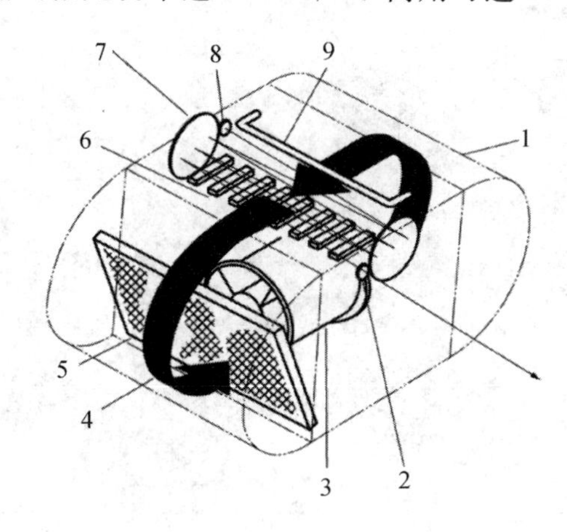

1—密封壳体；2—输出反射镜；3—高速风机；4—气流方向；
5—热交换器；6—阳极；7—折叠镜；8—后腔镜；9—阴极

图 4.8　横向流动型 CO_2 激光器结构简图

③ 快速轴流型 CO_2 激光器。快速轴流型 CO_2 激光器中的工作气体沿着放电管轴向流动来实现冷却，气流方向同电场方向和激光方向一致，气流速度大于 100 m/s。快速轴流型 CO_2 激光器的结构如图 4.9 所示。

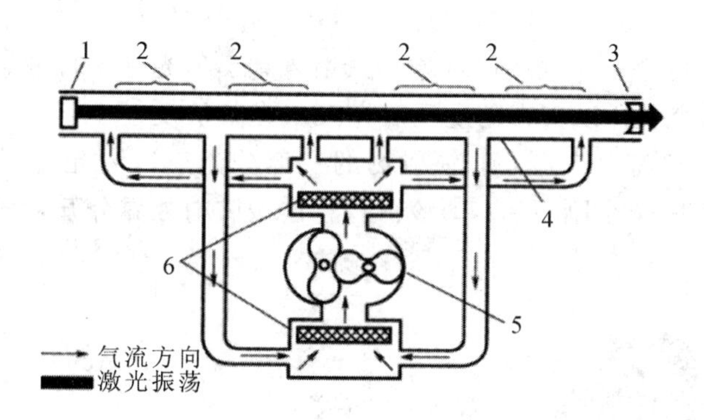

1—后腔镜；2—高压放电区；3—输出镜；4—放电管；5—高速风机；6—热交换器

图 4.9　快速轴流型 CO_2 激光器结构示意图

在不同类型的流动气体 CO_2 激光器之中，一般放电路径设计成方形或折叠形。如图 4.10 所示，方形设计是最初的结构形式。激光气体包含在形成放电路径的石英管中，石英管外面的电极在不接触的条件下激励激光气体。为了产生 2 kW 或者更高的激光功率，需要几米长的放大路径。方形角落处的折返镜反射光束实现了光学路径的连接。尾镜以及输出镜完成谐振腔的功能。在激光器的中心，磁悬浮轴承上的径向涡轮鼓风机可持续循环激光气体。气体在方形角流入放电管并在每个面的中心被提取出来。在进口和出口处，气体经过热交换器冷却下来。气体混合器将二氧化碳、氦气和氮气混合成激光气体。

这种结构适合于大功率激光器。例如，一个方形设计的 20 kW 的 CO_2激光器有 16 个放电路径，放电路径设计成方形，层叠排布。

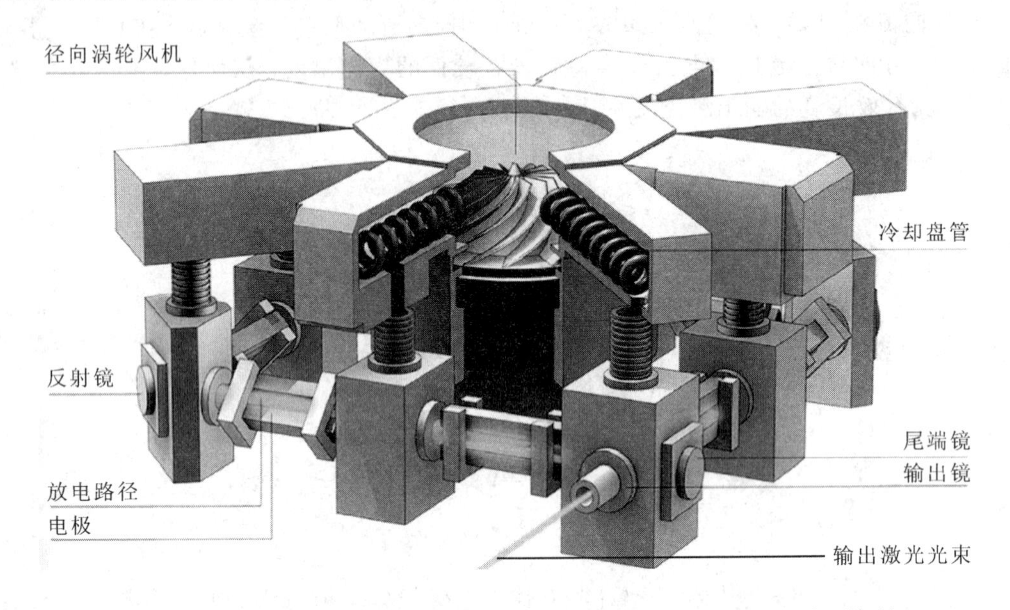

图 4.10　方形设计流动气体 CO_2 激光器内部结构(引用 TRUMPF 公司资料)

④ 扩散冷却型 CO_2激光器。扩散冷却型 CO_2激光器采用了一个激光气体通过谐振腔壁释放热量的系统。如图 4.11 所示，谐振腔是两个套轴式金属管，金属管采用水冷。金属管之间的空间形成了放电路径，也是容纳激光气体的空间。管壁既是射频电极又是冷却元件。谐振腔的尾镜是锥面镜，边缘周围有一个环形反射表面，与平面呈 45°，锥面镜另一边的反射镜与平面呈 90°。工作时光束打到放电路径一端的锥面镜，光束被反射到环的另一端，并被继续反射到两个管子的中间区域。入射光和反射光是平行的。谐振腔另一端是环形螺旋镜，反射面倾斜，并以较大角度反射光束。光束被反复反射，在腔内就构成了一个稳定的辐射场。螺旋镜有一个开口，辐射场的一部分光束以激光的形式从螺旋镜开口射出。螺旋镜开口处有一个金刚石窗口，该窗口将谐振腔与外界分开。图 4.12 是 TRUMPF

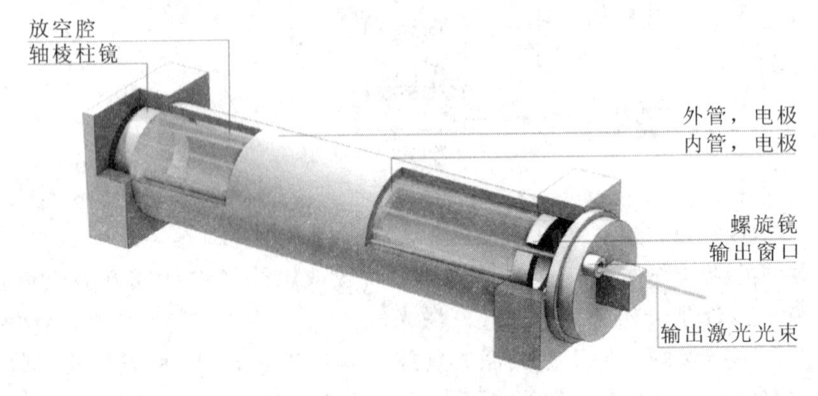

图 4.11　内部扩散冷却型 CO_2激光器结构示意图(引用 TRUMPF 公司资料)

公司 TruCoax 扩散冷却型 CO_2 激光器的实物图。这是一种同轴激光器，适合于中小功率(功率在几千瓦)场合，可以实现连续运转，可靠性高。

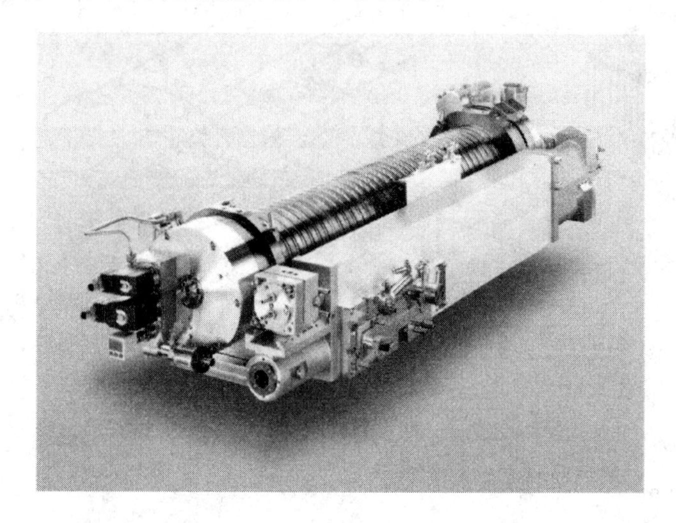

图 4.12　TRUMPF 公司 TruCoax 扩散冷却型 CO_2 激光器

(2) 准分子激光器(Excimer Laser)。

准分子激光器的工作物质是受激的气体原子(如 Ar、Kr、Xe，用 Rg 表示)和卤元素(如 F、Cl，用 X 表示)结合而成的准分子，如氟化氩(ArF)、氯化氪(KrCl)、氟化氙(XeF)等。通常情况下，基态的稀有气体原子化学性质稳定，因此呈两种气体混合状态(Rg+X)。但当它们受到激发时，如电子束的轰击或高压激励等，稀有气体原子就可能从基态跃迁到激发态，甚至被电离，这时很容易和另一个原子形成一个寿命极短的分子(RgX)，这种处于激发态的分子称受激二聚物，简称准分子。常用准分子激光器的工作物质及性能见表 4.2。

表 4.2　常用准分子激光器的工作物质及性能

工作物质	KCl	XeF	XeCl	KrF	ArF	F_2
波长/nm	222	351	308	248	193	157
脉冲的重复频率/Hz				2000	2000	500
脉冲能量/MJ				10	10	40

准分子激光器的工作粒子是一种在激发态复合为分子，而在基态离解为原子的不稳定缔合物。准分子激光器具有波长短、能量高、重复频率高及可调谐等特性，输出波长范围为 193～351 nm。其单光子能量为 7.9 eV，高于大部分分子的化学键能，故可深入材料内部进行改性。准分子激光器主要用于光刻曝光。技术最成熟并且性能最稳定的主要有两种：一种是采用氟化氪(KrF)气体的准分子激光器，其波长为 248 nm；另一种是采用氟化氩(ArF)气体的准分子激光器，其波长为 193 nm。

准分子激光器主要由放电室、谐振腔、火花隙预电离针、放电电路、风机、热交换口、水冷却系统或油冷泵、冲排气系统等组成。图 4.13 所示为准分子激光器放电系统结构示意图。

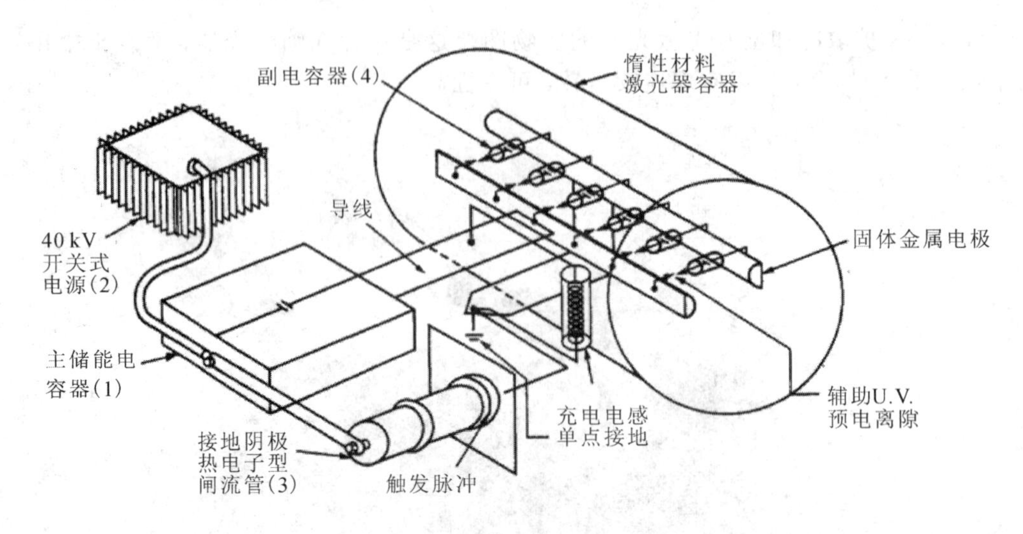

图 4.13　准分子激光器放电系统结构示意图

(3) 固体激光器。

一般的固体激光器主要由工作物质、泵浦系统、谐振腔、冷却滤光系统及激光电源等组成。最常用的固体激光物质有四种：红宝石、钕玻璃、掺钕(或掺镱)钇铝石榴石和钛宝石。

固体中的激光是通过引入少量离子到玻璃或者晶体基质材料中，然后让外围离子发出荧光所产生的。其他元素的引入叫做掺杂。固体激光器中的掺杂元素主要有钕和镱。掺钕激光器的波长为 1.06 μm，掺镱激光器的波长为 1.03 μm。如图 4.14 所示，固体激光器的工作物质的形式包括棒、光纤和碟片。

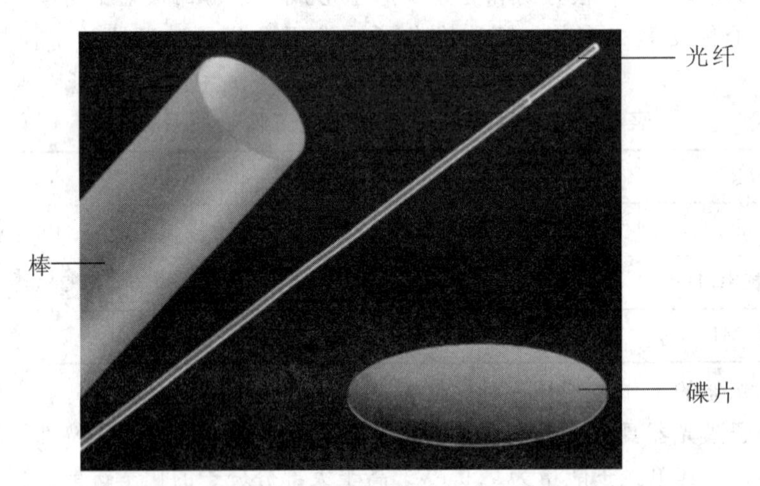

图 4.14　固体激光器工作物质的形式

由于固体激光器的工作物质是绝缘体，所以一般都采用光泵浦激励。最常用的泵浦光源有惰性气体放电灯(灯内充有氙、氪等惰性气体)、金属蒸汽灯(灯内充有汞、钠、钾等金属蒸汽)、卤化物灯(碘钨灯、溴钨灯等)、半导体激光器、日光泵(用聚光镜将日光会聚到激光棒中)等。

固体激光器的波长约为 1 μm，甚至更短，波长可变。固体激光器的工作模式包括连续和脉冲两种，并且功率范围较大，连续工作模式输出为几千瓦，脉冲工作模式输出可达到几百千瓦。

钕离子($Nd3^{+}$)或镱离子($Yb3^{+}$)被加入到钇铝石榴石(Yttrium Aluminum Garnet, YAG)晶体内部空隙中，这些离子充当激活物质，相应的离子与钇铝石榴石晶格结合为Nd:YAG 激光器或 Yb:YAG 激光器。这两种激光器是激光加工中使用最多的激光器。Nd:YAG 激光器的波长为 1064 nm，Yb:YAG 激光器的波长为 1030 nm，波长位于近红外光谱范围，可以使用光纤传输到工件。

① 棒状激光器。如图 4.15 所示，激光在掺钕钇铝石榴石制成的圆柱形晶体棒中产生。晶体棒的直径为几毫米，长度约为 20 cm(例如 1 kW 激光器的晶体棒直径为 7 mm，长度为 18 cm)。谐振腔由两片位于晶体棒外面的镜子构成。泵浦装置可以是弧光灯或半导体激光器。泵浦装置位于晶体棒的两侧。两个弧光灯(或半导体激光器)及晶体棒安装在谐振腔内。腔的横截面呈双椭圆形状以使得输入到晶体棒中的激光发光量最大，双椭圆形横截面有三个焦点。弧光灯位于外部焦线上，晶体棒位于中间的焦线上。激发光被腔壁反射，在中心焦线上聚焦，可以多次通过晶体棒。当使用半导体激光器作为泵浦源时，激发波长可以根据基态和泵浦能级之间的能量差别，精确调谐。

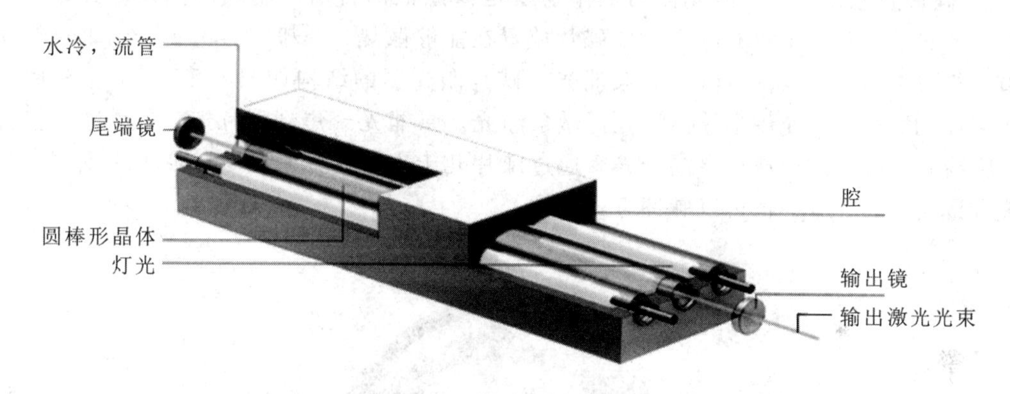

图 4.15　棒状激光器基本结构示意图

这类激光器既可连续工作，也可以脉冲方式工作。将许多腔串联在一起就构成大功率激光器。随着功率增加，晶体棒的表面散热方式不足以降低其内部的热量，晶体棒急剧发热，激光质量也随着下降。改进方式就是将晶体棒用碟片或光纤来替换。

② 光纤激光器。光纤激光器以掺杂光纤本身为工作物质，而该光纤本身又起到导波作用的固体激光器，由工作物质、谐振腔和泵浦源三个基本部分组成。光纤激光器的优点包括：散热性能好，转换效率高，激光阈值低；谐振腔可以是直接镀在端面的腔镜或光纤耦合器、光纤圈等；可获得宽带的可调谐激光输出，并调节激光输出；光纤激光器的某些波长适用于光纤通信的低损耗窗口。光纤激光器的结构如图 4.16 所示。光纤激光器的工作物质一般使用掺镱玻璃光纤，使用半导体激光器做泵浦光源，泵浦光波长为 910～980 nm，掺镱玻璃光纤激光器的波长在 1.07 μm 附近。高功率的光纤激光器通常采用掺镱双包层石英光纤。光纤直径小于 1 mm，分成三个区域：纤芯用于激光的产生和传播；内包层即泵浦层用作泵浦光的传递；外包层把泵浦光限制在包层中，并且用于保护光纤。各个区域的折射率不同。内部的折射率高于外部的折射率。所以，激光留在光纤芯中，泵浦光不会跑出外包层。

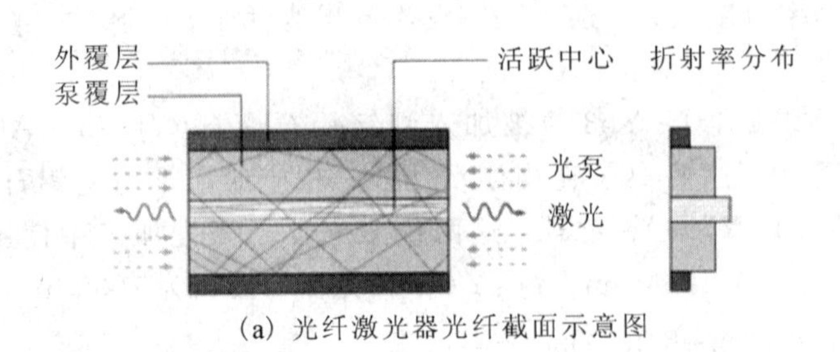

(a) 光纤激光器光纤截面示意图

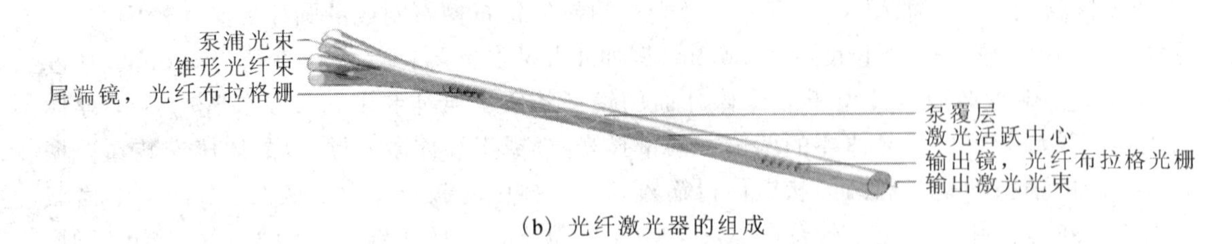

(b) 光纤激光器的组成

图 4.16 光纤激光器组成示意图

③ 碟片激光器。碟片激光器的工作物质是掺镱钇铝石榴石制成的晶体薄片，其直径小于 15 mm，厚度为 0.2 mm 左右。碟片放置在能够散热、冷却的热沉上，冷却的碟片后面有一个反射镜，可以反射激光和泵浦光。碟片激光器的结构如图 4.17 所示。碟片放在一个封闭的腔体中，使用半导体激光器做泵浦光。泵浦光聚焦到碟片上，在经过一些折反镜、后端镜和抛物面镜使得泵浦光先后通过碟片几十次，从而大大提高泵浦的效率。碟片激光器既可连续工作，也可以脉冲方式工作。

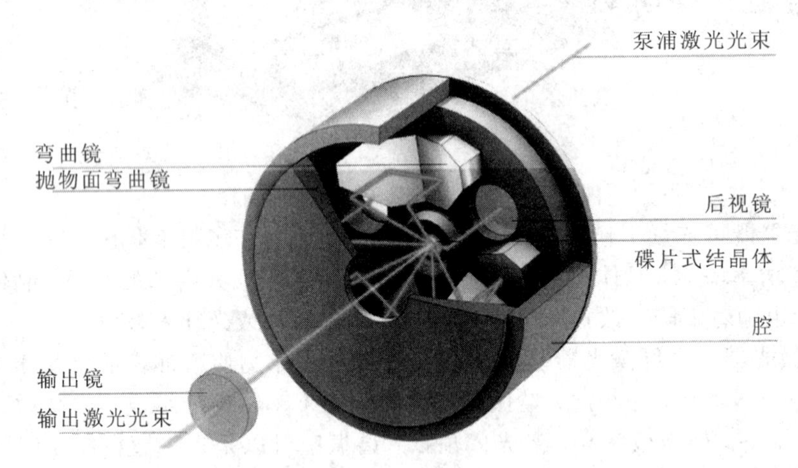

图 4.17 碟片激光器的结构

④ 钛宝石激光器。掺钛蓝宝石(Ti:Sapphire，简称钛宝石)是激光介质之一。钛宝石是指在 Al_2O_3 掺入少量(约 1.2%)的 Ti^{3+} 离子。钛宝石激光器是近十几年迅速发展起来的一种可调谐固体激光器，其特点是在很宽的波长范围内(660～1180 nm)输出激光的波长连续可调。钛宝石晶体不仅具有良好的热传导和机械性能及较高的饱和通量，更重要的是它宽于 500 nm 的波长调谐范围为现存的任何激光介质所无法比拟。利用不同的泵浦源和泵浦方式可以研制各种钛宝石激光器。1991 年使用自锁模技术研制出几飞秒(fs)的钛宝石

激光器。采用脉冲放大技术可获得近 100 TW 的输出功率。借助倍频技术、光参量振荡与放大技术，人们把钛宝石激光器的输出波长范围拓宽到从紫外至红外。钛宝石激光器的优点还在于其结构简单和工作稳定，所以它已经在许多方面替代了长期占据激光领域的染料激光器的地位。

钛宝石激光器产生飞秒激光。飞秒激光的一个重要应用就是微细加工。通常，按激光脉冲标准来说，持续时间大于 10 ps(相当于热传导时间)的激光脉冲属于长脉冲，用它来加工材料，由于热效应使周围材料发生变化，从而会影响加工精度。脉冲宽度只有几千万亿分之一秒的飞秒激光脉冲则拥有独特的材料加工特性，如加工孔径的熔融区很小或者没有，可以实现多种材料，如金属、半导体、透明材料内部甚至生物组织等的微机械加工、雕刻，加工区域可以小于聚焦尺寸，突破衍射极限，等等。使用超短脉冲激光，可在金属上打出几百纳米直径的小孔。IBM 已将一种飞秒激光系统用于大规模集成电路芯片的光刻工艺中。用飞秒激光进行切割，几乎没有热传递。

⑤ 半导体激光器。某些材料结合时，复合过程中会辐射光子，这个效应就是发光二极管，是半导体激光器的基础。如图 4.18(a)所示，激光二极管由一些晶层组成，以 P 型层和 N 型层形成核心，施加电压时，在 P 型层和 N 型层相会的地方产生键合。在 PN 结处，电子从 N 型层跳到 P 型层的空穴里。一旦键合，半导体中电流开始流动，激光就产生了，但是发光非常小，只有几纳米的高度。单个激光二极管产生的功率一般小于 2 mW。将二极管放大，使它变成宽条形的形状，如图 4.18(b)所示。宽条形芯片的长度从 1 mm 到几毫米，宽度为 50～200 μm。在半导体上放置一个相同形状的电触头就形成了宽条形，电流就会在宽条内部流动。这就是半导体巴条激光器，它可产生 10 W 的激光束。巴条激光器的相干度和准直度较低，其原因是每根激光束是发散的，其垂直发散度为 45°～90°，水平发散度为 5°～12°。通常在巴条前端附上柱面微透镜来准直光束。一种功率扩展的方法是在空间上尽可能近地将所有发射器和巴条结合在一起，通常采用反射镜、阶梯镜或者滤波器来实现这种结构。实现大功率半导体激光器的最有效方法就是合束，也就是将数百个低功率宽谱的激光器通过光束耦合成为高亮度、功率达到几千瓦的激光束。

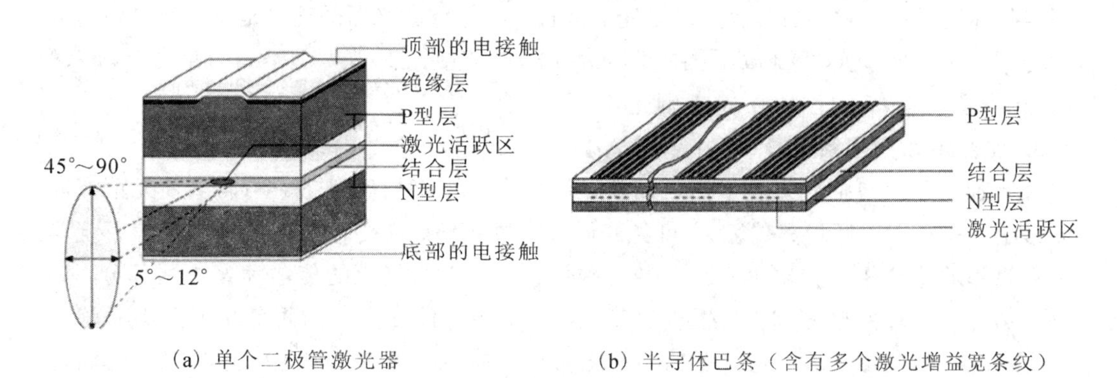

(a) 单个二极管激光器　　(b) 半导体巴条（含有多个激光增益宽条纹）

图 4.18　半导体激光器的原理

图 4.19 是数千个光源结合成一个光束，从而形成一个大功率的半导体激光器。图 4.20 为德国 TRUMPF 公司 6 kW 半导体激光器 TruDiode6006 的光学结构。

半导体激光器通常用作其他激光器的泵浦光源，现在也用作微纳加工的光源。半导体激光器的结构非常紧凑，光束质量也非常稳定。半导体既是增益介质，也是谐振腔，光电转化效率高达65%。半导体激光器能产生太赫兹甚至更高的光信号，因此半导体激光器也在信息技术中大量使用。

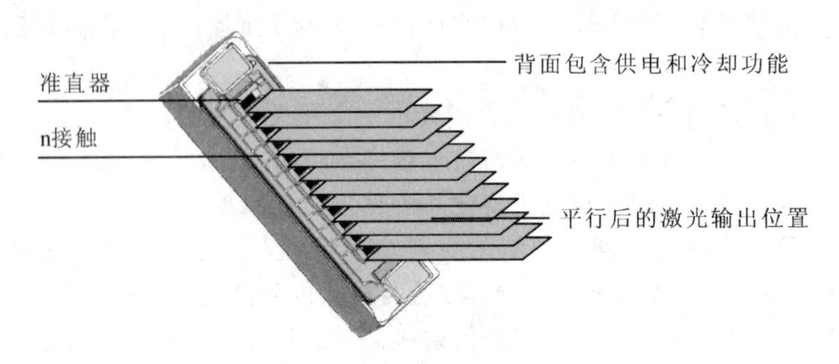

图 4.19　大功率半导体激光器结构

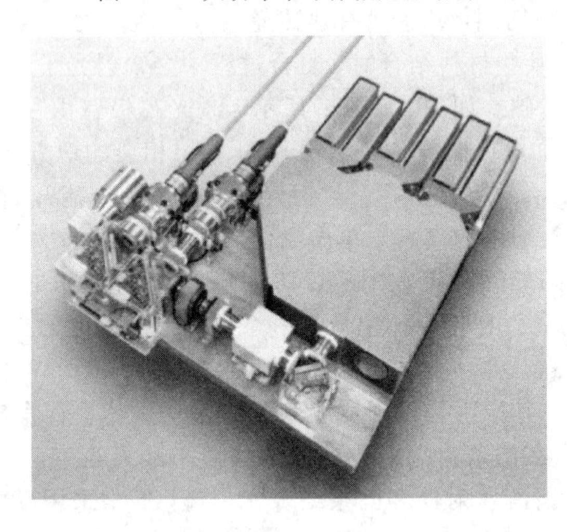

图 4.20　TRUMPF公司6 kW半导体激光器TruDiode6006的光学结构

半导体的类型和它的成分决定了激光的波长。半导体激光器的光谱范围从蓝光(400 nm，氮化镓，GaN)、红光(670 nm，镓铟磷，GnInP)一直到红外光(900 nm，砷化镓，GaAs；1500 nm，磷化铟，InP；2000 nm，硒化锌，ZnSe)。

3. 激光传输聚焦系统

激光加工系统包括光束质量监控设备、功率计、光闸系统、扩束望远镜(使光束方向性得到改善，并能实现远距离传输)、可见光同轴瞄准系统、光传输转向系统和聚焦系统等。

在这里着重介绍导光聚焦系统。导光聚焦系统包含激光束的传输和聚焦两部分，其功能是将激光束传输并聚焦到工件需要加工的表面，并且保证焦点的质量和工作范围。

在激光技术领域，使用几何光学并不能精确地描述激光束的聚焦实际状况。人们通常用高斯光学来计算光束传输并设计加工头，激光束也被称为高斯光束。与几何光学不同的是高斯光束会聚，逐渐变小，直径最小的地方叫做束腰。在束腰处光波是平行的。继续向前，在近场，激光束再次发散，到远场后，发散角不再变化。发散角取决于光束质量和束腰直径。光束质量越好或束腰尺寸越大，发散角越小。聚焦直径最小的地方也就是聚焦点，通常被称为焦点。图 4.21 为几何光学与高斯光学的对比。在几何光学中，理想的平行光束可以聚焦成一个无限小的点。高斯光学中，真实的激光束存在一个束腰，仅能聚焦成一个有限小的光斑。

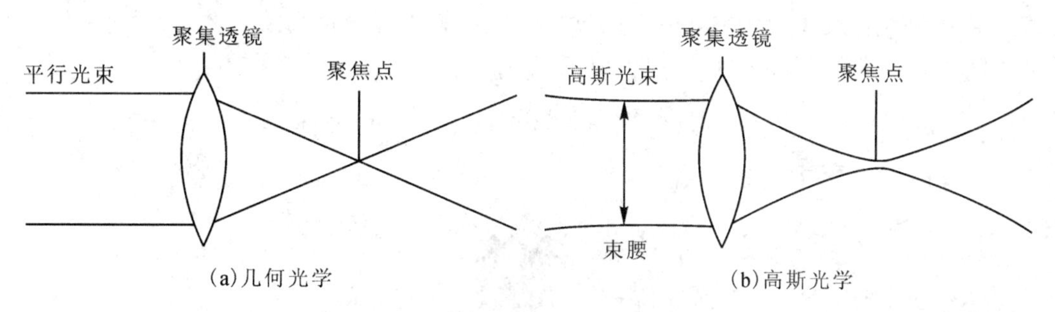

图 4.21　几何光学与高斯光学的对比

由于材料对不同波长的激光的反应是不同的，因此，不同波长的激光其传输和聚焦系统需要使用不同的部件和材料。例如，石英玻璃做成的光纤可以传导固体激光器的波束，但是不能传导 CO_2 激光器的波束。

1）导光系统

用于生产的光束传输手段有光纤和反射镜两种方式。光纤多用于 YAG 激光、半导体激光及光纤激光器。反射镜多用于大功率 CO_2 激光器，其材料采用铜、铝、钼、硅等，经光学镜面加工或金刚石高速切削，在反射面镀高反射率膜，使激光损耗降至最低。

利用反射镜可以将激光束进行静态偏转，也可以通过镜面万向节进行多轴自由运动。可以根据需要将导光系统组成固定式或柔性聚焦系统。图 4.22 所示为激光束的透射与发射变化情况。在导光聚焦系统中每增加一块反射镜，激光功率大约损失 1%～3%，采用冷却措施可以减少功率损失。

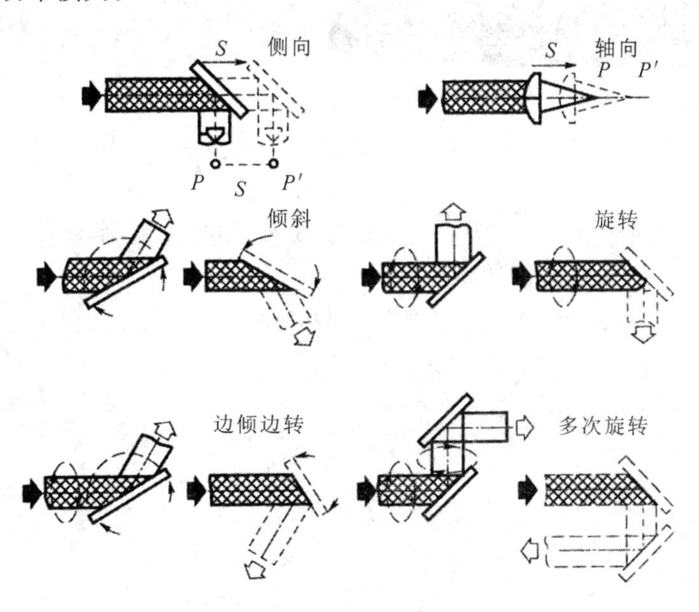

图 4.22　激光束经透镜及反射光学元件的变化情况

使用光纤耦合的半导体激光系统，通过封闭式的透射处理系统，可实现线形、方形和矩形等光斑。

(1) CO_2激光器的导光传输系统。

图4.23是CO_2激光器的导光传输系统组成示意图。CO_2激光器通常会先经过扩束，然后通过导光管或者波纹管传输，最终通过反射镜或者透镜聚焦。图4.24所示为CO_2激光器常用的导光器件(波纹管和自适应反射镜)。

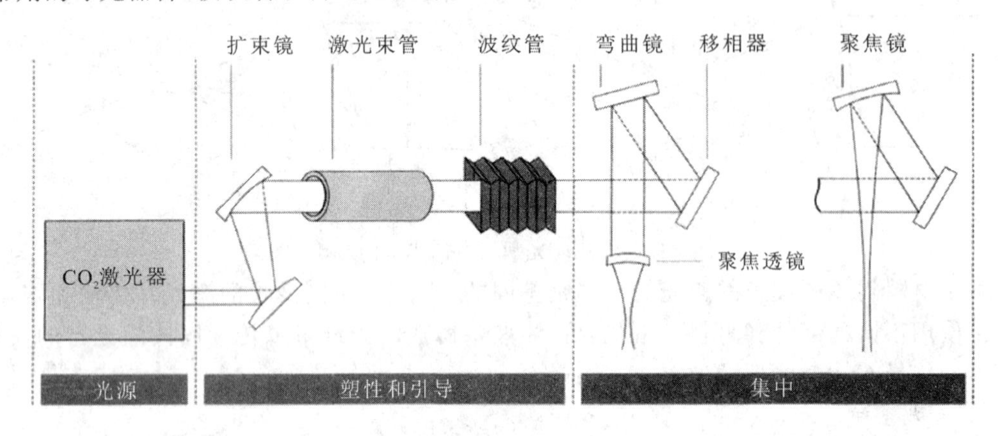

图4.23 CO_2激光器的导光传输系统组成示意图

(a) 波纹管

(b) 自适应反射镜

图4.24 CO_2激光器的导光器件

(2) 固体激光器的导光传输系统。

图4.25所示为固体激光器的导光传输系统组成示意图。固体激光器输出的激光束一般通过光纤引导到工作站，再用透镜系统聚焦。

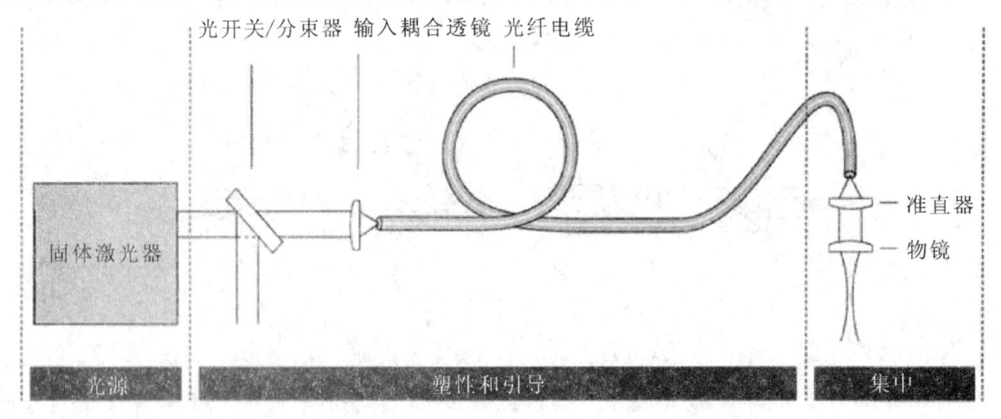

图4.25 固体激光器的导光传输系统组成示意图

传输光纤及光纤连接器如图4.26所示。其中，图(a)是用于传导激光的玻璃光纤，图(b)是带有连接器的激光传输光纤。

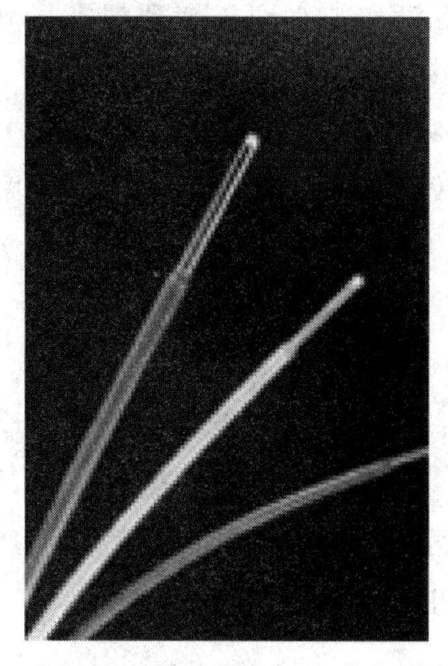
(a) 用于传导激光的玻璃光纤

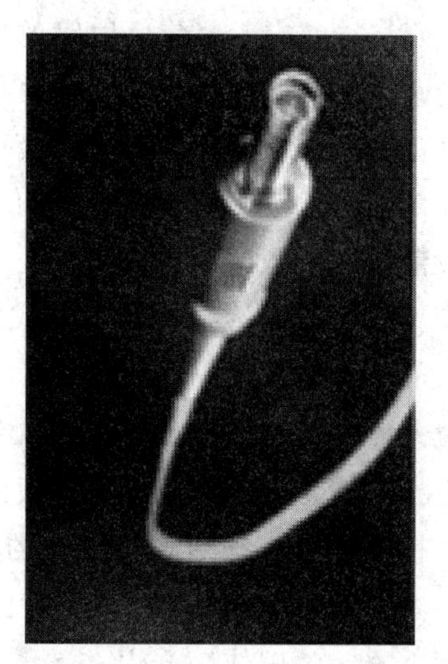
(b) 带有连接器的激光传输光纤

图4.26 固体激光器的导光传输器件

2) 光束聚焦系统

反光镜和透镜分别反射和折射激光束，经过偏转和集中使得激光束被聚焦。当被聚焦时，激光束会集中到一个非常小的聚焦点上。在焦点上，光束的功率密度比初始光束高了若干个数量级。此时这个激光束就能进行材料加工了。图4.27是激光束聚焦原理和激光束的重要参数示意图。

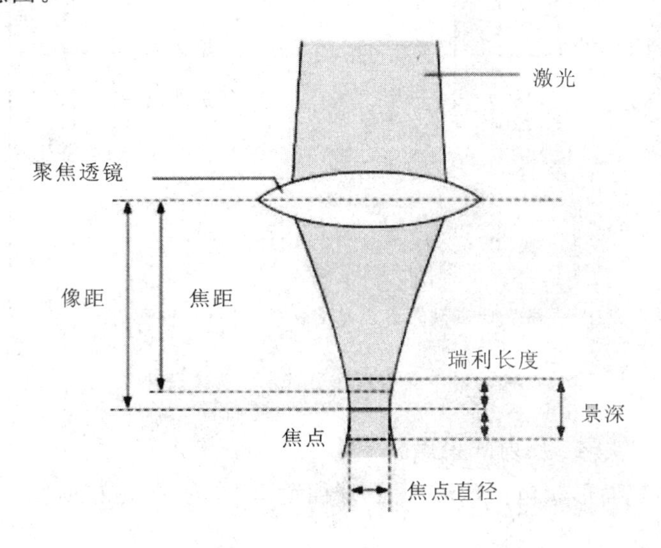

图4.27 聚焦原理和激光束参数示意图

· 聚焦直径(焦点直径)：聚焦直径越小，也就是光束会聚得越强烈，焦点处功率密度越高，材料加工越精细。

· 瑞利长度：指焦点到横截面积为焦点处两倍的位置处的距离。瑞利长度越长，意味着发散度越小。两倍瑞利长度称作“焦深”(或叫“景深”)。焦深较大适合于加工厚板料。

·像距：指从透镜中心到焦点的距离。像距增加，工作距离也随之增加。扫描加工时需要较大的像距。

·焦距：透镜或者聚焦反射镜的焦距是指透镜或者镜片中心到一个理想平行光线聚焦点之间的距离。焦距越短，光束会聚得越强烈，聚焦直径、瑞利长度和像距越小。

·光束质量：它决定了可能的最小聚焦直径和瑞利长度，光束质量好则聚焦直径小。

·发散度：激光束的发散角影响着像距。随着发散角的增加，像距相比于焦距越来越大。当发散角为负数时(会聚)，像距小于焦距。

光束聚焦系统有透射式和反射式两种。

(1) 光束聚焦方式一：透镜聚焦。

透镜聚焦系统可以用于CO_2激光器和固体激光器。透镜聚焦系统可以使用一个或多个聚焦透镜。CO_2激光器的透镜使用硒化锌或者砷化镓。固体激光器使用熔融石英透镜。用于制作透镜的材料必须对相应激光的波长是透明的，否则会产生像差，透镜也会吸收激光而发热。图4.28(a)为使用一个透镜的CO_2平板激光切割机的透镜光学系统。图4.28(b)为使用两个透镜的固体激光焊接系统。

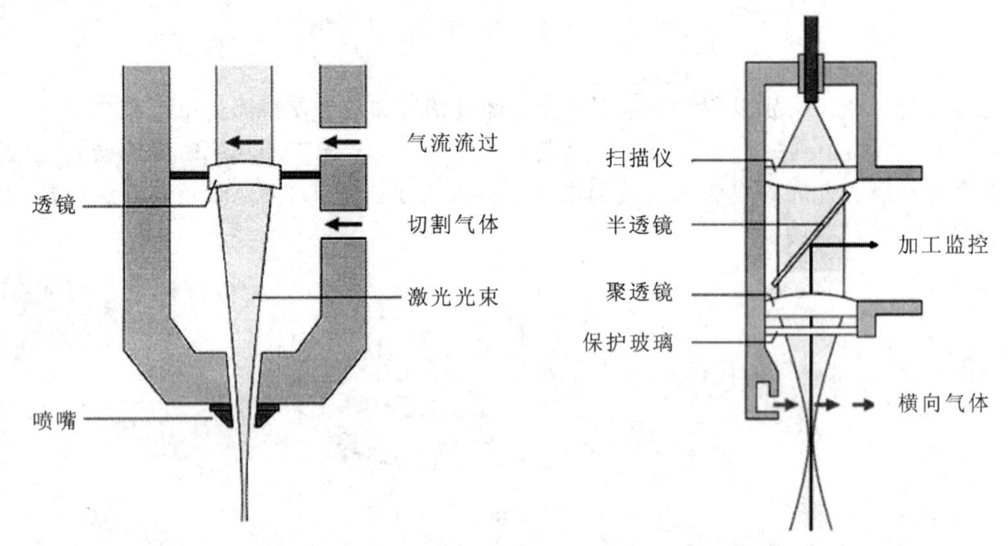

(a) 使用一个透镜的CO_2平板激光切割机的透镜光学系统　(b) 包含两个透镜的固体激光焊接系统

图4.28　光束聚焦方式一：透镜聚焦

(2) 光束聚焦方式二：反射式聚焦。

典型的反射镜表面形状包括球形表面(球面镜)、抛物面(抛物面镜)、椭球面(椭面镜)和圆柱面(柱面镜)。

反射式聚焦一般使用球面反射镜聚焦，为控制像散，入射角不能太大，如图4.29(a)所示。当要求聚焦光斑很小时，为消除球差和像散可采用离轴抛物面镜，如图4.29(b)所示。为了提高光强分布均匀性，可选用积分镜，如图4.29(c)所示。为满足不同形状尺寸和性能零部件的加工需要，也可采用积分聚焦和抛物面镜复合聚焦，如图4.29(d)所示。

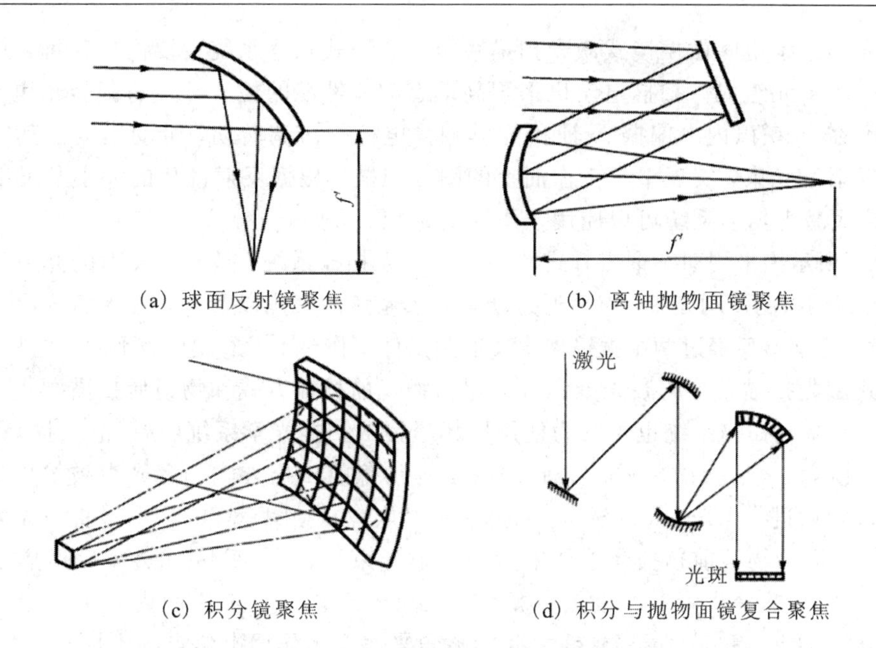

(a) 球面反射镜聚焦　(b) 离轴抛物面镜聚焦

(c) 积分镜聚焦　(d) 积分与抛物面镜复合聚焦

图 4.29　反射聚焦镜结构形式

3) 扫描光学系统

扫描光学系统不仅能聚焦激光束，还能借助反射镜控制光束在工件上的位置。扫描光学系统可以用在打标、焊接、钻孔和熔覆加工中。

(1) 扫描光学系统的工作原理。

扫描光学系统的工作原理：使用两个可以旋转的镜片转折激光束，然后用透镜对激光束进行聚焦。两个镜片的旋转轴彼此垂直。镜片可以将焦点导向工作区域内任何一点，也就是说用激光束扫描工作区域。图 4.30 所示为扫描光学系统的工作原理，也就是用两个可以旋转的镜片使激光束发生转折。

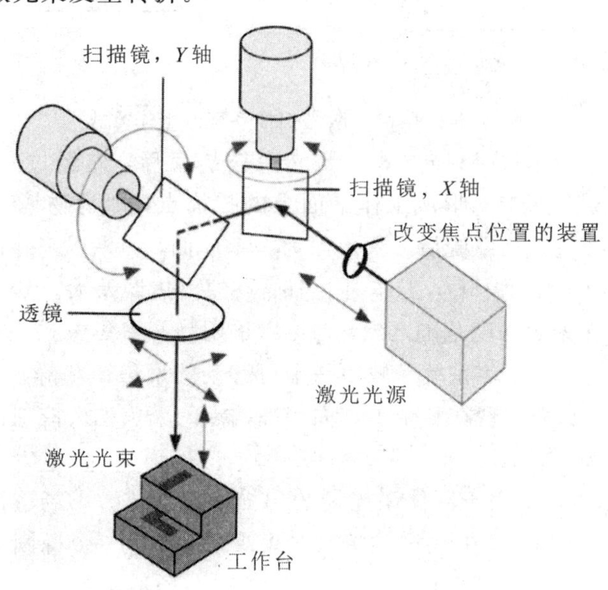

图 4.30　扫描光学系统的工作原理

扫描光学系统也叫做振镜式激光扫描系统。振镜式扫描系统主要由反射镜、扫描电动机及伺服驱动单元组成。扫描电动机采用高动态响应性能的检流计式有限转角电动机，一般偏转角度在±20°以内。偏振 X 轴和 Y 轴扫描电机的协调转动，带动连接在其转轴上的反射镜片反射激光束，实现整个工作面上的图形扫描。根据反射镜片的大小及反射波长的不同，振镜式激光扫描系统可以应用于不同的系统。

图 4.31 所示为采用动态聚焦方式的振镜式激光扫描系统，激光器发射的光束经过扩束镜之后，得到均匀的平均光束，然后通过动态聚焦系统的聚焦以及光学放大后依次投射到 X 轴、Y 轴振镜上，最后经过两个振镜二次反射到工件工作台上，形成扫描平面上的扫描点。

振镜式激光扫描系统的激光聚焦方式包括物镜前扫描方式和物镜后扫描方式。如果按照聚焦形式，激光扫描系统也可分为使用平场透镜的扫描光学系统(物镜前扫描)和反射式扫描光学系统(物镜后扫描)。图 4.31(a)所示为物镜前扫描方式。激光束被扩束后，经过扫描系统偏转后进入 F－Theta 透镜(也叫平场聚焦镜)，由 F－Theta 透镜将激光束会聚在工作平面上，即为物镜前扫描。近似平行的入射光束经过 F－Theta 透镜后聚焦于工作面上。F－Theta 透镜聚焦为平面聚焦，激光束聚焦光斑在整个工作面内大小一致。通过改变入射激光束与 F－Theta 透镜轴线之间的夹角来改变工作面上焦点的坐标。

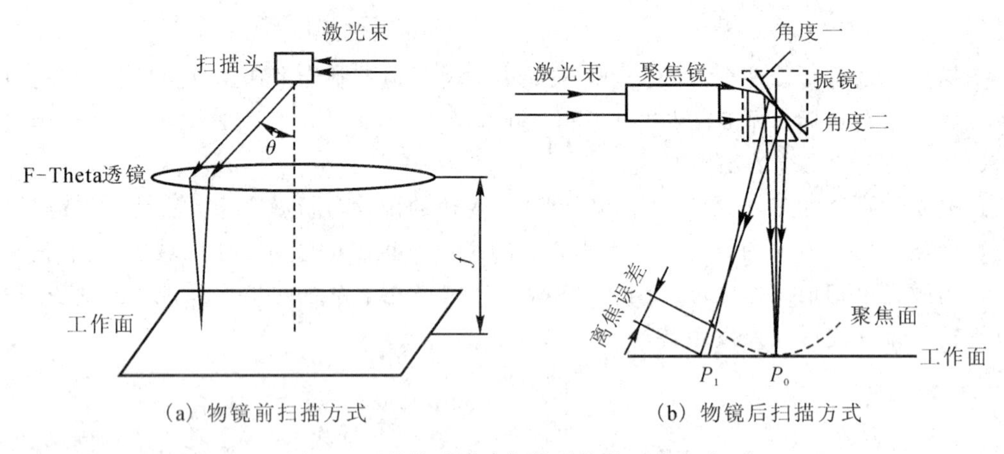

图 4.31　振镜式激光扫描系统的工作方式

图 4.31(b)所示为物镜后扫描方式。激光束被扩束后，先经过聚焦系统形成会聚光束，再通过扫描系统进行偏转，形成工作平面上的扫描点，即为物镜后扫描。当采用静态聚焦方式时，激光束经过扫描系统后的聚焦面为一个球面，如果以工作面中心为聚焦面与工作面的相切点，则远离工作面中心，工作面上扫描点的离焦误差大。如果在整个工作面内扫描的离焦误差可控制在聚焦深度范围之内，则可以采用静态聚焦方式。在扫描幅面较大时一般采用动态聚焦方式，动态聚焦系统一般由一个可移动的聚焦镜和静止的物镜组成，物镜将聚焦的调节作用放大，从而实现在整个工作面将扫描点的聚焦光斑控制在一定范围之内。

(2) 扫描光学系统的应用。

平场透镜扫描光学系统用于固体激光器的扫描光学系统。平场透镜扫描光学系统是先扫描后聚焦。如图 4.32 所示，平场透镜将激光束聚焦，产生一个椭圆形平坦工作区域。用两个分别旋转的镜片控制激光束的位置，光束穿过平场透镜(由多个层叠排布的透镜组成)。平场透镜的焦点始终保持在一个平面内，透镜的直径和焦距决定了激光束的最大偏转角，从而决定了激光扫描系统工作区域的尺寸。

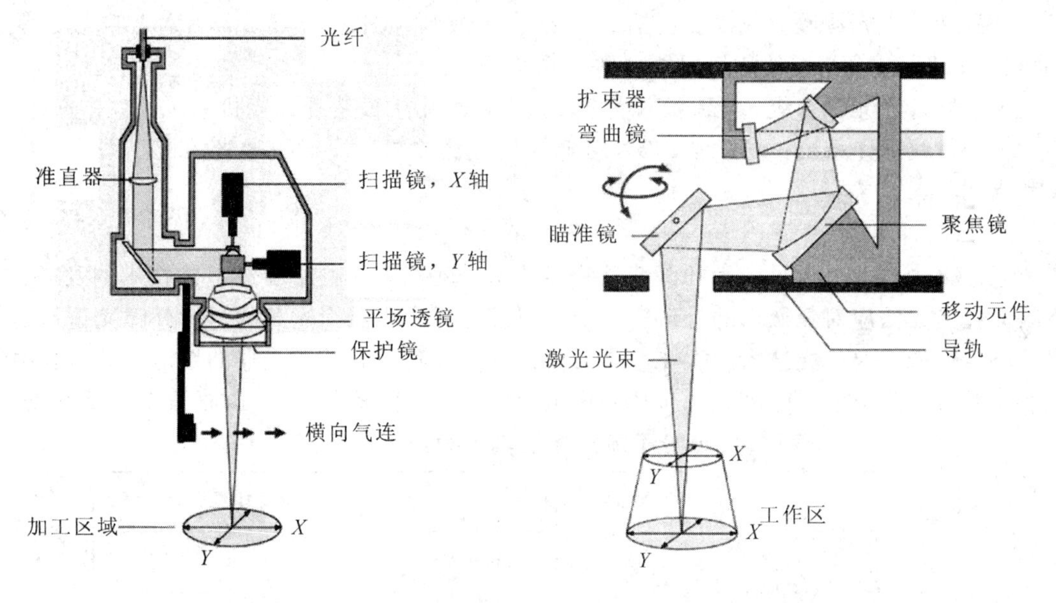

图 4.32　平场透镜扫描光学系统（用于固体激光器的扫描光学系统）

图 4.33　反射式扫描光学系统（用于 CO_2 激光器）

反射式扫描光学系统用于 CO_2 激光器的扫描光学系统。反射式扫描光学系统是先聚焦后扫描。如图 4.33 所示，首先用一个折返镜将光束引导到一个凸面镜上，使其发散。然后光束照射到聚焦镜上。聚焦后的激光束通过一个平面镜定位。平面镜放置在一个有两个运动轴的万向节上。通过两个运动轴的驱动引导激光束快速、准确到达需要的地方。使用万向镜取代传统扫描系统的两个旋转镜，可以将激光束偏转更大角度，从而产生较大的工作区域。同时运动控制更容易，运动精度也更高。

4.2.2　光学曝光技术

光学曝光的目的就是把掩膜的图形成像到硅片表面的光刻胶上。经过曝光显影之后，光刻胶上就再现了掩膜的图形结构。光学曝光可以采用有掩膜曝光方式，也可以采用无掩膜曝光方式。

1. 光学曝光系统的类型

按照曝光系统的光源进行区分，光学曝光系统主要使用紫外光和 X 射线。现在的曝光系统的光源以准分子激光器产生的深紫外激光为主。光刻工艺中使用激光的主要原因是利用激光的高度相干性(包括良好的单色性和准直性，具有非常小的发散角)和高亮度。光波的短波长、单色性和狭窄的波长范围在光化学反应中非常重要。短波长光源也是人们追求的目标。光源的亮度和谱亮度是光化学反应中选择光源的主要依据。亮度是光源发光面上单位发光面积、单位立体角范围内的发光量；谱亮度是单位频率范围内的亮度。

用于光刻加工的光学曝光系统按照光源进行划分，主要包括紫外光(UV)、深紫外光(DUV)、极紫外光(EUV)和 X 射线曝光系统。

常用的光学曝光系统的特性如下：

· 紫外光光源曝光系统：使用汞灯光源，光源有 g 线和 i 线两种，g 线波长为 436 nm，

i线波长为365 nm。曝光机系统包括掩膜对准式和投影式。

· 深紫外光光源曝光系统：包括KrF准分子激光(波长为248 nm)、ArF准分子激光(波长为193 nm)等，一般用于投影式曝光系统。

· 极紫外光光源系统：光源波长为10～15 nm，用于极紫外曝光机系统。

· X射线曝光系统：波长为5 Å，用于X射线曝光机。X射线曝光的最小图形的特征尺寸为30 nm左右。

1) 深紫外曝光

汞灯曝光技术是最早应用的深紫外曝光技术。随着集成电路制造工艺技术的发展，汞灯曝光技术无法应对亚微米的分辨率。现在以准分子激光器为光源的深紫外曝光技术是集成电路生产的主要曝光技术。表4.3是目前开发的几种准分子激光器的性能指标。其中性能稳定并且技术成熟的曝光光源包括采用氟化氪(KrF)和氟化氩(ArF)的准分子激光器。

表4.3　准分子激光器及其辐射波长和相对功率

波长/nm	工作气体	相对功率/W
157	氟分子(F_2)	10
193	氟化氩(ArF)	60
248	氟化氪(KrF)	100
308	氯化氙(XeCl)	50
351	氟化氙(XeF)	45

由于无法找到合适的掩膜保护层材料，157 nm的氟分子(F_2)曝光系统被放弃。目前主要使用波长为193 nm的氟化氩和248 nm的氟化氪曝光系统。现在结合浸没式曝光技术，193 nm的氟化氩曝光系统已经用于批量生产特征值为22 nm的集成电路。

2) 极紫外曝光

极紫外光是波长为13.5 nm的光辐射。其实极紫外光已经不是严格意义上的光辐射，而是一种软X射线。为了与穿透力更强的硬X射线区别，半导体工业界普遍把13.5 nm波长的极紫外曝光仍归为光学曝光技术一类。极紫外曝光与传统光学曝光技术很相近，也是将掩膜图形投影成像到硅片表面。但是极紫外曝光与传统深紫外曝光有本质的不同，极紫外波长几乎被所有材料吸收，传统的折射式透镜成像已完全不适用。

极紫外光可以由两种方法产生：等离子体激发和同步辐射源。作为集成电路生产应用的极紫外光源主要是等离子体源。按照等离子体产生的方式，这类极紫外光源又可分为激光等离子体源和气体放电等离子体源。某些元素被激发后会产生软X射线波长的辐射。如电离态的锂会发出10～20 nm波长的能量辐射，辐射的峰值为13.5 nm。

极紫外光源本身是一个非常复杂的装置。开发极紫外光源的核心技术问题是如何提高它的辐射功率。极紫外曝光技术由4个关键部分组成：极紫外光源、极紫外光学系统、极紫外掩膜和极紫外光刻胶。

紫外波长在任何材料中都有极强的吸收。折射光学系统已不再适用，必须用反射光学系统。图4.34所示为极紫外曝光系统组成示意图。所有光学元件包括掩膜本身都必须是反射式。光源发出的极紫外辐射由一组反射镜收集并投射到反射式掩膜上。被反射的掩膜图形由另一组反射镜会聚缩小，然后投射到硅片上实现极紫外光刻胶的曝光。

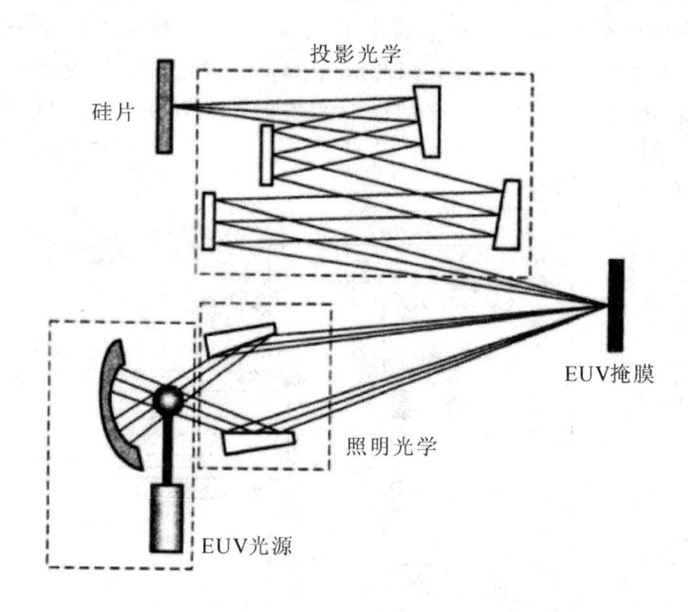

图 4.34 极紫外曝光系统组成示意图

极紫外光在任何单一材料的表面反射率都很低，唯一的办法是利用多层膜反射镜。多层膜反射镜是由两种不同材料交替沉积形成的膜系统。交替膜厚的周期控制在极紫外的半波长左右。极紫外光波会在这种多层膜中形成谐振，从而形成反射峰值。迄今为止，技术最成熟的多层膜系统是由钼和硅组成的多层膜。它的极紫外反射峰值正好在 13 nm 波长左右。该反射镜由 50 对钼(2.76 nm)和硅(4.14 nm)薄膜交替沉积形成。由图 4.35 所示的曲线可见，反射峰值在 13.5 nm 附近，正好是极紫外光源的中心波长；最大反射率在 70%以上。实际制作的钼-硅反射镜可以达到 68%左右的峰值反射。影响最大反射率的主要因素是薄膜沉积中形成的杂质和缺陷以及薄膜表面的粗糙度。

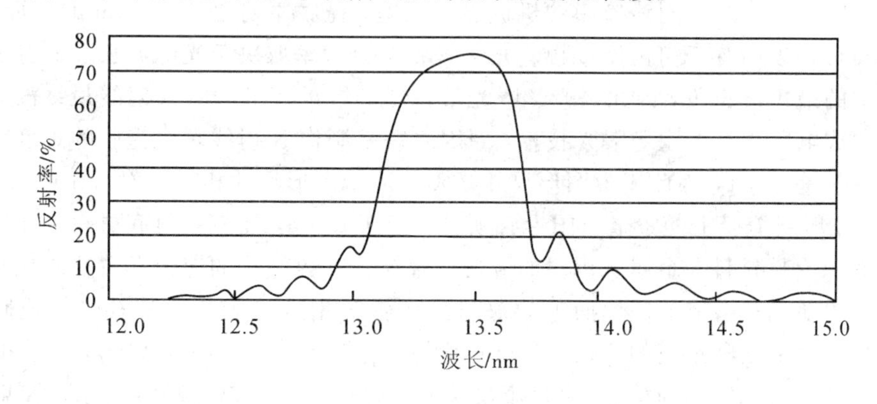

图 4.35 多层钼-硅反射镜的极紫外理论反射率

3) X 射线曝光

将 X 射线用于微纳米加工曝光首先是由美国麻省理工学院的 Henry Smith 在 20 世纪 70 年代初提出的。X 射线是指波长在 0.01～10 nm 范围内的电磁波谱。根据波长的长短，

X射线本身又可以分为软X射线(Soft X Ray)和硬X射线(Hard X Ray)。软X射线又可以称为极紫外光，前面已经对极紫外曝光技术进行了讨论。这里所说的X射线曝光主要是指硬X射线。X射线曝光与光学曝光本质上的区别在于X射线能够穿透大部分物质，只有高原子序数的材料能够吸收X射线，因此曝光掩膜的形式与光学曝光不同。X射线无法像光波那样被聚焦，因为X射线在所有材料中的折射率都接近于1。图4.36所示为X射线邻近曝光装置示意图。

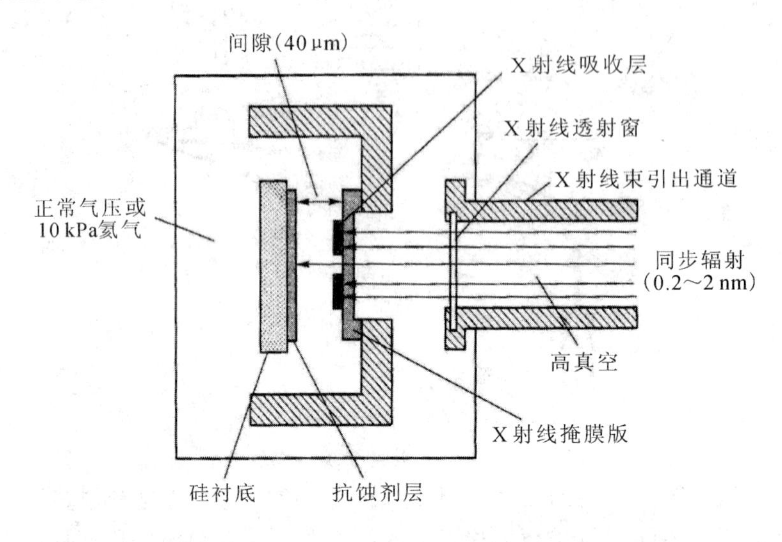

图4.36　X射线邻近曝光装置示意图

X射线掩膜是在低原子序数材料的载膜上，如硅或碳化硅，沉积高原子序数材料的图案。X射线平行束照射到X射线掩膜上，由于X射线的强穿透能力，低原子序数材料对X射线来说是透明的。高原子序数材料如金、钨、钽或重金属合金可以有效地阻挡X射线。对于波长为1 nm的X射线，硅膜片的厚度为1～2 μm。重金属吸收层的厚度为300～500 nm。光刻胶的曝光深度为1 μm。X射线掩膜与曝光样品表面的间隙为5～50 μm。之所以需要保留这一间隙，是因为X射线掩膜的机械强度很差，掩膜本身是1～2 μm的大面积薄膜，故不允许与曝光表面有任何机械接触。光学曝光的分辨率取决于光源波长。X射线代表了电磁波谱中的最短波长段，因此是光学曝光最自然的继承技术。但X射线最终没有能够成为大规模集成电路生产的主导曝光技术，原因之一是制作X射线曝光掩膜的难度太大。由于X射线曝光是1∶1，因此掩膜图形尺寸必须与成像图形尺寸相同。对于100 nm以下的曝光图形，X射线掩膜上的重金属图形必须也小于100 nm，而掩膜衬底材料是厚度仅为几微米的大面积薄膜材料。金属沉积层的应力以及掩膜支撑结构的应力都会造成掩膜图形畸变。任何掩膜缺陷都会造成成像面上的缺陷。修补X射线掩膜要比修补光学掩膜困难得多。为了控制整个间隙距离的一致，要求硅片的平整度在±0.25 μm以内，掩膜的平整度在±0.5 μm以内。对于大面积硅片和掩膜尺寸，这是非常难以实现的要求。X射线虽然波长很短，但并不能获得与波长相对应的曝光分辨率。这主要是因为高能量X射线会在光刻胶聚合物材料中产生大量光电子和俄歇电子。这些低能电子会对光刻胶产生曝光作用，而且它们在光刻胶中会在一定范围内散射，扩大X射线的曝光范围，使实际的分辨率降低。X射线曝光还存在衍射效应。实验室条件下获得的X射线曝光的最小图形的特征尺寸为 30 nm 左右。

2. 光学曝光设备技术原理

根据采用曝光技术的不同，光刻技术可分为接触式光刻技术、接近式光刻技术(掩膜对准式光刻技术)、投影式光刻技术和无掩膜光刻技术。接触式、接近式和投影式光刻技术的曝光原理如图 4.37 所示。

如图 4.37(a)所示，接触式曝光是通过光刻掩膜版对光刻胶进行曝光的最简单方法，其分辨率较高，可达曝光波长的量级，曝光时掩膜与光刻胶接触。由于频繁接触造成掩膜易损，以及由此产生的低良品率等问题使得这一工艺在大多数生产环境中并不实用。如图 4.37(b)所示，接近式曝光通过将掩膜版置于硅片上方一定距离(如 20 μm)处，减小了对掩膜版的损伤。不过，由于接近式光刻的最高分辨率约为 2～4 μm，已经不再适用于今天的集成电路生产技术。接触式和接近式曝光统称为掩膜对准式曝光。现在，掩膜对准曝光方式主要用于微系统加工。

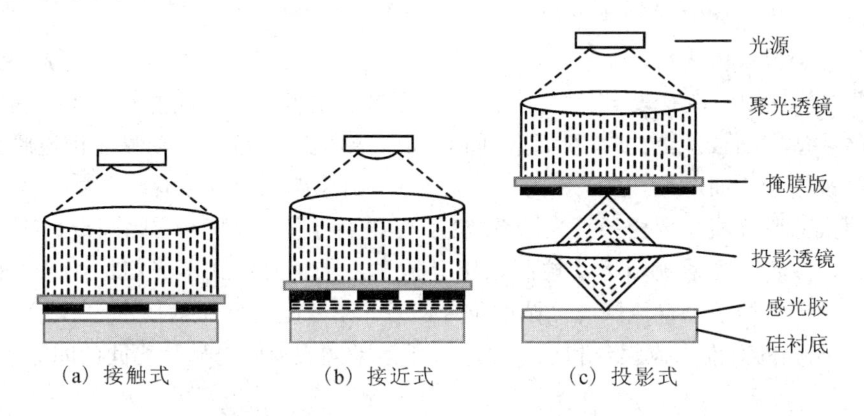

图 4.37　接触式曝光、接近式曝光和投影式曝光工作原理图

随着技术的发展，集成电路制造以投影式曝光为主。如图 4.37(c)所示，投影式曝光包括 1∶1 投影和缩小投影(通常是 5∶1 或 4∶1 缩小)。缩小投影曝光系统通过扫描、步进的方式完成整个硅片的曝光。

无掩膜光刻是一类不采用光刻掩膜版的光刻技术，即采用激光直写技术直接在硅片上制作出需要的图形。无掩膜光刻具备分辨率高、成本较低等优势，但生产效率较低。

按照曝光方式以及使用光源区分，半导体光刻工艺中使用的曝光机主要有掩膜对准式曝光机、投影式曝光机和极紫外曝光机。极紫外曝光机是光刻工艺的最新技术手段，在未来 3～5 年内极紫外曝光机将会成为 IC 大批量生产工艺中光刻工艺的主要曝光系统。

1) 掩膜对准式曝光

(1) 掩膜对准式曝光机的工作原理

掩膜对准式曝光的工作模式如图 4.38 所示。掩膜对准式曝光的掩膜版与光刻胶的接触分为完全接触式(见图 4.38(a))和接近式(见图 4.38(b))两种方式。完全接触式又可分为硬接触和软接触，区别在于接触压力的大小。无论软接触还是硬接触，掩膜都容易损坏，掩膜版的使用寿命极低。改进方法是将掩膜版与光刻胶拉开一定距离，如图 4.38(b)中的间隙 h。掩膜与光刻胶表面的间隙 h 增大会造成光强分布的失真，带来的后果是图形分辨率的降低。

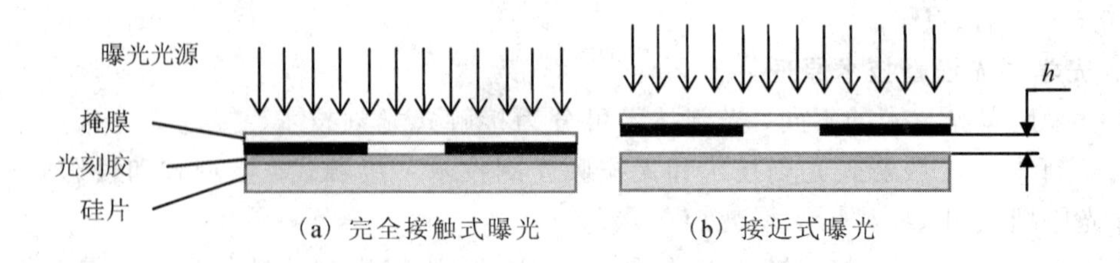

(a) 完全接触式曝光　　(b) 接近式曝光

图 4.38　掩膜对准式曝光

掩膜间隙与曝光图形保真度之间的关系可以由下式表示：

$$\nu=k\sqrt{\lambda h} \tag{4-8}$$

式中：ν 是曝光胶平面上成像尺寸与掩膜版图形设计尺寸之间的差，也可以称为曝光模糊区的宽度；λ 是照明光波长；h 是掩膜版与胶平面的间隙；k 是与工艺有关的系数。由此可知，要获得好的曝光质量，只有减小间隙 h 和缩短照明波长 λ。

(2) 掩膜对准式曝光机的基本组成与性能参数。

一般掩膜对准式曝光机的基本结构包括照明光源、掩膜台和承片台。照明光源通常采用汞灯，其准直性和均匀性有较高要求。掩膜台和承片台之间的间隙可精确调整，调整精度在 1 μm 左右。掩膜对准式曝光机有双面套刻和单面套刻模式。单面套刻曝光机掩膜台的上方有两个显微镜用于正面对准，在正反面对准系统中，掩膜架的下方也有两个显微镜。

掩膜对准式曝光机主要由汞灯光源系统、光学准直系统、掩膜台、晶圆台、对准显微镜、图像显示器、参数设置系统和运动控制系统等构成。掩膜对准式曝光机的组成如图4.39所示。工作时对准显微镜测量掩膜与晶圆的位置误差，经过掩膜台和承片台的 X、Y、θ 轴运动实现 晶圆与掩膜的对准。掩膜台和承片台的 Z 轴运动实现掩膜与硅片之间的间隙控制。

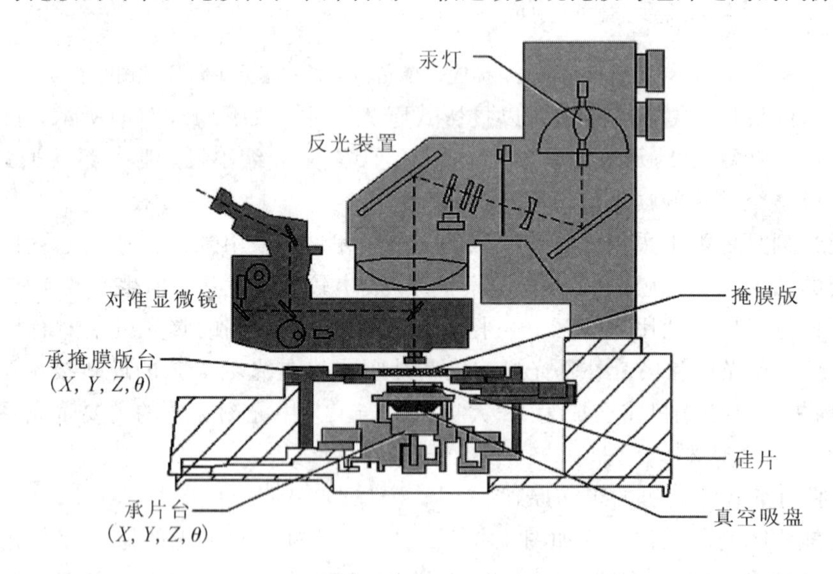

图 4.39　单面套刻对准式曝光机结构示意图

现在大多数掩膜对准曝光机都具有双面对准系统。例如，德国 Karl SussMA6/BA6 光刻机具有双面套刻对准系统，该设备配备先进的光学照明系统，使汞灯的光源照明准直性与均匀性大大提高，掩膜与晶片的间隙可以精确控制。除了软接触、硬接触之外，还包括真空接触，即通过抽真空的方法使掩膜版与胶表面接触更严密，从而获得更高的分辨率。例如，在真空接触条件下可达到 0.5 μm 的图形分辨率，在硬接触条件下可达到 1 μm 的图形分辨率。其先进的掩膜对准系统可以实现不同加工层之间的精确对准，对准精度一般可以达到 1 μm 误差以内。

掩膜对准式曝光机双面套刻对准系统的工作原理如图 4.40 所示。工作时分别从掩膜、硅片上读取对准标记，然后调整硅片与掩膜的相对位置，使两组标记完全对准。Karl SussMA6/BA6 光刻机配有正反面对准系统，除了掩膜架上方的两个显微镜用于正面对准外，掩膜架下方也有两个显微镜，下方显微镜首先将掩膜上的对准标记通过光学成像显示到监视屏幕上，然后把晶圆移到掩膜版之下，采集晶圆反面的对准标记图像，并把这个标记图像也显示到屏幕上。通过调整晶圆的位置，包括平移与旋转，最终使这两个标记重叠以达到精确对准。

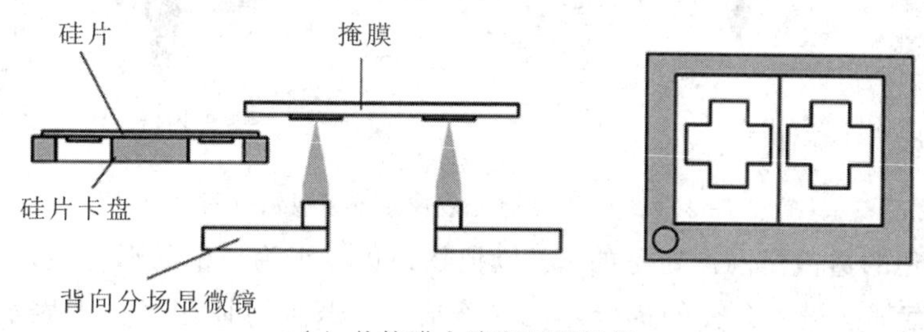

(a) 从掩膜上读取对准标记

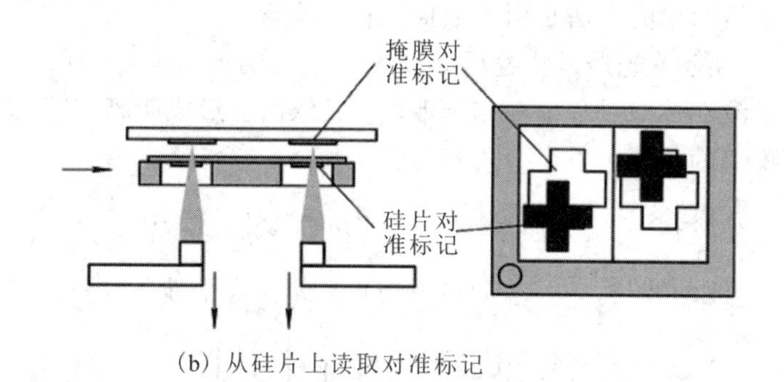

(b) 从硅片上读取对准标记

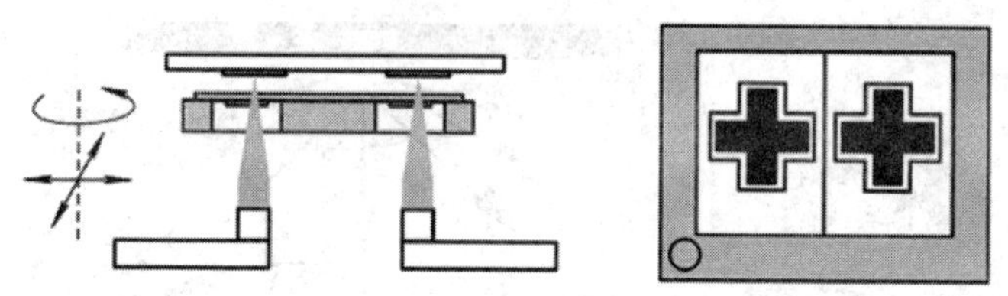

(c) 调整硅片与掩膜的相对位置，使两组标记完全对准

图 4.40　掩膜对准式曝光机双面套刻对准系统的工作原理

德国 Karl SussMA6/BA6 曝光机的主要性能指标如下：

主要技术指标：双面曝光，线宽 1 μm，对准精度 1 μm，4 英寸掩膜版。

应用范围：掩膜版曝光，实现接触式和间隙曝光，可进行间歇曝光，也可进行单面接触式及双面接触式对准光刻。

2) 投影式曝光

(1) 投影式曝光系统的工作原理。

图 4.41 所示为投影式曝光成像系统组成示意图。投影曝光系统包括光源、聚光镜、掩膜版、物镜和涂过曝光胶的晶圆(硅片)。光源和聚光镜一起组成照明系统。照明系统的作用是将具有一定光强、方向准确、光谱正确、光场均匀的光投射到掩膜版上。光经过掩膜版发生衍射并按衍射规律进入物镜。物镜用来聚焦一部分衍射的光，并将掩膜版图像投影到晶圆(硅片)光刻胶上。

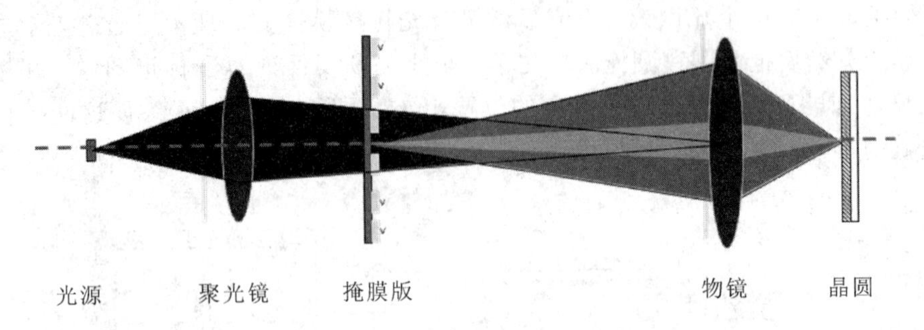

图 4.41 投影式曝光成像系统组成示意图

光刻中用到的透镜是圆形对称的，可以把物镜边界视为一个圆形孔径。在掩膜版的衍射图形中，只有那些进入孔径的部分才能最终成像。我们可以用半径来表示透镜的尺寸，但更加实用的是定义出衍射光的最大入射角度。通过掩膜版的光束能以不同的角度衍射。描述透镜尺寸最简单的方法是引入数值孔径的概念。

如图 4.42 所示，光透过狭缝后会以无数子波的形式向空间所有方向传播。这些具有同样速度的子波在传播过程中互相干涉，在成像面上形成明暗相间的干涉条纹。这些干涉条纹相对于狭缝的张角可以由下式表达：

$$\sin \varphi = m\frac{\lambda}{a}\ (m=1,2,3,\cdots) \tag{4-9}$$

式中：λ 代表光波的波长，a 代表狭缝的宽度，m 代表干涉条纹数。式(4-9)表明通过狭缝

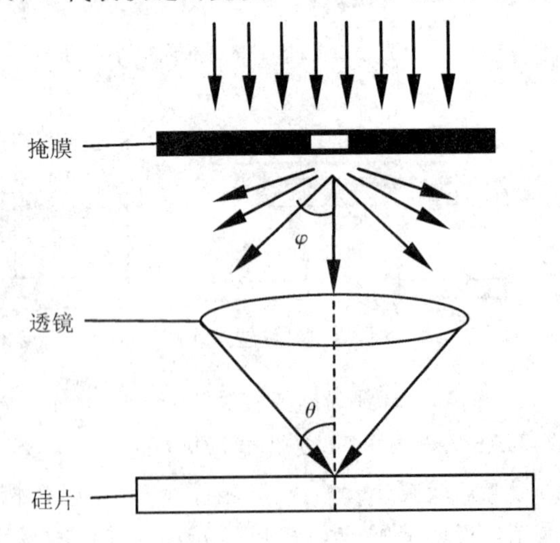

图 4.42 透镜对入射光做傅里叶反变换，形成与掩膜版相像的图形

的衍射光发散角 φ 与光波的波长成正比，与狭缝宽度 a 成反比。将狭缝衍射光成像到像平面的透镜孔径是有限的，那么光学透镜的孔径可以用式(4-10)表示：

$$NA = n \sin\theta \tag{4-10}$$

式中：NA 又称为数值孔径(Numerical Aperture)，是透镜的光线会聚角，还与光传播空间介质的折射率 n 有关。一般来说，透镜几何直径越大，透镜的数值孔径越大，如果几何直径相同，透镜与成像面的距离越近，则透镜的数值孔径也越大。

如果令狭缝宽度 a 等同于光学掩膜的最小可分辨图形线宽或分辨率 R，可被透镜接受并成像的狭缝散射光受限于入射角(等同于会聚角)，即数值孔径 NA。故投影光的光学分辨率可以表达为

$$R = k_1 \frac{\lambda}{NA} \tag{4-11}$$

式中：k_1 是独立于光学成像的因子，它与光学曝光工艺等其他因素有关。在投影光刻系统中，通常情况下工艺系数 k_1 为 0.71，通过采用离轴照明、相移掩膜、光学邻近效应校正等波前工程技术，可以将 k_1 减小到 0.35 以下。从光学成像的角度分析，提高分辨率可以通过减小照明光波长和增加透镜数值孔径来实现。

分辨率只是评价曝光质量的一个方面，另一个重要参数是焦深(Depth Of Focus，DOF)，它相当于照相机的景深。焦深与曝光波长和透镜数值孔径有关，即

$$DOF = k_2 \frac{\lambda}{(NA)^2} \tag{4-12}$$

式中：k_2 是焦深工艺因子，也是一个与具体的曝光系统及其光刻胶工艺特性有关的常数。由式(4-12)可见，焦深与数值孔径 NA 的平方成反比。单纯地追求分辨率会使焦深大大降低。如果曝光系统的焦深很小，则掩膜成像只在很小的高度起伏范围内才能保证聚焦，超出这一范围就散焦了。较小的焦深参数将使得光刻对焦时较为困难。

通常将掩膜版上图形中的最小尺寸作为关键尺寸，这一尺寸称为临界尺寸 Critical Dimension，CD)。曝光系统的焦深必须保证晶圆(硅片)曝光后 CD 的变化不超过±10%。在大规模半导体电路生产中的光学曝光中，焦深甚至比分辨率更重要。随着晶圆(硅片)加工中使用化学机械抛光(Chemical Mechanical Polishing，CMP)技术，硅片的平面度大大提高，对曝光系统的焦深的要求逐渐降低。目前的光学曝光系统焦深可以小于 0.5 μm。

(2) 大数值孔径和浸没式曝光技术。

从曝光技术介绍中可以看出，只有大数值孔径的透镜才允许高频分量通过透镜成像。通过孔径的高次谐波分量越多，实际成像就越接近理想的像，因此，大数值孔径是高分辨率成像的必要条件。光学曝光系统的数值孔径的增加使得光学透镜的质量大大增加，例如 i 线光学透镜 NA=0.63 时透镜已达 500 kg。因此，单纯增加光学透镜的直径已经很难增加 NA 值。

提高光学曝光数值孔径的最成功的方法是采用浸没式曝光技术。根据式(4-10)数值孔径的定义，$\sin\theta$ 总是小于 1，光线在空气中的折射率 $n=1$，只有改变 n 值才能继续增加 NA 值。如图 4.43 所示，在曝光系统透镜与光刻胶之间充上水，193 nm 波长的光线在水中的折射率 $n=1.44$，NA>1。如果使用磷酸则其折射率为 1.54，目前正在开发折射率达到 1.65～1.75 的第三代浸没液体和新光学镜头材料。这种浸没式曝光又称为湿式曝光(Wet Lithography)，而传统上以空气为介质的曝光系统通常称为干式曝光(Dry Lithography)。

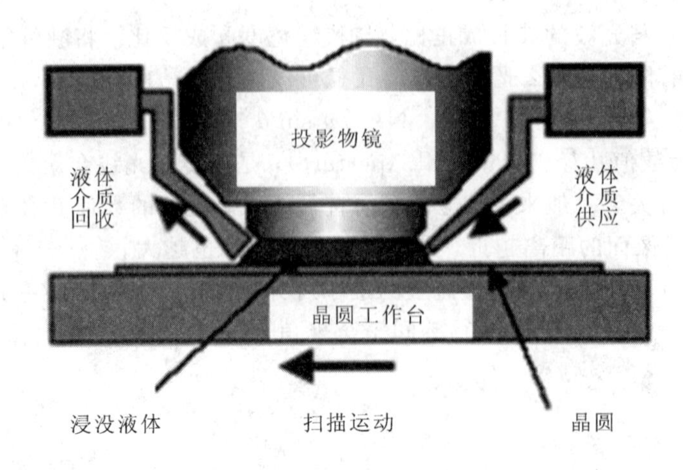

图 4.43　浸没曝光技术

(3) 投影式曝光机的工作方式。

投影式曝光包括 1∶1 投影和缩小投影曝光。1∶1 投影曝光通过光学成像的方法将掩膜图形投影到硅片表面。图像质量完全取决于光学成像系统，与掩膜到硅片之间的距离无关。随着集成电路特征值的减小，1∶1 掩膜的制作难度越来越大，缩小投影曝光方式的优势就越来越大。例如，5∶1 缩小投影的掩膜版图形尺寸就是硅片图形尺寸的 5 倍，掩膜版的制作难度将大大降低。缩小投影曝光模式使得在硅片上重复曝光多个图形成为可能。

缩小投影曝光模式需要在硅片上重复曝光多个图形。重复步进式投影曝光机分为步进重复光刻机和步进扫描光刻机。

① 步进重复光刻机(简称步进光刻机)。如图 4.44(a)所示，一次曝光晶圆上的一块矩形区域(称为图像场)，其掩膜图形尺寸比例和实际图形尺寸比例可以是 1∶1，或者4∶1(5∶1)。这些系统使用折射光学器件(比如透镜)和准单色光。从图 4.44(b)中可以看出，这种曝光系统工作时，掩膜台和掩膜版不动，晶圆工作台带动晶圆做步进移动。为了保证套刻精度，每次步进到新的曝光位置时，晶圆台需要与掩膜版进行对准检测。

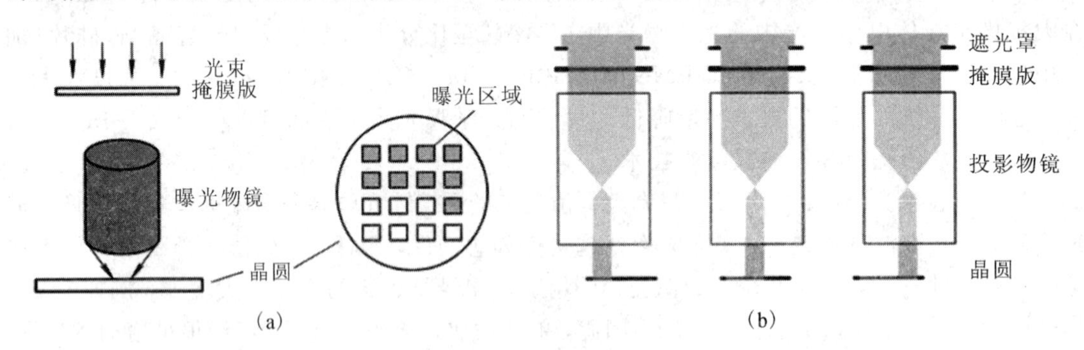

图 4.44　步进重复光刻机

② 步进扫描光刻机。20 世纪 90 年代早期，出现了一种步进扫描混合技术。这种步进扫描技术使用步进光刻机曝光场(如 22 mm×8 mm)，沿一个方向扫描这一区域，然后晶圆步进到一个新位置，重新开始扫描。较小的图形场使透镜的设计和生产变得简单，但需要更复杂的掩膜版和晶圆承载台。

图 4.45 所示为步进扫描光刻机的工作过程。从图 4.45(b)中可以看出，这种曝光系统

工作时，掩膜版和晶圆工作台做相反方向的扫描运动。为了保证套刻精度，每次步进到新的曝光位置时，晶圆台需要与掩膜版进行对准检测，晶圆台与掩膜版的相对运动位置精度对套刻精度非常重要。

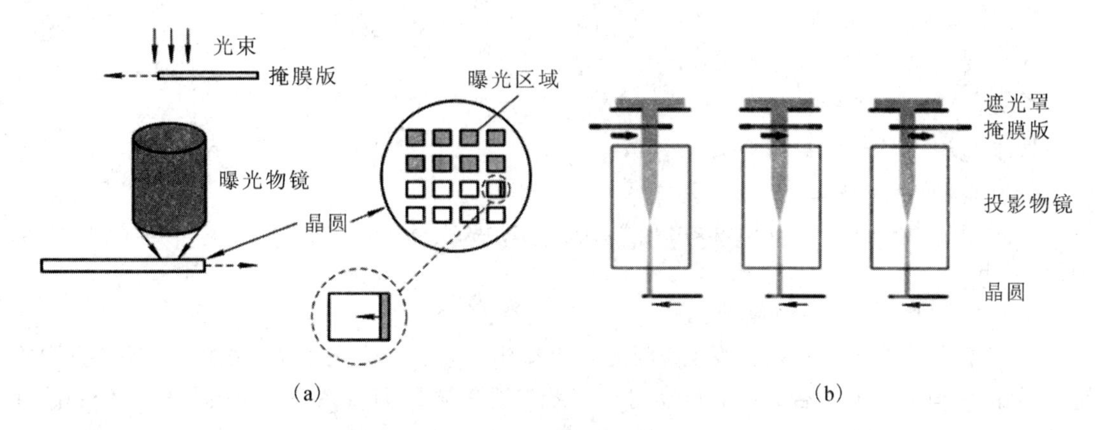

图 4.45　步进扫描曝光机的工作过程

(4) 投影式曝光机的技术参数。

曝光机评价指标代表着其技术水平。曝光机主要包括以下技术指标：

① 临界尺寸(CD)：代表光刻机能加工的导线体的最小线宽或者线距尺寸，如图4.46中的 h 值。

② 套刻精度(Overlay)在晶圆上同一芯片位置上前后两次曝光区域的对准误差，如图4.46 中的 Δx 值：对准误差大，套刻精度低，意味着 CD 值大。一般套刻精度是 CD 值的 1/5～1/3。

③ 场尺寸(Field Size)：单次曝光的区域大小，一般指场的长宽尺寸，如图 4.46 中的 X、Y 值。

④ 生产率(Throughput)：每小时曝光的晶圆片数，单位为 w/h。

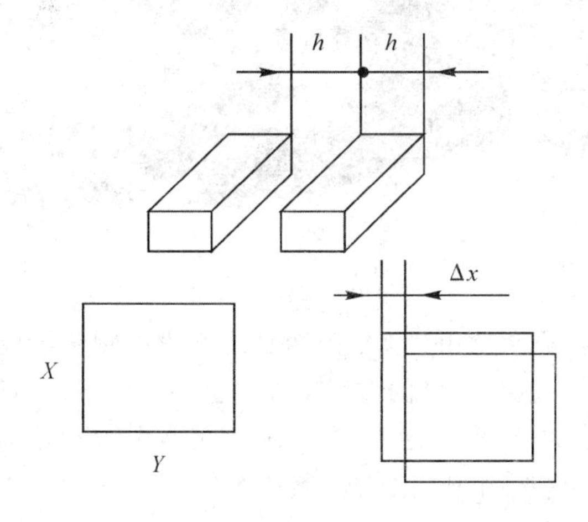

图 4.46　曝光机技术参数示意图

以 ASML 公司的 TWINSCAN NXT:1970Ci 型曝光设备为例，其主要技术参数如下：

① 曝光透镜系统参数。

曝光光源波长(Wavelength)：193 nm。

数值孔径(NA)：0.85～1.35，连续可变(Variable)。

分辨率(Resolution)：≤38 nm(单次曝光)。

掩膜版场尺寸(Field Size)：

- Max X：26.0 mm；
- Max Y：33.0 mm。

② 套刻精度(Overlay)。

使用专用卡盘单机套刻：≤2.0 nm。

多机套刻：≤3.5 nm。

③ 产量(Production Throughput)。曝光剂量为 30 mJ/cm^2 时 300 mm 晶圆产量≥250wph。

(5) 投影式曝光机系统组成。

以深紫外线投影曝光系统为例，曝光机系统组成包括：曝光系统(光源、照明、投影物镜)；晶圆工件台、掩膜台系统；自动对准系统；调焦调平测量系统；掩膜传输系统；硅片传输系统；环境控制系统；整机框架及减振系统；整机控制系统和控制软件等。图 4.47 所示为 ASML 公司的一种深紫外线步进扫描曝光机组成示意图。

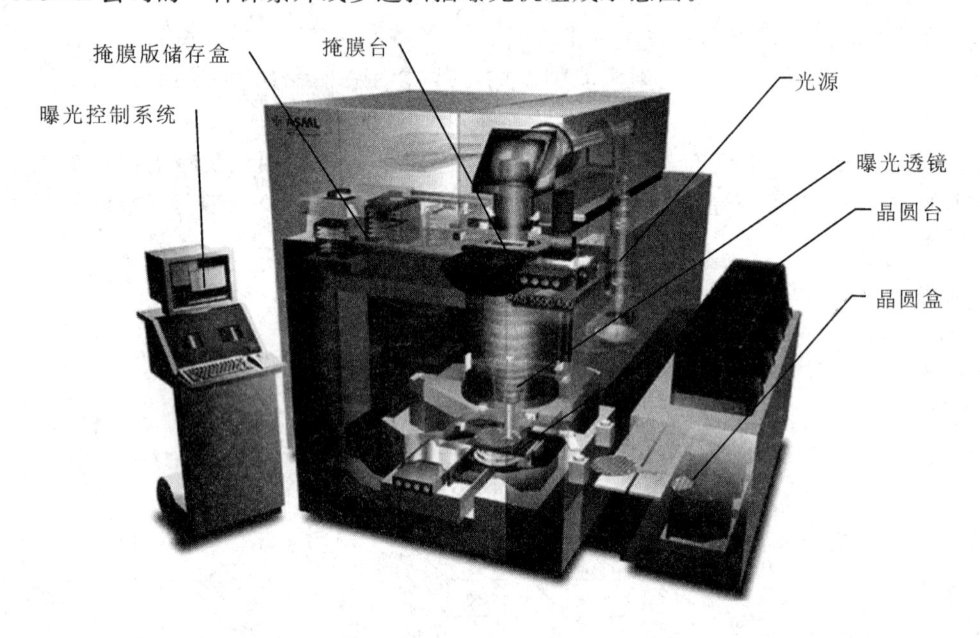

图 4.47　步进扫描曝光机组成示意图

步进扫描曝光机的曝光系统由光源、照明系统和投影物镜组成。曝光光线波长越短，能曝光出的特征尺寸(CD)就越小。例如，ASML 公司的 TWINSCAN NXT:1970Ci 型曝光机使用波长为 193 nm 的 ArF(氟化氩)准分子激光器作为光源。图 4.48 所示为以 ArF 激光器为光源的曝光系统结构组成示意图，其中图(a)为曝光系统结构示意图，图(b)为曝光系统的控制子系统构成示意图。

光源的光束不能直接用于曝光，需要经过扩束单元、整形单元、匀光单元，再穿过狭缝后进入照明物镜，穿过照明物镜的光照射在掩膜上。光穿过掩膜版发生衍射并按衍射规律进入物镜。物镜用来聚焦一部分衍射的光，并将掩膜版图像投影到晶圆光刻胶上。

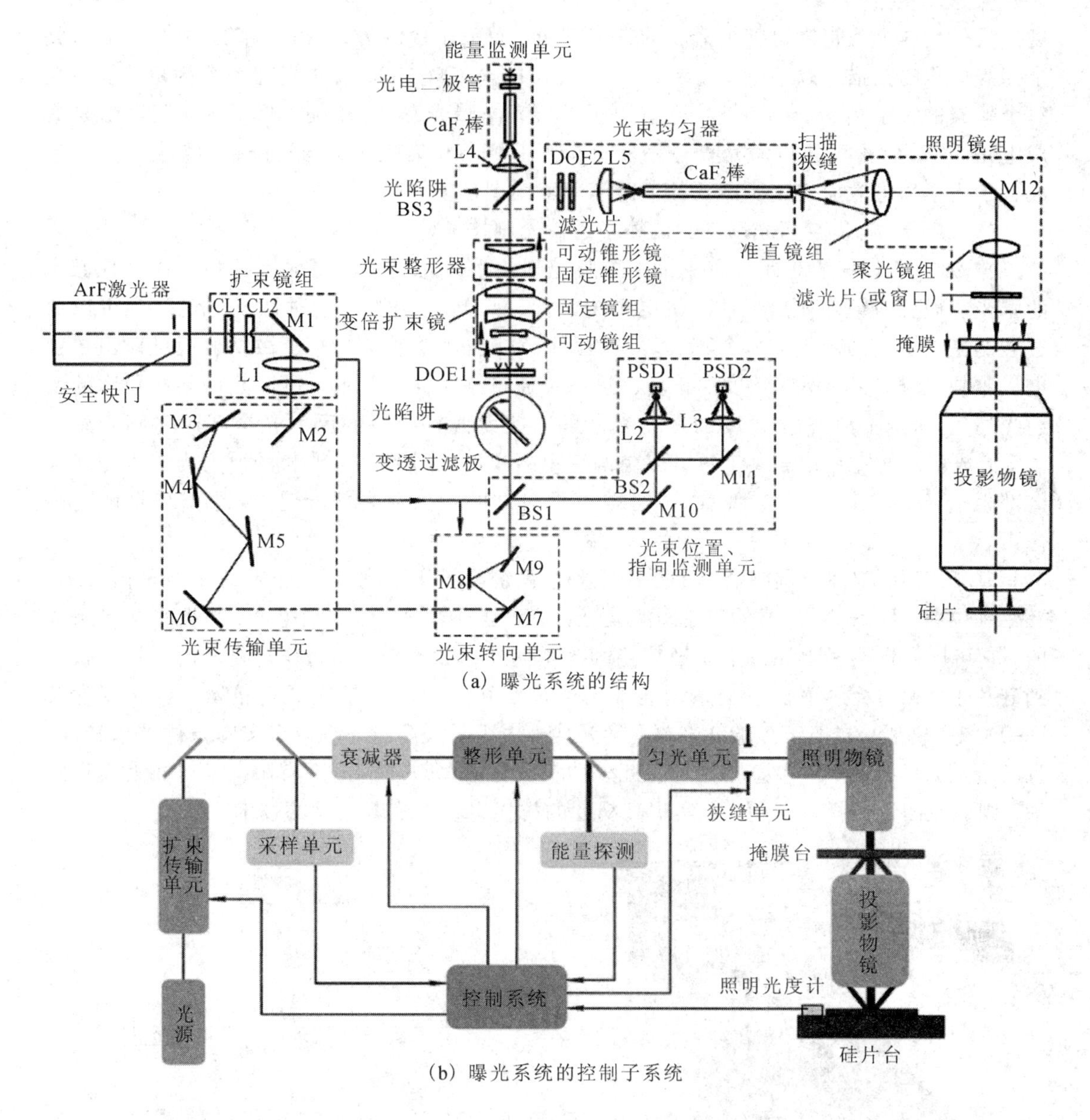

(a) 曝光系统的结构

(b) 曝光系统的控制子系统

图 4.48　曝光系统结构原理图

3) 无掩膜光刻

无掩膜光刻技术可分为两类：基于光学的无掩膜光刻和基于带电粒子的无掩膜技术。基于带电粒子的无掩膜技术主要指电子束和离子束曝光技术。

基于光学的无掩膜光刻技术一般分为三类：激光直写技术、基于 DMD(数字微镜装置)空间光调制器(Spatial Light Modulator，SLM)的缩小透镜光刻技术以及基于激光干涉的无掩膜光刻技术。

(1) 激光直写技术。

激光直写曝光以多束激光扫描与工作台移动相结合来完成对大面积掩膜的曝光。例如，由倍频连续波氩离子激光器产生的单束光(波长为 257 nm)通过分光系统分成 32 个子激光束，这 32 个子激光束形同一个“光刷”，由一个 24 面体棱镜扫描形成一个 4096 像素宽度的条带。这个条带横跨整个掩膜的一个方向，而工作台沿另一方向移动，由此完成对整个掩膜面积的扫描。以 Applied Materials 公司的 ALTA4300 激光直写系统为例，该系统每个像素的大小是 96 nm×160 nm。由于投影光学曝光是 4∶1 缩小曝光，掩膜图形是集成电路图形的 4 倍，所以激光直写完全能够胜任 90 nm 集成电路光学掩膜的制作，包括形成各种光学邻近效应校正所需要的亚分辨率辅助图形。

（2）基于 DMD 空间光调制器的缩小透镜光刻技术。

自 2000 年以来出现了一种新的无掩膜光刻技术。它基于微反射镜阵列扫描实现像素的曝光。微反射镜阵列是一种微机电系统元件(MEMS 元件)。这种微反射镜阵列可以通过硅的微加工技术制成。每个微反射镜的面积为几十平方微米，每个微反射镜可以由单独电极单独操纵，实现不同角度的偏转。进一步通过限制光阑控制，可以允许某些角度的反射光通过，而阻挡另一些角度的反射光。可以使无偏转微镜的反射光全部照射到光刻胶上，形成所谓的“白”像素；使微镜边缘偏转距离超过入射光 1/4 波长的反射光被限制光阑全部阻挡，形成所谓的“黑”像素；介于上述两者之间的反射光部分通过，形成所谓的“灰”像素。

基于 DMD 空间光调制器的缩小透镜光刻系统如图 4.49 所示。该系统主要是由 DMD 及驱动电路、He－Cd 激光器、空间滤波器、扩束准直器、精缩透镜组合、防振平台等组成的，它可以根据实际电路图形来改变空间光调制器的状态，从而将任意复杂的图形直接写到硅片上，无需掩膜版。整个系统能加工的最小线宽由系统精缩透镜倍数、曝光深度及 DMD 像素离散采样时产生的线宽误差等决定，由于需要防振平台，对实验条件需求较高，且随着波长的缩短，成本急剧增加。此外，该系统每次刻蚀的范围有限，若刻蚀大面积图形，则涉及图形的拼接问题，要实现高精度的拼接也将面临着巨大的技术问题。

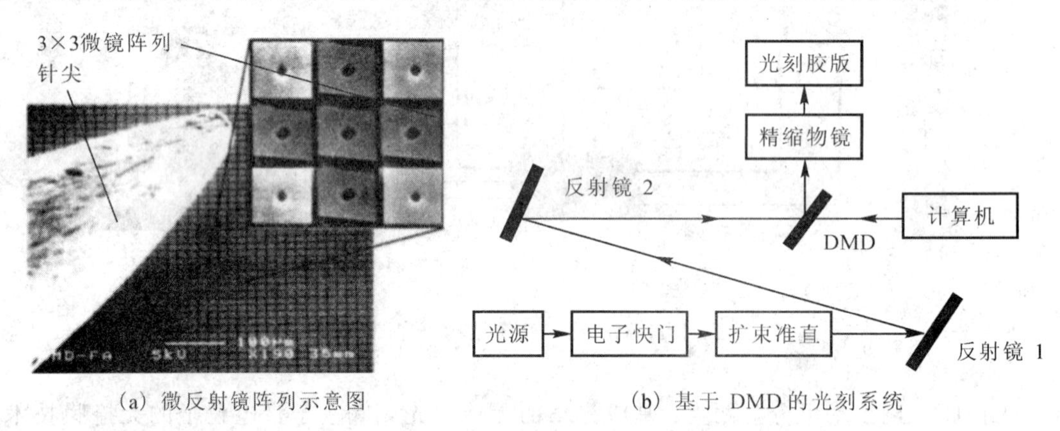

(a) 微反射镜阵列示意图　　(b) 基于 DMD 的光刻系统

图 4.49　基于 DMD 空间光调制器的缩小透镜光刻系统原理图

（3）基于激光干涉的无掩膜光刻技术。

基于激光干涉的无掩膜光刻技术是用激光束的干涉，经过双光束、多光束一次曝光或双光束、多光束多次曝光产生周期图形，如周期性光栅、孔阵、点阵、柱阵图形等，以满足某些特定应用场合的要求。干涉光刻无需采用掩膜，不用昂贵的光刻镜头，可用一般光刻光源和抗蚀剂，相对简单、廉价，易达到高分辨率，大视场曝光，场深大，图形对比度高。理论上说，采用多光束的不同组合方法曝光可产生所需要的任意形状周期结构或类似周期结构的图形，但需曝光很多次，故几乎不能实现。既能达到无掩膜干涉光刻分辨率，又具有传统光刻产生任意图形能力的掩膜成像干涉光刻技术正处于研究阶段。在实际使用中必须根据用途要求和条件选择适合的干涉光刻方法和系统。图 4.50 为干涉曝光系统结构示意图，经过一次曝光可以实现规则的条纹图形，将曝光平面旋转 90°后再次曝光可以实现如图 4.51 所示的 13 nm 硅点阵图形。

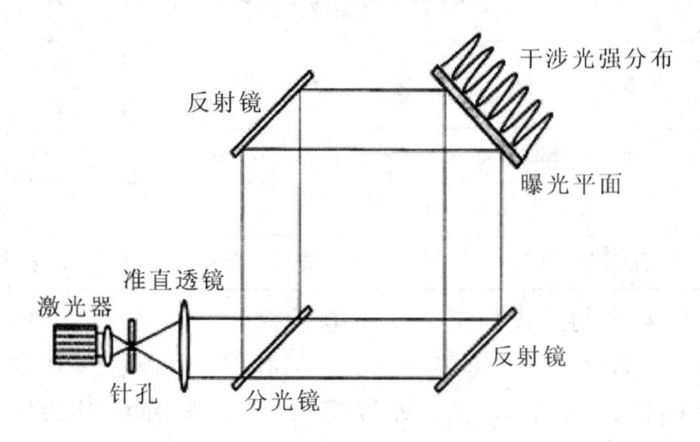

图 4.50　干涉曝光系统示意图

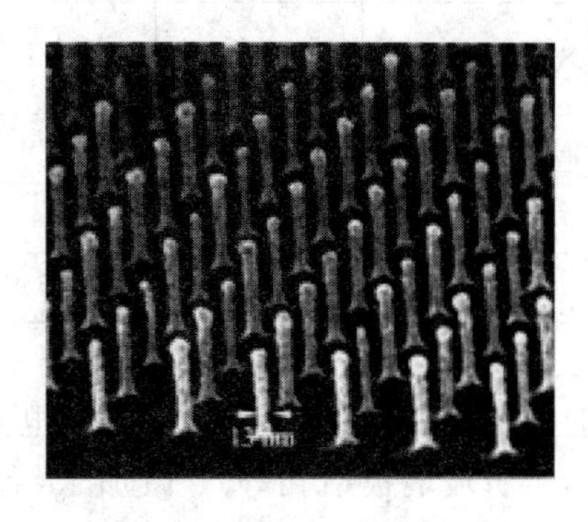

图 4.51　ArF 准分子激光器实现的 13 nm 硅点阵图形

4.2.3　激光加工技术

1. 激光加工的适应性

如图 4.52 所示，所有的激光加工都是相似的过程，也就是激光束辐射工作表面，入射的激光束辐射到工件表面上，一部分激光束被吸收，另有一部分被反射。被工件吸收的激光束用于工件的加工。

激光加工可以分为三种类型。第一种是材料的量保持不变，仅使材料熔化或者状态发生变化，例如焊接、打标。第二种是材料被移除，例如切割、烧蚀、表面结构化。第三种是通过额外的沉积工艺使材料的量增加，例如通过填充材料焊接、熔覆和激光成型。此外，激光也可以用于冷加工。可实现冷加工的有准分子激光对聚合物材料和某些陶瓷材料的加工。准分子激光的短波长光子能量能够引发某些聚合物分子的光化学反应，击断聚合物分子长链，直接生成气化产物，而不经过热熔阶段，形成一种激光剥蚀。

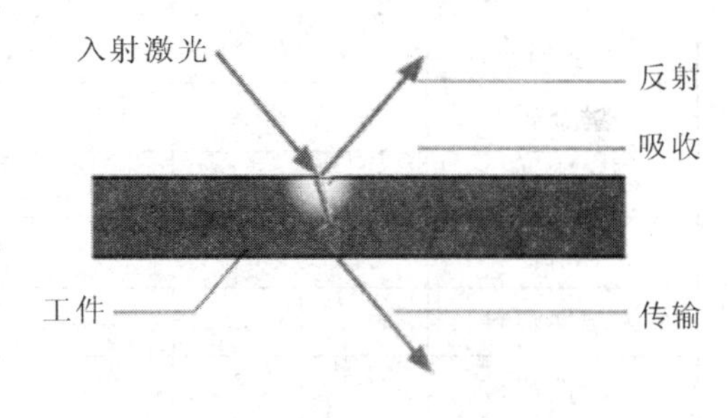

图 4.52　激光加工过程示意图

激光加工时功率密度和作用时间决定了有多少能量到达工件以及会发生什么效应。不同的效应产生不同的加工效果。以金属材料激光加工为例，不同的效应代表不同的加工方法。金属材料激光加工效应如表 4.4 所示。

作为一种工具，激光束可以被用来做以下事情：

- 加热材料以达到强化或钎焊的目的；
- 熔化材料以切割或者焊接；
- 汽化或者分解材料，达到打孔或者表面结构化的目的；
- 离子化材料(即产生等离子体)，应用于深熔焊之类的工艺。

表 4.4　金属材料激光加工效应

加热的材料 熔化的材料 蒸汽 喷射的材料						
主要效应	加热	融化	熔化和汽化	汽化	汽化和电离	升华和直接分离
起始的功率密度	30 W/mm^2	1 kW/mm^2	10 kW/mm^2	1 MW/mm^2	10 MW/mm^2	10 GW/mm^2
相互作用时间	s	ms	ms	ms	ns	ps/fs
工艺举例	硬化、钎焊	热传导焊接	深溶焊、切割	钻孔	烧蚀、雕刻	表面结构化

表 4.5 所列为电子制造中不同材料所对应的激光加工方法。电子制造中常用的激光加工方法包括：切割(晶圆划片、厚膜电路激光调阻、PCB 板切割)、钻孔(陶瓷板、PCB 基板、蓝宝石玻璃板钻孔等)、微加工(各种材料的微加工)、焊接(同材质或异种材料的拼接)、钎焊(元器件与基板的连接)、熔覆激光成型(3D 打印)、激光烧结、立体印刷、强化(热处理)、打标(雕刻)。

表 4.5　电子制造中不同材料所对应的激光加工方法

材料	切割	钻孔	微加工	焊接	钎焊	熔覆激光成形	激光烧结	立体印刷	强化	打标
金属										
钢	×	×	×	×	×	×				×
有色金属	×	×	×	×	×	×			×	×
铜/铜合金	×	×	×	×	×	×				×
贵金属	×	×	×	×		×				×
化合物	×	×					×			×
塑料										
热塑性塑料	×		×				×			×
热固性塑料	×	×	×	×			×			×
弹性材料	×	×	×					×		×
化合物							×			×
半导体	×	×	×	×						×
陶瓷材料	×	×	×	×			×			×
玻璃	×		×							×
晶体/宝石		×	×	×						×
木材	×									×
纤维复合材料	×		×							×

注：表中“×”代表可用加工方法。

2. 激光微细加工技术

1) 激光微细加工技术原理及应用

2007 年前后，使用高平均功率皮秒激光器进行微细加工的方法进入实用阶段。使用的激光器平均功率为 50 W，脉冲能量为 250 μJ，脉冲宽度小于 10 ps。其加工原理是具有高峰值功率的超短脉冲使得材料汽化并在表面形成凹陷，从而对工件进行打孔、切割、划线、涂层的烧蚀、表面结构化、雕刻成型等加工。表 4.6 是德国 TRUMPF 公司激光器用于微细加工的分类。

表 4.6　TRUMPF 公司激光器用于微细加工的六大应用分类

应用	钻孔	线烧蚀	划线	切割	面烧蚀	块消融
尺寸单位	锥 入口直径 出口直径 s	覆层 基板 消融宽度 mm/s	锥 雕刻深度 切缝宽度 mm/s	锥 切缝宽度 mm/s	熔覆长度 烧蚀宽度 cm²/s	2.5D 3D mm³/s
应用	-陶瓷 -印制电路板 -塑料薄膜 -半导体 -金属 -玻璃 -蓝宝石 -…	-透明导电 -氧化物 -金属覆层 -…	-金属 -玻璃 -…	-蓝宝石 -玻璃 -金属薄膜 -塑料薄膜 -印制电路板 -…	-光伏薄膜 -涂色 -金属覆层 -…	-陶瓷 -金属 -…
激光器	TruMicro Series 5000	TruMicro Series 5000 TruMicro Series 3000 TruMicro Series 2000	TruMicro Series 5000 TruMicro Series 2000	TruMicro Series 5000 TruMicro Series 2000	TruMicro Series 7000	TruMicro Series 5000 TruMicro Series 2000

使用超短脉冲激光束进行微细加工的典型应用是透明材料的微加工。例如，蓝宝石是一种非常硬的透明材料，由于加工难度较大而限制了它的使用。使用超短脉冲激光束进行加工使得蓝宝石的应用显得不是那么昂贵，不久的将来手机屏幕也可能使用蓝宝石。陶瓷和化学钢化玻璃、新型聚合物、碳纤维等材料越来越多地用于消费类产品。超短脉冲激光将是这些材料加工的理想工具。图 4.53 所示是蓝宝石等脆性材料以及用于柔性电路板的聚酰亚胺板两种材料的微细加工，主要是钻孔、线烧蚀、划线、切割、面烧蚀、块消熔等方法。

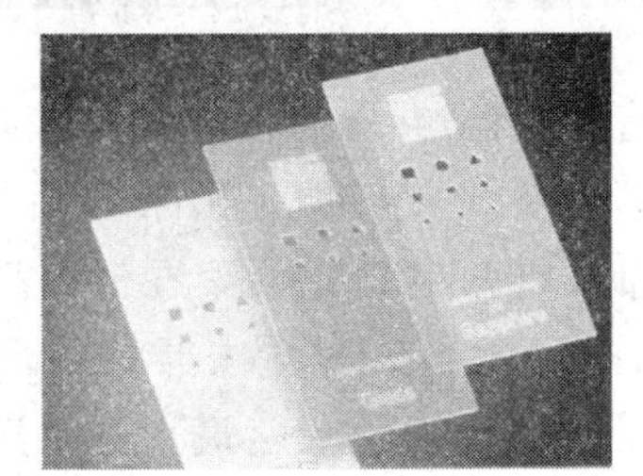

(a) 蓝宝石玻璃等脆性材料的切割

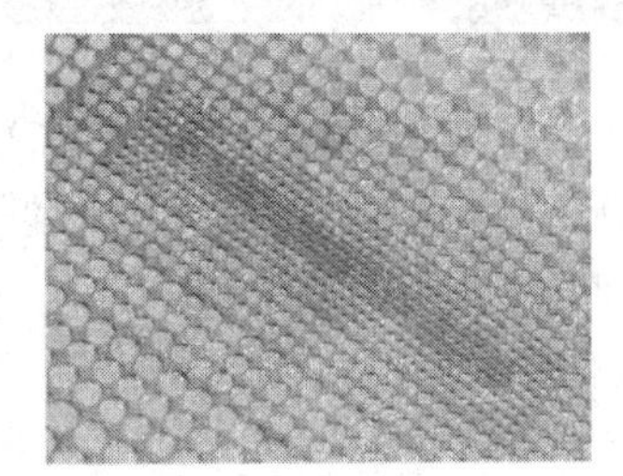

(b) 用于柔性电路板的聚酰亚胺的微加工

图 4.53　超短脉冲激光器的微加工应用

(1) 激光微细加工技术参数。激光微细加工的主要技术参数如下：

· 波长：短波长能够获得更小的聚焦直径。微细加工主要使用红外光、绿光和紫外光。

· 脉冲宽度：脉冲宽度小于 10 ps 的激光最适合于微细加工，此时金属加工属于冷加工，透明材料中会发生非线性吸收。

· 脉冲能量：单脉冲能量达到材料的烧蚀阈值时，才会出现烧蚀加工效果。

· 脉冲频率：典型的频率在几百赫兹到几兆赫兹。脉冲频率决定了微细加工的速度。

· 聚焦直径：典型的聚焦直径为 10～50 μm。聚焦直径决定了可加工的最小几何结构尺寸。

· 焦点位置：通常情况下焦点位置在材料表面。

· 瑞利长度：较大的瑞利长度提高了焦点位置允许的变化范围。

(2) 微细加工系统。微细加工系统包括超短和短脉冲固体激光器、扫描光学系统、透镜光学系统和移动轴。适合于做微细加工的激光器包括准分子激光器和超短脉冲固体激光器，如钛宝石激光器等。

2) 激光三维微成型技术

激光三维成型技术通常称为 3D 打印，是光固化快速成型(Stereolithography)技术之一。传统的激光三维成型加工件尺寸从几厘米到几百厘米，激光三维微成型加工件尺寸从几百微米到几毫米。激光三维成型技术的原理如图 4.54 所示，也就是逐层打印。

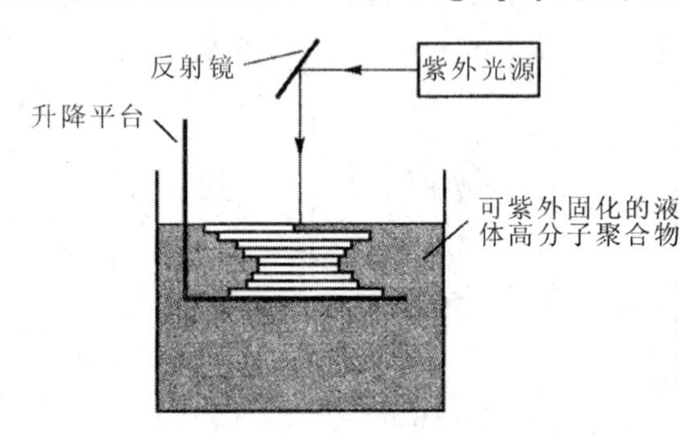

图 4.54 激光三维成型原理示意图

图 4.55 所示为一组由激光微成型技术制造的三维立体微结构。采用逐层叠加模式的激光微成型技术制造三维立体微结构时，工作台的升降精度可以控制在 10 μm 以下。另外，将每个二维平面图依次直接投影到高分子液层上，相比逐点扫描形成二维图形的效率大大提高。

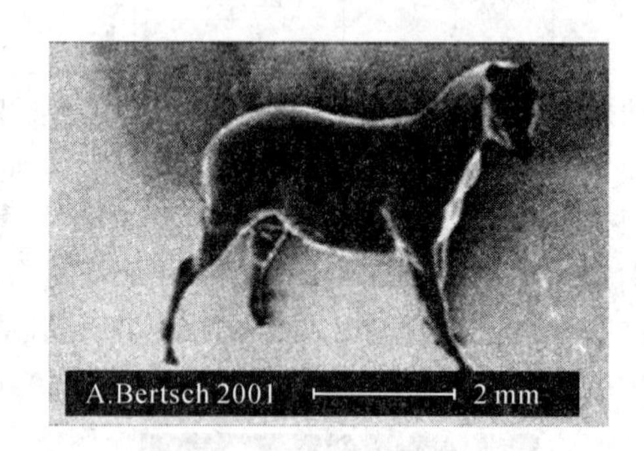

图 4.55 一组由激光微成型技术制造的三维立体微结构

三维微结构也可以利用高分子材料吸收激光能量的特点直接加工出来。图 4.56(a)是双光子吸收光固化三维成型的原理。双光子吸收是通过将两束激光会聚在液体聚合物材料中同一点实现的。两个光子同时被原子吸收时，其作用相当于波长减半的单个光子的吸收。波长减半则光子能量加倍。由于两束激光束在焦点处的能量密度最大，使只有焦点处的高分子液体因吸收分子能量而固化。随着聚焦点的移动，一个三维高分子材料实体就可以构造出来。这种三维成型方法一般使用红外激光作为光源。红外光在高分子液体中几乎不吸收。在聚焦点处能量大于某一个阈值时，高分子材料才能产生固化作用。这种加工方法成型的模型其精度由激光束的焦点大小决定。目前，双光子技术构造的三维实体最小横向分辨率可达 120 nm。图 4.56(b)为双光子吸收技术制造的链条结构示意图。这种三维构造方法属于逐点构造，因此加工速度较慢。

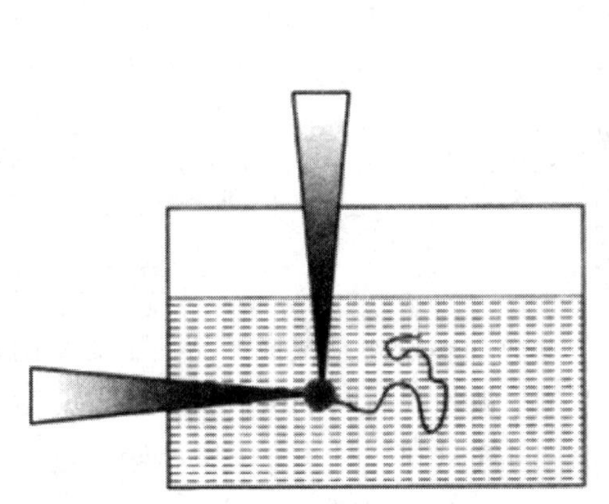

(a) 双光子吸收光固化三维成型原理　　(b) 双光子吸收技术制造的微结构

图 4.56　双光子吸收光固化三维成型

利用飞秒激光器也可以制造高分辨率的三维聚合物结构。飞秒激光器的短脉冲与高能量密度能够在被辐照的材料中生产非线性效应，使材料固化成型的尺度远小于双光子聚焦光斑的尺度。现在有人采用 520 nm 和 730 nm 的飞秒激光器已经制作出最小 60～70 nm 的结构。飞秒双光束三维成型系统的工作原理如图 4.57 所示。通过光阑的飞秒激光束经过半反射镜后变成两束光(光束 1 和光束 2)。其中一束经过光学延迟后与另一束在空间某点会聚产生双光子效应。

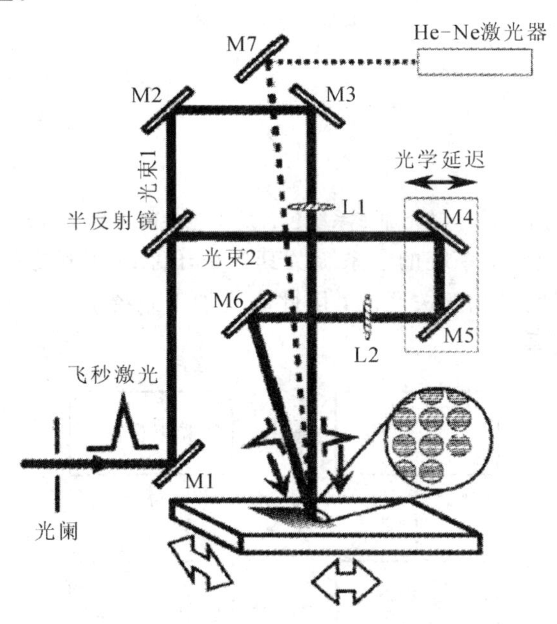

图 4.57　飞秒双光束加工系统

3. 激光加工系统的组成

不同的激光加工方法使用不同的激光加工系统。但是所有的激光加工系统都应包含以下基本要素：

· 支撑工作台和工件的机械主体；
· 产生激光的激光单元；
· 光束传输系统；
· 对光束进行整形的激光加工头；
· 具有多自由度的工件转运与夹持系统；
· 气体、液体、固体材料的过滤系统及输送装置；
· 供电系统；
· 控制系统。

无论结构如何变化，激光加工设备的工艺参数调整始终是保证产品加工质量的重要前提。激光束的功率密度、与材料的相互作用时间、被加工材料的吸收及热传导是激光加工系统的主要参数。这些参数可以分为时间、空间、能量和材料几个维度，如图 4.58 所示。

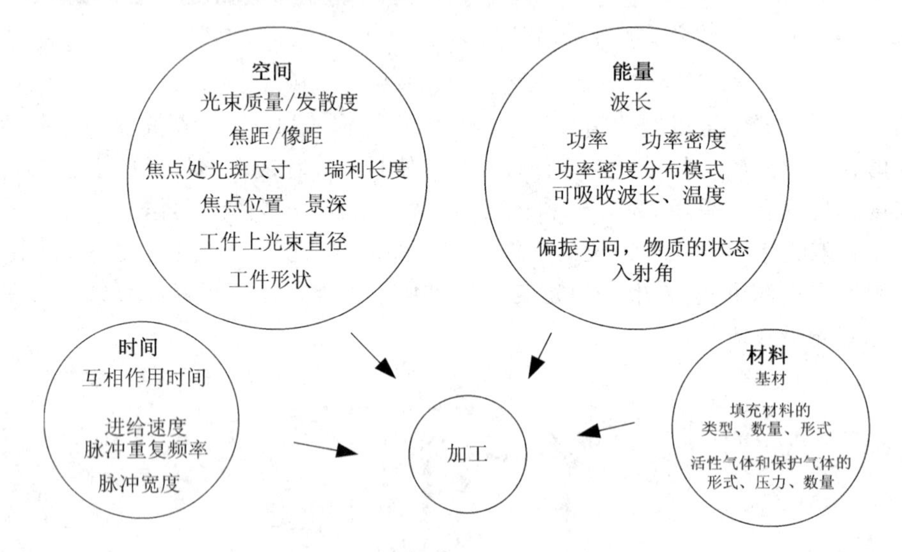

图 4.58　激光加工系统包含的工艺参数类型及内容

图 4.59 为构成激光加工系统的子系统及其各个子系统相互之间的关系。组成激光加工系统的各个子系统之间是相互关联的，因此激光加工系统的工艺参数调整需要注意子系统及工艺参数的约束关系。

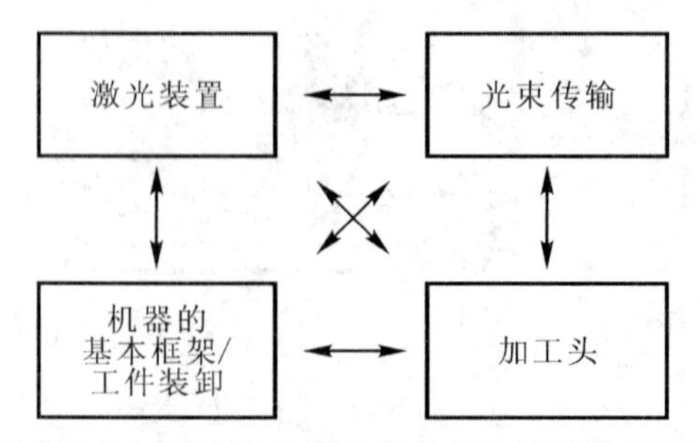

图 4.59　组成激光加工系统的子系统及各个子系统相互之间的关系

（1）波长、功率、工作模式、光束质量、激光模式和偏振方向是由激光光源决定的。

（2）光束传输系统将激光束引导到加工头，可以在光束传输系统中改变激光的偏振方向。

（3）加工头影响焦点直径、功率密度、像距和焦点位置。此外，加工头也是填充料和气体的主要供应装置。

（4）激光加工系统的工件转运系统决定了加工工件的尺寸精度、定位精度、入射角和扫描速度。

如图 4.60 所示，一般的激光加工系统由激光器、功率调节器、激光功率计、工作台、材料输送器、运动控制器、状态检测仪、控制系统等组成。

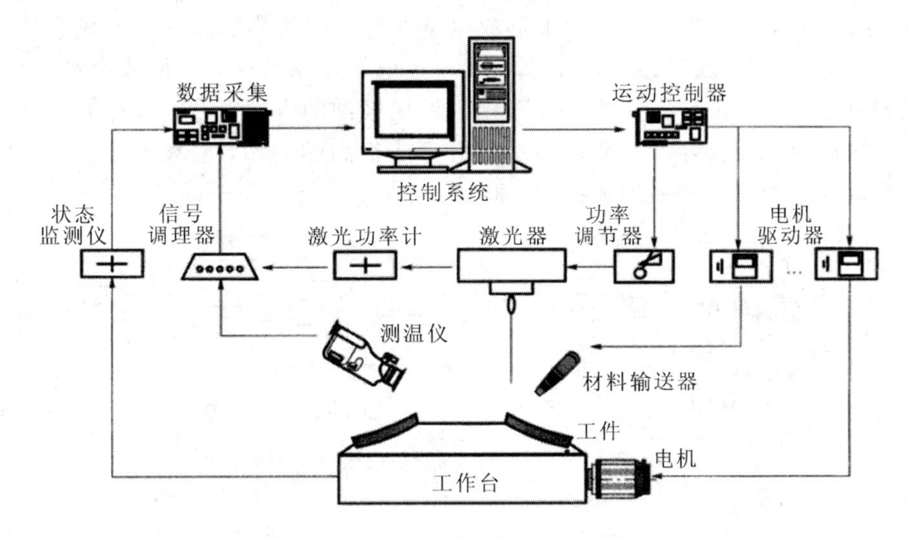

图 4.60　激光加工系统的构成

4.3　电子束加工技术

当电子束用作光刻曝光时，因为高能量的电子具有极短的波长，因而可以实现极高的分辨率。集成电路制造中的光刻掩膜版制作中，除了少量由激光图形发生器制作外，其他几乎都是电子束曝光机制造完成的。尽管电子束曝光机效率较低，但是由于其具有极高的分辨率，可以制作线宽为 5～8 nm 的图形，因此电子束曝光机在新器件研发中具有重要价值。另外，电子束也用于电子扫描电镜，电子扫描电镜的工作原理与电子曝光系统的工作原理一致。除了曝光加工外，利用电子束的高密度能量特性，电子束还用于高速打孔、加工型孔及特殊表面。此外，电子束也用于焊接、热处理和刻蚀等微细加工。

4.3.1　电子束加工技术基础

1. 电子光学系统

1）电子发射

使用自由电子的各种仪器或设备首先要获得自由电子。用某种发射电子的材料，使材料内的原子、分子或者（金属、半导体里的）电子脱离束缚逸出到真空中。这一过程称为电子发射。

在凝聚态(固态和液态)的各种物质表面附近，物体内部的电子通常受到一定力场的约束，使其不能脱离固体表面逸出。或者说，存在着一个表面势垒，固体的电子必须具有高于这一势垒的运动能量，才可能逸出表面成为自由电子。

现代电子束技术中广泛使用的自由电子源主要有两种：一种是从固体中发射出电子，另一种是从等离子体中引出电子。从固态中发射电子的电子源按产生原理的不同可以分为许多类型。电子枪发射电子就是一种典型的固态电子源。常用电子枪有热阴极发射和场发射阴极两种。如图 4.61 所示，热阴极是在高温下工作的，热阴极通常为钨丝或六硼化镧(LaB_6)，加热到 1800 K 的高温(钨丝阴极需要加热到 2700 K)，电子热动能足以克服阴极表面势垒逸出表面，在外加电场作用下形成电子发射。因为热阴极的发射表面较大(几十到几百平方微米)，所以发射出的电子束需要通过电子枪系统聚焦，形成交叉截面。场发射阴极是冷阴极，冷阴极是将钨丝或六硼化镧做成极细的尖端，尖端直径通常在 0.5 μm 以下，使用较低的电压就可以在阴极尖端部分形成很高的电场，电场强度可达 10^8 V/m。高电场可以将电子直接从阴极表面拉出，形成发射。

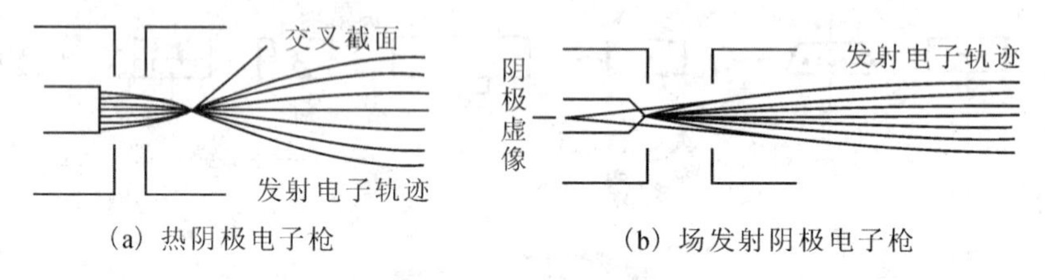

(a) 热阴极电子枪　　(b) 场发射阴极电子枪

图 4.61　热阴极电子枪与场发射阴极电子枪的比较

2) 电子枪的结构

电子光学系统包括电子枪、电子透镜和电子偏转系统。电子枪通常由发射电子的阴极和对发射电子聚束的电子透镜组成。图 4.62 为电子枪结构示意图。阴极发射的电子经过阴极透镜聚焦后在阴极的前方形成一个交叉截面，它成为后面电子光学系统的等效源或虚源。在电子枪系统中，阴极透镜就像聚光镜一样，阴极透镜的像就是后面电子光学系统的物。

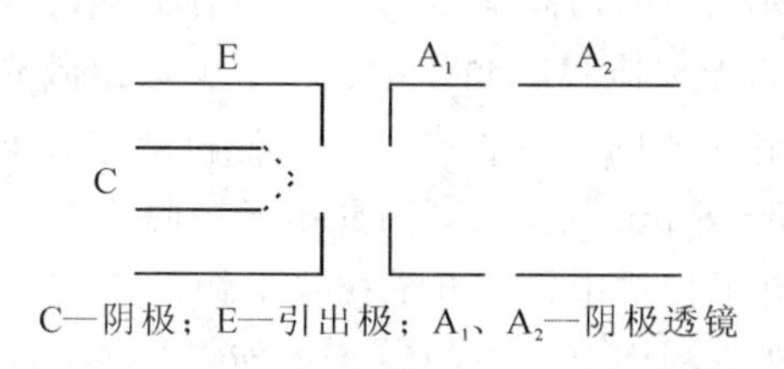

C—阴极；E—引出极；A_1、A_2—阴极透镜

图 4.62　电子枪结构示意图

电子枪不但提供设备工作的自由电子，而且可以将自由电子加速到足够高的能量，并聚焦形成电子束。在微纳加工中常用的是细聚焦电子枪。细聚焦电子枪具有以下功能：

(1) 通过阴极的电子发射产生自由电子；

(2) 将电子束加速到足够高的能量和速度；

(3) 将发射出的电子束聚焦形成细电子束，此时对后面的电子光学光柱而言，电子枪相当于从一个细小的电子源以一定的电子束发散角发出电子束；

(4) 调节电子束电流的大小。

3）电子透镜

光线在不同介质中传播速度不同，会产生折射，电子在不同的电磁场中也会产生速度和运动方向的变化，也可以称作折射。电子折射与空间电位分布有关。电子由圆筒电极的一端入射将会在电极间隙区间受到一个向轴线的电场力，从而使不同角度或不同位置入射的电子向轴线会聚。圆筒电极间隙处的电场分布即等效为一个电子透镜。图 4.63 所示为一种浸没透镜的空间电位分布。通过电场聚焦的称为静电透镜，通过磁场聚焦的称为磁透镜。静电透镜的电极结构可以是圆筒形，也可以是圆孔形。

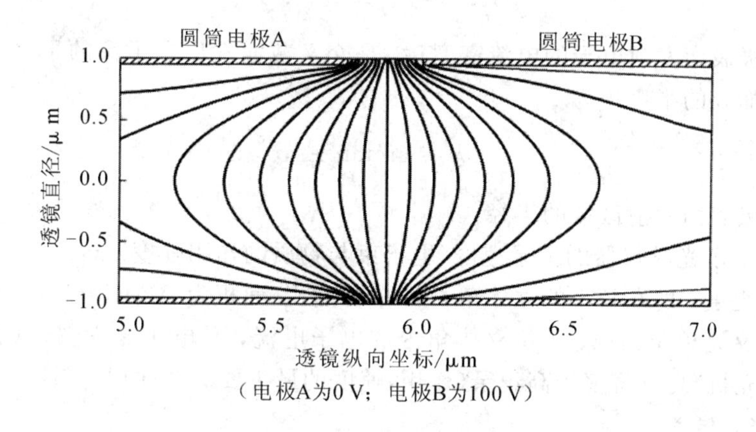

图 4.63　浸没透镜圆筒电极内的空间电位分布

透镜磁场是由通电流的线圈与软铁磁极产生的，静电透镜或磁透镜的场分布一般都是轴对称分布或旋转对称分布，即透镜的电极或磁极结构都是旋转对称的。

2. 电子枪的电子光学模型

电子枪的简单电子光学模型如图 4.64 所示。为了简要说明交叉截面形成的机理，整个模型里阴极前面有一个加速电场区，使阴极上每一点发出的电子纵向速度越来越大，横向的初始速度则不变，结果形成一个细电子束。在聚焦电极的电场附近形成一个聚焦透镜，它将垂直于阴极表面方向发射的电子在透镜的焦平面上聚焦成一点。由于横向的热初速，在焦平面形成了有限尺寸的最小截面——交叉截面。交叉截面很小，直径大约为几十微米。交叉截面是后面的电子光学聚焦透镜的电子源。因此，交叉截面的尺寸、交叉截面处的电子束张角和电子流密度是电子枪的主要电子光学参数。一般希望做到交叉截面尺寸小，交叉截面处电流密度高，交叉截面处束电流集中在较小的电子束张角内。

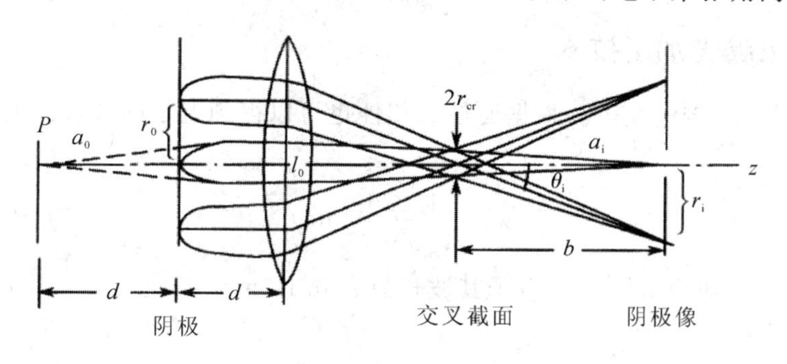

图 4.64　电子枪的简单电子光学模型

交叉截面的半径为

$$r_{cr} = \sqrt{\frac{E_r}{U}f} \tag{4-13}$$

式中：f 是电子枪透镜的焦距；U 是电子枪的加速电压，即相当于阳极的电压；$E_r = kT$ 是电子热运动的横向平均能量，其中 k 为波尔兹曼常数，T 为绝对温度。交叉截面中心处的电流密度为

$$j_{max} \approx j_0 \frac{eU}{kT} \sin^2 \theta_i \tag{4-14}$$

式中：j_0 是阴极表面发射电子的电流密度；θ_i 是交叉截面发出电子束的半束角。根据这一模型，交叉截面处的半束角为

$$\theta_i = \arctan \frac{r_0}{f} \tag{4-15}$$

式中：r_0 是阴极表面发射区域的半径。

为了提高电子光学仪器的记录速度（电子束与物质的作用强度），希望交叉截面处电子束具有较高的亮度，即在较小的立体角 Ω 和单位面积（面积为 A）内，有尽量大的电子束电流。亮度的含义是单位面积、单位立体角内的电子电流，是电子光学仪器（扫描电子显微镜、电子束曝光机）高分辨率和高纪录（作用）速度的最主要综合性理论限制。

3. 电子光学像差

与光线光学一样，电子光学也有像差。由于像差的作用，电子透镜并不能将阴极发射的电子会聚成所需的最小束斑。电子透镜光轴上的最小束斑直径可以表达为

$$d = \sqrt{d_g^2 + d_s^2 + d_c^2 + d_d^2} \tag{4-16}$$

其中：无像差束斑直径 $d_g = \frac{d_V}{M}$（d_V 为虚源直径，M 为透镜缩小倍率）；球差 $d_s = \frac{1}{2} C_s \alpha^3$（$C_s$ 为球差系数，α 为束会聚角）；色差 $d_c = C_c \alpha \frac{\Delta V}{V}$（$C_c$ 为色差系数，ΔV 为束能量分散，V 为束能量）；衍射像差 $d_d = 0.6 \frac{\lambda}{\alpha}$（$\lambda$ 为电子波长（nm），$\lambda = \frac{1.2}{\sqrt{V}}$）。

由式（4-16）可见，最后到达曝光平面的电子束斑并不是简单地缩小了若干倍的电子发射源，而是包含了各种像差后的束斑，其中以球差和色差为主要像差。球差与电子束的会聚角的立方成正比，最有效地减小球差的方法是缩小会聚角。

4.3.2 电子束曝光加工技术

电子本身是一种带电粒子。根据波粒二相性也可以得到电子的波长。电子波长的计算公式为

$$\lambda_e = \frac{1.226}{\sqrt{V}} \text{(nm)} \tag{4-17}$$

由式（4-17）可知，100 eV 的电子其波长只有 0.12 nm，因此可以看出电子能量越高，波长越短。

电子束光刻是指采用高能电子束对抗蚀剂进行曝光从而获得结构图形。电子束光刻可以将复杂的电路图直接写到硅片上而无需掩膜版。由于电子束的辐射波长可以通过增加其

能量来大大缩短，使电子束光刻具有极高的分辨率，特征尺寸可以达到几纳米。但因电子束必须把电路图形逐个像素地扫描到硅片上，故其曝光速度慢，无法适应工业大批量生产的要求。另外，电子束的稳定性和可靠性、电子束消隐装置的排布、电子束的污染问题、由于电子束散射而引起的邻近效应导致曝光在芯片上的图形尺寸与掩膜版上的图形尺寸没有简单的对应关系等，这些问题都必须进行修正。随着光刻技术分辨率的不断提高，相应的高精度掩膜制作难度也越来越大。虽然电子束光刻技术存在上述缺点，但电子束曝光刻蚀却是制作光学掩膜版的主要工具。目前，大部分高精度掩膜都是采用电子束光刻方法制作完成的。

1. 电子束曝光系统的组成

电子束曝光系统的核心部分是对电子束聚焦偏转的电子光学系统。电子在不同的电磁场中也会产生速度和运动方向的变化，如同光一样折射。

电子束曝光系统包括三个基本部分：电子枪、电子透镜和偏转器。图4.65为一个电子束曝光系统的电子光柱组成示意图。

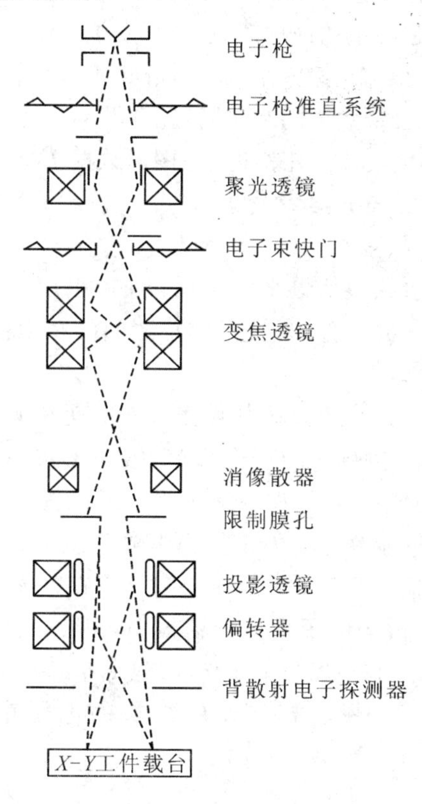

图4.65 电子束曝光系统电子光柱组成示意图

(1) 电子枪。电子加速的高压加在电子枪部分，即电子枪保持在一个负高压，与曝光工作台的零电位形成高电压差，对阴极发射的电子进行加速以达到预期的能量。若电子发射阴极是场发射阴极，则电子枪部分要求有最高的真空度，需要单独的抽真空系统。

(2) 电子枪准直系统。整个电子光柱是由各部分电子光学元件一节一节地组装起来的。为了保证电子枪的阴极尖端与最后一级的透镜膜孔在同一轴线上，需要配备一个偏转系统，根据需要对电子束进行准直。

(3) 聚焦透镜。聚焦透镜让阴极发射的电子最大限度地到达曝光表面，其工作原理与光学曝光的聚光透镜的原理相同。

(4) 电子束快门。电子束快门的作用是对电子束起开关作用。一般使用偏转器当电子快门，不工作时使电子束偏离光轴，使之无法通过中心膜孔。

(5) 变焦透镜。变焦透镜用来调整电子束聚焦平面的位置，包括动态调焦。

(6) 消像散器。像散是由于 X、Y 方向的聚焦不一致，造成电子束斑椭圆化。这种聚焦不一致性大多是由透镜机械加工误差造成的。消像散器一般由多级透镜组成，用来调整电子束聚焦平面的位置。

(7) 限制膜孔。限制膜孔用来对束张角加以限制。限制束张角可以提高系统的分辨率。当需要高分辨率时，就用小的限制膜孔；当需要大电子束流时，就用大的限制膜孔。

(8) 投影透镜。投影透镜将通过限制膜孔的电子束进一步聚焦缩小，形成最后到达曝光表面的电子束斑。

(9) 偏转器。偏转器实现对电子束的偏转扫描。偏转器可以在投影透镜之前、之后或投影透镜之中。偏转器可以是静电的或电磁的。

电子束曝光系统还包括：束流检测系统，以测量到达曝光表面的电子束流大小；反射电子束检测系统，用来观察曝光样品表面的对准标记；工作台，用来放置和移动曝光样品；真空系统；高压电源；计算机图形发生器，用来将设计图形数据转换为控制偏转器的电信号等。

2. 电子束曝光系统的参数与分类

1) 电子束曝光系统的参数

电子束曝光系统的主要参数包括最小束直径、加速电压、电子束流、扫描速度和扫描场大小，另外还包括工作台控制精度、曝光层与层之间的套刻精度、场拼接精度等。

2) 电子束曝光系统的分类

一般商业电子束扫描曝光系统可以按其曝光方式分为矢量扫描曝光和光栅扫描曝光；按电子束的形状分为高斯束(或圆形束)和变形束(或矩形束)；按工作方式分为直接曝光(不需要掩膜)和投影曝光(需要掩膜)；按用途分为电子束直写和掩膜制作。

矢量扫描与光栅扫描的区别在于，矢量扫描曝光的电子束只有在曝光图形部分扫描，而光栅扫描对整个曝光场扫描，但电子束曝光快门只有在曝光图形部分打开。图4.66(a)、(b)是两种扫描方式的比较。由于电子束偏转场很小，因此实际的光栅扫描只是在一个方向扫描，工作台在另外一个方向移动。图 4.66(c)是 Applied Materials 公司 MEBES 系列曝光机的光栅扫描工作方式。目前扫描速度最快的电子束曝光机是 Lepton 公司的 EBES4。该系统扫描频率可以达到 500 MHz。

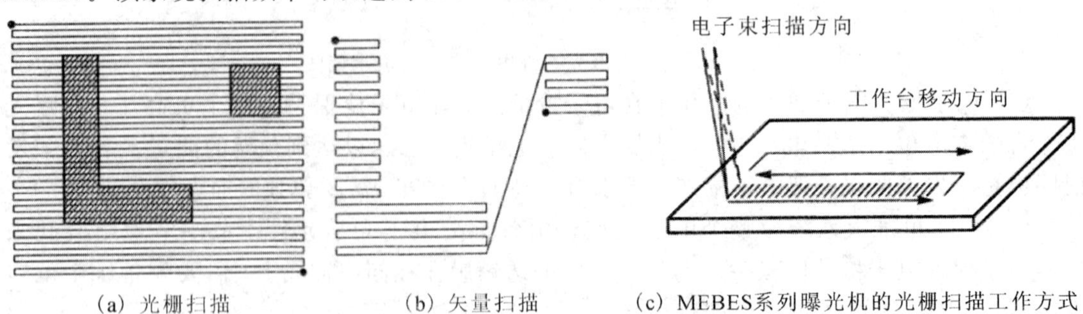

(a) 光栅扫描　(b) 矢量扫描　(c) MEBES系列曝光机的光栅扫描工作方式

图 4.66　电子束曝光系统扫描方式比较

光栅扫描曝光机的特点是速度快，电流密度大，但分辨率较低，因此普遍用于掩膜制作。矢量扫描方式是有图形才扫描，没有图形则不扫描。矢量扫描曝光机一般都有较高的分辨率，但扫描速度要比光栅扫描式的低得多。目前速度最快的系统也只有 50 MHz，但其高分辨率能力使这类机器成为电子束直写与纳米图形曝光的有力工具。以日本 JEOL 公司的 JBX－9300FS 系统为例，其最小束直径只有 4 nm。

4.3.3　电子束其他加工技术

电子束加工的基本原理是：在真空中从灼热的灯丝阴极发射出的电子，在高电压(30～200 kV)作用下被加速到很高的速度，通过电磁透镜会聚成一束高功率密度(10^5～10^6 W/cm^2)的电子束。当冲击到工件时，电子束的动能立即转变成热能，产生出极高的温度，足以使任何材料瞬时熔化、汽化，从而可进行焊接、穿孔、刻槽和切割等加工。由于电子束和气体分子碰撞时会产生能量损失和散射，因此，加工一般在真空中进行。电子束加工机由产生电子束的电子枪、控制电子束的聚束线圈、使电子束扫描的偏转线圈、电源系统和放置工件的真空室以及观察装置等部分组成。电子束加工系统采用计算机数控装置，对加工条件和加工操作进行控制，以实现高精度的自动化加工。电子束加工设备的功率根据用途不同而有所不同，一般为几千瓦至几十千瓦。电子束加工的主要特点是：

(1) 电子束能聚焦成很小的斑点(直径一般为 0.01～0.05 mm)，适合于加工微小的圆孔、异形孔或槽；

(2) 功率密度高，能加工高熔点和难加工材料，如钨、钼、不锈钢、金刚石、蓝宝石、水晶、玻璃、陶瓷和半导体材料等；

(3) 无机械接触作用，无工具损耗问题；

(4) 加工速度快，如在 0.1 mm 厚的不锈钢板上穿微小孔每秒可达 3000 个。

电子束加工的主要缺点是：由于使用高电压，会产生较强的 X 射线，必须采取相应的安全措施；需要在真空装置中进行加工；设备造价高等。电子束加工系统的结构如图 4.67 所示。

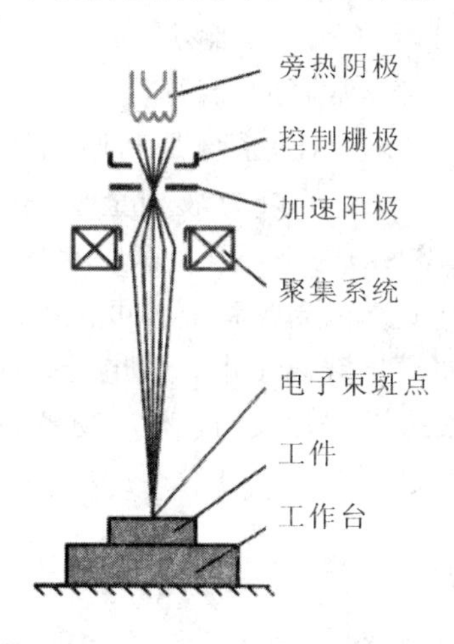

图 4.67　电子束加工系统组成示意图

1. 电子束焊接

电子束功率密度达 10^5～10^6 W/cm^2 时，电子束轰击处的材料将局部熔化。当电子束相于对工件移动时，熔化的金属即不断固化，利用这个现象可以进行材料的焊接。电子束焊具有深熔的特点，焊缝的深宽比可达20：1甚至50：1。利用电子束焊的这一特点可实现多种特殊焊接方式。利用电子束几乎可以焊接任何材料，包括难熔金属(W、Mo、Ta、Nb)、活泼金属(Be、Ti、Zr、U)、超合金和陶瓷等。

2. 电子束刻蚀和电子束钻孔

用聚焦方法得到很细的、功率密度为$10^6 \sim 10^8$ W/cm^{2}的电子束，对材料表面的固定点进行周期性的轰击，适当控制电子束轰击时间和休止时间的比例，可使被轰击处的材料迅速蒸发而避免周围材料的熔化，这样就可以实现电子束刻蚀、钻孔或切割。同电子束焊接相比，电子束刻蚀、钻孔、切割所用的电子束功率密度较大，作用时间较短。电子束可在厚度为0.1～6 mm的任何材料的薄片上钻直径为1 μm至几百微米的孔，能获得很大的深径比，例如在厚度为0.3 mm的宝石轴承上钻直径为25 μm的孔。电子束还适合在薄片(例如燃气轮机叶片)上高速大量地钻孔。

4.4 聚焦离子束加工技术

离子束不仅具有高能粒子的特性，而且还具有元素特性，因此在半导体制造、MEMS技术领域具有广泛的应用。离子束技术主要应用在离子束刻蚀、离子束沉积、离子束诱导沉积、离子束注入、离子束曝光和离子束材料改性等方面。

离子束包含正常离子束和聚焦离子束，目前应用较多的是聚焦离子束。聚焦离子束与聚焦电子束在本质上是一样的，都是带电粒子经过电磁场形成的细束。因为离子的质量远大于电子质量，因此离子束除了像电子束一样用于曝光外，聚焦离子束更多的是作为直接加工工具。

离子束的大量应用始于液态金属离子源的出现。离子束本身可以对材料表面进行剥离加工，不同的离子源也可以用于衬底材料的掺杂。聚焦离子束与化学气体配合可以直接将原子沉积到衬底材料表面。由于聚焦离子束经过离子光学系统可获得5 nm的最细离子束，因此聚焦离子束加工可以获得非常高的分辨率。

聚焦离子束(Focused Ion Beam，FIB)系统是利用电透镜将离子束聚焦到尺寸非常小的显微切割仪器。目前商用系统的离子束为液相金属离子源(Liquid Metal Ion Source，LMIS)，以金属材质镓(Gallium，Ga)为主，因为镓元素具有低熔点、低蒸气压及良好的抗氧化力。外加电场(Suppressor)于液相金属离子源可使液态镓形成细小尖端，再加上负电场(Extractor)牵引尖端的镓，而导出镓离子束。以电透镜聚焦，经过一连串变化孔径可决定离子束的大小，再经过二次聚焦至试片表面，利用物理碰撞来达到切割、刻蚀等目的。

4.4.1 聚焦离子束系统

1. 液态金属离子源

液态金属离子源的基本结构如图4.68所示。在离子源制造过程中，将直径为0.5 mm左右的钨丝经过电化学腐蚀成尖端直径只有5～10 μm的钨针，然后将熔融的液态金属黏附在钨针尖上，在外加强电场后，液态金属在电场力作用下形成一个极小的尖端(泰勒锥)，液态尖端的电场强度可高达10^{10} V/m。在如此高的电场下，液态表面的金属离子以场蒸发的形式逸出表面，产生离子束流。由于液态金属离子源的发射面积极小，因此尽管只有几微安的离子电流，但电流密度约可达 10^6 A/cm^2，亮度约为 20 μA/sr。

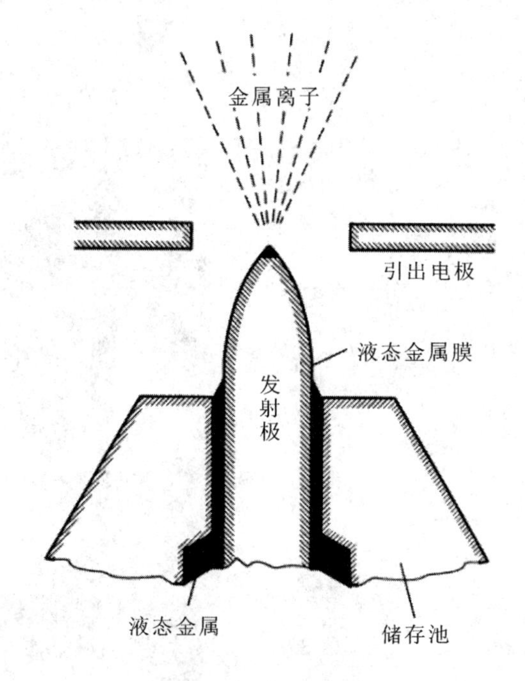

图 4.68　液态金属离子源结构示意图

液态金属离子源的表面形状、表面电场、发射电流与液体流速是相互依存和相互制约的关系。液态金属与发射针尖的完全连续附着才能保证液态金属的良好流动，一方面可以保证形成发射液尖，另一方面可以保证液态金属源源不断的供给。

2. 聚焦离子束系统

聚焦离子束系统与电子束曝光系统的结构基本相同，是由离子发射源、离子光柱、工作台、真空与控制系统组成的。将离子聚焦成细束的核心部件是离子光学系统，离子光学系统与电子光学系统一样将离子在电磁场中聚焦、成像与偏转。

典型的聚焦离子束系统为两级透镜系统，其结构如图 4.69 所示。离子透镜为静电单透镜设计。离子偏转为八级偏转器。典型的聚焦离子束的工作电流为 1 pA～30 nA。在最小工作电流时，分辨率可达 5 nm。如果聚焦离子束系统用于半导体器件的直接离子注入，则离子源应采用液态合金源。

以美国 FEI 公司的 Strata 系列的 FIB201、FIB205 和 DB235 通用聚焦电子、离子双束加工系统为例，其主要技术指标包括：

· 扫描电镜的加速电压为 100 V～30 kV，在 30 kV 电压下，电子束的最高分辨率可达 3 nm。

· 镓离子能量从 1 kV 到 30 kV 可调，离子束流从 1 pA 到 20 nA 可调，离子束的最高分辨率为 4～5 nm。

· 可沉积材料 Pt(铂金)、SiO_2 等。

· 气体增强刻蚀：Si、SiO_2。

· 可装载样品尺寸最大为 2 in。

双束系统的优点是兼有扫描电镜高分辨率成像的功能和聚焦离子束加工的功能。聚焦离子束切割后的样品可以立即通过扫描电镜观察。

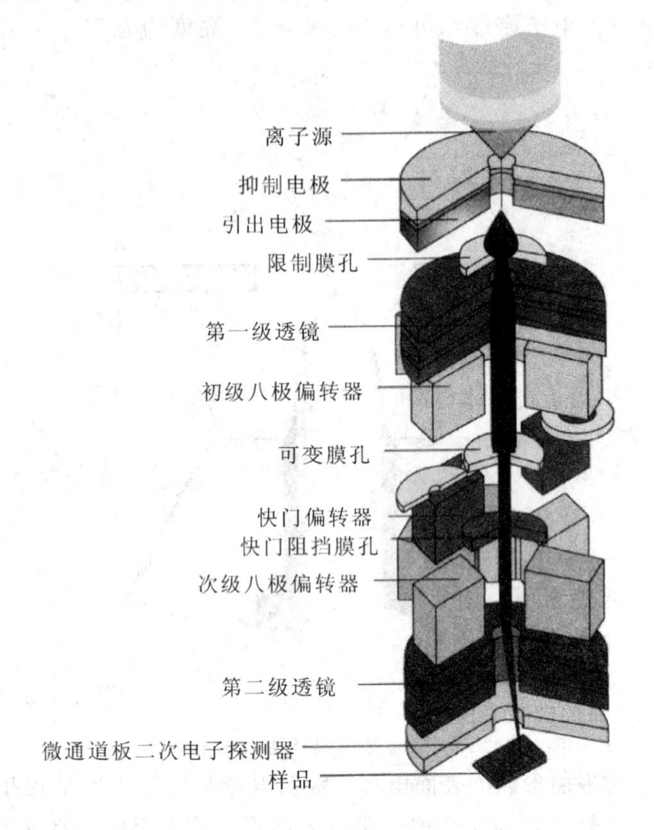

图 4.69　聚焦离子束系统结构示意图

4.4.2　聚焦离子束加工技术

1. 聚焦离子束加工方法

1）离子溅射

溅射是离子束加工的最主要功能。溅射是入射离子将能量传递给固体靶材料原子，使这些原子获得足够能量而逃逸出固体表面的现象。离子溅射的一个最主要的参数是溅射产额，即每个入射离子能够产生的溅射原子数。溅射产额是一个只与离子种类、离子能量、靶材料性质、入射角度等参数有关的不变量。

2）离子沉积

非活性气体分子吸附在靶材表面，在离子束的轰击下，气体分子分解不会产生挥发性化合物，而是留在材料表面形成分子沉积。这就是离子束辅助沉积的原理。由于物质沉积只有在离子束轰击的地方发生，所以通过控制离子束的扫描可以形成任意形状的三维结构。离子束辅助沉积的目的是在材料表面形成功能结构，如沉积金属材料作为连线、沉积绝缘材料（如 SiO_2）等。

2. 聚焦离子束加工技术的应用

聚焦离子束的主要功能是溅射和沉积，这种溅射和沉积是在极其微小的尺度范围内进行的，因此可以用于半导体芯片、光刻掩膜的修改，还可以制作透射电镜样品，也可以用作切割工具。

(1) 审查与修改集成电路芯片。运用聚焦离子束的溅射和沉积功能，可以将集成电路中晶体管间的连线断开或者拼接。通过这种改变线路的方法可以查找、诊断电路的错误，并且直接在芯片上修正这些错误。此外，聚焦离子束也可以用于切开局部电路，用于观察电路的横断面，从而验证工艺的可靠性。聚焦离子束系统已经成为集成电路制造中不可或缺的技术手段。

(2) 修复光刻掩膜版缺陷。光刻掩膜是玻璃板或石英板表面经过曝光与化学腐蚀形成的金属铬图形。掩膜制作出现的缺陷包括在掩膜图形中多余物质产生的遮光缺陷，以及图形缺损的透光缺陷。这两种缺陷分别可以通过溅射和沉积的办法进行修复。

聚焦离子束修补遮光缺陷的原理是离子溅射。通过离子溅射的方法将多余的铬层(遮光缺陷)剥离，溅射时需要控制溅射的深度。因为铬层和玻璃溅射时产生的二次电子是不同的，可以采用离子溅射时产生的二次电子成像方法控制溅射深度。溅射时造成的镓离子污染影响玻璃的透光率，最简单去除镓离子污染的方法是在溅射后使用反应离子刻蚀的方法将注入镓离子的表层玻璃刻蚀掉。

透光缺陷的修复，一般采用聚焦离子束辅助沉积的方法将透光缺陷区遮蔽。修复时首先让碳氢化合物气体分子吸附在靶表面。用聚焦离子束精确扫描透光缺陷区，在离子束轰击下碳氢化合物分解，将碳原子留在掩膜衬底上。这种选择性的碳沉积可修复透光缺陷。

(3) 制作透射电镜样品。制作透射电镜(TEM)或者扫描透射电镜(STEM)观测的样品时，一般使用聚焦离子束对透射电镜样品从前后两个方向溅射，进行局部切片处理，最后在中间留下一个薄的区域作为观察区域，样品观察区域厚度在 100 nm 左右。制作样品时先使用较低分辨率的离子束作大范围溅射，最后使用精细离子束对样品表面进行扫描抛光。

(4) 多用途微切割、封装工具。离子束扫描靶材时产生的二次电子可以用来成像，其显微分辨能力为几纳米，因此聚焦离子束系统就是一个带有高倍显微镜的微加工台。这种微加工台可对各种样件在需要的部位进行溅射剥离或者沉积各种需要的材料。

作为切割工具，聚焦离子束可以像手术刀一样在工件需要的地方进行切缝处理。例如，图 4.70 是用聚焦离子束在一个 4 μm 的圆球上使用溅射技术挖一个环形坑。也可以通过溅射或者淀积材料来改变谐振元件的频率，或者在电容元件上加工出微缝隙，通过电容的变化来检测位移。此外，利用聚焦离子束辅助沉积技术给微型元件形成一个封闭的真空腔体也是离子束的应用之一。

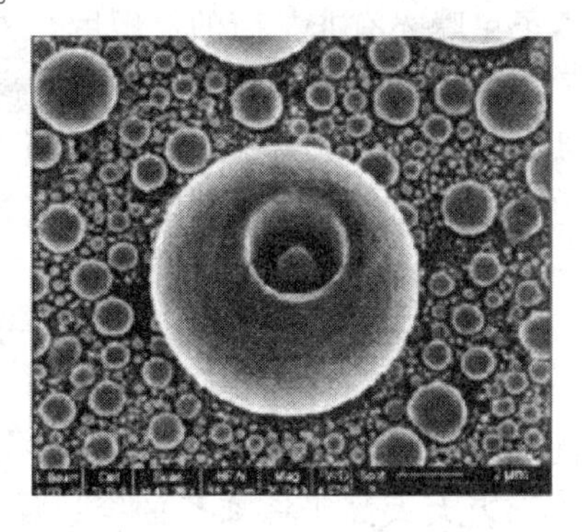

图 4.70　聚焦离子束在微球表面切制环形坑

3. 聚焦离子束注入技术

聚焦离子束注入是一种无掩膜注入。在聚焦离子束系统中增加一个离子分离器就可以实现将离子注入工件任何需要的部位。需要掺杂的元素可以制作成合金型液态金属离子源，可以在同一样品表面同时注入多种离子。

离子注入也用来改变材料的耐刻蚀性，实现选择性加工，从而构筑一些三维结构。例如，在硅中注入镓离子可大大增加硅的抗氢氧化钾或者抗四甲基氢氧化铵的腐蚀性，注入区在刻蚀中得以保留，从而实现三维结构。如图 4.71(a)、(b)所示，首先利用 CVD 法逐层生长硅层，再使用离子注入法在硅层中逐层注入镓离子，经过腐蚀加工后留下硅悬臂梁结构。图 4.71(c)所示为通过镓离子注入腐蚀阻挡层方法制备的硅悬臂梁结构，厚度为 40 nm，宽度为 500 nm，长为 4 μm。

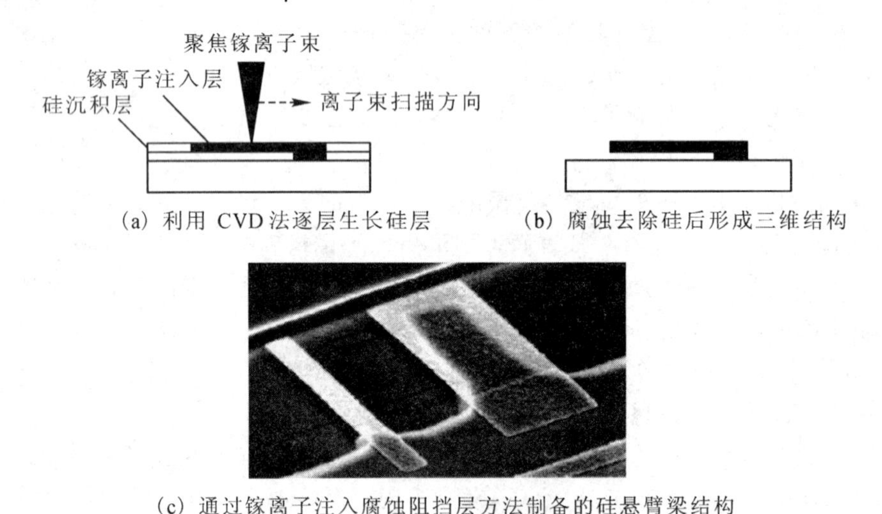

(a) 利用 CVD 法逐层生长硅层　　(b) 腐蚀去除硅后形成三维结构

(c) 通过镓离子注入腐蚀阻挡层方法制备的硅悬臂梁结构

图 4.71　利用镓离子注入效应构造三维结构的方法

4.4.3　聚焦离子束曝光技术

聚焦离子束也可以像电子束那样作为一种曝光手段。聚焦离子束曝光的原理是将原子电离化后形成离子束，其能量控制在 10～200 keV，经过聚焦的离子束再对抗蚀剂进行照射，并在其中沉积能量，使抗蚀剂起降解或交联反应，形成溶胶或非溶凝胶，再通过显影，获得溶与非溶的对比图形。离子束曝光有非常高的灵敏度，这主要是因为在固体材料中的能量转移的效率远远高于电子。常用的电子束曝光抗蚀剂对离子的灵敏度要比对电子束的灵敏度高 100 倍以上。除了灵敏度高之外，离子束曝光的另一优点是几乎没有邻近效应。由于离子本身的质量远大于电子，因此离子在抗蚀剂中的散射范围要远小于电子，并且几乎没有背散射效应。

离子束曝光的一个缺点是曝光深度浅，例如 100 keV 的镓离子束其曝光深度只有 0.1 μm。另一个缺点是镓离子注入会造成衬底材料污染、表面改性问题。改进方法是采用氦气离子源取代镓离子源。氦离子是惰性气体离子，不存在衬底材料的污染和改性问题，而且同样能量下氦离子的穿透能力大大高于镓离子的穿透能力。例如，30 keV 的镓离子在 PMMA(聚甲基丙烯酸甲酯)的穿透深度为 20 nm，同样的氦离子的穿透深度为 200 nm。

另外，液态金属镓离子聚焦束的直径约为 5 nm，而氦离子聚焦束的束斑直径可达到 0.75 nm。图 4.72 所示为 Carl Zeiss 公司聚焦氦离子束显微镜结构示意图，将氦离子显微镜配上图形发生器就可改造成一台能加工、能曝光的聚焦离子束系统。该系统与聚焦镓离子束加工系统的主要区别是将镓离子源换成氦气放电离子源，其余结构基本相同。

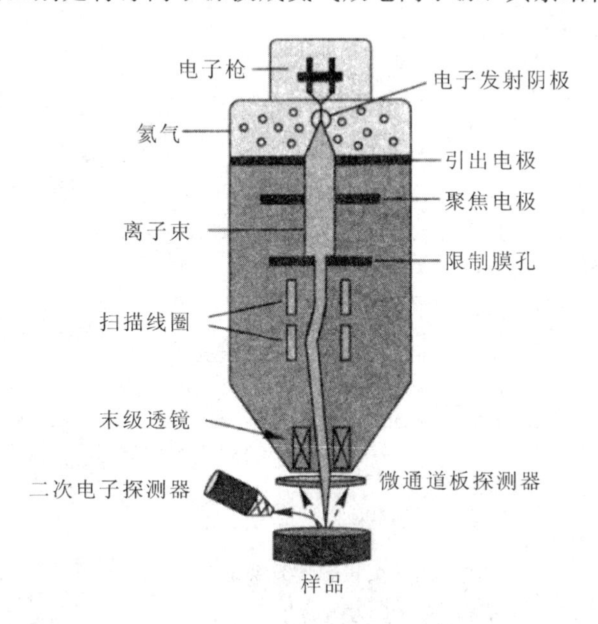

图 4.72　Carl Zeiss 公司聚焦氦离子束显微镜结构示意图

聚焦氦离子束加工系统可以用于曝光，也可以用于刻蚀和材料沉积，同时该系统也是扫描离子显微镜，可以用于显微成像。用于曝光时聚焦氦离子束系统曝光 HSQ(Hydrogen Silses Quioxane，一种基于氧化硅的无机类化合物)可以实现同电子束曝光系统一样的分辨率，目前实现的分辨率约为 6 nm。

4.4.4　离子束投影曝光技术

离子束投影曝光与电子束投影曝光的过程一致，都是利用带电粒子将模板图形投影到硅片表面，模板图形缩小数倍后曝光成像。也可以使用接近式 1∶1 投影曝光系统。离子束投影曝光系统使用可以产生宽束离子的氢离子源或氦离子源。由于离子束会聚时在交叉截面处的空间电荷非常大，电荷之间相互排斥使得离子束变粗，影响聚焦，解决方案是配备一个电子发射装置，在交叉截面处用电子中和电荷。离子束曝光掩膜版的曝光区域采用镂空结构，以便于离子束能顺利通过。

离子束缩小投影式曝光的原理与电子束缩小投影式曝光的原理类似。离子束通过掩膜后所形成的投影离子束图形一般是按 10∶1 缩小而投射到硅片上的。缩小投影式曝光系统的工作原理如图 4.73(b)所示。由离子源所产生的宽广离子束照射着带有图形的通孔掩膜，使得在掩膜后面射出能重现掩膜图形的离子束图形。离子束图形经第一级静电透镜的聚焦和加速，再经第二级静电透镜的聚焦和缩小而投射到硅片表面上，对硅片进行缩小投影曝光，将掩膜图形按 10∶1 缩小而复印在硅片上的离子抗蚀剂上。

依靠放置硅片的微动工作台在 X、Y 方向移动并进行 θ 角旋转(或者离子束图形相对

于工作台进行 θ 角旋转)，将掩膜图形同硅片上每个芯片图形的对准，可实现对整个硅片的步进重复投影曝光。

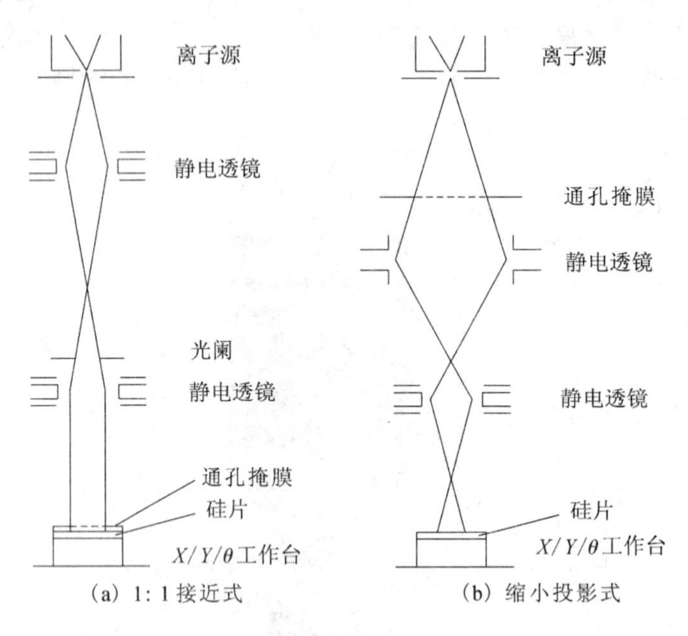

图 4.73　离子束投影曝光系统工作原理示意图

聚焦离子束投影曝光除了前面已经提到的曝光灵敏度极高和没有邻近效应之外还具有焦深大，曝光深度可以控制等优点。离子源发射的离子束具有非常好的平行性，离子束投影透镜的数值孔径只有 0.001，其焦深可达 100 μm，也就是说，对于硅片表面 100 μm 之内的任何起伏，离子束的分辨力基本不变，而光学曝光的焦深只有 1～2 μm。聚焦离子束投影曝光的另一个优点是通过控制离子能量可以控制离子的穿透深度，从而控制抗蚀剂的曝光深度。

思考与练习题

4.1　简述微细加工技术方法及其主要应用。

4.2　简要说明激光的产生原理及激光器的基本组成。

4.3　常用激光器有哪些类型？分别有什么用途？

4.4　几何光学与高斯光学有什么不同？

4.5　CO_2激光器和固体激光器的传输与导光系统有什么不同？

4.6　激光束有哪些聚焦方式？试举例说明其特点。

4.7　分析振镜式激光扫描系统的工作方式中物镜前扫描和物镜后扫描的特点。

4.8　按照光学曝光加工的分辨率来说，准分子激光器中氟分子比氟化氩的波长更短，应该更有优势，但是在光学曝光加工中后者比前者的应用更持久，为什么？

4.9　分别说明接触式、接近式和投影式光学曝光系统的特点。

4.10　说明投影式光学曝光系统有哪些工作方式，各自有什么特点。

4.11　激光加工有哪些类型？举例说明激光加工的应用。

4.12　简述电子束加工系统的基本组成。

4.13　举例说明电子束在微细加工中的应用。

4.14　简述离子束加工系统的基本组成。

4.15　举例说明离子束在微细加工中的应用。

4.16　对比分析光子束、电子束、离子束在光刻加工中的应用范围及性能指标。

参考文献

[1]　崔铮. 微纳米加工技术及其应用. 3 版. 北京：高等教育出版社，2013.

[2]　唐天同，王兆宏. 微纳加工科学原理. 北京：电子工业出版社，2010.

[3]　刘其斌 激光加工技术及其应用. 北京：冶金工业出版社，2007.

[4]　顾文琦，马向国，李文萍. 聚焦离子束微纳加工技术. 北京：北京工业大学出版社，2006.

[5]　邓常猛，耿永友，吴谊群. 激光光刻技术的研究与发展. 红外与激光工程，2012，41(5)：1223-1231.

[6]　蒋文波，胡松. 无掩膜光刻技术研究. 微细加工技术，2008(4)：1-3.

[7]　姚建华，激光表面改性技术及其应用. 北京：国防工业出版社，2012.

[8]　王阳元，康晋锋. 硅集成电路光刻技术的发展与挑战. 半导体学报，2002，23(3)：225-237.

[9]　中国电子学会电子制造与封装技术分会. 电子封装工艺设备. 北京：化学工业出版社，2011.

[10]　安毓英，刘继芳，曹长庆. 激光原理与技术. 北京：科学出版社，2010.

[11]　史玉升. 激光制造技术. 北京：机械工业出版社，2012.

[12]　Zhou Weilie，Wang ZhongLin. Advanced Scanning Microscopy for Nanotechnology Techniques and Applications. 北京：高等教育出版社，2007.

[13]　高宏伟，张大兴，王卫东，等. 电子制造装备技术. 西安：西安电子科技大学出版社，2015.

[14]　Mahalik NP. 微制造与纳米技术. 蔡艳，吴毅雄，等译. 北京：机械工业出版社，2015.

第5章 精密机械技术

5.1 精密机械传动系统

5.1.1 精密机械技术的特征

精密机械技术是光机电一体化系统所有功能的支撑，先进的信息技术、自动化技术必须通过机械系统才能得以实现，随着光机电技术的发展，精密机械系统已经不仅仅是起支承、传递运动和动力的基本作用，而成为伺服控制系统的组成部分，直接影响系统的精度、速度和稳定性。

精密机械技术在整个机电一体化系统中具有以下特征：

(1) 高精度。高精度是机电一体化设备的基础和核心要求，其关键是运动轨迹的准确性和定位的精准性，机械系统的精度如果不能满足系统的需求，其他子系统的精度再高，仍无法实现机电一体化系统的预定操作。

(2) 高速度。高速度包含两层含义：一是系统高速运动，比如工作台高速直线运动和主轴的高速旋转运动，而高速运动控制的核心是实现高加速度，如光刻机工件台的速度高达 250 mm/s，加速度高达 $10g$；二是系统高速响应，光机电一体化系统要求运动系统具有良好的动态响应特性，为此要求运动机构具有低摩擦、无间隙、低惯量、高刚性、高谐振频率和适当的阻尼。

(3) 良好的稳定性。良好的稳定性即要求运动系统的工作性能不受外界环境的影响，抗干扰能力强。

(4) 多种技术的集成。光机电一体化设备是机械技术、微电子技术、光电技术和信息技术的集成，各种技术的交叉融合发展，使传统机械技术无论从功能上、性能上和加工技术上，都提高到了一个新的水平。

5.1.2 精密机械传动系统的功能和分类

将动力机的运动和动力经过一定的变换后，传递给执行机构或执行构件的中间装置称为传动系统，传动系统通常由若干基本传动机构通过一定的方式组合而成，并在动力机与执行机构或执行构件之间形成一个传动联系。

传动系统的设计要以执行机构或执行构件的运动和动力要求为目标，结合所采用动力机的输出特性及控制方式，合理选择并设计基本传动机构及其组合，使动力机与执行机构或执行构件之间在运动和动力方面得到合理的匹配。

1. 传动系统的功能和分类

1）传动系统的功能

传动系统的具体功能通常包括以下几个方面：

（1）减速或增速。通过传动将动力机的速度降低或增高，传动系统中实现减速或增速的传动装置称为减速器或增速器。

（2）变速。在动力机速度一定的情况下，通过变速机构能获得多种输出速度。

（3）增大转矩、改变运动形式。在动力机与执行机构或执行构件之间实现运动形式的变换，如将转动变为移动、摆动或间歇运动。

（4）分配运动和动力。通过传动系统，将一个动力机的运动、动力经变换后分别传递给多个执行机构或执行构件，并在各执行机构或执行构件之间建立起确定的运动、动力关系。

（5）实现某些操纵和控制功能，如起停、离合、制动或换向等。

2）传动系统的分类

传动系统的分类有多种方法，常用的分类法有按工作原理分类和按传动比特性分类两种。

（1）按传动的工作原理分类，如图5.1所示。

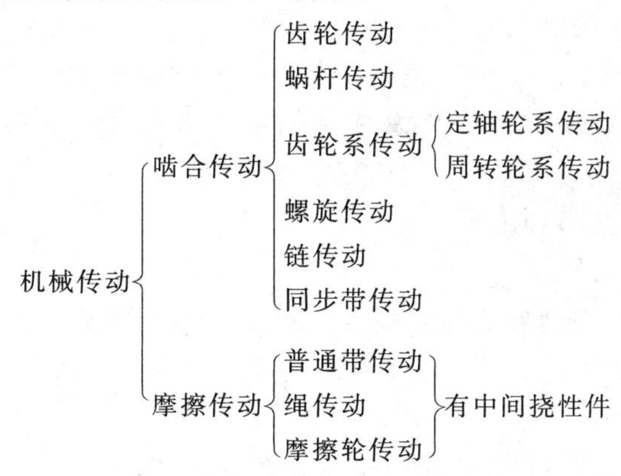

图5.1　按传动的工作原理分类

（2）按传动比的可变性分类，如图5.2所示。

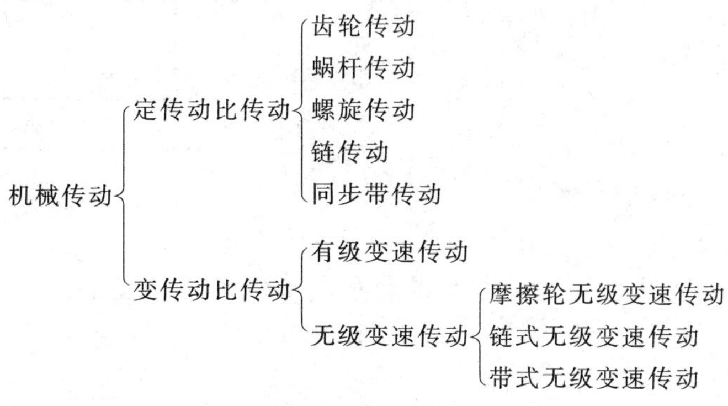

图5.2　按传动比的可变性分类

2. 传动系统的特点

传动系统（啮合传动和摩擦传动）的特点见表5.1。

表 5.1　传动系统的特点

传动类型	特　征	优　点	缺　点	应　用
啮合传动	靠主动件与从动件啮合或借助中间件啮合传递动力或运动	工作可靠、寿命长，传动比准确、传递功率大，效率高（蜗杆传动除外），速度范围广	对加工制造安装的精度要求较高	适用于固定传动比、大传动扭矩的场合
摩擦传动	靠构件接触面间的摩擦力传递动力和运动	工作平稳、噪声低、结构简单、造价低，具有过载保护能力	运转中有滑动，轴和轴承上的载荷大，外廓尺寸较大、传动比不准确、效率低、元件寿命较短	宜用传递动力较小的场合

5.1.3　机械传动系统方案设计

机电一体化系统中，机械传动装置不仅要完成转速和转矩的变换，还要满足伺服控制的要求，要根据伺服控制的要求来进行选择和设计。

机械传动的主要性能取决于传动类型、传动方式、传动精度、动态特性以及传动的可靠性。在机电一体化系统中，还要考虑其对伺服系统的精度、稳定性和快速响应性的影响。

1. 方案设计的基本要求和步骤

1）方案设计的基本要求

传动方案的设计是一项复杂的工作，需要综合运用多种知识和实践经验，充分发挥创造性思维，并进行多方案分析比较，才能设计出较为合理的方案。通常方案设计应满足以下基本要求：

（1）传动系统应满足机器的功能要求，而且性能优良；

（2）传动效率高，考虑工作要求传递的功率和速度，合理选择传动形式；

（3）结构简单紧凑，占用空间小，传动链要简短，尽可能选择单级传动装置；

（4）便于操作，维修性好；

（5）工艺性、经济性好，加工成本低；

（6）运行安全、不污染环境。

2）方案设计步骤

一般来讲，在机器的执行系统方案设计和原动机的预选型完成后，即可进行传动系统的方案设计。方案设计的一般步骤如图 5.3 所示。

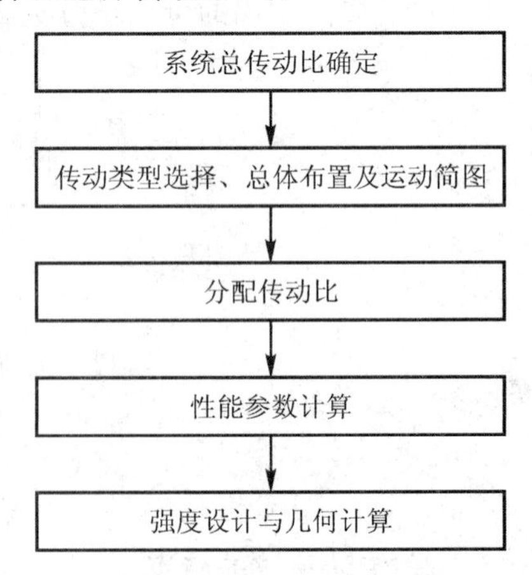

图 5.3　传动方案设计步骤

2. 机械传动类型的选择

传动机构的类型很多，选择不同类型的传动机构，将会得到不同形式的传动系统方案。为了获得理想的传动方案，需要合理选择传动机构类型，选择机械传动类型时，考虑的因素如下：

（1）与原动机和工作机相互匹配；

（2）满足功率和速度的范围要求；

（3）考虑传动比的准确性及合理范围；

（4）考虑结构布置和外廓尺寸的要求；

（5）考虑机器质量；

（6）经济性因素。

具体选型时，应注意以下几点，一是尽可能将原动机的输出轴与执行机构的输入轴用联轴器直接连接。这种连接结构最简单，传动效率最高；二是在高速、大功率传动时，应选用承载能力大、传动平稳、效率高的传动类型；三是尽可能采用结构简单的单级传动装置，传动比较大时，优先选用结构紧凑的蜗杆传动和行星齿轮传动；四是当执行机构的载荷频繁变化、变化量大且有可能过载时，为保证安全运转，应选用有过载保护的传动类型。

【例题 5－1】 如图 5.4 所示，设计一带式运输机，其传动带速度 v、传动带拉力 F、滚筒直径 D、工作环境、寿命要求等已知，试选择传动类型。

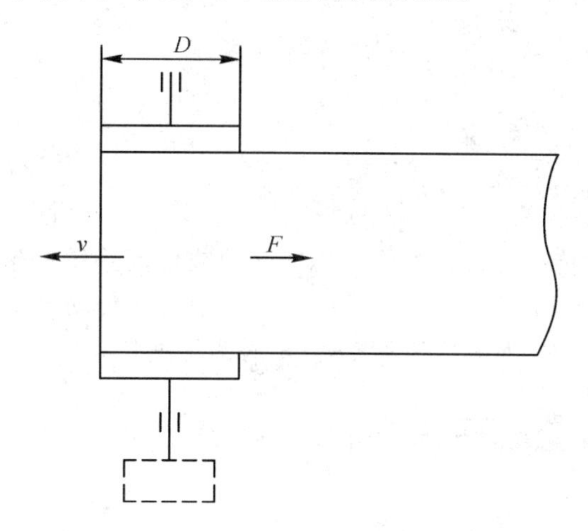

图 5.4　带式运输机

解　本题有多种方案可供选择，如图 5.5 所示的三种方案均可满足系统功能要求。

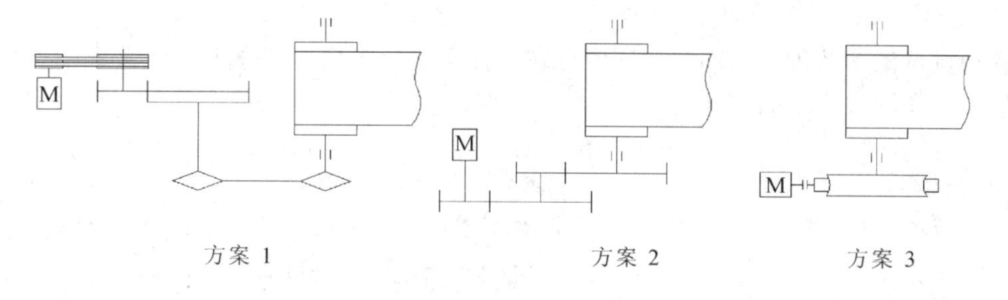

图 5.5　传动类型方案

方案 1：电动机—带传动—单级齿轮减速—链传动—工作机构；

方案 2：电动机—双级或多级齿轮减速—工作机构；

方案 3：电动机—涡轮蜗杆减速—工作机构。

当然可以列出更多类型的传动方案，以上三种是比较典型的传动类型，各有利弊，其特征比较如表 5.2 所示。

表 5.2　运输带传动方案比较

项　目	方案 1	方案 2	方案 3
结构尺寸	大	较大	小
传动效率	较高	高	低
工作寿命	短	长	中等
成本	低	中等	高
连续工作性能	较好	好	间歇
环境适应性	差	较好	较好

通过多种方案的比较，充分考虑各方面因素，便能确定最合理的方案。

3. 机械传动特性参数计算

机械传动系统的特性包括运动特性和动力特性，其中运动特性有传动比、转速和变速范围等，动力特性则包括效率、功率、转矩和变矩系数等。

1）传动比

对于串联式单流传动系统，有

$$i=\frac{n_r}{n_c}=i_1 i_2 \cdots i_k \tag{5-1}$$

式中：i 为传动系统的总传动比；n_r 为原动机的转速或传动系统的输入转速(r/min)；n_c 为传动系统的输出转速(r/min)；i_1、i_2、…、i_k 为系统中各级传动的传动比。

在式(5-1)中，$i>1$ 时为减速传动，$i<1$ 时为增速传动。

2）转速和变速范围

传动系统中，任一传动轴的转速 n_j 可由下式计算：

$$n_j=\frac{n_r}{i_1 i_2 \cdots i_{j-1}} \tag{5-2}$$

式中：n_r 为原动机的转速或传动系统的输入转速(r/min)；n_j 为任一传动轴的转速(r/min)；i_1、i_2、…、i_{j-1} 为从系统的输入轴到 $j-1$ 轴之间各级传动比的连乘积。

3）效率

各种机械传动及传动部件的效率值可在设计手册中查到。在一个传动系统中，设各传动及传动部件的效率分别为 η_1、η_2、…、η_n，串联式单流传动系统的总效率 η 为

$$\eta=\eta_1 \eta_2 \cdots \eta_n \tag{5-3}$$

4）功率

机器执行机构的输出功率 P_ω 可由负载参数(力或力矩)及运动参数(线速度或转速)求出，设执行机构的效率为 η_ω，则传动系统的输入功率或原动机的所需功率 P_r 为

$$P_r=\frac{P_\omega}{\eta\ \eta_\omega} \tag{5-4}$$

原动机的额定功率 P_ε 应满足 $P_\varepsilon \geqslant P_r$，由此可确定 P_ε 值。

5）转矩和变矩系数

传动系统中任一传动轴的输入功率为 P_i，则输入转矩 T_i (N·mm)可由下式求出：

$$T_i = 9.55 \times 10^6 \frac{P_i}{n_i} \tag{5-5}$$

传动系统的输出转矩 T_c 与输入转矩 T_r 之比称为变矩系数，用 K 表示，由上式可得：

$$K = \frac{T_c}{T_r} = \frac{P_c n_r}{P_r n_c} = \eta i \tag{5-6}$$

式中，P_c 为传动系统的输出功率。

5.2　常用传动系统设计

5.2.1　齿轮传动设计

齿轮传动精确，可做到零侧隙无回差、强度大、能承受重载、结构紧凑、摩擦力小、效率高，因此在机电一体化系统中使用的场合较多。

1. 确定最佳总传动比

机电系统中的齿轮传动装置，必须满足机电一体化系统的伺服性能要求，一般而言，使等效负载转矩最小或者负载加速度最大的总传动比，就是伺服特性最好的最佳总传动比。

用于伺服系统的齿轮传动一般是减速系统，其输入是高速、小转矩，输出是低速、大转矩，用以使负载加速。要求齿轮系统不但有足够的强度，还要有尽可能小的转动惯量，在同样的驱动功率下，其加速度响应为最大。

图 5.6 所示为传动系统计算模型。伺服电动机转动惯量为 J_m、输出转矩为 T_m，通过传动比为 i 的齿轮系 G 克服摩擦阻抗力矩 T_{LF} 带动惯性负载 J_L。

设齿轮系的效率为 η，传动比 $i > 1$，即

$$i = \frac{\theta_m}{\theta_L} = \frac{\dot{\theta}_m}{\dot{\theta}_L} = \frac{\ddot{\theta}_m}{\ddot{\theta}_L} > 1 \tag{5-7}$$

式中：θ_m、$\dot{\theta}_m$、$\ddot{\theta}_m$ 为电动机的转角、角速度、角加速度；θ_L、$\dot{\theta}_L$、$\ddot{\theta}_L$ 为负载的转角、角速度、角加速度。

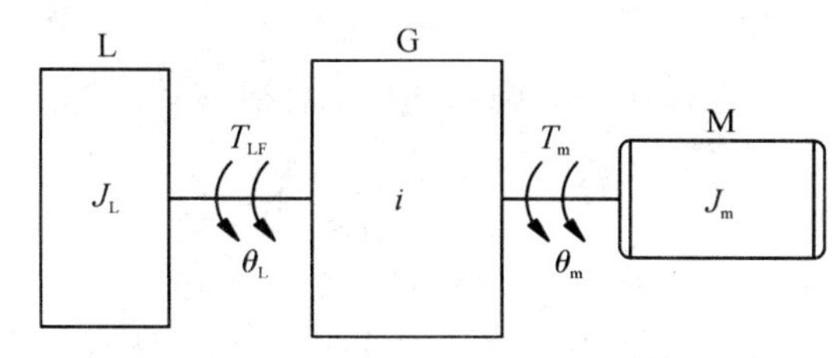

图 5.6　传动系统计算模型

那么，负载角加速度最大的总传动比 i 为

$$i = \frac{T_{LF}}{T_m \eta} + \sqrt{\left(\frac{T_{LF}}{T_m \eta}\right)^2 + \frac{J_L}{J_m}} \tag{5-8}$$

若 $\eta = 1$，$T_{LF} = 0$，则

$$i = \sqrt{\frac{J_L}{J_m}} \tag{5-9}$$

2. 总传动比的分配

虽然各种周转轮系可以满足总传动比的要求，且结构紧凑，但由于效率等原因，常用多级圆柱齿轮传动副串联组成齿轮系。确定齿轮副的级数和分配各级传动比，可按下面三种不同的原则进行。

(1) 最小等效转动惯量原则。

① 小功率传动。以图5.7所示两级传动齿轮系为例。假定各主动小齿轮具有相同的转动惯量 J_1，轴与轴承转动惯量不计，各齿轮均为实心圆柱体，且齿宽和材料均相同，效率不计，各级传动比分配的结果应为“前大后小”。

② 大功率传动。大功率传动装置传递的转矩大，各级齿轮副的模数、齿宽直径等参数逐级增加，此时小功率传动的假定不适用，分配结果应为“前小后大”。

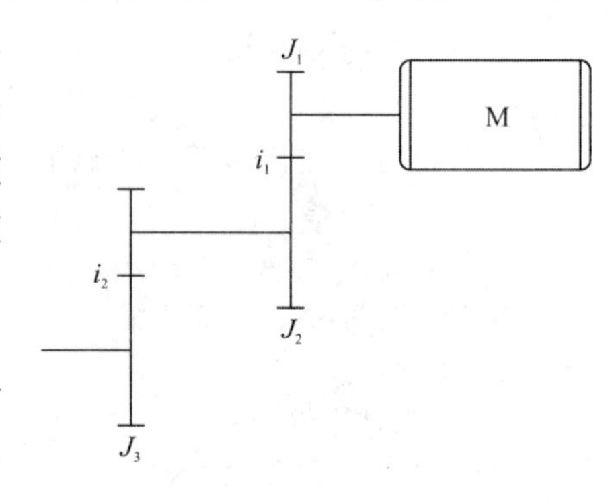

图5.7 电动机驱动的两级齿轮系

(2) 质量最小原则。

① 小功率传动。仍以图5.7所示的传动齿轮系为例，假定同前，则 $i_1 = i_2$。

② 大功率传动。仍以图5.7所示的齿轮系为例，假设所有主动小齿轮的模数 m_1、m_3，分度圆直径 d_1、d_3，以及齿宽 b_1、b_3 都与所在轴上的转矩 T_1、T_3 的三次方根成正比，且设每个齿轮副的齿宽相同，即

$$\begin{cases} i = i_1 \sqrt{2i_1 + 1} \\ i_2 = \sqrt{2i_1 + 1} \end{cases} \tag{5-10}$$

计算所得的传动比应满足“前大后小”。

(3) 输出轴的转角误差最小原则。

在减速传动链中，从输入端到输出端的各级传动比应为“前小后大”，且末端两级传动比应尽可能大，齿轮副精度应提高，这样可减小齿轮的固有误差、安装误差和回转误差对输出轴运动精度的影响。

上述三项原则的选用，应根据具体的工作条件而定。

(1) 对于高精度传动和减小回程误差为主的降速齿轮传动，可按输出轴转角误差最小原则设计。对于升速传动，则应在开始几级就增速。

(2) 对于要求运动平稳、启停频繁和动态性能好的伺服降速传动链，可按最小等效转动惯量和输出轴转角误差最小原则进行设计。对于负载变化的齿轮传动装置，各级传动比最好采用不可约的比数，避免同时啮合。

(3) 对于要求质量尽可能小的降速传动链，可按质量最小原则进行设计。

3. 提高齿轮传动精度的措施

通常，可采用以下几种措施来提高齿轮的传动精度。

1) 提高零部件本身精度

提高零部件本身精度是指提高各传动零部件本身的制造、装配精度。一般可选用较小的侧隙或零侧隙，甚至“负侧隙”。对减速传动链来说，提高末级的精度，效果最为显著。

2) 合理设计传动链

(1) 合理选择传动形式。在传动链的设计中，各种不同形式的传动，达到的精度是不同的。一般来说，圆柱直齿轮与斜齿轮机构的精度较高，蜗杆、蜗轮机构次之，而圆锥齿轮较差。在行星齿轮机构中，谐波齿轮精度最高，渐开线行星齿轮机构、少齿差行星齿轮机构次之，摆线针轮行星齿轮机构则较差。

(2) 合理确定传动级数和分配各级传动比。减少传动级数，就可减少零件数量，也就减少了产生误差的环节。因此，在满足使用要求的条件下，应尽可能减少传动级数。对减速传动链，各级传动比宜从高速级开始，逐级递增，且在结构空间允许的前提下，尽量提高末级传动比。一般来说，减速传动采用大的传动比，可使从动轮半径增大，从而提高角值精度。

(3) 合理布置传动链。在减速传动中，精度较低的传动机构(如圆锥齿轮机构、蜗杆蜗轮机构)应布置在高速轴上，这样可减小低速轴上的误差。

3) 采用消除间隙机构

采用合理的消隙机构可有效地减小或消除传动中的回程误差。

5.2.2　滚珠丝杠传动设计

滚珠丝杠是由丝杠、滑块螺母、滚珠等零件组成的传动元件，其作用是将旋转运动转变为直线运动或将直线运动转变为旋转运动。滚珠丝杠的螺旋沟槽与滑块螺母之间装有一定数量的滚珠，丝杠和滑块螺母转动时，滚珠在丝杠的螺旋槽中反复循环运动。

1. 滚珠丝杠的特点及精度

滚珠螺旋传动与滑动螺旋传动或其他直线运动副相比，具有高效平稳、定位精度和重复定位精度高、使用寿命长及可靠性高等优点，缺点是不能自锁、有可逆性，另外制造工艺复杂，制造成本高。

滚珠丝杠副的精度级别有不同的分类方法，按照 GB/T17587.3—1998 标准分为七个精度等级，即 1、2、3、4、5、7、10 级，1 级精度最高，依次递减。滚珠丝杠副的行程偏差有多个项目，如有效行程内的平均行程偏差 e_p、任意 300 mm 行程内允许行程变动量 V_{300p}、2π 弧度内允许行程变动量 $V_{2\pi p}$。

精度的选用，对于数控机床、精密机床和精密仪器等用于开环和半闭环进给系统，根据定位精度和重复定位精度的要求可选用 1、2、3 级，一般传动可选用 4、5 级，全闭环系统可选用 2、3、4 级。

2. 影响滚珠丝杠传动精度的因素

精密滚珠丝杠的传动精度包括滑块螺母的位置误差和空回，影响滚珠丝杠副传动精度的主要因素有螺旋副的制造误差及不均匀载荷作用下引起的弹性变形。

1) 制造误差

制造误差主要是螺距误差、导程误差和牙型圆弧半径误差，其中导程误差是影响传动精度的主要因素，导程误差包括 300 mm 误差和全长误差。

2) 弹性变形

滚珠丝杠副动态变形包括丝杠变形、滑块螺母的变形和支撑部件的变形，变形量的大小直接影响传动系统的精度。在一定的轴向载荷作用下，变形量与其刚度直接相关，弹性变形量与丝杠轴向载荷成正比，与其刚度成反比。

3) 空回

空回是由于丝杠和滑块螺母之间存在轴向间隙，当丝杠的转动方向改变时，滑块螺母不能立即反向运动，只有在丝杠转过一定的角度后，滑块螺母才开始反转，从而形成空回误差。控制轴向间隙的常用方法有双螺母预紧法、单螺母变导程法以及单螺母滚珠过盈法等。预紧力应当适当，一般预紧力为最大轴向载荷的 1/3，且最大预紧力不超过基本额定动载荷的10%。施加适当的预紧力可使滚珠丝杠副有更好的刚性，减少滚珠和丝杠、滑块螺母之间的弹性变形。有资料显示，有预紧的滚珠丝杠副的弹性变形只是无预紧的滚珠丝杠副的1/2，因此可以获得更高的传动精度。

3. 滚珠丝杠的设计计算

滚珠丝杠选用流程如图5.8所示。下面以实例形式说明滚珠丝杠的选用过程。

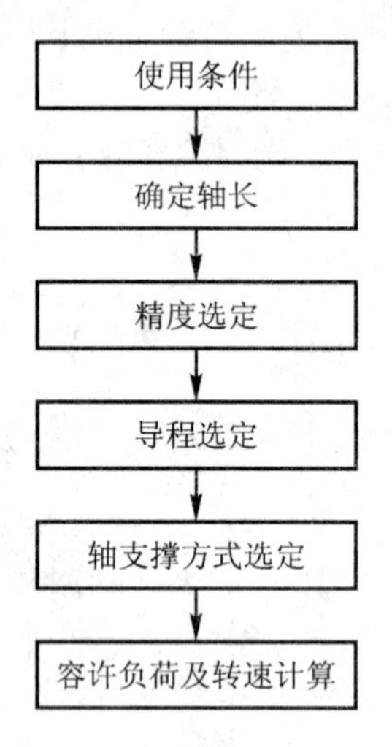

图 5.8　滚珠丝杠选用流程

【例题 5-2】 如图5.9所示为一垂直搬运装置简图，其中：

(1) 工作台设计参数。

工作台重量：$W_1=300$ kgf；移动物重量：$W_2=50$ kgf；

最大行程：$S_{max}=1500$ mm；最大速度：$v_{max}=15\times10^3$ mm/min；

要求寿命：$L_t=20\ 000$ h(4 年)；导引面滑动摩擦系数：$\mu=0.01$；

电机转速：$N_{max}=1500$ r/min；反复精度：0.3 mm；定位精度：±0.8/1500 mm；

丝杠轴安装形式：固定-支持；运行环境：无灰尘。

(2) 运行条件。滚珠丝杠运行条件如图5.10所示。

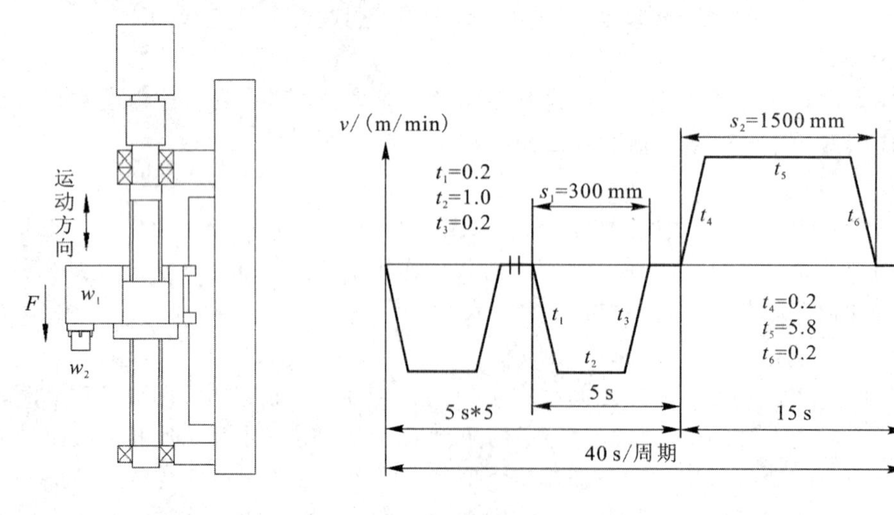

图 5.9　垂直搬运装置　　　　图 5.10　滚珠丝杠运行条件

(3) 设计计算项目。

① 丝杠精度的选定；

② 丝杠轴径、导程、长度计算及选型。

解 本题以台湾PMI产品做选型参考进行计算。

(1) 精度的选定。定位精度的设计要求为±0.8/1500 mm，任意300 mm行程内允许误差应在±0.16 mm以上，由此可以确定丝杠精度等级为C7，定位精度为±0.05/300 mm。

(2) 丝杠轴径、导程和长度的选定。

① 导程 s：导程计算公式为

$$s = \frac{v_{max}}{N_{max}} \tag{5-11}$$

代入数据计算得，$s=10$ mm，因此导程必须大于等于10 mm以上。

② 丝杠长度之选定：

$$\begin{aligned} L &= 最大行程+滑块螺母的长度+轴端预留量 \\ &= 1500+100+200=1800\ \text{mm} \end{aligned}$$

③ 轴向载荷计算。从运行条件可知，下降和上升阶段的加速度数值相等，方向相反，并设向上为正，加速度按照以下公式计算：

$$a = \frac{v_{max}}{t_1} \tag{5-12}$$

代入数据计算得：$a = 1.25\ \text{m/s}^2$。

导轨的摩擦力 f 按照下式计算：

$$f = \mu(w_1 + w_2)g \tag{5-13}$$

计算得：$f = 35$ N。

接下来计算轴向载荷，各运行阶段计算公式及结果见表5.3。

表5.3 轴向载荷及平均转速计算表

运行条件	计算公式	F/N	平均转速/(r/min)
等加速下降1	$F = (w_1 + w_2)g - f - (w_1 + w_2)a$	2958	750
匀速下降2	$F = (w_1 + w_2)g - f$	3395	1500
等减速下降3	$F = (w_1 + w_2)g - f + (w_1 + w_2)a$	3833	750
等加速上升4	$F = (w_1 + w_2)g + f + (w_1 + w_2)a$	3903	750
匀速上升5	$F = (w_1 + w_2)g + f$	3465	1500
等加速上升6	$F = (w_1 + w_2)g + f - (w_1 + w_2)a$	3028	750

由表5-3可知，最大轴向载荷发生于等加速上升的区段，即 $F_{max} = F_4 = 3903$ N。

④ 丝杠根径确定。丝杠根径可以根据下式计算：

$$d_r = \left(\frac{F_{max}L^2}{f_z}\right)^{\frac{1}{4}} \tag{5-14}$$

式中：f_z 为轴端支撑方式的系数，对于两端采用固定-简支的方式，$f_z = 10.2$。其他支撑方式的系数可参考有关资料。代入相关数据计算，得 $d_r = 19$ mm。另外，一般情况下丝杠的细长比(长度与直径之比)通常必须在 60 以下，即

$$d_r \geqslant \frac{L}{60} = \frac{1800}{60} = 30 \text{ mm}$$

(3) 额定动载荷 C_a 的计算。由表 5-3 可以计算出一个搬运周期内的平均载荷和平均转速，分别可以按照下式计算。

平均载荷：

$$F_m = \left(\frac{F_1^3 n_1 t_1 + F_2^3 n_2 t_2 + \cdots + F_n^3 n_n t_n}{n_1 t_1 + n_2 t_2 + \cdots + n_n t_n}\right)^{\frac{1}{3}} \tag{5-15}$$

平均转速：

$$N_m = \frac{n_1 t_1 + n_2 t_2 + \cdots + n_n t_n}{t} \tag{5-16}$$

代入表中数据计算，得到：

$$F_m = 3436 \text{ N},\ N_m = 450 \text{ r/min}$$

额定动载荷 C_a 依据下式计算：

$$C_a = 0.0392 \times \frac{F_m (N_m L_t)^{\frac{1}{3}} f_w}{f_a} \tag{5-17}$$

式中：C_a 为额定动载荷(N)；N_m 为平均转速(r/min)；F_m 为平均载荷(N)；L_t 为使用寿命(h)；f_w 为运转状态系数，无冲击时取 1～1.2，一般情况下取 1.2～1.5，有冲击的振动取 1.5～2.5；f_a 为精度系数，通常取 0.9～1。代入数据计算得 $C_a = 33\,576$ N，因此选用的滚珠丝杠的额定动载荷应当大于该值，才能满足预定寿命要求。

通过上面的分析计算，丝杠根径应大于 30 mm，考虑设计条件和经济性，选择滚珠丝杠的形式：40-10B2-FSWW；轴径：40 mm；导程：10 mm；动载荷：3520 kgf。

(4) 重点项目验算(给出计算方法，不做详细计算)。

① 刚性验算。滚珠丝杠在工作负载和转矩的共同作用下，每个导程会产生变形，其变形量按下式计算：

$$\Delta l_0 = \pm \frac{sF_m}{EA} \pm \frac{s^2 T}{2\pi G J_c} \text{ (m)} \tag{5-18}$$

式中：A 为丝杠截面积(m^2)；J_c 为丝杠极惯性矩(m^4)；T 为转矩(Nm)；s 为导程(m)；F_m 为平均工作载荷；E 为丝杠材料的弹性模量，对于钢取 206 GPa；G 为丝杠切变模量，对钢取 83.3 GPa。其中转矩 $T = F_m \dfrac{D_0}{2}\tan(\lambda + \rho)$ 为摩擦角，λ 为丝杠螺旋角，D_0 为丝杠公称直径。

② 稳定性验算。对于较长的丝杠，可以采用压杆的稳定性求出最大临界载荷：

$$F_{cr} = \frac{\pi^2 E I_a}{f_1 l} \tag{5-19}$$

式中：l 为丝杠工作长度(m)；f_1 为长度系数；I_a 为丝杠危险截面的轴惯性矩(m^4)；E 为丝杠材料的弹性模量，对于钢取 206 GPa。

5.3 导向及支承

5.3.1 精密导向单元

引导运动构件沿着一定轨迹运动的零件称为导向单元，也称为导轨。按运动学原理，所谓导轨就是将运动构件约束到只有一个自由度的装置。精密导向常用的导轨副有直线滚动导轨副、静压导轨副、塑料导轨等。

1. 精密导轨副的设计原则

精密导轨的几何精度、运动精度和定位精度要求很高，设计时应遵循以下原则。

1）*误差补偿原则*

设计应满足下列三项要求，以使导轨系统实现误差相互补偿：

(1) 导轨间必须设置中间弹性环节，如滚动体塑料带(片)或流体膜等；

(2) 导轨间要有足够的预紧力，以便补偿接触误差；

(3) 导轨的制造误差应小于中间弹性体(元件)的变形量。

2）*精度互不干涉原则*

制造和使用时导轨的各项精度互不影响才易得到较高的精度。例如：矩形导轨的直线性与侧面导轨的直线性在制造时互不影响；平—V 导轨组合导轨横向尺寸的变化不会影响导轨的工作精度。

3）*动、静摩擦因数接近原则*

设计导轨副时应使导轨接触面的动、静摩擦因数尽量接近，以便获得高的重复定位精度和低速平稳性，滚动导轨、镶装塑料板或贴塑料片的普通滑动导轨，摩擦因数小且静、动摩擦因数接近。

4）*导轨副自动贴合原则*

要使导轨精度高，必须使导轨副具有自动贴合的特性。水平导轨可以靠运动构件的重量来贴合；其他导轨必须附加弹簧力或者滚轮压力使其贴合。

5）*全部接触原则*

固定导轨的长度必须保证动导轨在最大行程的两个极限位置，与固定导轨全长接触(不会超出固定导轨)，以保证在接触过程中导轨副始终全部接触。

6）*补偿力变形和热变形原则*

导轨及其支承件受力或温度变化时会产生变形，设计导轨及其支承件时，力求使其变形后成为要求的形状。如龙门式机床的横梁导轨，将其制成中凸形，以补偿主轴箱(或刀架)重量造成的弯曲变形。

2. 导轨精度及影响因素

直线运动导轨副的精度称为导向精度，它是评价导轨副性能的一项重要技术指标，运动件沿导轨副运动时的实际轨迹偏离给定的直线运动轨迹的误差越小，表示导轨副的导向精度越高，那么导向精度就是运动件沿导轨副运动的准确程度，一般用运动件的位置误差来表示导轨副的导向精度，该位置误差称为导向误差。

影响导向精度的主要因素有导轨承导面的几何精度、导轨的结构类型、导轨副的接触精度、表面粗糙度、导轨和支承件的刚度、导轨副的油膜厚度及油膜刚度，以及导轨和支承件的热变形等。

通常采用以下措施可提高导轨精度：

(1) 提高导轨的几何精度。导轨的几何精度包括垂直平面与水平平面内的直线度和两条导轨面间的平行度。

(2) 合理确定导轨的几何参数。导轨的几何参数有一定的影响，比如导轨的长宽比(L/b)，长宽比越大，导向精度越高，因此在条件允许的情况下，导轨的宽度尽可能选大一些。

增加滑块的长度有利于提高导向精度和运动灵活性，一般取滑块的长度为两导轨之间距离的1.2～1.8倍，条件允许的情况下，可取2倍以上。

(3) 保证导轨和机座的刚度。刚度是导轨抵抗受力变形的能力。导轨变形对构件之间的相对位置和导向精度影响很大，尤其是精密机械与仪器。导轨变形包括导轨本体变形和导轨副接触变形，两者均应考虑。

(4) 提高耐磨性，减小导轨面压强。耐磨性与导轨副的材料匹配、受力、加工精度、润滑方式和防护装置的性能等因素有关，应合理选择导轨材料和热处理方式，保证导轨工作面的最大压强小于允许值，精密导轨可给运动件施加适当的卸载力，以抵消导轨上的部分载荷，一般卸载力为工作载荷的2/3左右。

(5) 保证良好的润滑。根据导轨的速度、载荷合理选择润滑方式和润滑油，保证良好润滑。

(6) 驱动力和作用点对导轨工作的影响。应合理确定导轨的驱动力的方向和作用点，使导轨的倾覆力矩尽可能小，否则会增加导轨之间的摩擦力，加剧磨损，降低导轨的运动平顺性和定位精度。

3. 直线滚动导轨副

1) 技术特征

直线滚动导轨副是在导轨与滑块之间放入适当的滚珠或滚柱，以此作为它们之间的动力过渡。导轨与滑块相对运动时，滚珠或滚柱沿着导轨上的轨道滚动，在滑块端部，滚珠或滚柱再次返回轨道，进行周而复始的滚动，这样它们之间的摩擦为由滑动摩擦变为滚动摩擦，实现高速度、高精度的线性运动。

2) 直线滚动导轨副的特点

直线滚动导轨副具有以下特点：

(1) 承载能力大、刚性好、传动平稳可靠。

(2) 动、静摩擦力很小，随动性好，可以大幅提高系统的响应速度和灵敏度；线性滑轨的摩擦阻力与滑动导轨相比可减小到原来的1/20～1/40。

(3) 适合高速运动，其瞬时速度比滑动导轨高10倍。而且由于滚动摩擦系数极低(只有滑动导轨的1/20～1/50)，驱动功率大大下降。

(4) 定位精度高，直线滚动导轨静摩擦非常小，与动摩擦几乎没有差异，即使在微量进给时也不会有空转打滑的现象，可实现微米级、超微米级的行走精度。

(5) 长时间维持精度，由于滚动导引磨损非常小，可以较长时间维持精度。

(6) 可同时承受四个方向(上、下、左、右)的负载。

4. 液体静压导轨和气体静压导轨

1）液体静压导轨

液体静压导轨是在导轨面的油腔中通入压力油，使运动体浮起，工作过程中，油腔中油压能随着外载荷的变化自动调节，保证导轨面之间始终处于纯液体润滑状态。

图 5.11 所示为液体静压导轨系统组成原理示意图。液体静压导轨按供油方式分为定压式和定量式两种，定压式导轨的节流器进口处的油压保持恒定，定量式导轨流经油腔的流量一定，不需要节流器，但是每个油腔需要一个定量泵供油；按导轨形式又可分为开式、闭式和卸荷式三种。

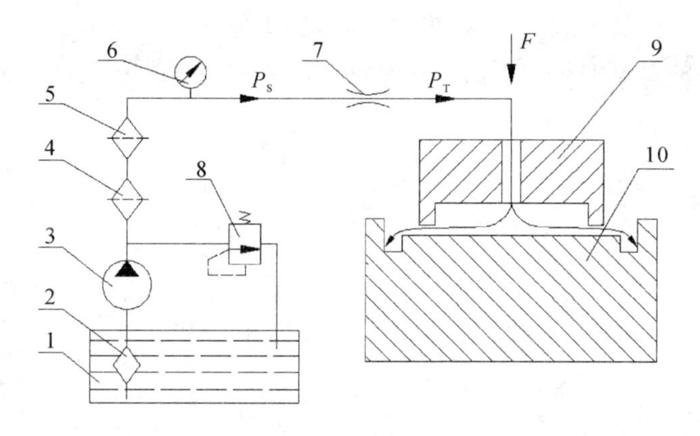

1—油箱；2—滤油器；3—液压泵；4—粗滤油器；5—精滤油器；6—压力表；
7—节流器；8—溢流阀；9—上支撑；10—下支撑

图 5.11 液体静压导轨系统组成示意图

液体静压导轨的摩擦系数极小，通常为 0.0005～0.001，功耗低、摩擦发热小；在极低速度下不会产生爬行现象，定位精度高、运动平稳；油膜刚度高，抗振性能好。液体静压导轨的加速度可以达到 100 m/s^2，速度可以达到 120 m/min。

液体静压导轨的缺点是需要一套良好过滤的液压系统，使其结构复杂，工作环境较差。

2）气体静压导轨

气体静压导轨也称气浮导轨，是气膜润滑的一种直线导轨，可分为整体型和离散型，整体型又有开式和闭式之分，离散型又可分为圆平板型和矩形平板型。

气体静压导轨的优点有：无发热现象、摩擦与振动小、不会污染环境等，运动精度高，气体静压导轨的直线度在 250 mm 长度上可以达到 0.1～0.2 μm，非常适用于精密仪器、精密机床、测量设备、电子制造设备等；其缺点是承载能力差、刚度低、对振动的衰减性较差(只有油的 1/1000，容易出现自激振荡)，而且需要一套高质量的气源、气路系统。

3）塑料导轨

在金属滑动导轨副的移动体的导轨面上涂覆一层塑料或金属与塑料的混合物，即为塑料导轨。

塑料导轨具有优良的自润滑性和耐磨性、摩擦系数小、承载能力较强、润滑装置相对简单、运行成本低等优点，并且其静、动摩擦因数相近，极低速度下没有爬行，运动平稳，抗振性较好，定位精度高；塑料导轨的缺点有耐热性差、热导率低、机械强度低、刚性差、容易蠕变等。

5.3.2 精密支承单元

1. 静压轴承

静压轴承按支承中的流体不同，可分为液体静压轴承和空气静压轴承；按流体膜形成的方法可分为静压轴承和动压轴承。

1）液体静压轴承

（1）液体静压轴承的工作原理。

液体静压轴承的工作原理如图 5.12 所示。液体静压轴承由外部的润滑油泵提供压力油来形成压力油膜，以承受载荷。虽然许多动压轴承亦用润滑油泵供给压力油，但其性质是不同的，最明显的是供油压力不同，液体静压轴承的供油压力比动压轴承高得多。

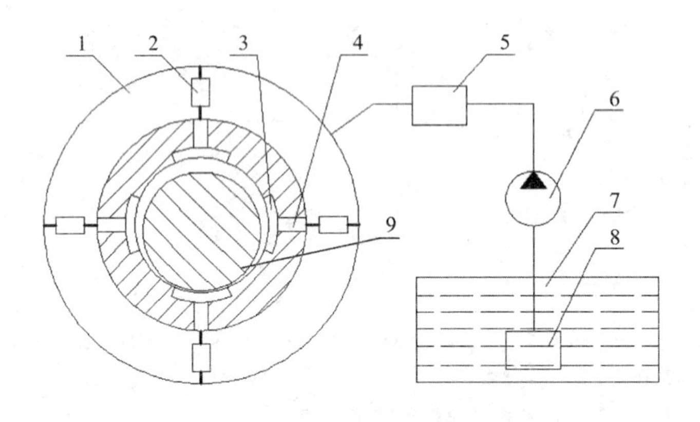

图 5.12　液体静压轴承的工作原理

液体静压轴承在运转中，由于摩擦副有相对运动，故亦可能产生动压效应，当动压效应达到一定份额时，轴承成为动静压混合轴承。

（2）液体静压轴承的特点。

液体静压轴承具有以下优点：

① 启动和运转期间摩擦副均被压力油膜隔开，滑动阻力仅来自流体黏性，摩擦因数小、工作寿命长；

② 静压轴承有“均化”误差的作用，能减小制造中不精确性产生的影响，故对制造精度的要求比动压轴承低；

③ 摩擦副表面上的压力比较均匀，轴承的可靠性和寿命较高；

④ 可精确地获得预期的轴承性能；

⑤ 轴承的温度分布较均匀，热膨胀问题不如动压轴承严重。

液体静压轴承适应的工况范围非常广，从载荷以克计的精密仪器到载荷达数千吨的重型设备都有采用静压轴承的。

2）空气静压轴承

空气静压轴承的工作原理如图 5.13 所示，由外部将预先加压的空气强行吹入 $h=10\ \mu m$ 左右的极窄的轴承空隙里，在此产生了空气润滑膜，靠空气润滑膜的静压力支撑负载体，其工作原理与液体静压轴承基本相同。所以轴和轴承之间的相对速度即使为零也能将负载支撑起来。另外，轴和轴承面形状误差的影响会被轴承间隙中空气润滑膜极高的平均化效应所克服。

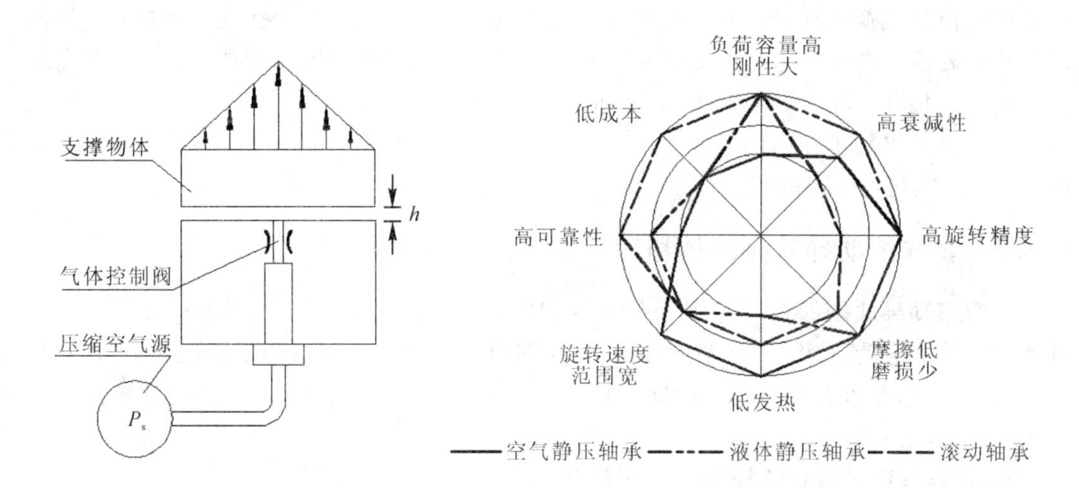

图 5.13　空气静压轴承的工作原理　　　　图 5.14　轴承特性的比较

但是，要使某个一定的轴承间隙具有一定的负载能力，就要给出与之相应的供给压力 P_s，而微小的负载变动将会引起轴承间隙的很大变化，甚至无法正常使用。所以在实际应用中，需要在空气供给管路中间设置流体控制阀，靠该控制阀就能根据负载变化自动调整轴承间隙，从而确保轴承的刚性。

空气静压轴承和其他轴承的特性比较如图 5.14 所示，由于空气的黏度约是油质的千分之一，故空气静压轴承和液体静压轴承相比，具有摩擦力极小、发热量极低的突出特点。但与此同时，由于空气的黏度低及可压缩性，故其负载容量、刚性要比相同尺寸的油压轴承或滚动轴承差。

空气轴承在高速、低摩擦、高温、低温及有辐射性的场合，显示了独具的优越性。例如，在划片机电主轴、高速磨头、高速离心分离器、陀螺仪表、原子反应堆冷却用压缩机、高速鼓风机、电子计算机记忆装置等技术上，由于采用了空气轴承，突破了使用滚动轴承或油膜轴承所不能解决的困难。

2. 磁悬浮轴承

图 5.15 为磁悬浮轴承原理图，它由转子、传感器、控制器和执行器四部分组成，其中

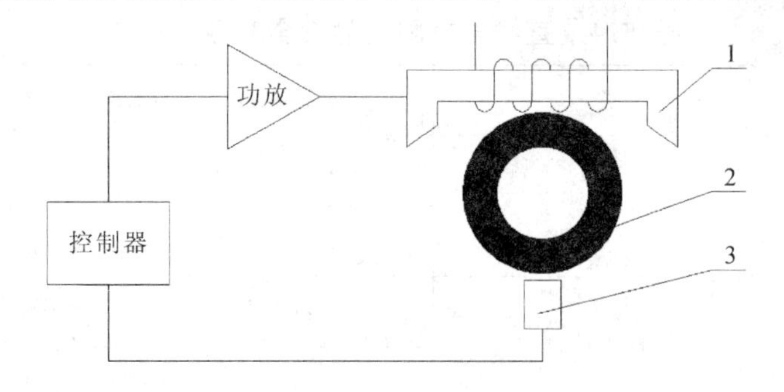

1—电磁体；2—转子；3—位置传感器

图 5.15　磁悬浮轴承原理图

执行器包括电磁铁和功率放大器两部分。假设在参考位置上，转子受到一个向下的扰动，就会偏离其参考位置，这时传感器检测出转子偏离参考点的位移，作为控制器的微处理器将检测的位移变换成控制信号。然后功率放大器将这一控制信号转换成控制电流，控制电流在执行磁铁中产生磁力，从而驱动转子返回到原来的平衡位置。因此，不论转子受到向下或向上的扰动，转子始终能处于稳定的平衡状态。

主动磁悬浮轴承在国内还没有达到实用的技术，在国外则在一些领域实现了应用，如透平机、膨胀机、压缩机等。

5.3.3 直线滚动导轨副的选用

直线滚动导轨副的精度等级划分不尽相同，按照 JB/T7175.2—2006，直线滚动导轨副的精度等级分为 6 级，1 级精度最高，6 级最低。台湾地区制造的直线滚动导轨(直线滚动导轨)一般将精度分为普通级(N)、高级(H)、精密级(P)、超精密级(SP)和超高精密级(UP)五个等级。

1. 直线滚动导轨副的额定载荷与寿命

1) 额定静载荷 C_0

所谓额定静载荷，是指在产生最大应力的接触面处，使滚动体与滚动面间的永久变形量的总和达到滚动体直径的 0.0001 倍时，方向和大小一定的静止载荷，额定静载荷即为容许静载荷的限度。

2) 容许静力矩 M_0

所谓容许静力矩，是指在产生最大应力的接触面处，使滚动体与滚动面间的永久变形量之总和达到钢珠直径的 0.0001 倍时，方向和大小一定的静止力矩，容许静力矩即为静的作用力矩的限度。

3) 静安全系数 f_s

在有振动、冲击或激烈的启动停止情形时，需要考虑静安全系数。额定静载荷与直线导轨副上的工作载荷的比值即为静安全系数，即

$$f_s = \frac{C_0}{P} \tag{5-20}$$

式中：f_s 为静安全系数；C_0 为额定静载荷(N)；P 为工作载荷(N)。

实际计算的静安全系数应小于允许值，各种应用状况的静安全系数允许值见表 5.4。

表 5.4 直线导轨副的静安全系数允许值

机械种类	载荷条件	f_s
一般产业机器	一般载荷状况	1.0～1.3
	有振动、冲击	2.0～3.0
机床	一般载荷状况	1.0～1.5
	有振动、冲击	2.5～7.0

实际计算时，式(5-20)中工作载荷 P 取滑块螺母的最大等效载荷。

4）额定动载荷 C_a

所谓额定动载荷，是指一批相同规格的直线导轨副在同样的条件下运动时，当其滚动体为钢珠时，其额定寿命为 50 km，而其滚动体为滚柱时，额定寿命为 100 km，方向和大小都不变的载荷。

5）额定寿命 L_a

直线导轨副的寿命是指在滚动体或滚动面上由于循环应力的作用，在出现因材料的滚动疲劳所发生的金属表面剥落时所运行的总距离。

直线导轨副的额定寿命会因实际所承受的载荷而不同，可依照选用规格的基本额定动载荷和工作载荷来推算出使用寿命。直线导轨副的使用寿命会随着运动状态、滚动面的硬度与环境温度而变化，不同的滚动体分别按照下式来计算其寿命。

钢珠：
$$L_a = \left(\frac{f_H f_T}{f_W} \times \frac{C_a}{P}\right)^3 \times 50 \tag{5-21}$$

滚柱：
$$L_a = \left(\frac{f_H f_T}{f_W} \times \frac{C_a}{P}\right)^{\frac{10}{3}} \times 100 \tag{5-22}$$

式中：L_a 为额定寿命(km)；C_a 为额定动载荷(N)；P 为工作载荷(N)；f_H 为硬度系数；f_T 为温度系数；f_W 为载荷系数。

对于随着运动发生变化的负载，式中工作载荷 P 用每个滑块螺母的平均载荷计算，计算结果取最短寿命的滑块作为额定寿命。

硬度系数与直线导轨副滚动面的硬度直接相关，一般直线导轨副滚动面的硬度都在HRC58以上，可取 $f_H = 1.0$（具体数值参考各相关产品资料）。

当工作温度高于100℃时，高温效应会影响导轨使用寿命，大多数情况下，导轨的使用在环境温度低于100℃时，温度系数可取 $f_T = 1.0$。

虽然直线导轨副所承受的载荷可通过受力分析计算求得，但实际使用时大都伴随着振动或冲击，实际载荷会大于计算值。考虑不同的运转条件与使用速度下，一般建议按照表5.5选取载荷系数。

表5.5　载荷系数

运转条件	运转速度/(m/min)	f_W
平稳无冲击	$v \leqslant 15$	1.0～1.2
普通冲击及振动	$15 < v \leqslant 60$	1.2～1.5
中等冲击及振动	$60 < v < 120$	1.5～2.0
强烈冲击及振动	$v \geqslant 120$	2.0～3.5

2. 载荷计算

1）工作载荷

作用在直线滚动导轨上的载荷，会因物体重心的位置、推力位置与运转时启动停止的加速度所产生的惯性力等的作用而变化，所以在选用直线滚动导轨时，必须考虑各种使用条件，以计算出正确的工作载荷的大小。

直线滚动导轨的使用方式根据工作要求有多种形式，一般而言根据导轨的运行方向有水平使用、垂直使用或斜向使用，根据导轨的载荷形式有导轨内侧的载荷和外侧的悬臂载荷，根据运动的方式有等速载荷和加速惯性载荷等。导轨的工作载荷计算方法可以参考相关文献或产品资料。

2）等效载荷

(1) 组合使用。直线滚动导轨为可承受四方向载荷能力之设计，2 支以上(含 2 支)滑轨组使用时，其等效载荷计算如下：

$$P_E = |P_R| + |P_T| \tag{5-23}$$

式中：P_E 为等效载荷(N)；P_R 为径向或反径向载荷(N)；P_T 为横向载荷(N)。

不同方向的载荷如图 5.16 所示。

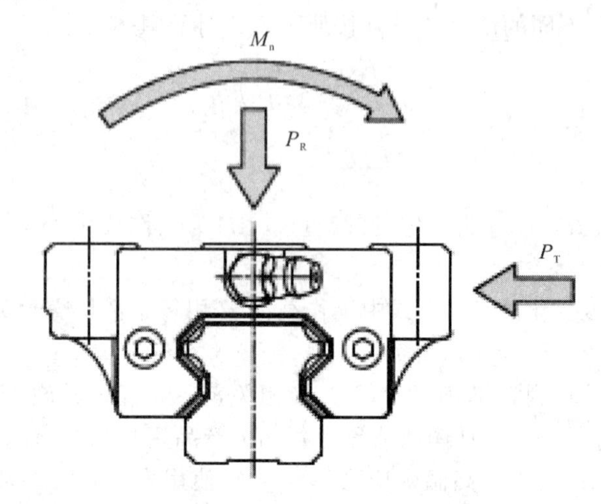

图 5.16　不同方向的载荷示意图

(2) 独立使用。直线滚动导轨独立使用时，等效载荷必须将力矩效应考虑进去，其计算公式如下：

$$P_E = |P_R| + |P_T| + C_0 \frac{|M_n|}{M_0} \tag{5-24}$$

式中：P_E 为等效载荷(N)；P_R 为径向或反径向载荷(N)；P_T 为横向载荷(N)；C_0 为额定静载荷(N)；M_0 为容许静力矩(N・m)；M_n 为工作力矩(N・m)。

不同方向的载荷及力矩如图 5.16 所示。

3）平均载荷

平均载荷的类型大致有三种形式，其计算公式分别如下：

分段式变动载荷：$$P_m = e\sqrt{\frac{1}{L}(P_1^e L_1 + P_2^e L_2 + \cdots + P_n^e L_n)} \tag{5-25}$$

单调式变动载荷：$$P_m = \frac{1}{3}(2P_{max} + P_{min}) \tag{5-26}$$

正弦式变动载荷：$$P_m = 0.65 \sim 0.75P_{max} \tag{5-27}$$

式中：P_m 为平均载荷(N)；P_1，…，P_n 为各段变动载荷(N)；L 为总行走距离(mm)；L_1，…，L_n 为各段变动载荷作用下行走距离(mm)；P_{min} 为最小载荷(N)；P_{max} 为最大载荷(N)；e 为指数，钢珠时为 3，滚柱时为 10/3。

5.4　微细加工设备机械系统结构

5.4.1　主传动机构的设计要求

机械系统中传动机构的主要功能是传递转矩和转速，因此，它实际上是一种转矩、转速变换器。机械传动部件对伺服系统的特性有很大影响，特别是其传动类型、传动方式、传动刚性以及传动的可靠性，对系统的精度、稳定性和快速响应有重大影响。

机电一体化系统的机械系统与一般的机械系统相比，除了要求具有较高的定位精度等静态特性外，还应具有非常良好的动态响应特性，即动作响应要快、稳定性要好，以满足伺服系统的设计要求。为此在设计中要做到以下要求：

（1）尽量缩短传动链，提高传动和支承刚度；

（2）较小的转动惯量，以提高系统的响应速度和灵敏度，同时应保证足够的刚度，较大的刚度能够增加系统的稳定性，减少共振；

（3）减小传动之间的摩擦并保证适当的阻尼，保证系统具有足够的稳定性；

（4）机构间精度要合理分配；

（5）采取良好的隔振和减振措施；

（6）充分预测系统的热变形并进行有效控制。

5.4.2　主传动结构的主要形式

1. 主传动结构运动形式

在电子制造设备中，主要的运动形式有直线运动和旋转运动。直线运动有一维运动，即直线往复运动，这是最基本的运动形式，是构成二维、三维运动的基础。二维运动由两个正交的一维运动叠加而成，即 X—Y 平面运动。三维运动则在二维运动的基础上增加垂直于 X—Y 的 Z 向运动。因此根据运动形式可以将主传动机构分为一维运动机构、二维运动机构、三维运动机构等。

在更为复杂的工作要求中，需要实现绕着某个方向的旋转运动，如绕 Z 轴的旋转运动 θ_z，以及绕 X、Y 轴的旋转运动 θ_X、θ_Y，由此构成六维多轴运动机构，这种机构在精密工件台上有着广泛的应用。

实现直线运动的方式可以采用直线导轨、滚珠丝杠副加旋转电机驱动，也可以采用气动驱动、步进电机或直线电机直接驱动。在小行程精密运动定位中，则可以采用微位移传动技术，实现微米级甚至纳米级的运动定位。

2. 常用主传动结构形式

1）*工作头运动定位传动机构*

在机电设备中，根据工作内容的不同，工作头多种多样，如切削加工中的镗刀头、钻铣头、激光切割头等。就电子制造设备而言，常见的工作头有贴片机的贴装头、晶圆划片机的划片头、芯片键合的键合头等。

工作头由 X—Y 伺服驱动定位系统驱动，实现 X—Y 向的运动和定位，进行各种预定轨迹的运动。X—Y 向的传动结构有以下几种形式。

(1) 十字滑台。十字滑台是指由两组直线滑台按照 X 轴方向和 Y 轴方向组合而成的组合滑台，通常也称为坐标轴滑台、X—Y 轴滑台。一般以横向表示 X 轴，另一个轴向为 Y 轴。当 X 轴的中点与 Y 轴重合时，X—Y 轴呈“十”字形。

十字滑台在以下机械中广泛应用：

① 医疗机械：检查设备、测试设备。

② 平面作业机械：喷涂机械、点胶机械、涂胶机械等。

③ 物流作业机械：货物自动分类机械、仓库管理机械等。

十字滑台结构相对简单，本书不做论述。

(2) 拱架横梁式传动结构。拱架横梁式结构也称龙门式结构或过顶横梁式结构，这种结构根据横梁的运动与否，有动横梁和固定横梁之分；根据横梁的数量，有单横梁和双横梁之分；根据工作头的数量，可分为单横梁单头、单横梁双头、双横梁双头和多横梁多头；根据驱动方式，又可分为伺服电机+滚珠丝杠驱动和直线电机直接驱动。

(3) 悬臂梁式传动结构。这种结构一般由一根主梁作为主运动导向机构，一个或数个悬臂梁可沿主梁运动，工作头则安装在悬臂梁上，并能够在悬臂梁上进行另外一个方向上运动，由此实现 X—Y 向的运动和定位。

根据悬臂梁的数量，有单悬臂梁和双悬臂梁之分；根据悬臂梁的空间布置，有单侧悬臂梁和两侧悬臂梁之分。

2) 工件运动定位传动机构

工件运动定位传动机构也称工件台，是加工或测量过程用作承载工件的载物工作平台，为满足不同的工作要求，工件台需要实现一个或多个方向的运动和定位。在电子制造设备中，工件台主要用在需要精确运动和定位的场合。

(1) 精密工件台的组成和分类。

工件台的基本组成如图 5.17 所示，主要由驱动源、传动机构或直线电机、导轨、控制装置和检测装置等组成，如果采用直线电机直接驱动，则虚线框中的传动机构和驱动源就可省去，从而减少了传动链。

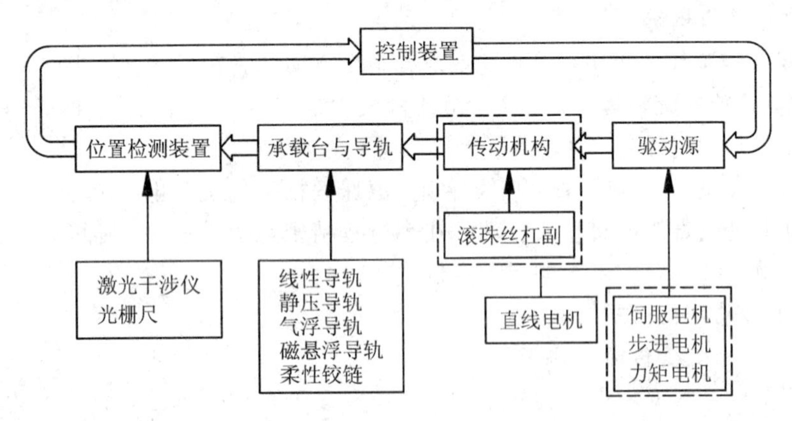

图 5.17 工件台的基本组成图

根据精密工件台的结构和组成部分，工件台有不同的分类，按照导轨的类型，可以分为机械式、气浮式和液压式三种。气浮式和液压式工件台运行平稳、精度高，但是体积庞大、结构复杂。机械式结构紧凑、简单，是目前常用的形式。

工件台按结构形式又可分为平面单层工件台和双层工件台两种。单层工件台的主要特点是不同方向上的运动都有一个共同的平面，工件台的高度方向尺寸小、结构紧凑，但是需要一个高精度的平面；双层工件台的主要特点是 X、Y 向的运动机构叠加在一起，下层驱动电机的负载比上层的电机要大，高度也较高，因此其稳定性受到一定影响。图5.18是成都贝宁实业有限公司生产的GJTQ—A气浮式 X/Y 型工件台示意图。这是一种 X/Y 型单层工件台，主要技术参数如下：

- X、Y 重复定位精度：±300 nm(±3σ)；
- 运动偏摆：< 1″；
- 速度：500 mm/s；
- X、Y 向行程：150 mm×150 mm，250 mm×250 mm(可定制)；
- H型结构，直线电机进行驱动；
- 气浮导轨进行导向；
- 精密光栅进行位置检测及反馈。

图5.18 成都贝宁实业有限公司的GJTQ—A气浮式 X/Y 型工件台

(2) 工件台的特征和用途。

精密工件台的主要功能是实现快速步进、精确定位和大行程运动。精密工件台虽然形式多样，但是其具备共同的基本特征：首先，能够实现平面内 X—Y 向的直线运动，行程在几百毫米之内，精度在微米级甚至纳米级；其次，为了满足加工的需要，有的还具备在 Z 向的微调运动，行程一般小于毫米级，以及绕 X、Y、Z 轴的旋转运动，进行角度调整，其调整范围在几十个毫弧度。

精密工件台是精密机械中的一种典型结构，在微光刻技术、数控加工、生物芯片技术等方面有着广泛应用。

① 光刻机、贴片机等电子设备。在当前主流的光刻机设备中，都具有精密工件台系统，其定位精度直接影响套刻精度、特征线宽尺寸，而其运行速度直接影响光刻机的生产效率。在横梁固定的拱架式贴片机中，PCB板则放置在工件台上，沿一个方向运动，通过工作头在与其正交的方向上移动对准完成器件贴装。

② 精密测量。例如，在三维表面形貌的测量中，通过工件台的重复性步进移动，对等间距样本点的数据进行采集，从而获得表面形貌的特征数据，然后进行数据处理。

③ 数控加工。在大多数精密数控加工中，要完成复杂曲面且高精度的加工，必须控制刀具和工件之间的相对运动，此时精密工件台提供直线进给运动，通过主轴的回转运动，完成工件的加工过程。比如晶圆划片机的工件台在切割前需要精密定位，找到切割特征线，在切割中完成进给，并在一条线切割完成后在另一个方向步进，逐步完成全部切割。

④ 其他应用。在生物芯片技术、纳米表面形貌测量和纳米加工、光纤的对接等方面都需要用到精密工件台。

5.4.3 工作头传动定位机构

1. 拱架横梁式 X—Y 轴传动机构

这种传动结构一般由固定于基座上相互平行的两根导轨和传动机构组成 Y 轴运动及

导向机构，横梁 X 轴与双 Y 轴连接，工作头则安装在横梁上。

图 5.19 所示是 X—Y 轴最典型的拱架式传动定位机构，这种机构采用一体式基座，X、Y 轴采用直线滚动导轨导向，滚珠丝杠副传动，用伺服电机驱动定位，Y 轴采用双导轨导向，X 轴的横梁两端固定在 Y 向导轨滑块上，沿 Y 向做往复运动工作头固定在 X 轴的横梁上，可以沿 X 向移动，从而完成工作头在 X—Y 平面方向的正交平行移动。

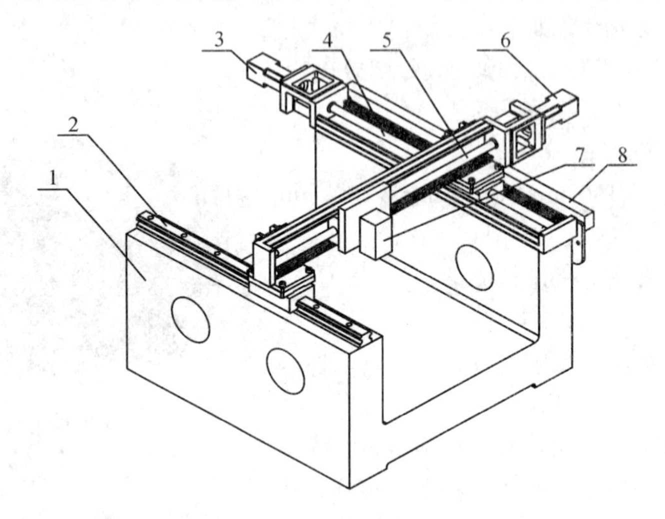

1—基座；2—Y_2 轴直线导轨；3—Y_1 轴伺服电机；4—Y 轴滚珠丝杠；
5—X 轴滚珠丝杠；6—X 轴伺服电机；7—工作头；8—光栅尺

图 5.19　拱架式传动定位机构

图 5.19 中的 Y 轴为单边驱动，其优点是结构简单，但是当 X 轴横梁的长度以及工作头的重量达到一个比较大的值时，工作头在远离电机一端的导轨近处移动时会在 Y 轴滚珠丝杠与横梁的结合处产生一个很难平衡的角摆力矩。为了克服这个缺点，可以采用两个电机同步来驱动 Y 轴，也就是采用双电机驱动的模式，这样有利于缩短工作头的定位时间，并且提高定位稳定性，从而提高 Y 轴的精度和速度。

这种机构在中低速贴片机上经常采用。为了提高生产效率，拱架式结构的横梁可以安装多个工作头，或者采用多个横梁、多工作头模式。

(1) 单横梁双头。如图 5.20(a)所示，横梁在基座上沿 Y 轴运动，横梁两侧各安装一个工作头，工作头在横梁上沿 X 轴运动，分别按照不同的时序进行工作。

(2) 双横梁双头。如图 5.20(b)所示，在基座上设计有两个独立的横梁，各自沿 Y 轴

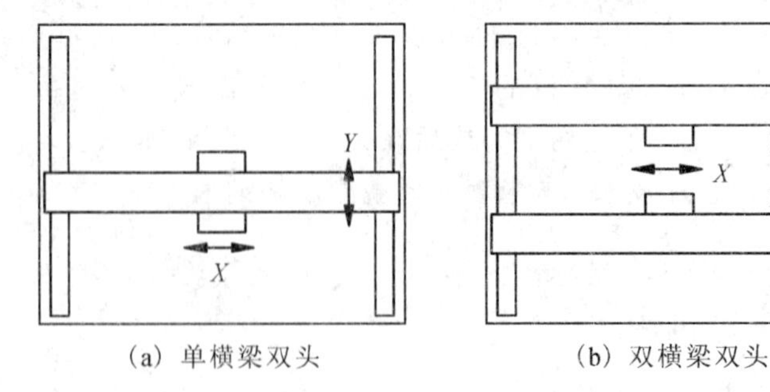

(a) 单横梁双头　　(b) 双横梁双头

图 5.20　多头拱架式结构

独立运动，每个横梁分别安装一个工作头，每个工作头可以完成相同的功能，也可以实现不一样的功能，使设备具有更大的灵活性。

随着传动机构速度的提高，由于滚珠丝杠系统（包括伺服电机、传动齿轮、滚珠、丝杠、螺母、支架等）的组成元件较多，传动链长，滚珠丝杠又是一种细而长的非刚性传动元件，当运动速度要求较高时，由于滚珠丝杠转动惯量大、扭转刚度低、传动误差大、摩擦磨损严重、弹性变形引起爬行等一系列缺陷，从而影响运动平台的动态性能。

无论是单电机驱动还是双电机驱动，X—Y 传动结构速度如果过高，X—Y 轴的发热量都会加大，其中滚珠丝杠是主要热源，温度变化会引起丝杠热变形，从而影响运动精度，因此在最新研制的 X—Y 传动系统的导轨内部设有冷却系统（氮冷），通过对 X—Y 轴进行强制冷却来减小热变形的影响。

2. 悬臂梁结构

悬臂梁式结构一般由一根主横梁作为主传动机构，在主横梁的一侧或两侧安装有若干悬臂梁，悬臂梁上安装工作头。这种传动结构的目的，主要是实现高速、高精度运动和定位，因此传动大多采用直线电机和气浮导轨。

图 5.21 所示为西门子 SIPLACE X4I 型复合式贴片机的工作头传动机构，该机构采用一个主横梁和四个悬臂梁，每个悬臂梁上安装一个工作头，由无摩擦直线电机、空气轴承导轨直接驱动，悬臂梁与主横梁的动子连接，沿主横梁做 Y 向运动，悬臂梁本身即是直线电机的定子，工作头与悬臂梁动子连接，实现 X 向的运动和定位。

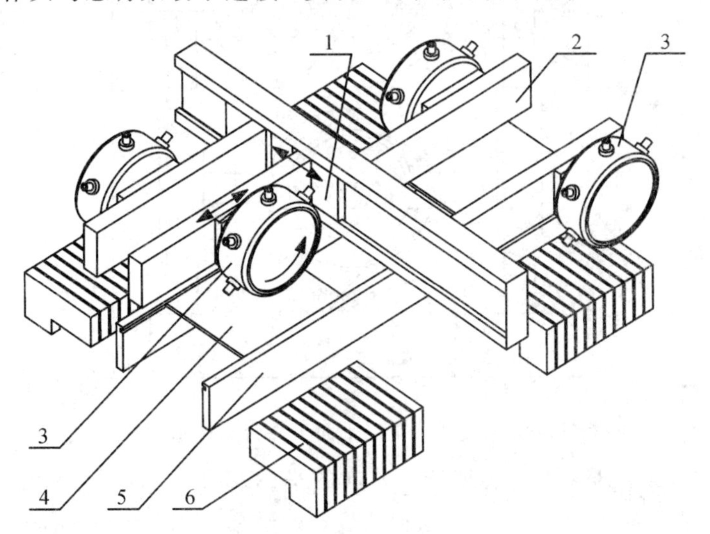

1—直线电机；2—悬臂梁；3—工作头；4—PCB；5—PCB 夹持轨道；6—供料器

图 5.21　悬臂梁式结构示意图

采用这种结构，贴片机的运行速度可达 300～2000 mm/s，加速度为 7～10 m/s^2。贴装速度高达 102 000 CPH(IPC 值)，位置精度达到±22 μm/(3σ)，角度精度达到±0.07°(4σ)。

采用直线电机直接驱动有许多优点：

（1）速度范围较宽，容易实现高速和低速运动，最高速度可达 5 m/s，而滚珠丝杠传动一般只有 0.5～0.7m/s，而且直线电机的速度波动很小，只有±0.01%，直线电机的恒速特性一般都比较好。

(2) 定位精度高、运行平稳。直线电机都具有非常平稳的运动曲线，它的定位精度仅受反馈分辨率的限制，通常可达到微米以下的分辨率，精度稳定性极好。

(3) 高系统动态性能，除了高速能力外，直线电机直接驱动的优势还在于其具有极高的加速度，小型直线电机的加速度可达到 $10g$ 以上，大型直线电机的加速度则可达到 $30g$。

5.4.4 精密工件台定位技术

1. 平面单层式工件台结构

平面单层式工件台的特点是不同方向上的运动都共用一个基准平面，工件台的高度低、结构紧凑，但是对安装基准平面的精度要求较高。单层式工件台常见的结构有机械式、气浮式和磁悬浮式，它们的区别在于导轨的形式。机械式工件台采用机械式直线滑动导轨，为了减小滑动面之间的摩擦力，在滑动面装有聚四氟乙烯垫，以减小滑动摩擦阻力；而气浮式工件台采用气浮导轨，通常采用直线电机驱动。图 5.22 所示是气浮式平面单层工件台的结构示意图，Y_1、Y_2和 X 均为气浮式导轨，X 向导轨通过挠性连接安装在两个 Y 向导轨滑块上，形成"H"形结构，实际上也是一种拱架式 X—Y 平面传动机构。载物台安装在 X 向导轨滑块上，可沿 X 向移动，同时其下方连接空气轴承作为支撑，可以减小弹性变形对精度的影响。

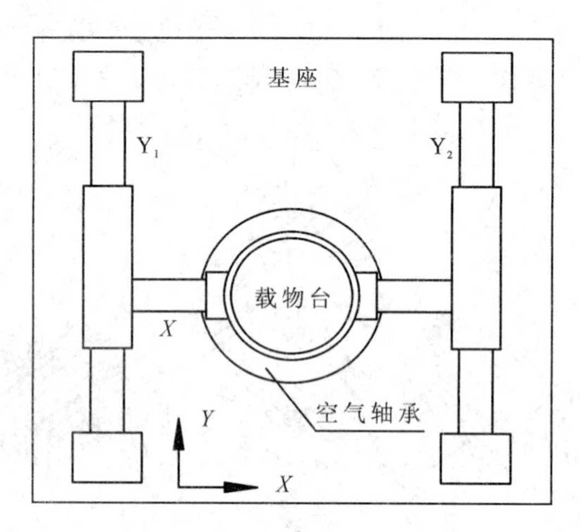

图 5.22 气浮式单层平面工件台结构示意图

这种结构由直线电机驱动，实现 X—Y 向的平面二维运动，由于 X、Y 之间采用挠性连接，通过控制 Y_1、Y_2直线电机的速度和位置，能够实现载物台 θ 向的角度修正和补偿。这种结构的优点在于工件台的高度大大降低，稳定性大大提高；此外，粗精定位采用同一系统，通过伺服控制系统可以实现高速运动和高精度定位。

2. 平面双层式工件台结构

平面双层式工件台 X、Y 向的运动机构叠加在一起，高度增加，稳定性受到一定影响。平面双层式工件台常见的结构有机械式和气浮式或液压式(可统称为静压式)两种。

3. 大行程纳米级多层工件台

1) 纳米级多层工件台组成和特点

为了满足高速度、高精度的工作要求，纳米级精密工件台通常采用多层结构，其结构示意图如图 5.23 所示，它由基座、X—Y 宏动台、微动台、承片台等构成。

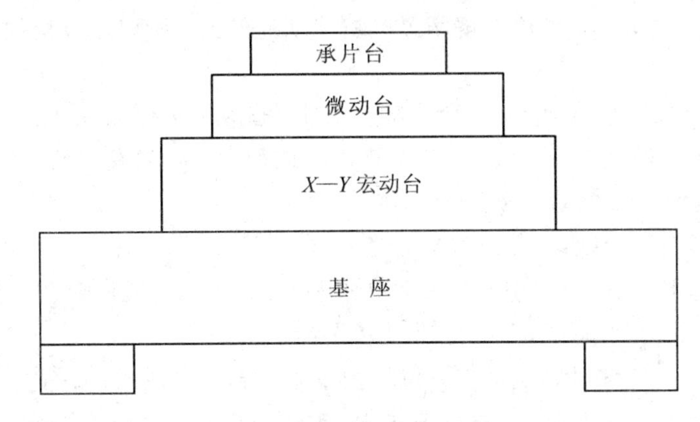

图 5.23　大行程纳米级工件台结构示意图

其中宏动台 X—Y 完成大行程、高速度、高灵敏度的 X 向、Y 向分步运动，要求结构紧凑、稳定性高，定位误差在几微米至几十微米。

微动台 Δx、Δy 则具有纳米级定位精度，完成承片台的精确跟踪定位。由于微动台的行程非常小，可以采用弹簧导轨、单层结构来实现导向运动，具有结构简单、体积小、质量轻等特点。另外，微动台还具有 θ 修正作用，可以补偿工件台运行的直线性和正交性误差。

大行程纳米级多层工件台检测装置采用分辨率为 0.6 nm 的六轴激光干涉测量系统分别测量 X、Y、θ_X、θ_Y、θ_Z 向的移动或转动，另一个轴作为基准测量轴，用于校正激光干涉仪部件因折射率变化和机械膨胀等因素引起的测量误差。

2）纳米级多层工件台在光刻机上的应用

（1）双层“H”形结构。

图 5.24 所示为 ASML 步进扫描工件台的结构示意图。工件台为双层“H”形结构，下层为宏动台，由三个相互独立的直线导轨和气足组成，形成“H”形结构，用超精密直线导轨—直线电机驱动，其中 Y 轴为双轴双电机驱动，其定子固定在花岗岩基座上，X 轴电机

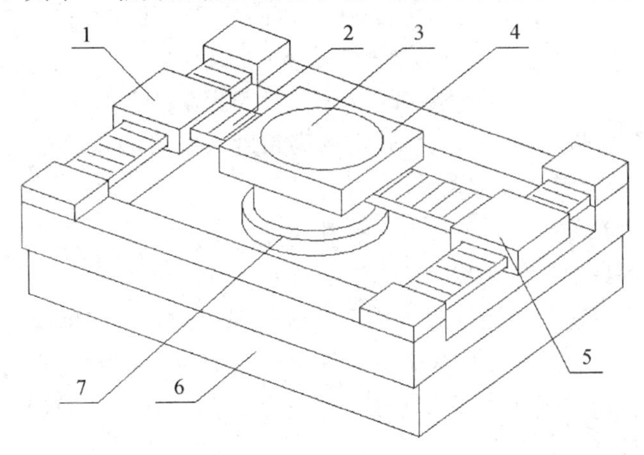

1—Y_1 向直线电机；2—X 向直线电机；3—承片台；4—微动台；
5—Y_2 向直线电机；6—花岗岩底座；7—气足

图 5.24　ASML 步进扫描工件台结构示意图

定子与 Y_1、Y_2 轴的动子连成一体，这样宏动台可以进行 X、Y_1、Y_2 向的长行程平面运动。由于 Y 向采用双独立电机，可以实现两个电机移动的偏差，所以可以提供在 Z 方向的微小转动 θ_Z。

上层微动台与气足和 X 轴电机动子连成一体，微动台由洛伦兹电机控制并通过各自的柔性铰链机构对工件台的 Z、θ_X、θ_Y 三个自由度进行微调，完成小范围内的高响应、高精度的同步动态位置补偿，实现精确跟踪定位。

(2)"十"字形工件台结构。

"十"字形步进扫描工件台的结构示意图如图 5.25 所示，工件台与掩膜台共同组成扫描工作台。

图 5.25 中，$X—Y$ 气浮导轨＋直线电机构成宏动台，实现 $X—Y$ 向二维高速、大行程复合驱动，X 向用于步进运动，Y 向用于扫描运动。各向气浮导轨与直线电机合为一体。洛伦兹电机由三个音圈电机平面组合而成，可做 X、Y、θ 三个方向的微补偿。

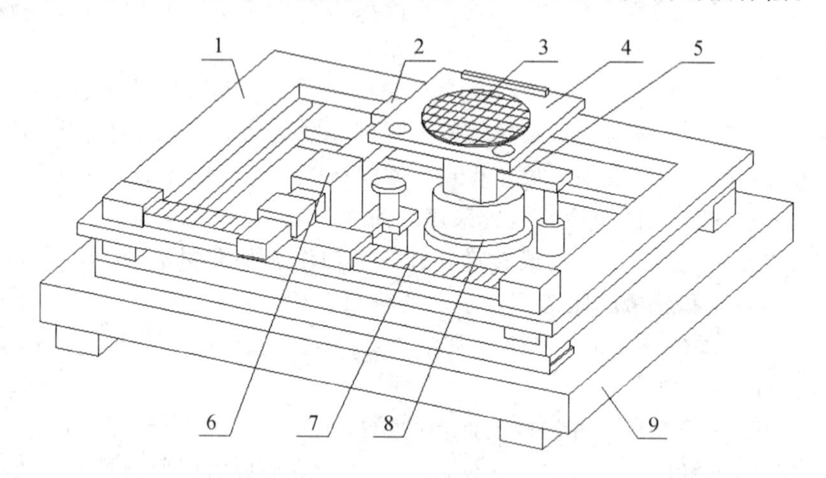

1—平衡块；2—洛伦兹电机；3—硅片；4—承片台；5—微动台；6—Y 向气浮导轨及直线电机；7—X 向气浮导轨及直线电机；8—气足；9—基座

图 5.25　步进扫描工件台结构示意图

承片台下面均布有三组短行程电机，采用柔性铰链机构实现微位移，对承片台进行 Z、θ_X、θ_Y 微调，完成逐场调焦调平以及承片台的高精度六维运动和动态定位。

4. 工件台运动的动态同步控制

在步进扫描投影光刻机中，工件台由硅片承片台和掩膜台共同构成，其成像质量不仅取决于光学系统和各自的定位精度，还取决于硅片承片台和掩膜台的动态定位与动态同步运动性能。光刻机在高速扫描运动过程中要达到纳米级的定位精度、运动精度和同步运动精度。因此在硅片的曝光过程中，各个分系统之间需要有严格的同步时序关系，一旦达不到同步时序要求就会产生同步误差，无法完成纳米级同步运动控制精度，导致硅片曝光场曝光失败。

光刻机中的同步性能以移动平均差(MA)和移动标准差(MSD)来衡量。MA 被定义为硅片上某个曝光点在光阑曝光范围内同步误差的平均值；MSD 被定义为该点在上述范围内同步误差的均方根。步进扫描型光刻机的三大性能指标包括光刻分辨率、套刻精度和生产率。其中两个性能指标(光刻分辨率和套刻精度)都在很大程度上受到同步性能的影响。MA 主要影响光刻过程中的套刻精度，MSD 影响关键尺寸(CD)、能量裕度(EL)、焦深(DOF)等方面。在 100 nm 的步进扫描型光刻机中，MA 必须小于 5 nm，MSD 必须小于 12 nm，步进定位精度必须小于 10 nm。

在高速大行程运动过程中，除采用高速高精度控制算法实现其高速精密同步运动之外，在硬件系统结构的设计上，还要有效地保证各个分系统之间的运作以达到实际工程所需要的同步性。

如果光刻机采用 5∶1 步进扫描缩小投影方式，就要求掩膜台的运动速度是承片台运动速度的 5 倍，承片台、掩膜台的同步扫描及曝光运动分为四个阶段，即启动阶段、稳速阶段、同步扫描曝光阶段和制动阶段。同步控制策略有以下三种类型：

(1) 以承片台、掩膜台协调为主的同步控制策略。此策略控制的承片台、掩膜台相互影响，而且协调为主。无论是承片台，还是掩膜台的干扰，都会影响另一方，此控制策略的目的是使二者的运动速度及位置尽快趋于同步，即要求掩膜台运动速度和位移是承片台运动速度和位移的 4 倍。

(2) 以承片台为主的同步控制策略。这种同步策略目的是使掩膜台的运动尽快跟踪承片台，为保证承片台稳定运动必须在承片台控制回路中增加扰动控制器，使扰动在承片台控制回路中就得到抑制。

(3) 以掩膜台为主的同步控制策略，此策略与以承片台为主的同步控制策略类似。

5.5　机械系统精度分析

5.5.1　精度概念解析

1. 精度的含义

按照测量学的概念，精度反映测量结果与真值相符合的程度，一般用绝对误差或相对误差来衡量精度的高低，误差大则精度低，误差小则精度高。可见精度和误差是一对共生且相反的概念。误差分为系统误差和随机误差，相应的精度也有如下区分。

(1) 准确度。准确度表示测量结果与被测量值的真值之间的符合程度，反映了测量结果中系统误差的大小，准确度只是一个定性概念而无定量表达。测量误差的绝对值大，其准确度低。但准确度不等于误差。

(2) 精密度。精密度是指多次重复测定同一量时各结果之间彼此相符合的程度，也称作重复精度，它反映了随机误差的大小，也即测量值与真值的离散程度。精密度是保证准确度的先决条件，但是高的精密度不一定能保证高的准确度，因为系统误差的存在并不影响测定的精密度。

(3) 精确度(Accuracy of Measurement)。精确度(或称精度)是指被测量的测得值之间的一致程度以及与其真值的接近程度，它是精密度和正确度的综合指标。从测量误差的角度来说，精确度是测得值的随机误差和系统误差的综合反映。

上述三个概念的关系见图 5.26，其中图 5.26(e)的情形表示精密度和准确度都比较高，显然精确度比较高，这时系统误差和重复误差都比较小。

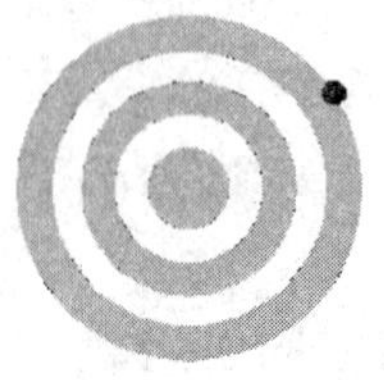
(a) 准确度差

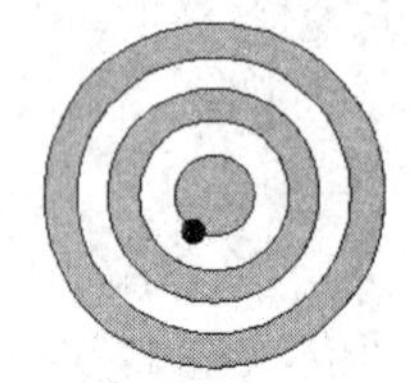
(b) 准确度高

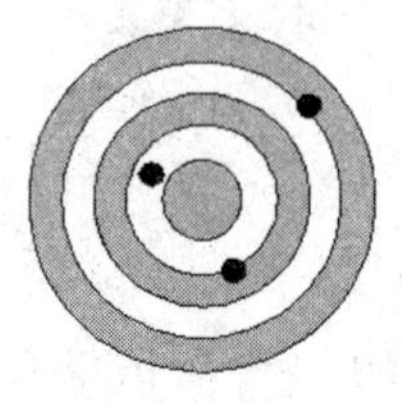
(c) 精密度差

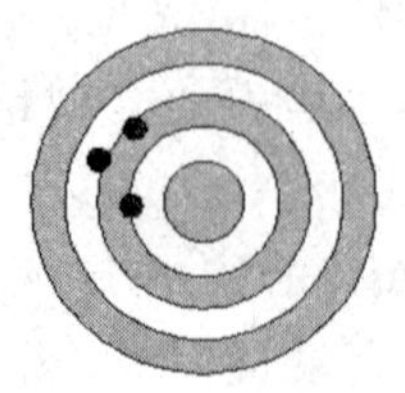
(d) 精密度高

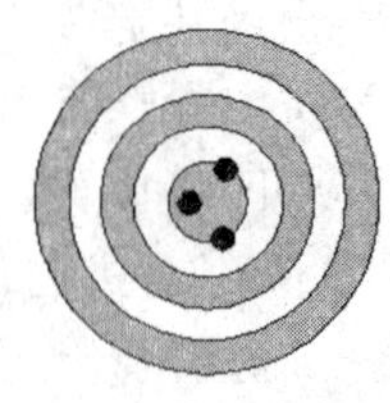
(e) 精确度高

图 5.26 准确度、精密度和精确度

2. 电子制造设备的精度概念

(1) 定位精度(绝对精度)。对于贴片机而言，定位精度是指实际要贴片的元器件位置和贴片文件设定元器件位置的偏差。假如贴片机贴装元器件设定点的坐标值为(a,b)，那么定位精度是实际贴装点与该点坐标的偏差值。

(2) 重复精度。重复精度的定义常采用双向重复精度这个概念，一般定义为：在一系列试验中从两个方向接近任何给定点时离开平均值的偏差。

(3) 贴片机的贴装精度。贴片机的运动系统 X 轴、Y 轴导轨、Z 轴移动及 Z 轴旋转有各自的定位精度，它们综合的结果决定贴装的精度，并最终影响后工序焊接的工艺质量。目前在高精度贴片机中可以提供高达微米级(0.001 mm)的定位精度。贴装精度也称定位精度，标志元器件相对于 PCB 上的标定位置的贴装偏差大小。贴装精度由两种误差组成，即平移误差和旋转误差。

(4) 光刻机的套刻精度(Overlay)。套刻精度是光刻机的关键技术指标，反映了对准系统把掩膜版套刻到硅片上图形的能力。套刻误差是将要形成的图形层和前层图形的最大相对位移。一般而言，套刻误差大约是关键尺寸(CD)的 1/3～1/5。例如，15 nm 的设计规则，套刻误差大约为 3 nm。

3. 分辨率与分辨力

通常，分辨率是指某种设备或材料在单位长度内能够分辨的点或线的数量，其常见的单位有 dpi、lpi、spi、ppi。另外，分辨率也可以通过分辨率极限来体现，分辨率极限是指可分辨对象的最小极限，其常见的单位有 m、cm、mm、μm、nm 等。

分辨力(分辨能力)是指传感器能检出被测信号的最小变化量，是有量纲的数。当被测量的变化小于分辨力时，传感器对输入量的变化无任何反应。

对于贴片机而言，分辨率的含义有两种：一是视觉对准照相机的光学分辨率，视觉对准相机的分辨率是相机的固有特性，主要指照相机的一个像素所能识别特征的大小；另一种是指运动系统的机械分辨率，它也是机器的固有特性，是衡量贴片机各个运动轴工作精密程度的参数，是实现精度的基础。

而在光刻设备中，分辨率被定义为清晰分辨出硅片上间隔很近的特征图形的能力(例如相等的线条和间距)。在先进的半导体制造中，获得高集成度器件分辨率是关键。

5.5.2 机械系统特性参数对系统精度的影响

机械系统的特性参数(包括阻尼、固有频率、摩擦、弹性变形等)对整体系统会产生不同形式的影响，必须清楚地了解这些因素对机电系统的影响，以便在机械系统设计选型时能够合理考虑这些因素。

1. 阻尼的影响

阻尼是由于机械系统中传动件之间的摩擦力而产生的，它反映结构体系振动过程中能量耗散特征的参数。阻尼是指任何振动系统在振动中，由于外界作用或系统本身固有的原因引起的振动幅度逐渐下降的特性。

根据摩擦的不同，阻尼可以分为三类，即静摩擦阻尼、库仑摩擦阻尼和黏性摩擦阻尼。在机械系统中，静摩擦阻尼越大，系统的回程误差越大，定位精度则降低；黏性摩擦阻尼越大，系统的稳态误差就越大，定位精度则降低。

阻尼比用于表达结构阻尼的大小，是结构动力学中的一个重要概念，是指实际的黏性阻尼系数与临界阻尼系数之比，一般用 ζ 表示。ζ 是一个无单位量纲，反映了结构在受激振后振动的衰减形式。一般而言，机械系统可视做带有阻尼的质量-弹簧系统，阻尼比与黏性摩擦阻尼的关系如下：

$$\zeta = \frac{f}{2\sqrt{mK}} \tag{5-28}$$

式中：f 为黏性摩擦阻尼系数（$N/m^2 \cdot s$）；m 为系统等效质量（kg）；K 为系统的拉压刚度（N/m）。

当 $\zeta=0$ 时，系统没有阻尼，处于等幅持续振动状态，因此系统不能没有阻尼；当 $\zeta \geqslant 1$ 时，系统为临界阻尼或过阻尼状态，这种状态下系统物体没有振动地缓慢返回平衡位置，响应时间比较长；当 $0<\zeta<1$ 时称为欠阻尼状态，系统在过渡状态中处于减幅振荡状态，衰减的快慢取决于阻尼系数和固有频率。固有频率一定时，阻尼系数越小振荡越激烈，过渡过程越长；相反，阻尼系数越大，则振荡越小，过渡过程比较平稳，系统的稳定性越好，但是响应时间较长，系统的灵敏度降低。

因此，在系统设计时应综合考虑系统的性能指标，合理确定阻尼的大小，一般处于 $0.4<\zeta<0.8$ 的欠阻尼系统，既能保证振荡在一定的范围内，使过渡过程比较平稳，过渡过程时间较短，系统又具有较高的灵敏度。

2. 摩擦的影响

两个物体产生相对运动或有相对运动的趋势时，它们的接触面之间就要产生摩擦，摩擦力有三种形式，即黏滞摩擦力、动摩擦力和静摩擦力。摩擦力的方向与运动方向（或运动的趋势方向）相反。当负载处于静止状态时，摩擦力为静摩擦力，其最大值发生在运动开始前的一瞬间；运动一开始，静摩擦力即消失，此时摩擦力下降为动摩擦（库仑摩擦）力，库仑摩擦力是接触面对运动物体的阻力，大小为一常数；随着运动速度的增加，摩擦力成线性增加，此时摩擦力为黏性摩擦。

由此可见，只有物体运动后的黏性摩擦力是线性的，而当物体静止时和刚开始运动时，其摩擦是非线性的。

物体之间的摩擦对伺服系统的影响表现在引起动态滞后、降低系统的响应速度、导致系统误差和低速爬行。

(1) 引起系统动态滞后和系统误差。在图 5.27 所示的机械系统中，如果系统刚度为 K，当系统处于静止状态时，由于摩擦力矩 T_s 的存在，输入轴以一定的角速度启动时，有

$$\theta_i \leqslant \left| \frac{T_s}{K} \right| \tag{5-29}$$

式中，θ_i为静摩擦引起的传动死区。此时输出轴将不会运动，在传动死区内，系统将在一段时间内对输入信号无响应，从而造成误差。

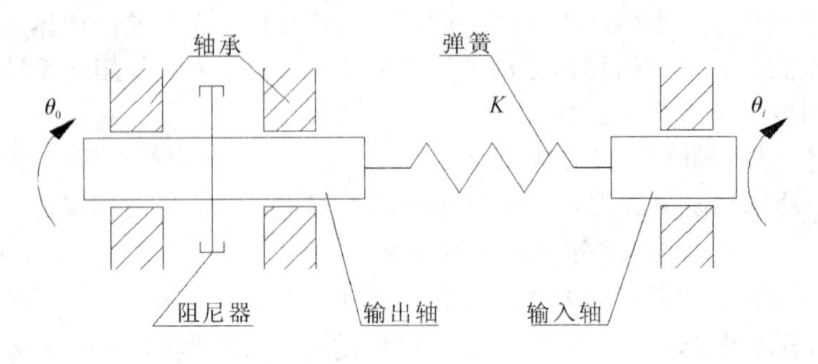

图 5.27　力传递与弹性变形示意图

(2) 引起低速爬行。由于非线性摩擦的存在，机械系统运行时，当静摩擦大于库仑摩擦，且系统在低速运行时(忽略黏性摩擦引起的滞后)，在驱动力引起弹性变形的作用下，系统总是在启动、停止的交替变化之中运动，该现象被称为低速爬行现象，低速爬行导致系统运行不稳定。爬行一般出现在某个临界转速以下，而在高速运行时不会出现。

因此在机械系统中，应尽量减少运动副之间的静摩擦，并降低动、静摩擦的差值，以提高系统的稳定性和响应速度，为实现高精度创造条件。

此外，适当增加系统的转动惯量和阻尼系数，对改善爬行现象很有帮助，但是过大的转动惯量将会降低系统的响应性能，增加系统的稳态误差，因此必须综合考虑、权衡利弊，使系统参数达到最优化。

3. 弹性变形的影响

机械传动系统的结构弹性变形是引起系统不稳定和产生动态滞后的主要因素，稳定性又是系统正常工作的首要条件。

当伺服电动机带动机械负载按指令运动时，机械系统各部件因受力而产生程度不同的弹性变形，其固有频率与系统的阻尼、惯量、摩擦、弹性变形等结构因素有关，这些变形将影响到整个系统的精度和动态特性。当机械系统的固有频率接近或落入伺服系统带宽之中时，系统将产生谐振而无法工作。因此系统的固有频率要远远高于伺服系统的工作频率，避免机械系统由于弹性变形而使整个伺服系统发生结构谐振。通常采取提高系统刚度、增加阻尼、调整机械构件质量和自振频率等方法来提高系统的抗振性，防止谐振的发生。

采用弹性模量高的材料，合理选择零件的截面形状和尺寸，对轴承、丝杠等支承件施加预加载荷等方法都能够提高零件的刚度，减少弹性变形。另外，在不改变机械结构固有频率的情况下，在机电一体化系统中增加阻尼器可使振荡迅速衰减。

4. 转动惯量的影响

在机械传动中，从驱动单元、传动机构到执行机构，系统各部分的惯性都需要认真考虑，惯性不但影响系统的启停特性，也影响系统控制的响应速度、位置偏差和速度偏差。传动机构的惯性可以用惯量和转动惯量来表示，它取决于部件的质量和尺寸参数。

转动惯量是机电一体化系统的机械负载，要产生功耗。转动惯量对伺服系统的精度、稳定性、动态响应都有影响。惯量大，系统的机械常数大，响应慢，灵敏度降低从而使系统的振荡增强，稳定性下降；而且惯量大会使系统的固有频率下降，容易产生谐振，因而会限制伺服带宽，影响伺服精度和响应速度。惯量的适当增大只有在改善低速爬行时有利。因此，机械设计时在不影响系统刚度的条件下，应尽量减小惯量。

5. 间隙的影响

机械系统中不可避免地存在着各种间隙，如滚珠丝杠间隙、导轨间隙、丝杠轴承的轴向间隙、联轴器的扭转间隙等，这些间隙对伺服系统的精度和综合性能影响很大。

间隙将使机械传动系统中间产生回程误差，影响伺服系统中位置的稳定性。在机电一体化系统中，为了保证系统良好的动态性能，要尽可能避免间隙的出现。当间隙出现时，必须采取消隙措施。

消隙的手段很多，如滚珠丝杠副采用双螺母预紧或其他方式消除轴向间隙，以提高传动的定位精度和刚度，减小空回误差。

5.5.3　系统误差的分析计算

在机械系统中，输入与输出之间必然会存在误差，除了零部件的制造误差、安装误差等所引起的误差外，机械系统的动力参数(如刚度、惯量、摩擦、间隙等)也会引起系统误差，在系统设计中必须将这些误差控制在允许的范围内。

1. 机械系统空回误差的等效计算

机械系统误差的等效计算是将零部件产生的误差等效折算到系统的输出端累计求和得到系统的总误差。空回误差又称为失动量，是指系统启动或反向时，系统的输入运动和输出运动之间的差值。

间隙引起的工作台等效空回误差按照下式计算：

$$\delta_c = \frac{s}{2\pi}\sum_{i=1}^{n}\frac{\delta_i}{i} \tag{5-30}$$

式中：s 为丝杠导程(mm)；δ_i 为第 i 个传动副的间隙量(rad)；i 为第 i 个传动副至丝杠的传动比。

摩擦力引起的空回误差实质上是在驱动力的作用下，传动机构克服摩擦力产生的弹性变形，由此造成的空回误差按照下式计算：

$$\delta_\mu = \frac{F_\mu}{K_0}\times 10^3 \tag{5-31}$$

式中：F_μ 为导轨静摩擦力(N)；K_0 为丝杠螺母机构的综合拉压刚度(N/m)。

2. 系统刚度变化引起的定位误差

伺服系统的定位误差主要是由于机械传动部件刚度的变化引起的。伺服系统中机械传动部分的变形主要为滚珠丝杠螺母副的轴向接触变形、滚珠丝杠的拉压变形和轴承的轴向接触变形。伺服系统在检测时(一般是空载)由于综合传动刚度变化而产生的最大定位误差值为

$$\delta_{k\max} = F_\mu\left(\frac{1}{K_{0\min}} - \frac{1}{K_{0\max}}\right)\times 10^3 \tag{5-32}$$

式中：F_μ 为导轨空载静摩擦力(N)；$K_{0\min}$、$K_{0\max}$ 为丝杠螺母机构的最小和最大综合拉压刚度(N/m)。

可见，要减小综合传动刚度引起的定位误差，必须要求伺服系统的机械传动部件有足够大的刚度，导轨有尽量小的摩擦系数。

3. 机械系统刚度的计算

机器的刚度主要取决于下面几个因素：构件的尺寸和材料、机构的受力特性、驱动器和控制器的特性。

机械系统的刚度包括线性弹性变形引起的线性刚度、非线性变形以及各种运动副间隙引起的非线性刚度，刚度是影响机械系统精度和性能的一个重要参数。在闭环系统中，低刚度往往会造成系统的稳定性下降，与摩擦一起造成反转误差，引起系统在被控制位置附近振荡。

系统部件的刚度是指弹性体抵抗变形(弯曲、拉伸、压缩等)的能力，计算公式如下：

$$K=\frac{F}{\delta} \tag{5-33}$$

式中：F 为作用于部件的外力；δ 为部件产生的形变。

机械系统中对于串联部件(比如在同一根轴上的部件)，系统总刚度的倒数等于各部件刚度的倒数之和，计算公式如下：

$$K=\frac{1}{\sum_{i=1}^{n}\frac{1}{K_i}} \tag{5-34}$$

式中：K_i 为各部件的刚度。

对于并联部件，如同一根轴上的若干个轴承。根据胡克定律，在刚度计算时，并联总刚度等于各部件刚度之和，即

$$K=\sum_{i=1}^{n}K_i \tag{5-35}$$

式中：K_i 为各部件的刚度。

5.5.4 精密工件台精度分析

1. 工件台的误差构成

决定工件台最终定位精度的主要因素有机械系统误差、测量系统误差、控制系统误差和环境误差。

1）机械系统误差

机械系统误差主要包括导轨运动的直线性、X—Y 工作台的正交性、测量支架的不稳定性和机构热变形引起的误差。

(1) 运动直线性误差。这是工件台的几何精度之一，是指运动件沿 X 向(或 Y 向)运动时在整个行程内绕 Y 轴(或 X 轴)和 Z 轴的最大转动量，包括导轨在垂直面内的直线误差和在水平面内的直线性。一般来讲直线性误差应控制在几个角秒之内。

(2) 运动正交性误差。正交性误差为 X 向与 Y 向运动中的垂直度。

(3) 结构热变形引起的误差。对精密工件台必须进行热变形控制，如控制环境温度、使用低膨胀材料以及其他综合措施抑制热变形。

2）测量系统误差

激光测量系统误差主要分为重复测量误差和绝对测量误差，影响测量系统的误差主要有量子化误差、阿贝误差、干涉仪长条反射镜不平度误差、坐标轴水平和垂直误差等。

(1) 量子误差。量子化误差是数字式测量装置固有的随机误差，其特征为等概率

分布。

(2) 阿贝误差。阿贝误差是定位系统中一个重要的误差源，主要影响测量的绝对精度。由于机械加工和装配精度的原因，当测量轴线与运动轴线有偏移量，并且测量面与测量轴的垂直面有夹角时，就会产生阿贝误差。

(3) 干涉仪长条反光镜不平度误差。如果反射镜面平面度达不到要求，当 $X—Y$ 工作台沿其中的一个方向运动时，就会引起另一个方向的测量误差。

3) 控制系统误差

控制系统误差包括位置测量误差以及系统刚度、摩擦力矩的不均匀性、电机分辨力、控制算法、加速度环、速度环、位置闭环控制引起的误差和反馈误差。

4) 环境误差

环境误差包括温度、湿度、大气压力、气流影响、重力作用、电磁干扰、整机底座不稳定性引起的误差，可以采用气浮装置、冷却措施、电磁屏蔽以及温度、湿度和气流的精确控制加以克服。

2. 双工件台对准误差分析

以光刻机为例，其承片台与掩膜台的对准误差，即套刻误差是影响步进光刻机套刻精度的重要指标，影响它的主要因素有掩膜-硅片对准误差 Δ_a、工件台重复定位误差 Δ_s、投影物镜畸变 Δ_w 和倍率误差 Δ_l、掩膜版制造误差 Δ_m、基准校正误差 Δ_{F_i}、正交性误差 Δ'、硅片膨胀误差 Δ'_l、步进和同步扫描运动模型误差 Δ'' 等。

在上述误差中，掩膜版制造误差、基准校正误差和正交性误差属于系统误差，其他都是随机误差，因此步进扫描光刻机的总的套刻误差可用下式表示：

$$\Delta = \sqrt{\Delta_m^2 + \Delta_{Fi}^2 + \Delta'^2 + \Delta''^2} + \sqrt{\Delta_a^2 + \Delta_s^2 + \Delta_w^2 + \Delta_l^2 + \Delta'^2_l} \tag{5-36}$$

总的套刻误差 Δ 应控制在最小线宽的 1/3 之内。

在所有影响精度的因素中，对准精度、工件台精度、曝光精度是主要因素，分析如下：

对准精度和对准方法直接相关，对于只采用 TTL 对准系统的光刻机来说，对准误差由同轴对准系统的测量精度决定，而对于采用离轴加同轴对准的光刻机而言，对准精度则由硅片对准精度、工件对准精度和掩膜对准精度共同决定。

工件台精度对套刻精度的影响主要体现在工件自身运动精度、工件台双频激光干涉仪计数误差以及工件台的归零误差等；另外，工件台步进和同步扫描模型误差以及同步扫描精度都是影响套刻误差的重要因素。

曝光精度受到掩膜误差、硅片变形、投影物镜误差、掩膜硅片轴向误差、掩膜硅片同步扫描误差等因素的影响。

5.5.5　减振技术与热变形控制

机械振动是系统部件(或部件的一部分)在平衡位置(部件静止时的位置)附近做往复运动。振动可分为自由振动和受迫振动，还可分为无阻尼振动与阻尼振动。

振动影响机电设备的正常工作，降低系统的运动和定位精度，加速机械构件的磨损。尤其在微制造技术、超大规模集成芯片的生产中，环境及设备的振动对加工精度有很大的影响，因此对设备的振动的控制提出了严格的要求。

随着机电一体化设备的精度不断提高，温度引起的热变形误差对系统精度的影响也愈来愈突出，特别是在精密微纳米技术等现代精密技术中，热变形误差影响尤为严重，成为影响精度的主要因素，热变形引起的加工误差比例有时高达50%～70%，因此控制热变形是光机电一体化设备必须考虑的关键问题之一。如果不能有效地预测和降低热变形误差，则无法实现精密技术的预期精度。

1. 机械振动及减振技术

1）常见的机械振动源

（1）机械部件由于加工、装配和安装精度等原因或多或少存在偏心，在做旋转运动时，产生的不平衡离心惯性力使设备产生振动；往复直线运动时也会出现周期性的扰动力产生振动。

（2）传动轴系振动：如电机扭矩不均匀引起的扭转摆动、轴系之间不同心引起的轴向振动、设备冲击力造成的振动等。

（3）电磁振动：由电机定子、转子的各次谐波相互作用以及磁极气隙不均匀造成定子与转子间磁场引力不平衡等原因引发电动机的振动。

（4）其他外部振源：如风载、重型交通工具等诱发的随机振动。

2）振动控制技术

振动控制技术有被动控制、主动控制、半主动控制和混合控制。被动控制是在结构中设计某种装置，通过隔离振动、调谐、吸能、耗能等方式，减少结构吸收的能量，达到减振的目的。被动控制具有技术简单、造价低、性能可靠的特点，并且不需要外部能量输入，但是被动控制的减振效果有限、适应性较差。被动控制在对振动要求不是很高的系统中较多采用。

主动控制是通过驱动器借助外部能量对结构施加一定的控制力，以达到减振的目的。主动控制的效果显著，在系统频率范围内可以人为地进行控制，以达到最佳的控制效果，但是技术复杂、设备投资大、需要外部能量输入。

半主动控制的原理和主动控制类似，与主动控制相比，不需要较大的外部控制力，但控制效果略差，与被动控制相比过程复杂、可靠性低，但控制效果较好。

混合控制是将主动控制和被动控制同时作用到结构上的控制系统。

3）振动控制的基本方法

（1）增加设备的阻尼，减小或消除振动源激励；

（2）改善机电设备系统内部的动平衡；

（3）改进零部件加工工艺，提高零部件尺寸和形位精度，保证装配质量；

（4）调整设备的固有频率和扰动频率，防止共振；

（5）采用隔振减振技术，减小或隔离系统的振动传递。

4）精密设备中常用的隔振元件

对精密、超精密加工设备采取隔振措施时，应根据隔振要求及隔振材料和隔振器的性能、加工条件等作全面考虑，采用不同的隔振减振技术和隔振器或它们的组合才能达到预期的隔振效果。

精密设备中常用的隔振元件有空气弹簧隔振器、压电陶瓷致动器、磁致伸缩致动器、电流变减振器、磁悬浮减振器、磁流变减振器等。

5）工作平台减振技术

光刻机在工作过程中，由于工件台和掩膜台等分系统具有较高的运动加速度和运动速度，运动部件产生的大惯性力和其他外部因素将引起光刻机工作平台的振动，从而影响曝光的质量，因此曝光机在曝光过程中必须有效保证其静态和动态的相对稳定，必须将运动部分产生的振动和曝光部分进行隔离。

现代扫描光刻机采用了振动隔离和主动减振技术，光刻机能够在极为安静的环境条件下安装，并在较宽的频带范围内具有减振、隔振能力。从光刻机目前所达到的最小线宽来看，没有高精度的隔振性能工作平台，就不可能达到那样的光刻精度。

引起工作平台运动稳定性的有内部因素和外部因素，内部因素主要为工件台及掩膜台等运动系统高加速运动产生的惯性力。外部因素比较多且复杂，包括地面传来的大地脉动性振动、台面试验仪器的运动、室外车辆行驶、建筑施工等所产生的振动等。

对于超精密工作平台，由于隔振要求很高，采用被动隔振方法，将无法达到良好隔振的效果，特别是对低频区部分的振动消除比较困难，而采用主动隔振能够很好地解决这些问题。

某研究单位设计了一种主动减振精密工作平台，其结构简图如图 5.28 所示，图中空气弹簧 4 具有较低的刚度，可以对地面的高频振动部分进行有效隔离。

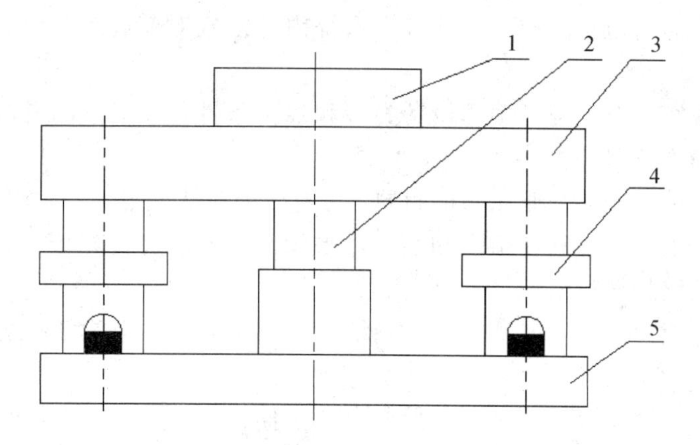

1—承片台；2—双向电磁致动器；3—工作平台；4—空气弹簧；5—底座

图 5.28　超精密隔振平台结构示意图

图 5.28 中双向电磁致动器 2 作为精密致动元件，传感器检测出振动信号后，经过反馈系统的信号传输、放大、滤波、转换、分析处理、功率放大对执行机构进行控制。当传感器检测出隔振平台有向上振动的信号时，致动器相应地对平台产生向下作用的力；反之，当隔振平台向下振动时，致动器相应地对平台产生向上作用的力，从而消除平台的振动，达到隔振的目的。

2. 机械结构热变形与对策

温度变化引起的热变形误差是由多方面因素所确定的，这些因素具有动态性，在高精度设备中，例如微纳加工设备，对任何微小因素都不可忽视，必须认真分析并计算它的实际影响。

1）热源分析

热变形过程比较复杂，热源产生热量，经热传递系统使系统温度升高，造成机构变形，引起精度降低。

机械系统的热源分为内部热源、外部热源和热辐射。内部热源有动力热源、运动机构热源和加工系统热源；外部热源如大气温度变化、室温变化、空气流动、地温等；热辐射有人体、阳光照射、照明系统、取暖系统等。它们都会影响机床各部件受热不均匀，引起热变形。

(1) 动力热源。机床动力装置(电机、液压系统、电气系统等)运行时，能量损耗转换成热量，热量传递到机床零部件使其变形。

(2) 运动机构热源。机床上各种运动部件，如轴承副、齿轮副、蜗轮蜗杆副、导轨副和丝杠副等在运动时因摩擦而发热，它们通过润滑介质和空气把热量传递给其他零部件。

(3) 加工系统热源。例如，激光加工系统中由于激光工作头的热辐射造成工作台、机械手的热变形。

2) 减少热变形的措施

采取以下措施可以有效减少热变形：

(1) 对结构进行合理、优化设计，合理隔离热源和控制发热量，这是最有效、最直接的办法。例如，晶圆划片机的电主轴，其方式就是采用外循环式水冷却定子，将电主轴内部热量带走。

(2) 温度分布的均匀化。控制冷却液和系统内部空气对流，使温度分布均匀，防止结构局部变形。

(3) 对室温进行恒温控制。根据设备类型和加工条件，合理控制室温，保证室内温度均匀一致，防止温度分层。

(4) 机械构件采用低热膨胀系数的材料，可有效控制热变形。

(5) 保持机床工作环境温度恒定和系统热平衡。对系统进行充分预热，加工过程中避免中途停止，使系统趋向稳定。

(6) 热变形补偿。通过实时测量补偿系统检测热变形值，进行实时误差补偿。

3) 热变形实例分析

以精密滚珠丝杠轴为例，温度升高丝杠会产生伸长变形，丝杠的热变形与温度关系可用以下公式表示：

$$\Delta l = \rho \cdot L \cdot \Delta T \tag{5-37}$$

式中：Δl 为热变形量(mm)；ρ 为热膨胀系数(钢件一般取 12 μm/m·℃)；L 为丝杠有效长度(m)；ΔT 为平均温升(℃)。

从公式(5-37)可知，有效长度为 1000 mm 的滚珠丝杠，温度升高 1℃就会产生 12 μm 的热变形量。因此，即使滚珠丝杠的导程经过高精度的加工，也会因温升所产生的变形而无法满足定位要求。另外，若滚珠丝杠的运转速度愈高，则平均温升也相对提升，热变形也就愈大。

滚珠丝杠可以通过以下方法克服热变形带来的不良影响：

(1) 控制发热量。

① 选择适当的预压力；

② 选择正确且适量的润滑剂；

③ 加大滚珠丝杠的导程、降低转速。

（2）施予强制冷却。

① 丝杠轴挖成中空，利用冷却液带出热量；

② 丝杠轴外缘以润滑油或空气来冷却。

（3）避免温升的影响。

① 求出累积导程误差的目标值，取负值补正；

② 机器可先用高速运转进行温车，温度达到稳定的状态后再使用；

③ 丝杠轴安装时施加预拉力；

④ 使用闭回路的方式定位。

思考与练习题

5.1　精密机械技术在机电一体化系统中具有哪些特征？

5.2　传动系统的功能有哪些？按工作原理分为哪些种类？

5.3　简述传动方案的设计步骤。

5.4　选择机械传动类型时，应满足哪些原则？

5.5　机械传动系统的主要特性参数有哪些？

5.6　简述传动系统的分类和特点。

5.7　简述传动比的分配原则。

5.8　传动系统与执行机构的作用有何不同？是否所有的机构系统中都有传动系统？

5.9　机械传动系统设计的一般程序是什么？

5.10　传动链的总传动比如何分配给各级传动机构？

5.11　已知一工作台由滚珠丝杠驱动，工作台最大速度 $v_{max}=50$ m/min，丝杠转速 $N=3000$ r/min，求丝杠的导程。

5.12　什么是导轨？影响导轨精度的因素有哪些？

5.13　简述直线滚动导轨副的特点。

5.14　阐述液体静压导轨系统的原理和特征。

5.15　阐述空气静压轴承的特点和应用领域。

5.16　滚珠式直线滚动导轨副在普通冲击及振动下工作，其额定动载荷 $C=63.6$ kN，其滑块的工作负荷为 $P=2700$ N，计算其工作寿命。

5.17　主传动机构的设计有哪些要求？

5.18　简述主传动结构运动的主要形式。

5.19　在拱架横梁式 X—Y 轴传动机构中，Y 轴采用单边驱动有什么缺点？

5.20　阐述纳米级多层工件台的组成和特征。

5.21　阐述微位移机构的组成和分类。

5.22　说明准确度、精密度和精确度的区别与联系。

5.23　阐述系统之间的摩擦对系统特性的影响。

5.24　间隙引起的工作台等效空回误差如何计算？并说明计算公式里的符号含义。

5.25　常见的机械振动源有哪些？振动控制的基本方法有哪些？

5.26　有效减少热变形的措施有哪些？钢制精密滚珠丝杠的热变形如何计算？

参考文献

[1] 段正澄. 光机电一体化技术手册. 北京：机械工业出版社，2010.

[2] 曾励. 机电一体化系统设计. 北京：高等教育出版社，2010.

[3] 刘俊标，薛虹，顾文琪. 微纳加工中的精密工件台技术. 北京：北京工业大学出版社，2005.

[4] 顾浩杰. 高精度超高速贴片机横梁的设计及其动态特性研究. 武汉工业大学硕士学位论文，2012.

[5] 王天曦，王豫明. 贴片机及其应用. 北京：电子工业出版社，2011.

[6] 姚汉民，胡松、邢廷文. 光学投影曝光微纳加工技术. 北京：北京工业大学出版社，2006.

[7] 朱煜，尹文生，段广洪. 光刻机超精密工件台研究. 电子工业专用设备，2004(109)：25－27.

[8] 梁友生，曹益平，邢廷文. 光刻对准技术研究进展. 电子工业专用设备，2004(117)：30－34.

[9] 邱彪，黄美发，等. 用于精度设计的倒装芯片键合机几何误差建模. 机床与液压，2014，42(13)：118－122.

[10] 秦大同，谢里阳. 机架、导轨及机械振动设计. 北京：化学工业出版社，2013.

第6章 传感与检测技术

6.1 概 述

人可以用“五官”感受外界信息，将所得到的信息送入大脑并进行思维和判断，然后大脑命令四肢完成某种动作。而传感器能够代替人的五官完成感受外界信息的功能，因此可以把传感器定义为传送感觉(应)的一种器件。另外，“五官”感受的外界信息范围很窄，还有很多无法或难以感知的信息，如紫外光、红外光、电磁场、无色无味的气体及特高温、剧毒物和各种微弱信号等，而这些信息传感器都可以感知。

因为电信号具有精度高，灵敏度高，可测量控制的范围宽，便于传递、放大及反馈，连续可测、可遥测、可储存等优点，所以人们希望传感器还能将感知的信号放大、传输、存储及显示输出。于是，更广义地可以把传感器归纳为一种能感受外界信息(力、热、声、光、磁、气体、湿度等)，并按一定的规律将其转换成易处理的电信号的装置。其严格定义在国家标准(GB/T7665—1987)中的表述是：“能感受规定的被测量并按照一定的规律转换成可用信号的器件或装置，通常由敏感元件和转换元件组成。”

传感器处于检测系统的最前端，起着获取检测信息与转换信息的作用。它是实现自动检测和自动控制的首要环节。传感技术是主要研究各种功能材料的物理效应、化学效应和生物反应机理，并将研究成果应用于信息检测的一门应用性技术。随着现代测量、控制和自动化技术的发展，传感技术越来越受到人们的重视，可以不夸张地说传感技术是当今最活跃、最生机勃勃的热门技术之一。目前微电子技术和计算机技术的快速普及与发展，加之强大的社会需求都成为传感器发展的巨大推动力，促使传感技术快速发展，出现了“多样化、新型化、集成化、智能化”的发展趋势。

6.1.1 测量方法简介

所谓传感器测量方法，就是传感器测量时所采取的具体方法。测量方法对检测系统是十分重要的，它直接关系到检测任务是否能够顺利完成。因此需针对不同的检测目的和具体情况进行分析，然后找出切实可行的测量方法，再根据测量方法选择合适的检测技术工具，组成一个完整的检测系统，进行实际测量。

对于测量方法，从不同的角度出发，可有不同的分类方法。根据测量手段分类，有直接测量、间接测量和组合测量；根据测量方式分类，有偏差式测量、零位式测量和微差式测量；根据测量的精度分类，有等精度测量和非等精度测量；根据被测量变化情况分类，有静态测量和动态测量；根据敏感元件是否与被测介质接触分类，有接触测量和非接触测量等。

1. 直接测量、间接测量和组合测量

1）直接测量

在使用传感器仪表进行测量时，对仪表读数不需要经过任何运算，就能直接表示测量所需要的结果，称为直接测量。例如，用磁电式电流表测量电路的电流和用弹簧管式压力表测量锅炉的压力就是直接测量。直接测量的优点是测量过程简单而迅速，缺点是测量精度不容易做到很高。直接测量方法在工程上被广泛采用。

2）间接测量

有的被测量无法或不便于直接测量，这就要求在使用仪表进行测量时，首先对与被测物理量有确定函数关系的几个量进行测量，然后将测量值代入函数关系式，经过计算得到所需的结果，这种方法称为间接测量。例如，要测量某长方体的密度 ρ，其单位为 kg/m^3，显然无法直接获得具有这种单位的量值，但是可以先测出长方体的长、宽和高，即 a、b、c（单位为 m）及其质量 m（单位为 kg），然后根据公式 $\rho=\frac{m}{a \cdot b \cdot c}$ 求得密度。

间接测量比直接测量所需要测量的量要多，而且计算过程复杂，引起误差的因素也较多，但如果对误差进行分析并选择和确定优化的测量方法，在比较理想的条件下进行间接测量，则测量结果的精度不一定低，有时还可得到较高的测量精度。间接测量一般用于不方便直接测量或者缺乏直接测量手段的场合。

3）组合测量

在应用传感器仪表进行测量时，若被测物理量必须经过求解联立方程组，才能得到最后结果，则称这样的测量为组合测量。在进行组合测量时，一般需要改变测试条件，才能获得一组联立方程所需要的数据。

组合测量是一种特殊的精密测量方法，操作程序较复杂，花费时间很长，一般适用于科学实验或特殊场合。

2. 偏差式测量、零位式测量和微差式测量

1）偏差式测量

用仪表指针的位移（即偏差）决定被测量的量值，这种测量方法称为偏差式测量。应用偏差式测量时，仪表刻度事先用标准器具标定。在测量时，输入被测量，按照仪表指针标识在标尺上的示值，决定被测量的数值。这种方法的测量过程比较简单、迅速，但测量精度较低。

2）零位式测量

零位式测量是用指零仪表的零位指示检测测量系统的平衡状态，在测量系统平衡时，用已知的标准量决定被测量的量值的测量方法。应用这种测量方法进行测量时，已知标准量直接与被测量相比较，已知量应连续可调，指零仪表指零时，被测量与已知标准量相等，如天平、电位差计等。零位式测量的优点是可以获得比较高的测量精度，但测量过程比较复杂，测量时要进行平衡操作，耗时较长，不适用于测量快速变化的信号。

3）微差式测量

微差式测量是综合了偏差式测量与零位式测量的优点而提出的一种测量方法。它将被测量与已知的标准量相比较，取得差值后，再用偏差法测得此差值。故这种方法的优点是反应快，而且测量精度高，特别适用于在线控制参数的测量。

3. 等精度测量和非等精度测量

在整个测量过程中，若影响和决定测量精度的全部因素(条件)始终保持不变，如用同一台仪器、同样的方法，在同样的环境条件下，对同一被测量进行多次重复测量，则称为等精度测量。在实际中，很难做到这些因素(条件)全部始终保持不变，所以一般情况下只是近似地认为是等精度测量。

用不同精度的仪表或不同的测量方法，或在环境条件相差很大的情况下对同一被测量进行多次重复测量称为非等精度测量。

4. 静态测量和动态测量

被测量在测量过程中认为是固定不变的，这种测量称为静态测量。静态测量不需要考虑时间因素对测量的影响。若被测量在测量过程中是随时间不断变化的，则这种测量称为动态测量。

在实际测量过程中，一定要从测量任务的具体情况出发，经过认真的分析后，再决定选用哪种测量方法。

6.1.2　传感检测系统的构成

传感检测系统通常由传感器、中间转换(信号调理)电路、信息传输接口、信息分析处理及控制显示电路等部分组成，其结构组成如图 6.1 所示。

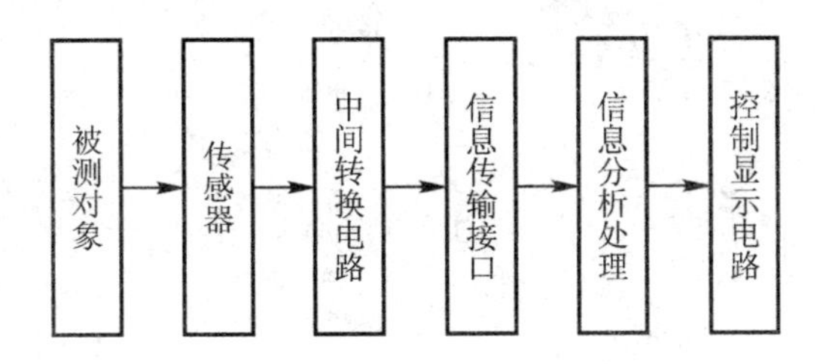

图 6.1　传感检测系统结构组成原理图

图 6.1 中，传感器实现对信号的获取，完成物理量到可测电量或方便转化为可测电量的信号的转换；中间转换电路主要完成对信号的转换、滤波、放大等功能，实现与传输接口的信号匹配；信息传输接口主要完成前级采集处理电路与后级控制处理电路的信号传输；信息分析处理主要是对转换后的检测数据进行分析、运算和存储；控制显示电路主要完成对分析处理后的数据进行显示、记录以及人机交互等功能。

6.2　常用传感器及特性介绍

6.2.1　常用传感器介绍

传感器种类繁多，分类方法多种多样。图 6.2 为按照检测对象不同进行的传感器种类归纳总结。

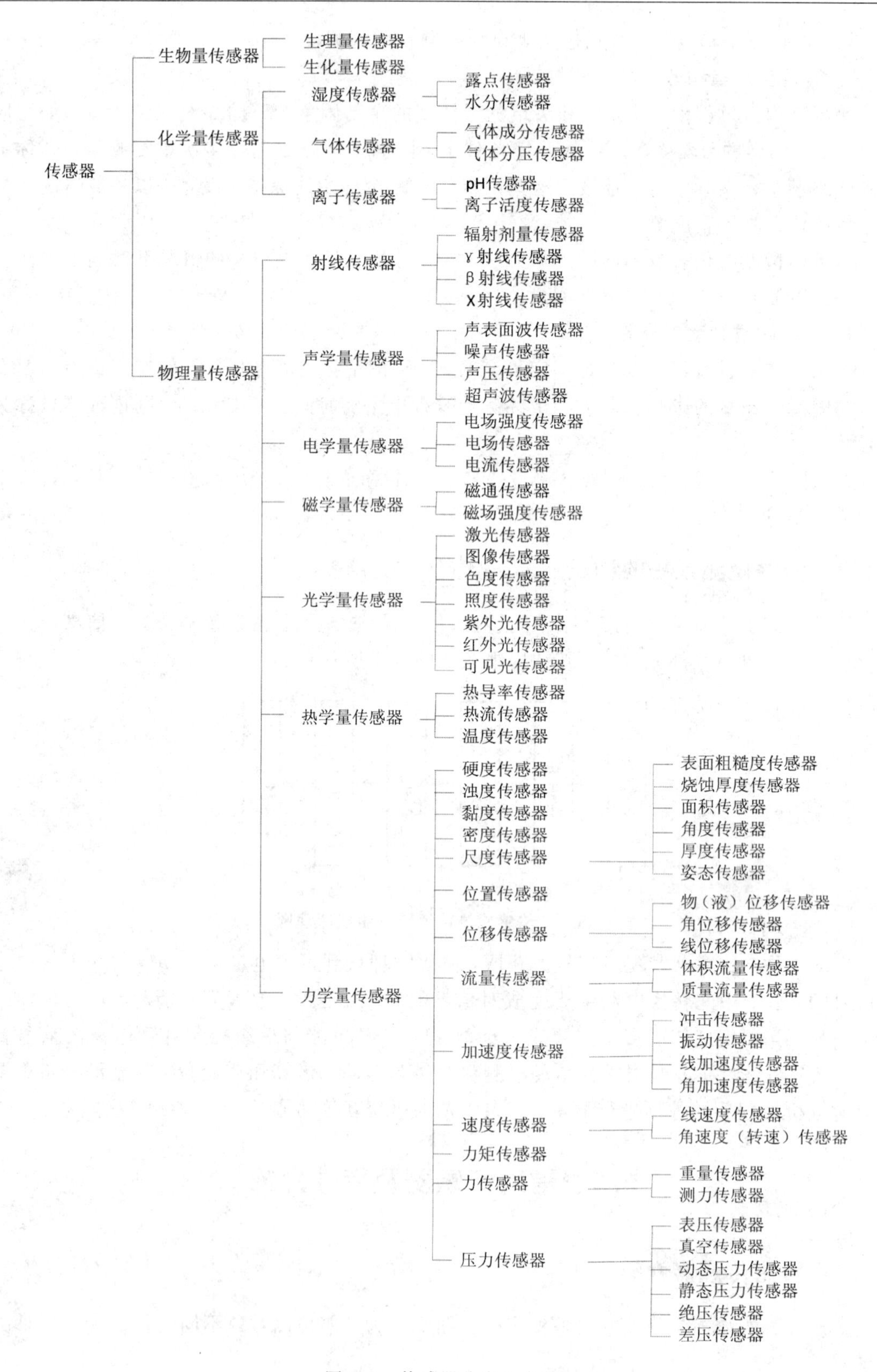

图 6.2　传感器分类示意图

电子制造过程高精度、高速度以及高可靠性的要求使各种传感器在电子制造装备工作过程中必不可少，电子制造装备中常用的传感器按照检测内容的不同可以分为位移传感器、速度传感器、图像传感器等。

1. 位移传感器

位移是物体上某点在两个不同瞬间的位置变化量，是一种基本的测量量，许多参数如力、压力、温度、流量等的测量，也可通过适当的方法转换成位移来测量。位移分为线位移和角位移两种。线位移是物体上某点在两个不同瞬时的距离变化量，它描述了物体空间位置的变化。角位移则是在同一平面内，两矢量之间夹角的变化量，它描述了物体上某点转动时位置的变化。对位移的度量除了确定其大小之外，还应确定其方向。一般情况下，应使测量方向与位移方向重合，这样才能真实地测量出位移量的大小，否则测量结果仅是该位移在测量方向上的分量。位移测量时应当根据不同的测量对象，选择恰当的测量点、测量方向和测量系统。测量时应根据不同的被测对象、测量范围、线性度、精确度和测量目的，选择合适的测量方法。

1）角位移传感器

角位移是几何量中最为基本的计量项目之一，角位移测量是工业在线检测、计量测试和检定标定等领域中的经常性工作。能够实现角位移测量的传感器较多，目前主要有圆光栅传感器、旋转式编码器、圆磁栅传感器、回转感应同步器、激光测角仪和多齿分度盘等。在这里主要介绍电子制造装备中常见的圆光栅传感器和旋转式编码器。

(1) 圆光栅传感器。

圆光栅的种类较多，常见的圆光栅有径向光栅、切向光栅和环形光栅等，形成的莫尔条纹分别为圆弧形莫尔条纹、环形莫尔条纹和辐射形莫尔条纹等，如图 6.3 所示。

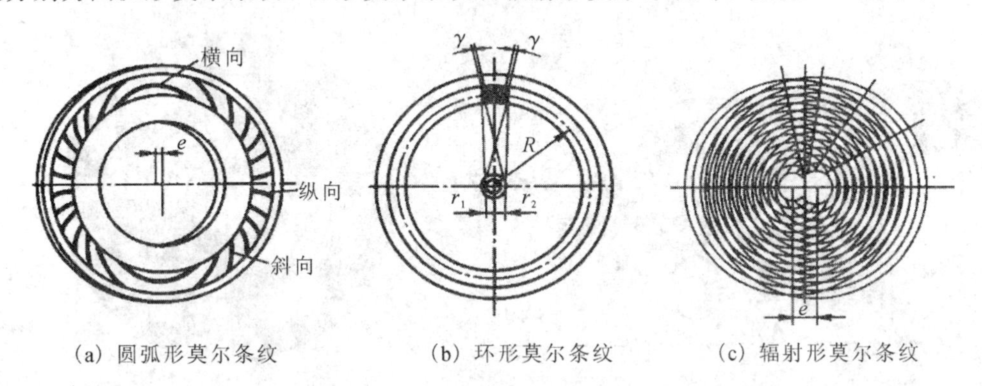

(a) 圆弧形莫尔条纹　　(b) 环形莫尔条纹　　(c) 辐射形莫尔条纹

图 6.3　圆光栅的莫尔条纹

① 径向光栅的圆弧形莫尔条纹。两块栅距角相同的径向光栅以不大的偏心叠合(如图 6.3(a)所示)，在光栅的不同区域栅线的交角不同，便形成了不同曲率半径的圆弧形莫尔条纹。这种条纹的宽度不是定值，它随条纹的位置不同而不同。在位于偏心的垂直位置上，条纹近似垂直于栅线，称为横向莫尔条纹；沿着偏心方向的条纹近似地平行于栅线，称为纵向莫尔条纹；其他位置上的条纹称为斜向莫尔条纹。在实际应用中，主要使用横向莫尔条纹。

若将两块栅距角相同的光栅同心叠合在一起，将得到与长光栅中类似的光栅莫尔条纹。主光栅转过一个栅距角，透光亮度变化一个周期。

② 切向光栅的环形莫尔条纹。两块切向相同的切向光栅，栅距角相同，切线圆半径不同，栅线面相对同心叠合，则形成的莫尔条纹是以光栅中心为圆心的同心圆簇，称为环形莫尔条纹。环形莫尔条纹的宽度也不是定值，它随条纹所处位置的不同而有所不同。

环形莫尔条纹的突出优点是具有全光栅平均效应，因而用于高精度角度测量和分度。

③ 环形光栅的辐射形莫尔条纹。将两块相同的环形光栅栅线相对，以不大的偏心量相叠合，便得到条纹近似直线并成辐射方向的莫尔条纹，称为辐射形莫尔条纹。

辐射形莫尔条纹的特点是条纹的数目和位置仅与两光栅叠合时的偏心量大小和圆心连线的方向有关，偏心量每变化一个栅距，在一个象限内莫尔条纹的数目就增加一条，而任意一个光栅绕其中心转动时，条纹的数目和位置均不变化，因此可用于测量主轴的偏移、晃动以及拖板相对于导轨的爬行等。

(2) 旋转式编码器。

旋转式编码器具有较高精度、较高分辨力和可靠性好等优点，被广泛应用于各种角度和角位移测量场合，它是角度和角位移测量的最有效、最直接的数字式传感器。

从测量形式上看，旋转编码器分为接触式和光电式两种。接触式编码器的使用受到电刷的限制，目前主要应用光电式编码器。从编码类型上看，旋转编码器又可分为光电式绝对编码器和光电式增量编码器两种。

① 光电式绝对编码器。光电式绝对编码器的结构如图 6.4 所示，码盘结构如图 6.5 所示。码盘通常是一块光学玻璃，玻璃上面刻有透光和不透光的图形。由光源产生的一束平行光投射到码盘上，并与位于码盘另一侧的成径向排列的光电元件相耦合，即码盘的码道数就是码盘的数码位数，每一个码道对应一个光电元件。当码盘处于不同的角度位置时，各个光电元件根据受到光照与否而输出相应的高低电平信号。

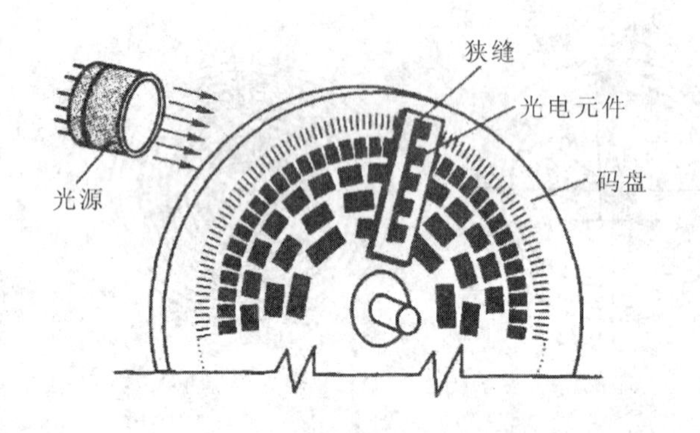

图 6.4　光电式绝对编码器

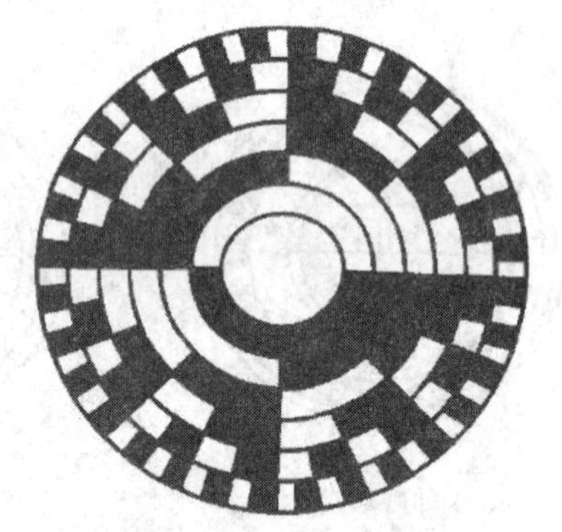

图 6.5　光电式绝对编码器码盘结构

显然，无论码盘处于任何位置，都会有与该位置相对应的固定的数字码输出，而且不需要基准数据和计数。

绝对编码器的二进制输出码的每一位都必须有一个独立的码道与之对应，一个码盘的码道数目也就决定了该编码器的分辨力。一个 n 位码盘，其角度分辨力为

$$\alpha = \frac{360^\circ}{2^n} \tag{6-1}$$

显然，码道数 n 越大，编码器的分辨力就越高，测量角度和角位移也就越精确。为了得到较高的分辨力和精度，就要增大码盘尺寸，以便容纳更多的码道。但这种做法将受到

编码器尺寸的限制。例如，为了获得 1″分辨力，理论上可以采用 20～21 位码盘，这样，即使采样直径为 400 mm 的 20 位码盘，其最外圈码道的节距仅为 2 μm 左右，这实际上是很难做到的。为了不增加码盘的尺寸，可以有多个码盘组合或者采用变速机构的方法来获得所需的分辨力，但是机械结构和传动机构的误差在一定程度上限制了测量系统的精度。

由于码盘的精度决定了光电编码器本身的精度，因此，不仅要求码盘分度准确，而且要求它在明暗交替处具有陡峭的边缘，以便减少逻辑电平 0 和 1 之间相互转换时引起的噪声。这就要求光学投影精确，并采用材质精细的码盘材料和特殊的制作工艺。目前码盘普遍采用照相腐蚀法制作。

② 光电式增量编码器。由上述可知，绝对编码器在转轴的任意位置给出一个固定的与位置相对应的数字码输出。对于一个具有 n 位二进制分辨力的编码器，其码盘必须具有 n 条码道。对于增量编码器，输出的脉冲数目与码盘转过的角度相关，而与码盘的位置无关，其码盘要比绝对编码器的码盘简单得多，一般只需要 3 条码道。

增量式编码器的结构和码盘形式与绝对编码器类似，在码盘最外圈的码道上均布有相当数量的透光与不透光的扇形区，这就是用来产生计数脉冲的增量码道 S_1。增量码道上扇形区数目的多少，决定了编码器的分辨能力，扇形区越多，分辨力越高。例如，一个每转 5000 脉冲的增量编码器，码盘的增量码道上共有 5000 个透光和不透光的扇形区。在中间一圈码道上，均布的扇形区与外圈码道具有相同的数目，但位置上错开半个扇形区，这是用来辨向的辨向码道 S_2。当码盘旋转时，增量码道 S_1 与辨向码道 S_2 的输出信号波形如图 6.6 所示。在码盘正转时，增量计数脉冲的波形超前辨向脉冲波形 $\pi/2$；码盘反转时，增量计数脉冲的波形滞后辨向脉冲波形。由此可以辨别码盘的旋转方向。第三圈码道 Z 上只有一条透光的狭缝，它作为码盘的基准位置，所产生的脉冲信号将给计数系统提供一个初始的零位(清零)信号。

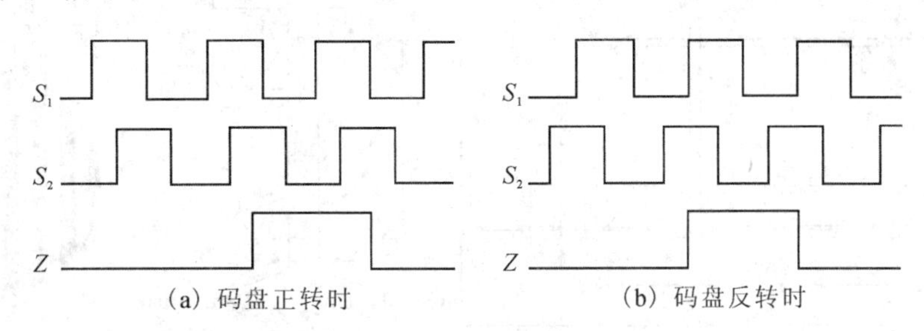

图 6.6　增量码盘的输出波形

与绝对编码器类似，增量编码器的精度主要取决于码盘本身的精度。光电式绝对编码器的技术，绝大部分也适用于光电式增量编码器。增量编码器主要用于测量相对角位移，此外也常用来测量转速。

2）线位移传感器

常用的线位移传感器有差动变压器、感应同步器、光栅传感器等，本书只介绍电子制造装备中常用的光栅位移传感器。

光栅位移传感器是基于莫尔条纹法检测原理进行位移检测的。光栅有透射型和反射型，结构有长条型、圆型等类型。这里主要通过常用的计量透射长光栅来简单介绍光栅的测长原理。

图 6.7 为透射光栅传感器光路图。透镜将光源变换成平行光，主光栅为刻有光栅条纹的工业用透明玻璃，主光栅与被测物相连，指示光栅为有与主光栅相同光栅条纹的光学玻璃，指示光栅与主光栅组成光栅副；聚光透镜将平行光聚焦成像，光阑可使成像更清晰，光电元件将移动的干涉条纹转换成电脉冲信号。透射光栅测长装置的主体是由主光栅和指示光栅组成的光栅副。透射光栅是在透明的玻璃上刻上一系列平行等距的不透光的栅线，未刻栅线处即为进光的缝隙，这样由细密的栅线和缝隙便构成了光栅。图 6.8 为透射长光栅结构示意图。如果将光栅线纹放大，不透光栅线标以黑色，透光的缝隙标以白色，则光栅条纹如图 6.8(c)所示。图中栅线的宽度为 a，缝隙的宽度为 b，相邻两栅线间的距离 $W=a+b$，W 称为光栅系数(或称光栅栅距)，计量光栅条纹密度一般有 25 线/mm、50 线/mm、100 线/mm 和 250 线/mm 四种。

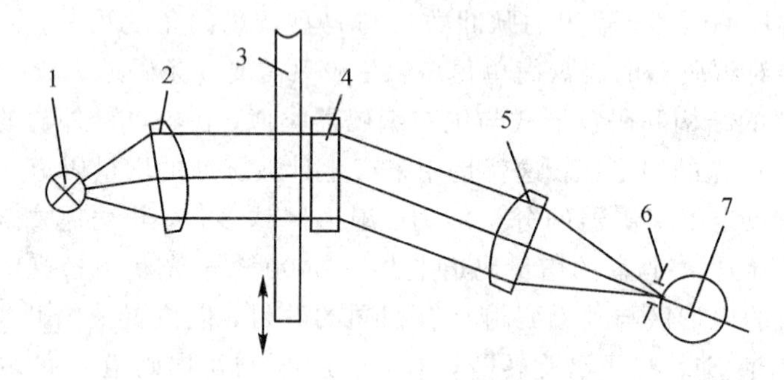

1—光源；2—透镜；3—主光栅；4—指示光栅；5—聚光透镜；6—光阑；7—光电元件

图 6.7 透射光栅传感器光路图

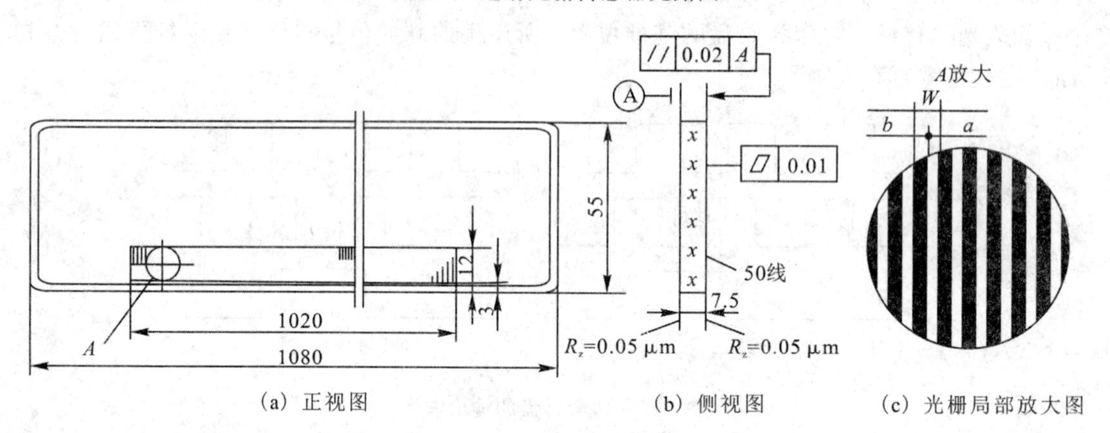

(a) 正视图　　(b) 侧视图　　(c) 光栅局部放大图

图 6.8 透射长光栅结构示意图

如图 6.8(b)所示，主光栅玻璃片的厚度为 7.5 mm，栅线条纹刻在左面，光栅系数 $W=0.02$ mm(此线为 50 线/mm 条纹)，缝隙为 0.01 mm(即 $a:b=1:1$，也有 $a:b=1.1:0.9$ 的)，玻璃片左、右两面的表面粗糙度 $R_z=0.05$ μm。主光栅正面的尺寸如图 6.8(a)所示。

把主光栅与指示光栅刻线相对叠在一起，中间留有很小的间隙，并使两光栅的条纹相错一个很小的角度 θ，形成线纹相交的状况，如图 6.9 所示。当光线透过光栅副时，两组交叉的明暗相间的线纹，由于挡光效应(成光的衍射)，便产生明暗相间、与光栅线纹大致垂直的横向条纹，这些条统称为“莫尔条纹”，如图 6.9 所示。图中 a 为明条纹，b 为暗条纹。

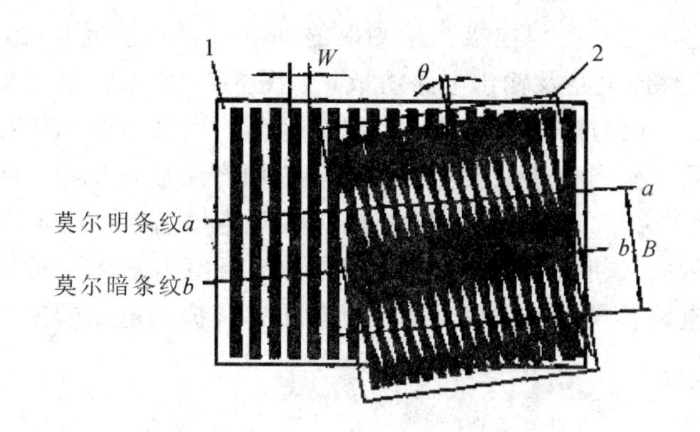

1—主光栅；2—指示光栅

图 6.9　光栅和横向莫尔条纹形成示意图

当面光栅沿栅线垂直方向相对移动(一般为主光栅移动)时，莫尔条纹将会沿栅线方向移动，而且二者有着确定的对应关系：

$$k=\frac{B}{W}\approx\frac{1}{\theta} \tag{6-2}$$

当 θ 取很小的值时，就可以得到很大的 k 值(当 $\theta=0.001$ rad 时，$k=1000$)。这样就可以将光栅的微小移动距离放大，以便提高检测灵敏度。光栅传感器的这种放大特点是莫尔条纹系统的独有特点。当主光栅向右移动一个栅距 W 时，莫尔条纹将向下移动一个条纹间距 B；如果主光栅向左移动，则莫尔条纹将向上移动。因此，根据莫尔条纹的移动数量和移动方向，可确定主光栅的位移量和位移方向，并由光电元件转换成电脉冲信号。

由于光栅传感器测量精度高，抗干扰能力强，而且寿命长，输出量为数字量，便于计算机控制，因此在精密加工及精密装配中获得了日益广泛的应用。

3) 接近传感器

接近传感器可以看做一类特殊的位移传感器，虽然其不输出具体的位移信息，但由于其检测原理与位移传感器类似，因此本书将其归类在位移传感器中。

接近传感器是一种金属感应的线性器件，接通电源后，在传感器的感应面将产生一个交变磁场，当金属物体接近此感应面时，金属中则产生涡流而吸取了振荡器的能量，使振荡器输出幅度线性衰减，然后根据衰减量的变化来完成无接触检测物体的目的。接近传感器能准确反映出运动机构的位置和行程，在自动控制系统中可作为限位、计数、定位控制和自动保护环节。接近传感器具有使用寿命长、工作可靠、重复定位精度高、无机械磨损、无噪音、抗振能力强等特点。因此，接近传感器的应用范围日益广泛，其自身的发展和创新的速度也极其迅速。

接近传感器因其输出一般为开关量信号，所以通常又称为接近开关。当被测物体接近某设定的位置时开关即动作，通过开关打开或闭合去控制相应的电路，达到显示、报警或执行的目的。接近开关中比较古老而应用广泛的是行程开关、微动开关、水银开关等，属于接触式接近开关。另一类为非接触式接近开关，其按工作原理可分为电容式、光电式、电磁感应式、霍尔效应式、涡流式等。本书以电容式接近传感器为例介绍接近传感器的测量原理和特性。

(1) 电容式接近传感器的结构与原理。

电容式接近传感器是一个以电极为检测端的静电电容式接近开关，它由振荡电路、检波电路、放大电路、整形电路及输出电路组成，如图 6.10 所示。平时检测电极与大地之间存在一定的电容量，它成为振荡电路的一个组成部分。当被检测物体接近检测电极时，由于检测电极加有电压，检测物体就会受到静电感应而产生极化现象，被测物体越靠近检测电极，检测电极上的电荷就越多，由于检测电极的静电电容 $C=Q/V$，所以电荷的增多使电容 C 随之增大，从而又使振荡电路的振荡减弱，甚至停止振荡。振荡电路的振荡与停振这两种状态被检测电路转换为开关信号后向外输出。其振荡电路的振荡频率一般在几百赫兹到几兆赫兹。

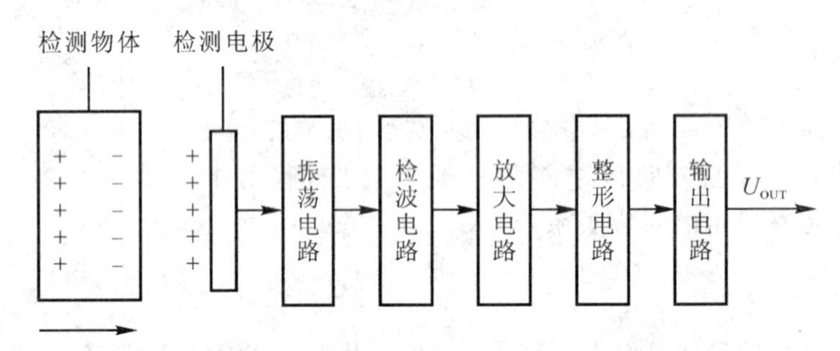

图 6.10　电容式接近传感器的电路框图

电容式接近传感器的形状及结构随用途的不同而各异。图 6.11 是应用最多的圆柱形接近传感器，它主要由检测电极、检测电路、引线及外壳等组成。检测电极设置在传感器的最前端，检测电路装在外壳内并由树脂灌封。在传感器的内部还装有灵敏度调节电位器。当检测物体和检测电极之间隔有不灵敏的物体(如纸带、玻璃)时，调节该电位器可使传感器不检测夹在中间的物体。此外，还可用此电位器调节工作距离。电路中还装有指示传感器工作状态的工作指示灯，当传感器动作时，该指示灯点亮。

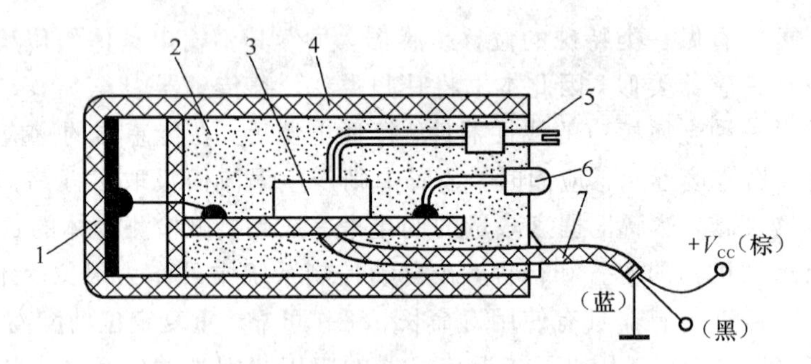

1—检测电极；2—树脂；3—检测电路；4—外壳；5—灵敏度调节电位器；
6—工作指示灯；7—引线

图 6.11　圆柱形电容式接近传感器的结构示意图

(2) 电容式接近传感器的特性。

① 电容变化与响应距离。图 6.12 给出了传感器电容变化与被测物体距离的关系。由图 6.12 可以看出，当距离超过数毫米时，灵敏度急剧下降，且响应曲线的形状与被测物体的材料有关。

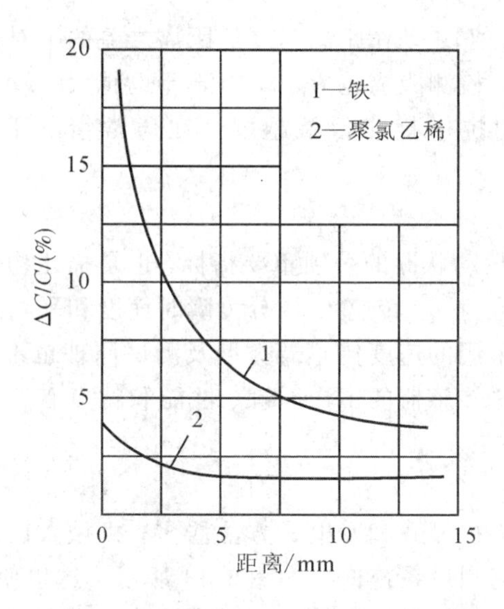

图 6.12　传感器电容变化与距离的关系曲线

② 电容式接近传感器与被测物体的材料及接地与否的关系。电容式接近传感器中，传感器尺寸是影响传感器性能的主要因素。一般来说，传感器的敏感距离较小，大约是探头直径的 1/5 左右。传感器的电容与被测对象的形状、材料(导体、绝缘体)和接地情况有关。

当被测目标分别是接地导体和绝缘体时，探头前端电场的分布情况如图 6.13(a)所示。被测目标是接地导体时，如图 6.13(b)所示，接地电极为被测导体，被测物接近时，电容值变小。被测目标是绝缘体时，外侧的屏蔽电极成为接地电极，中间的圆环同样是驱动电极，受被测物介电常数影响的电力线需要跨过驱动电极与接地电极之间的电力线，才能到达接地电极，因此扩大了传感器的探测距离。绝缘材料的介电常数不同，开关响应距离也会发生变化。

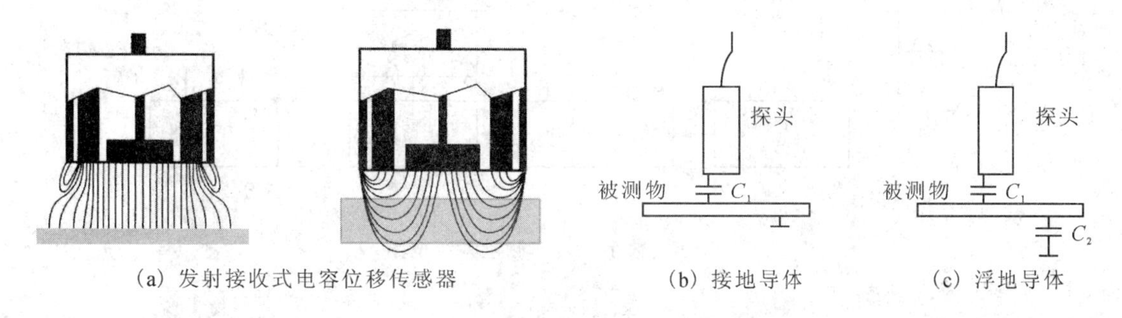

图 6.13　电容式接近传感器的接地

当被测目标是非接地导体(浮地)时，可以理解为被测物对地有电容，如图 6.13(c)所示。电容式接近传感器一般是通过检测流过发射电极与地之间的电流来实现的。探头与被测物之间的电容越大，电流越大。浮地时，如果被测物对地电容比探头与被测物之间的电容大得多，则浮地影响不大；反之，如果被测物对地电容很小(被测目标很小，或被测物与地距离很远)，则浮地影响较大，需要重新标定接近传感器的开关响应距离。

③ 误差分析。动作距离偏差：电容式接近传感器在－20～70℃范围内，检测距离偏差为±15％。

动作滞差(也称为回差值)：动作距离与复位距离之差的绝对值。电容式接近传感器的动作滞差与检测距离有关，检测距离越大，动作滞差也越大。动作滞差越大，对外界的干扰以及被测物的抖动等的抗干扰能力就越强。在通常情况下其动作滞差为总行程的3%～15%。

2. 速度传感器

运动速度是衡量物体运动状况的一项重要指标，也是描述物体振动的主要参数。物体的运动速度分为线速度和角速度(转速)，或分为瞬时速度和平均速度。对于不同的测试对象、不同的测量精度等所采用的速度传感器类型及测试原理也不一样。因此，测量者在选用速度传感器时，须对这些传感器的工作原理、性能和特点有所了解，以便合理选用传感器而获得准确的测量结果。

1) 角速度传感器

角速度的测量，最早以机械式和发电式方法居多，机械式已经很少使用，目前以数字脉冲式为主流，数字式转速测量系统框图如图6.14所示。这里使用数字测速的测频法：给定标准时间，在基准时间内测得旋转的角度。测量系统包括时基电路、计数控制器和计数器三个基本环节。时基电路提供时间基准(0.1 s，0.2 s，…)。由时基调节后得到所需要的时间基准，在基准时间内通过控制电路，得到相应的控制指令，用来控制门电路的开关。门电路打开时，计数器对传感器输出信号进行计数；门电路关闭时，计数停止。计数结果经译码后输出显示。

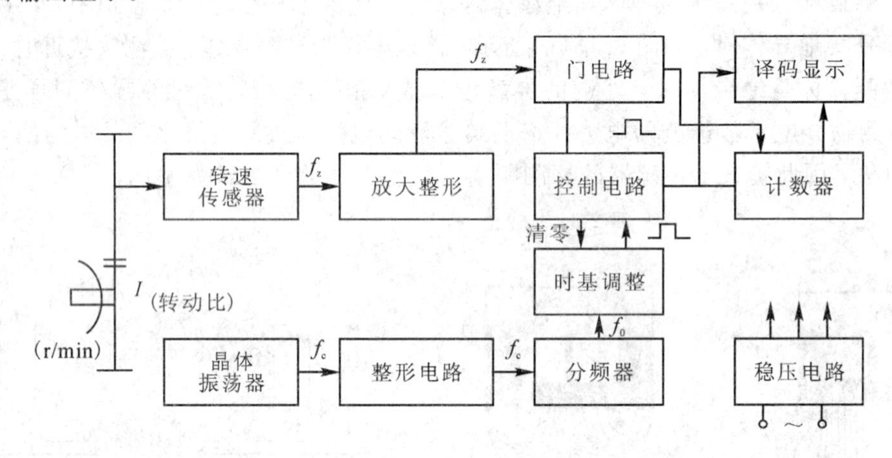

图6.14　数字式转速测量系统框图

2) 线速度传感器

对于瞬时速度的测量，可以选用磁电式速度传感器，它能够测量往复运动的瞬时速度。对单程运动或行程较长的运动可用永磁感应测速传感器。

永磁感应测速传感器的结构原理如图6.15所示。速度线圈3和6是在两根平行的铁芯2和5上均匀密绕一层漆包线构成的。位移线圈嵌在铁芯5等间距(节距)的窄凹槽内，注意相邻两个凹槽内绕组的绕向相反，永久磁铁1在两平行铁芯之间。测量时，被测物体与永久磁铁用非铁芯物质连接，永久磁铁在铁芯中形成磁路，如图6.15(c)中虚线所示。当被测物体带动永久磁铁沿线圈做轴向运动时，速度线圈切割永久磁铁的磁力线，产生磁感应电动势。当速度线圈匝数和磁感应强度恒定时，速度线圈感应电动势与运动速度成比例。

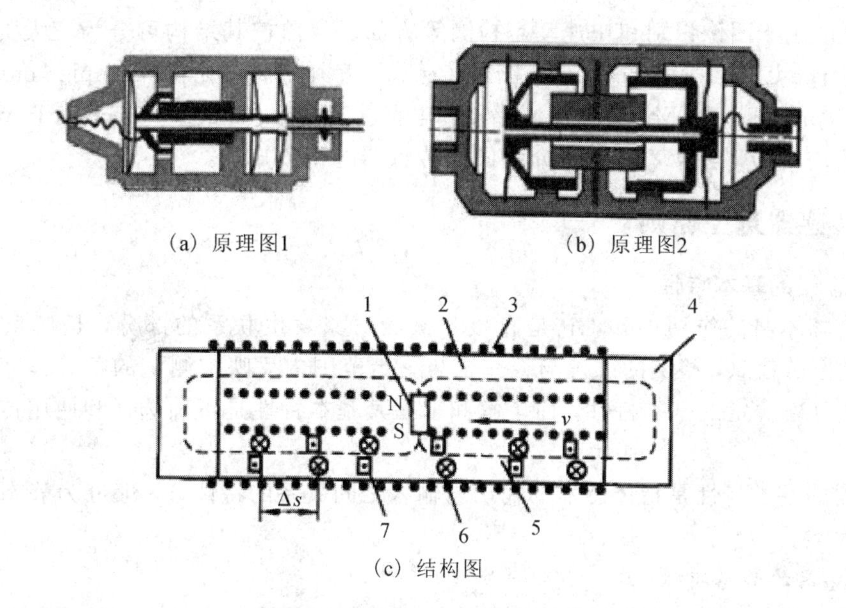

1—永久磁铁；2、5—铁芯；3、6—速度线圈；4—磁轭；7—位移线圈

图 6.15　永磁感应测速传感器结构示意图

平均速度可以用定距测量方法。最简单的方法是用示波器同时记录位移、时间脉冲信号，如图 6.16 所示，其中图 6.16(a)是测试系统框图，图 6.16(b)是光线示波器在记录纸上的记录结果。曲线 1 是位移脉冲信号，每个脉冲等价于线位移 Δx；曲线 2 是时间脉冲信号(即时标)，时标周期为 t_0。若与位移 Δx 对应的时标脉冲数为 n，则其平均速度 $v=\Delta x/(nt_0)$。当然，记录位移和时间的脉冲信号均可以通过计算机实现，这样测量更简单、准确。

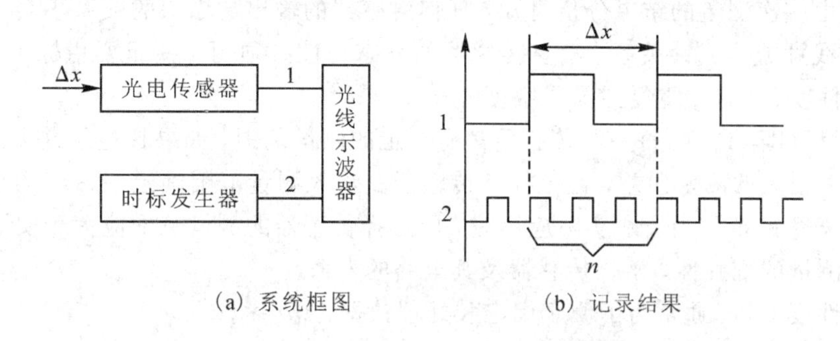

图 6.16　定距测量法测量系统框图及记录结果示意图

随着计算机和电子技术的发展，传感器数据处理的速度和精度越来越高，常用的位移传感器基本都可以经过数据处理后得到测量对象的速度值，因此在对实时性要求相对不高的场合可以用前面介绍的位移传感器进行速度测量。

3. 图像传感器

“眼见为实”，人们通过感官从自然界获取各种信息，以人眼通过视觉获取的信息量最为可靠。图像传感器可以提高人眼的视觉范围，使人们观察到肉眼无法看到的微观或宏观世界，看到人们暂时无法到达的地方发生的事件，看到超出肉眼视觉范围的各种物理、化学变化过程等。可见，图像传感器在人们的文化、生活、生产和科学研究中具有不可缺少的作用。固体图像传感器具有尺寸小、价格低、工作电压低、功耗小、寿命长及性能稳定等优点，可以用于图像识别和快速动态检测等方面。目前按其结构可分为三大类：电荷耦合器件(Charge Couple Device，CCD)图像传感器、互补金属氧化物(Complementary Metal Oxide Semiconductor，CMOS)图像传感器和电荷注入器件(Charge Injection Device，CID)图像传感器。本书将在第 7 章详细介绍图像传感器的相关知识。

6.2.2 传感器选型原则

1. 传感器的基本特性

从传感器本身的作用可知，它是直接与被测对象发生联系的部分，是信息输入的窗口，可提供原始信息，检测的准确与否完全与一定范围内反映被测量的精确程度有关。于是，它必须具备一定的基本特性，而了解和掌握其基本特性是正确选择和使用传感器的基本条件。

传感器的基本特性是指传感器的输出与输入之间关系的特性，一般分为静态特性和动态特性两大类。

1) 传感器的静态特性

传感器的静态特性是指对静态的输入信号，传感器的输出量与输入量之间所具有的相互关系。因为这时输入量和输出量都和时间无关，所以它们之间的关系，即传感器的静态特性可用一个不含时间变量的代数方程表示：

$$y = a_0 + a_1 x + a_2 x^2 + a_3 x^3 + \cdots + a_n x^n \tag{6-3}$$

式中：a_0 为零位输出 1；a_1 为线性常数；a_2、a_3、…、a_n 为非线性待定常数，它们都可由实际的测量数据进行标定。

实际中也可以以 x 为横坐标，y 为纵坐标，用测量结果画出特性曲线来表征输出与输入的关系。由多次测量的结果分析可知，任何传感器的输出与输入的关系不会完全符合所要求的特征线性或非线性关系，衡量传感器的静态特性必须用一些重要指标来确定，如测量范围、线性度、迟滞、重复性及灵敏度等。

(1) 测量范围 (Y_{FS})。每一个传感器都有一定的测量范围，如果超过了这个范围进行测量，则会带来很大的测量误差，甚至损坏传感器。一般测量范围确定在一定的线性区域或者保证一定寿命的范围内。在实际应用时，所选择传感器的测量范围应大于实际的测量范围，以保证测量的准确性，延长传感器及其电路的寿命。

(2) 线性度 (δ_f)。通常为了便于标定和处理数据，总希望得到线性关系，可采用各种方法(如硬件或软件的补偿)进行线性化处理，这样就使得输出不可能丝毫不差地反映被测量的变化，总存在一定的误差(线性或非线性)，即使实际是线性关系特性，测量的线性关系也并不完全与其吻合，而常用一条拟合直线近似代表实际的特性曲线。线性度就是用来表示实际曲线与拟合直线接近程度的一个性能指标。实际曲线与拟合直线总存在一定的偏差，如图 6.17 所示。

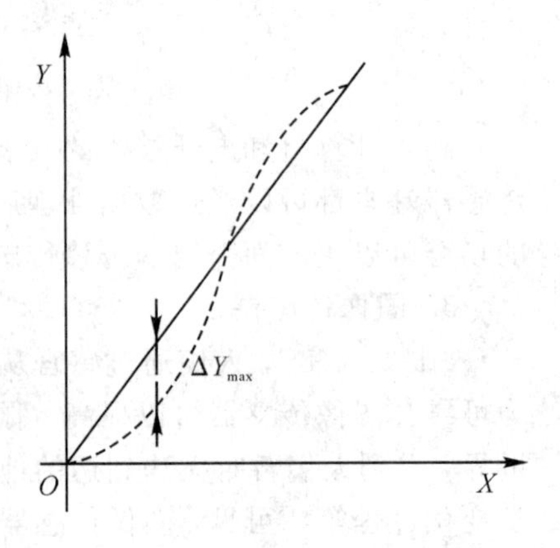

图 6.17 传感器线性关系曲线

用实际曲线与拟合直线间的最大偏差 ΔY_{max} 与满量程 Y_{FS} 的百分比来表示线性度，即

$$\delta_{\mathrm{f}}=\pm\frac{\Delta Y_{\max}}{Y_{\mathrm{FS}}}\times 100\% \tag{6-4}$$

拟合直线的方法(有理论拟合、过零旋转拟合、端点平移或连线拟合及最小二乘法拟合等)不同，所参考的拟合直线计算出的线性度也不同，比较传感器线性度好坏时必须建立在相同的拟合方法上。

(3) 迟滞 (δ_{H})。人们将在相同工作条件下进行全测量范围测量时正行程和反行程输出的不重合程度称为迟滞或滞后(如图 6.18 所示)。用全量程范围校准时，迟滞用同一输入量的正行程输出和反行程输出之间的最大偏差 $\Delta H_{\max}$ 与满量程 Y_{FS} 输出值的百分比表示：

$$\delta_{\mathrm{H}}=\pm\frac{\Delta H_{\max}}{Y_{\mathrm{FS}}}\times 100\% \tag{6-5}$$

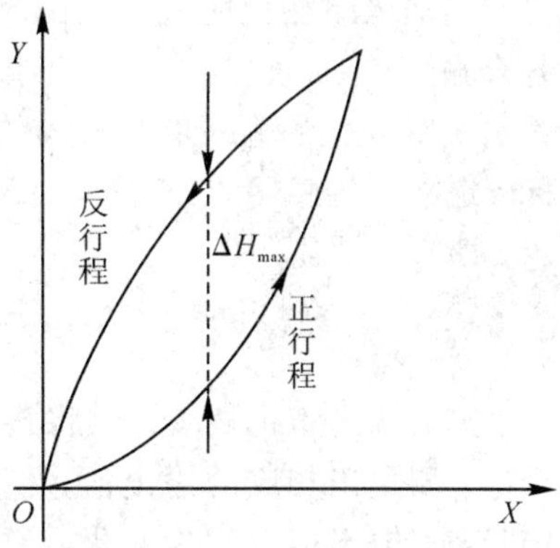

图 6.18　传感器迟滞关系曲线

它反映了传感器材料参数的恢复快慢、机械结构和制造工艺的缺陷等。

(4) 重复性 (δ_{K})。重复性用于描述在同一工作条件下输入量按同一方向在全测量范围内连续多次重复测量所得特性曲线的不一致性(波动性)，如图 6.19 所示。若正行程的最大重复性偏差为 $\Delta R_{\max 1}$，反行程的最大重复性偏差为 $\Delta R_{\max 2}$，则取两个中最大的，再用满量程的百分比表示，即

$$\delta_{\mathrm{K}}=\pm\frac{\Delta R_{\max}}{Y_{\mathrm{FS}}}\times 100\% \tag{6-6}$$

或用同一输入量 N 次测量的标准偏差 σ 与满量程 Y_{FS} 的百分比表示。其标准偏差用下式表示：

$$\sigma=\sqrt{\frac{\sum_{i=1}^{N}(Y_i-\bar{Y})^2}{N-1}} \tag{6-7}$$

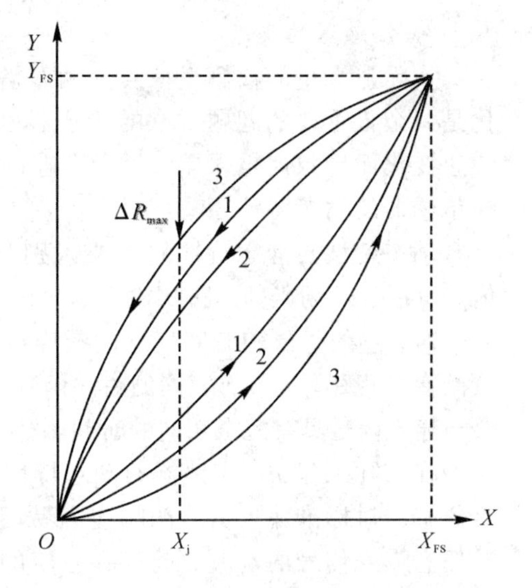

图 6.19　传感器重复性关系曲线

式中：$\bar{Y}$ 为测量值的算术平均值，N 为测量的次数。

(5) 灵敏度 (S)。灵敏度用传感器在稳定工作时的输出量变化 (ΔY) 对输入量变化 (ΔX) 的比值表示：

$$S=\frac{\Delta Y}{\Delta X}=\frac{\mathrm{d}Y}{\mathrm{d}X} \tag{6-8}$$

可以看出，灵敏度的量纲是输出量与输入量的量纲之比。对于线性传感器来讲，其校准时输出/输入特性直线的斜率就是灵敏度。对于非线性传感器来讲，灵敏度随输入量的变化而变化。一般 S 较高时，测量容易，精度提高，但是 S 越高测量的范围就越窄，稳定性越差，应根据具体情况择优选择。

(6) 分辨率 ($\Delta X_{\max}$)。分辨率是描述传感器可以感受到的被测量最小变化的能力。若

输入量缓慢变化且其变化值未超过某一范围则输出不变化，即此范围内分辨不出输入的变化(如图 6.20 所示)，只有当输入量变化超过此范围时输出才发生变化。一般各个输入点对应的这个范围不同，人们将用满量程中使输出阶跃变化的输入量中最大的可分辨范围作为衡量指标，定义为传感器的分辨率（ΔX_{max}）。也可以用分辨率表示，即

$$\Delta X_{max} = \frac{\Delta X_{max}}{Y_{FS}} \times 100\% \qquad (6-9)$$

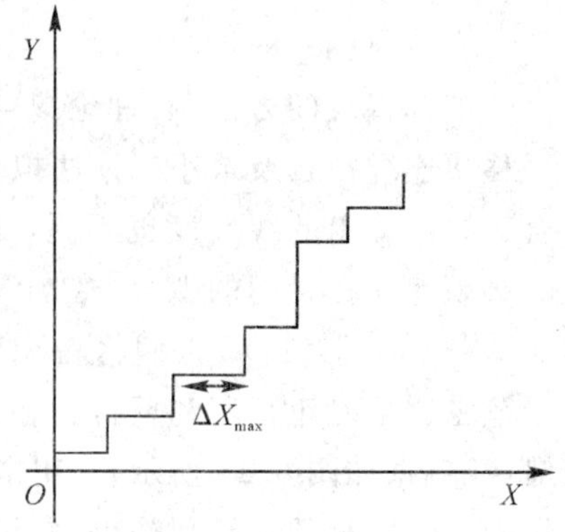

图 6.20　传感器分辨率曲线

(7) 温度稳定性 (a_r)。将传感器的输入量设定在某个值，测量出相应的输出值，使环境温度上升或下降一定间隔，输出值会发生变化，说明传感器具有温度不稳定性。一般用温度系数来描述温度引起的这个误差，表示为

$$a_r = \frac{Y_2 - Y_1}{Y_{FS}\Delta T} \times 100\% \qquad (6-10)$$

式中：Y_1、Y_2 分别为温度 T_1、T_2 时的输出值，$\Delta T = T_2 - T_1$。

2) 传感器的动态特性

实际上大量的被测量信号是动态信号，这时传感器的输出能否良好地追随输入量的变化是一个很重要的问题。有的传感器尽管其静态特性非常好，但不能很好地追随输入量的快速变化而导致严重误差。因此，进行传感器的选型或者评价传感器质量的好坏，还要关注传感器的动态特性。

动态特性与静态特性的主要区别是：动态特性中输出量与输入量的关系不是一个定值，而是时间的函数，它随输入信号的频率而改变。传感器的动态特性是指传感器在输入变化时，它的输出随时间变化的响应特性。一个动态特性好的传感器，其输出将再现输入量的变化规律，即具有相同的时间函数。实际上除了具有理想的比例特性外，输出信号将不会与输入信号具有完全相同的时间函数，这种输入与输出间的差异就是所谓的动态误差。

在实际工作中，传感器的动态特性常用它对某些标准输入信号的响应来表示。这是因为传感器对标准输入信号的响应容易用实验方法求得，并且它对标准输入信号的响应与它对任意输入信号的响应之间存在一定的关系，往往知道了前者就能推定后者。虽然传感器的种类和形式很多，但它们一般可以化简为一阶或二阶系统(高阶可以分解成若干个低阶环节)。因此，一阶和二阶传感器是基本的。传感器的输入量随时间变化的规律是各种各样的，在对传感器动态特性进行分析时，采用最典型、最简单、易实现的正弦信号和阶跃信号作为标准输入信号。对于正弦输入信号，传感器的响应称为频率响应或稳态响应；对于阶跃输入信号，则称为阶跃响应或瞬态响应。

(1) 传感器的阶跃响应。

传感器的阶跃响应是时间响应，应采用时域分析法即从时域中对传感器的响应和过渡过程进行分析。下面以传感器的单位阶跃响应来评价传感器的动态性能指标。

① 一阶系统的阶跃响应。一个起始静止的传感器若输入单位阶跃信号：

$$\mathrm{u}(t) = \begin{cases} 0, & t \leqslant 0 \\ 1, & t > 0 \end{cases}$$

则其输出信号称为阶跃响应。

由于

$$L[u(t)]=\frac{1}{s}$$

$$Y(s)=G(s)\cdot X(s)$$

$$=\frac{k}{\tau}\cdot\frac{1}{(s+1/\tau)s}$$

由拉氏反变换得

$$y(t)=k(1-e^{-\frac{1}{\tau}t})\qquad(6-11)$$

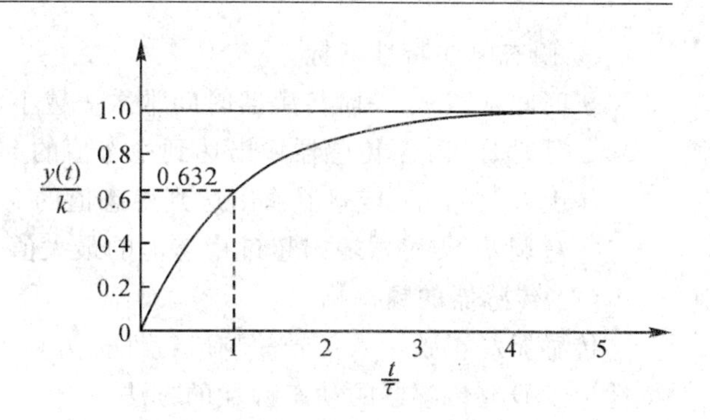

图 6.21　一阶系统的阶跃响应曲线

其响应曲线如图 6.21 所示。

② 二阶系统的阶跃响应。二阶系统的传递函数为

$$H(s)=\frac{Y(s)}{X(s)}=\frac{\omega_n^2}{s^2+2\xi\omega_n+\omega_n^2}\qquad(6-12)$$

式中：ω_n 为传感器的固有频率；ξ 为传感器的阻尼比。

在单位阶跃信号的作用下，传感器的输出拉氏变换为

$$Y(s)=X(s)\cdot\frac{\omega_n^2}{s^2+2\xi\omega_n+\omega_n^2}=\frac{\omega_n^2}{s(s^2+2\xi\omega_n+\omega_n^2)}\qquad(6-13)$$

二阶传感器对阶跃信号的响应在很大程度上取决于阻尼比 ξ 和固有频率 ω_n。固有频率 ω_n 由传感器的主要结构参数所决定，ω_n 越高，传感器的响应速度越快。固有频率 ω_n 为常数时，传感器的响应主要取决于阻尼比 ξ。

图 6.22 是二阶系统的阶跃响应曲线。由图可知，阻尼比直接影响超调量和振荡次数。$\xi=0$ 时为临界阻尼，超调量为 100%，产生等幅振荡，达不到稳态；$\xi>1$ 时为过阻尼，无超调和振荡，但是达到稳态所需时间较长；$\xi<1$ 时为欠阻尼，衰减振荡，达到稳态值所需的时间随 ξ 的减小而加长；$\xi=1$ 时响应时间最短。实际使用中常按稍欠阻尼调整，$\xi=0.7\sim0.8$ 最好。

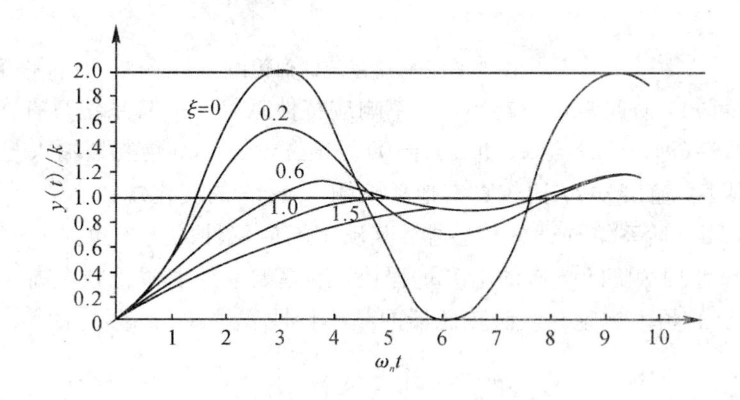

图 6.22　二阶系统的阶跃响应曲线

③ 瞬态响应特性指标。

· 时间常数 τ：一阶传感器时间常数 τ 越小，响应速度越快。

· 延时时间 t_p：传感器输出达到稳态值的 50%所需的时间。

· 上升时间 t_r：传感器输出达到稳态值的 90%所需的时间。

· 超调 σ：传感器输出超过稳态值的最大值。

(2) 传感器的频率响应。

传感器对正弦输入信号的响应特性称为频率响应特性。频率响应法是从传感器的频率特性出发研究传感器的动态特性的方法。

① 一阶系统的频率响应。将一阶传感器的传递函数中的 s 用 $\mathrm{j}\omega$ 代替后，即可获得频率特性表达式为

$$H(\mathrm{j}\omega)=\frac{Y(\mathrm{j}\omega)}{X(\mathrm{j}\omega)}=\frac{1}{\mathrm{j}\omega\tau+1} \tag{6-14}$$

幅频特性为

$$|H|=\frac{1}{\sqrt{1+\omega^2\tau^2}} \tag{6-15}$$

相频特性为

$$\Phi(\omega)=-\arctan(\omega\tau) \tag{6-16}$$

一阶系统的幅频特性和相频特性曲线如图 6.23 所示，图中纵坐标增益采用分贝值，横坐标 w 也是对数坐标，但直接标注 w 值，这种图又称为伯德(Bode)图。

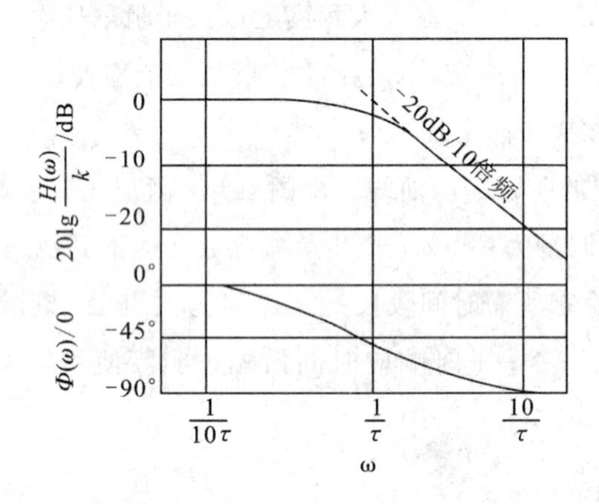

图 6.23 一阶系统的伯德图

由图 6.23 可知，时间常数 τ 越小，频率响应特性越好。一阶系统只有在 τ 很小时才近似于零阶系统特性(即 $H(\omega)=k$，$\Phi(\omega)=0$)。当 $\omega\tau=1$ 时，传感器输入与输出为线性关系，且相位差很小，输出 $y(t)$ 比较真实地反映输入 $x(t)$ 的变化规律。

综上所述，用一阶系统描述的传感器，其动态响应特性的优劣也主要取决于时间常数 τ。τ 越小越好，τ 小时，阶跃响应的上升过程快，频率响应的上截止频率高。

② 二阶系统的频率响应。二阶传感器的频率特性表达式、幅频特性、相频特性分别为

$$H(\mathrm{j}\omega)=\frac{1}{1-\left(\frac{\omega}{\omega_n}\right)^2+2\mathrm{j}\xi\frac{\omega}{\omega_n}} \tag{6-17}$$

$$|H| = \frac{1}{\sqrt{\left[1-\left(\frac{\omega}{\omega_n}\right)^2\right]^2 + \left(2\xi\frac{\omega}{\omega_n}\right)^2}} \tag{6-18}$$

$$\Phi(\omega) = -\arctan\left[\frac{2\xi\frac{\omega}{\omega_n}}{1-\left(\frac{\omega}{\omega_n}\right)^2}\right] \tag{6-19}$$

二阶系统的伯德图如图 6.24 所示。当 $\xi < 1/\sqrt{2}$ 时，在 ω_n 附近振幅具有峰值，即产生共振现象，ξ 越小峰值越高。$\omega = \omega_n$ 时，相位有 90° 滞后，最大相位滞后为 180°，ξ 越大，相位滞后变化越平稳。

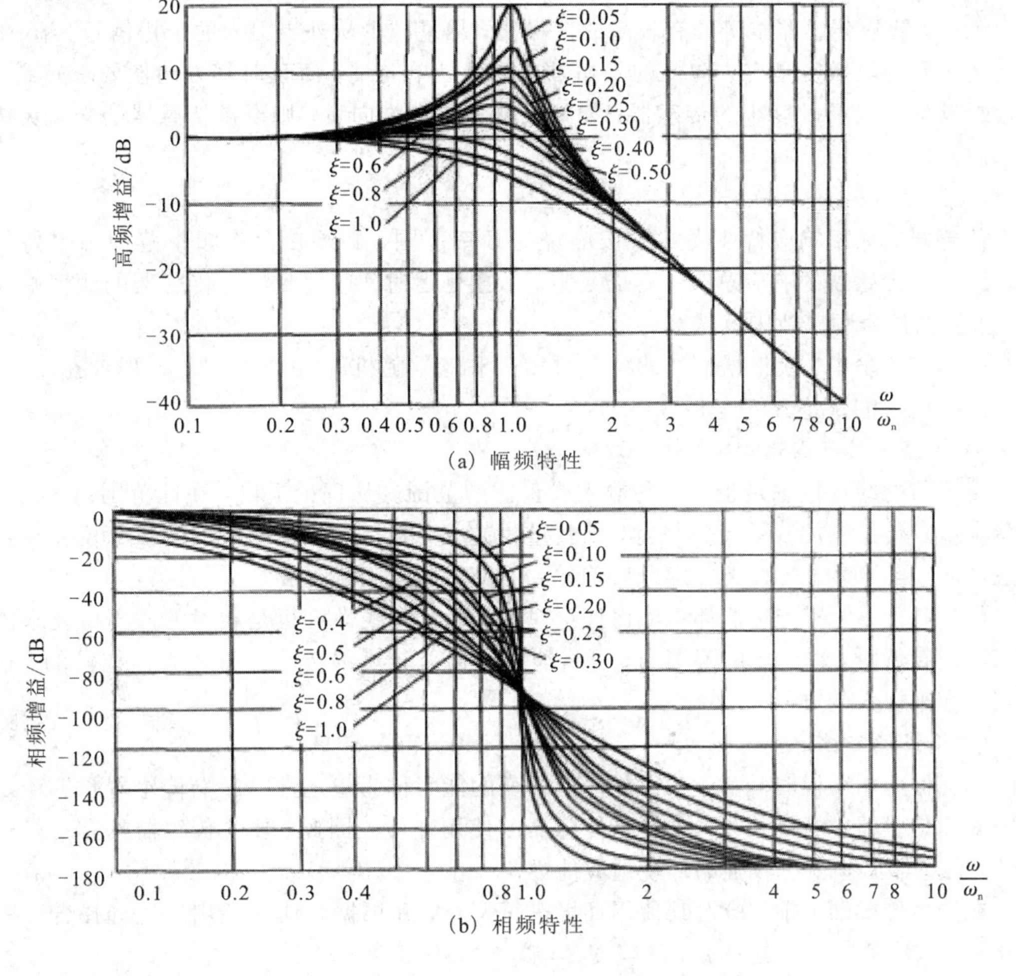

图 6.24　二阶系统的伯德图

③ 频率响应特性指标。

· 频带：传感器增益保持在一定值内的频率范围为传感器频带或通频带，对应有上、下截止频率。

· 时间常数 τ：用时间常数来表征一阶传感器的动态特性，τ 越小，频带越宽。

· 固有频率 ω_n：二阶传感器的固有频率 ω_n 表征了其动态特性。

2. 传感器的选型原则

要进行一个具体的测量工作，首先要考虑采用何种原理的传感器，这需要分析多方面的因素之后才能确定。因为，即使是测量同一物理量，也有多种原理的传感器可供选用，哪一种原理的传感器更为合适，则需要根据被测量的特点和传感器的使用条件考虑以下具体问题：量程的大小，安装空间、位置的要求，接触测量还是非接触测量，性价比的要求等。确定选用何种类型的传感器后，再考虑传感器的具体性能指标。

1）依据灵敏度选型

通常，在传感器的线性范围内，希望传感器的灵敏度越高越好。因为只有灵敏度高时，与被测量变化对应的输出信号的值才比较大，有利于信号处理。但要注意的是，传感器的灵敏度高，与被测量无关的外界噪声也容易混入，也会被放大系统放大，影响测量精度。因此，要求传感器本身具有较高的信噪比，尽量减少从外界引入的干扰信号。

传感器的灵敏度是有方向性的。如果被测量是单向量，而且对其方向性要求较高，则应选择其他方向灵敏度小的传感器；如果被测量是多维向量，则要求传感器的交叉灵敏度越小越好。

2）根据频率响应特性选型

传感器的频率响应特性决定了被测量的频率范围，必须在允许频率范围内保持不失真。实际上传感器的响应总有一定的延迟，希望延迟时间越短越好。传感器的频率响应越高，可测的信号频率范围就越宽。

在动态测量中，应根据信号的特点(稳态、瞬态、随机等)响应特性，合理选择传感器，以免产生过大的误差。

3）根据线性范围选型

传感器的线性范围是指输出与输入成正比的范围。从理论上讲，在此范围内，灵敏度保持定值。传感器的线性范围越宽，则其量程越大，并且能保证一定的测量精度。在选择传感器时，当传感器的种类确定以后首先要看其量程是否满足要求。

但实际上，任何传感器都不能保证绝对的线性，其线性度也是相对的。当所要求测量的精度比较低时，在一定的范围内，可将非线性误差较小的传感器近似看做线性的，这会给测量带来极大的方便。

4）根据稳定性选型

传感器使用一段时间后，其性能保持不变的能力称为稳定性。影响传感器长期稳定性的因素除传感器本身结构外，主要是传感器的使用环境。因此，要使传感器具有良好的稳定性，传感器必须要有较强的环境适应能力。

在选择传感器之前，应对其使用环境进行调查，并根据具体的使用环境选择合适的传感器，或采取适当的措施，减小环境的影响。

5）根据精度选型

精度是传感器的一个重要的性能指标，它是关系到整个测量系统测量精度的一个重要环节。传感器的精度越高，其价格越昂贵，因此，传感器的精度只要满足整个测量系统的精度要求就可以，不必选得过高。这样就可以在满足同一测量目的的诸多传感器中选择比较便宜和简单的传感器。

如果测量目的是定性分析的，则选用重复精度高的传感器即可，不宜选用绝对量值精度高的。如果是为了定量分析，必须获得精确的测量值，就需选用精度等级能满足要求的传感器。

3. 传感器选型实例

例 6-1　电脑绣花机中光电增量编码器的选型。

系统工作流程：绣花机在电脑控制下，完成各种花样的缝绣动作。电脑和机头是绣机的主体，光电增量编码器是实现电脑对机头自动运行控制的主要检测部件之一。光电增量编码器在电脑绣花机中的作用，主要有两个方面：① 确定机头针杆进针的位置；② 检测绣机的转速。

电脑绣花机将绣花样品的运动轨迹分解成若干子样，电脑将子样动作通过 X、Y 方向的步进电机实现自动移绷、刺针等动作。固定绣品的绷框在 X、Y 合成方向前进一步后，机头上的绣针向绣品刺一针，电脑连读不断地根据绣品轨迹数据，向 X、Y 方向的步进电机发送刺绣数据，步进电机就动作一次，针按一定步距刺绣一针。针头针杆的运动量是由 Z 方向的电磁离合式电机的旋转带动的，在机械机构的帮助下，将电机的旋转动作转变为机头机杆的上下直线运动，电机每旋转一圈，针杆上下往返一次，针按一定步距向绣品刺一针。那么，针杆的动作和移绷动作怎样准确协调一致地进行呢？这是由固定在 Z 电机转轴上的光电增量编码器来实现的。

系统运动过程分析：根据上述绣花机动作简介，针杆动作和移绷动作只能在某一适当位置产生，否则，将损坏绣花机。实现刺绣一针的动作可分解为：当针在绣品之上时，绣品绷框可移动一次，即 X、Y 方向的步进电机走一步；在移绷动作结束后的某一时刻，针才能向绣品刺一针。因此，必须通过编码器将 Z 电机旋转一圈的相位分解成如图 6.25 所示的四部分。

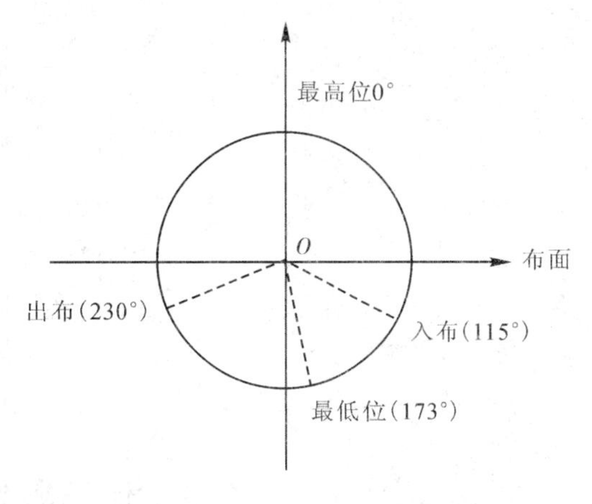

图 6.25　Z 电机旋转一圈的动作分解

通过控制光电增量编码器的旋转角度可以产生如下动作：① 入布(115°)，表示此时针开始刺向绣品；② 出布(230°)，表示针将出布。出布之后，再产生移绷动作：① 最高位，表示针杆上台的位置，即停针位；② 最低为 173°，表示针刺向布下的距离。

传感器选型及功能实现：绣花机各种动作所处相位(即位置)确定后，可以首先根据绣花机步距精度确定光电编码器的分辨率。假设步距精度要高于 0.5°，那么可以确定光电式增量编码器每转需要输出的脉冲数要大于 360°/0.5°=720。根据常用编码器规格，可以选用每转输出 1024 个脉冲的编码器，即编码器码数为 1024。这样根据图 6.25 的动作时间需要将入布、出布等信号的相位转换成对应的脉冲数，入布对应第 492 个脉冲，出布对应第 654 个脉冲。

编码器选型时还需要注意另外一个重要的参数——最高转速，即要求编码器工作时的转速不能超过该值。假设绣花机要求 Z 电机旋转一周的时间不能超过 0.1 s，则电机转速要高于 600 r/min，编码器最高转速可以按照 1000 r/min 来进行选型。

电脑绣花机的入布、出布等信号的产生可采用如图6.26所示的电路。光电增量编码器每旋转一圈，A相能输出1024个脉冲，B相输出1个脉冲，经过整形后，A相脉冲加到计数器的计数脉冲端CLK，当分别计数到492和654个脉冲时，译码器分别译码出入布和出布等信号，该信号经光电隔离后输出给电脑，电脑根据出布信号产生 X、Y 方向的步进电机的步进动作。电脑在接收到入布信号后，从内存中读取一针所需的数据以及其他的控制动作信号。这样就可以控制绣花机的正常运转，完成绣品的刺绣。

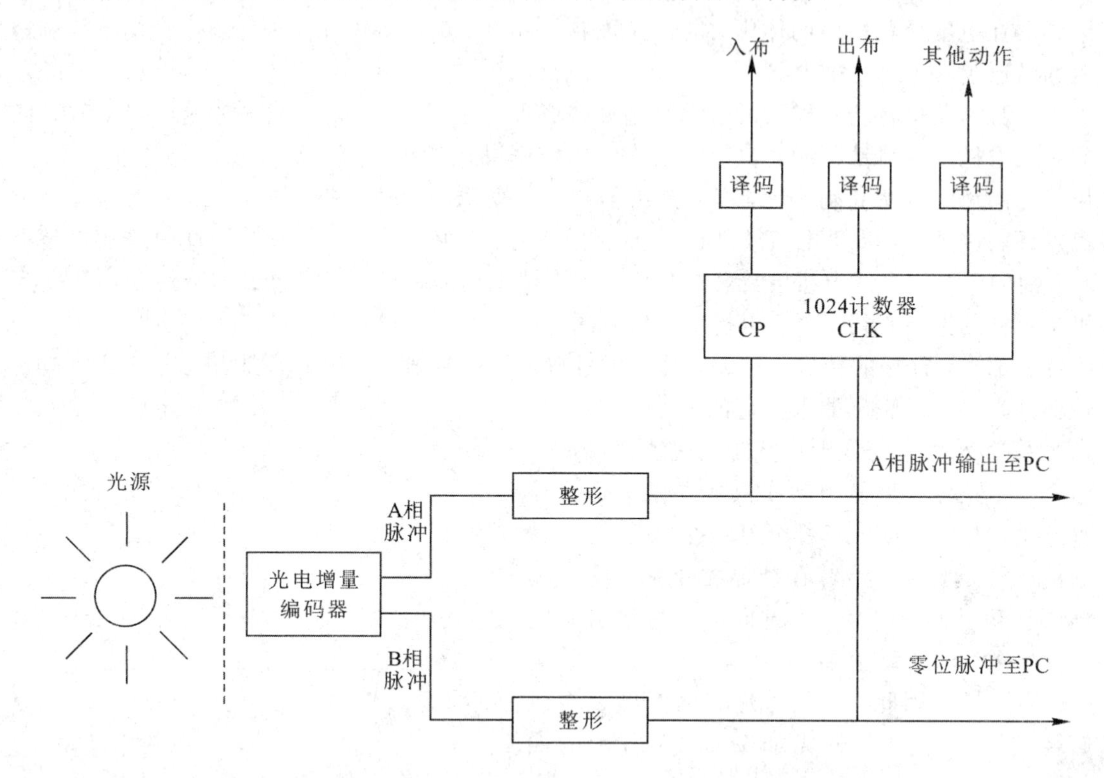

图6.26　绣花机控制信号产生原理示意图

6.3　传感器信号处理常用电路

各种非电量信号经传感器检测后转变为电信号，但这些信号通常很微弱，并与输入的被测量之间呈非线性关系，所以需进行信号放大、隔离、滤波、A/D转换、线性化处理、误差修正等处理。传感器与微机接口电路主要由信号预处理电路、数据采集系统和计算机接口电路组成，其原理结构如图6.27所示。

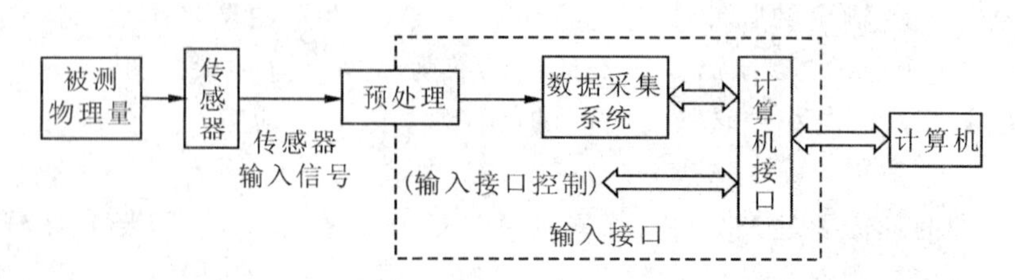

图6.27　传感器与微机接口电路

图6.27中，预处理电路把传感器输出的非电压量转换成具有一定幅值的电压量；数据采集系统把模拟电压量转换成数字量；计算机接口电路把数字量送入计算机，并把计算机发出的控制信号送至输入接口的各动能部件；计算机还可以通过其他接口把信息数据送往显示器、控制器、打印机等。由于信号预处理电路随被测量和传感器的不同而不同，因此传感器的信号预处理是传感器信号处理系统的关键技术。

6.3.1　传感器信号预处理电路

由于待检测的非电量种类繁多，传感器的工作原理也各不相同，因此待检测物理量作用于传感器后，传感器输出的相应信号种类也是各式各样。传感器输出的信号通常包括三类：开关式、模拟电量式和数字电量式。

1. 开关式输出信号的预处理

当输入传感器的物理量小于某阈值时，传感器处于“关”的状态，而当输入量大于该阈值时，传感器处于“开”的状态，这类传感器称为开关式传感器。实际上，由于输入信号总存在噪声叠加成分，使传感器不能在阈值点准确地发生跃变，其现象如图6.28(b)所示。另外，无接触式传感器的输出不是理想的开关特性，而具有一定的线性过渡。因此，为了消除噪声及改善特性，常接入具有迟滞特性的电路，如鉴别器或脉冲整形电路，具体多使用施密特触发器实现，如图6.28(c)所示。经过处理后的特性如图6.28(d)所示。

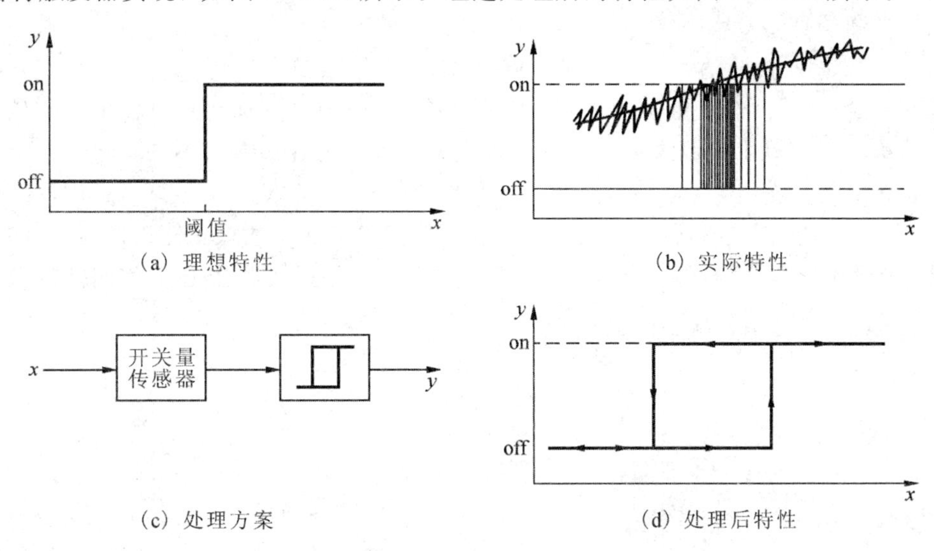

图6.28　开关式传感器信号特点及处理方法

2. 模拟电量式输出信号的预处理

模拟电量式输出信号根据信号形式的不同又可以分为模拟脉冲式、模拟连续式和模拟频率式三种。本书只介绍比较常用的模拟连续式和模拟频率式输出信号的预处理。

1）模拟连续式输出信号的预处理

模拟连续式传感器的输出参量可以归纳为五种形式：电压、电流、电阻、电容和电感。这些参量必须先转换成电压量信号，然后进行放大及带宽处理才能进行A/D转换。

(1) 电桥电路。

电阻、电容和电感参量通常采用电桥电路来转换成电压量信号，电桥电路是测量系统中广泛使用的一种电路。根据电桥的供电电源不同，可分为直流电桥和交流电桥两种。直流电桥主要用于应变式传感器，如电阻应变仪、热电阻温度计等，也可用于测量电压的变化，如热电偶及毫伏变送器等；交流电桥主要用于检测电感和电容的变化，如用于电感和电容式传感器。本书以直流电桥为例介绍电桥的转换原理。

直流电桥的电路原理如图 6.29 所示。

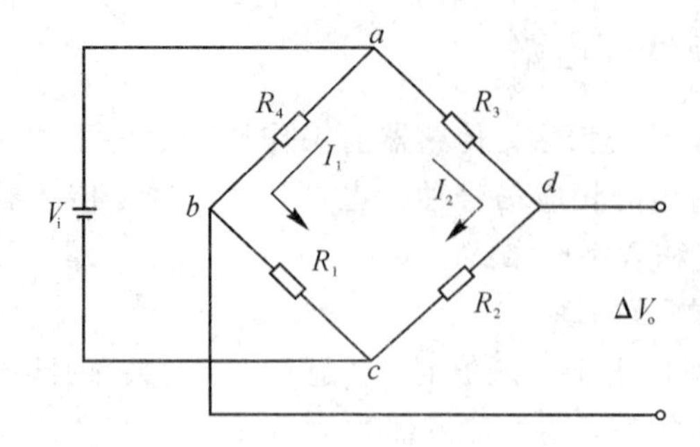

图 6.29　直流电桥电路原理

电桥输出电压 ΔV_o 为

$$\Delta V_o = V_{dc} - V_{bc} = \frac{R_2}{R_2 + R_3}V_i - \frac{R_1}{R_1 + R_4}V_i = \frac{R_2R_4 - R_1R_3}{(R_2 + R_3)\cdot(R_1 + R_4)}V_i$$

电桥平衡条件是 $\Delta V_o = 0$，即

$$R_2R_4 = R_1R_3 \tag{6-20}$$

式(6-20)中任何一个电阻变化，都会使电桥失去平衡，因而电桥有输出。测量该输出电压的大小即可计算出待测参数。根据电桥中可变电阻的连接方式不同，电桥可分为单电桥、双电桥和全电桥。

① 单电桥。如图 6.30 所示，所谓单电桥，是指传感器的敏感元件只作为电桥的一臂，而其他 3 个臂的电阻值相等。图中 R_1 为可变电阻，x 是以零为中心正负偏差的分数，即 $x = \frac{\Delta R_1}{R}$，在应变仪中，x 是应变的函数。

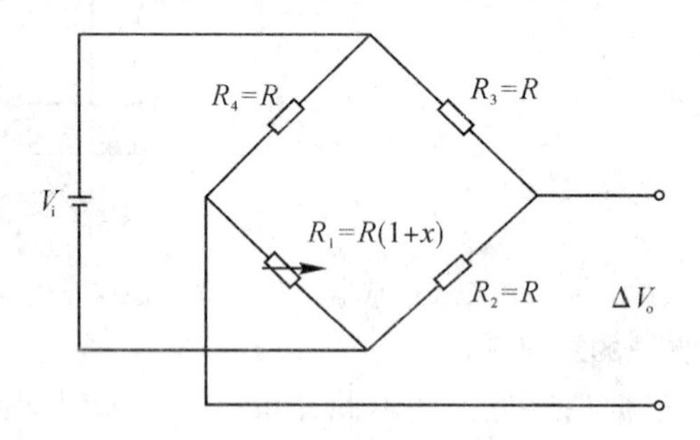

图 6.30　单电桥电路原理图

此时电桥输出电压为

$$\Delta V_o = \frac{1}{2}V_i - \frac{R(1+x)}{R+R(1+x)}V_i = -\frac{1}{4}V_i \cdot \frac{x}{1+\frac{x}{2}} \approx -\frac{V_i}{4}x$$

当 x 的变化量很小时，输入与输出保持良好的线性关系。例如，$V_i = 10$ V，x 的最大

变化为 ± 0.002，则 $\Delta V_i = \pm(0 \sim 5)\mathrm{mV}$，其线性度在 0.1% 以内；当 x 增加到 ± 0.02 时，输出 $\Delta V_i = \pm(0 \sim 5)\mathrm{mV}$，其线性度增加到 1%。

单电桥的电压灵敏度为

$$K_v = \frac{\Delta V_o}{V_i} = -\frac{1}{4}x \tag{6-21}$$

② 双电桥。如果在单电桥中采用两个相同的可变电阻，则可使灵敏度成倍提高，这种电桥称为双电桥。根据可变电阻在电桥臂中的位置不同，双电桥可分为相邻臂双电桥和相对臂双电桥两种，如图 6.31 所示。

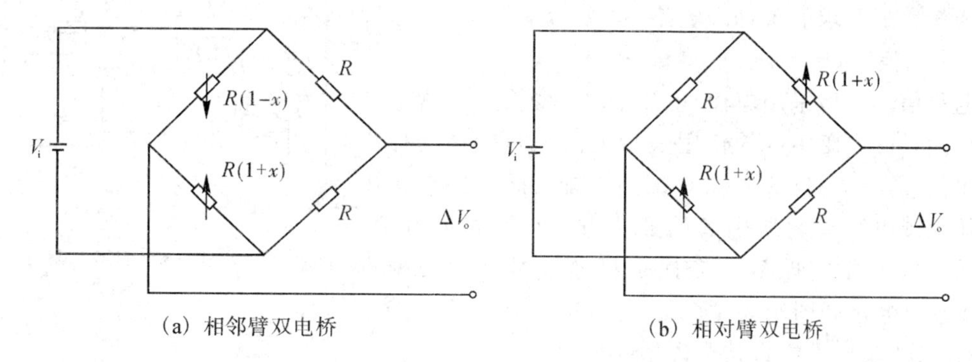

图 6.31　双电桥电路原理图

在图 6.31(a)中，有

$$\Delta V_o = \frac{1}{2}V_i - \frac{R(1+x)}{R(1-x)+R(1+x)}V_i = -\frac{V_1}{2}x$$

在图 6.31(b)中有：

$$\Delta V_o = \frac{R}{R+R(1+x)}V_i - \frac{R(1+x)}{R+R(1+x)}V_i \approx -\frac{V_i}{2}x \ (x \ll 1)$$

双电桥的电压灵敏度为

$$K_v = \frac{\Delta V_o}{V_i} = -\frac{1}{2}x \tag{6-22}$$

③ 全电桥。全电桥是 4 个臂上都采用可变电阻的电桥，如图 6.32 所示。例如，变电阻式传感器中的扩散硅差压变送器测量电路采用的电桥就是这种全电桥电路。

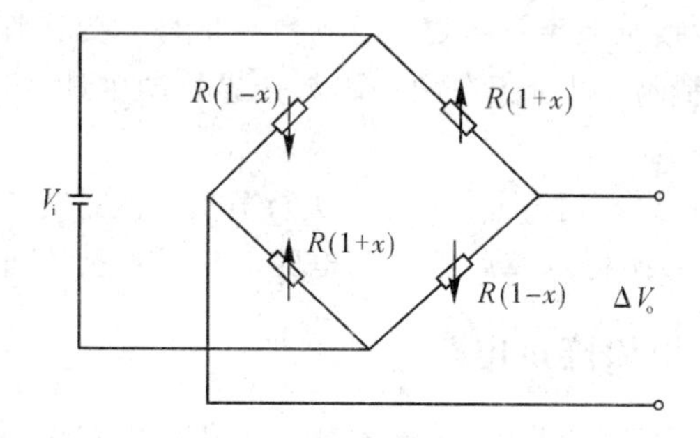

图 6.32　全电桥电路原理图

电桥平衡时，$R_1 = R_2 = R_3 = R_4 = R$。当敏感元件受力变化时，其变化规律为 $\Delta R_1 = \Delta R_2 = \Delta R_3 = \Delta R_4 = \Delta R$，输出电压为

$$\Delta V_{o}=\frac{R(1-x)}{2R}V_{i}-\frac{R(1+x)}{2R}V_{i}=-xV_{i}$$

全电桥电压灵敏度为

$$K_{v}=\frac{\Delta V_{o}}{V_{i}}=-x \tag{6-23}$$

由以上分析可见，在三种直流电桥中，双电桥的电压灵敏度是单电桥的 2 倍，全电桥的电压灵敏度是单电桥的 4 倍。但是，随着电压灵敏度的提高，双电桥和全电桥的非线性度也相应地增加同样的倍数。因此在选型时要根据实际需要选择满足要求的预处理电路。

(2) 电流/电压变换。

电流信号一般采用电流/电压(I/V)变换器实现电压量的转换。I/V 变换器的作用是将电流信号变换为标准的电压信号，它不仅要求具有恒压性能，而且要求输出电压随负载电阻变化所引起的变化量不能超过允许值。采用运算放大器实现 I/V 变换是目前最常用的一种方法，其典型电路如图 6.33 所示。

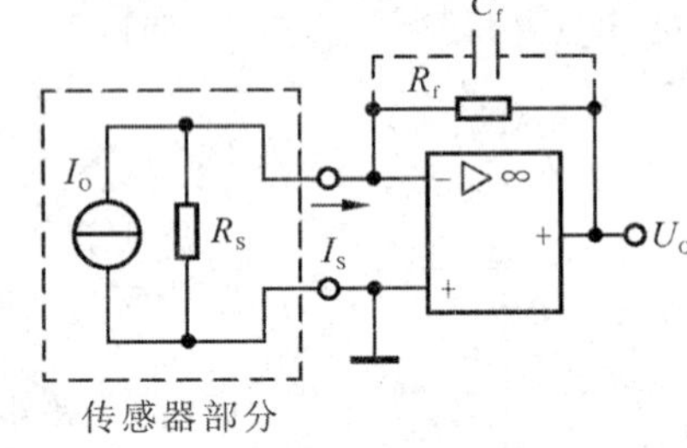

图 6.33 采用运放的 I/V 转换电路

2) 模拟频率式输出信号的预处理

模拟频率式输出信号的方法有两种：一种方法是直接通过数字式频率计变为数字信号；另一种方法是用频率/电压变换器变为模拟电压信号，再进行 A/D(模/数)转换。频率/电压变换器的原理框图如图 6.34 所示，传感器的输出频率信号经过电压比较器、单稳态触发器、电流源电路和积分电路后转换成可以直接输入 A/D 转换器的电压信号。通常可直接选用一些单片集成频率/电压变换器实现频率/电压变换。

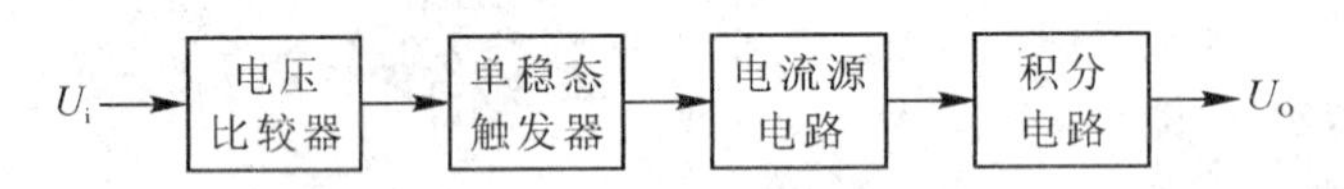

图 6.34 频率/电压变换器原理框图

3. 数字脉冲式输出信号的预处理

数字式输出信号分为数字脉冲式信号和数字编码式信号。数字脉冲式输出信号可直接将输出脉冲经整形电路后接至数字计数器，得到数字信号。数字编码式输出信号通常采用格雷码而不是 8421 二进制码，以避免在两种码数交界处产生计数错误，因此需要将格雷码转换成二进制或者十进制。

虽然可以将传感器输出信号按照以上方法进行分类，但是传感器信号具体的预处理方法，应根据传感器输出信号的特点及后续检测电路对信号的要求选择不同的电路。

6.3.2 传感器数据采集和接口电路

与传感器信号预处理电路相对应，传感器数据采集和接口电路可以称为传感器后级信号处理和接口电路，这些电路通常包括采样保持电路、多路转换电路和 A/D 转换电路。

1. 采样保持电路

采样保持电路具有采集某一瞬间的模拟输入信号，根据需要保持并输出采集的电压数值的功能。在“采样”状态下，电路输出跟踪输入模拟信号。转为“保持”状态后，电路的输出保持采样结束时刻的瞬时模拟输入信号，直至进入下一次采样状态为止。这种电路多用于快速数据采集系统以及一切需要将输入信号瞬时采样和存储的场合，如自动补偿直流放大器的失调和漂移、模拟信号的延迟、瞬态变量的测量及 A/D 转换等。采样保持电路可以降低对后级 A/D 转换电路采集速度的要求。

构成采样保持电路的主要元件之一是模拟开关。模拟开关应能接通和断开连续的输入信号：当开关接通时输出电压应跟踪输入电压的变化；当开关断开时，输出电压应保持接通时采得的采样值。实际中常用的开关元件包括双极型晶体管开关、结型场效应晶体管(JFET)开关、MOS 型场效应晶体管(MOSFET)开关等。利用增强型 MOSFET 在可变电阻区的压控电阻特性，可以构成性能优良的电子模拟开关，在测控技术中得到了广泛应用。

2. 多路转换电路

在数据采集系统，往往需要同时对多个传感器的信号进行测量，为此经常使用多路转换开关轮流切换各被测信号，采用分时方式使被测信号与公用的 A/D 转换器接通。这样，由于多路转换开关电路的作用而使输入通道可以共用 A/D 转换器，使电路结构简化，成本降低。

多路转换开关的种类较多，最简单的是机械式波段开关，至今它仍在一些场合使用。它们的转换时间慢，不便控制，体积亦较大。电磁开关如继电器、步进开关、干簧管等是应用较广的转换开关，它们可以实现自动控制且能承受较高的分断电压，特别是干簧继电器可靠耐用，但是开关时间略长，成为其应用受限制的主要问题。晶体管开关的出现是转换开关实现快速转换、易于控制与微型化的一次变革，此后很快出现了各种集成电路的模拟转换开关，它们把驱动电路与开关集成在一起，如图 6.35 所示。

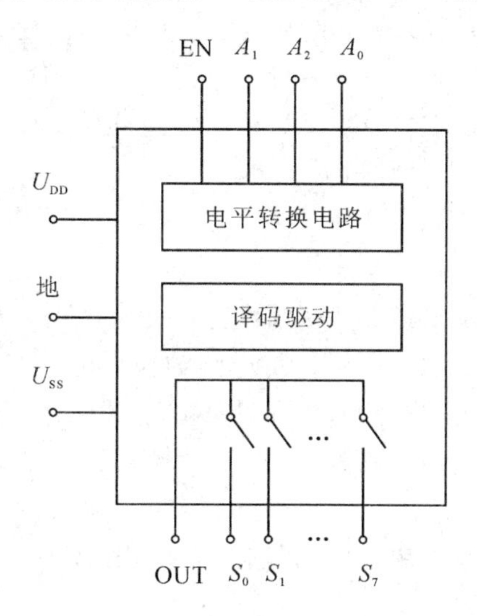

图 6.35　8 路集成模拟开关原理框图

最常用的是 CMOS 场效应晶体管开关，与 PMOS 和 NMOS 开关相比，其导通电阻 R_{ON} 与信号电平的关系曲线较为平直，如图 6.36 所示。CMOS 多路转换开关的导通电阻 R_{ON} 一般可做到小于 100 Ω；此外，它还具有功耗小、速度快等优点。

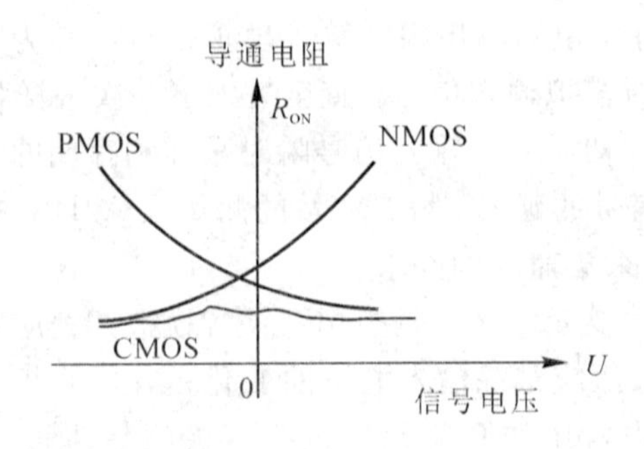

图 6.36 常用模拟开关导通电阻特性曲线

多路转换开关的性能参数除导通电阻 R_{ON} 以外，还应考虑泄漏电流。导通电阻和泄漏电流决定在低频信号状态下的传输准确度。在快速采集系统中，主要关心的是多路转换开关的开关带宽、关断间隔时间以及开关的寄生电容效应。当然，其绝对的导通时间和关断时间也是重要性能参数。

模拟多路开关在实际测试系统中的应用，通常采用两种基本形式：一种是单端式，它将多路开关的每一路与被测信号源的一根输出线端分别相连，所有被测信号源的地线与模拟开关的地线连接在一起，这是一种最常见的连接方式；另一种形式是差动式，此种方式应用在被测信号源各自有独立的参考地电位的系统，不能将它们接在公共的地线上，必须由两路通道同时切换到一个信号源的信号线和地线。对于信号线需要作长距离传输的系统，尽管各信号源的地电位都相同，可以共地，但是由于长距离传输会引起严重的共模干扰，因此往往采用差动式连接方式。

3. A/D 转换电路

A/D 转换器的功能是在规定时间内把模拟信号在时刻 t 的幅度值(电压值)转换为一个相应的数字量。由于 A/D 转换器输入的模拟信号在时间上是连续的，输出的数字信号是离散的，所以只能在一系列选定的瞬间进行 A/D 转换，这样就要求对输入的模拟信号先进行采样，然后再把这些采样值转换为数字量输出。因此，一般的 A/D 转换过程需要经过采样、保持、量化和编码这四个步骤来完成。本节开始介绍了采样保持电路，其实随着半导体集成技术的发展，目前很多单片 A/D 转换芯片都集成了采样保持和多路转换开关功能，大大方便了用户。

数字信号不仅在时间上是离散的，在幅度上也是离散的。为了将模拟信号转换为数字量，在 A/D 转换过程中，还必须将采样保持电路的输出电压按某种近似方式归化到与之相应的离散电平上。这一转换过程称为数值量化，简称量化。量化后的数值经过编码，用一组代码表示出来。经编码得到的代码就是 A/D 转换器输出的数字量。由于数字信号在时间和幅度上都是离散的，所以任何一个数字量的大小只能是某个规定的最小数量单位的整数倍。量化过程中所取最小数量单位称为量化单位，用 Δ 表示。它是数字信号最低位为 1 时所对应的模拟量，即 1LSB。

在量化过程中，由于取样电压不一定能被 Δ 整除，所以在量化过程中不可避免地存在误差，此误差称为量化误差，用 ε 表示。量化误差属于原理误差，它是无法消除的。A/D 转换器的位数越多，各离散电平之间的差值越小，量化误差越小。

量化过程常采用两种近似量化方式，即只舍不入量化方式和四舍五入量化方式。以三

位 A/D 转换器为例，设输入信号 u_1 的变化范围为 0 ～ 8 V，采用只舍不入量化方式时，取 $\Delta = 1$ V，量化中把不足量化单位部分舍弃，如数值在 0 ～ 1 V 的模拟电压都当作 0Δ，用二进制数 000 表示，而数值在 1 ～ 2 V 的模拟电压都当作 1Δ，用二进制数 001 表示，以此类推，得出各模拟电压量的量化值。这种量化方式的最大量化误差为 Δ，即 $|\varepsilon_{max}| = 1$LSB。如采用四舍五入量化方式，则取量化单位 $\Delta = 8\text{V}/15$，量化过程将不足半个量化单位部分舍弃，对于等于或大于半个量化单位部分按一个量化单位处理。它将数值在 0 ～ 8/15V 的模拟电压都当作 0Δ 对待，用二进制数 000 表示，而数值在 8/15 ～ 23/15 V 的模拟电压均当作 1Δ，用二进制数 001 表示等。这种量化方式的最大量化误差为 Δ/2，$|\varepsilon_{max}| = \text{LSB}/2$。四舍五入量化方式的量化误差比只舍不入量化方式的量化误差小，故为大多数 A/D 转换器所采用。由于传感器输出信号形式多样，信号大小各异，因此要根据实际情况选择满足要求的信号处理电路。一般情况下，建议选择成熟的典型电路或者集成芯片实现信号处理以及与控制器的接口，这样既节省成本又能加快开发进度。

思考与练习题

6.1　简述传感器检测系统的基本组成及各自的功能。

6.2　试述传感器选型时依据的主要原则。

6.3　简述传感器的静态特性指标及其对传感器性能的影响。

6.4　简述传感器的动态特性指标及其对传感器性能的影响。

6.5　试述常用传感器信号预处理电路及其功能。

6.6　试述常用传感器信号数据采集和接口电路及其功能。

参 考 文 献

[1]　康露新. 传感与检测技术. 2 版. 北京：科学出版社，2011.

[2]　胡向东，刘京诚，余成波，等. 传感器与检测技术. 北京：机械工业出版社，2009.

[3]　常健生. 检测与转换技术. 3 版. 北京：机械工业出版社，2004.

[4]　唐文彦. 传感器. 5 版. 北京：机械工业出版社，2014.

[5]　何道清，张禾，谌海云. 传感器与传感技术. 3 版. 北京：科学出版社，2015.

[6]　王俊杰，曹丽. 传感器与传感技术. 北京：清华大学出版社，2011.

第7章　机器视觉检测技术

7.1　概　　述

机器视觉检测系统在电子封装工艺设备中有着大量的应用，因此有必要在此对机器视觉检测系统的构成及关键技术做简要介绍。机器视觉检测涉及的技术非常多，由于篇幅有限，本章只介绍机器视觉检测的基础技术。本章末所列参考文献分别介绍了机器视觉的基础理论和图像处理组态软件的应用等，能帮助读者进一步学习机器视觉检测技术。希望本章内容能激发读者对数字图像处理的好奇，并开展探索。如果对机器视觉或图像处理感兴趣，除了学习视觉检测的基础技术外，还需要掌握图像处理常用的计算机语言技术。常用来进行数字图像处理的语言包括 MATLAB、C++、C#、Delphi 等。另外有许多图像处理的工具可以辅助我们进行图像处理。例如：开源的跨平台计算机视觉 C/C++函数库 OpenCV，它提供了 MATLAB、Python 等多种语言的接口；用于处理数字图像的开源工程项目 ImageMagick，为 C++、Java 等多种语言提供了程序接口；此外还有 CxImage、Freeimage 等图形处理类库。

7.1.1　机器视觉检测系统的构成

视觉是我们最主要的感知方式，它为我们提供了关于周围环境的大量信息，使得人们可在不需要进行身体接触的情况下，直接和周围环境进行智能交互。借助人类视觉观察外界事物的方式，现代工业中发展了机器视觉。机器视觉检测是指利用图像或视频采集器件(如 CCD 照相机或摄像机)做图像传感器，综合利用图像处理、精密测量等技术进行非接触二维或三维的坐标推算的过程。

为了区别于早期利用双脚规和比例尺在照片上进行几何推算的测量，现代视觉测量(又称为数字摄影测量)强调了 CCD 图像传感器的应用。有时，为了强调其中计算机图像处理技术或人工智能方法的应用，而称之为计算机视觉测量或机器视觉测量。视觉测量通常也被称作图像测量，因为这是一种以测量对象的图像当做检测和传递信息的手段或载体的精确测量技术。

图 7.1 所示为机器视觉检测系统的构成及工作过程。一个场景通过成像仪器形成一个或多个平面图像，再经过机器视觉的模式识别，从而形成对场景的描述。从对场景中物体位置或形状的描述中抽取有用的参数，这些参数将被应用系统所用。在这里我们所说的机器视觉就是指从“图像”到“描述”的过程。

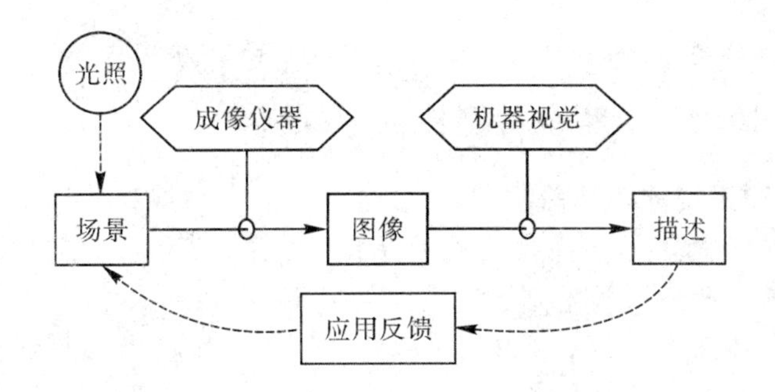

图 7.1　机器视觉检测系统的构成及工作过程

7.1.2　机器视觉的任务

机器视觉检测系统的目标是生成一个关于被成像物体(或场景)的符号描述。这个描述将被用于指导机械执行系统与周围环境进行交互。这些描述包含关于被成像物体的某些方面的信息，而这些信息将被用于实现某些特殊的任务。因此，通常把机器视觉系统看做是一个周围环境进行交互的大的实体的一部分。

从图 7.1 中可以看出，机器视觉的任务也是成像的逆过程。机器视觉系统的输入是图像，也可以是图像序列，输出是一个描述。这个描述要满足一定的准则：必须和被成像物体(场景)有关，包含完成指定任务所需要的全部信息。

图 7.2 所示为机器视觉三大任务示意图。机器视觉的三大任务是图像处理、模式分类和场景分析。这三大任务中的每一个都提供了许多有用技术。机器视觉的核心问题是：从一张或多张图像中生成一个符号描述。

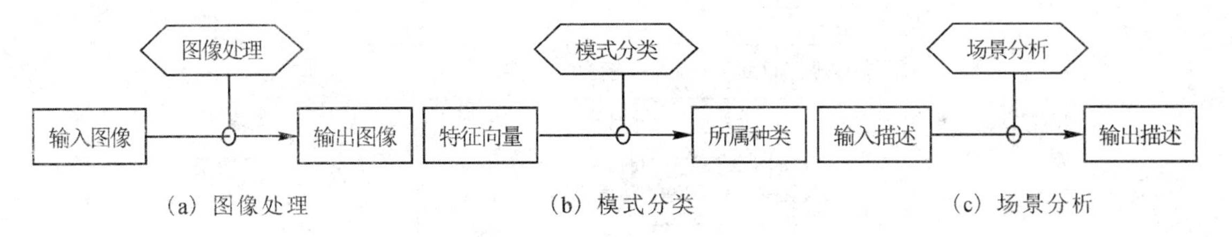

(a) 图像处理　　(b) 模式分类　　(c) 场景分析

图 7.2　机器视觉的三大任务

图像处理是指将已有图像经过噪声抑制、去模糊、边缘增强等操作产生一张新的图像的过程。图像处理的结果仍然需要人对其进行解释。图像处理所使用的技术主要基于线性系统理论。

模式分类就是对“模式”进行分类。模式是表示物体属性的一组给定数据或者属性的测量结果，例如物体的高度、质量等。模式分类技术用于对视觉系统所产生结果进行分析。识别一个物体，就是将其归为一些已知类中的某一类。在对模式进行分类时需要对图像处理后得出的简单二维模型进行测量。

场景分析是将从图像中获取的简单描述转化为一个更加复杂的描述。在场景分析中，底层的符号描述被用于生成“高级”符号描述。场景分析的输出结果包含物体的位置关系、物体的形状和其他一些属性。

从图像中生成符号描述的过程可以分为图像分析和场景分析两个阶段。在图像分析阶段生成一个详尽的但是未经过加工处理的描述，这种描述也叫做“素描图”。对素描图进行后续处理的过程就是场景分析。

7.1.3 机器视觉检测的流程及关键技术

1. 机器视觉检测系统的工作流程

机器视觉检测系统的工作流程如图 7.3 所示，其主要工作步骤如下。

(1) 在建立视觉检测系统的基础上完成图像采集。

(2) 根据检测任务的需要，完成摄像机标定，包括摄像机内外参数的标定和双摄像机系统结构参数的标定。

(3) 由于采集的图像受到图像传感器内部噪声和外部环境的干扰，会不可避免地出现各种噪声，因此需要对采集的图像进行预处理，如图像增强、对比度变化、几何畸变的校正、图像滤波(去噪)等。

(4) 图像预处理后，图像质量得到了改善，接下来进行图像分割，即目标检测。

(5) 在目标图像分割的基础上，完成图像特征提取，如点特征、线特征、轮廓特征、颜色特征、形状特征等。

(6) 根据图像的属性和结构描述，对检测结果进行判断。根据需要，在摄像机标定和二维图像检测结果的基础上，完成平面二维或空间三维几何参数的测量。

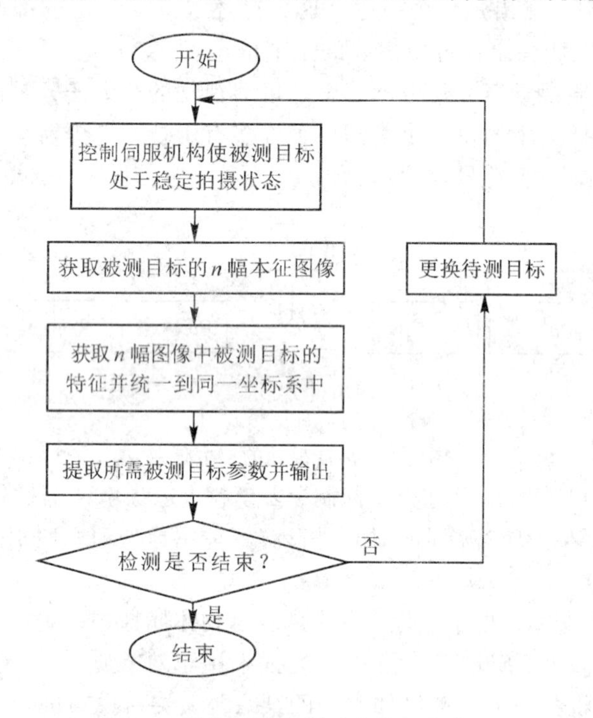

图 7.3 机器视觉检测系统的工作流程

2. 机器视觉检测的关键技术

机器视觉检测的关键技术主要包括图像采集、图像处理、系统标定、亚像素边缘定位技术等。

1) 图像采集

图像采集实际上是将被测物体的可视化图像和内在特征转换成能被计算机处理的一系

列数据，它主要由三部分组成：照明、图像聚焦、光电传感和形成摄像机输出信号。

2）图像处理

视觉系统中，视觉信息的处理技术主要依赖于图像处理方法，它包括图像滤波、图像增强、边缘提取、细化、特征提取、图像识别与理解等内容。

3）系统标定

摄像机标定是一个确定三维物体空间坐标系与摄像机图像二维坐标系之间变换关系以及摄像机内部参数和外部参数的过程，高精度的测量系统需要高精度的标定参数。由于成像中的镜头不可避免地产生畸变，小孔投影模型的假设也存在成像误差，寻找简单而且足够精度的摄像机标定方法，是视觉测量精度的关键因素。

4）亚像素边缘定位技术

随着工业检测等应用对精度要求的不断提高，像素级精度已经不能满足实际测量的要求，因此需要更高精度的边缘提取算法，即亚像素算法。利用软件来提高测量的精度具有方法简单、有效的优点。因此，图像测量的软件算法越来越受到人们的重视。

7.1.4　机器视觉检测技术的应用

机器视觉技术与系统在产品质量检测、自动化装配、机器人视觉导航和无人驾驶等方面的应用越来越广泛。具体的应用可归纳为以下几个方面。

1. 尺寸测量

基于机器视觉的尺寸测量是从经过处理的图像中提取特征，例如零件的边缘或角点等，利用这些特征可进行多个尺寸参数测量，如距离测量、圆测量、角度测量、线弧测量、区域测量等。基于机器视觉的尺寸测量方法具有成本低、精度高、安装简便等特点，而且测量时非接触，测量结果能实时反馈并修正加工参数。

2. 缺陷检测

一般生产中产品表面缺陷检测的方法包括人工检测、机械装置检测和机器视觉检测。利用机器视觉进行表面缺陷检测是非常可靠的方法。一般来说表面缺陷分为结构缺陷、几何缺陷和颜色缺陷等。机器视觉检测系统首先对被测物体表面的图像进行预处理，然后与标准图像进行对比，找到存在的缺陷，最后识别并判断缺陷的类型与严重程度。待测物体的图像中缺陷处的灰度值与标准值是有差异的，灰度差值超过预先设定的阈值范围就可以认为待测物体表面是有缺陷的。

3. 模式识别

模式识别主要是对各种声波、电波、图片和文字符号等对象的具体模式进行分类和辨识。模式识别是信息科学和人工智能的重要组成部分，也是基础技术。模式识别过程就是是对表征实物或现象的各种形式的(数值的、文字的和逻辑关系的)信息进行处理和分析，以对事物或现象进行描述、辨认、分类和解释的过程。目前，比较成熟的模式识别的应用有三个方面：文字和语音识别、生物特征和生物信息处理以及视觉和图像分析。

4. 图像融合

图像融合是指将一个或多个传感器在同一时间或不同时间获取的关于某个场景的多幅图像加以综合，生成一个新的关于这一场景的解释。通过图像融合可以减少图像信息的不确定性，提高信息的可信度。同时提高系统获取信息的效率和容错能力。图像融合的基本原理是利用多幅图像间在时间或空间上的冗余或互补信息，依据一定的融合算法合成一副满足某些需要的新图像。

按照图像信息的来源可将图像融合分为三种形式：多传感器不同时间获取的图像融合；多传感器同时获取的图像融合；同一传感器在不同环境条件下获取的图像融合。

5. 目标跟踪

目标跟踪在许多领域有着广泛的用途，例如各种场合的安保监控、战场中打击目标的搜索与跟踪等等。目标跟踪是指对图像序列中的运动目标进行检测、提取、识别和跟踪，获取运动目标的运动参数，如位置、速度、加速度和运动轨迹等，进而实现对运动目标的行为的理解，以完成更高一级的检测任务。运动目标跟踪是在目标检测的基础上，利用目标的有效特征，使用适当的匹配算法，在序列图像中寻找与运动目标模板最相似的图像的位置，从而对目标进行定位。

运动目标检测分为静态背景下的运动检测和动态背景下的运动检测。静态背景下的运动目标检测常用方法包括相邻帧间差分法、背景差分法和光流法。相邻帧间差分法是将连续两帧进行比较，从中提取运动目标的信息；背景差分法通过将当前帧与背景模型进行比较，判断出像素点是属于运动目标区域还是背景区域；光流法通过计算位移向量光流场来初始化目标的轮廓，利用基于轮廓的跟踪算法检测和跟踪目标。

动态背景下的运动检测由于存在目标与摄像头之间复杂的相对运动，所以算法比较复杂，常用的算法有匹配块法、光流估计法、图像匹配法以及全局运动估计法等。

6. 三维重构

三维重构是通过分析一幅或多幅图像的灰度信息，结合某些先验知识获得物体三维表面形状的技术。三维重构技术也可以认为是利用结构特征信息重建三维形状的一项技术，通常简称为Shape-from-X。典型的Shape-from-X技术有立体视觉法、光度立体法、纹理恢复形状、运动恢复形状、轮廓恢复形状、阴影恢复形状，以及单幅图像灰度明暗变化重建三维形状等。

7.2 成像原理

如图7.4所示，成像是一种投影操作，光源发出的部分光经过物体表面的反射后穿过透镜成像于像平面。像平面上的点与物体表面上的点之间有几何对应关系，该点的亮度与物体上的光照和反射强度有关。可以说像平面所成的像具有二维的亮度模式。

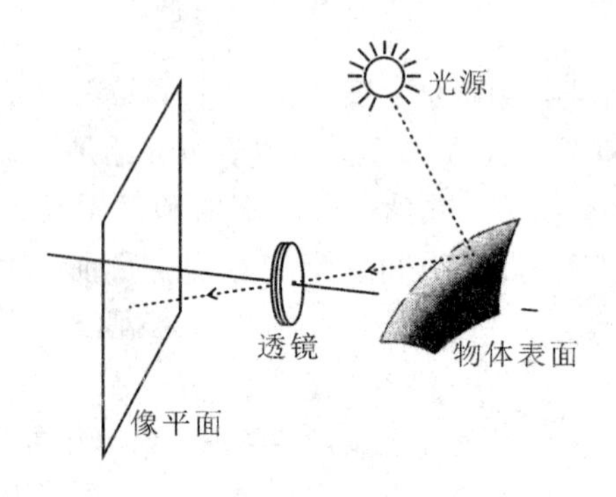

图7.4 成像过程

7.2.1 透视投影

图 7.5 所示为小孔相机通过透视投影来对现实世界进行成像。假设图像平面前的固定距离上，有一个理想的小孔，并且小孔的周围都是不透光的，因此，只有经过小孔的光才能够到达像平面。因为光是沿直线传播的，故图像上的每一个点都对应于一个方向，即从这个点出发穿过小孔的一条射线。这就是通常所说的透视投影模型。

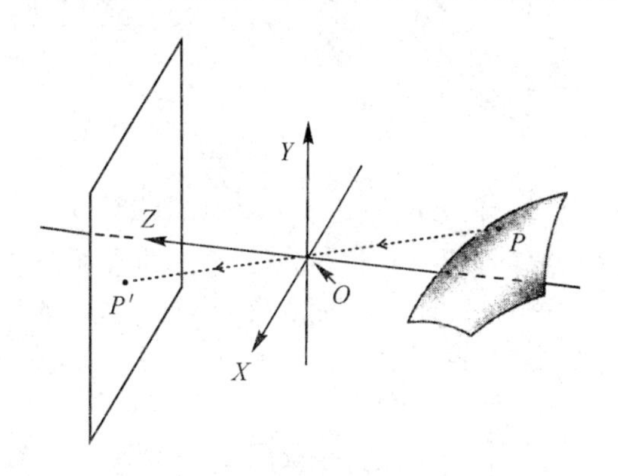

图 7.5　小孔相机通过投影成像过程

图 7.5 中，以小孔到像平面的垂线定义为光轴，以小孔中心 O 为原点建立笛卡尔直角坐标系，坐标系 Z 轴的正向与光轴平行并且指向像平面。相机前方物体表面上的某一点 P 在像平面上所出现的位置为 P'，令：$\boldsymbol{r}=(x,\ y,\ z)^{\mathrm{T}}$，表示由 O 指向 P 的向量；$\boldsymbol{r}'=(x',\ y',\ f')^{\mathrm{T}}$，表示由 O 指向 P' 的向量。其中：f' 表示小孔和像平面之间的距离，x'，y' 是像平面上的点 P' 的坐标。两个向量 $\boldsymbol{r}$ 和 $\boldsymbol{r}'$ 共线，并且它们之间只相差一个负的比例系数。连接 P 和 P' 的射线和光轴之间的夹角为 α，那么向量 $\boldsymbol{r}$ 的长度为

$$\|\boldsymbol{r}\| = -z\sec\alpha = (\boldsymbol{r}\cdot\hat{z}) \tag{7-1}$$

“·”表示两个向量的内积，而 $\hat{z}$ 表示沿着光轴方向的单位向量。对于相机前面的所有的点，其 z 坐标均为负值。

$\boldsymbol{r}'$ 的长度为

$$\|\boldsymbol{r}'\| = f'\sec\alpha \tag{7-2}$$

因此可得

$$\frac{1}{f'}\boldsymbol{r}' = \frac{1}{\boldsymbol{r}\cdot\hat{z}}\boldsymbol{r} \tag{7-3}$$

上式写成对应分量的形式，即

$$\frac{x'}{f'}=\frac{x}{z}\quad 和\quad \frac{y'}{f'}=\frac{y}{z} \tag{7-4}$$

7.2.2 正射投影

当场景深度(也就是景深)的变化相对于场景到相机的平均距离来说很小时，我们可以用正射投影来近似代替透射投影。对于正射投影，从场景中某一点出发的光线沿着平行于光轴的方向射到像平面上。图 7.6 所示为正射投影模型示意图。

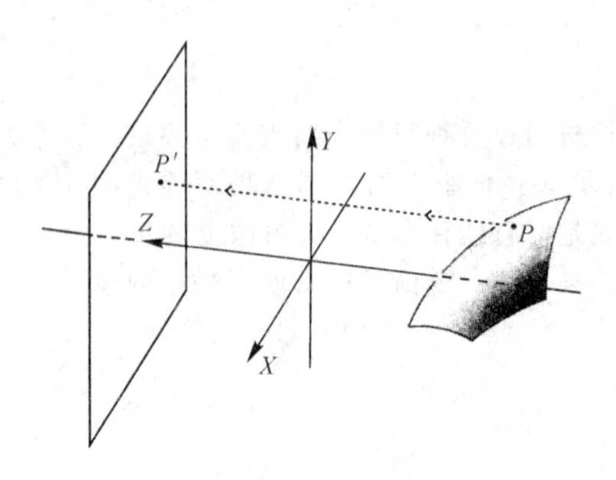

图 7.6　正射投影模型示意图

假设一个平面物体与生成的像互相平行，该物体与像平面之间的距离为 $z = z_0$，那么可以将放大率 m 定义为：像平面上两点之间距离与对应的物体平面上两点之间距离的比值。假设物体平面上的一个小的有向线段为 $(\delta x, \delta y, 0)^T$，在像平面上与该线段对应的小的有向线段为 $(\delta x', \delta y', 0)^T$，那么放大率 m 为

$$m = \frac{\sqrt{(\delta x')^2 + (\delta y')^2}}{\sqrt{(\delta x)^2 + (\delta y)^2}} = \frac{f'}{-z_0} \tag{7-5}$$

其中，$-z_0$ 是物体平面和小孔之间的距离。对于物体平面上所有的点，放大率 m 是不变的。

对于一个小的物体，该物体表面上的点在 z 轴负向的平均距离为 $-z_0$，如果对于物体可见表面上的所有点，其 z 分量的变化范围很小，那么这个物体将会生成一个放大 m 倍的像，物体像的面积是物体面积的 m^2。

由于所有物体并不是平面的，因此成像时的场景深度有一定范围。场景的深度范围是指场景中的可见物体表面所形成的曲面到相机的距离范围。当场景的深度范围相对于曲面到相机的平均距离来说很小时，我们可以近似认为放大率 m 为常数，那么投影方程可以简化为

$$x' = -mx \quad 和 \quad y' = -my \tag{7-6}$$

其中，$m = f'/(-z_0)$，z_0 表示曲面上所有点的 z 轴负向上的平均值。通常情况下放大率 m 被设定为 1 或 −1。于是式(7-6)可以简化为

$$x' = x \quad 和 \quad y' = y \tag{7-7}$$

这就是正射投影模型。在正射投影模型中，光线沿着平行于光轴的方向(而不是沿着“穿过小孔”的方向)传播，从而进行成像。如果对于相机与场景之间的距离来说，场景中各个点到相机的距离很小，那么，透视投影和正射投影的差别很小。

在被成像的场景中，每一个点都对应于一个方向，所有这些方向合在一起，“张成”了一个圆锥，显然，这个圆锥与连接像平面的边缘和小孔所得到的圆锥的形状是一致的。这个圆锥的顶角被称为成像系统的视野。相对于像平面的尺寸，望远镜的焦距很长，因此视野很狭小；相反，广角镜的焦距较短，故视野较广。一般的经验是：当使用广角镜时，透视效果比较明显；而使用望远镜所得图像更接近于正射投影模型的结果。

7.2.3　亮度

在很大程度上，一个物体所成的图像受到物体表面反射性质的影响。例如图 7.7(a)、

(b)分别为发生漫反射的球(涂漫反射材料)和发生镜面反射的球(金属球)。在镜面反射的球上我们看到了球体周围的世界的虚像。因此物体表面的微结构是确定图像亮度的一个重要因素。

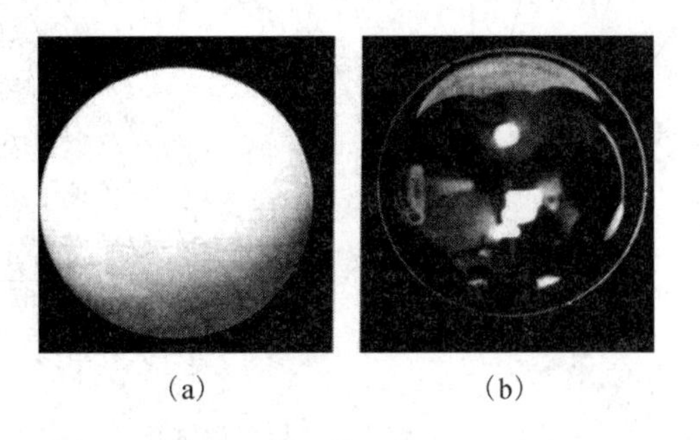

(a) (b)

图7.7 一个物体所成的图像受到物体表面反射性质的影响

物体上每个点要在像平面上成像，那么物体必须要反光。以图7.8为例，物体表面小块对点光源的反射，由三个因素共同决定，即入射角i、出射角e和相位角g。图7.8中$\boldsymbol{N}$表示曲面的法向量，$\boldsymbol{S}$表示指向光源的方向，$\boldsymbol{V}$表示指向观察者的方向。

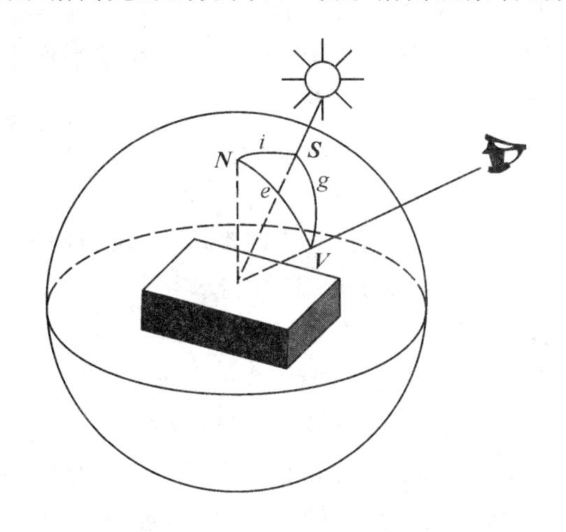

图7.8 物体表面小块对点光源的反射

对于图像，亮度和射入像平面的能流有关，人们可以使用许多不同的方法度量亮度。通常用辐照强度来度量亮度。辐照强度是指照射到某一个表面上的“辐射能”在单位面积上的功率(单位为W/m^2，即瓦特每平方米)。

如图7.9(a)所示，E表示辐照强度，δP为照射到一个面积为δA的极其微小的曲面“小块”上的“辐照能”的功率。图像上的某一点的辐照强度取决于从该像点所对应的物体表面上的点所射过来的能流。对图像亮度的测量，同时还依赖于传感器的光谱灵敏度。

在场景中亮度与从物体表面发射出的能流有关。位于成像系统前的物体表面上的不同点，会有不同的亮度，而其亮度取决于光照情况和物体表面如何对光进行反射。通常用辐射强度表示场景的亮度。辐射强度是指从物体表面的单位透视面积发出的、射到单位立体角中的功率(单位为$W/m^2/sr$，即瓦特每平方米每立体弧度)。如图7.9(b)所示，L表示辐射强度，δP^2是指从一个面积为δA的极其微小的曲面“小块”射入到一个极其微小的立体角$\delta\omega$中的能流大小。

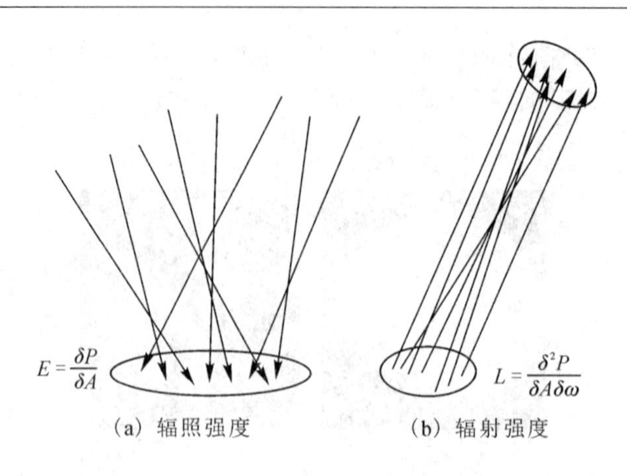

图 7.9 辐照强度与辐射强度

图像辐照强度的测量结果与场景辐射强度成正比，其比例系数取决于成像系统的参数。要在像平面上得到一定强度的光照，相机的光圈必须有一定的尺寸，因此小孔成像系统中的小孔的直径就不能为零。也就是说，小孔成像模型不再适用，因为当小孔的直径不为零时，场景中的一个点所成的像将会是一个小圆斑，而不再是一个点。

另外，由于光的波动性，光在小孔边缘发生衍射，在像平面上会形成“散播”，孔越小光“散播”的范围越大，光能量也就越偏离原有方向。

7.2.4 透镜

为了在像平面上获得非零的辐照强度，透镜被用于替代理想小孔。一个完美的透镜所生成的图像和小孔模型所生成的图像遵循相同的投影公式，但是同时，它聚集了一个面积非零的区域上的光。另外，只有在某一特定距离，透镜才会产生聚焦良好的图像。

如图 7.10 所示为在成像系统中使用透镜。一个理想的透镜，其投影方式和小孔模型相同，并且能将一定数量的光线会聚在一起。通过透镜中心的光线不会发生偏转，在一个准确的成像系统中，射向其他方向的光线将会发生偏转，并且这些光线最终会被会聚，从而和通过透镜中心的光线相交于同一点。图 7.10 中为理想透镜，只能用来会聚透镜前 $-z$ 处的点所发出的光。按照透镜公式：

$$\frac{1}{z'}+\frac{1}{-z}=\frac{1}{f} \tag{7-8}$$

可以计算出 $-z$。式中 z' 是像平面和透镜之间的距离，f 表示焦距。

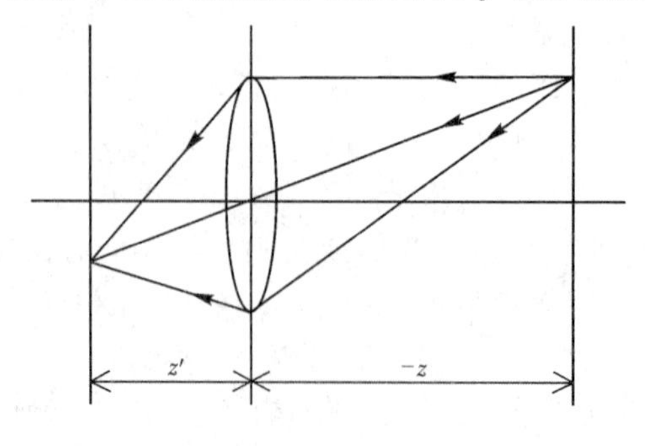

图 7.10 透镜模型

如果场景中的点和透镜的垂直距离不等于 $-z$，那么，它们在像平面上所成的像是一个小圆斑。因为，从物体表面某一点“出发”的光线，在经过透镜的会聚后，会形成一个以“聚焦点”为顶点的圆锥，这个圆锥和像平面相交，会形成一个圆斑。

所谓焦距，可以定义如下：从无穷远处的物体发出的光线会被透镜会聚成一点，该点与透镜之间的距离被称为焦距。由式(7-8)可知，$f=z'$。相反的，位于光轴上的、和透镜之间距离等于焦距的点所发出的光线，经过透镜后，将在透镜的另一边发生偏转，成为一条平行于光轴的光线，这就是光线传播的可逆性。

简单透镜的制作方法是：将透明玻璃的两面打磨成两个球面，光轴即为穿过这两个球面的球心的直线，任何用这种方法制成的简单透镜都会产生缺陷和像差。出于这个原因，人们通常将几个简单透镜组合在一起，严格地将这些透镜沿光轴排列组合成性能更好的组合透镜。理想的厚透镜模型可以作为绝大多数实际透镜的一个理想模型。厚透镜模型如图7.11所示。我们可以定义两个垂直于光轴的主平面，这两个主平面和光轴的两个交点，被称为节点。我们可以通过主平面和节点来理解厚透镜。两个节点之间的距离就是该组合透镜的厚度。进入第一个节点的光线，将沿着相同的方向从第二个节点离开。这定义了组合透镜的投影方式。我们可以将薄透镜看做是厚透镜的特例，也就是说，让两个节点重合在一起。厚透镜的透视投影方式和理想薄透镜是相同的；和薄透镜不同的是，厚透镜会沿着光轴产生一个偏移量——透镜的厚度 t。

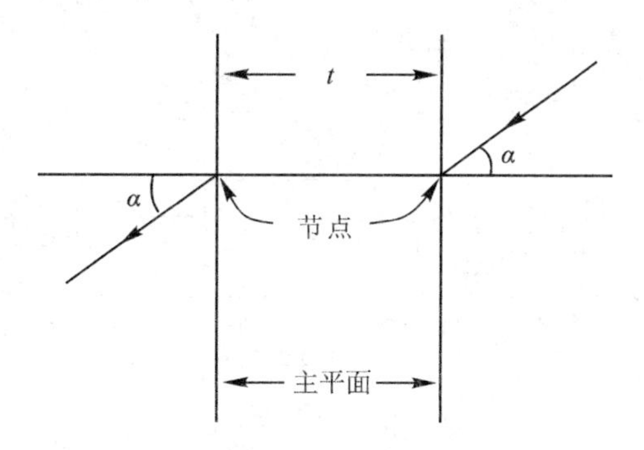

图7.11　厚透镜模型

完美的透镜是无法做出的，不但因为透镜的投影方式不可能和理想小孔完全一致，更为重要的是对所有光线的聚焦是无法实现的。这就产生了各种各样的像差，其中一种像差叫做光晕。如图7.12所示，将一些不同直径的圆形光圈依次排列在一起，并且让它们的圆心位于同一条直线上。当你沿着这条公共直线的方向看过去时，一些小的光圈将决定你的视野。当你沿着偏离这条线的方向看过去时，一些其他的光圈将会逐渐遮挡你的视野，直到最后什么都看不见为止。对于一个单透镜来说，进入透镜的所有光线都会被聚焦在图像上，但是，对于一个组合透镜而言，一些透过一个透镜的光线，可能会被第二个透镜挡住。遮挡情况取决于入射光线相对于光轴的倾斜角度以及两个透镜之间的距离。因此，相对于光轴上的点，图像中远离光轴的点的聚光效果会变差，随着该点和图像中心之间距离的增大，其灵敏度也会降低。随着入射光和光轴之间夹角的增大，透镜的像差会以指数形式增加。

固定的光圈挡住了那些和光轴之间有较大夹角的入射光线，使得它们无法穿过透镜而进入远离图像中心的区域。在实际的成像系统中，我们可以在透镜系统中加入光圈，从而提高成像质量。

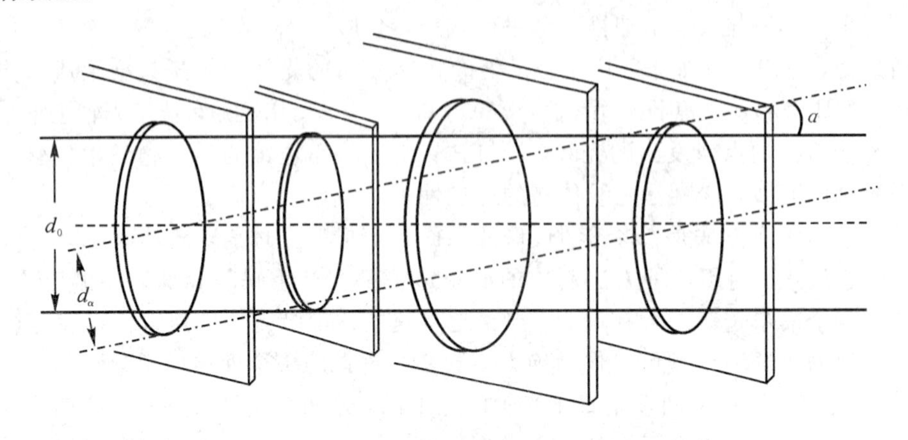

图 7.12　光晕现象示意图

7.3　成像系统硬件技术

成像系统硬件可概括为图像获取、图像分析处理和图像结果显示与控制三个部分。可进一步分为光学模块、图像捕捉、图像数字化、数字图像处理、智能判断决策和控制执行等硬件模块，其结构如图 7.13 所示。

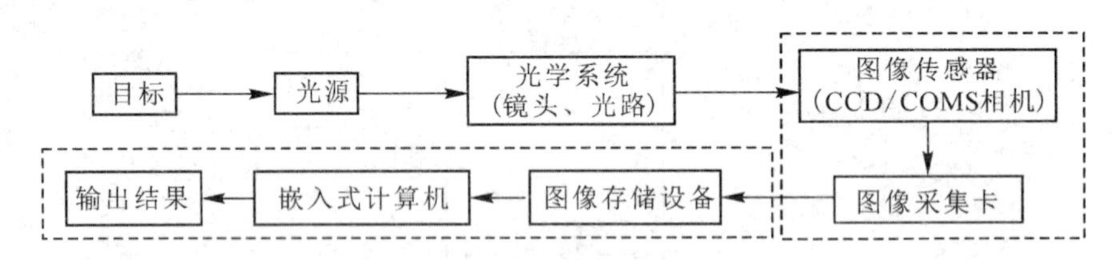

图 7.13　成像系统的硬件组成与工作原理框图

典型的成像系统包括光源、光学镜头、图像传感器、图像采集卡、图像处理软件、监视器、通信/控制单元等。工作时，在一定的光照条件下，采用由镜头、CCD 照相机组成的摄像系统获得被测目标的图像信号，A/D 转换后的数字信号经图像采集卡传送给专用的图像处理系统。机器视觉系统将根据像素分布、亮度和颜色等信息，进行各种运算来抽取目标的特征(如面积、数量、位置、长度)，然后再根据预设的判别准则输出判断结果至监视器，或去控制驱动执行机构进行相应处理。

7.3.1　镜头技术

光学镜头的作用是聚集光线，使成像单元能获得清晰影像的结构。用于检测的镜头主要使用工业级镜头，其成像质量好、畸变小，价格相对较高。光学镜头的主要技术指标包括视场角、焦距，另外根据需要光学镜头通常要配置滤光镜。

1. 视场角

视场角是与视场相关的角度。视场(Field Of View，FOV)就是整个系统能够观察的物体的尺寸范围，进一步分为水平视场和垂直视场(如图 7.14 中尺寸 W 和 H)，也就是成像芯片(CCD 或 COMS)最大成像对应的实体物体大小，定义为

$$\mathrm{FOV} = \frac{L}{M} \tag{7-9}$$

其中，L 是成像 CCD 芯片的高或宽，即像高 h 或像宽 w，对应的是水平方向或垂直方向上的视场。M 是放大率，定义为

$$M = \frac{h}{H} = \frac{w}{W} = \frac{V}{U} \tag{7-10}$$

其中，H 是物高，W 是物宽，U 是物距，V 是像距。FOV 即相应方向的物体大小。另外，FOV 也可以表示成镜头对视野的高度和宽度的张角，即视场角 α，定义为

$$\alpha = 2 \cdot \arctan\left(\frac{W}{2U}\right) = 2 \cdot \arctan\left(\frac{L}{2V}\right) \tag{7-11}$$

当 L 分别取 h 或 w，便得到水平方向视场角或垂直方向视场角。

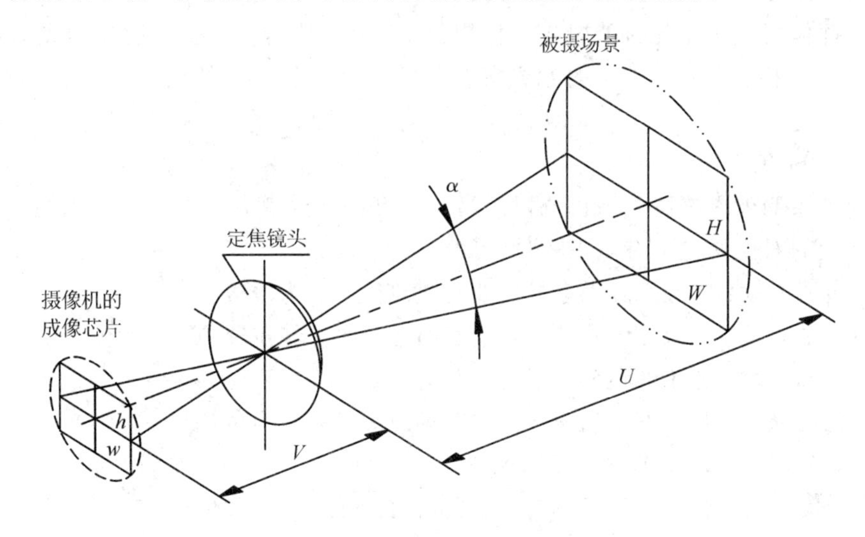

图 7.14　视场与视场角

一般用视场角给出镜头的视场大小，且按照视场大小可以把镜头分为鱼眼镜头、超广角镜头、广角镜头和标准镜头。视场角的大小决定了光学镜头的视野范围，视场角越大，视野就越大，光学倍率就越小。通俗地说，目标物体超过这个角就不会被收在镜头里。

2. 聚焦

前面对焦距已经给了定义，焦距还有一种定义，即相机中从镜片中心到底片或 CCD 等成像平面的距离。镜头焦距的长短决定着视场角的大小，焦距越短，视场角就越大，观察范围也越大，但是远处物体无法看清；焦距越长，视场角就越小，观察范围也越小，很远的物体也能看清楚。焦距和视场角有着一一对应的关系，因此，在选择焦距时应该充分考虑是要观察细节还是要较大的观察范围。以 CCD 为例，计算焦距 f 可参考如下公式：

$$f = \frac{L}{2 \cdot \tan(\alpha/2)} \tag{7-12}$$

计算时应注意，L 选取成像芯片(CCD 或 COMS)的高或宽 L 时，对应地应选取同方向的视场角 α。实际选用时应当选择比计算值略小的焦距，留有余量。

3. 自动调焦

机器视觉系统在检测运动目标时，目标与光测设备的距离随时发生变化，因而需要不断地调整光学系统的焦距，从而调整目标像点的位置，使其始终位于焦平面上，以获得清晰的图像。由于手动调节过程长，精度也无法适应自动机器视觉检测系统，因此，需要自动调焦技术。

自动调焦相机通常利用电子测距器自动进行调焦。当采集图片时，电子测距器检测被摄目标的距离，镜头伺服系统控制镜头移动到合适位置，使被摄目标成像达到最清晰。以主动式红外自动调焦系统为例，该系统的工作原理是：从相机发光元件发射出一束红外线，照射到被摄物体后返回相机，红外感应器接收到回波。相机根据发光光束与反射光束所形成的角度来测知拍摄距离，从而实现自动调焦。

4. 滤光镜

使用时，滤光镜加装在镜头前面，通过对光线的透射、反射、偏振、密度衰减和散射等光学行为发挥作用。滤光镜由玻璃或塑料片制成，可以按需要改变入射光的光谱强度分布或使其偏振状态发生变化。常用的滤光镜包括对比滤光镜、紫外线滤光镜、中色滤光镜、红外线滤光镜等。

1）对比滤光镜

在摄像中改变被摄物体某一色调以提高对比度的滤光镜，称为对比滤光镜，又称反差滤光镜。常用的对比滤光镜有以下六种。

（1）红色滤光镜：吸收绿蓝紫色，主要通过红色，次为橙黄色。

（2）黄色滤光镜：吸收蓝紫色，主要通过黄色，次为红橙绿色。

（3）橙色滤光镜：介于红色和黄色滤光镜之间。

（4）绿色滤光镜：吸收红橙蓝紫色，主要通过绿色，次为黄色。

（5）黄绿色滤光镜：介于黄色和绿色滤光镜之间。

（6）蓝色滤光镜：吸收红橙黄绿色，主要通过蓝色，次为紫色。

2）紫外线滤光镜

紫外线滤光镜简称 UV 镜。利用紫外线滤光镜来吸收紫外线，以减少其对成像的干扰，加强影像的清晰度。

3）中色滤光镜

中色滤光镜对各种光的吸收率相等，可以用来降低通过镜头的光量，从而降低曝光值。中色滤光镜简称 ND 镜。

4）红外线滤光镜

红外线滤光镜吸收红外线以外的所有可见光，仅通过红外线。红外线滤光镜专用于红外线摄像。

7.3.2 摄像机技术

摄像机是获取图像的前端采集设备。摄像机以面阵 CCD(或 CMOS)图像传感器作为核心部件，外加同步信号产生电路、视频信号处理电路及电源等组合而成。摄像机选用时主要考虑分辨率、帧速、接口等特性。

1. 数字摄像机

数字摄像机的工作原理是利用光电传感器的图像感应功能，将物体反射的光转换为数码信号，经过压缩后存储于摄像机内置的存储器上。数字摄像机主要由图像传感器(CCD或CMOS)、模/数(A/D)转换器、图像处理器(DSP)、图像存储器(Memory)、液晶显示器(LCD)、端口、电源和闪光灯等组成。数字摄像机内置的A/D转换电路直接将模拟图像信号转化为数字信号，使得对外信号输出可以直接使用数字信号传输协议，信号传输高效而灵活。

2. 分辨率

摄像机中的分辨率是一个重要指标，分辨率(Resolution)描述的是光学系统能够分辨的物体最小单位。分辨率一般采用瑞利判据。如图7.15所示，成像过程中由于衍射、像差等影响，光学系统对一个点所成像的强度呈高斯分布。两个邻近的点所成的像会有重叠，两个点离得越近，重叠部分越大，两个点所成的像中间的光强度不再是零，而是越来越接近最大值。瑞利判据则认为，重叠部分的光强度 A_1 小于最大值 A_2 的83%时，人眼是可以分辨的。

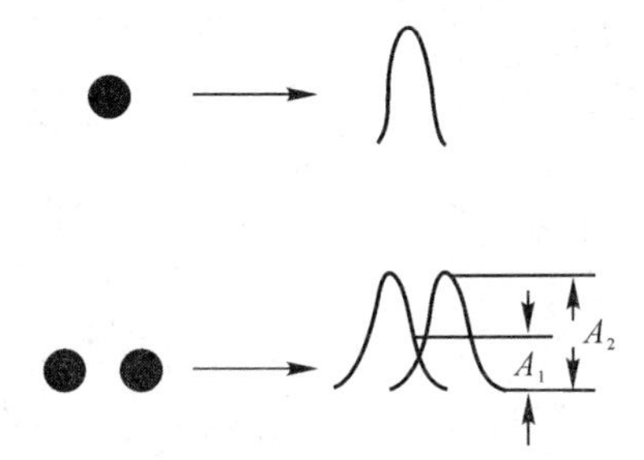

图7.15　物体成像后图像上相近点的重叠现象

图像分辨率则是单位英寸中所包含的像素点数，其定义更趋近于分辨率本身的定义。图像分辨率一般用成对的黑白相间线来标定镜头的分辨率，描述为能够分辨的黑白线的频率，即每毫米多少线对(lp/mm)。一般来说，像空间的分辨率和物空间的分辨率相关但是不同。对于CCD相机的情况，至少需要两个像素来分辨一对线，因此，CCD摄像机能够达到的最大分辨率是

$$r = 2 \cdot \mathrm{CCDsize} \tag{7-14}$$

其中，r 是最大分辨率，CCDsize是CCD线数。那么，相应的物体空间分辨率是

$$R = \frac{r}{M} \tag{7-15}$$

其中，R 是物空间的分辨率，M 是像空间分辨率和物空间分辨率的比值。物体空间分辨率也可以理解为能够测量的最小物体尺寸。

分辨率的应用主要是显示分辨率和图像分辨率。显示分辨率(屏幕分辨率)是屏幕图像的精密度，是指显示器所能显示的像素有多少。由于屏幕上的点、线和面都是由像素组成的，显示器可显示的像素越多，画面就越精细，同样的屏幕区域内能显示的信息也越多，所以分辨率是个非常重要的性能指标之一。可以把整个图像想象成一个大型的棋盘，而分辨率的表示方式就是所有经线和纬线交叉点的数目。显示分辨率一定的情况下，显示屏越小图像越清晰；反之，显示屏大小固定时，显示分辨率越高图像越清晰。

3. 帧速

通常用帧速衡量视频信号传输的速度，单位是帧/秒。人们看到的动态画面实际上是由一帧帧静止画面连续播放而成的。一般机器视觉系统每秒传输的帧数为30～60较为理想。如果采集速度过低，帧速达不到要求，那么我们能看到的画面将会出现停顿或跳跃的现象。

4. 智能相机

随着机器视觉技术的进步，人们开发了智能相机。智能相机是一种高度集成的微型机器视觉系统，一般由图像采集单元、图像处理单元、图像处理软件、网络通信装置等构成。基于PC的视觉系统一般由光源、CCD或CMOS相机、图像采集卡、图像处理软件以及PC构成。由于智能相机已经固化了成熟的机器视觉算法，使用户无需编程，就能完成一些复杂的功能，例如实现有/无判断、表面/缺陷检查、尺寸测量、光学字符验证/光学字符识别(OCV/OCR)、条码阅读等功能。与基于PC的视觉系统相比，智能相机具有结构紧凑、尺寸小、易于安装在生产线和各种设备上等优点。

5. 相机接口

图像采集设备与图像处理设备的数据传递是通过相机接口来完成的。相机接口分为模拟接口和数字接口，前者用于模拟数据采集卡和图像处理设备之间的连接。现在主流的相机接口基本都是采用数字接口。常见的数字相机接口包括IEEE1394(Fire Wire)接口、USB接口、Camera Link接口、GIGE千兆网接口等。

7.3.3 光源技术

光源是成像系统中重要的组件之一，一个合适的光源是成像系统正常运行的必备条件。使用光源的目的是将被测物体与背景尽量明显区分，获得高品质、高对比度的图像，将运动目标“凝固”在图像上，增强待测目标边缘的清晰度，消除阴影，抵消噪声等。

为成像系统选择光源时，最基本的是要考虑亮度、光源的位置、表面纹理与形状、鲁棒性、色彩等因素，只有光源满足了生产管理或质量检测时对于这些因素的要求，才能获取清晰的图像资料。

1. 光源的种类

光源一般可分为自然光源和人工光源。人工光源是人为将各种形式的能量(热能、电能、化学能)转化成光辐射的器件。成像系统的光源以人工光源为主。

1) 高频荧光灯

高频荧光灯的发光原理和日光灯类似，只是灯管是工业级产品，并且采用高频电源，也就是光源闪烁的频率远高于相机采集图像的频率，消除图像的闪烁。高频灯管最快可做到60 kHz。

2) 卤素灯

卤素灯也叫光纤光源，因为光线是通过光纤传输的，适合小范围的高亮度照明。真正发光的是卤素灯泡，功率很大，可达100多瓦。高亮度卤素灯泡通过光学反射和一个专门的透镜系统，进一步聚焦提高光源亮度。卤素灯还称为冷光源，因为通过光纤传输之后，出光的这一端是不发热的。

3) 发光二极管(LED)光源

LED(Light Emitting Diode，发光二极管)是一种固态的半导体器件，它可以直接把电转化为光。LED 的核心是一个半导体的晶片，晶片的一端附在一个支架上，这一端是负极，另一端连接电源的正极，整个晶片被环氧树脂封装起来。二极管所发出光的波长也就是光的颜色，是由形成 LED 晶片 PN 结的材料决定的。例如，磷砷化镓二极管发红光，磷化镓二极管发绿光，碳化硅二极管发黄光，铟镓氮二极管发蓝光。

4）气体放电灯

气体放电灯一般包括汞灯、钠灯、氙灯等，其发光原理是靠气体分子激发后放电发出光。氙灯是由充有氙气的石英灯泡组成的，用高压电触发放电。汞灯是在石英玻璃管内充入汞，当灯点燃时，灯中的汞被蒸发，从而产生辉光。气体放电灯的特点是功率大，光色接近日光，紫外线丰富，主要应用在强光、色温要求接近日光的场合。

2. 光源的选择

按照光源结构或出光形态划分，光源还可划分为平面照明光源、点光源、平行光源、环形光源、同轴光源、低角度光源、线光源、投影光栅等。

1）选择光源的角度

不同角度的光源应用如图 7.16 所示。高角度照射，图像整体较亮，适合表面不反光物体，如图 7.16(a)所示。低角度照射，图像背景为黑，特征为白，可以突出被测物轮廓及表面凹凸变化，如图 7.16(b)所示。多角度照射，图像整体效果较柔和，适合曲面物体检测，如图 7.16(c)所示。背光照射，图像效果为黑白分明的被测物轮廓，常用于尺寸测量，如图 7.16(d)所示。同轴光照射，图像效果为明亮背景上的黑色特征，用于反光强烈的平面物体检测，如图 7.16(e)所示。

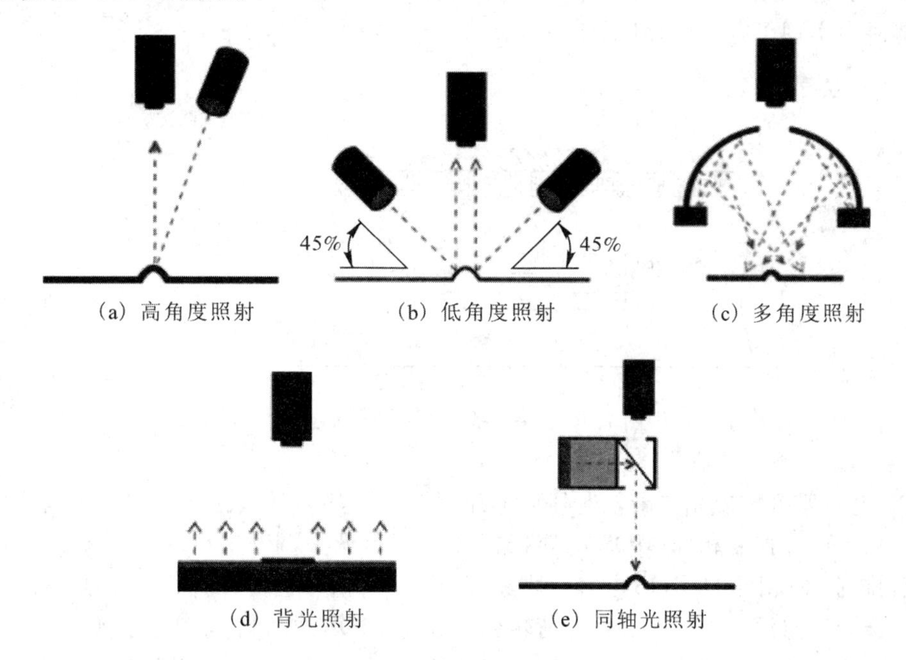

图 7.16　不同角度光源示意图

2）选择光源的颜色

考虑光源颜色和背景颜色，使用与被测物同色系的光会使图像变亮(如红光使红色物更亮)，使用与被测物相反色系的光会使图像变暗(如红光使蓝色物体更暗)。波长越长，穿透能力越强；波长越短，扩散能力越强。红外的穿透能力强，适合检测透光性差的物体，如棕色玻璃瓶杂质检测。紫外对表面的细微特征敏感，适合检测对比不够明显的地方，如食用油瓶上的文字检测。

7.3.4 图像传感器

按照工作原理区分图像传感器有 CCD 和 CMOS 两种。

1. CCD 的工作原理

1970 年，美国的贝尔(Bell)实验室取得了电荷耦合器件(Charge Coupled Device，CCD)的专利。CCD 是一种紧靠在一起的 MOS 电容器构成的单片集成电路阵列，当把光学图像聚焦到该阵列上时，可以得到正比于景物光辐射强度的电荷分布。模拟信号电荷(“电荷群”)可以从一个电容器转移到下一个电容器，电荷在 Si-SiO_2 界面上或界面附近的势阱之间储存和转移。

CCD 是以电荷作为信号，完成电荷的存储和转移。CCD 的工作过程包括信号电荷的产生、存储、传输和检测等。

1）电荷存储

CCD 的基本单元是 MOS 电容器，它能存储电荷，单元结构如图 7.17 所示。当金属电极上施加正电压时，带正电的空穴被排斥到远离电极处，剩下的带负电的少数载流子在紧靠 SiO_2 层形成负电荷层(耗尽层)，电子一旦进入，由于电场作用就不能复出，称为电子势阱。当器件受到光照时，光子能量被半导体吸收，产生电子—空穴对，出现的电子被吸引存储在势阱中实现了电荷的存储。

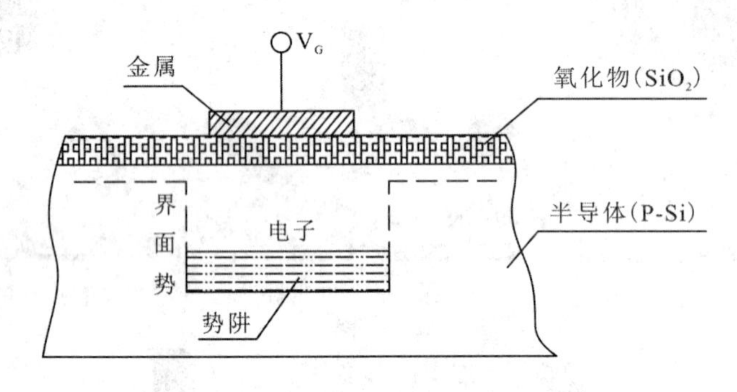

图 7.17 CCD 基本单元结构示意图

2）电荷的转移与传输

MOS 电容器可实现光屏蔽，当外加电压一定时，势阱深度随阱中的电荷量增加而线性减小。故可通过控制相邻 MOS 电容器栅极电压高低来调节势阱深浅。制造时将 MOS 电容紧密排列，使相邻的 MOS 电容势阱相互“沟通”，信号电荷在自感电场推动下，可使信号电荷由浅处流向深处，实现信号电荷转移。通常 MOS 电容阵列栅极上所加电压脉冲为二相、三相或四相系统的时钟脉冲。以二相脉冲为例，二相 CCD 时钟波形如图 7.18 所示。

(1) $t=t_1$ 时，Φ_1 电极处于高电平，Φ_2 电极处于低电平。Φ_1 电极上栅压大于开启电压，故在 Φ_1 下形成势阱。若此时光敏二极管接收光照，则电荷都从对应的 Φ_1 电极下放入势阱。

(2) $t=t_2$ 时，Φ_1 处栅压小于 Φ_2 处栅压，故 Φ_1 电极下势阱变浅，电荷流向 Φ_2 电极下(由于势阱的不对称性，即“左浅右深”，故电荷只能朝右转移)。

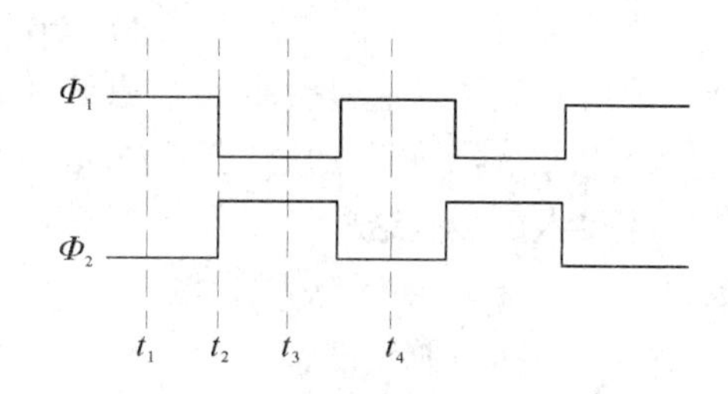

图 7.18　二相 CCD 时钟波形

(3) $t=t_3$时，Φ_2处于高电平，Φ_1处于低电平，故电荷聚到Φ_2电极下，实现了电荷从Φ_1到Φ_2的转移。

(4) $t=t_4$时，电荷包从上一位的Φ_1转移到下一位的Φ_1，故时钟脉冲经过一个周期，电荷包在 CCD 上移动一位。

3) 电荷的注入和检测

电荷注入有光注入和电注入。光注入是指当光照射到 CCD 硅片上时，在栅极附近的体内产生电子—空穴对，其多数载流子被栅极电压排开，少数载流子则被其收集到势阱中形成信号电荷。电注入是 CCD 通过输入结构对信号电压或电流进行采样，然后将信号电压或电流转换为信号电荷。电注入有电流注入法和电压注入法两种。

CCD 利用光电转换功能将投射到 CCD 上面的光学图像转换为电信号“图像”，然后利用移位元寄存功能将这些电荷包“自扫描”到同一个输出端，转移到 CCD 输出端的信号电荷在输出电路上实现电荷/电压(电流)的线性变换，即电荷检测。

2. CCD 器件摄像原理

CCD 比传统底片更接近人眼视觉的工作方式，其结构示意如图 7.19 所示。它主要由上层的聚光镜片、中层的类似马赛克的色块网格及下层的感应线路矩阵组成。CCD 表面被覆的硅半导体光敏元件捕获光子后产生光生电子，这些电子先被积蓄在 CCD 下方的绝缘层中，然后由控制电路以串行的方式导出到 A/D 转换电路中，再经过 DSP 等成像电路形成图像。

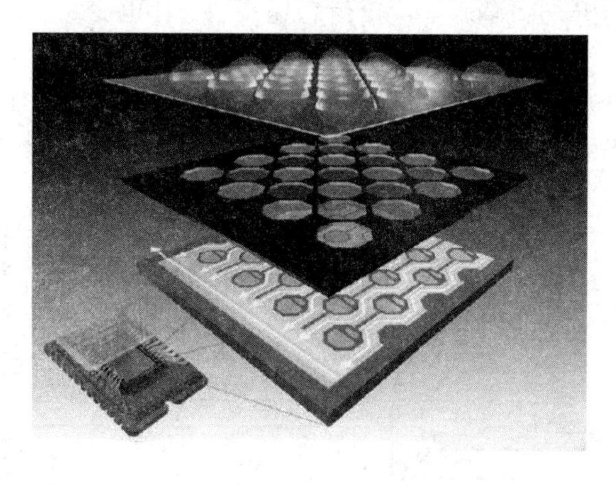

图 7.19　CCD 层状结构示意图

第一层的聚光镜头就等于在感光层前面加上一层透镜。感光面积由微型镜片的表面积来决定。第二层的色块网格相当于“分色滤色片”，它具有规则的色彩矩阵，这些网格由 R

(红)、G(绿)、B(蓝)滤镜片组成，可使 CCD 合成彩色影像。第三层的感光层主要是负责将穿过滤色层的光源转换成电子信号，并将信号传送到影像处理芯片，将影像还原。

当开始摄影时，来自影像的光线穿过马赛克块，会让感光点的二氧化硅材料释放电子(负电)和电洞(正电)。经由外部加入电压，这些电子和电洞会被转移到不同极性的另一个硅层暂存起来。通过系统控制电路，电荷全部转移到输出端，由一个放大器进行电压转变，形成电子信号，然后被读取。CCD 图像传感器电荷转移过程如图 7.20 所示。

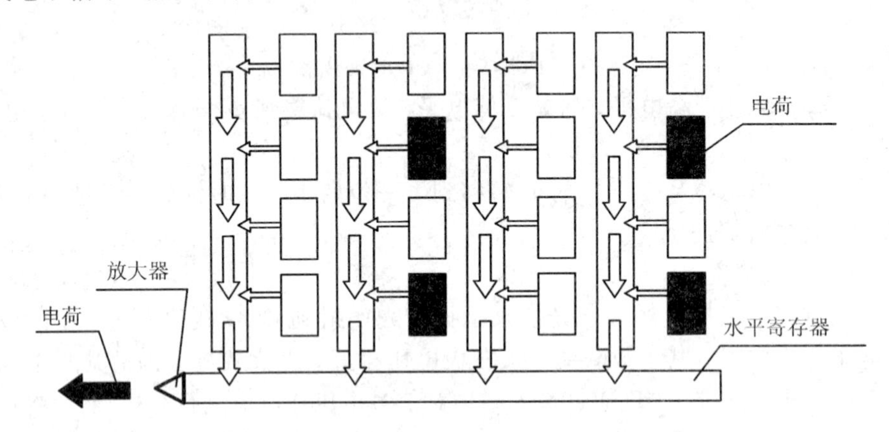

图 7.20　CCD 图像传感器电荷转移示意图

3. CMOS

CMOS(Complementary Metal Oxide Semiconductor，互补金属氧化物半导体)与 CCD 传感器的研究几乎是同时起步的，两者都是利用感光二极管进行光电转换，将光图像转换为电子数据。CMOS 图像传感器和 CCD 传感器类似，在光检测方面都利用了硅的光电效应原理。不同之处在于光电转换后信息传送的方式不同。CMOS 芯片能将图像信号放大器、信号读取电路、A/D 转换电路、图像信号处理器及控制器等集成到一块芯片上，只需一块芯片就可以实现相机的所有基本功能，集成度很高，芯片级相机的概念就是由此产生的。CMOS 具有信息读取方式简单、输出信息速率快、耗电少、体积小、重量轻、集成度高、价格低等特点。

性能完整的 CMOS 芯片内部结构主要是由感光阵列、帧(行)控制电路和时序电路、模拟信号读出电路、A/D 转换电路、数字信号处理电路和接口电路等组成。CMOS 图像传感器的整体结构如图 7.21 所示。

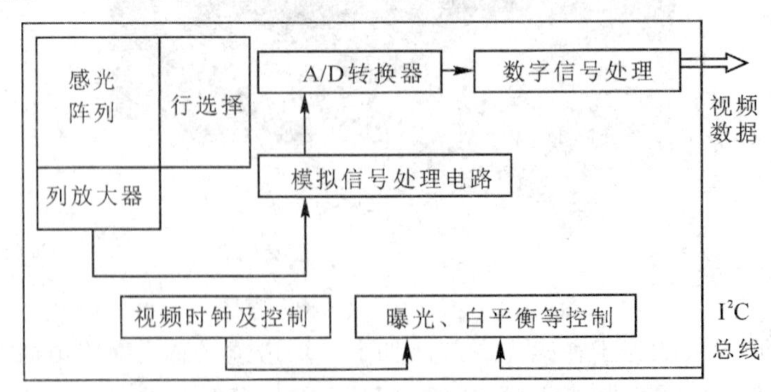

图 7.21　CMOS 图像传感器的整体结构

4. 图像传感器的工作方式

按照工作方式区分，图像传感器有三种基本类型：点扫描、线扫描和面扫描。图 7.22 所示为传感器的三种基本类型。在工业连续生产线上主要使用线扫描和面扫描相机。

1）*点扫描*

如图 7.22(a)所示，点扫描传感器采用单个光敏元件敏感单个像素。一幅图像可通过在离散的 X、Y 坐标轴上顺序扫描像素点而得到。其优点在于分辨率高，测量的一致性好，所需探测器简单且价廉；缺点是会存在 X、Y 方向移动时传感器位置的误差，帧扫描速度低且扫描系统结构复杂。

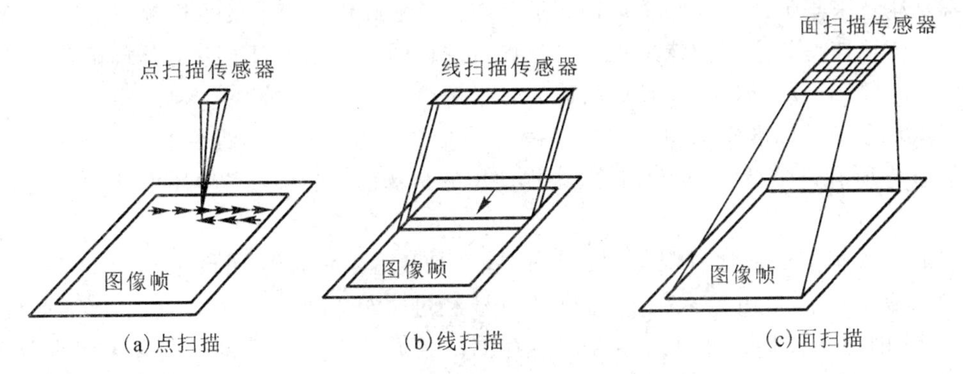

图 7.22　图像传感器的三种基本类型

2）*线扫描*

如图 7.22(b)所示，采用线阵列光探测器，扫描仅需沿单方向进行。每次从传感器中读出一行的图像信息，然后开始读下一行。线阵 CCD 的长度仅受制作器件时硅片尺寸的限制。利用将多个线阵 CCD 串联连接的方式，可突破这一限制，得到更长的 CCD。线扫描方式比点扫描的扫描速度大大提高，并且在保证高分辨率的同时，使扫描机构的复杂程度降低。传感器像素点之间的间隙及像素点的尺寸限制了在传感器方向上的分辨率。传感器每个像素点的测量精度不可能一致，有时需要另外进行校正。

3）*面扫描*

如图 7.22(c)所示，采用面阵 CCD，可一次得到整个图像帧的全部信息，不需要另外采用机械扫描装置。面阵 CCD 的帧扫描速率最高，系统复杂程度也最低，然而扫描的分辨率在两个方向上都会受到 CCD 像素数的限制。

7.3.5　图像采集卡

图像采集是图像经过采样、量化以后转换为数字图像并输入、存储到帧存储器的过程。图像采集卡是机器视觉系统的重要组成部分，其主要功能是对相机所输出的视频数据进行实时的采集，并提供与 PC 的高速接口。

(1) 图像传输格式。图像采集卡需要支持系统中摄像机所采用的输出信号格式。大多数摄像机采用 RS422 或 EIA(LVDS)作为输出信号格式。在数字摄像机中广泛应用 IEEE1394、USB2.0 和 Camera 等几种图像传输形式。

(2) 图像格式(像素格式)。通常情况下黑白图像灰度等级可分为 256 级，即以 8 位表示。彩色图像可由 RGB(YUV、HSI)三种色彩组合而成，根据其亮度级别的不同有

8-8-8、10-10-10 等格式。

(3) 传输通道数。当摄像机以较高速率拍摄高分辨率的图像时，会产生很高的输出速率，一般需要多路信号同时输出，因此图像采集卡应能支持多路输入。一般情况下，图像采集卡有 1 路、2 路、4 路、8 路输入等。

(4) 分辨率。采集卡能支持的最大点阵反映了其分辨率的性能。一般采集卡可支持 768×576 点阵，而性能优异的采集卡支持的最大点阵可达 64K×64K。除此之外，单行最大点数和单帧最大行数也可反映采集卡的分辨率性能。

(5) 采样频率。采样频率反映了采集卡处理图像的速度和能力。在进行高速图像采集时，需要注意采集卡的采样频率是否满足要求。目前高档采集卡的采样频率可达 65 MHz。

(6) 传输速率。主流图像采集卡与计算机主板间都采用 PCI 接口，其理论传输速度为 132 Mb/s。PCI-E、PCI-X 是更高速的总线接口。

(7) 帧和场。标准模拟视频信号是隔行信号，一帧分两场，偶数场包含所有偶数行，奇数场包含所有奇数行。采集和传输过程使用的是场而不是帧，一帧图像的两场之间有时间差。

以北京大恒图像视觉有限公司设计的基于 PCI 总线的高速图像采集卡 DH—VRT—CG200 为例，图像是由输入的彩色视频信号经过采样和量化以后，通过 PCI 总线传到 VGA 卡实时显示或传到计算机内存实时存储。数据的传送过程是由图像采集卡控制的，无需 CPU 参与，因此图像传输速度可达 40 Mb/s。该图像采集卡的基本结构和工作原理如图 7.23 所示。

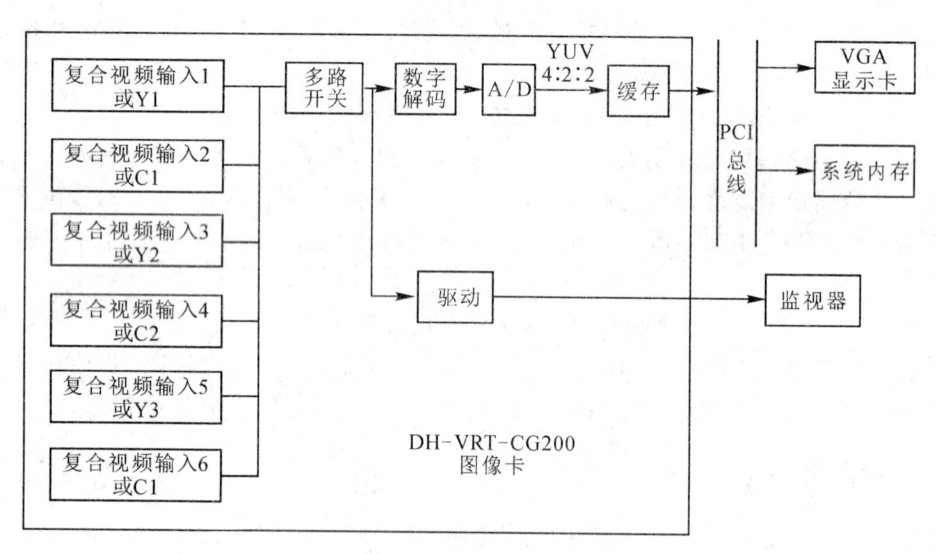

图 7.23　DH—VRT—CG200 图像采集卡

六路复合视频输入或 3 路 S-Video(Y/C)输入，或者是两者组合经多路开关，软件选择其中一路或一组 Y/C 作为当前输入，送入数字解码器。数字解码器将输入的彩色信号变成亮度信号 Y 和色差信号 UV，输出到 A/D 进行模/数变换。数字化后的信号格式为 YUV4∶2∶2。数字化的图像信号经各种图像处理，如色空变换、比例缩放、裁剪、位屏蔽后，利用 PCI 总线，传到 VGA 卡显示或计算机内存存储。

7.3.6　摄像机模型与标定

摄像机成像模型是由图像上的每一个点和它真实空间中的对应点之间的关系决定的，所以了解摄像机是如何成像的在机器视觉检测中有着重要的作用。

摄像机成像几何关系如 7.24 所示。其中，O_C 点称为摄像机光心，X_C轴和 Y_C轴与图像的 x 轴与 y 轴平行，Z_C 轴位于摄像机光轴，它与图像平面垂直。光轴与图像平面的交点，即为图像坐标系的原点。由点 O_C 与 X_C、Y_C、Z_C 轴组成的直角坐标系称为摄像机坐标系。O_CO_I 为摄像机焦距。$P(X, Y, Z)$ 代表被测物点，$p(x, y)$ 为成像点。在针孔模型中，假定物体表面的反射光束依照光的直线传播穿过一个针孔而投射到图像平面上，图像平面上的点是通过光心 O_C 与物体表面上点的直线和成像平面上相交而成的点。

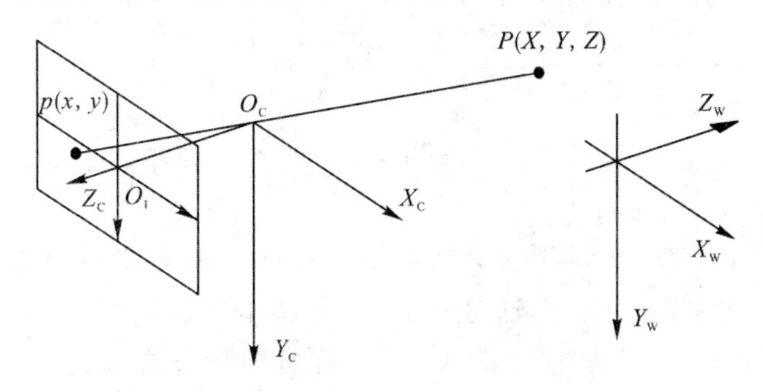

图 7.24　摄像机坐标系与世界坐标系

1. 参考坐标系

摄像机成像过程中，往往涉及多个坐标系统。

1）图像像素坐标系

经过摄像机采样后获得二维图像数据在计算机中存储成一个阵列，阵列中的每个图像点的像素值经过均匀量化后，成为有限个离散值，这些离散值称为图像像素点的灰度值。如图 7.25 所示，首先在成像平面中定义直角坐标系 $u-v$。在该坐标系中，图像像素点的横坐标 u 表示该像素点在阵列中所在的列数，纵坐标 v 表示该像素点在阵列中所在的行数，也就是说，(u, v) 是该像素点在图像像素坐标系中的坐标。

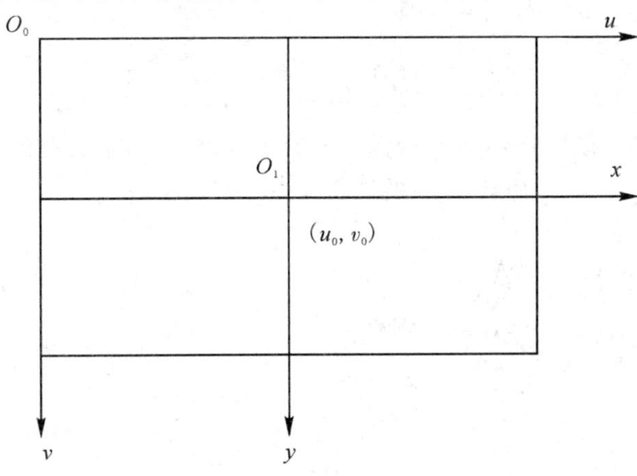

图 7.25　图像像素坐标系和图像物理坐标系

2）图像物理坐标系

在图像像素坐标中，(u, v) 仅仅表示像素点在阵列中所在列数和行数，并没有表示出该像素在成像平面中真实的位置。所以我们可以建立一个坐标系来表示像素点在图像平面上真实的坐标。这个坐标系被称为图像物理坐标系，如图 7.25 所示。

直角坐标系 $u-v$ 中，图像主点，也就是原点 O_1，是摄像机的光轴和成像平面的交点。假设 O_1 的坐标为 (u_0, v_0)，每个像素在 x 和 y 方向上分别有着确定的物理尺寸 $\mathrm{d}x$ 和 $\mathrm{d}y$，表示一个像素为多少毫米，这两个参数近似相等，但由于制造精度的问题，会有一定差别，那么我们可以得到两个坐标系的关系：

$$\begin{bmatrix} u \\ v \\ 1 \end{bmatrix} = \begin{bmatrix} \frac{1}{\mathrm{d}x} & 0 & u_0 \\ 0 & \frac{1}{\mathrm{d}y} & v_0 \\ 0 & 0 & 1 \end{bmatrix} \begin{bmatrix} x \\ y \\ 1 \end{bmatrix} \tag{7-16}$$

其中，(u, v) 是图像像素坐标系下的坐标，(x, y) 是图像物理坐标系下的坐标。

3）摄像机坐标系

如图 7.24 所示，摄像机坐标系是以光心 O_C 为原点，X_C 轴平行于图像的行，Y_C 轴平行于图像的列，Z_C 轴平行于摄像机光轴的坐标系。在该坐标系中，目标的齐次坐标和世界坐标系下目标的齐次坐标可以通过一个旋转矩阵和平移矩阵来进行相互转换。

4）世界坐标系

如图 7.24 所示，X_W、Y_W、Z_W 即为世界坐标系，顾名思义，它指的就是真实空间下为目标物体和摄像机提供位置参考的坐标系。该坐标系是客观的、绝对真实的。我们发现摄像机坐标系下的空间点 P 的齐次坐标 $(x_C, y_C, z_C, 1)^T$ 与世界坐标系下该点的齐次坐标 $(x_W, y_W, z_W, 1)^T$ 存在如下关系：

$$\begin{bmatrix} x_C \\ y_C \\ z_C \\ 1 \end{bmatrix} = \begin{bmatrix} \boldsymbol{R} & \boldsymbol{t} \\ \boldsymbol{0}^T & 1 \end{bmatrix} \begin{bmatrix} x_W \\ y_W \\ z_W \\ 1 \end{bmatrix} \tag{7-17}$$

其中，$\boldsymbol{R}$ 是旋转矩阵，$\boldsymbol{t}$ 是平移向量。

2. 摄像机成像过程

摄像机成像过程可以分为三个阶段。第一个阶段，世界坐标系下空间点 P 的齐次坐标通过一个旋转矩阵和平移矩阵转换成摄像机坐标系下该点的齐次坐标，如式(7-17)所示。其中 $(x_C, y_C, z_C, 1)^T$ 为空间点 P 的摄像机坐标系齐次坐标，$(x_W, y_W, z_W, 1)^T$ 为该点的世界坐标系齐次坐标。

第二个阶段，摄像机坐标系下该点的齐次坐标经过针孔摄像机模型投影到成像平面上，变换成图像物理坐标系下像点的齐次坐标：

$$\begin{bmatrix} x \\ y \\ 1 \end{bmatrix} = \frac{1}{z_C} \begin{bmatrix} f & 0 & 0 & 0 \\ 0 & f & 0 & 0 \\ 0 & 0 & 1 & 0 \end{bmatrix} \begin{bmatrix} x_C \\ y_C \\ z_C \\ 1 \end{bmatrix} \tag{7-18}$$

其中，$(x, y, 1)^{\mathrm{T}}$ 为像点在图像物理坐标系下的齐次坐标。

第三个阶段，将图像物理坐标系下像点的齐次坐标结合摄像机参数将转化为图像像素坐标系下该像点的齐次坐标：

$$\begin{bmatrix} u \\ v \\ 1 \end{bmatrix} = \begin{bmatrix} \dfrac{1}{\mathrm{d}x} & 0 & u_0 \\ 0 & \dfrac{1}{\mathrm{d}y} & v_0 \\ 0 & 0 & 1 \end{bmatrix} \begin{bmatrix} x \\ y \\ 1 \end{bmatrix} \tag{7-19}$$

其中，$(u, v, 1)^{\mathrm{T}}$ 为像点在图像像素坐标系下的齐次坐标，$(x, y, 1)^{\mathrm{T}}$ 为像点在图像物理坐标系下的齐次坐标，(u_0, v_0) 为摄像机光心在成像平面上的投影位置，即是主点位置，$\mathrm{d}x$ 和 $\mathrm{d}y$ 是每个像素在 x 和 y 方向上的物理尺寸。

通过上面三个阶段，我们就在摄像机各参数的基础上建立了像素点与空间点之间的联系。因此我们可以根据检测到的点坐标，进而求得摄像机的焦距 f、物理尺寸 $\mathrm{d}x$ 和 $\mathrm{d}y$ 以及主点位置 (u_0, v_0)。

总的来说，理想前提下，我们可以将摄像机的参数分为内、外两种：用于世界坐标向摄像机坐标转换的旋转矩阵和平移矩阵为摄像机外参数；用于将摄像机坐标变换为图像像素坐标的焦距 f、物理尺寸 $\mathrm{d}x$ 和 $\mathrm{d}y$ 以及主点位置 (u_0, v_0) 为摄像机内参数。

令 $\alpha = f/\mathrm{d}x$，$\beta = f/\mathrm{d}y$，结合前面三个阶段，可以得到从世界坐标系坐标到图像像素坐标系坐标的关系：

$$\begin{aligned} \frac{1}{z_{\mathrm{C}}} \begin{bmatrix} u \\ v \\ 1 \end{bmatrix} &= \begin{bmatrix} \alpha & 0 & u_0 & 0 \\ 0 & \beta & v_0 & 0 \\ 0 & 0 & 1 & 0 \end{bmatrix} \begin{bmatrix} \boldsymbol{R} & \boldsymbol{t} \\ \boldsymbol{0}^{\mathrm{T}} & 1 \end{bmatrix} \begin{bmatrix} x_{\mathrm{w}} \\ y_{\mathrm{w}} \\ z_{\mathrm{w}} \\ 1 \end{bmatrix} \\ &= \boldsymbol{K}[\boldsymbol{R} \mid t] \begin{bmatrix} x_{\mathrm{W}} \\ y_{\mathrm{W}} \\ z_{\mathrm{W}} \\ 1 \end{bmatrix} \\ &= \boldsymbol{P} \begin{bmatrix} x_{\mathrm{w}} \\ y_{\mathrm{w}} \\ z_{\mathrm{w}} \\ 1 \end{bmatrix} \end{aligned} \tag{7-20}$$

其中，$\boldsymbol{K}$ 为摄像机内参数矩阵，$\boldsymbol{P}$ 为投影矩阵。

3. 透镜畸变

摄像机光学系统并不是精确地按照理想化的小孔成像原理工作，而是存在透镜畸变的，即物点在摄像机像面上实际所成的像与理想成像之间存在不同程度的非线性变形。两种最主要的镜头畸变是径向畸变和切向畸变。径向畸变来自于透镜的形状，而切向畸变则来自于整个摄像机的组装过程。

1）径向畸变

透镜径向畸变如图 7.26 所示。实际摄像机的透镜总是在成像仪的边缘产生显著的畸变，光线在远离透镜中心的地方比靠近中心的地方更加弯曲。对径向畸变，成像仪中心(光学中心)的畸变为0，随着向边缘移动，畸变越来越严重。正的径向变形量会引起点沿着远离图像中心的方向移动，其比例系数增大，称为枕形畸变；负的径向变形量会引起沿着靠近图像中心的方向移动，其比例系数减小，称为桶形畸变。

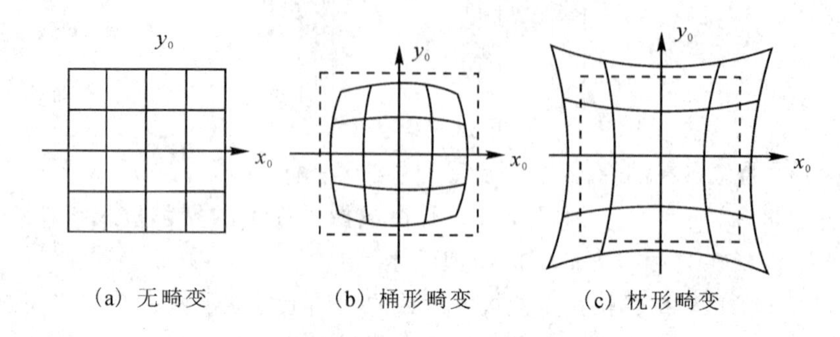

图 7.26 透镜径向畸变

实际情况中，径向畸变比较小，而且可以用$r=0$位置周围的泰勒级数展开的前几项来定量描述。对于普通的摄像机，我们通常用前两项，第一项为k_1，第二项为k_2。对畸变很大的摄像机，比如鱼眼镜头，我们可以使用径向畸变项k_3。通常成像仪某点的径向位置按下式进行调节：

$$x_{corrected} = x(1 + k_1 r^2 + k_2 r^4 + k_3 r^6) \tag{7-21}$$

$$y_{corrected} = y(1 + k_1 r^2 + k_2 r^4 + k_3 r^6) \tag{7-22}$$

这里(x, y)是畸变点在成像仪上的原始位置，$(x_{corrected}, y_{corrected})$是校正后的新位置。

2) 切向畸变

切向畸变是由于透镜制造过程上的缺陷以及装配误差使得透镜本身与图像平面不平行而产生的。图 7.27 所示为透镜切向畸变。

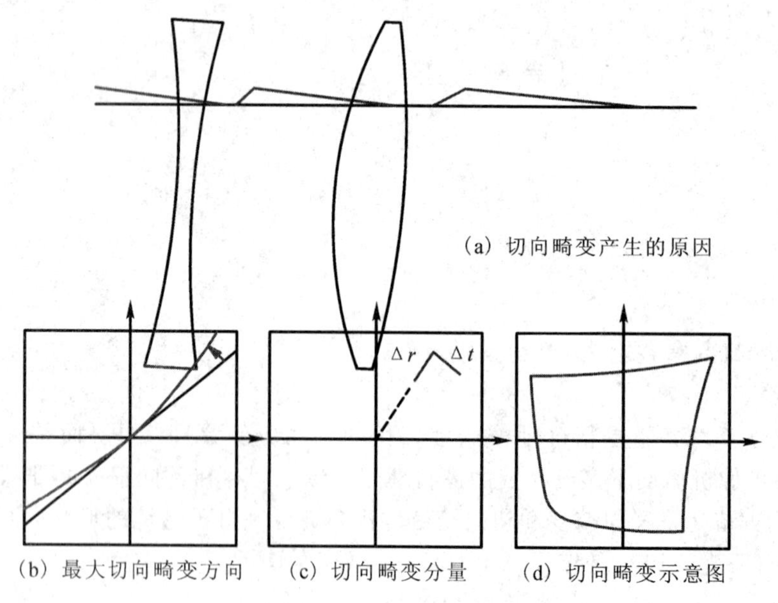

图 7.27 透镜切向畸变

$$x_{\text{corrected}} = x + [2 p_1 y + p_2(r^2 + 2 x^2)] \tag{7-23}$$

$$y_{\text{corrected}} = y + [2 p_2 x + p_1(r^2 + 2 y^2)] \tag{7-24}$$

切向畸变可以用两个额外参数 p_1 和 p_2 来描述，如下所示：

在图像系统中还有许多其他类型的畸变，不过都没有径向和切向畸变显著，这里不做详述。

4. 摄像机标定

摄像机标定实际上是求解摄像机的内外参数以及畸变系数的过程。

目前常用的摄像机标定方法可归纳为三类：传统摄像机标定方法、摄像机自标定方法和基于主动视觉的标定方法。

(1) 传统的摄像机标定算法：将具有已知形状、尺寸的标定参照物作为摄像机的拍摄对象，然后对采集到的图像进行处理，利用一系列数学变换和计算，求取摄像机模型的内部参数和外部参数。

(2) 自标定方法：不需要特定的参照物，仅仅通过摄像机获取的图像信息来确定摄像机参数。虽然自标定技术的灵活性较强，但由于需要利用场景中的几何信息，因此鲁棒性和精度都不是很好。

(3) 基于主动视觉的摄像机标定：在已知摄像机的某些运动信息的情况下标定摄像机的方法，已知信息包括定量信息和定性信息。其主要优点是通过已知摄像机的运动信息，线性求解摄像机的模型参数，因而算法的稳健性较好。但该方法在摄像机运动信息未知和无法控制的场合不能运用。

经典的标定算法主要有线性标定方法、基于径向约束的两步标定法、张正友法等。其中，线性标定方法是基于线性透视投影模型的标定方法，忽略了摄像机镜头的非线性畸变，用线性方法求解摄像机的内外参数。两步标定法进一步考虑了径向畸变补偿，针对三维立体靶标上的特征点，采用线性模型计算摄像机的某些参数，并将其作为初始值，再考虑畸变因素，利用非线性优化算法进行迭代求解。两步标定法克服了线性方法和非线性方法的缺点，提高了标定结果的可靠性和精确度，是非线性模型摄像机标定较为有效的方法。张正友法是介于传统标定方法和自标定方法之间的一种基于二维平面靶标的摄像机标定方法，要求摄像机在两个以上不同方位拍摄一个平面靶标，而不需要知道运动参数。

OpenCV 中提供了好几种算法来计算摄像机的内参数，实际的标定是通过 OpenCV 提供的标定函数 cvCalibrateCamera2 完成的，采用的是张正友标定法。如图 7.28 所示，标定前首先把摄像机对准一个黑白方块交替排列的棋盘格图像，从各个角度拍摄棋盘，得到一组棋盘图像。

使用 OpenCV 函数 cvFindChessboardCorners 来定位棋盘的角点并得到角点的像素坐标。利用函数 cvDrawChessboardCorners 将得到的角点绘制在棋盘图像上。

最后我们调用函数 cvCalibrateCamera2，输入棋盘内角点的世界坐标和图像像素坐标，经过运算求解得到摄像机内的参数矩阵、畸变系数、旋转向量和平移向量。前两个构成摄像机的内参数，后两个构成表征棋盘位置和方向的摄像机外参数。OpenCV 还提供了一个直接使用的矫正算法，即输入原始图像和由函数 cvCalibrateCamera2 得到的畸变系数，生成矫正后的图像。我们可以通过函数 cvUndistort2 得到矫正后的图像。

(a) 标定板

(b) 标记出角点的标定板

图 7.28 标定板棋盘格图像

7.3.7 视觉检测系统镜头选择设计实例

设计一视觉检测系统，实现检测 PCB 裸板的缺陷检测，其中待检测的 PCB 裸板安装于检测平台上，应检测区域大小为 100 mm×80 mm，长和宽的安装误差均为±0.5 mm，忽略安装中的旋转误差。设 PCB 特征分辨率 R_f 为 0.5 mm，最小特征的像素点数 F_p 为 4。根据上述要求，计算摄像机的相关参数，选择摄像机镜头。

1. 摄像机的视场

摄像机视场计算公式为

$$\mathrm{FOV}=(D_p+L_V)(1+P_a) \tag{7-25}$$

式中：FOV 为某方向上视场大小(包括水平方向和垂直方向)；D_p为与视场同方向上的零件最大尺寸；L_V为零件位置和角度的最大变化量；P_a为相机对准系数，通常为 0.1。

代入数据计算得：

$$\mathrm{FOV}(\text{水平})=(100+2\times0.5)\times(1+0.1)=111.1$$

$$\mathrm{FOV}(\text{垂直})=(80+2\times0.5)\times(1+0.1)=89.1$$

2. 分辨率

分辨率包括图像分辨率 R_i、空间分辨率 R_s、特征分辨率 R_f 和测量分辨率 R_m。在对比度和图像噪声均理想的情况下，分辨率计算公式如下：

$$\begin{cases}\text{图像分辨率 } R_i=\dfrac{\mathrm{FOV}}{R_s}\\ \text{空间分辨率 } R_s=\dfrac{\mathrm{FOV}}{R_i}\\ \text{测量分辨率 } R_m=R_s\times M_p\\ \text{空间分辨率 } R_s=\dfrac{R_m}{M_p}\\ \text{特征分辨率 } R_f=R_s\times F_p\end{cases} \tag{7-26}$$

式中：M_p 为测量分辨率的像素表示；F_p 为最小特征的像素点数。代入数据计算得：

$$R_s=\frac{R_f}{F_p}=0.5\ \mathrm{mm}/4\ \text{像素}=0.125\ \mathrm{mm}/\text{像素} \tag{7-27}$$

图像分辨率计算公式如下：

$$R_i = \frac{\text{FOV}}{R_s} \tag{7-28}$$

代入数据计算得：

$$R_i(\text{水平}) = \frac{111.1}{0.125} = 888.8$$

$$R_i(\text{垂直}) = \frac{89.1}{0.125} = 712.8$$

综合考虑各种因素，摄像机的最高分辨率可选 1280×1024，摄像机选用 C 型接口，感光芯片尺寸为 1/ 1.8″，即 7.2 mm×5.3 mm。

3. 图像放大倍数(放大率)

根据图像放大倍数的计算公式(7 - 10)，即

$$M = \frac{h}{H} = \frac{w}{W} = \frac{V}{U} \tag{7-29}$$

式中：h 为图像高度，即感光芯片高度；H 为目标高度。代入数据计算得：

$$M = \frac{h}{H} = \frac{5.3}{80} = 0.066$$

4. 计算镜头焦距

设目标物距为 200～300 mm，取中间值 250 mm 来计算焦距，焦距计算公式为

$$f = \frac{U \cdot M}{1 + M} \tag{7-30}$$

式中，U 为目标物距。代入数据计算得：

$$f = \frac{U \cdot M}{1 + M} = \frac{250 \times 0.066}{1 + 0.066} = 15.5 \text{ mm}$$

常用的镜头有 8 mm、12.5 mm、16 mm、25 mm 和 50 mm，其中 16 mm 最接近。为此重新验算目标距离：

$$U = \frac{f(1 + M)}{M} = \frac{16 \times (1 + 0.066)}{0.066} = 258 \text{ mm}$$

为了聚焦，镜头必须离开图像的距离 L_E 为

$$L_E = M \cdot f = 0.066 \times 16 = 1.06 \text{ mm}$$

7.4　图像处理技术

数字图像是指用数字摄像机、扫描仪等设备经过采样和数字化得到的一个大的二维数组，该数组的元素称为像素，其值为一整数，称为灰度值。图像处理技术的主要内容包括图像压缩、增强和复原以及匹配、描述和识别三个部分。常见的处理有图像数字化、图像编码、图像增强、图像复原、图像分割和图像分析等。

7.4.1　数字图像的文件格式

图像在存储媒体中的存储格式，称为图像的文件格式。图像文件的格式有多种，如 BMP、JPEG、TIFF、PSD、GIF 等。

1. BMP 格式

BMP 是英文 bitmap(位图)的简写，它是 Windows 操作系统中的标准图像文件格式，能够被多种 Windows 应用程序所支持。这种格式的特点是包含的图像信息较丰富，几乎不进行压缩，由此导致它占用磁盘空间过大。所以，目前 BMP 在单片机上比较流行。

如表 7.1 所示，BMP 文件由四个部分组成：位图文件头(Bitmap-File-Header)、位图信息头(Bitmap-Information-Header)、颜色表(Color Table)和位图数据。

表 7.1　位图文件结构

位图文件的组成	结构名称
位图文件头(Bitmap-File-Header)	BITMAPEHEADER
位图信息头(Bitmap-Information-Header)	BITMAPINFOHEADER
颜色表(Color Table)	RGBQUAD
位图数据	BYTE

2. JPEG 格式

JPEG(Joint Photographic Experts Groups)是国际标准化组织(ISO)和国际电报电话咨询委员会(CCITT)联合制定的静态图像压缩编码标准。JPEG 压缩技术十分先进，它用有损压缩方法去除多余的图像数据，在获得极高的压缩率的同时能展现十分丰富生动的图像。JPEG 格式压缩的主要是高频信息，对色彩的信息保留较好，适合应用于互联网，可减少图像的传输时间，可以支持 24 bit 真彩色，也普遍应用于需要连续色调的图像。

JPEG 是一种很灵活的格式，具有调节图像质量的功能，允许用不同的压缩比例对文件进行压缩，支持多种压缩级别。压缩比率通常在 10∶1 到 40∶1 之间。压缩比越大，品质就越低；相反地，压缩比越小，品质就越好。

3. GIF 格式

GIF(Graphics Interchange Format，图像交换格式)有以下几个特点：

(1) GIF 只支持 256 色以内的图像；

(2) GIF 采用无损压缩存储，在不影响图像质量的情况下，可以生成很小的文件；

(3) 它支持透明色，可以使图像浮现在背景之上；

(4) GIF 文件可以制作动画，这是它最突出的一个特点。

GIF 文件的众多特点恰恰适应了 Internet 的需要，于是它成了 Internet 上最流行的图像格式。GIF 文件的制作也与其他文件不太相同。首先，我们要在图像处理软件中制作好 GIF 动画中的每一幅单帧画面，然后再用专门的制作 GIF 文件的软件把这些静止的画面连在一起，再定好帧与帧之间的时间间隔，最后再保存成 GIF 格式就可以了。

4. TIFF 格式

TIFF(Tag Image File Format)格式的文件扩展名为 tif 或 tiff，它是 Aldus 和 Microsoft公司为扫描仪和桌面出版系统研制开发的较为通用的图像文件格式。TIFF 的存储格式可以压缩也可以不压缩。TIFF 格式具有图形格式复杂、存储信息多的特点。3DS、3DS MAX 中的大量贴图就是 TIFF 格式的。TIFF 最大色深为 32 bit，可采用 LZW 无损压缩方案存储。

TIFF 格式可以制作质量非常高的图像，因而经常用于出版印刷。它可以显示上百万的颜色，通常用于比 GIF 或 JPEG 格式更大的图像文件。TIFF 是一种灵活的位图图像格式，几乎支持所有的绘画、图像编辑和页面版面应用程序。而且，几乎所有的桌面扫描仪都可以生成 TIFF 图像。

5. PSD 格式

PSD 格式是 Adobe 公司开发的图像处理软件 Photoshop 中自建的标准文件格式，它可以将所编辑图像文件中的所有有关图层和通道的信息记录下来。所以，在编辑图像的过程中，通常将文件保存为 PSD 格式，以便重新读取需要的信息数据。但是，PSD 格式的图像文件很少被其他软件和工具所支持。所以，在图像制作完成后，通常需要转换为一些比较通用的图像格式，以便输出到其他软件中继续编辑。另外，在用 PSD 格式保存图像时，图像没有经过压缩，当图层较多时，会占很大的硬盘空间。

在实际使用中，OpenCV、Matlab 等程序语言都具有专门的图像读写函数，可以方便地进行图像读、写或显示操作。

7.4.2　图像预处理

一般在图像生成、获取、传输等过程中，受照明光源性能、成像系统性能、通道带宽和噪声等诸多因素的影响，总是会造成图像质量的下降，因此在后续图像分析之前首先要对图像进行一些图像增强或图像分割等预处理操作。

1. 图像灰度化

彩色图像中的每个像素的颜色由 R、G、B 三个分量决定，而每个分量有 256 种值可取，这样一个像素点可以有 1600 多万(256×256×256)的颜色变化范围。而灰度图像是 R、G、B 三个分量相同的一种特殊的彩色图像，其一个像素点的变化范围为 256 种，所以在数字图像处理中一般先将各种格式的图像转变成灰度图像以使后续图像的计算量变得少一些。灰度图像的描述与彩色图像一样仍然反映了整幅图像的整体和局部的色度与亮度等级的分布及特征。采用加权平均值的方法进行灰度化处理。YUV 的颜色空间中 Y 的分量的物理意义是点的亮度。RGB ->Gray：$Y=0.212671*R+0.715160*G+0.072169*B$。以这个亮度值表达图像的灰度值。图 7.29 所示为彩色图变为灰度图。

(a) 彩色图

(b) 灰度图

图 7.29　灰度变化示意图

2. 滤波去噪

目标图像信号在产生、传输和记录过程中，不可避免会受到各种噪声的干扰，降低了图像质量，使图像模糊，特征淹没，因此采用适当的方法来减少噪声是一个非常重要的预处理步骤。消除图像中的噪声成分叫做图像的平滑化或滤波操作。对滤波处理的要求有两条：一是不能损坏图像轮廓及边缘等重要信息，二是改善图像质量。

在图像处理领域中，滤波算法有很多种，如均值滤波、高斯滤波、中值滤波和双边滤波等等，其中均值滤波器和中值滤波器分别是线性滤波器和非线性滤波器的代表。

1）均值滤波

均值滤波也称为线性滤波，其采用的主要方法为邻域平均法。线性滤波的基本原理是用均值代替原图像中的各个像素值，即对待处理的当前像素点(x, y)，选择一个模板，该模板由其近邻的若干像素组成，求模板中所有像素的均值，再把该均值赋予当前像素点(x, y)，作为处理后图像在该点上的灰度值$g(x, y)$，即$g(x, y)=\frac{\sum f(x, y)}{m}$，$m$为该模板中包含当前像素在内的像素总个数。这样的方法可以平滑图像，速度快，算法简单，但是无法去掉噪声，只能略微减弱它。

2）中值滤波

中值滤波法是一种非线性平滑技术，它将每一个像素点的灰度值设置为该点某邻域窗口内的所有像素点灰度值的中值。其实现过程如下：

(1) 通过从图像中的某个采样窗口取出多个数据进行排序。

(2) 用排序后的中值作为当前模板中心位置的灰度值。

在图像处理中，中值滤波常用来保护边缘信息，是经典的平滑噪声的方法，该方法对消除椒盐噪声非常有效。图7.30所示为应用均值滤波与中值滤波效果图。

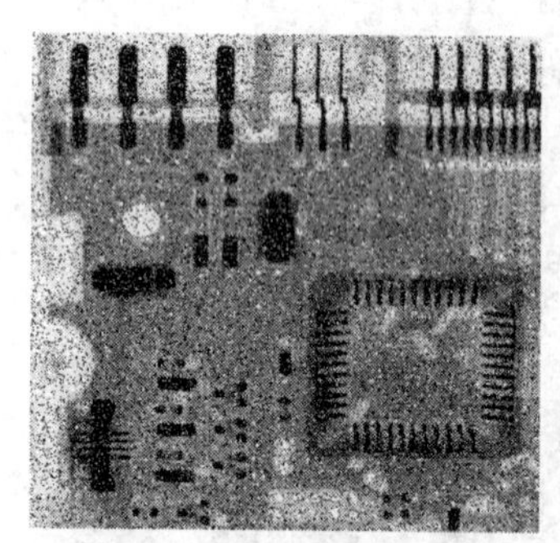

(a) 掺入椒盐噪声的图像

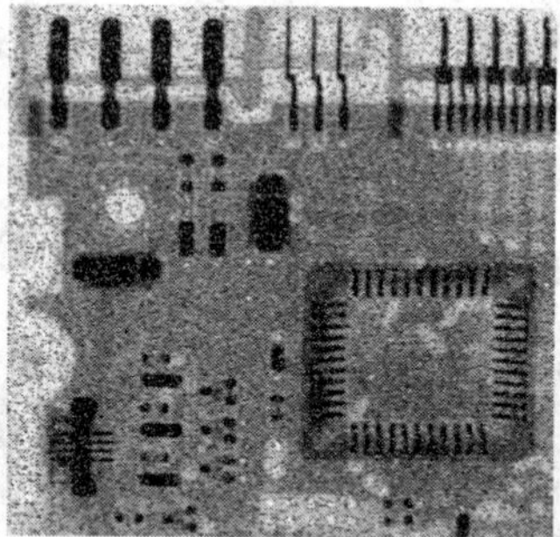

(b) 均值滤波后的图像

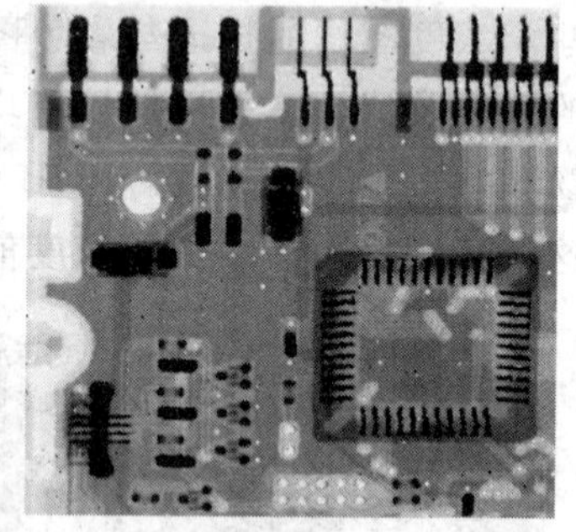

(c) 中值滤波后的图像

图7.30 均值滤波与中值滤波效果图

3. 图像的阈值分割

图像的阈值分割处理也叫二值化，是图像分割的一种，就是将图像上的点的灰度值置为0或255，也就是将整个图像呈现出明显的黑白效果，即将256个亮度等级的灰度图像通过适当的阈值选取而获得仍然可以反映图像整体和局部特征的二值化图像。若像素点的灰度值大于设定的阈值，就将该点的灰度值置为255(或0)，小于该阈值则置为0(或255)。常见的阈值分割方法包括全局阈值法和自适应阈值法。全局阈值是确定一个最佳阈值然后对整个图像使用这一固定阈值进行分割，该阈值可以人为确定，也可以利用求解阈值的方法获得，常用的阈值求解方法包括 OTSU 算法、最大熵算法、迭代法等。

自适应阈值方法是一种改进了的阈值技术，其中阈值本身是一个变量。当照明不均匀、有突发噪声或者背景灰度变化较大时，整幅图像分割将没有一个合适的单一门限，这时可以用自适应阈值法。自适应阈值 $T(x, y)$在每个像素点都不同。通过计算像素点周围的 $b\times b$ 区域的加权平均，然后减去一个常数来得到自适应阈值。自适应阈值法的缺点是算法的时间复杂度较大。可以根据实际情况选择合适的阈值分割方法。图 7.31 所示为全局固定阈值分割与自适应阈值分割对比图。

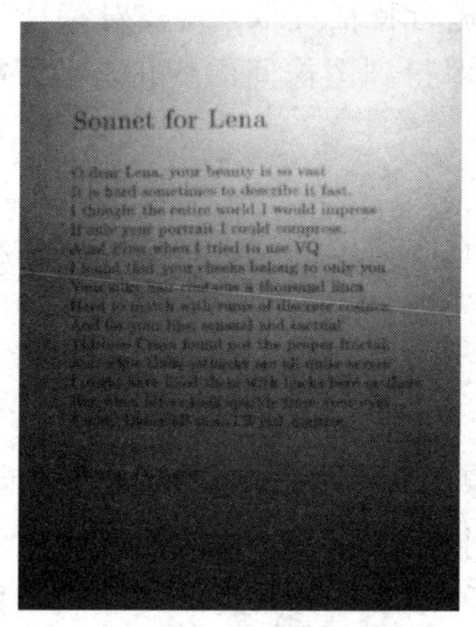
Sonnet for Lena

(a) 分割前的图像

Sonnet for Lena

(b) 全局阈值分割

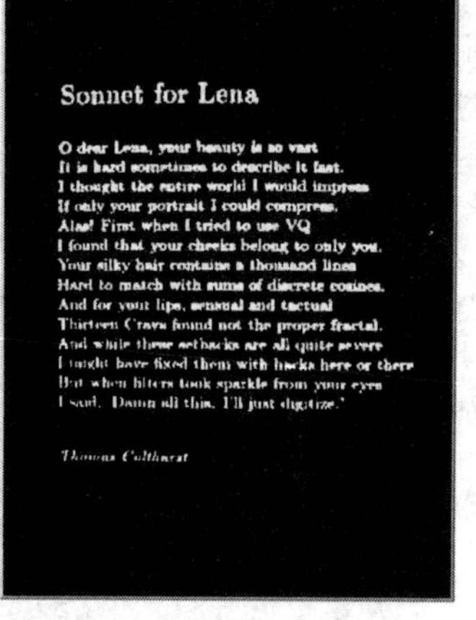
Sonnet for Lena

O dear Lena, your beauty is so vast
It is hard sometimes to describe it fast.
I thought the entire world I would impress
If only your portrait I could compress.
Alas! First when I tried to use VQ
I found that your cheeks belong to only you.
Your silky hair contains a thousand lines
Hard to match with sums of discrete cosines.
And for your lips, sensual and tactual
Thirteen Crays found not the proper fractal.
And while these setbacks are all quite severe
I might have fixed them with hacks here or there
But when filters took sparkle from your eyes
I said, 'Damn all this. I'll just digitize.'

(c) 自适应阈值分割

图 7.31　全局固定阈值分割与自适应阈值分割对比图

4. 膨胀与腐蚀

根据噪声的影响，为填充连通成分中的孔和裂缝进行的处理叫做图像的膨胀。而为了除去分散在背景中的作为噪声的像素就要进行图像的腐蚀。膨胀和腐蚀是图像的形态学处理，实际上是对像素进行布尔运算的过程。图 7.32 所示为膨胀与腐蚀处理示意图。

(a) 原图　　(b) 膨胀　　(c) 腐蚀

图 7.32　膨胀与腐蚀处理示意图

膨胀是指将一些图像 A 与核 B 进行卷积。核是一个小的中间带有参考点的实心正方形或圆盘。核可以视为模板或掩码，膨胀是求局部最大值的操作。核 B 与图像卷积，即计算核 B 覆盖的区域的像素点的最大值，并把这个最大值赋值给参考点指定的像素。这样就会使图像中的高亮区域增长。

腐蚀是膨胀的反操作。腐蚀操作要计算核区域像素的最小值。当核 B 与图像卷积时，计算被核 B 覆盖区域的最小像素值，并把这个值放到参考点上。

7.4.3 图像的目标特征

含有目标距离信息的特征可分为三类：点特征、区域特征和线特征。另外常用的图像特征还有颜色特征、纹理特征、形状特征、空间关系特征等。在平面物体尺寸检测中通常识别的是一些点或者形状边缘轮廓的特征信息。

根据图像匹配所利用的图像信息的不同，图像匹配方法主要分为基于灰度的图像匹配和基于特征的图像匹配。其中基于特征的匹配方法中，常用的特征包括点特征、直线段、边缘、闭合区域以及统计矩等。

基于特征的匹配方法的实现过程为：首先对两幅图像进行特征提取，再在对特征进行相似度量后找到匹配的特征点对，通过找到的匹配特征点对得到图像间的变化参数，最后由这些变换参数实现图像的配准。

1. 含有目标距离信息的特征

含有目标距离信息的特征匹配都是通过目标距离信息在图像中的反应形成的目标特征进行匹配定位的，当目标较小或较单一时采用点特征匹配跟踪方式，而当目标较复杂的情况下，常采用图像区域特征匹配或线特征匹配跟踪方法。

1）点特征

点特征是图像匹配中常用到的图像特征之一，用图像中易于确定的特殊点，比如角点、切点和拐点等，首先在两幅图像中分别提取点特征，并采用不同的方法建立图像中点特征的相互联系，从而确定相似点实现图像匹配定位。这种方法对检测到的特殊点在数目和变换关系上都有较高的要求，而且对局部灰度信息依赖性很高，所以计算量较大。常用的点特征提取算法有 Moravec 角点检测算子、SUSAN 角点检测算子、Harris 角点检测算子、SIFT 特征点检测算子等。

2）区域特征

区域特征主要包括在图像内局部特征的分布、统计量及区域的几何特征等，例如边缘、轮廓、颜色、纹理、直方图统计等。由于此类区域特征点比点特征要少很多，大大减少了匹配过程的计算量，同时，特征点的匹配度量值对位置的变化比较敏感，提高了匹配定位的精确性要求，而且特征点的提取过程可以减少噪声的影响，对灰度变化、图像形变以及遮挡等都有较好的适应能力。它的匹配性能在很大程度上取决于特征提取的质量，因此对图像预处理要求很高，算法相对复杂。

3）线特征

线状特征主要指线段、直线、弧长等几何结构特征曲线，其中以线段、直线最为常用。线状特征主要来自图像边缘。

线特征的提取是基于线特征匹配方法中的关键环节，首先抽取反映灰度变化的基本单元——边缘，再将这些不连续的边缘片段连接或编组为有意义的线状特征，最后进行线特征的分析及匹配实现目标定位。基于线特征进行匹配的算法简单，容易实现，有很好的抗噪声干扰和图像的几何形变能力，有效地解决了点特征不适用于有较大差异的两幅图像的匹配问题。

2. 常用的图像特征

1）形状特征

当物体从图像中分割出来以后，形状描述特征与尺寸测量结合起来可以作为区分不同物体的依据，在机器视觉系统中起着十分重要的作用。各种基于形状特征的检索方法都可以比较有效地利用图像中感兴趣的目标来进行检索。形状特征可以用于给定形状的查询检索，也可以用于判断一个图形是否与模型充分匹配，从而对图形进行分类。

通常情况下，形状特征有两类表示方法，一类是轮廓特征，另一类是区域特征。图像的轮廓特征主要针对物体的外边界，描述方法主要包括 Freeman 链码、傅里叶描述法、小波描述法、曲率尺度空间和一些主要的形状特征，如圆形度、主轴方向、偏心率、外切圆和内切圆等。而图像的区域特征则关系到整个形状区域，常见的描述方法有 Hu 矩、几何矩、Legendre 矩以及面积、欧拉数、中轴等几何特征。

在零件的二维尺寸测量中常用到的形状特征主要有面积、周长、重心、圆形度等。经常使用统计矩来表述这些形状特征量。$(p+q)$阶矩定义为

$$m_{pq} = \sum_x \sum_y x^p y^q f(x, y) \tag{7-31}$$

根据 p 和 q 的组合能计算出各种各样的特征量。例如，图形的重心(x_C, y_C)用一阶矩可表示如下：

$$x_C = \frac{\sum_x \sum_y x f(x, y)}{\sum_x \sum_y f(x, y)}, \quad y_C = \frac{\sum_x \sum_y y f(x, y)}{\sum_x \sum_y f(x, y)} \tag{7-32}$$

一幅二值图像的面积可由式(7 - 39)表示的零阶矩给出，周长可以通过统计图形边缘线上的像素数来求出：

$$\mathrm{A} = \sum_x \sum_y f(x, y) \tag{7-33}$$

需要说明的是，形状参数的提取，必须以图像处理及图像分割为前提，参数的准确性必然受到分割效果的影响，对分割效果很差的图像，形状参数甚至无法提取。

2）颜色特征

颜色特征是一种全局特征，描述了图像或图像区域所对应的景物的表面性质。一般颜色特征是基于像素点的特征，此时所有属于图像或图像区域的像素都有各自的贡献。由于颜色对图像或图像区域的方向、大小等变化不敏感，所以颜色特征不能很好地捕捉图像中对象的局部特征。另外，仅使用颜色特征查询时，如果数据库很大，常会将许多不需要的图像也检索出来。

颜色直方图是最常用的表达颜色特征的方法，它能简单描述一幅图像中颜色的全局分布，即不同色彩在整幅图像中所占的比例，特别适用于描述那些难以自动分割的图像和不需要考虑物体空间位置的图像，不受图像旋转和平移变化的影响。但它无法描述图像中颜色的局部分布及每种色彩所处的空间位置，即无法描述图像中的某一具体的对象或物体。

3）纹理特征

纹理特征也是一种全局特征，它也描述了图像或图像区域所对应景物的表面性质。但由于纹理只是一种物体表面的特性，并不能完全反映出物体的本质属性，所以仅仅利用纹理特征是无法获得高层次图像内容的。与颜色特征不同，纹理特征不是基于像素点的特征，它需要在包含多个像素点的区域中进行统计计算。在模式匹配中，这种区域性的特征具有较大的优越性，不会由于局部的偏差而无法匹配成功。

作为一种统计特征，纹理特征常具有旋转不变性，并且对于噪声有较强的抵抗能力。

但是，纹理特征也有其缺点，一个很明显的缺点是当图像的分辨率变化的时候，所计算出来的纹理可能会有较大偏差。另外，由于有可能受到光照、反射情况的影响，从2D图像中反映出来的纹理不一定是3D物体表面真实的纹理。例如，水中的倒影、光滑的金属面互相反射造成的影响等都会导致纹理的变化。

在检索具有粗细、疏密等方面较大差别的纹理图像时，利用纹理特征是一种有效的方法。但当纹理之间的粗细、疏密等易于分辨的信息之间相差不大的时候，通常的纹理特征很难准确地反映出人的视觉感觉不同的纹理之间的差别。

4）空间关系特征

所谓空间关系，是指图像中分割出来的多个目标之间的相互的空间位置或相对方向关系，这些关系也可分为连接/邻接关系、交叠/重叠关系和包含/包容关系等。通常空间位置信息可以分为两类：相对空间位置信息和绝对空间位置信息。前一种关系强调的是目标之间的相对情况，如上下左右关系等；后一种关系强调的是目标之间的距离大小以及方位。显而易见，由绝对空间位置可推出相对空间位置，但表达相对空间位置信息常比较简单。

空间关系特征的使用可加强对图像内容的描述区分能力，但空间关系特征常对图像或目标的旋转、反转、尺度变化等比较敏感。另外，实际应用中，仅仅利用空间信息往往是不够的，不能有效准确地表达场景信息。为了检索，除使用空间关系特征外，还需要其他特征来配合。

7.4.4 图像的特征点提取

特征点主要是指图像中易于确定的特殊点，比如边缘点、灰度局部极大值点、拐点和角点等。理想的特征点含有反映图像特征的重要结构信息，容易与别的像素点相区别，并且当图像发生变换、形变或获取图像的视角发生变化时，仍然能保持其独特性。在各种特征中，特征点是一种稳定的、旋转不变、能克服灰度反转的有效特征。因此特征点主要用于图像匹配。下面介绍几种常用的特征点提取算法。

1. Harris 角点算法

Harris 角点是一种基于信号的点特征提取算子。Harris 算法的主要特点是：对操作的灰度图像的每个点，计算该点在横向和纵向的一阶导数，以及二者的乘积。特征点是局部范围内的极大兴趣值对应的像素点，其阈值依赖于实际图像的属性如尺寸、纹理等，其灰度强度变化为

$$
\begin{aligned}
E_{u,v}(x, y) &= \sum_{u,v} w_{u,v}[f(x+u, y+v) - f(x, y)]^2 \\
&= \sum_{u,v} w_{u,v}[uX + vY + o(u^2+v^2)]^2 \\
&\approx \sum_{u,v} w_{u,v}(u, v)\begin{bmatrix} \boldsymbol{X}^2 & \boldsymbol{XY} \\ \boldsymbol{XY} & \boldsymbol{Y}^2 \end{bmatrix}(u, v)^{\mathrm{T}}
\end{aligned} \tag{7-34}
$$

其中，$X=\dfrac{\partial f}{\partial x}$，$Y=\dfrac{\partial f}{\partial y}$ 是像素点在 X 方向和 Y 方向的一阶梯度，$w_{u,v}$ 为高斯窗口在 (u, v) 处的系数，用来对图像窗口进行高斯平滑，以提高抗噪能力。

设像素点 (x, y) 的自相关矩阵为

$$M = \begin{bmatrix} X^2 & XY \\ XY & Y^2 \end{bmatrix}$$

设λ_1、λ_2分别是矩阵$\boldsymbol{M}$的两个特征值，可以通过特征值判断图像中的平坦区域、角点和边缘：

(1) 平坦区域：λ_1、λ_2都很小；

(2) 边缘区域：λ_1、λ_2中一个较小，另一个较大；

(3) 角点处：λ_1、λ_2都比较大且为基本相等的正数。

为了避免对矩阵$\boldsymbol{M}$进行特征值分解，Harris 定义了角点响应函数，其表达式如下：

$$R(x, y) = \det\boldsymbol{M} - k(\mathrm{tr}\boldsymbol{M})^2 = \frac{X^2Y^2 - (XY)^2}{X^2 + Y^2} \tag{7-35}$$

$\det\boldsymbol{M}=\lambda_1\lambda_2$，$\mathrm{tr}\boldsymbol{M}$是矩阵$\boldsymbol{M}$的迹，且$\mathrm{tr}\boldsymbol{M}=\lambda_1+\lambda_2$，$k$是一个大于零的参数，一般$k=0.04$。$\det\boldsymbol{M}$在边缘处较小而在角点处较大，$\mathrm{tr}\boldsymbol{M}$在边缘和角点处保持一致，因此，在某一点$R(x, y)$超过某一阈值且$R(x, y)$为局部极大值时，即认为该点是角点。通过 Harris 提取的角点是整像素坐标，可以通过进一步的亚像素角点检测来获取更精确的坐标。

2. SIFT 关键点算法

SIFT 是一种比较稳定的特征算子，该算子不仅具有尺度、旋转、仿射、视角、光照不变性，对目标的运动、遮挡、噪声等因素也保持较好的匹配性，目前广泛应用于机器人定位和导航、地图生成以及三维目标识别等方面。

SIFT 算子的主要思想为：首先建立图像的多尺度空间与高斯金字塔图像；再对相邻尺度的 2 个高斯图像相减得到高斯差分多尺度空间(Difference-of-Gaussian，DoG)；在 DoG 尺度空间求得局部极值点，然后通过曲面拟合的方法对这些极值点进一步精确定位，并采用高斯差分图像的 Hessian 矩阵剔除初始特征点中的边缘点以及对比度较低的点，从而得到图像的特征点。

3. SURF 特征点算法

SURF(Speeded Up Robust Features)算法是 SIFT 算法的改进算法，改进了 SIFT 算法中数据量大、复杂度高、耗时长的缺点，而且 SURF 算法具有尺度不变、旋转不变和鲁棒性好的特点，近年来得到了广泛应用。

SURF 算法分为特征点检测和特征描述子生成两部分。在特征点检测部分，利用积分图像，使用 Hessian 矩阵在尺度空间提取图像特征点；在描述子生成部分，首先确定每个特征点的主方向，然后沿主方向构造一个窗口区域，在窗口内提取一个 64 维向量，用该向量描述特征点。

7.4.5　图像的边缘检测

1. 边缘检测技术

数字图像的边缘检测是图像分割、目标区域识别和区域形状提取等图像分析领域十分重要的基础。图像边缘是图像的最基本特征，主要存在于目标与目标、目标与背景、区域与区域(包括不同色彩)之间。它常常意味着一个区域的终结和另一个区域的开始。

从本质上讲，图像边缘是以图像局部特征不连续的形式出现的，是图像局部特征突变的一种表现形式，例如灰度的突变、颜色的突变、纹理结构的突变等。边缘检测实际上就是找出图像特征发生变化的位置。边缘是灰度值不连续的结果。这种不连续常可以用求导的方法方便地检测到，一般常用一阶和二阶导数来检测边缘。图 7.33 为边缘检测灰度值求导示意图。

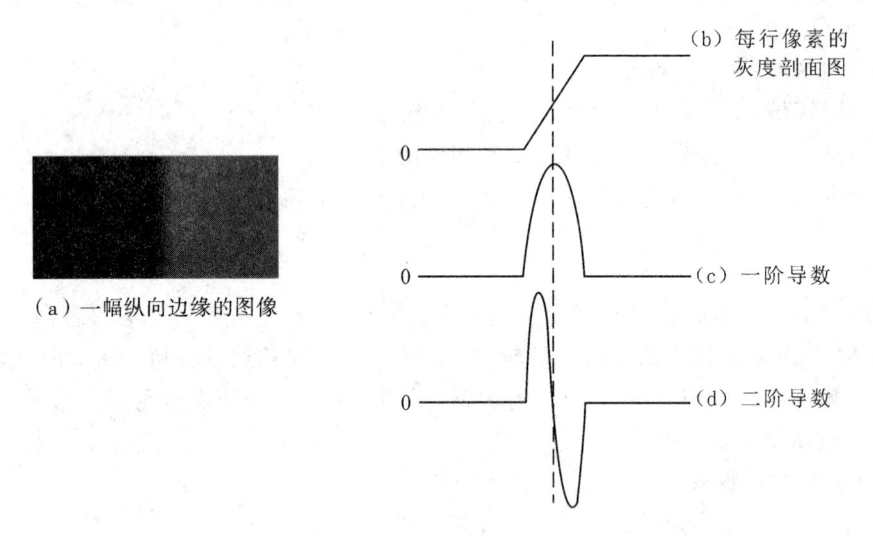

图 7.33　边缘检测灰度值求导

对于二维图像函数 $f(x, y)$，在其坐标 (x, y) 上梯度可以定义为一个二维列向量，即

$$\nabla f(x, y)=\begin{bmatrix}G_x\\G_y\end{bmatrix}=\begin{bmatrix}\partial f/\partial x\\\partial f/\partial y\end{bmatrix} \tag{7-36}$$

其中，G_x 和 G_y 分别为沿 x 方向和 y 方向的梯度。梯度的幅值为

$$|\nabla f(x, y)|=(G_x^2+G_y^2)^{1/2} \tag{7-37}$$

$$|\nabla f(x, y)|\approx|G_x|+|G_y| \tag{7-38}$$

数字图像是离散的，计算偏导数 G_x 和 G_y 时，需对每个像素位置计算，在实际应用中通常用小区域模板和图像卷积运算来近似计算梯度值。偏导数 G_x 和 G_y 可以用差分来近似。图 7.34 所示模板表示图像中的 3×3 像素区域。若中心像素 w_5 表示 $f(x, y)$，那么 w_1 表示 $f(x-1, y-1)$，w_2 表示 $f(x, y-1)$，以此类推。

w_1	w_2	w_3
w_4	w_5	w_6
w_7	w_8	w_9

图 7.34　计算模板

边缘检测算子有很多种，例如 Robert 算子、Sobel 算子、Canny 算子、Laplace 算子、Kirsch 算子、Prewitt 算子、Haralick 算子等等。下面具体介绍几种常用的边缘检测算法。

1）Roberts 算子

Roberts 算子只是用当前像素的 2×2 邻域，所以计算非常简单。令 $f(x, y)$为输入图像，$g(x, y)$为输出图像，则偏导数为

$$\begin{cases} G_x = w_5 - w_9 \\ G_y = w_8 - w_6 \end{cases} \tag{7-39}$$

$G_y = w_8 - w_6$ 卷积模板为

$$G_x = \begin{bmatrix} 1 & 0 \\ 0 & -1 \end{bmatrix}, G_y = \begin{bmatrix} 0 & -1 \\ 1 & 0 \end{bmatrix}$$

Roberts 算子的主要缺点是其对噪声的高度敏感性，原因在于仅使用了很少几个像素来近似梯度。

2）Sobel 算子

Sobel 算子采用 3×3 模板可以避免在像素之间内差点上计算梯度，对于中心像素 w_5，使用式(7-46)来计算其偏导数：

$$\begin{cases} G_x = (w_1 + 2w_4 + w_7) - (w_3 + 2w_6 + w_9) \\ G_y = (w_1 + 2w_2 + w_3) - (w_7 + 2w_8 + w_9) \end{cases} \tag{7-40}$$

卷积模板为

$$\boldsymbol{G}_x = \begin{bmatrix} -1 & 0 & 1 \\ -2 & 0 & 2 \\ -1 & 0 & 1 \end{bmatrix}, \boldsymbol{G}_y = \begin{bmatrix} 1 & 2 & 1 \\ 0 & 0 & 0 \\ -1 & -2 & -1 \end{bmatrix}$$

Sobel 算子能够取得较好的边缘检测效果，同时对噪声有一定的平滑效果，但是会检测出一些错误的边缘，使得检测到的边缘比较粗。

3）Laplace 算子

Laplace(拉普拉斯)算子是二阶导数算子，它是一个标量，具有各向同性，在只关心边缘的位置而不考虑其周围像素灰度插值时比较合适。Laplace 算子对鼓励像素的响应比对边缘或线的响应更强烈，因此只适用于无噪声图像。存在噪声的情况下，使用 Laplace 算子检测边缘之前需要先进行低通滤波。其定义为

$$\nabla^2 f(x, y) = \frac{\partial^2 f(x, y)}{\partial x^2} + \frac{\partial^2 f(x, y)}{\partial y^2} \tag{7-41}$$

常用的 Laplace 模板为

$$\begin{bmatrix} 0 & -1 & 0 \\ -1 & 4 & -1 \\ 0 & -1 & 0 \end{bmatrix}$$

4）Canny 算子

Canny 算法与拉普拉斯算法的不同点之一是在 Canny 算法中，首先在 x 和 y 方向求一阶导数，然后组合为 4 个方向的导数。Canny 算法视图将独立边的候选像素拼装成轮廓，轮廓的形成是对这些像素运用滞后性阈值，这意味着有两个阈值，即上限和下限。如果一个像素的梯度大于上限阈值，则被认为是边缘像素；如果低于下限阈值，则被抛弃；如果介于二者之间，只有当其与高于上限阈值的像素连接时才会被接受。图 7.35 所示为几种边缘检测算法效果对比图，从中可以看出，Canny 算法效果较好一些。

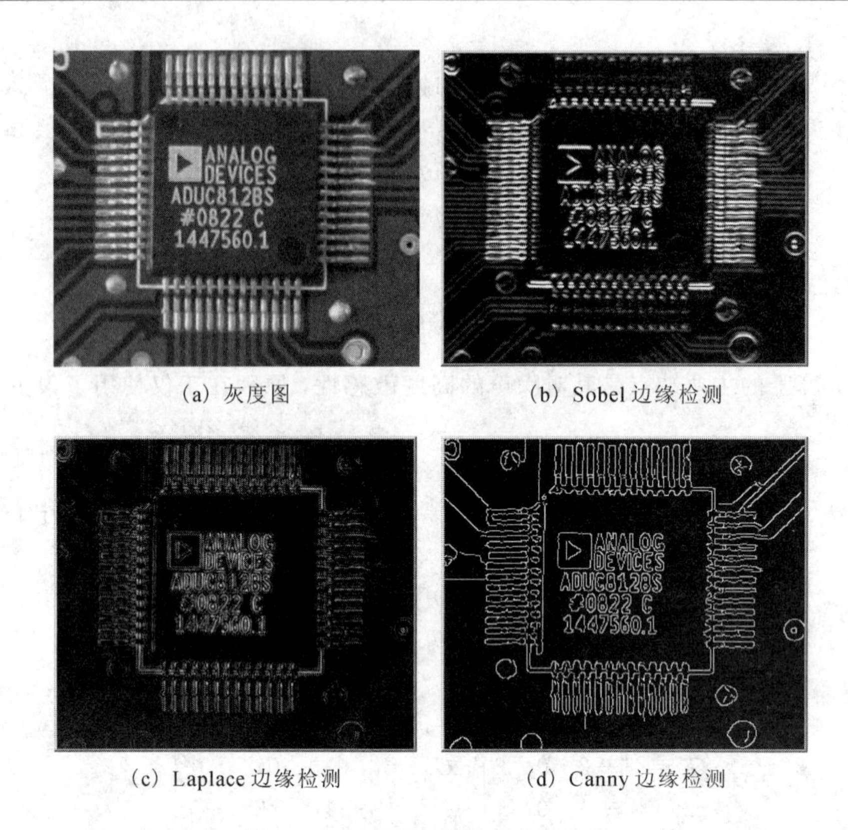

(a) 灰度图　　(b) Sobel 边缘检测

(c) Laplace 边缘检测　　(d) Canny 边缘检测

图 7.35　边缘检测算法效果对比图

2. 亚像素边缘检测

用上文介绍的边缘提取方法提取的图像边缘最细只能定位在一个像素的宽度上，要想进一步提高测量精度，需要进一步使边缘亚像素化。

在实际的 CCD 成像系统中，CCD 感光元不但接收照射到自身感光面的光，还接收照射相邻感光元的光，尤其是对边缘点，物体和背景的不同反射特性以及 CCD 器件的积分效应，造成 CCD 器件对阶跃边缘的响应产生由明到暗(或由暗到明)的渐变过程，边缘点的亚像素位置恰好存在于这一过渡的渐变阶段，这就使得我们有可能采用插值或曲线逼近等方法获得边缘点的亚像素位置。

亚像素定位技术使用的前提是：目标不是由孤立的单个像素点，而必须是由特定灰度分布和形状分布的一组像素点组成的，有明显的灰度变化和一定的面积大小。

亚像素边缘检测技术最早由 Hueckel 提出，在发展过程中形成了一些基本方法。

1) 矩估计方法

矩特征主要表征了图像区域的几何特征，又称为几何矩，由于其具有旋转、平移、尺度等特性的不变特征，所以又称其为不变矩。基于矩的亚像素边缘检测方法首先建立理想的图像边缘化模型，然后再利用矩不变特性建立模型的参数方程，从而确定目标图像边缘的精确参数。通过计算像素级边缘区域的一阶矩(或称为重心)来实现亚像素级边缘定位。运用到亚像素中的有空间矩、ZOM 正交矩等，定位精度较好，但算法复杂度较大，计算时间较长。

对于线条边缘，可直接计算像素级边缘区域的一阶矩；而对于阶跃边缘，可先对原始图像进行一阶求导，使其变成线条边缘，然后再计算像素级线条边缘区域的一阶矩。

2）插值法

插值法的原理是先通过模板匹配法获得一个像素的定位精度，然后再对像素点的灰度值或灰度值的导数进行插值，增加信息，以获得边缘的亚像素位置。它是基于亚像素边缘检测的原理生成的，主要有线性插值、三次正交多项式插值(即多项式)、样条插值和双线性插值四类。

样条插值可以用较少的点反映整个曲线的变化趋势，所需的计算量相对双线性插值要小些，并且它可以根据情况选择合适的阶数。图像噪音小，可用高阶样条，以便能得到很好的逼近性能，使边缘定位更为准确；反之，噪音大的，可用低阶样条进行平滑。在样条插值中应用最多的是三次样条插值，因为它既克服了低次样条在端点上有间断的一阶或二阶导数成为角点的情况，又克服了高次样条计算量大和出现不一致收敛的现象。

3）拟合法

用拟合法进行亚像素边缘定位的前提条件是被测目标的特性满足已知的或假定的拟合函数形式，通过对离散图像中的目标的灰度或坐标进行拟合，可以得到目标的连续函数形式，从而确定描述物体的各个参数值(位置、尺寸、形状、幅度等)对目标进行亚像素定位。

常用的拟合亚像素边缘定位法有在确定的任何一个穿过边界的直线(检测线)方向上，将该线穿过的相关像素点的灰度值变化拟合，然后令该拟合曲线的二阶导数为零并建立条件方程以求得边缘点的坐标的直线灰度拟合；把原始图像和边缘检测算子做卷积检测出零交叉点，并使用平面模型获得像素级边缘，然后用多项式拟合法在亚像素精度上再次确定零交叉点，以得到亚像素级的边缘定位精度的变换域拟合，以及用有解析表达式的光滑曲面来对离散的目标图像进行拟合的灰度分布的曲面拟合等。

7.5　视觉测量

视觉测量的分类方法有多种。按测量目的可分为二维测量和三维测量(立体测量)；按所用视觉传感器数量可以分为单目视觉测量、双目视觉(立体视觉)测量和三(多)目视觉测量；根据测量对象的大小，可分为近景测量和显微测量；根据测量过程的照明方式，可分为主动式测量和被动式测量；根据所处理图像中的景物是否运动，可分为静态图像视觉测量和动态图像视觉测量。

由于篇幅限制，本节只介绍双目立体视觉测量原理以及二维图像测量系统的构成与测量方法。

7.5.1　双目立体视觉测量原理

双目立体视觉是基于视差，由三角法原理进行三维信息的获取，即由两个摄像机的图像平面(或单摄像机在不同位置的图像平面)和被测物体之间构成一个三角形。已知两摄像机之间的位置关系，就可以获得两摄像机公共视场内被测物体的三维尺寸及空间物体特征点的三维坐标。

1. 双目立体视觉测距

双目视觉测距是基线测距的另外一种应用形式，主要用于机器人和工业精密测量，是仿照人类利用双目感知距离的一种测距方法，它利用位于焦平面上的探测器中的像素的变化来刻画目标距离。图 7.36 为双目(CCD 摄像)视觉测距原理示意图。

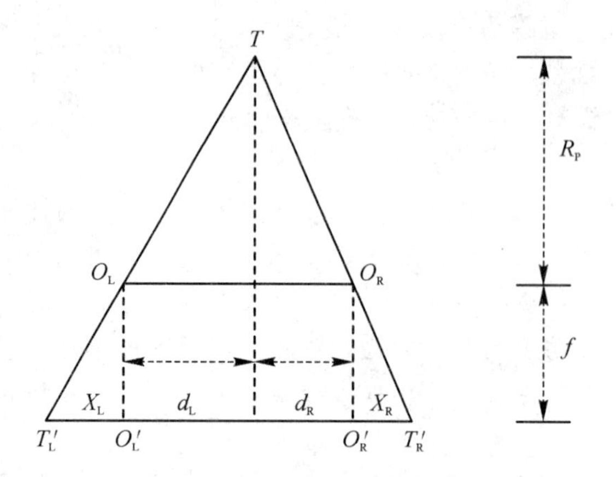

图 7.36　双目视觉测距原理示意图

设目标位于点 T 处，左、右摄像机镜头中心分别为 O_L、O_R，它们的焦距均为 f，而 CCD 光敏面位于镜头焦平面上，并且共面，R_P 为目标到基线的垂直距离。那么，根据相似三角形原理，在图 7.36 中有

$$\frac{R_P + f}{R_P} = \frac{x_L + d_L}{d_L} = \frac{x_R + d_R}{d_R} \tag{7-42}$$

式中：d_L、d_R 分别为基线在它与目标的垂线两侧的部分，并且有 $d_L + d_R = d$；而 X_L、X_R 分别为目标在左、右 CCD 成像面上的位置，据式(7-42)可推知

$$R_P = \frac{\mathrm{d}f}{x_L + x_R} = \frac{\mathrm{d}f}{x} \tag{7-43}$$

2. 双目立体视觉三维测量原理

双目立体视觉三维测量是基于视差原理。图 7.37 所示为简单的平视双目立体成像原理图，两摄像机的投影中心线的距离即基线距为 B。

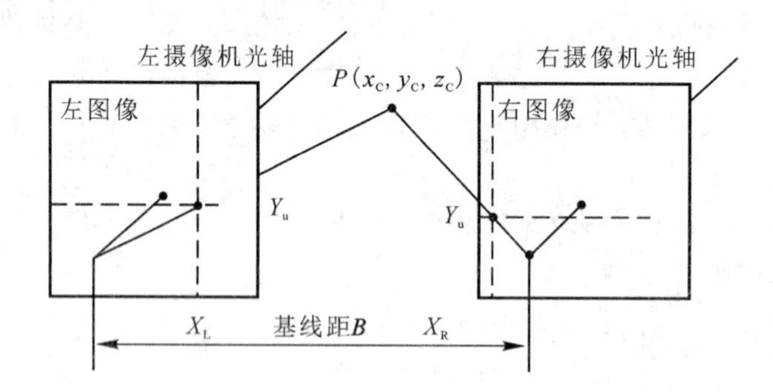

图 7.37　双目立体成像原理

两摄像机在同一时刻看空间物体的同一特征点 P，分别在“左眼”和右眼上获取了点 P 的图像，它们图像坐标分别为 $P_L = (X_L + Y_L)$，$P_R = (X_R + Y_R)$。假定两摄像机的图像在同一个平面上，则特征点 P 的图像坐标的 Y 坐标相同，即 $Y_L = Y_R = Y$，则由三角形光学得到

$$
\begin{cases}
X_{\mathrm{L}} = f\dfrac{x_{\mathrm{C}}}{z_{\mathrm{C}}} \\
X_{\mathrm{R}} = f\dfrac{x_{\mathrm{C}} - B}{z_{\mathrm{C}}} \\
Y = f\dfrac{y_{\mathrm{C}}}{z_{\mathrm{C}}}
\end{cases} \tag{7-44}
$$

则视差为 Dispartity $= X_{\mathrm{L}} - X_{\mathrm{R}}$，可计算出特征点 P 在摄像机坐标系下的三维坐标为

$$
\begin{cases}
x_{\mathrm{C}} = \dfrac{B \cdot X_{\mathrm{L}}}{\mathrm{Disparity}} \\
y_{\mathrm{C}} = \dfrac{B \cdot y}{\mathrm{Disparity}} \\
z_{\mathrm{C}} = \dfrac{B \cdot f}{\mathrm{Disparity}}
\end{cases} \tag{7-45}
$$

因此，左摄像机像面上的任意一点只要在右摄像机像面上找到对应的匹配点(二者是空间同一点在左、右摄像机上的点)，就可以确定出该点的三维坐标。这种方法是点对点的运算，像面上所有点只要存在相应的匹配点，就可以参与上述运算，从而获取其对应的三维坐标。

考虑一般情况，双目视觉测量系统对两个摄像机的摆放位置不做特别要求。双目立体视觉测量的基础是空间点三维重建，如图 7.38 所示。

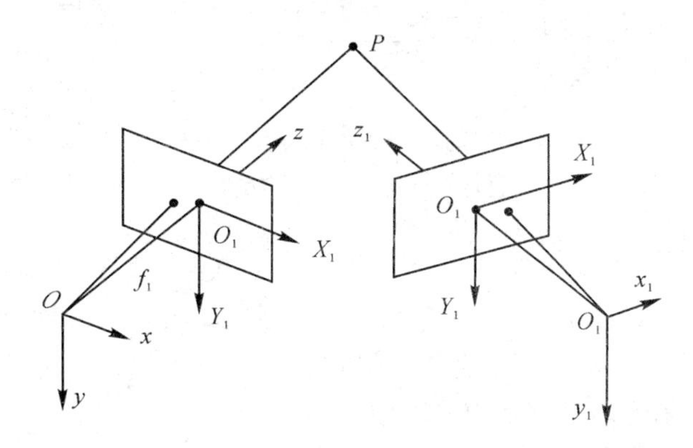

图 7.38　双目立体视觉测量中空间点三维重建

在这里，我们可以将双目立体视觉测量认为是将左、右摄像机所得到的图像进行匹配操作，也就是匹配左、右图像平面上的特征点并生成共轭对集合 $\{(p_{l,i},\ p_{r,i})\}$ $(i = 1,\ 2,\ 3,\ \cdots,\ n)$。每一个共轭对定义的两条射线，相交于空间某一场景点。空间相交的问题就是找到相交点的三维空间坐标。有了三维空间坐标就可以进行一系列的测量操作了。

7.5.2　二维图像测量系统

在工业检测中，机器视觉在二维测量方面最为常见的应用是测量各种机械零件的几何尺寸，精密复杂零件的微尺寸测量，工件的自动对准、定位，以及缺陷识别等。

1. 测量原理

二维尺寸的测量有接触测量与非接触测量，下面仅讨论基于图像处理的非接触测量。

非接触测量利用 CCD 相机将工件图像摄入，转换成数字信号，再输入计算机进行处理

和分析，从而得到被测对象的几何参数。但图像处理后获得的是以像素为单位的几何尺寸，并不是实际尺寸。由摄像机成像原理知，像素尺寸与实际尺寸存在一定的比例关系，即代表一个像素的实际尺寸，我们用标定系数 K 来表示：

$$K = \frac{\text{实际尺寸}}{\text{像素尺寸}} \tag{7-46}$$

故在二维测量过程中，只要得出系数 K，就可将计算机输出的图像尺寸转换为实际尺寸。但是系数 K 跟测量环境有关，如被测物与 CCD 相机的相对位置、焦距等，所以一旦确定好测量环境，便不能随意改动。一旦环境变了，就要重新计算系数 K。

2. 测量装置

二维图像测量机主要由图像式位移测量系统、图像式自动调焦瞄准系统及相应的机械结构组成，基本结构如图 7.39 所示。计算机连接 CCD 相机，将待测物放置在工作台上，通过观察计算机显示器上的输出图像，调节好相机与待测物的相对位置，使得图像清晰可见，然后固定好装置。图像采集后，经 A/D 转换保存在计算机内，经图像处理程序得出被测物的像素坐标，经系数 K 得出被测物的实际尺寸。

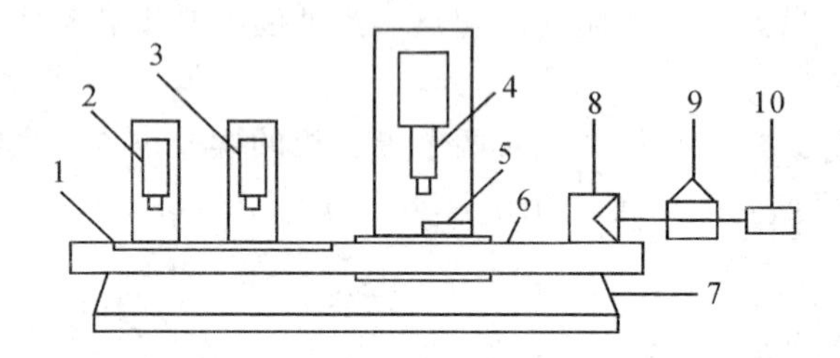

1—光学标尺；2—纵向读数 CCD；3—横向读数 CCD；4—瞄准 CCD；5—被测物；6—工作台；7—导轨；8—测量角锥棱镜；9—分光镜与参考镜；10—双频激光器

图 7.39　二维图像测量装置示意图

在二维图像测量机中，瞄准系统采用 CCD 摄像机代替人眼进行瞄准，具体做法是在主显微镜系统的像面处安置一个 CCD 摄像机，使其感光面垂直于光轴。这样物体轮廓就在 CCD 感光面上成像，再利用图像处理技术确定物体边缘的位置，就可以达到对被测物体瞄准的目的。图像瞄准系统的整体结构简图如图 7.40 所示。

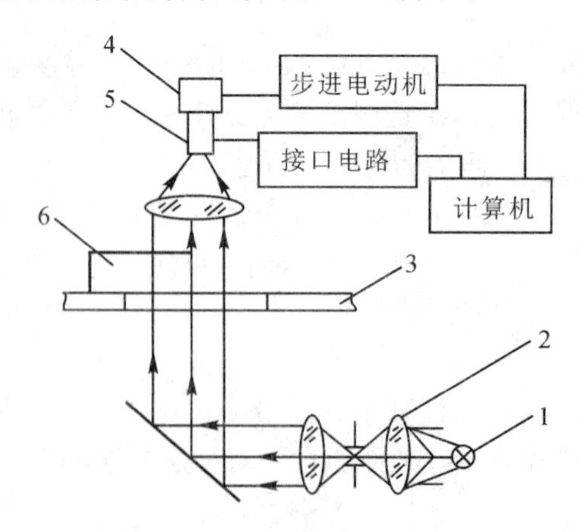

1—光源；2—孔径光阑；3—工作台；4—调焦装置；5—瞄准 CCD；6—被测物

图 7.40　图像式自动调焦瞄准系统结构示意图

3. 实用测量方法

下面介绍常用的相对测量和绝对测量两种方法，使用相机型号为 VS—400SF，其主要参数为：分辨率 1024×768；定焦 $f=8$ mm；可调光圈 F1.4-4-8-16；CCD 尺寸 2/3 in($W=8.8$ mm，$H=6.6$ mm)。

1）相对测量

相对测量方法是通过计算被测物与标准件的偏差来得出被测物的实际尺寸，可以消除测量带来的系统误差，而且不用计算系数 K。

设被测物的实际尺寸为 $L_{测}$，ΔL 为被测物体与标准件的实际偏差，标准件可选择标有刻度的卡尺、标定板等。调节好测量环境使得被测物显现在 CCD 面上的图像足够清晰，固定好装置，测量出标准件的图像尺寸 $L'_{标}$，并记录下其实际尺寸 $L_{标}$。然后在相同的测量环境下，测量出被测物的图像尺寸 $L'_{测}$。

因为工件测量尺寸与实际尺寸是线性关系，故有：

$$\frac{L_{标}}{L'_{标}}=\frac{L_{测}}{L'_{测}} \tag{7-47}$$

所以 $\Delta L=\dfrac{L_{标}}{L'_{标}}\times L'_{测}-L_{标}$，故而 $L_{测}=\Delta L+L_{标}$。

其中图像尺寸的单位均为像素，实际尺寸的单位为 mm。

2）绝对测量

(1) 需要考虑测量范围。已知 CCD 尺寸 $=W(8.8\text{ mm})\times H(6.6\text{ mm})$，分辨率为 1024×768(即 CCD 上的像素数为 1024×768)，故测量范围为

$$0< L_{测}\text{ 的宽度}<8.8\text{ mm}$$

$$0< L_{测}\text{ 的高度}<6.6\text{ mm}$$

此时可算出 X、Y 方向上一个像素代表的实际尺寸：

$$\begin{cases} K_x=\dfrac{8.8\text{mm}}{1024\text{pix}}=8.6\ \mu\text{m/pix} \\ K_y=\dfrac{6.6\text{mm}}{768\text{pix}}=8.6\ \mu\text{m/pix} \end{cases} \tag{7-48}$$

(2) 不需要考虑测量范围。通过每次测量的物距得出系数 K，从而得出被测物的实际尺寸。同上所述调节并固定好测量装置，测量中保持被测物与相机的相对位置不变，测出物距 D(见图 7.41)，故得出一个像素在 X、Y 方向上代表的实际尺寸：

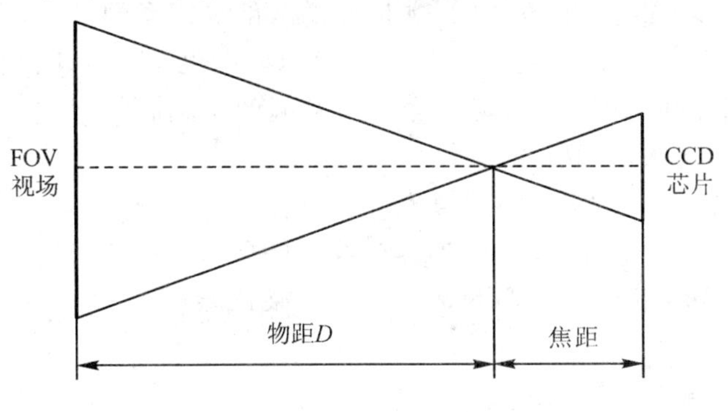

图 7.41　成像原理图

$$\begin{cases} K_x = \dfrac{\text{FOV}}{1024} = \dfrac{\dfrac{W \times 8.8}{8}}{1024} \\ K_y = \dfrac{\text{FOV}}{768} = \dfrac{\dfrac{W \times 6.6}{8}}{768} \end{cases} \tag{7-49}$$

$$M = \frac{D}{f} = \frac{\text{FOV}_x}{W} = \frac{\text{FOV}_y}{H} \tag{7-50}$$

其中，FOV是视场大小，M为放大倍率。

算出系数K，再利用被测物图像中的两点坐标（x_0、y_0），（x_1，y_1），就可计算被测物体上两点间的距离L：

$$L = \sqrt{(|x_1 - x_0| \times K_x)^2 - (|y_1 - y_0| \times K_y)^2} \tag{7-51}$$

4. 误差来源分析

在数字图像处理系统中，一方面要进行原始图像数据的采集，另一方面要用图像处理技术和测量原理对零件进行尺寸测量。所有这些过程都非常复杂，并在各个环节都存在误差影响。图像测量系统中引起误差的来源是多方面的，合理、有效地进行误差分析和误差修正是提高测量精度的一个重要方法。影响图像测量精度的主要因素有以下几个方面：

(1) CCD自身误差。由CCD的工作原理可知，CCD像素尺寸的离散性限制了图像的抽样频率，而测量算法中以CCD的像素间距作为运算的一个基本量，由此引入的误差为一个像素单位。如果一个像素单位所代表的单位尺寸超过了系统误差所能承受的范围，则CCD自身的误差将成为影响系统测量精度的重要因素。因此，在实际测量过程中CCD摄像头的选取是至关重要的。

(2) CCD镜头的畸变误差。在视觉测量中，镜头非线性畸变是产生误差的一个重要原因。镜头畸变不能得到完全精确的校正将引起图像非线性失真误差。

(3) 装配误差。在设备的装配过程中，由于装配原因不能使设备达到理想的工作状态从而造成的误差即装配误差。比如，CCD摄像头不能与被测零件的测量面完全垂直，导致CCD摄像头成像平面与被测零件平面不能完全平行，产生不平行测量误差。

(4) 量化误差。取一幅图像时，一幅大场景被变换成一幅小尺寸的平面，场景到一幅小平面的压缩以及图像平面上点的坐标值被量化，在图像测量中引起了许多不利因素。空间量化并非唯一的一种量化。由于CCD能区分的灰度等级数的限制，图像平面内像素灰度也被量化，例如256个值。灰度的量化在图像测量中也是一个不利因素。值得指出的是，量化误差不像其他类型的误差，它不能通过精确的实验而减小。因为它是由图像处理中所采用的器件的内部限制所引起的。

(5) 光源不均匀。光源的不均匀照明使采集的图像灰度分布不均匀，在进行图像的二值化时，使图像的部分信息损失，同时外界杂散光也会对采集的图像产生噪声。因此，在实验中一方面力求使用平行光源照明，另一方面采用软件的方法对光源的不均匀进行补偿。

(6) 软件误差。由于在图像处理和测量中应用的图像去噪声和边缘检测等算法本身存在近似性和不完善性，所以会给测量结果带来一定的误差。

思考与练习题

7.1　举例说明视觉测量技术在电子制造领域有哪些应用。

7.2　简要说明视觉测量系统的构成。

7.3　与传统测量技术相比，视觉测量技术有哪些特点？机器视觉测量的关键技术有哪些？

7.4　用实例对比鱼眼镜头、超广角镜头、广角镜头和标准镜头的焦距、视场角。

7.5　对比分析常用数字相机接口标准的性能特点。

7.6　简述 CCD 器件的基本结构。

7.7　简述摄像机的成像过程。

7.8　目前常用的摄像机标定方法有哪些？

7.9　数字图像有哪些分类格式？

7.10　图像处理技术主要包括哪些内容？

7.11　什么是图像的滤波去噪？对滤波处理有什么要求？

7.12　简述图像的阈值分割的基本含义。

7.13　图像的特征点提取主要有哪几种算法？

7.14　Canny 算法与 Laplace 算法有什么不同？

7.15　假设摄像机焦距为 15 mm，1/3 英寸的 CCD 芯片横向尺寸为 4.8 mm，如果工作距离为 160 mm，则横向视场的大小是多少？

7.16　简述双目测量的基本原理。

参考文献

[1]　伯特霍尔德·霍恩. 机器视觉. 王亮，蒋欣兰，译. 北京：中国青年出版社，2014.

[2]　韩九强. 机器视觉技术及应用. 北京：高等教育出版社，2009.

[3]　余文勇，石绘. 机器视觉自动检测技术. 北京：化学工业出版社，2013.

[4]　赵鹏. 机器视觉理论及应用. 北京：电子工业出版社，2011.

[5]　张学武，范新南. 机器视觉检测技术及智能计算. 北京：电子工业出版社，2013.

[6]　张广军. 视觉测量. 北京：科学出版社，2008.

[7]　白福忠. 视觉测量技术基础. 北京：电子工业出版社，2013.

[8]　于仕琪. 学习 OpenCV. 北京：清华大学出版社，2009.

[9]　余大伟. 视觉系统在贴片头定位与片状元件检测纠偏中的应用研究. 苏州大学，硕士学位论文，2010

[10]　徐德，谭民，李原. 机器人视觉测量与控制. 北京. 国防工业出版社，2008.

[11]　张广军，王红，赵惠洁，等. 结构光三维视觉系统研究. 航空学报，1999，20(4)：365－367.

[12]　吴庆阳. 线结构光三维传感器中关键技术研究. 四川大学博士学位论文，2006.

[13]　陈家碧，苏显渝. 光学信息技术原理及应用. 北京：高等教育出版社，2009.

第8章 微位移技术

8.1 概　述

微位移技术是一门新兴技术，是20世纪80年代以来随着微电子、宇航、生物工程等学科的发展而形成的，是现代精密机械及仪表工业的基础。尤其随着微电子技术向大规模集成电路和超大规模集成电路方向发展以及微机械的深入研究，微位移技术得到了迅猛发展，并得到了广泛应用。

8.1.1 基本概念

1. 定义

微位移技术是一门精密机电综合技术，通过对微位移系统的研究，实现小行程(一般小于毫米级)、高精度(亚微米、纳米级)和高灵敏度的微小精密位移。微位移系统是实现微进给和微调的重要部件，也是进行工艺系统误差静态和动态补偿的关键部件。

2. 重要性

(1) 微位移技术是国家科技水平的标志。微位移技术推动了微电子技术、宇航、生物工程等学科的迅速发展，体现了一个国家精密加工技术水平的高低。

(2) 微位移系统是精密机械和精密仪器的关键部件之一。微位移系统直接影响微电子、宇航、生物工程等高科技技术的发展。

例如，计算机外围设备中大容量磁鼓和磁盘的制造，为保证磁头与磁盘在工作过程中维持1 nm内的浮动气隙，就必须严格控制磁盘或磁鼓在高速回转下的跳动。

对于微电子设备而言，如光刻机、电子束和X射线曝光机及其检测设备等，其定位精度要求达到亚微米级甚至纳米级，定位技术的水平几乎左右着机电设备的最终性能，直接影响微电子技术等高精度工业技术的发展，无论是大行程的精密定位，还是小范围内的光学对准，都离不开微位移技术，所以微位移技术是现代精密仪器的共同基础。

8.1.2 微位移系统的构成和分类

1. 微位移系统的构成

微位移系统采用微位移技术实现小行程(一般小于毫米级)、高精度(亚微米、纳米级)和高灵敏度的运动系统。微位移系统一般由微位移机构、检测传感装置和控制系统组成，它们之间的关系如图8.1所示。

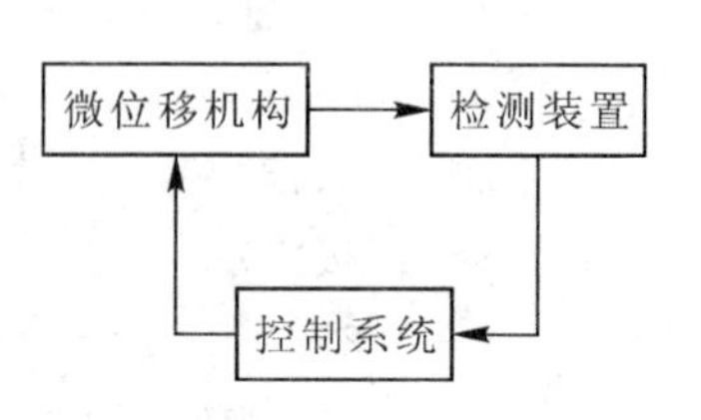

图8.1　微位移系统的构成

(1) 微位移机构是微位移系统的核心部分，一般由精密致动器和精密导轨等组成。

(2) 检测装置采用传感器按一定规律将微位移机构的位移输出转换成电量输出。

(3) 控制系统实现对微位移机构的动态性能控制，补偿和修正材质与机理的缺陷，反馈和调节驱动器的非线性等不良特性等。

2. 微位移机构的分类

微位移机构由微致动器和导轨两部分组成，根据导轨形式和驱动形式的不同，分成以下类型(如图 8.2 所示)：

(1) 柔性铰链支撑，压电或电致伸缩微位移致动器驱动；

(2) 滚动导轨，压电陶瓷或电致伸缩微位移致动器驱动；

(3) 滑动导轨，机械式驱动；

(4) 平行弹性导轨，机械式或电磁、压电、电致伸缩微位移致动器驱动；

(5) 气浮导轨，伺服电机或直线电机驱动。

微位移器根据形成微位移的机理可分成机械式和机电式两大类。

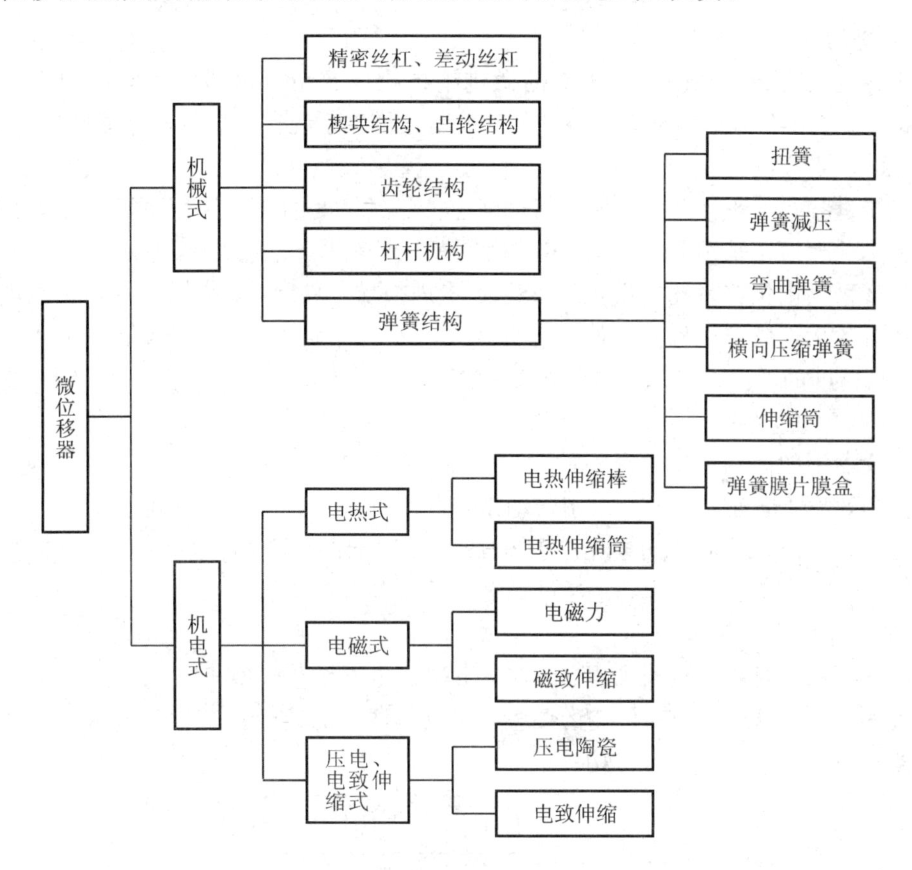

图 8.2　微位移机构的分类

8.1.3　微位移系统的应用

随着科学技术的发展，精密仪器、微细加工的精度要求越来越高，微位移系统的应用也越来越广，其主要应用大致可分为四个方面，即精度补偿、微进给、微调和微执行机构。

1. 精度补偿

精密工作台是高精度精密仪器的核心，当前精密工作台的运动速度一般在20～50 mm/s，最高的可达100 mm/s以上，而精度则要求达到1 μm以下。由于高速度带来的惯性很大，一般运动精度比较低，为解决高速度和高精度之间的矛盾，通常采用粗精相结合的两个工作台来实现，如图8.3所示。

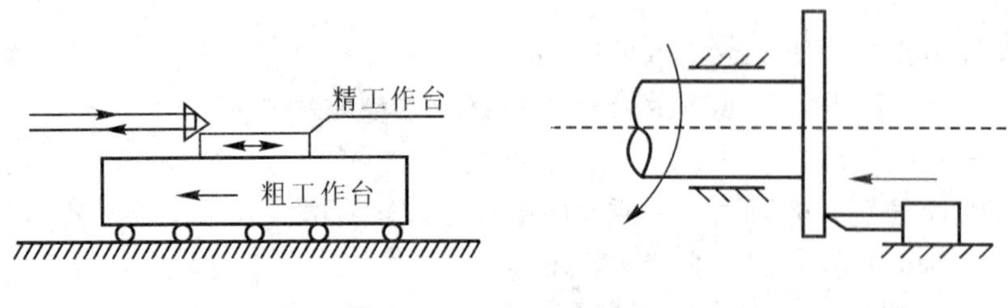

图8.3　精度补偿图　　　图8.4　车刀微进给

2. 微进给

微进给主要用于精密机械加工中的微进给机构以及精密仪器中的对准微动机构。图8.4所示的金刚石车刀车削镜面磁盘，车刀采用微位移系统实现微进给，进给量可达5 μm以下。

对于步进扫描投影光刻机，为了满足高速度、高精度的对准和套刻等要求，大多数光刻机精密工件台通常采用多层结构，由基座、$X-Y$粗动台、微动台、承片台等构成，其中微动台很多采用微位移系统实现，如ASML步进扫描工件台，其微动台由洛伦兹电机控制并通过各自的柔性铰链机构对工件台进行Z、θ_X、θ_Y三个自由度进行微调，完成小范围内的高响应、高精度的同步动态位置补偿，实现精确跟踪定位。

3. 微调

精密仪器中的微调是经常遇到的问题，如在倒装芯片键合机中，为了保证定位精确，并提高生产效率，键合工作平台采用宏动系统与微动系统相结合的方式，$X-Y-Z$采用伺服控制的宏动系统，同时Z向要给芯片施加非常精准的键合力，并保证不能对芯片有损伤，因此Z向引入微位移技术，并通过键合力传感装置控制键合力。

4. 微执行机构

微执行机构主要用于生物工程、医疗、微型机电系统、微型机器人等。微执行机构主要实现微器件的夹持、运动和位姿的调整，完成微器件的装配。图8.5所示是一种采用梳状驱动器实现微位移的微执行机构。

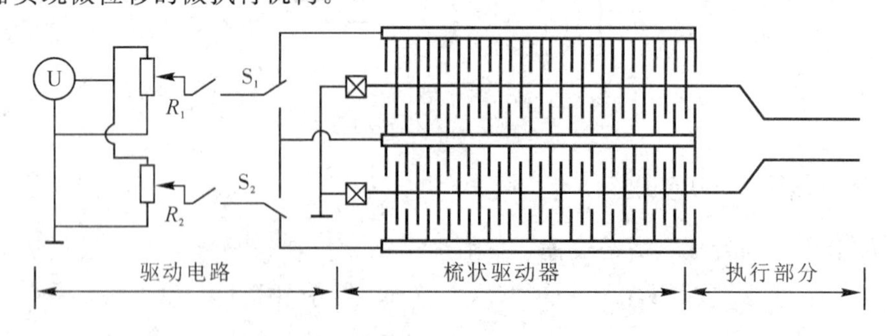

图8.5　微执行机构

8.2　精密致动技术

8.2.1　发展历史

1880 年，Pierre 和 Currie 在对一些晶体材料如石英等进行研究时发现了正压电效应和逆压电效应。

1977 年，美国滨州大学的 Cross 开始研究电致伸缩效应及实用材料，与日本东京大学的内野研二开发了具有大电致伸缩系数的弛豫铁电体 0.9PbMg1/3Nb2/3O3，应变达 0.1%。

1982 年，我国科研人员在 PLZT(锆钛酸铅镧陶瓷)系列电光陶瓷中首先发现了具有大电致伸缩效应的组分(La：PZT－481A)，并开发了国内广泛使用的 WTDS－Ⅰ型电致伸缩微位移器。

压电、电致伸缩器件是近年来发展起来的新型微位移器件，它的主要优点如下：

(1) 结构紧凑、体积小，特别适合在微型精密机械系统中使用。

(2) 分辨率高、控制简单。

(3) 不存在发热问题，不会因温升对精密工作台造成精度影响。

用这种器件驱动的微动工作台可以实现 0.1 μm 的精密定位，是理想的微位移器件，在精密机械中得到了广泛的应用。

8.2.2　机电耦合效应

电介质在电场的作用下，有两种效应，即压电效应和电致伸缩效应，统称为机电耦合效应。

1. 压电效应

电介质在机械应力作用下产生电极化，大小与应力成正比，方向随应力的方向而改变。

某些电介质在沿一定方向上受到机械应力的作用而变形时，其内部会产生极化现象，同时在它的两个相对表面上出现正负相反的电荷。当外力去掉后，它又会恢复到不带电的状态，这种现象称为正压电效应。当作用力的方向改变时，电荷的极性也随之改变。

在微位移器件中应用的是逆压电效应，即电介质在外界电场作用下产生应变，大小与场强成正比，方向与电场的方向有关，即电场反向时应变也改变方向，即

$$\varepsilon = dE \tag{8-1}$$

其中：dE 为逆压电效应；d 为压电系数(m/V)；E 为电场(V/m)；ε 为应变。

2. 电致伸缩效应

电介质在电场的作用下，由于感应极化作用而引起应变，应变与电场方向无关，应变的大小与电场的平方成正比，这个现象称为电致伸缩效应。

3. 机电耦合效应

电介质在电场的作用下，应变和电场的关系为

$$\varepsilon = dE + ME^2 \tag{8-2}$$

其中：dE 为逆压电效应；ME^2 为电致伸缩效应；d 为压电系数(m/V)；M 为电致伸缩系数(m^2/V^2)；E 为电场(V/m)；ε 为应变。

逆压电效应仅在无对称晶体中才有，而电致伸缩效应在所有的电介质晶体中都有，不过一般来说都很微弱。压电单晶如石英、罗息盐(酒石酸钾钠)等的压电系数比电致伸缩系数要大几个数量级，那么在低于 1 MV/m 的电场作用下，只有逆压电效应。

8.2.3 电介质材料特性

1. 压电晶体

压电晶体常用的材料是锆钛酸铅和钛酸钡，由钛酸铅和锆酸铅组成的多晶固溶体，其全称为锆钛酸铅压电陶瓷，代号为 PZT(P—铅，Z—锆，T—钛)，其具有以下显著特点：

(1) 灵敏度高，可达 1.4～17 nm(V·cm)，输出功率大。

(2) 机电耦合系数大，换能效率高。

(3) 机械品质因数高，可达到几百甚至几千。

(4) 材料性能稳定，5 年内性能老化小于 0.2%。

(5) 居里温度高。居里温度高达 300℃，可作高温压电元件，实用温度范围为－40～300℃。

2. 电致伸缩材料

电致伸缩材料最早使用的是铌镁酸铅系材料，即 PMN，各国研究人员开展了卓有成效的研究。1977 年，美国 L. E. Cross 教授研究出具有大电致伸缩效应的弛豫铁电体组分——0.9PMN - 0.1PT，它的居里点在 0℃ 附近。1981 年又开发出三元系固溶体(0.45PMN -0.36PT - 0.19BZN)双弛豫铁电体，这种材料具有良好的温度稳定性及大电致伸缩效应，主要成分有 PbO、MgO、Nb_2O_5、TiO_2、$BaCO_3$(碳酸钡)和 ZrO，将它们按比例烧结而成。1984 年我国研制出 PZT。

8.2.4 微位移精密致动器

根据工作原理，精密致动器有机械式致动器、压电式致动器、电热式致动器、电磁式致动器、磁致伸缩致动器、形状记忆合金等。

1. 压电陶瓷微位移元件

用压电陶瓷做微位移致动器已得到广泛的应用，如激光稳频、精密工作台的精度补偿、精密机械加工中的微进给和微调等。用于精密微位移致动器的压电陶瓷应满足以下要求：

(1) 压电灵敏度高，即单位电压变形大。

(2) 行程大，电压—变形曲线线性好。

(3) 体积小，稳定性好，不老化，重复性好。

根据机电耦合特性，由式(8 - 2)可知，当无电致伸缩效应，即 $ME^2=0$ 时，压电系数 d 为

$$d=\frac{\varepsilon}{E}=\frac{\Delta l}{l}\times\frac{b}{U} \tag{8-3}$$

其中：U 为外界施加的电压(V)；b 为压电陶瓷厚度(m)；l、Δl 为压电陶瓷所用方向上的长度和施加电压后的变形量(m)。

因此有

$$\Delta l=\frac{l}{b}\times Ud \tag{8-4}$$

压电陶瓷的缺点是变形量小，根据式(8 - 4)可以看出，通过以下方法可以提高变形量：

(1) 增加压电陶瓷的长度 l 和提高施加的电压。这是实际中常用的方法。但增加长度会使结构增大，提高电压会造成使用不便。例如，壁厚 2 mm 的 PZT 圆筒压电陶瓷，$U=1000$ V 时，欲使变形大于 4 μm，则压电陶瓷的长度应大于 30 mm。

(2) 减少压电陶瓷的壁厚 b，可使变形量增加，但强度会下降。

(3) 不同材料的压电系数不同，可根据需要选用不同材料。

(4) 压电晶体在不同方向上有不同的压电系数，d_{31}是在与极化方向垂直的方向上产生的应变与在极化方向上所加电场强度之比，而 d_{33}是在极化方向上产生的应变与在该方向上所加电场强度之比。从各种压电陶瓷的数据来看，一般情况下 d_{33}是 d_{31}的 2～3 倍，因此可以利用极化方向的变形来驱动。

(5) 采用压电堆可以提高变形量。为得到大的变形量，可用多块压电陶瓷组成压电堆，如图 8.6 所示，其正负极按并联连接，则总的变形量为

$$\Delta L = n\Delta l \tag{8-5}$$

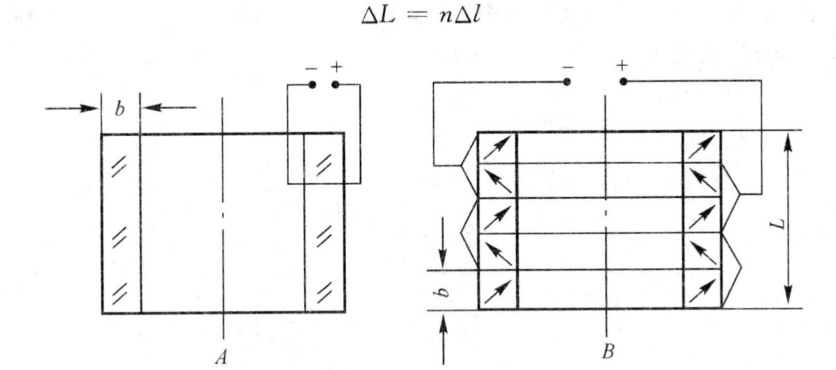

图 8.6　单块与压电堆示意图

(6) 采用尺蠖机构。为解决压电陶瓷器件移动范围窄的问题，美国 PI 公司研制成了由 3 个压电元件组成的尺蠖式移动机构，如图 8.7 所示。这种机构已成功应用于高科技领域，

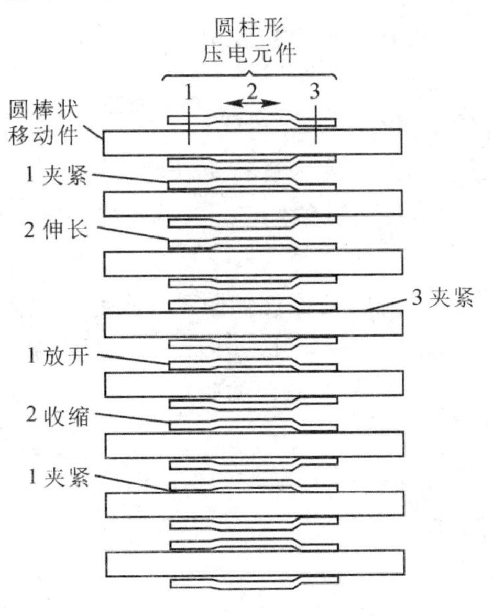

图 8.7　尺蠖式移动机构原理图

如机器人微位移定位器、磁头、喷墨打印和光跟踪系统以及压电式刀具补偿机构(可用于切削加工非轴对称特殊型面时刀具微进给的控制)等。

2. 电致伸缩微位移致动器

电致伸缩微位移致动器最早是1977年由Cross等人研制的，他们把PZ或PMN制成直径25.4 mm、厚2 mm的圆片，并用10片叠加起来，给其施加2.9 kV的电压，可得到13 μm的位移，其分辨率达到1 nm。电致伸缩弛豫铁电体比普通压电陶瓷更为优越：

① 电致伸缩应变大；

② 位置再现性好，迟滞小；

③ 不需要极化；

④ 不老化，寿命长；

⑤ 热膨胀系数很低。

电致伸缩器件是一种电容型器件，其简化模型如图8.8所示，图中R为电压放大电路的等效电阻，C为等效电容，其电容量约为2 μF。

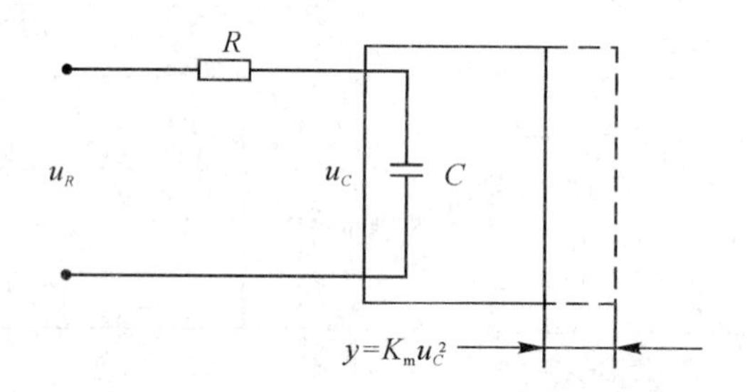

图8.8 电致伸缩微位移致动器简化模型

电致伸缩微位移致动器的变形量为

$$y = K_{\mathrm{m}} u_C^2 \tag{8-6}$$

其中：u_C为外加电压；K_{m}为微位移器件的电压位移转换系数。

电致伸缩器件会产生滞后效应，加电压达到稳态会有过渡。此外，还会有漂移现象，漂移量一般小于应变范围的15%。

3. 电磁致伸缩微位移致动器

电磁致伸缩微位移致动器是由电磁力进行驱动的，电磁驱动的微动工作台首先由日本在1975年研制成功，该工作台定位精度达到0.2 μm，成功应用于电子束曝光机中，成为微位移技术的一个新方法。

电磁驱动的微动工作台的电磁驱动原理如图8.9所示，把微动工作台3用四根链或金属丝5悬挂起来，工作台两端分别用弹簧1、6固定，另外两端放置两块磁铁2、4。通过改变电磁铁线圈的电流来控制电磁铁对工作台的吸引力，克服弹簧的作用力，达到控制工作台微位移的目的。

如图8.10所示，设工作台的位移量为Δ_{s}，当电磁铁的吸引力为F时，此时工作台保持平衡，有

$$F = F' + F'' \tag{8-7}$$

其中：F为电磁铁的吸引力；F'为弹簧的拉力；F''为工作台初始位置位移Δ_{d}所产生的吊簧拉力。

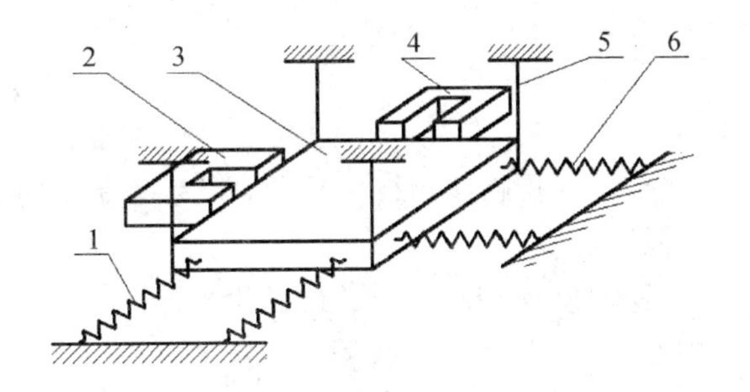

1，6—弹簧；2，4—磁铁；3—工作台；5—金属丝

图 8.9　电磁驱动原理图

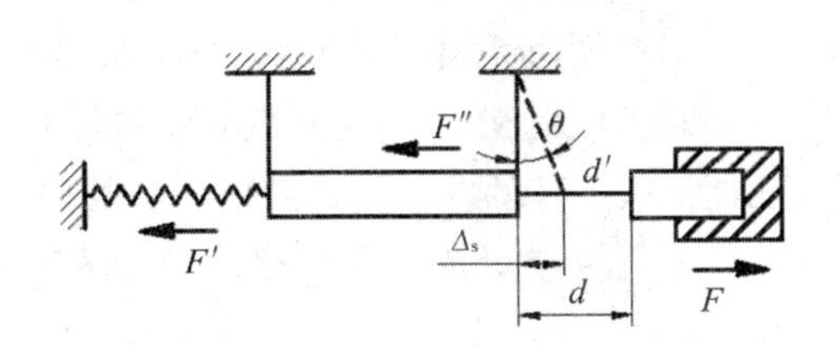

图 8.10　电磁驱动计算模型

电磁铁的吸引力：

$$F=\frac{B^2S}{2\mu} \tag{8-8}$$

其中：B 为电磁场的磁通密度（$\mathrm{Wb/m^2}$）；μ 为磁导率（H/m）；S 为磁极截面积（$\mathrm{m^2}$）。

弹簧拉力：

$$F'=K\cdot\Delta_s\cdot g \tag{8-9}$$

其中：K 为弹簧常数（kg/m）；Δ_s 为工作台移动距离（m）；g 为常数（9.8 N/kg）。

设由于工作台移动而形成的悬挂丝的偏角为 θ，工作台向上移动 Δ_h，那么

$$\Delta_h=L(1-\cos\theta)$$

式中，L 为挂丝长度。当 L 足够长时，$\Delta_h/L=1-\cos\theta$。由于 θ 很小，故 $\Delta_h/L\to0$，即弹簧拉力 F' 与 F'' 相比，F'' 可以忽略不计，则有

$$|\Delta_s|=\frac{B^2S}{2\mu Kg} \tag{8-10}$$

由式(8-10)可见，工作台移动距离与磁通密度的平方成正比。式(8-10)中，电磁场的磁通密度 B 为

$$B=NI\left(\frac{1}{d'/\mu+l/\mu_0}\right) \tag{8-11}$$

其中：N 为电磁铁上的线圈圈数（kg/m）；μ 为空气气隙的磁导率（H/m）；l 为磁路长度（m）；d' 为空气气隙的长度（m）；μ_0 为磁性材料的磁导率（H/m）；I 为电流强度（A）。

当磁性材料的磁导率 μ_0 比空气气隙的磁导率 μ 大很多时，$B=NI\mu/d'$，有

$$|\Delta_s|=\frac{S\mu(NI)^2}{2d'^2Kg} \tag{8-12}$$

由式(8-12)可见，工作台移动的距离与电流和线圈圈数的平方成正比。

设计时应考虑到工作台运动到初始位置间隙的 1/3 时，会使磁通路中的磁通达到饱和，从而避免相撞。

相反，为改善精度或扩大定位范围，设计时磁饱和可以发生在任何气隙长度适当处。

4. 其他微位移致动器

1）形状记忆合金

当合金在低于相变态温度下，受到一有限度的塑性变形后，可由加热的方式使其恢复到变形前的原始形状，这种特殊的现象称为形状记忆效应。具有形状记忆效应的金属称为

形状记忆合金。记忆合金一般是两种以上金属元素的合金。

2）超声波电机

超声波电机是借助超声波振动，使振动部与移动部之间所作用的摩擦力作为旋转力的一种新型电动机。与传统的电动机不同，它没有绕组和磁路，结构简单，灵敏度高，响应性能好，具有低转速、高扭矩、小型、轻量化等特点。

超声波电机按其驱动形式可分为共振型和非共振型；根据不同的驱动原理，可分为叠片式、蠕动式、驻波式等。

作为光机电一体化系统中的新型执行元件，超声波电机受到了越来越多的关注。

3）洛仑兹电机

洛仑兹电机是基于洛仑兹力进行工作的。当电机的线圈中通过一定的电流时，线圈在磁场的作用下将产生洛仑兹力，洛仑兹力和线圈电流之间具有良好的线性关系，通过改变线圈的电流就能有效地控制洛仑兹力的大小和方向。由于洛仑兹电机能实现直线运动，且具有推力大、响应快、控制方便等特点，所以被广泛地用作精密直线运动的驱动装置，如光刻机微动运动工作台的驱动电机、精密主动减振器的致动器等。

4）音圈电机

音圈电机是一种特殊形式的直接驱动电机，其工作原理是：通电线圈（导体）放在磁场内就会产生力，力的大小与施加在线圈上的电流成比例。它具有结构简单、体积小、比推力大、高速、高加速、响应快等特性，并且具有定位精确、定位精度和刚度都很高的特点，是一种性能非常先进的直线电机。

音圈电机的工作原理：通电导体放在磁场中，就会产生力 F，即安培力原理。力的大小取决于磁场强弱 B、电流 I 以及磁场和电流的方向，如图 8.11 所示。

典型的直线音圈电机结构如图 8.12 所示。直线音圈电机就是位于径向电磁场内的一个管状线圈绕组，铁磁圆筒内部是由永久磁铁产生的磁场，这样的布置可使贴在线圈上的磁体具有相同的极性。铁磁材料的内芯配置在线圈轴向中心线上，与永久磁体的一端相连，用来形成磁回路。当给线圈通电时，根据安培力原理，它受到磁场作用，在线圈和磁体之间产生沿轴线方向的力。通电线圈两端电压的极性和电流的强弱决定力的方向和大小。

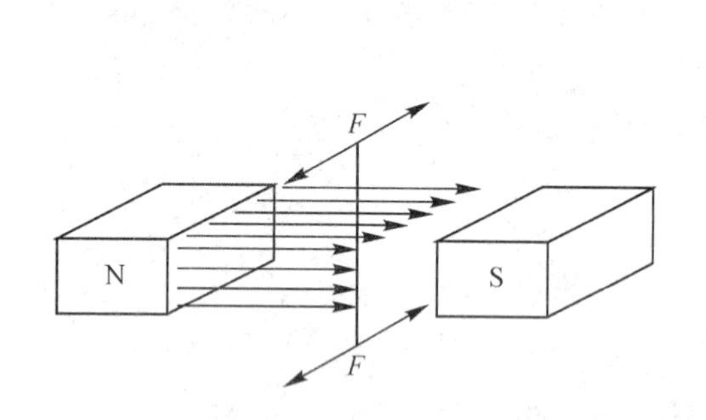

图 8.11 安培力原理图

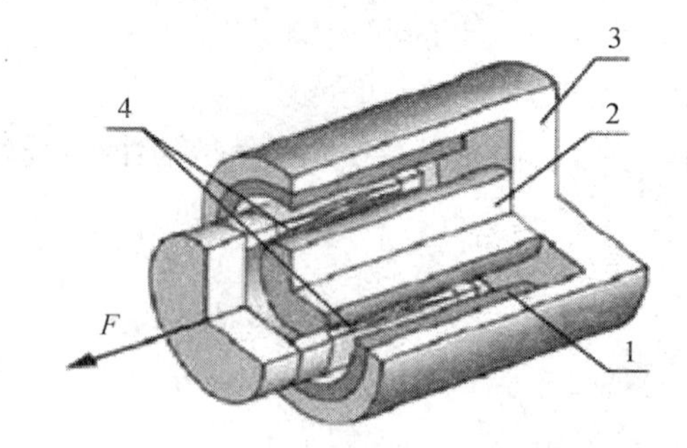

1—永磁体；2—软磁体（铁芯）；3—磁轭；4—线圈

图 8.12 直线音圈电机结构图

音圈电机控制简单可靠，无需换向装置，是直接驱动的理想伺服元件，精度可达 1～5 μm，加速度可达 20g。在半导体加工的精密定位工作台中，其定位精度已达到了亚微米级、纳米级，为抑制工作台振动，获得更高的控制精度，常应用音圈电机进行驱动。

8.2.5　压电致动器的应用计算

1. 压电陶瓷的刚度

压电陶瓷的刚度对于压电陶瓷来说是非常重要的参数，可以用于计算压电陶瓷的出力、谐振频率以及其他工作参数。正常情况下，压电陶瓷产生的力可达几百牛顿。压电陶瓷的刚度计算公式如下：

$$K_{\text{AStack}} = \frac{EA}{l} \tag{8-13}$$

式中：K_{AStack} 为压电陶瓷的刚度(N/mm)；E 为有效弹性模量(MPa)；l 为压电陶瓷的长度(mm)；A 为横截面面积(mm^2)。

2. 位移与出力的关系

(1) 压电陶瓷产生的位移 Δl_0：这个数值是在空载条件下测得的，即在压电陶瓷产生位移的过程中不受任何阻力，对陶瓷施加电压后，测得的相应位移。

(2) 出力 $F_{\max}$：是压电陶瓷产生的最大出力，这个数值是压电陶瓷在位移为 0 时测得的出力，即抵抗大刚度负载的推力。

位移和出力有如下关系：

$$K_{\text{A}} = \frac{F_{\text{Amax}}}{\Delta l_0} \tag{8-14}$$

式中：K_{A} 为压电陶瓷的刚度(N/mm)；$F_{\max}$ 为压电陶瓷产生的最大出力(N)；Δl_0 为压电陶瓷空载位移(mm)。假设把陶瓷固定在两面墙之间，施加最大电压给压电陶瓷，由于两面墙的刚度很大，因此压电陶瓷无法伸长，位移为零，这时的出力为最大出力。但是事实上，任何物体都会表现出一定的弹性模量。

当外部机械结构的刚度为零时，给压电陶瓷加最大电压，压电陶瓷产生最大的位移，这时出力为零。出力与位移的关系如图 8.13 所示。

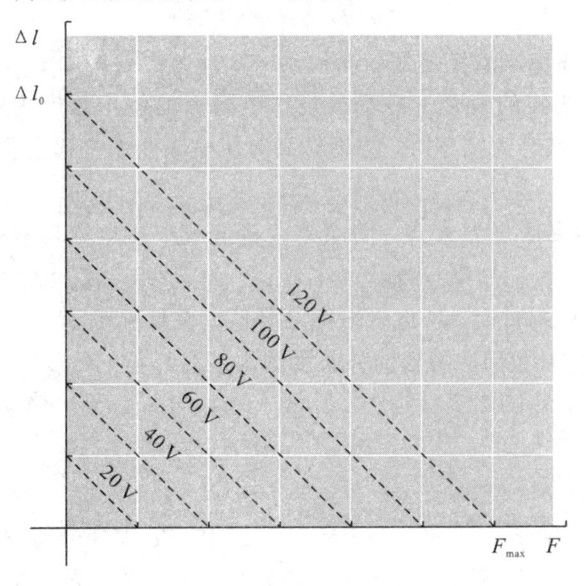

图 8.13　出力与位移的关系

只要外部连接机械结构存在刚度，陶瓷的位移就一定会有损失。位移损失的大小取决于外部机械结构的刚度，外部机械结构刚度越大，损失的位移也就越大。当外部机械结构的刚度与陶瓷的刚度相同时，位移与出力为最大位移与最大出力的一半，陶瓷能效得到最大利用。

3. 谐振频率

压电陶瓷的谐振频率反映的是陶瓷的响应时间，可作为陶瓷的使用频率。谐振频率通常是在两端均不固定且在很小的驱动信号下测得的，当一端固定后，谐振频率可以通过以下公式算得

$$f'_0 = f_0 \sqrt{\frac{m_{\text{eff}}}{m'_{\text{eff}}}} \tag{8-15}$$

其中：f'_0为带载谐振频率；f_0 为空载谐振频率；m_{eff} 为压电陶瓷的有效质量；m'_{eff}为负载及压电陶瓷的有效质量。

4. 预载力和负载能力

压电陶瓷的抗拉强度非常低，大约为 5 MPa，所以在安装使用的过程中应加载一定的预载力，从经验来看，7 MPa 即可补偿高动态产生的拉力。在恒力的情况下，最好不要超过 15 MPa。对于高度较小的陶瓷来说，侧斜力会产生剪切力，相对较高的陶瓷会产生弯曲力，两种力合起来会产生最大的剪切力，在使用过程中需要尽量避免这两种力给陶瓷造成损害。

压电陶瓷的预载力也有一定的限制，因为当陶瓷承受大于几十兆帕的压力时，会出现机械退极化，虽然可以通过大的电压信号重新极化，但损失了有效能，对于元件的使用寿命会产生不利的影响。

预载也会产生张力，所以当很高的负载作用于陶瓷的时候，超过了张力强度，会降低使用寿命或者损坏陶瓷。

5. 温度特性

温度变化是影响压电陶瓷纳米定位精度的一个非常重要的因素，压电陶瓷的性能会随着温度的改变而产生明显的变化。叠堆共烧压电陶瓷的使用温度为－25～＋80℃。超出100℃使用，陶瓷的性能会大幅下降，温度升高时压电陶瓷的位移会受到一定的影响，取决于与居里温度的差值。

如果将陶瓷加热到居里温度点，将会产生退极化，压电效应将会随之消失，且不可恢复。

当与室温相比温度降低时，压电效应随之降低。在低温小于 260 K 时，大约是每 K 损失 0.4%。在液态氮的环境下，陶瓷的伸长度约为室温环境下的 10%。

低压叠堆陶瓷轴向热膨胀系数为－5 ppm/℃(注：1 ppm＝1×10^{-6})，高压叠堆陶瓷热膨胀系数为＋2 ppm/℃。

6. 分辨率

压电陶瓷具有非常高的分辨率，激光干涉仪测得压电陶瓷分辨率为 0.01 nm，压电陶瓷所能表现出的分辨率取决于驱动电源的最小输出信号。常用的压电陶瓷驱动电源可以达到满幅值十万分之一的分辨率。

7. 压电陶瓷促动器安装及使用要求

(1) 不要使用超过参数表规定的电压来驱动压电促动器。

(2) 压电促动器所在的环境应保持干燥，且应避免长期处于高直流电场和相对湿度较高的环境。

(3) 无预紧叠堆陶瓷不能承受拉力，推荐加载预紧力，大小为出力的 1/10。

(4) 压电促动器为有预载力的压电陶瓷，可以承受一定的拉力，但是不能承受扭力、弯曲力或侧向力，这种力可能直接损坏促动器，必须加以避免。

(5) 可以通过球头灵活转接或者适当的导向机构去除侧向力。

(6) 在进行操作时，对压电促动器进行短路非常重要。温度变化及负载变化会引起压电促动器电极充电，如果不对引线进行短路，可能会产生高压电场，即促动器会充电，再迅速放电，特别是对于没有预紧的促动器，可能会直接毁坏。

8. 压电陶瓷驱动器产品

目前微位移驱动器技术已经成熟，产品也已商业化生产，许多厂商推出了各种类型的应用产品，其中哈尔滨芯明天开发了多种系列压电陶瓷促动器，有低压叠堆压电陶瓷(共烧)、高压叠堆压电陶瓷、叠堆压电陶瓷片、单层压电陶瓷、薄片状压电纤维促动器/传感器、低压压电促动器(柱形、环形、壳体外螺纹)等。

1) 低压叠堆压电陶瓷(共烧)

低压叠堆共烧压电陶瓷是将压电陶瓷基片叠层黏结共烧而成的(单片厚 100 μm 左右)，如图 8.14 所示，其结构特点是绝缘在侧边，这样的压电陶瓷整个截面积均可致动，出力大，性能完好展现，不存在局部电场变形，不易出现点应力。同时这种工艺的压电陶瓷可以承受很大的压力，刚度大，但承受拉力的能力有限。

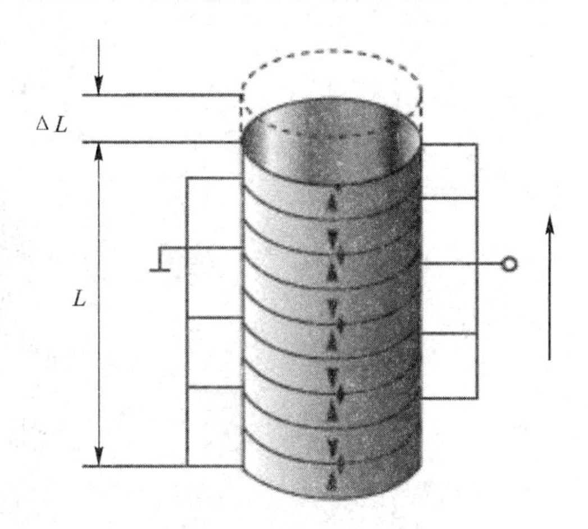

图 8.14　低压叠堆压电陶瓷

这种低压叠堆压电陶瓷(共烧)具有以下特性：

(1) 分辨率在亚纳米级别，能抗磁场干扰。

(2) 出力大，最高可达 50 000 N，功耗极低。

(3) 无磨损，与真空环境兼容。

2) 高压叠堆压电陶瓷

如图 8.15 所示，高压叠堆压电陶瓷是一种复合结构，是将很多成品高压压电陶瓷片叠堆黏结，再通过金属片将陶瓷片之间的电极连接，形成叠堆陶瓷，实现轴向位移。高压叠堆压电陶瓷一般为柱形和环形结构。最大行程范围为长度的0.1%～0.15%，例如长度是50 mm，可以产生最大位移为50～75 μm，负载力和最大出力取决于陶瓷的横截面积。

图 8.15 高压叠堆压电陶瓷

高压叠堆压电陶瓷的特点是：灵敏度高，负载大，出力大，响应频率高，功率大，主要应用于纳米定位、大负载定位、主动振动控制、半导体加工与测试、光学调整等。

3）低压压电陶瓷片/叠堆压电陶瓷

成品的低压压电陶瓷片可以堆叠形成不同尺寸和位移的压电陶瓷，叠堆结构中陶瓷片间的接触面不是全电极，会有一个绝缘间隙没有电极，如图8.16(a)所示。叠堆低电压电陶瓷产品形式如图8.16(b)所示。

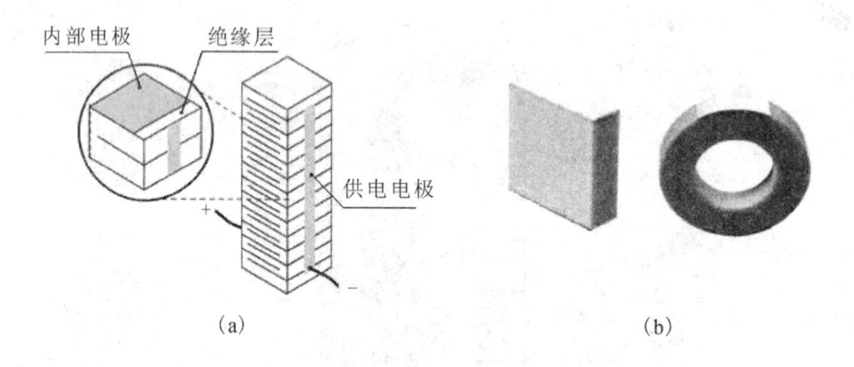

图 8.16 低压压电陶瓷片/叠堆压电陶瓷

4）压电促动器

压电促动器已加载预紧力，可承受一定的拉力，弥补了叠堆压电陶瓷不能承受拉力的不足。压电促动器上下螺纹转接，方便安装固定。其结构特征如图8.17所示。

压电促动器可选择传感闭环，闭环线性度、重复定位精度高，主要应用于精密机械和机械工程、气动及液控阀、纳米定位、高速扫描、计量、干涉、主动光学和自适应光学、生命科技、医药、生物科技、减震等。

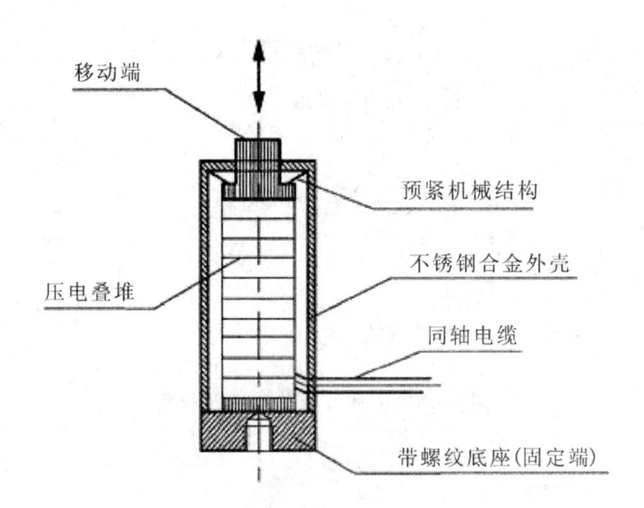

图8.17　压电促动器的基本结构

8.3　柔性铰链

20世纪60年代前后，随着航空航天技术的发展，对实现小范围内偏转的支撑结构，不仅提出了高分辨率的要求，还要求结构上具有微小型化的要求。科研人员为此进行了大量研究和实验，开发出了各种类型的具有体积小、无机械摩擦、无间隙、运动灵活的柔性铰链。

柔性铰链是利用弹性材料的变形产生微小位移的一种新型机械传动和支撑机构，是一种特殊运动副，用于提供绕轴作复杂运动的有限角位移，其具有自恢复的特性，并且具有无机械摩擦、无间隙、易维护、分辨率高、可一体化加工等优点。

柔性铰链现已被广泛地应用于陀螺仪、加速度计、精密天平、导弹控制、放大连杆等仪器仪表中，并获得了前所未有的高精度和稳定性。

柔性铰链有很多种结构，最普通的形式是绕一个轴弹性弯曲，而且这种弹性变形是可逆的。

8.3.1　柔性铰链的分类和特点

1. 柔性铰链的分类

一般常用的柔性铰链有两种类型，即直梁型柔性铰链和圆弧型柔性铰链。如果将柔性铰链进行细分，则有多种不同的分类方法。

按柔性铰链的运动副分可分为转动副、移动副和球副，如图8.18所示；按柔性铰链的切口形状可分为单边的和双边的；按柔性铰链的截面曲线可分为单一的和混合的；按其传递运动和能量的方向可分为单轴柔性铰链、双轴柔性铰链、万向柔性铰链和柔性联杆。此外，还有其他特殊类型的如弓形柔性铰链、三角形柔性铰链、叶状形柔性铰链、簧片式柔性铰链等。

此外还有其他派生形式，如混合型柔性铰链，这种铰链由半个直圆柔性铰链和半个导角柔性铰链组合而成，其结构如图8.19所示。

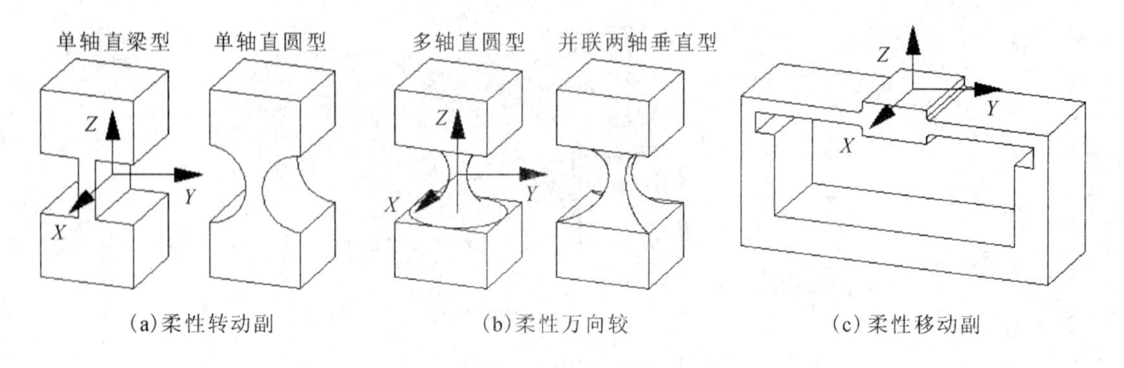

图 8.18　柔性铰链的运动副种类

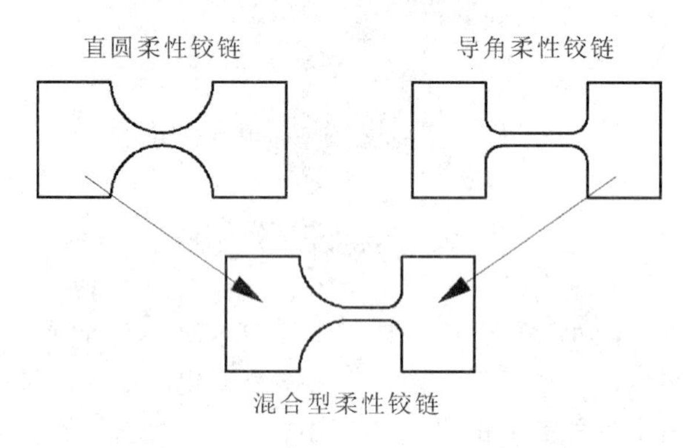

图 8.19　混合型柔性铰链示意图

根据以上的分析可将柔性铰链分成以下三大类：

(1) 单轴柔性铰链。单轴柔性铰链有单轴对称型和混合型两类。单轴对称型有直梁型、直圆型(如图 8.18(a)所示)、椭圆型(包括浅切口椭圆和深切口椭圆)、双曲线型、抛物线型等。混合型是由基本柔性铰链混合而成的单轴铰链，有直梁型混合(如车轮铰链，如图 8.20 所示)、交错叶片式混合、直圆—直圆混合、直圆—椭圆混合、直圆—倒角混合(如图 8.19 所示)等。

(2) 双轴柔性铰链。双轴柔性铰链有串联式两轴垂直型(如图 8.21 所示，它由两个互成 90°的单轴柔性铰链组成)和并联式两轴垂直型(如图 8.18(b)所示)等。

(3) 多轴柔性铰链。多轴柔性铰链有直圆型(如图 8.18(b)所示)、圆柱型、导角型等。

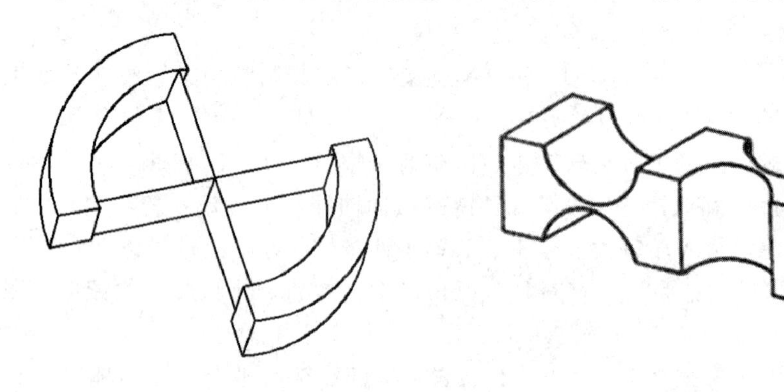

图 8.20　车轮铰链　　　　图 8.21　串联式两轴垂直型铰链

2. 柔性铰链的特点

柔性铰链特别适合于小变形领域，在 MEMS 和微定位领域有着广阔的应用前景。在一些需要小位移小转角的应用中，柔性铰链有很多刚性机构所不具备的优点，归纳起来有以下几点：

(1) 由于柔性铰链中，柔性构件之间可以没有传统运动副，甚至可以将整个柔性机构做成单片的，这就大大减少了构件数目，从而减少了装配，因此大大降低了产品的生产成本；

(2) 由于柔性构件之间连接无间隙，多自由度、高灵敏度，因此可以提高机构的定位精度；

(3) 由于无摩擦磨损，不发热，工作稳定、可靠，因此有利于提高机构的寿命；

(4) 由于振动和噪音小，无需润滑，因此可以减少污染；

(5) 能够实现微型化，易于大批量生产；

(6) 可存储能量，自身具有回程反力。

8.3.2 柔性铰链的应用

1. 用于支撑

图 8.22 所示的柔性轴承是一种典型的柔性铰链轴承，它可以将轴瓦设计为一体，能够降低配合尺寸的精度要求，简化装配过程。与固定形状的轴承相比，柔性铰链轴承可以降低液体滑动摩擦轴承的半速涡动，防止颤振。

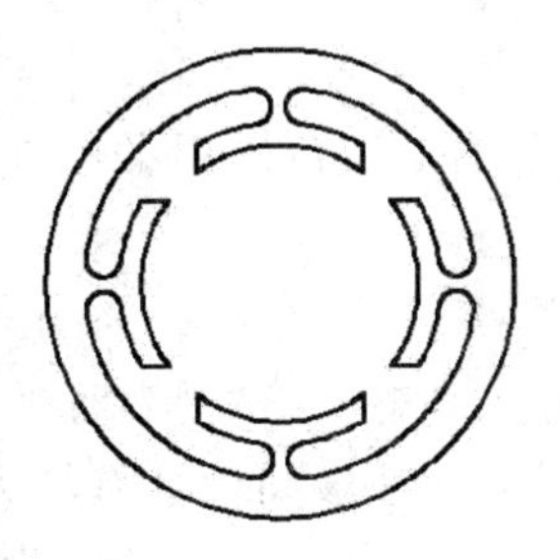

图 8.22　柔性轴承

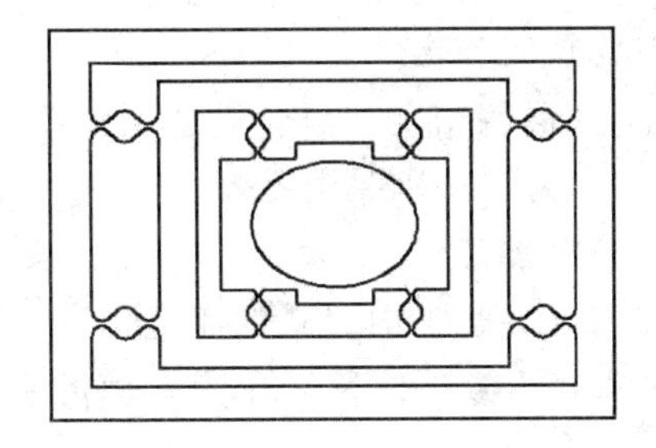

图 8.23　柔性连接器

2. 用于连接

图 8.23 所示的柔性连接器是一种由柔性铰链组成的柔性连接器，它只传递垂直于纸面方向的推力，在水平方向和垂直方向的移动刚度很低。

3. 用于柔性调整

图 8.24 是基于柔性铰链的光学元件调整座，在平台的任一边加上调整螺钉，就可以使水平表面精密地偏转。这种调整结构成本低，在小的运动范围内具有很高的分辨率。

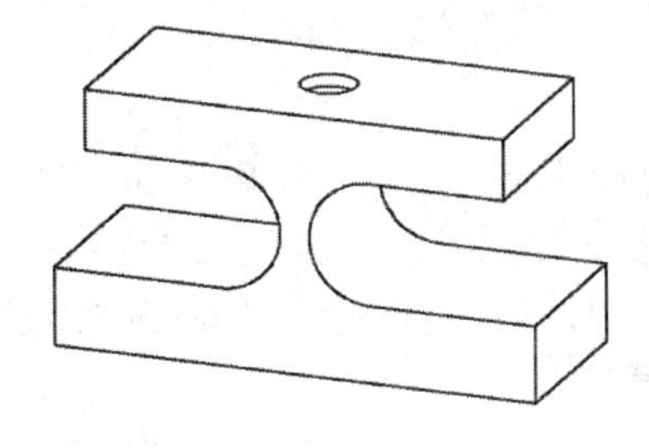

图 8.24　光学元件调整座

4. 柔性铰链用于测量和标定

亚纳米级灵敏度的线性位移测量传感器大多使用了光学干涉仪，然而条纹细分是建立在理想形态干涉信号的基础上的，实际的干涉条纹同理想形态有一定的差距，利用X射线干涉测量来线性内插光学干涉仪的条纹可以准确地测量亚条纹级的位移。

英国国家物理实验所的组合式光学和X射线干涉仪结合了光学干涉仪的大行程和X射线干涉仪的高分辨率，光学干涉仪以间隔为158.25 nm的整数条纹步进，X射线干涉仪以0.192 nm的硅(200)晶格步进。为了实现硅晶薄片之间的纳米级运动，采用了柔性铰链平行四杆机构传递位移，如图8.25所示。利用该仪器可对亚纳米级灵敏度的线性位移传感器进行标定。

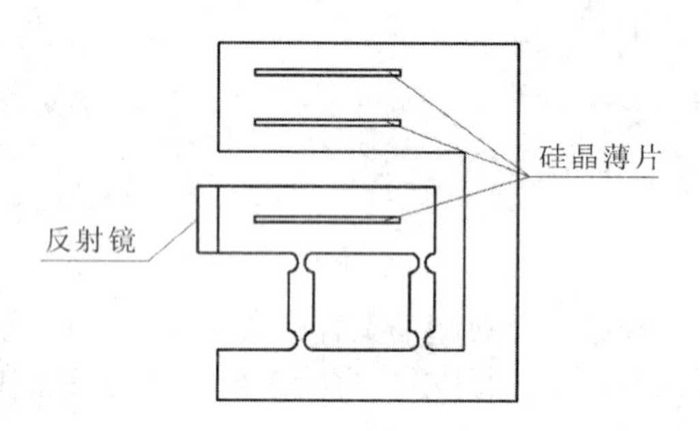

图8.25　柔性铰链平行四杆机构

5. 超精密定位工作台

在许多高速、高精密定位电子制造设备中，精密定位工作台采用柔性铰链机构实现微位移，如光刻机、倒装芯片键合机等。

6. 超精密机械加工

如图8.26所示，水平内置式的压电促动器推动杆1和杆2，通过对称的柔性铰链放大机构将压电促动器的微小位移转化为台面的垂直运动，这种微动台具有较大的运动范围，结构紧凑，刚度高(可达6.0 N/m)。

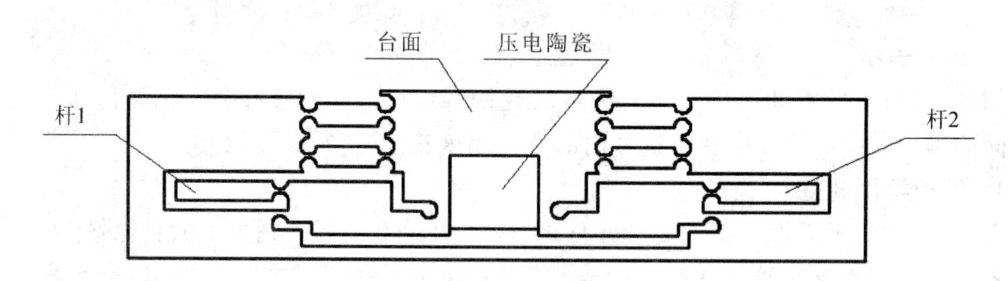

图8.26　垂直运动的微动台

7. 打印头

在冲击式点阵打印机的打印头上，运用了压电驱动、柔性铰链机构传动的原理。柔性铰链机构将压电促动器的位移放大30倍，驱动打印针运动。同样的7组打印针组成打印头，一个字符由7×6的点阵组成，有7针阵列的打印头连续冲击色带进行打印。

8. 微夹持器

在微组装系统中，经常使用柔性铰链机构，结合压电促动器或其他形式的微致动器，组成微夹持器。如图 8.27 所示，该微夹持器采用柔性铰链结构，它是由左右对称的两组四连杆机构组成的，构件 a 为两组四连杆机构的公共主动构件。当驱动器驱动构件 a 向下作微小移动时，通过连杆机构驱动夹臂摆动，实现微型机械手指端的夹持功能。

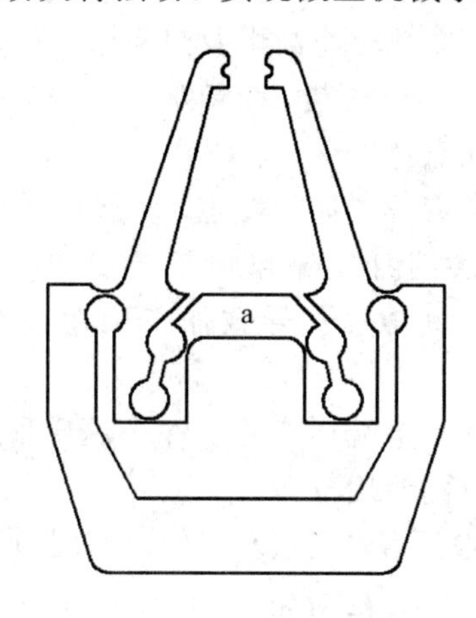

图 8.27　柔性连杆微夹持器

此外，柔性铰链还有其他用途，并且各种新的应用正层出不穷地涌现出来。

8.3.3　柔性铰链的设计要求

1. 柔性铰链设计的基本要求

对柔性铰链性能分析的研究主要集中在刚度、柔度、运动精度、疲劳强度等方面，研究手段主要为解析建模、有限元分析和实验测定等方法。关于柔性铰链的设计研究，柔性铰链刚度的理论研究大都停留在单轴柔性铰链的范围内，有关单轴柔性铰链分析建模的研究主要包括弹性梁理论、卡氏第二定理、逆保角映射理论和有限元分析方法等，工程实践中一般采用数值积分法和有限元分析方法。柔性铰链设计时基本参数应满足如下要求：

(1) 柔性铰链内部应力要小于材料的许用应力。在微位移范围内，此条件一般都能满足。

(2) 微位移器产生的最大位移输出时，微动台的弹性恢复力应小于微位移器的最大驱动力。

(3) 微动台的刚性应尽可能大，使其具有良好的动态特性和抗干扰能力。

2. 柔性铰链的材料选择及加工方法

柔性铰链所承受的最大剪应力 $\tau_{\max}$ 与其材料有着密切的关系，应该根据材料的弹性模量 E 和泊松比 ν 以及应用的场合等合理选择柔性铰链的材料。常用来加工柔性铰链的金属材料主要有：铜合金(如铍青铜、铝青铜、锡青铜、硅青铜、黄铜)、铝合金、钛合金、合金钢、不锈钢等。这几种材料有着各自的优点。例如，铍青铜的价格便宜，适宜广泛应用；钛合金的固有频率最高，适用于某些特殊的场合。另外，聚丙烯也可以作为柔性铰链的材料，应用于一些特定的场合。

金属材料广泛用于柔性铰链的制作，但是其只适用于小变形柔性铰链，其刚度及应力分析以胡克定律为前提。为了实现柔性铰链的大变形，可以采用橡胶材料制作柔性铰链。橡胶具有承受大的弹性变形能力，橡胶柔性铰链具有无摩擦、变形大、疲劳强度高等优点，适合于相应的应用场合，如在扑翼式微型飞行器中，其胸腔的设计要求具有体积小、重量轻、变形大、能量转换高等特征。

二维柔性工作台通过柔性铰链的弯曲变形实现范围为几十微米的微位移运动，因此要求选择机械性能和弹性性能良好、热导率高以及热膨胀率较小的材料做工作台毛坯。

金属柔性铰链的加工一般采用电火花、线切割等方法进行加工。为保证其良好的使用性能，加工过程中应注意以下几点：

(1) 为防止不可恢复变形及疲劳破坏的发生，应严格选择加工材料。

(2) 充分考虑钼丝放电间隙对加工精度的影响。由于柔性铰链最薄部位尺寸仅为0.2～0.4 mm，因此过大的放电间隙往往导致加工尺寸达不到设计要求，需进行必要的补偿。

(3) 选用小电流进行加工。大电流加工的工件表观质量较差，容易存在微裂纹等引起应力集中的缺陷，影响柔性铰链的使用寿命。

就柔性铰链本体的加工技术而言，现在发展的趋势是利用多功能复合加工的方法，如半导体加工技术、光刻技术、电火花与电解加工复合方法以及SPM(Scanning Probe Microscope，扫描探针显微镜)技术等。

8.3.4 柔性铰链的设计计算

设计柔性铰链时，柔性铰链的刚度(或柔度)计算是关键。早在1965年，J. M. PAROS和L. WEISBORD便巧妙地推导出了柔性铰链的设计计算公式，并一直沿用至今。由此，避免了繁杂、费时的数值计算，给柔性铰链的设计计算带来了极大的方便。由于柔性铰链的设计计算公式在形式上较为复杂，他们还给出了在柔性铰链的厚度远小于其切割半径的条件下的简化公式，并对常用的直圆柔性铰链给出了更为简单的表达式。由于简化公式是在铰链的厚度远小于半径的条件下给出的，所以在设计较厚的铰链时会产生较大的误差。

清华大学的研究团队推导出了一般柔性铰链的系列设计计算公式和直圆柔性铰链的系列设计计算公式。计算公式是精确的推导结果，且在表达上较为简洁，有利于柔性铰链刚度(柔度)的计算和分析。

计算柔性铰链的柔度时，由于柔性铰链的变形集中在柔性铰链的圆弧部分，所以可忽略柔性铰链圆弧以外的变形；又由于柔性铰链的变形十分微小，所以可忽略柔性铰链各个变形之间的干涉。

1. 直圆形柔性铰链

图8.28所示的柔性铰链其杆部的截面是矩形，铰链由两个垂直于端面的对称的圆柱面切割而成。由于它在设计、制造和分析上均较为简单，所以被广泛地采用。当$\theta_m=90°$时，该铰链的切口是两个垂直于端面的对称半圆柱面，即直圆柔性铰链。下面给出直圆形柔性铰链的计算方法。

图8.28表明了柔性铰链的几何结构、受力和变形。柔性铰链的几何尺寸分别为宽度b、厚度t、切割半径R和圆心角θ_m。柔性铰链左端的受力和力矩为F_x、F_y、F_z、M_y和M_z。假设柔性铰链的右端为相对固定端，则柔性铰链左端的变形为α_z、Δ_z、α_y、Δ_y和Δ_x，并设材料的弹性模量为E，剪切弹性模量为G。

根据受力情况的不同，柔度计算分为以下几种情形。

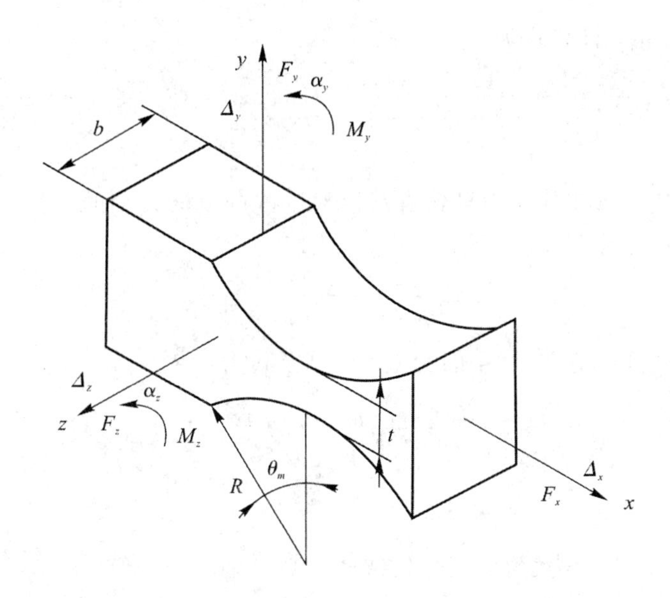

图 8.28　柔性铰链的几何结构、受力和变形

1）沿 z 轴的角变形 α_z

（1）当直圆形柔性铰链受到力矩 M_z 的作用时，该柔性铰链将沿着 z 轴的方向产生角变形 α_z，于是得到柔度的表达式：

$$c_z = \frac{1}{k_z} = \frac{\alpha_z}{M_z} = \frac{12}{EbR^2} f_1 \tag{8-16}$$

式中：f_1 为中间变量，计算式为

$$f_1 = \frac{2s^3(6s^2+4s+1)}{(2s+1)(4s+1)^2} + \frac{12s^4(2s+1)}{(4s+1)^{\frac{5}{2}}} \arctan\sqrt{4s+1}$$

其中，$s = R/t$。

由式(8-16)可见，柔度或刚度与柔性铰链的结构形式、材料及有关参数有关。

（2）力 F_y 作用下导致直圆柔性铰链产生沿 z 轴的角变形 α_z，其柔度表达式如下：

$$c_z = \frac{1}{k_z} = \frac{\alpha_z}{F_y} = -\frac{12}{EbR} f_1 \tag{8-17}$$

2）沿 z 轴的线性变形 Δ_z

（1）力矩 M_y 作用下导致直圆柔性铰链产生沿 z 轴的线性变形 Δ_z，其柔度表达式如下：

$$c_z = \frac{1}{k_z} = \frac{\Delta_z}{M_y} = \frac{12R}{Eb^3} f_2 \tag{8-18}$$

式中：f_2 为中间变量，计算为

$$f_2 = \frac{2(2s+1)}{\sqrt{4s+1}} \arctan\sqrt{4s+1} - \frac{\pi}{2}$$

其中，$s = R/t$。

（2）力 F_z 作用下由于弯矩导致直圆柔性铰链产生沿 z 轴的线性变形 Δ_z，其柔度表达式如下：

$$c_z = \frac{1}{k_z} = \frac{\Delta_z}{F_z} = \frac{12R^2}{Eb^3} f_3 \tag{8-19}$$

式中：f_3 为中间变量，计算式为

$$f_3=\frac{2s+1}{2s}+\frac{(2s+1)(4s^2-4s-1)}{2s^2\sqrt{4s+1}}\arctan\sqrt{4s+1}-\frac{2s^2-4s-1}{8s^2}\pi$$

其中，$s=R/t$。

(3) 力 F_z 作用下由于剪切力导致直圆柔性铰链产生沿 z 轴的线性变形 Δ_z，其柔度表达式如下：

$$c_z=\frac{1}{k_z}=\left(\frac{\Delta_z}{F_z}\right)_\delta=\frac{1}{Gb}f_4 \tag{8-20}$$

式中：G 为剪切弹性模量；f_4 为中间变量，计算公式为

$$f_4=\frac{2(2s+1)}{\sqrt{4s+1}}\arctan\sqrt{4s+1}-\frac{\pi}{2}$$

其中，$s=R/t$。

3）沿 y 轴的角变形 α_y

(1) 力矩 M_y 作用下导致直圆柔性铰链产生沿 y 轴的角变形 α_y，其柔度表达式如下：

$$c_y=\frac{1}{k_y}=\frac{\alpha_y}{M_y}=\frac{12}{Eb^3}f_4 \tag{8-21}$$

(2) 力 F_z 作用下导致直圆柔性铰链产生沿 y 轴的角变形 α_y，其柔度表达式如下：

$$c_y=\frac{1}{k_y}=\frac{\alpha_y}{F_z}=\frac{12R}{Eb^3}f_4 \tag{8-22}$$

4）沿 y 轴的线性变形 Δ_y

(1) 力矩 M_z 作用下导致直圆柔性铰链产生沿 y 轴的线性变形 Δ_y，其柔度表达式如下：

$$c_y=\frac{1}{k_y}=\frac{\Delta_y}{M_z}=-\frac{12}{EbR}f_1 \tag{8-23}$$

(2) 力 F_y 作用下由于弯矩导致直圆柔性铰链产生沿 y 轴的线性变形 Δ_y，其柔度表达式如下：

$$c_y=\frac{1}{k_y}=\frac{\Delta_y}{F_y}=\frac{12}{Eb}f_5 \tag{8-24}$$

式中：f_5 为中间变量，计算式为

$$f_5=\frac{s(24s^4+24s^3+22s^2+8s+1)}{2(2s+1)(4s+1)^2}+\frac{(2s+1)(24s^4+8s^3-14s^2-8s-1)}{2(4s+1)^{\frac{5}{2}}}\arctan\sqrt{4s+1}+\frac{\pi}{8}$$

其中，$s=R/t$。

(3) 力 F_y 作用下由于剪切力导致直圆柔性铰链产生沿 y 轴的线性变形 Δ_y，其柔度表达式如下：

$$c_y=\frac{1}{k_y}=\left(\frac{\Delta_y}{F_y}\right)_\delta=\frac{1}{Gb}f_4 \tag{8-25}$$

5）沿 x 轴的线性变形 Δ_x

力 F_x 作用下由于拉伸或压缩导致直圆柔性铰链产生沿 x 轴的线性变形 Δ_x，其柔度表达式如下：

$$c_x=\frac{1}{k_x}=\frac{\Delta_x}{F_x}=\frac{1}{Eb}f_4 \tag{8-26}$$

2．柔性铰链的计算应注意的问题

（1）按图 8.28 计算柔性铰链的变形，相对自由端是各个作用力所在的一端，而另一端为相对固定端。如果将自由端和固定端弄错，就可能获得错误的结果。

（2）在计算柔性铰链的变形时，规定 Δ_x 的方向与力 F_x 的方向相同；Δ_y 的方向与力 F_y 的方向相同；Δ_z 的方向与力 F_z 的方向相同；α_y 的方向与力矩 M_y 的方向相同；α_z 的方向与力矩 M_z 的方向相同。角变形和力矩符合右手螺旋法则。

（3）计算中尤其需要注意力 F_y 作用下柔性铰链角变形 α_z 的符号和力矩 M_z 作用下柔性铰链线性变形 Δ_y 的符号。

8.4　典型微位移系统

8.4.1　柔性支承——压电或电致伸缩致动

1．柔性支承——压电致动

柔性支撑微动机构的特点是结构紧凑、体积小，可以做到无机械摩擦、无间隙，具有较高的分辨率(可达 1 nm)。使用压电致动不仅控制简单，而且很容易实现亚微米级甚至纳米级的定位精度，没有噪声和发热，适合在各种介质环境下工作，是精密机械中理想的微位移机构。

图 8.29(a)是美国国家标准局应用柔性支承，采用压电驱动原理研制的微调工作台，其结构有以下特点：

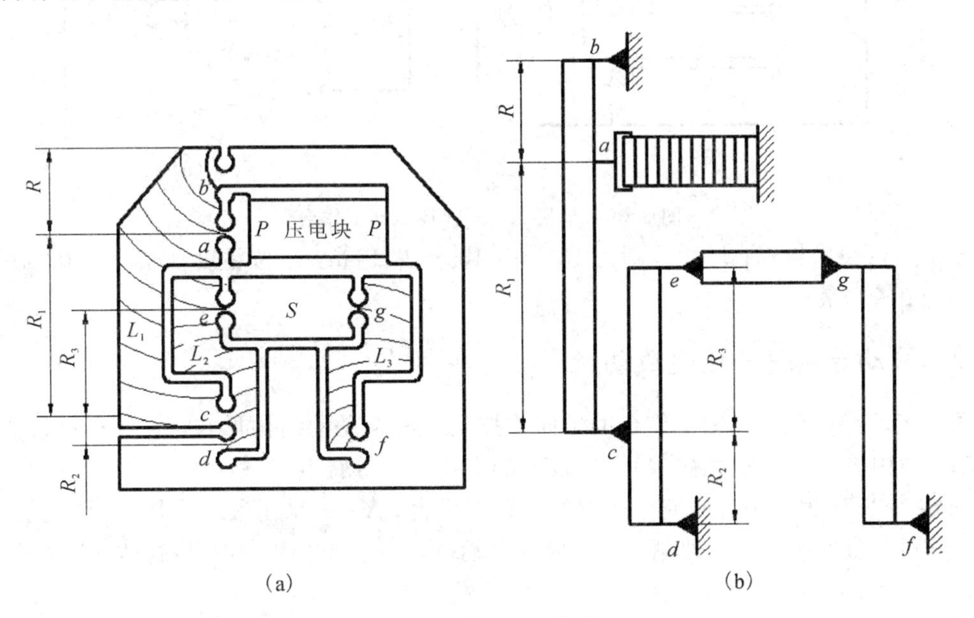

图 8.29　微调工作台

(1) 采用杠杆原理与柔性铰链结合的整体结构，利用叠层式压电晶体作为驱动元件。

(2) 在 P、P 之间装入压电晶体，当压电晶体两端面施加电压时，产生微量位移(2.25 μm/1000 V)，由于压电效应，使杠杆 L_1 上的 a 点产生一绕支点 b 转动的位移，在 c 点上使杠杆 L_2绕支点 d 转动，并在 e 点处拉动工作台 S 作微量位移(如图 8.29(b)所示)。

(3) 杠杆 L_3 的支点为 f，工作台 S 由两个杠杆 L_2 和 L_3 上的 e 点和 g 点支持。

压电晶体的位移便经过杠杆 L_1 和 L_2 放大，放大比为

$$R_T = \left(1+\frac{R_1}{R}\right)\left(1+\frac{R_3}{R_2}\right) \tag{8-27}$$

(4) 微动工作台设计参数为：尺寸范围为 10 cm×10 cm×2 cm，分辨精度≤0.001 μm，行程范围为 1～50 μm。

(5) 无爬行、无间隙、无噪音、无需润滑、无内热、分辨率高、结构紧凑。

2. 柔性支承——电致伸缩致动

清华大学研制的单层 $X-Y$ 弹性微动工作台采用了两个电致伸缩微位移器，分别安装在工作台的 A、B 两处，如图 8.30(a)所示。可将其简化成分别进行 X、Y 两个方向运动的两个平行四连杆机构，如图 8.30(b)所示，能够获得两个方向上的微位移 Δ_x 和 Δ_y。

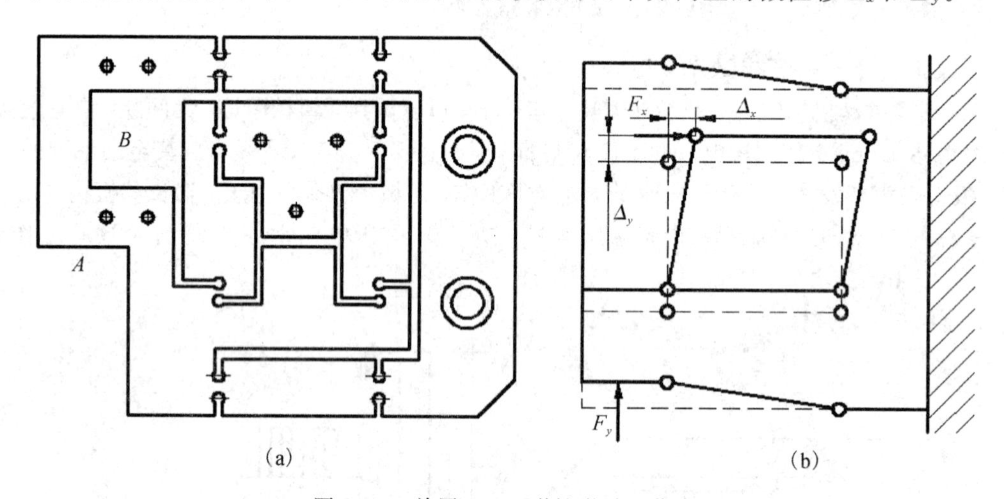

图 8.30　单层 $X-Y$ 弹性微动工作台

该工作台技术指标：尺寸范围为 13 cm×10 cm×2 cm，定位精度 $3\sigma \leq \pm 0.03$ μm，行程范围为 0～10 μm。

8.4.2　滚动导轨——压电致动

采用滚动导轨作为精密工作台的导向支撑是一种常见的结构形式，它具有行程大、运动灵活、结构简单、工艺性好、易实现较高的定位精度等特点。

图 8.31 所示为我国某研究所研制的微动工作台，$X-Y$ 采用滚珠导轨作为支承和导向元件，分别由压电陶瓷致动器驱动，实现了自动分步重复光刻机(DSW)的 $X-Y$ 双向微定位控制。该微动台最大行程为±9.5 μm，定位精度为±0.04 μm。

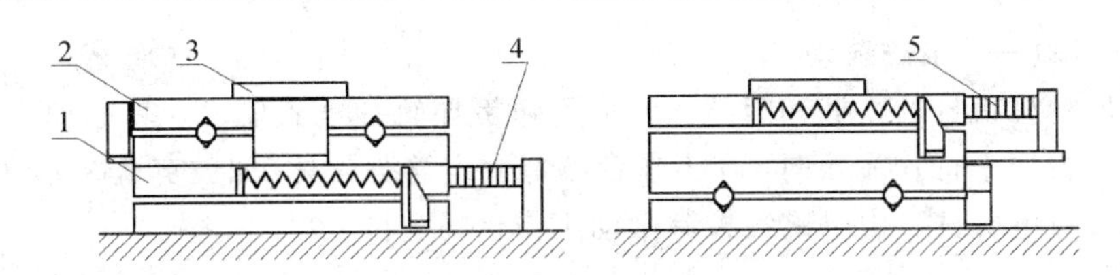

1—X 向滚动导轨；2—Y 向滚动导轨；3—承片台；4—X 向压电陶瓷；5—Y 向压电陶瓷

图 8.31　滚动导轨微动工作台

8.4.3　弹簧导轨——机械致动或电磁致动

1. 弹簧导轨——机械致动

1）弹性缩小机构

这种微动机构利用两个弹簧的刚度比进行位移缩小，如图 8.32 所示。

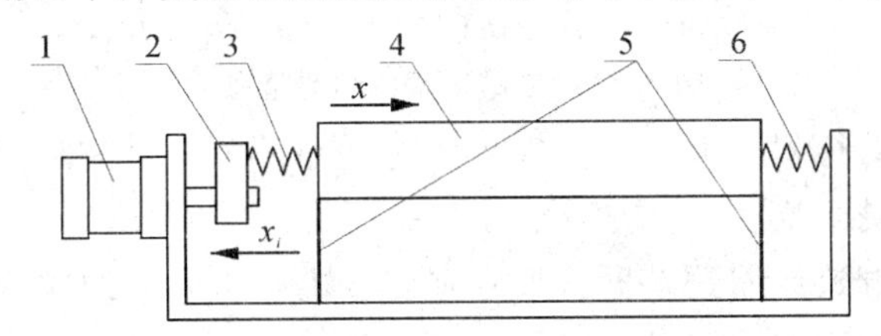

1—步进电机；2—螺旋机构；3—弹簧；4—微动工作台；5—平行簧片；6—弹簧

图 8.32　弹性导轨微动台

设弹簧 3 和 6 的刚度分别为 K_3、K_6，微动台的位移为 x，输入位移为 x_i，则

$$x = x_i \frac{K_6}{K_3 + K_6} \tag{8-28}$$

如果 $K_3 > K_6$，则工作台的位移 x 相对于 x_i 就被大大地缩小了。

例如，当 $K_3 : K_6 = 99 : 1$，即缩小比为 1/100 时，对于 10 μm 级的输入，可获得 0.1 μm 的微动。

2）杠杆式位移缩小机构

图 8.33 是一种杠杆式位移缩小机构，光刻膜版作 x、y 方向微动的机构，具有 1/50 缩小率的两级杠杆机构和 x、y 两个方向可动的平行片簧导轨组成的机构，在 ±50 μm 的范围内，可得到 0.05 μm 的定位分辨率和 ±0.5 μm 的定位精度。

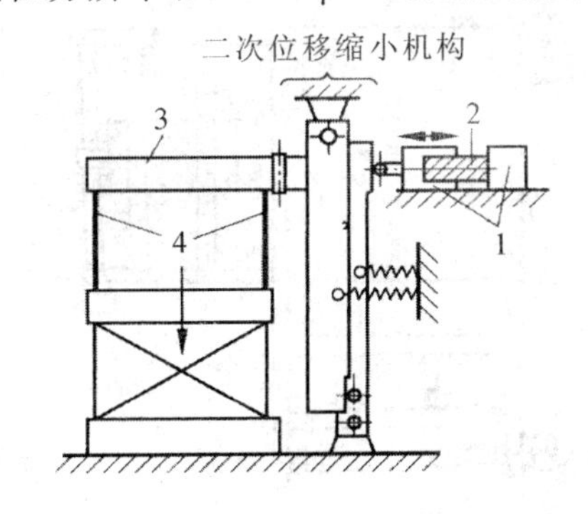

1—步进电机；2—丝杠；3—工作台；4—簧片

图 8.33　杠杆式位移缩小机构

2. 弹簧导轨——电磁致动

为了克服丝杠机构的摩擦和间隙，可采用弹簧导轨加电磁驱动，其原理如图 8.34 所示。微动工作台用平行片簧导向，在工作台端部固定着强磁体(如坡莫合金)，与强磁体相隔适当间隙装有电磁铁。由电磁铁控制微动工作台的定位。

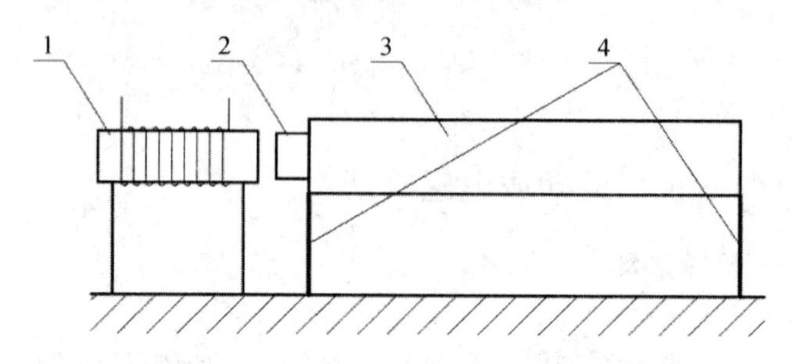

1—电磁铁；2—强磁铁；3—工作台；4—平行片簧

图 8.34　电磁驱动的微动工作台

这种微位移机构的行程较大，定位精度可达±0.1 μm，分辨率可达 0.01 μm，其缺点是容易发热且易受电磁干扰。

将电磁驱动换成电致伸缩致动器，即为弹簧导轨——电致伸缩微动工作台，同样可以实现 0.2 μm 的定位精度。

8.4.4　气浮导轨

在近代精密导向技术中，行程与分辨率是一对主要矛盾。弹性导轨解决了分辨率(亚微米-纳米级)的问题，但行程太小。气浮导轨解决了大行程和中等分辨率(亚微米级)的矛盾，滚动导轨也能达到亚微米精度，但是不如气浮导轨，且保持性和抗干扰性差；气浮导轨具有误差均化作用，可以用比较低的精度获得较高的导向精度，使工作台得到无摩擦、无振动的平滑移动。

图 8.35 是日本富士通公司开发的一种精密自动掩膜台对准工作台，楔形缩小机构与驱动机构同时兼作 x、y 方向的直线导轨，楔块部分由空气轴承构成，通过滚珠丝杠推动位移输入块，在 2 mm 的移动范围内，得到 0.03 μm 的分辨率。

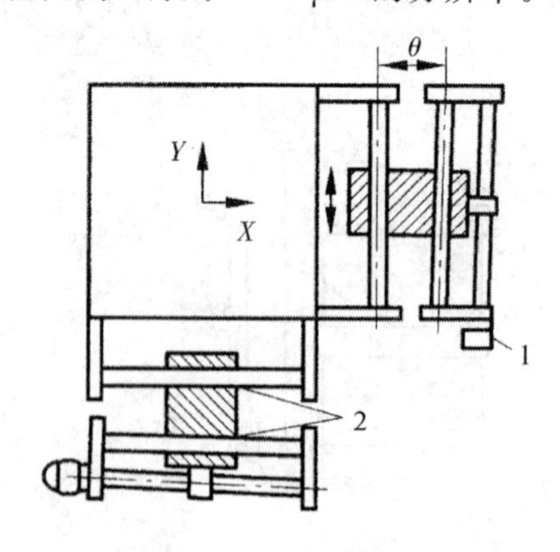

1—电机；2—空气轴承

图 8.35　精密对准掩膜微动工作台

8.4.5　滑动导轨——压电致动

图 8.36 是安徽机械科学研究所研制的利用压电陶瓷实现刀具自动补偿的微位移机构，压电陶瓷加电后向左伸长，推动方形楔块和圆柱楔块，克服压板弹簧的弹力将固定镗刀的刀套顶起，实现镗刀的径向补偿。

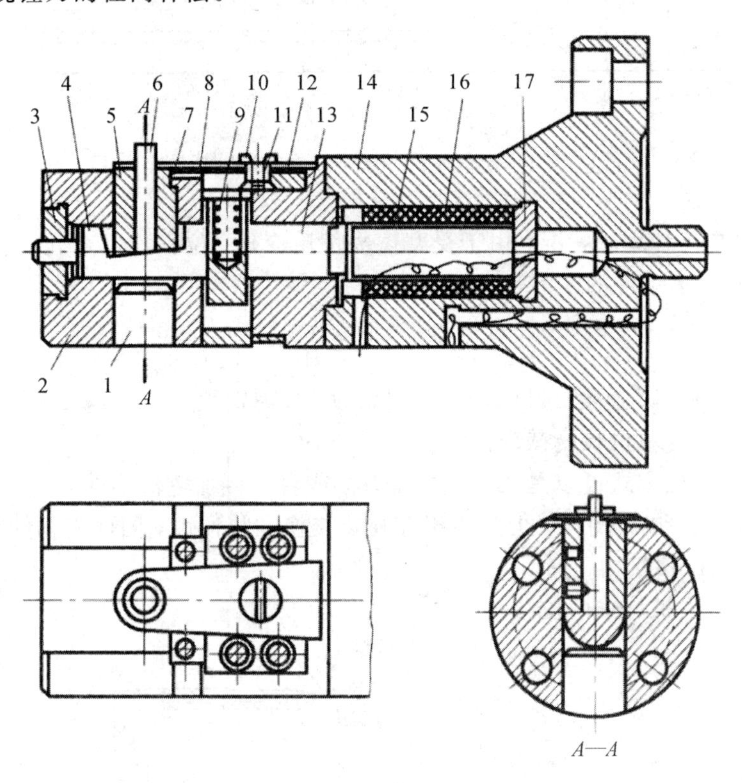

1—阀头；2—镗杆；3—螺盖；4—圆柱楔块；5—刀套；6—镗刀；
7—键；8—压板弹簧；9—弹簧；10—方形楔块；11—螺钉；
12—盖；13—滑柱；14—法兰；15—压电陶瓷；16—绝缘套；17—垫片

图 8.36　压电补偿原理及其结构

8.4.6　其他微位移系统

其他常见的微位移系统有多种形式，如电热式微位移机构、螺旋式微位移机构、涡轮与凸轮组合式微位移机构、齿轮与杠杆组合式微位移机构、摩擦轮与齿轮组合式微位移机构等。

1. 电热式微位移机构

如图 8.37 所示，电热式微位移机构利用物体受热膨胀来实现微位移。线圈 2 通电后，膨胀杆 3 膨胀，当膨胀力大于导轨副摩擦力时，运动件产生微位移。

位移计算公式如下：

$$\Delta L = \alpha L(t_1 - t_0) = \alpha L \Delta t \tag{8-29}$$

其中：α 为线膨胀系数；L 为传动杆的长度；t_0、t_1 分别为加热前后温度。

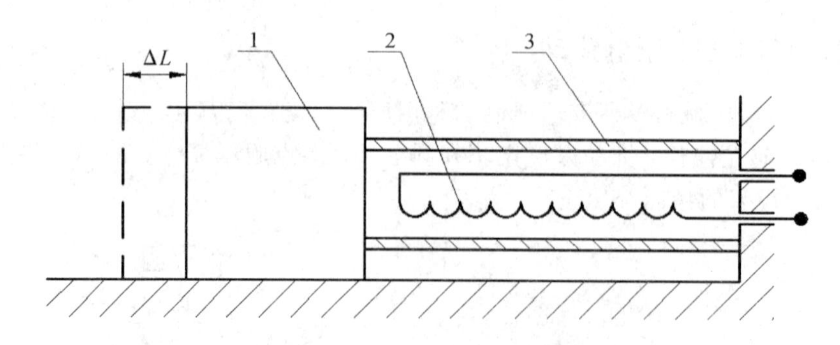

1—运动件；2—线圈；3—膨胀杆

图 8.37　电热式微位移机构原理

式(8-29)是一种理想状况，由于受摩擦力性质变化、位移速度变化、运动件质量、系统阻尼等的影响，运动件的实际位移为

$$s = \Delta L \pm \frac{c}{K} \tag{8-30}$$

其中：c 为与摩擦阻力、速度、阻尼等有关的系数；K 为常数($K=EA/L$)，E 为传动件材料的弹性模量，A/L 为单位长度截面面积。

这种机构的加热方式可以是线圈通电加热，或者直接加电流加热。电热式微位移机构的优点是机构简单、操作简便，但是由于存在热交换和热惯性，因此机构的精度不高。

2. 螺旋式微位移机构

图 8.38 所示为螺旋式微位移机构。

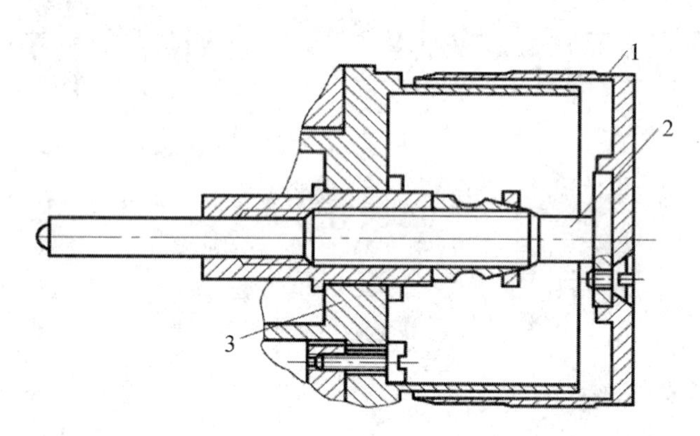

1—手轮；2—螺杆；3—工作台

图 8.38　螺旋式微位移机构

位移 s 的计算公式如下：

$$s = \pm \frac{t}{2\pi}\phi \tag{8-31}$$

其中：t 为螺旋螺距；ϕ 为手轮转角。

灵敏度的计算公式如下：

$$\Delta s = t\frac{\Delta\phi}{2\pi} \tag{8-32}$$

提高灵敏度的措施主要有以下几种：

(1) 增加手轮直径；

(2) 减小螺杆螺距；

(3) 采用差动方式，但是这种结构较为复杂，如图 8.39 所示。

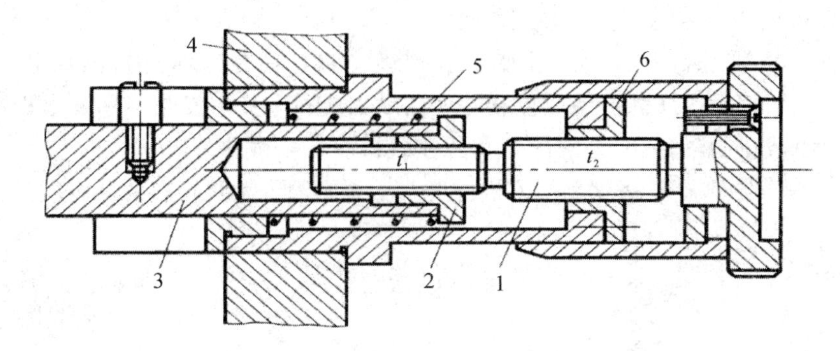

1—螺杆；2—螺母；3—从动件；4—基板；5—套筒；6—螺母

图 8.39　差动螺旋微位移机构

位移计算如下：

$$s=(t_1-t_2)\frac{\phi}{2\pi} \tag{8-33}$$

由式(8-33)可知，当 t_1、t_2(分别为两个螺杆的螺距)接近时，可获得较高的灵敏度。

8.5　精密微动台设计

8.5.1　精密微动台设计要求

1. 精密微动台设计要求

设计精密微动台时应满足以下要求：

(1) 微动台的支撑或导轨副应做到无摩擦、无间隙。

(2) 具有较高的分辨率、较高的定位精度和重复精度。

(3) 具有较高的几何精度，工作台移动时直线误差度要小，即颠摆、滚摆、扭摆误差小，运动稳定性好。

(4) 微动台应具有较高的固有频率，以确保工作台具有良好的动态性能和抗干扰能力。

(5) 工作台的驱动应采用直接驱动，取消中间传动环节，这不仅能够提高刚度和固有频率，也有利于减少误差环节。

(6) 系统响应速度快，便于控制。

2. 精密微动台设计关键环节

1) 导轨形式的选择

在微动工作台的微位移范围内，要求工作台具有较高的位移分辨率，响应特性好，因此要求导轨副的导向精度有较高的要求。

(1) 滑动摩擦导轨的摩擦力不是常数，动静摩擦系数差较大，有爬行现象，运动均匀性不好。

(2) 滚动摩擦导轨摩擦力均值小，但由于滚动体和滚动面制造误差、表面存在不平度以及滚动体、导轨面、隔离架间相对滑动，所以其摩擦力在较大范围内变动。

滑动导轨和滚动导轨在微位移范围内具有相似的运动特性，都存在静、动摩擦力的差别，都不适合用做微动台的导向和支撑。

(3) 弹性导轨利用受力后的弹性变形实现微位移，只有弹性材料内部分子间的摩擦力，无间隙，无磨损，动静摩擦系数差很小，几乎无爬行，又不发热，分辨率极高，是高精度微动台常用的导向形式。但是它的行程较小，只适合于微位移。

(4) 空气静压导轨导向精度高，无机械摩擦、无间隙、无爬行，又具有减震作用，但是成本较高。

(5) 在既要求大行程，又具备高精度微位移的情况下，可采用粗动台、微动台结合的方式实现。

2) 驱动形式的选择

微动工作台的精度取决于输入的位移精度，因此微动台驱动问题至关重要。微动台驱动可采用以下方式：

(1) 机械式，通过机械方法缩小输入位移，如弹性缩小机构，杠杆、楔块、丝杠等，在实际中得到广泛应用，但是结构复杂、体积大、精度较低。

(2) 机电式，利用物理原理产生微小位移，如电热式、电磁式、压电和电致伸缩式以及磁致伸缩式机构。电热和电磁式机构简单，但伴随发热，易受电磁干扰，难以达到高精度，一般为 0.1 μm，但行程较大，可达数百微米。

压电和电致伸缩式不存在发热问题，稳定性和重复性都很好，分辨率可达纳米级，定位精度可达 0.01 μm，但行程小，一般只有几十微米。

3) 测量与控制

微动台的控制有开环控制和闭环控制之分，测量手段有位置测量装置和动态测量方法。

位置测量装置分辨率高、测量范围大，重复精度好，系统稳定、可靠。

动态测量方法有激光测长和光栅测长，激光测长是一种较为理想的方法，无需高倍频，光栅测长则受光衍射影响较大。

用微机进行控制具有速度快、准确、灵活，便于实现精密工作台与整机同一控制等优点，是当前的主要发展趋势。

8.5.2 精密微动台设计实例分析

本节介绍精密微动台设计的一般步骤和方法，通过一种采用环形柔性支撑和三个压电陶瓷驱动的微动工作台设计过程，了解精密微动台柔性支撑的设计计算方法和有限元分析过程。

1. 微动台的基本结构和性能

如图 8.40 所示，微动工作台结构由运动输出平台、环形平板铰链、螺纹圆锥销、底座、支撑台体、钢珠、压电陶瓷、预紧装置等几部分组成。运动输出平台通过钢珠与压电陶瓷连接，预紧压电陶瓷，使压电陶瓷、钢珠和运动输出平台实现无间隙连接。底座通过螺纹圆锥销与支撑台体连接。运动输出平台与底座通过环形平板铰链连接在一起，三者由一体加工而成。

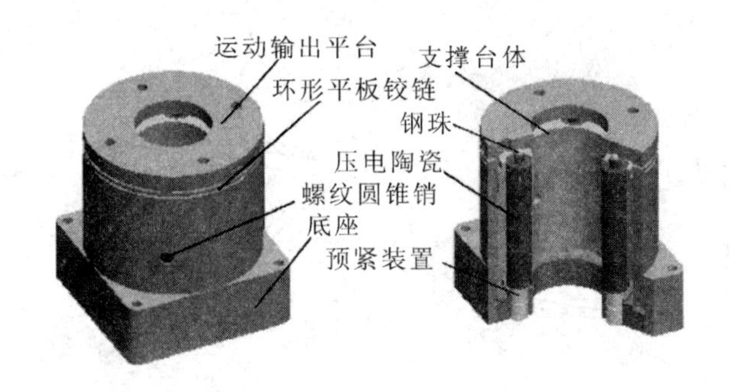

图 8.40　环形平板铰链三维微动工作台结构

微动台采用呈等边三角形分布的三个压电陶瓷(如图 8.40 所示)和环形平板铰链机构(如图 8.41 所示)，保证了运动传递的连续性、无迟滞、无摩擦及高精度。调整三个压电陶瓷的驱动电压，可实现环形平板铰链沿 z 向平动位移(Δ_z)以及绕 x、y 轴的转动角位移(θ_x 和θ_y)。通过压电陶瓷内部集成应变片式传感器，控制者可利用控制系统实现微动台三向位移输出。工作台系统采用的压电陶瓷驱动电源位移分辨率为 5 nm，位移传感器闭环检测电路精度为 2 nm，可实现微定位位移分辨率为 5 nm，角度分辨率为 0.1″。

2. 微动工作台的静力分析

通过对微动台的静态分析，得到其 z 轴的总刚度和绕 x 轴及绕 y 轴的刚度。

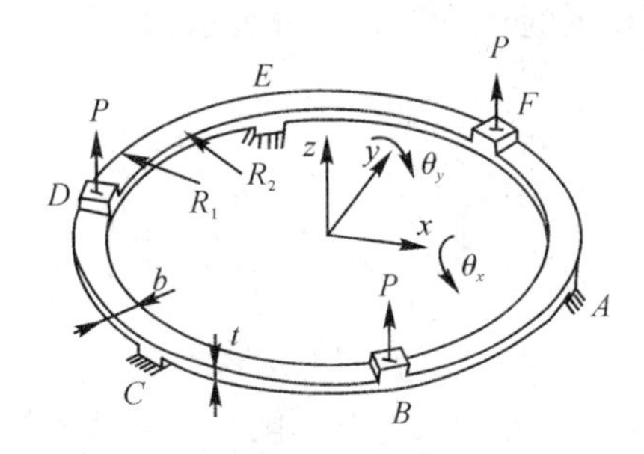

图 8.41　环形平板铰链模型

微动工作台环形平板铰链机构模型如图 8.41 所示，工作台运动输出部分厚度较大，可将运动输出平台视为刚体。运动输出平台的刚体运动可分解为沿 z 向平动位移(Δ_z)以及绕 x、y 轴的转动角位移(θ_x 和 θ_y)。由于微动台采用呈等边三角形分布的压电陶瓷和环形平板铰链机构，其环形平板铰链静力分析可简化为图 8.42。

1) 微动台 z 轴总刚度

微动台沿着 z 轴平动时，取环形平板铰链 ABC 进行受力分析，如图 8.42(a)所示，环形平板 ABC 为具有 12 个支反力的 6 次超静定问题。利用对称原理，可简化为 3 次超静定问题，断开 B 端约束，得到基本静定体系如图 8.42(b)所示。

通过分析、推导和计算，z 轴的总刚度为

$$K_z = 3K = \frac{Ebt^3}{2\eta R^3} \tag{8-34}$$

其中：E 为工作台材料弹性模量；R 为铰链半径，$R = \dfrac{R_1 + R_2}{2}$；$\eta = \dfrac{\pi}{6} - \dfrac{\sqrt{3}}{8} - \dfrac{3}{4\pi}$；$b$ 为铰

链宽度，$b=R_1-R_2$；t 为铰链厚度；K 为环形平板铰链 ABC 沿着 Z 方向的刚度，$K=\frac{Ebt^3}{6\eta R^3}$。

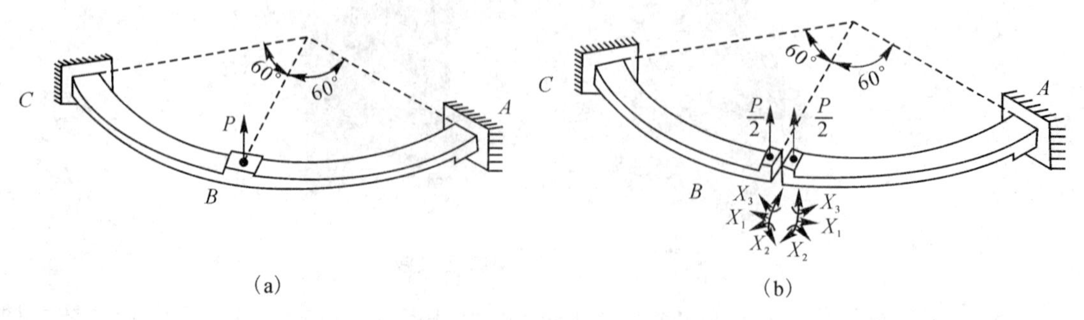

图 8.42　环形平板铰链静力分析简化模型

2）微动台绕 x 和 y 轴的刚度

$$K_{\theta_x}=\frac{M_x}{\theta_x}=\frac{3}{2}R^2K=\frac{Ebt^3}{4\eta R} \tag{8-35}$$

$$K_{\theta_y}=\frac{M_x}{\theta_y}=\frac{3}{2}R^2K=\frac{Ebt^3}{4\eta R} \tag{8-36}$$

3. 微动工作台的动态分析

微动工作台采用弹性环形平板作为运动副，应用弹性变形原理，实现无摩擦、无间隙的微运动传递。整个微定位系统的动力学方程可表示为

$$\begin{bmatrix} m & 0 & 0 \\ 0 & J_x & 0 \\ 0 & 0 & J_y \end{bmatrix}\begin{bmatrix} \ddot{\Delta}_z \\ \ddot{\theta}_x \\ \ddot{\theta}_y \end{bmatrix}+\begin{bmatrix} K_z & 0 & 0 \\ 0 & K_{\theta x} & 0 \\ 0 & 0 & K_{\theta y} \end{bmatrix}\begin{bmatrix} \Delta_z \\ \theta_x \\ \theta_y \end{bmatrix}=\mathbf{0} \tag{8-37}$$

其中：m 为工作台运动部分的质量；$J_x(J_y)$ 为工作台运动部分绕 $x(y)$ 方向的转动惯量；K_z 为工作台沿 z 向的平动刚度；$K_{\theta x}(K_{\theta y})$ 为工作台运动部分绕 $x(y)$ 方向的转动刚度；Δ_z 为工作台沿 z 向的位移；$\ddot{\Delta}_z$ 为工作台沿 z 向的加速度；$\theta_x(\theta_y)$ 为工作台台绕 $x(y)$ 方向的角位移；$\ddot{\theta}_x(\ddot{\theta}_y)$ 为工作台绕 $x(y)$ 方向的角加速度。

由动力学方程(8-37)的特征值，可以导出系统的前三阶固有频率，分别是：

$$f_1=\frac{1}{2\pi}\sqrt{\frac{K_z}{m}}=\frac{1}{4\pi}\sqrt{\frac{2Ebt^3}{\eta mR^3}} \tag{8-38}$$

$$f_2=\frac{1}{2\pi}\sqrt{\frac{K_{\theta_x}}{J_x}}=\frac{1}{4\pi}\sqrt{\frac{Ebt^3}{\eta mr_x^2R}} \tag{8-39}$$

$$f_3=\frac{1}{2\pi}\sqrt{\frac{K_{\theta_y}}{J_y}}=\frac{1}{4\pi}\sqrt{\frac{Ebt^3}{\eta mr_y^2R}} \tag{8-40}$$

式中，$r_x(r_y)$ 为工作台运动部分沿 $x(y)$ 方向的回转半径。

4. 理论计算与有限元分析

所设计的三维微动工作台参数特性分别为：平板铰链半径 $R=37.5$ mm，宽度 $b=5$ mm，厚度 $t=2$ mm，运动部分质量 $m=8.67\ \text{mm}^{-2}\text{kg}$，回转半径 $r_x=r_y=22.59$ mm，理

论推导计算结果如表 8.1 和表 8.2 所示。

表 8.1　微动工作台模态频率分析结果

	一阶模态频率		二阶模态频率		三阶模态频率	
	f_1/Hz	e/(%)	f_2/Hz	e/(%)	f_3/Hz	e/(%)
理论计算	332	—	389.7	—	389.7	—
有限元分析	337.6	1.7	392.2	0.64	392.5	0.72

表 8.2　微动工作台刚度分析结果

	z 向刚度		x 向转动刚度		y 向转动刚度	
	K_z/N・μm^{-1}	e/(%)	$K_{\theta x}$/N・μm^{-1}	e/(%)	$K_{\theta y}$/N・μm^{-1}	e/(%)
理论计算	0.377	—	2.65e8	—	2.65e8	—
有限元分析	0.369	2.1	2.61e8	1.5	2.62e8	1.1

从上面刚度、固有频率的理论公式的分析也可看出，平行板铰链特征参数(平板半径 R、宽度 b 和厚度 t)是微动工作台变形能力、应力分布及动力特性的主要影响因素，因此有必要通过有限元方法进一步研究平板铰链特征参数对微动工作台性能的影响。

采用三维建模软件 Pro/E 建立微动工作台几何模型，并导入有限元分析软件 ANSYS，将平行板铰链中 A、C、E 三处与底座的约束关系视为刚性连接，考虑到环形平板铰链区域存在应力集中现象，对该区域作网格加密处理。工作台材料选用超硬铝，其材料参数分别为：弹性模量 E=68 GPa，密度 ρ=700 kg/m^3，屈服强度 σ_y=0.47 GPa，泊松比 μ=7。对微动工作台进行静力和模态分析，给出有限元分析所得的沿 z 方向平动刚度和绕 x、y 方向转动刚度及前三阶固有频率如表 8.1 和表 8.2 所示。

由表 8.1 可看出，固有频率及刚度的理论分析结果与有限元分析结果误差很小(最大 2.1%)，说明理论推导是正确的，它可以准确地预测微动台的固有频率和刚度性能。

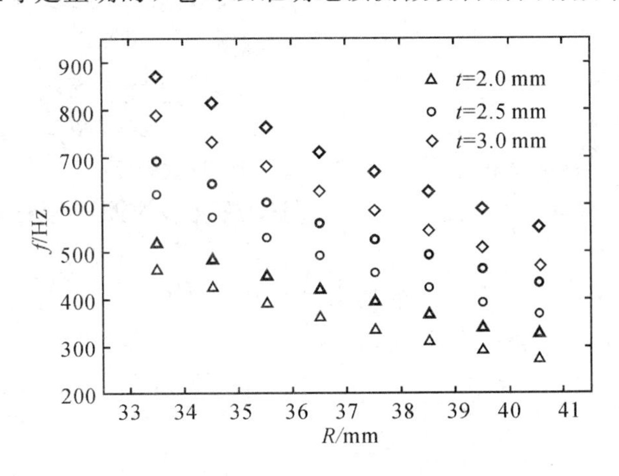

图 8.43　固有频率与铰链半径的关系

采用有限元方法分析铰链特征参数对工作台固有频率的影响，如图 8.43 所示。从图中可发现，对宽度 b=5 mm 的微动工作台而言，其前三阶固有频率 f_1、f_2 和 f_3 随铰链半径 R 减小而增大，随铰链厚度 t 增大而增大，并且微动工作台第二、三阶固有频率几乎相等。

有限元分析结果表明：通过改变环形平板铰链尺寸，可控制和优化微动工作台的静、动力性能，拓宽了该类微动工作台的应用范围。

思考与练习题

8.1 什么是微位移技术？微位移系统是如何构成的？

8.2 压电式微位移器有哪些类型？

8.3 压电晶体常用的材料有哪些？简述其特点。

8.4 根据工作原理，精密致动器主要分为哪几类？

8.5 柔性铰链的特征是什么？有什么特点？

8.6 柔性铰链的分类和设计要求是什么？

8.7 写出直圆型柔性铰链柔度计算公式和含义。

8.8 典型微位移系统有哪些？说明柔性支承——压电致动微位移系统的特点。

8.9 气浮导轨的优点是什么？

8.10 精密微动台的设计要求有哪些？

参考文献

[1] 李玉和，郭阳宽. 现代精密仪器设计. 2版. 北京：清华大学出版社，2010.

[2] 张大卫，冯晓梅. 音圈电机的技术原理. 中北大学学报：自然科学版，2006，27(3)：224-228.

[3] 哈尔滨芯明天产品技术资料.

[4] 陈贵敏，贾建援，勾燕洁. 混合型柔性铰链研究. 仪器仪表学报，2004，25(4)：110-112.

[5] 刘青. 柔性铰链四杆机构变形分析及仿真. 兰州理工大学硕士学位论文，2011.

[6] 吴鹰飞，周兆英. 柔性铰链的设计计算. 工程力学，2002，19(6)：136-140.

[7] 徐锡林，张艺. 微型机械手的机构分析. 中国机械工程，2000，11(5)：510-512.

[8] 刘德忠，许意华，费仁元，等. 柔性铰链放大器的设计与加工技术. 北京工业大学学报，2001，27(2)：161-163.

[9] 马立，荣伟彬，孙立宁. 三维纳米级微动工作台的设计与分析. 光学精密工程，2006，14(6)：1017-1023.

第9章　机电一体化系统的计算机控制技术

9.1　概　　述

9.1.1　主控系统简介

主控系统是指系统的主控中心，是系统的“大脑”，主要完成系统数据的输入/输出、数据计算、数据处理以及控制指令的下达等功能。随着受控系统的日益复杂以及人们对获得高性能的兴趣与日俱增，对主控系统的性能要求越来越高，主控系统也变得越来越重要。目前常用的主控系统有工业控制计算机(工控机)、可编程控制器以及单片机三类。工控机泛指用于工业控制和生产调度管理的计算机，因此，从广义上讲，小到单片机，大到现场工作站都可称为工控机。本书中的工控机专指总线型工控机，是指基于系统总线或局部总线，并按工业环境要求的电气和机械规范而设计的工业控制计算机。

9.1.2　主控系统选型

系统选型是一项复杂的工作，选型时不仅要考虑系统的性能、价格，还要考虑供货周期、供货持续性等因素，另外在同等条件下，还会有心理因素的影响。为了能够较为客观地在几个均满足基本性能要求的系统中选出最为合适的产品，进行系统选型时可从以下几方面进行考虑。

1. 系统的可靠性

系统的可靠性是一个产品重要的性能指标，通常用平均故障间隔时间(Mean Time Between Failure，MTBF)来衡量，它是开发、研制、生产和应用该产品的单位的管理水平和实力的综合反映。

一个系统的可靠性是指系统在规定的条件下和规定的时间内完成规定功能的能力，它的定义虽然较为抽象，但它的意义却十分具体，它表示系统长期、稳定工作的能力。因为控制的生产过程往往都较复杂，而且都是产值很高的连续性过程，系统出现故障会给生产造成很大的经济损失，这些损失往往会大大超过控制系统本身的价值，而且有时甚至会造成重大的人身伤亡和设备损坏事故。因此，可靠性是非常重要的一个因素，在评估和选择系统时，这一因素应放在首位。

2. 系统的维修性

系统的维修性是指修复系统排除故障的难易程度，选型时建议考虑以下几个方面的内容。

(1) 系统的固有维修性。系统的固有维修性是指系统在硬件和软件方面排除故障的难易程度，如系统是否有全面的自诊断功能，有无准确的故障指示功能，模板更换是否容易等。

(2) 维修的经济性。维修的经济性是指用户购买备品、备件的价格。在许多情况下，有些厂商提供系统时为了取得合同将价格压得很低，而在谈备品、备件时，价格很高，而且越是后来越高，给用户带来了很大的麻烦。因此维修经济性也是选型时应考虑的重要问题之一。

(3) 维修资源获取的方便程度。维修资源获取的方便程度是指系统的备品备件是否容易获得，如在国内是否容易买到，在多长时间内保证货源，用户付款后多长时间可以得到备件等。

另外，还要考虑厂家所提供的系统是否将要停产，停产后备品、备件能供多长时间，维修性因素在评估和选型中也是用户考虑的一个重要判据。

3. 系统的实用性

系统的实用性反映的是系统对完成项目要求功能达到的水平，如系统完成各控制功能的能力及水平，系统的各信号处理精度和速度，人机界面的友好性，报警信号是否丰富，控制调节操作是否方便，与原来的操作习惯是否接近，报表处理和打印功能的强弱程度，系统信号接线的方便程度，系统对操作环境要求的苛刻程度等等。

4. 系统的先进性

系统的先进性不只是指系统所采用的 CPU 的位数和内存的容量，因为只要系统的 CPU 能够满足项目处理速度的要求并留出足够的余量就可以了，先进性还包括系统是否符合控制系统最新发展状况及水平，是否采用了先进的国际标准，体系结构是否符合最新发展潮流，软件平台是否先进，控制策略是否先进等。

5. 系统的经济性

系统的经济性包括系统本身的价格(包括系统本身、服务和培训等)、系统投运后经济效益预算所得到的可能收益、因为系统要求而必须实施的观场改造费用、系统的体系结构不同而引起的信号源(及变送器等)不同而带来的费用差别等。

因为系统不同而引起的施工要求不同造成的费用差别，经济因素一定要考虑全面，随着各行业竞争的不断增加，系统的经济因素也会越来越重要。

6. 系统的开放性

系统的开放性至少应包括以下几方面内容：

(1) 控制系统的开放性应包括硬件、软件、通信、操作系统、数据库管理系统等多个方面。它们都应遵循标准或国际协议，使它们真正能够具有通用性。

(2) 在控制级别和信号接口方面，应支持各种标准和流行的信号变送器的接口，且应支持国际上流行的智能化仪表和设备的接口(如 PLC/多回路调节器等)。

(3) 如果有特殊要求，如与现有控制设备和管理设备联网，则也在考核该系统的因素之内。

7. 系统的成熟程度

系统的成熟程度主要评估产品上市的时间，它的前期产品的性能如何，该产品是否已取得应用实绩等。当然，这一条与系统的先进性是矛盾的，老的系统成熟但不会太先进，而最先进的系统多数是新开发的产品，因此，选型时成熟程度也不是绝对的，还要综合考虑其他方面的因素。

9.2　工业控制计算机

工业控制计算机简称工控机，也称为工业计算机(Industrial Personal Computer, IPC)，其具有可靠性高、实时性好、环境适应性强、系统扩展性和开放性好、控制软件包功能强等优点，广泛应用于工业过程测量、控制、数据采集等方面。

9.2.1　工业控制计算机的分类

1. 按照体积大小及功能分类

按照体积大小以及功能不同，可将工业控制计算机分为以下三类：

(1) 盒式工业控制计算机(BOX-PC)。此种机型体积小，质量轻，可以挂在工厂中车间的墙壁上，或固定于机床的附壁上，适合工厂环境中的小型数据采集控制使用。

(2) 盘式工业控制计算机(PANEL-PC)。此种机型将主机、触摸屏式显示器、电源和各种接口集中为一体化工业 PC 机，同样具有体积小巧、重量轻的特点，是一种紧凑型的 IPC 机，非常适于作机电一体化的控制器。

(3) 工业级工作站(Industrial Workstation)。工业级工作站是一种将主机、显示器、操作面板集成一体的高性能 IPC 机，非常适用于工业环境需要高度运算及存储扩充的应用场合。

2. 按照总线标准类型分类

按照所采用的总线标准类型不同，可将工业控制计算机分成以下四类：

1) PC 总线工控机

PC 总线工控机包括 XI 总线、ISA 总线、VESA 局部总线(VL-BUS)、PCI 总线、Compact PCI 总线、PC104 总线等几种工控机，主机 CPU 类型有 80386、80486、Pentium 等。

XI 总线采用 Intel8088 处理器的体系结构，为 8 位扩展总线，工作频率为 4.77 MHz，最大传送速率为 2.39 Mb/s。

ISA 总线也就是 AT 总线(XI 总线的扩展)，也称 PC 总线，它是在 XI 总线的基础上扩充设计的 16 位工业标准结构总线，其寻址空间最大为 16 MB，工作频率为 8 MHz，数据传输率为 16 Mb/s。

PCI 总线是 Intel 公司推出的，全称为外设部件互连标准(Peripheral Component Interconnect)。它支持并发 CPU 和总线主控部件操作，支持 64 位处理器。为了提高接口性能，Intel 公司在 PCI 总线基础上推出了一种新的通用的总线规格——PCI-E (PCI-Express)——PCI-E 总线采用了串行互联方式，以点对点的形式进行数据传输，每个设备都可以单独享用带宽，从而大大提高了传输速率，而且也为更高的频率提升创造了条件。

Compact PCI 总线是一种基于标准 PCI 总线的小巧而坚固的高性能总线技术。该技术于 1994 年由 PICMG 提出，它定义了更加坚固耐用的 PCI 版本。在电气、逻辑和软件方面，它与 PCI 标准完全兼容。Compact PCI 总线工控机是为高可靠性应用而设计的，具有低价位、高可靠、热插拔、热切换、多处理器能力等特点，非常适合于工业现场和信息产业基础设备的应用，被认为是继 STD 和 IPC 之后的第三代工控机的技术标准。

PC104 总线是工业界公认的嵌入式 PC 标准，它在 AT 总线的基础上对电气特性、机械特性等方面进行了改进(缩小模板体积、降低功耗)，以满足嵌入式计算机应用系统的需要。

2) STD总线工控机

STD总线是由美国Pro-Log公司和Mostek公司作为工业标准而制定的8位工业I/O总线，随后发展成16位总线，其主要技术特点是"分时复用技术"。STD总线工控机是机笼式安装结构，具有标准化、开放式、模块化、组合化、尺寸小、成本低、PC兼容等特点，并且设计、开发、调试简单。采用STD总线的工控机，主机CPU类型有80386、80486、Pentium等，另外与STD总线相类似的还有STE总线工控机。

3) VME总线工控机

VME总线是一种通用的计算机总线，由Mostek、Motorola以及Philip和Signetics公司联合发明，在图像处理、工业控制、实时处理和军事通信中得到了广泛应用。采用VME总线的工控机，与PC总线工业控制机相比，具有较高的显示速度和I/O读写速度，VME总线工控机是实时控制平台，也一直是许多嵌入式工业应用的首选机型。主机CPU类型以Motorola公司的M68000、M68020和M68030为主。

4) 多总线工控机

多总线工控机多采用MULTIBUS总线。MULTIBUS总线有MultibusⅠ和MultibusⅡ两种，简称为MBⅠ和MBⅡ，是一种16位多处理机的标准计算机系统总线。MultibusⅡ是由MultibusⅠ扩展而来的，MultibusⅡ具有自动配置系统的能力，数据传输率可达40 MB/s(MultibusⅠ数据传输率只有10 MB/s)。多总线工控机以Intel工控机为代表，主机CPU类型有80386、80486和Pentium等。

9.2.2 工业控制计算机的软硬件组成

工业控制计算机包括硬件和软件两部分。硬件包括主机(CPU、RAM、ROM)板、系统总线(内部总线和外部总线)、人机接口、系统支持板、系统磁盘、通信接口和输入/输出通道。软件包括系统软件、支持软件和应用软件。

1. 工业控制计算机的硬件组成

工业控制计算机的硬件组成结构如图9.1所示。下面分别介绍各组成部分。

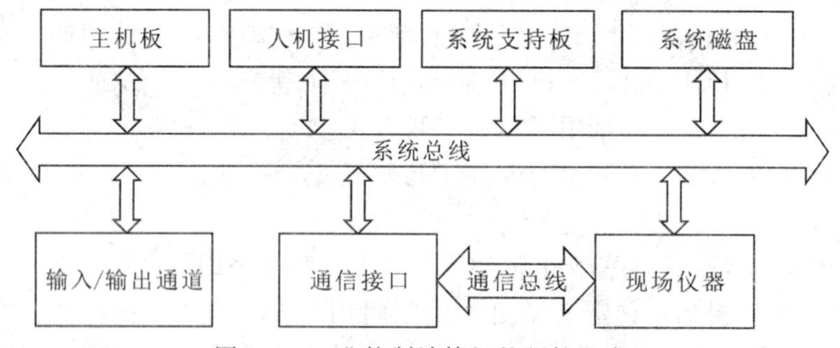

图9.1　工业控制计算机的硬件组成

(1) 主机板。由中央处理器(CPU)、内存(RAM、ROM)等部件组成的主机板是工业控制计算机的核心。在控制系统中，主机板的作用是将采集到的实时信息按照预定程序进行必要的数值计算、逻辑判断、数据处理，及时选择控制策略并将结果输出到工业过程。

（2）系统总线。系统总线分为内部总线和外部总线。内部总线是工业控制计算机内部各组成部分进行信息传送的公共通道，它是一组信号线的集合，常用的内部总线有 IBM PC 总线、MULTIBUS 总线和 STD 总线等。外部总线是工业控制计算机与其他计算机和智能设备进行信息传送的公共通道，常用外部总线有 RS - 232、RS - 422/485 和 IEEE488 等。

（3）人机接口。人机接口包括显示器、键盘、打印机、触摸屏、鼠标以及专用操作显示台等。通过人机接口设备，操作员和计算机之间可以进行信息交换。一方面它可以显示工业生产过程的状况，另一方面操作员可以通过它修改运行参数。

（4）系统支持功能。常用的系统支持功能主要包括如下几部分。

① 监控定时器：俗称"看门狗"(Watchdog)定时器，其主要作用是当系统出现异常时，自动恢复系统运行，提高系统的可靠性。

② 电源掉电检测：当系统掉电时，能够及时发现并保护当时的重要数据和计算机各寄存器的状态，保护现场。一旦上电后，工业控制计算机能从断电处继续运行。

③ 保护重要数据的备用存储器：通常采用备用电池的静态随机存取存储器(SRAM)、非易失随机存取存储器(NOVRAM)、电可擦可编程只读存储器(EEPROM)；为了保护数据不丢失，在系统的存储器工作期间，后备存储器应处于上锁状态。

④ 实时日历时钟：为系统提供时间驱动能力，通常实时时钟在掉电后仍然能正常工作，常用的实时日历时钟芯片有 DS1216、DS1287 等。

（5）系统磁盘。磁盘系统可以采用半导体虚拟磁盘、硬盘或 USB 磁盘等，主要用于存储系统需要长时间保存的数据或者程序软件。

（6）输入/输出通道。它是工业控制计算机和生产过程之间设置的信号传递和变换的连接通道，它包括模拟量输入(AI)通道、模拟量输出(AO)通道、数字量(或开关量)输入(DI)通道和数字量(或开关量)输出(DO)通道；它的作用有两个；其一是将生产过程的信号变换成主机能够接收和识别的代码，其二是将主机输出的控制命令和数据，经变换后作为执行机构或电气开关的控制信号。

（7）通信接口。它是工业控制计算机和其他计算机或智能外设通信的接口，常用 RS - 232 和 RS - 422/485 接口；为了方便主机系统集成，通用串行总线(USB)接口也得到了广泛应用。

（8）现场仪器。它包括检测变送仪表和执行机构。检测变送仪表的作用是将工业过程的各个物理信号转换成计算机能接收的电信号，执行机构负责执行计算机送出的控制动作。

2. 工业控制计算机的软件组成

工业控制计算机的硬件只能构成裸机，软件是工业控制计算机的灵魂，它可分为系统软件、支持软件和应用软件三个部分。其中系统软件是其他两者的基础和核心，因而系统软件设计性能的优劣将直接影响应用软件的开发质量。工控应用软件主要是根据用户工业控制和管理的需求而生成的，因此具有专用性。

（1）系统软件。系统软件包括实时多任务操作系统、引导程序和调度执行程序，如美国 Intel 公司推出的 iRMX86 实时多任务操作系统，美国 Readv System 公司推出的嵌入式实时多任务操作系统 VRTX/OS。除了实时多任务操作系统以外，也常常使用 Linux 和

Windows 等操作系统软件。

(2) 支持软件。支持软件主要指技术人员从事软件开发工作的辅助软件，包括汇编语言、高级语言、编辑程序、编译程序、调试程序、诊断程序等。

(3) 应用软件。应用软件是系统设计人员针对某个生产过程而编制的控制和管理程序，它包括过程输入程序、过程控制程序、过程输出程序、人机接口程序、打印显示程序和公共子程序等。现已有丰富的组态软件来支持工业控制计算机，便于各种应用系统的开发。

计算机控制系统随着硬件技术高速发展，对软件也提出了更高的要求。只有软件和硬件相互配合，才能发挥计算机的优势，研制出具有更高性能价格比的计算机控制系统。

9.2.3 工业控制计算机的应用

作为一种具备特殊性能的计算机，工控机能够在苛刻的外界环境下连续长时间地稳定运行，满足工业中过程控制与制造自动化对计算机高适应性和高可靠性的特殊需求。最初，工控机主要应用于专业的工业控制现场领域。由于工控机具有抗恶劣环境、结构扩展性能好、电压适用范围宽、各种 I/O 设备配套齐全以及它对普通 PC 软件的完全兼容性等诸多优点，因此在通用工业领域，其应用广泛性也要远远高于普通 PC。

由于工业控制计算机具有可靠性高、实时性好、扩展性和兼容性好等特点，它能够对工况进行综合和分析，并做出数据处理，以便对生产过程进行实时的最佳控制，因此许多工业生产在应用了工业控制计算机以后，都能收到很好的效果。系统集成商可以根据需要，从市场上选择符合功能要求的系统平台和一定数量的 I/O 模板，组成工业控制计算机应用系统。操作系统、应用软件都可以根据实际需要订制，这样可以在很短的时间内完成一个典型应用系统的开发，达到产品起点高、开发时间短、投放市场快、见效快的目标。

近年来，工业控制计算机的应用更是突破了传统的过程控制、制造业自动化而向通信、电信、监控、金融、网络等许多新兴产业扩展，传统工业现场应用和过程控制应用所占比例已经下降，而通信、电信、电力、军事应用则飞速上升；同时 DVR、查询机、彩票机、综合仪表等工控机嵌入式应用正在迅速崛起，并占据了工控机应用市场越来越大的市场份额，同时也取代了部分通常由普通 PC 占领的市场领域。时至今日，工业控制计算机已成为计算机应用的重要分支。

另外，随着工业控制要求的不断提高，需要新一代工控机替代第一代和第二代工控机。例如，随着铁路多次提速，原来应用在车站的计算机连锁系统、行车调度监督系统以及铁路红外热轴探测系统上的数千套第一代和第二代工控机已经不能满足要求，现在已经开始用新一代 Compact PCI 总线和 PXI 总线工控机替代；由于电力紧缺而正在加快建设的发电厂和电网系统，需要大量的新一代工控机产品来实现电力系统综合自动化；除此之外，正在迅速发展的智能交通系统，纺织工业、制造业、食品加工、石油化工行业、车载信息系统等需要采用新一代工控机技术。在海军舰载测控设备、陆军车载武器控制系统和指挥系统、新型的飞行模拟教练系统，航空和航天器地面测控设备、雷达识别跟踪系统和电子对抗系统更加迫切需要新一代工控机技术；核电站的核聚变低杂波数据采集与控制系统、大专院校的虚拟仪器教学实验系统、汽车功能测试性能测试系统、防洪数字化大坝在线监测系统，下一代的网络设备、电信核心和边缘设备、数据通信设备、计算机电话集成

(CTI)系统和增值服务业务等，都需要 Compact PCI、PICMG2.16 及 ATCA 等新一代工控机技术。

综上所述，工控机在国内将成为一个新的“黄金”产业，这不仅得益于国家大力倡导和扶持的“科技兴国”策略，更主要的是通过工控机的应用能提高最终产品的核心竞争力，提高企业的生产力和减轻劳动强度。随着工控机技术的不断完善和普及，其外延应用的价值将同样是不可估量的。

9.3 可编程控制器

9.3.1 可编程控制器的基本组成与原理

可编程控制器(Programmable Logical Controller，PLC)的生产厂家众多，型号千差万别，但不同种类的 PLC 其基本组成和工作原理基本相同。一台典型的 PLC 主要包括中央处理器(CPU)、存储器、输入/输出接口(缩写为 I/O，包括输入接口、输出接口、外部设备接口、扩展接口等)、外部设备编程器及电源模块等，如图 9.2 所示。

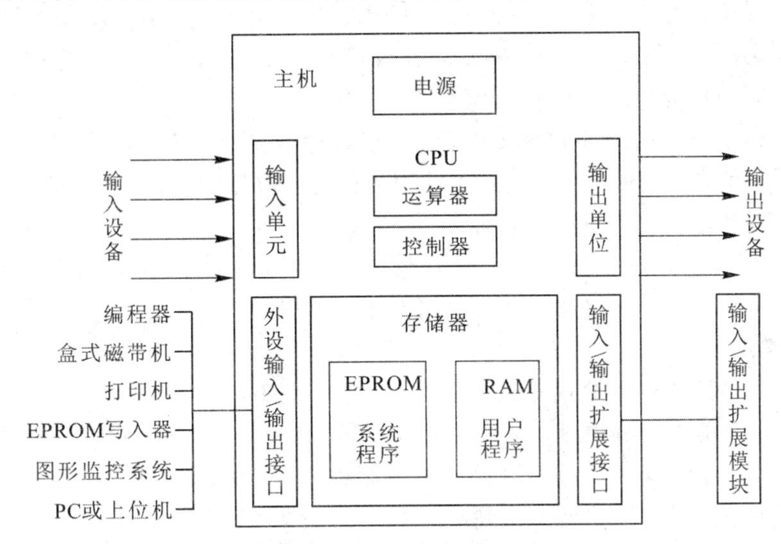

图 9.2　PLC 结构原理图

PLC 内部各组成单元之间通过电源总线、控制总线、地址总线和数据总线连接，外部则根据实际控制对象配置相应设备与控制装置构成 PLC 控制系统。

1. 中央处理器

中央处理器(CPU)由控制器、运算器和寄存器三大部分组成并集成在一个芯片内。CPU 通过数据总线、地址总线、控制总线和电源总线与存储器、输入/输出接口、编程器和电源相连接。

CPU 是可编程序控制器用来完成信息操作的单元。这些操作包括信息的转移、转换(码的转换、数字的转换)、计算、同步和译码等。由它实现逻辑运算、数学运算、协调控制系统内部各部分的工作。CPU 的核心是中央处理器和中央存储器，中央处理器包含指令计数器、指令存储器和地址寄存器、变址和基址寄存器、累加器和通用寄存器。寄存器是由高速半导体存储器(暂存器)组成的，它用来暂时存放数据、外部信息或中间运算结果和对它们进行操作。按工作原理，可将中央存储器划分为数据、程序和监控三部分。数据部分包含有输入变量、中间变量和输出变量的映像区，程序部分主要存放用户程序，监控部分存放 PLC 的监控程序。

小型 PLC 的 CPU 采用 8 位或 16 位微处理器或单片机，如 8031、M68000 等，这类芯片价格很低；中型 PLC 的 CPU 采用 16 位或 32 位微处理器或单片机，如 8086、8096 系列单片机等，这类芯片的主要特点是集成度高、运算速度快且可靠性高；大型 PLC 则需采用高速位片式微处理器。与一般计算机类似，CPU 按照 PLC 内系统程序赋予的功能指挥 PLC 控制系统完成各项工作任务。

2. 存储器

PLC 内的存储器主要用于存放系统程序、用户程序和数据等。

1）系统程序存储器

PLC 系统程序决定了 PLC 的基本功能，该部分程序由 PLC 制造厂家编写并固化在系统程序存储器中，主要有系统管理程序、用户指令解释程序和功能程序与系统程序调用等部分。

系统管理程序主要控制 PLC 的运行，使 PLC 按正确的次序工作；用户指令解释程序将 PLC 的用户指令转换为机器语言指令，传输到 CPU 内执行；功能程序与系统程序调用则负责调用不同的功能子程序及其管理程序。

系统程序属于需长期保存的重要数据，所以其存储器采用 ROM 或 EPROM。ROM 是只读存储器，该存储器只能读出内容，不能写入内容，ROM 具有非易失性，即电源断开后仍能保存已存储的内容。

EPROM 为可电擦除只读存储器，需用紫外线照射芯片上的透镜窗口才能擦除已写入内容，可电擦除可编程只读存储器还有 EEPROM、Flash 等。

2）用户程序存储器

用户程序存储器用于存放用户载入的 PLC 应用程序，载入初期的用户程序因需修改与调试，所以称为用户调试程序，存放在可以随机读写操作的随机存取存储器 RAM 内以方便用户修改与调试。通过修改与调试后的程序称为用户执行程序，由于不需要再作修改与调试，所以用户执行程序就被固化到 EPROM 内长期使用。

3）数据存储器

PLC 运行过程需生成或调用中间结果数据(如输入/输出元件的状态数据、定时器、计数器的预置值和当前值等)和组态数据(如输入/输出组态、设置输入滤波、脉冲捕捉、输出表配置、定义存储区保持范围、模拟电位器设置、高速计数器配置、高速脉冲输出配置、通信组态等)，这类数据存放在工作数据存储器中，由于工作数据与组态数据不断变化，且不需要长期保存，所以采用随机存取存储器 RAM。RAM 是一种高密度、低功耗的半导体存储器，可用锂电池作为备用电源，一旦断电就可通过锂电池供电，保持 RAM 中的内容。

3. 输入/输出接口

输入/输出接口是 PLC 与工业现场控制或检测元件和执行元件连接的接口电路。PLC 的输入接口有直流输入、交流输入、交直流输入等类型。输出接口有晶体管输出、晶闸管输出和继电器输出等类型。晶体管和晶闸管输出为无触点输出型电路，晶体管输出型用于高频小功率负载，晶闸管输出型用于高频大功率负载；继电器输出为有触点输出型电路，用于低频负载。

现场控制或检测元件输入给 PLC 各种控制信号，如限位开关、操作按钮、选择开关以及其他一些传感器输出的开关量或模拟量等，通过输入接口电路将这些信号转换成 CPU 能够接收和处理的信号。输出接口电路将 CPU 送出的弱电控制信号转换成现场需要的强电信号输出，以驱动电磁阀、接触器等被控设备的执行元件。

1）输入接口

输入接口用于接收和采集两种类型的输入信号：一类是由按钮、转换开关、行程开关、继电器触头等开关量输入信号；另一类是由电位器、测速发电机和各种变换器提供的连续变化的模拟量输入信号。

以图 9.3 所示的直流输入接口电路为例，R_1 是限流与分压电阻，R_2 与 C 构成滤波电路，滤波后的输入信号经光耦合器 T 与内部电路耦合。当输入端导通时，光耦合器 T 导通，直流输入信号被转换成 PLC 能处理的 5 V 标准信号电平(简称 TTL)，同时 LED 输入指示灯亮，表示信号接通。交流输入(如图 9.4 所示)与交直流输入接口电路和直流输入接口电路类似。

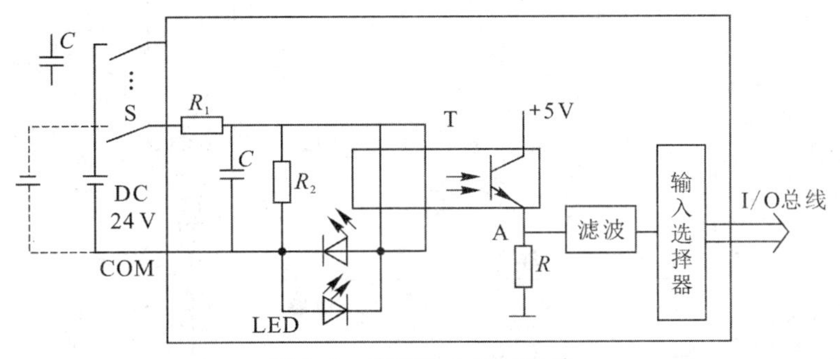

图 9.3　直流输入接口电路

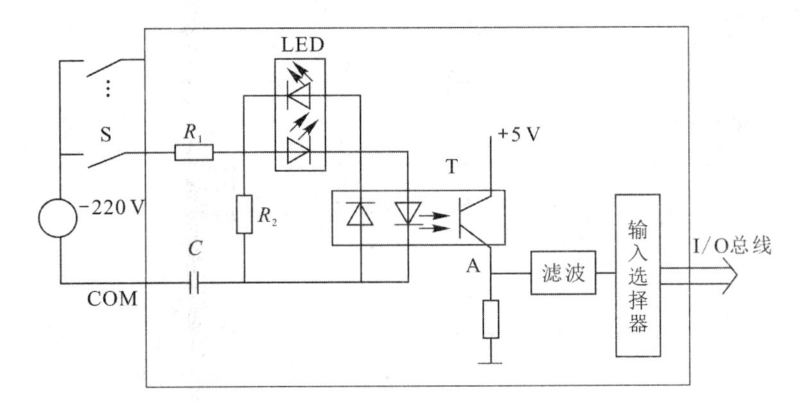

图 9.4　交流输入接口电路

滤波电路用以消除输入触头的抖动，光电耦合电路可防止现场的强电干扰进入 PLC。由于输入电信号与 PLC 内部电路之间采用光信号耦合，所以两者在电气上完全隔离，使输入接口具有抗干扰能力。现场的输入信号通过光电耦合后转换为 5 V 的 TTL 送入输入数据寄存器，再经数据总线传送给 CPU。

2）输出接口

输出接口电路向被控对象的各种执行元件输出控制信号。常用执行元件有接触器、电磁阀、调节阀(模拟量)、调速装置(模拟量)、指示灯、数字显示装置和报警装置等。输出接口电路一般由微电脑输出接口电路和功率放大电路组成，与输入接口电路类似，内部电路与输出接口电路之间采用光电耦合器进行抗干扰电隔离。

微电脑输出接口电路一般由输出数据寄存器、选通电路和中断请求逻辑电路集成在芯片上，CPU 通过数据总线将输出信号送到输出数据寄存器中，功率放大电路是为了适应工业控制要求，将微电脑的输出信号放大。

输出接口电路主要分为晶体管输出电路、晶闸管输出电路和继电器输出电路三种，分别如图 9.5、图 9.6 和图 9.7 所示。其中，晶体管输出响应速度快、动作频率高，只能用于驱动直流负载；晶闸管输出接口响应速度快、动作频率高，只能用于驱动交流负载；继电器输出响应速度慢、动作频率低，可驱动交流或直流负载。

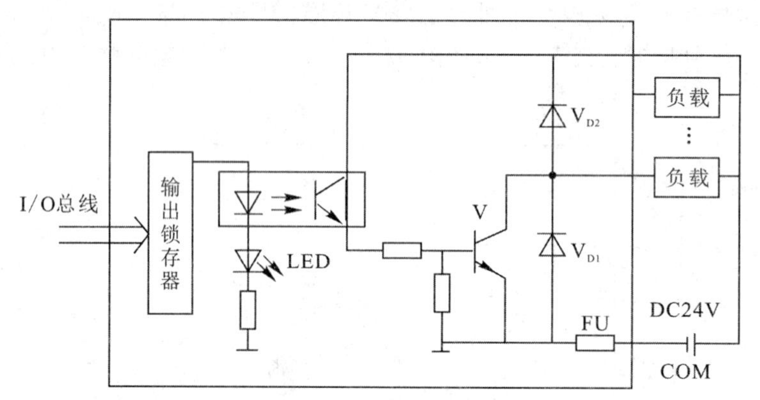

图 9.5　晶体管输出电路

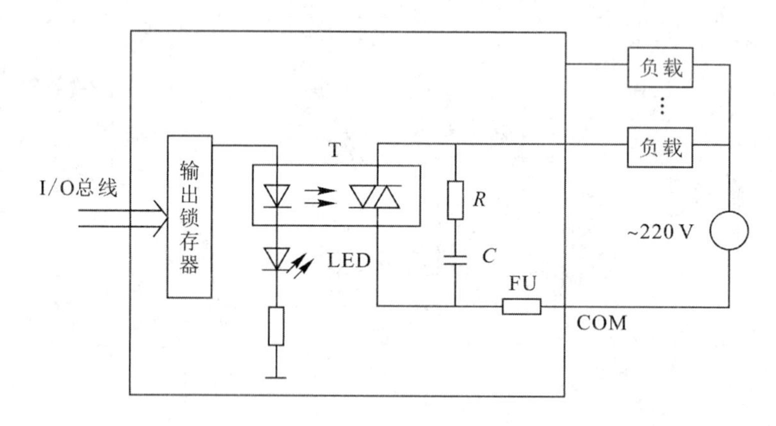

图 9.6　晶闸管输出电路

4. 电源

PLC 的电源将外部供给的交流电转换成供 CPU、存储器等所需的直流电，是整个 PLC 的能源供给中心。PLC 大都采用高质量的工作稳定性好、抗干扰能力强的开关稳压电源，许多 PLC 电源还可向外部提供直流 24 V 稳压电源，用于向输入接口上的接入电气元件供电，从而简化外围配置。

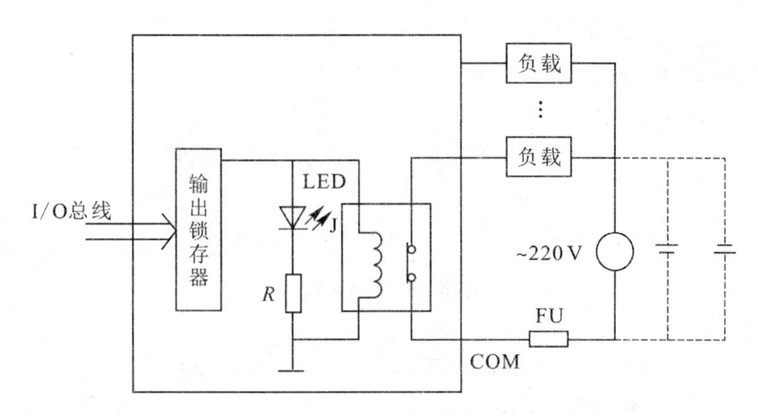

图 9.7　继电器输出电路

5. 扩展接口

若主机单元的 I/O 数量不够用，可通过 I/O 扩展接口电缆与 I/O 扩展单元（不带 CPU）相连接进行扩充。PLC 还常配置连接各种外围设备的接口，可通过电缆实现串行通信、EPROM 写入等功能。

6. 通信接口

通过通信接口，PLC 具有通信联网的功能，它使 PLC 与 PLC 之间、PLC 与上位计算机以及其他智能设备之间能够交换信息，形成一个统一的整体，实现分散集中控制。现在几乎所有的 PLC 新产品都有通信联网功能，它和计算机一样具有 RS－232 接口，通过双绞线、同轴电缆或光缆，可以在几公里甚至几十公里的范围内交换信息。

当然，PLC 之间的通信网络是各厂家专用的，PLC 与计算机之间的通信，生产厂家一般采用工业标准总线，并向标准通信协议靠拢，这将使不同机型的 PLC 之间、PLC 与计算机之间可以方便地进行通信与联网。

7. 编程器

编程器的作用是将用户编写的程序下载至 PLC 的用户程序存储器，并利用编程器检查、修改和调试用户程序，监视用户程序的执行过程，显示 PLC 状态、内部器件及系统的参数等。

编程器有简易编程器和图形编程器两种。简易编程器体积小，携带方便，但只能用语句形式进行联机编程，适合小型 PLC 的编程及现场调试。图形编程器既可用语句形式编程，又可用梯形图编程，同时还能进行脱机编程。

随着 PLC 联网功能增强，出现了第三种编程方式，即计算机辅助编程。由于计算机的参与，用 PLC 编程软件编程的工作效率和编程量远非前两种编程器可比，因此，越来越多的用户更愿意采用这种编程方式。

目前，PLC 制造厂家大都开发了计算机辅助 PLC 编程支持软件。当个人计算机安装了 PLC 编程支持软件后，可用作图形编程器，进行用户程序的编辑、修改，并通过个人计算机和 PLC 之间的通信接口实现用户程序的双向传送、监控 PLC 运行状态等。

9.3.2　可编程控制器的编程语言

PLC 有多种编程语言，但不同厂家的 PLC 的编程语言有很大的区别，给使用和学习带来了不便。IEC61131－3(PLC编程语言的国际标准)详细说明了语法、语义和下述五种PLC编程语言的表达式(如图9.8所示)，成功地解决了这一问题。

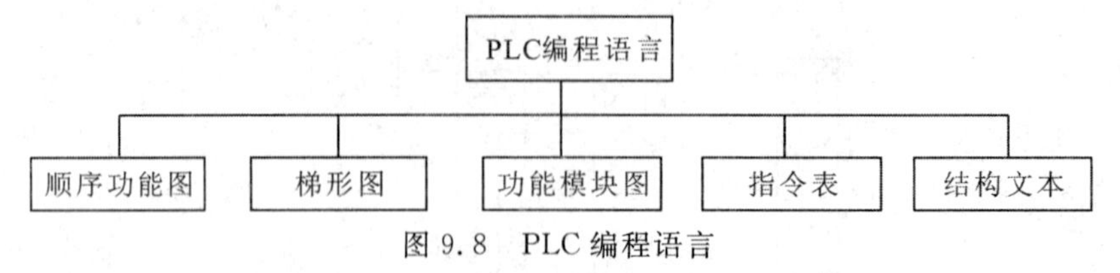

图9.8　PLC编程语言

1. 顺序功能图

顺序功能图(Sequential Function Chart，SFC)是描述程序的一种程序设计语言，它是近年来发展起来的一种程序设计语言。采用顺序功能图的描述，控制系统被分为若干个子系统。从功能人手，使系统的操作具有明确的含义，便于设计人员和操作人员设计思想的沟通，便于程序的分工设计和检查调试。顺序功能图是一种位于其他编程语言之上的图形语言。在顺序功能图中可以用别的语言嵌套编程，用来编制顺序控制程序非常方便。它有三种主要元件：步、转换和动作，如图9.9所示。

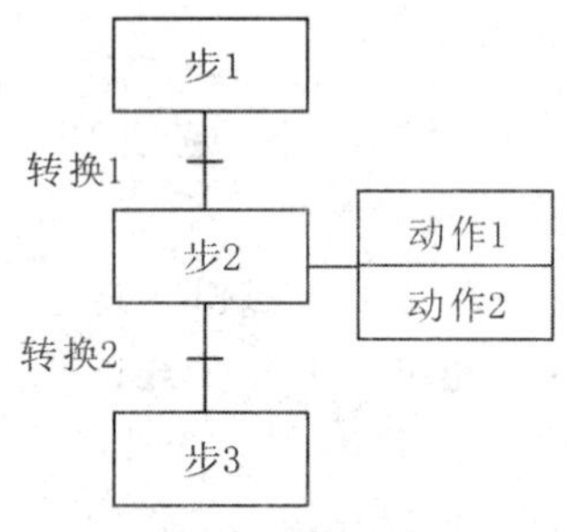

图9.9　顺序功能图主要元件

顺序功能图的主要特点如下：

(1) 以功能为主线，条理清楚，便于对程序操作的理解和沟通；

(2) 对大型的程序，可分工设计，采用较为灵活的程序结构，可节省程序设计时间和调试时间；

(3) 常用于系统的规模较大、程序关系较复杂的场合；

(4) 只有在活动步的命令和操作被执行，对活动步后的转换进行扫描，因此，整个程序的扫描时间较其他程序编制的程序扫描时间要大大缩短。

顺序功能图来源于佩特利(Petri)网，由于它具有图形表达方式，能较简单和清楚地描述并发系统和复杂系统的所有现象，并能对系统中存有的像死锁、不安全等反常现象进行分析和建模，在模型的基础上能直接编程，因此得到了广泛的应用。

对于目前大多数PLC来说，SFC还仅仅作为组织编程的工具使用(与高级语言的流程图相似)，尚需用其他的编程语言将它转换成PLC可执行的程序。

2. 梯形图

梯形图(LadderLogic Programming Language，LAD)是最常用的一种程序设计语言，它来源于对继电器逻辑控制系统的描述。在工业过程控制领域，电气技术人员对继电器逻辑控制技术较为熟悉，因此，由这种逻辑控制技术发展而来的梯形图受到了欢迎，并得到了广泛的应用。

梯形图具有如下特点：

(1) 与电气操作原理图相对应，具有直观性和对应性；

(2) 与原有继电器逻辑控制技术相一致，对电气技术人员来说，易于掌握和学习；

(3) 与原有的继电器逻辑控制技术的不同点是，梯形图中的能流(Power Flow)不是实际意义的电流，内部的继电器也不是实际存在的继电器，因此，应用时，需与原有继电器逻辑控制技术的有关概念区别对待；

(4) 与指令表语言有一一对应关系，便于相互的转换和程序的检查。

3. 功能模块图

功能模块图(Function Block)如图 9.10 所示，它类似于数字逻辑电路的逻辑功能图，是采用功能模块来表示模块所具有的功能，不同的功能模块有不同的功能。

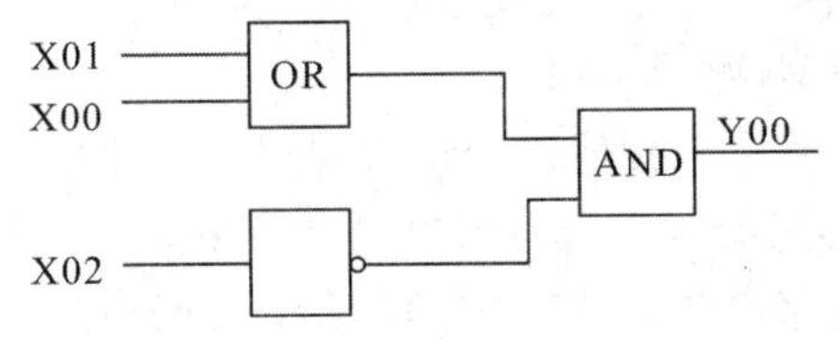

图 9.10　功能模块图结构简图

功能模块图有若干个输入端和输出端，通过软连接的方式，分别连接到所需的其他端子，完成所需的控制运算或控制功能。功能模块可以分为不同的类型，在同一种类型中，也可能因功能参数的不同而使功能或应用范围有所差别。例如，输入端的数量、输入信号的类型等的不同使它的使用范围不同。由于采用软连接的方式进行功能模块之间及功能模块与外部端子的连接，因此控制方案的更改、信号连接的替换等操作可以很方便实现。

功能模块图的特点如下：

(1) 以功能模块为单位，从控制功能入手，使控制方案的分析和理解变得容易；

(2) 功能模块是用图形化的方法描述功能，它的直观性大大方便了设计人员的编程和组态，有较好的易操作性；

(3) 对控制规模较大、控制关系较复杂的系统，由于控制功能的关系可以较清楚地表达出来，因此，编程和组态时间可以缩短，调试时间也能减少；

(4) 由于每种功能模块需要占用一定的程序内存，对功能模块的执行需要一定的执行时间，因此，这种设计语言在大中型可编程控制器和集散控制系统的编程和组态中才被采用。

4. 指令表

指令表(Instruction List)又称为布尔助记符(Boolean Mnemonic)，是用布尔助记符来描述程序的一种程序设计语言。指令表程序设计语言与计算机中的汇编语言非常相似，采用指令表来表示操作功能，程序阅读起来较为困难。

指令表具有下列特点：

(1) 采用助记符来表示操作功能，具有容易记忆、便于掌握的特点；

(2) 在编程器的键盘上采用助记符表示，具有便于操作的特点，可在无计算机的场合进行编程设计；

(3) 与梯形图有一一对应的关系，其特点与梯形图语言基本类同。

5. 结构文本

结构文本(Structured Text)是用结构化的描述语句来描述程序的一种程序设计语言。它是一种类似于高级语言的程序设计语言。在大中型的可编程序控制器系统中，常采用结构文本描述程序设计语言来描述控制系统中各个变量的关系。它也被用于集散控制系统的编程和组态。结构文本采用计算机的描述语句来描述系统中各种变量之间的各种运算关系。完成所需的功能或操作，大多数制造厂商采用的语句描述程序设计语言与BASIC语言、PASCAL语言或C语言等高级语言相类似，但为了应用方便，在语句的表达方法及语句的种类等方面都进行了简化。结构文本具有下列特点：

(1) 采用高级语言进行编程，可以完成较复杂的控制运算；

(2) 需要有一定的计算机高级程序设计语言的知识和编程技巧，对编程人员的技能要求较高，普通电气人员无法完成；

(3) 直观性和易操作性等性能较差；

(4) 常被用于采用功能模块等其他语言较难实现的一些控制功能的实施。

部分可编程序控制器的制造厂商会为用户提供简单的结构化程序设计语言，它与助记符程序设计语言相似，对程序的步数有一定的限制，同时还提供了与可编程序控制器间的接口或通信连接程序的编制方式，为用户的应用程序提供了扩展余地。

9.3.3 可编程控制器系统设计方法

PLC系统设计的基本原则是最大限度地满足生产机械或生产流程对电气控制的要求，在满足系统性能要求的前提下，力求PLC系统简单、经济、安全、可靠、操作和维修方便，而且应使系统能尽量降低使用者长期运行的成本。PLC系统设计包括硬件设计和软件设计两部分，其设计内容包括以下几点：

(1) 分析控制对象、明确设计任务和要求；

(2) 选定PLC的型号及所需的输入/输出模块，对控制系统的硬件进行配置；

(3) 编制PLC的输入/输出分配表和绘制输入/输出端子接线图；

(4) 根据系统设计的要求编写软件规格要求说明书，然后再用相应的编程语言进行程序设计；

(5) 设计操作台、电气柜，选择所需的电气元件；

(6) 编写设计说明书和操作使用说明书。

1. PLC系统硬件设计

PLC硬件设计过程实际上是PLC的机型选型过程，选型的主要依据为系统的性能及性价比要求，具体包括机型(CPU功能)、I/O点数、存储容量、I/O响应时间、输出负载、结构形式以及通信功能等。

1) 机型选型

机型选型时要考虑以下几个方面。

(1) CPU性能与任务相适应。对于开关量控制的应用系统，对控制速度要求不高，如对小型泵的顺序控制、单台机械的自动控制，选用小型PLC(如西门子公司的S7-200、S7-1200PLC，三菱公司的FX2N系列)就能满足要求。对于以开关量控制为主，带有部分模拟量控制的应用系统，如工业生产中常遇到的温度、压力、流量、液位等连续量的控制，应选用带有 A/D 转换的模拟量输入模块和带 D/A 转换的模拟输出模块，配接相应的传感器、变送器(对温度控制系统可选用温度传感器直接输入的温度模块)和驱动装置，并且选择运算功能较强的小型 PLC(如欧姆龙公司的 CQM 型 PLC)。西门子公司的 S7-200、S7-1200PLC 在进行小型数字、模拟混合系统控制时具有较高的性能价格比，实施起来也较为方便。对于比较复杂、控制功能要求较高的应用系统，如需要 PID 调节、闭环控制、通信联网等功能时，可选用中、大型 PLC（如西门子公司的 S7-300、S7-400，欧姆龙公司的 C200H、C1000H，或三菱公司的 QnA 系列等)。当系统的各个部分分布在不同的地域时，应根据各部分的要求来选择 PLC，以组成一个分布式的控制系统，可考虑选择施耐德 MODICON 的 QUANTUM 系列 PLC 产品。

(2) 处理速度满足实时性要求。要满足实时性要求，一方面需要选择 CPU 速度比较快的 PLC，使执行一条基本指令的时间短；另一方面可以通过优化应用软件，缩短扫描周期；除此之外，需要采用高速响应模块，其响应的时间不受 PLC 周期的影响，而只取决于硬件的延时。

(3) 系统机型尽可能统一。一个大型系统，应尽量做到机型统一。因为同一机型的 PLC，其模块可互为备用，便于备品备件的采购和管理，这不仅使模块通用性好，减少备件量，而且给编程和维修带来了极大的方便，也给扩展系统升级留有余地；其功能及编程方法统一，有利于技术力量的培训、技术水平的提高和功能的开发；其外部设备通用，资源可共享，配以上位计算机后，可把控制各独立系统的多台 PLC 连成一个多级分布式控制系统，相互通信，集中管理。

(4) 指令系统。CPU 指令系统选型时要考虑指令系统的种类、表达方式、程序结构以及总语句数等方面的要求。

2) I/O 点数

PLC 的 I/O 点数分为汇点式、分组式和分隔式三种接法。如果输入或输出信号之间不需要隔离，则选择汇点式接法。若各输入或输出点之间采用不同的电压种类和电压等级，则选择分组式或分隔式接法。

选型时根据控制系统要求确定输入/输出点数，再按实际所需总点数的 15%～20%留出一定的裕量。

3) 存储容量

存储容量的选型按照以下方法估算：

(1) 开关量控制系统容量估算：存储容量(字)＝开关量 I/O 点数×10；

(2) 模拟量控制系统容量估算：存储容量(字)＝模拟量 I/O 通道数×100；

(3) 按上述估算容量的 20%～30%左右留出裕量。

4) I/O 响应时间

PLC 的 I/O 响应时间是指 PLC 的外部输入信号发生变化的时刻至 PLC 控制的外部输出信号发生变化的时刻之间的时间间隔。它包括输入电路延迟、输出电路延迟和扫描工作方式引起的时间延迟(一般在 2～3 个扫描周期)等。

(1) 对于开关量控制系统，PLC 和 I/O 响应时间一般都能满足实际工程的要求，可不必考虑 I/O 响应问题；

(2) 对于模拟量控制系统，特别是闭环模拟量控制系统对响应速度要求较高，可选用具有高速I/O处理功能的PLC，或选用具有快速响应模块和中断输入模块的PLC。

5）输出负载

(1) 对于动作频繁的感性负载，选择晶体管(适合直流负载)或晶闸管(适合交流负载)输出型PLC；

(2) 对于动作不频繁的交、直流负载，选择继电器输出型PLC。

6）PLC结构形式

根据实际具体情况选择PLC的结构形式。

(1) 相同功能和相同I/O点数情况下，整体式比模块式价格低；

(2) 模块式具有功能扩展灵活、维修方便、故障判断容易等优点。

7）联网通信

若PLC控制系统需要联入工厂自动化网络，则PLC需要有通信联网功能。大中型机都有通信功能，目前大部分小型机也具有通信功能。

2. PLC系统软件设计

PLC系统软件设计要遵循以下几点原则，一是用户程序要做到网络结构简明，逻辑关系清晰，注释明了，动作可靠，能经得起实际工作的检验；二是程序简短，占用内存少，扫描周期短，保证PLC对输入的响应速度；三是较好的可读性。

PLC具体的程序设计方法有以下五种。

1）经验设计法

应用经验法编程是指运用自己或他人的经验，在一些典型的控制电路程序的基础上，根据被控对象的具体要求进行选择、组合、设计、编写。这种方法没有规律可循，或是根据自己的经验，或是参考他人的设计经验，要善于日积月累，归纳总结。应用经验设计法必须熟记一些典型的控制电路，如起—保—停电路、脉冲发生电路等等。这种方法适用于较简单的梯形图设计。

例9-1 采用经验设计法进行自动往返控制的梯形图设计。如图9.11所示，要求按启动按钮X0或反转启动按钮X1后，设备的运动部件(如机床的工作台或小车)在左限位开关X3和右限位开关X4之间不停地循环往返，直到按停止按钮X2。

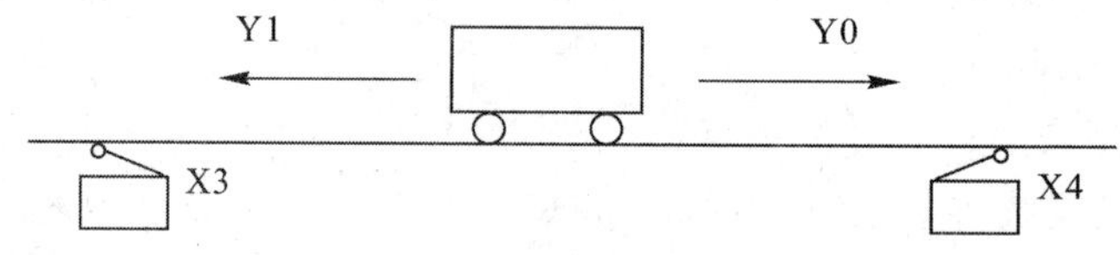

图9.11 自动往返控制动作运行示意图

由于控制系统运行动作简单，可以直接采用经验法设计其梯形图，如图9.12所示(以三菱PLC为例)。

2）继电器控制电路转换法

这种方法是指已有一套能完成系统要求的控制功能并经过验证的控制电路图，可以直接转换成PLC梯形图。梯形图程序设计语言是用梯形图的图形符号来描述程序的一种程序设计语言。梯形图沿袭了传统的继电控制图，是一种图形语言。它沿用了继电器触点、线圈串并联等术语和图形符号，按自上而下、从左到右的顺序排列。这种方法很容易地就可把原继电器控制电路移植成PLC的梯形图语句。对于熟悉继电器控制的人来说，这是最

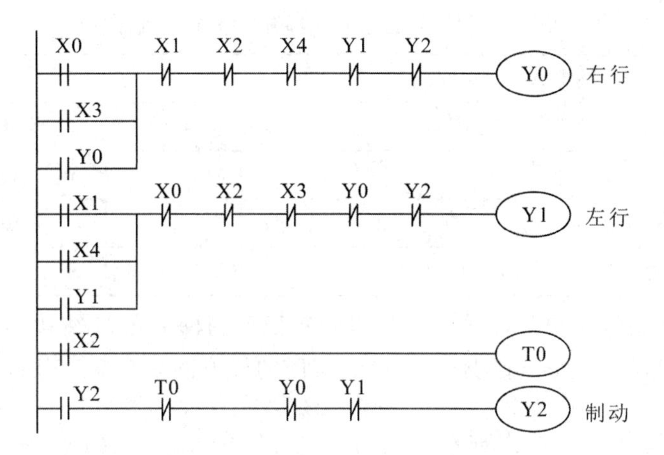

图 9.12　自动往返控制 PLC 梯形图

为方便的一种编程方法。具体转换流程如下：

(1) 对照 PLC 的 I/O 端子接线图，将继电器电路图上的被控器件(如接触器线圈、指示灯、电磁阀等)换成接线图上对应的输出点的编号，将电路图上的输入装置(如传感器、按钮开关、行程开关等)触点都换成对应的输入点的编号；

(2) 将继电器电路图中的中间继电器和定时器，用 PLC 的辅助继电器和定时器来代替；

(3) 画出全部梯形图，并予以简化和修改。

例 9－2　采用继电器控制电路转换法设计如图 9.13 所示电动机 Y/△降压启动控制主电路和电气控制 PLC 控制梯形图。

系统工作过程如下：按下启动按钮 SB2，KM1、KM3、KT 通电并自保，电动机接成 Y 型启动，2 s 后，KT 动作，使 KM3 断电，KM2 通电吸合，电动机接成△形运行。按下停止按钮 SB1，电动机停止运行。

根据继电器控制电路进行 I/O 分配，分配结果如表 9.1 所示。

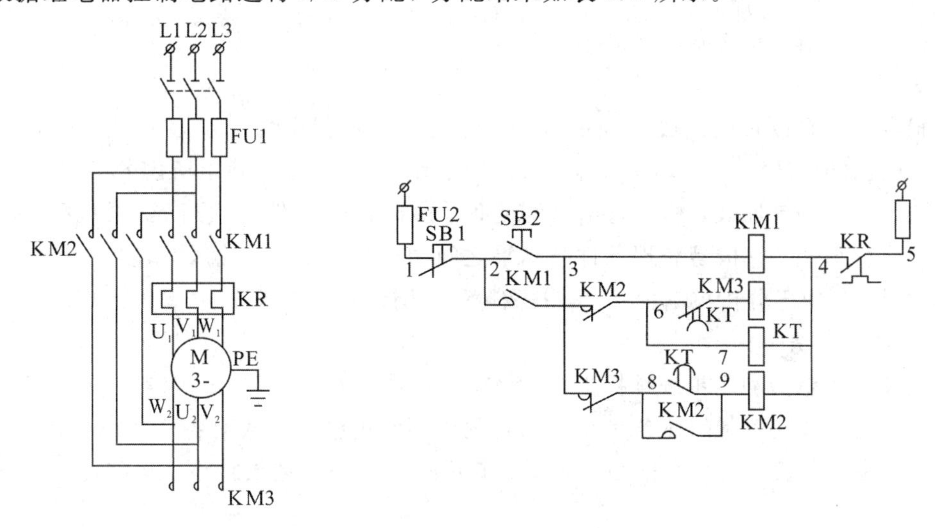

(a) 控制主电路电路原理图　　　　(b) 控制主电路继电器控制电路图

图 9.13　电动机 Y/△降压启动控制主电路图

表 9.1 继电器控制电路 I/O 分配结果

输 入		输 出	
按钮或开关	分配结果	继电器	分配结果
停止按钮 SB1	I0.0	KM1	Q0.0
启动按钮 SB2	I0.1	KM2	Q0.1
过载保护 FR	I0.2	KM3	Q0.2

根据继电器控制电路和 I/O 分配结果得到转换后的梯形图如图 9.14 所示。

将图 9.14 所示梯形图进行简化，可得到实用的梯形图如图 9.15 所示。

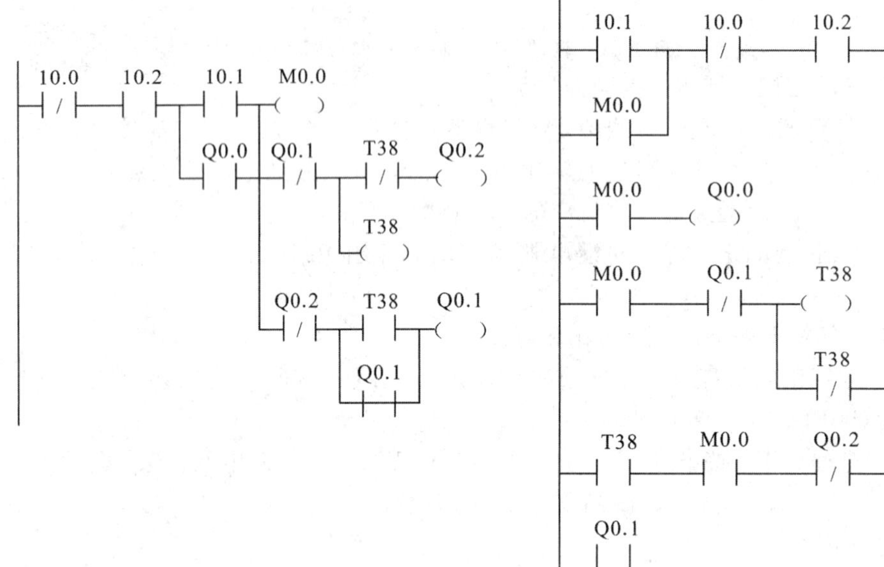

图 9.14 电动机 Y/△降压启动电气控制继电器电路转换后的梯形图

图 9.15 简化后的梯形图

3）*逻辑设计法*

逻辑设计法是以布尔代数为理论基础，根据生产过程中各工步之间的各个检测元件(如行程开关、传感器等)状态的变化，列出检测元件的状态表，确定所需的中间记忆元件，列出各执行元件的工序表，然后写出检测元件、中间记忆元件和执行元件的逻辑表达式，最后转换成梯形图。它极易表现条件与结果之间的逻辑功能，且输入与输出的因果关系及连锁条件明确，便于分析控制程序、查找故障点、调试和维护程序。

4）*步进顺控法*

步进顺控法是指利用步进顺控指令设计复杂的顺序控制程序。一个复杂的程序可以分成若干个状态，系统控制的任务是在不同时刻或不同进程去完成对各个状态的控制。利用步进顺控指令，以状态或步为核心，从起始步开始一步一步地设计下去，就可方便地设计出控制程序。

步进顺控法的主要设计工作是设计顺序功能图，顺序功能图是设计 PLC 的顺序控制程序的主要工具。顺序功能图主要由步、动作、转换、转换条件和有向连线组成，其中步表示将一个工作周期划分的不同连续阶段，当转换实现时，步便变为活动步，同时该步对应的动作被执行，其转换过程如图 9.16 所示。

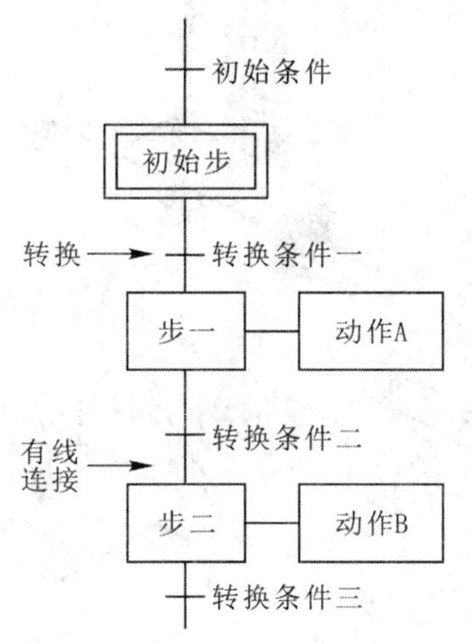

图 9.16　步进顺控法步转换过程示意图

以上程序设计方法应用场合不同，各有优缺点，其各自特点总结如下：

(1) 经验设计法设计梯形图时，没有一套固定的方法和步骤可以遵循，特别是在设计机床复杂控制系统的梯形图时，常要用大量的中间单元来完成记忆、连锁和互锁的功能，需要考虑的因素很多；

(2) 逻辑设计法对设计者的要求较高，所以不易掌握；

(3) 顺序控制是按照生产工艺预先规定的顺序，在不同的输入信号作用下，根据内部状态和时间的顺序，使生产过程中的每个执行机构自动有步骤地进行操作。

9.3.4　可编程控制器系统设计实例

例 9-3　图 9.17 所示为传送工件的某机械手的工作示意图，其任务是将工件从传送带 A 搬运到传送带 B。按启动按钮后，传送带 A 运行直到光电开关 PS 检测到物体，才停止，同时机械手下降。下降到位后机械手夹紧物体，2 s 后开始上升，而机械手保持夹紧。上升到位左转，左转到位下降，下降到位机械手松开，2 s 后机械手上升。上升到位后，传送带 B 开始运行，同时机械手右转，右转到位，传送带 B 停止，此时传送带 A 运行直到光电开关 PS 再次检测到物体，才停止循环。请设计采用 PLC 系统实现以上运动控制功能的工作流程。

实现方法：机械手的上升、下降和左转、右转的执行，分别由双线圈二位电磁阀控制汽缸的运动控制。当下降电磁阀通电时，机械手下降，若下降电磁阀断电，则机械手停止下降，保持现有的动作状态。当上升电磁阀通电时，机械手上升。同样左转/右转也是由对应的电磁阀控制的。夹紧/放松则是由单线圈的二位电磁阀控制汽缸的运动来实现的，线圈通电时执行夹紧动作，断电时执行放松动作，并且要求只有当机械手处于上限位时才能进行左/右移动，因此在左/右转动时用上限条件作为连锁保护。由于上/下运动，左/右转动采用双线圈两位电磁阀控制，两个线圈不能同时通电，因此在上/下、左/右运动的电路中须设置互锁环节。

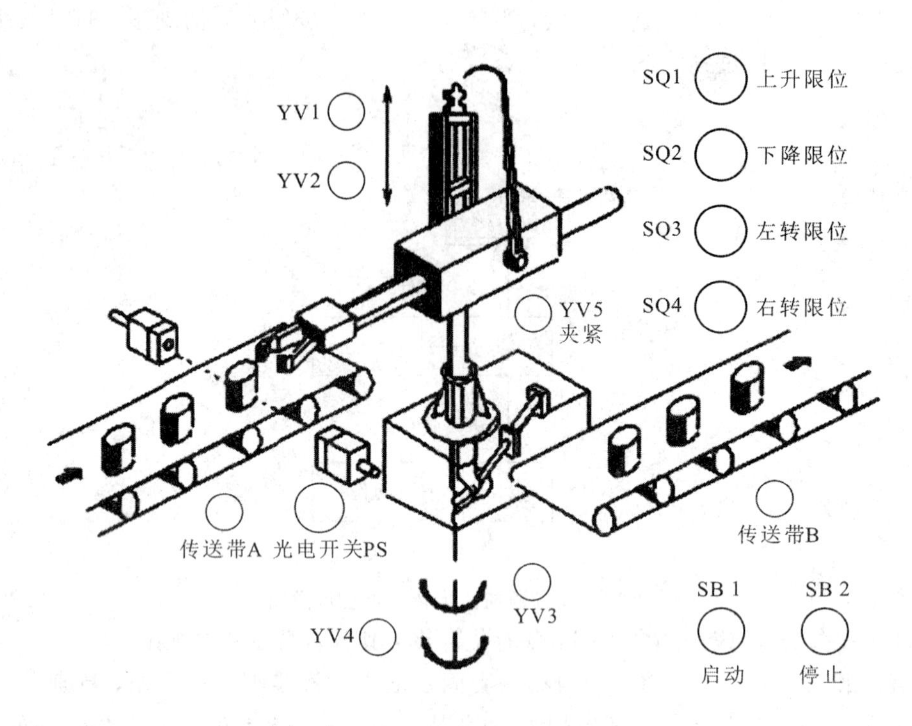

图 9.17　机械手工作示意图

为了保证机械手动作准确，机械手上安装了限位开关 SQ1、SQ2、SQ3、SQ4，分别对机械手进行下降、上升、左转、右转等动作的限位，并给出动作到位的信号。光电开关 PS 负责检测传动带 A 上的工件是否到位，到位后机械手开始动作。该机械手控制系统的 I/O 分配表如表 9.2 所示。

表 9.2　机械手控制系统 I/O 分配结果

输　入		输　出	
启动按钮	I0.0	上升 YV1	Q0.1
上升限位 SQ1	I0.1	下降 YV2	Q0.2
下降限位 SQ2	I0.2	左转 YV3	Q0.3
左转限位 SQ3	I0.3	右转 YV4	Q0.4
右转限位 SQ4	I0.4	夹紧 YV5	Q0.5
光电开关 PS	I0.6	传送带 A	Q0.6
停止按钮	I0.5	传送带 B	Q0.7

题目分析：根据前面所述画出该机械手的功能流程图，如图 9.18 所示。

流程图是一个按顺序动作的步进控制系统，在本例中采用移位寄存器编程方法。用移位寄存器 M10.1～1M11.2 位代表流程图的各步，两步之间的转换条件满足时，进入下一步。移位寄存器的数据输入端 DATA(M10.0)由 M10.1～M11.1 各位的常闭接点、上升限位的标志位 M1.1、右转限位的标志位 M1.4 及传送带 A 检测到工件的标志位 M1.6 串联组成，即当机械手处于原位，各工步未启动时，若光电开关 PS 检测到工件，则 M10.0 置

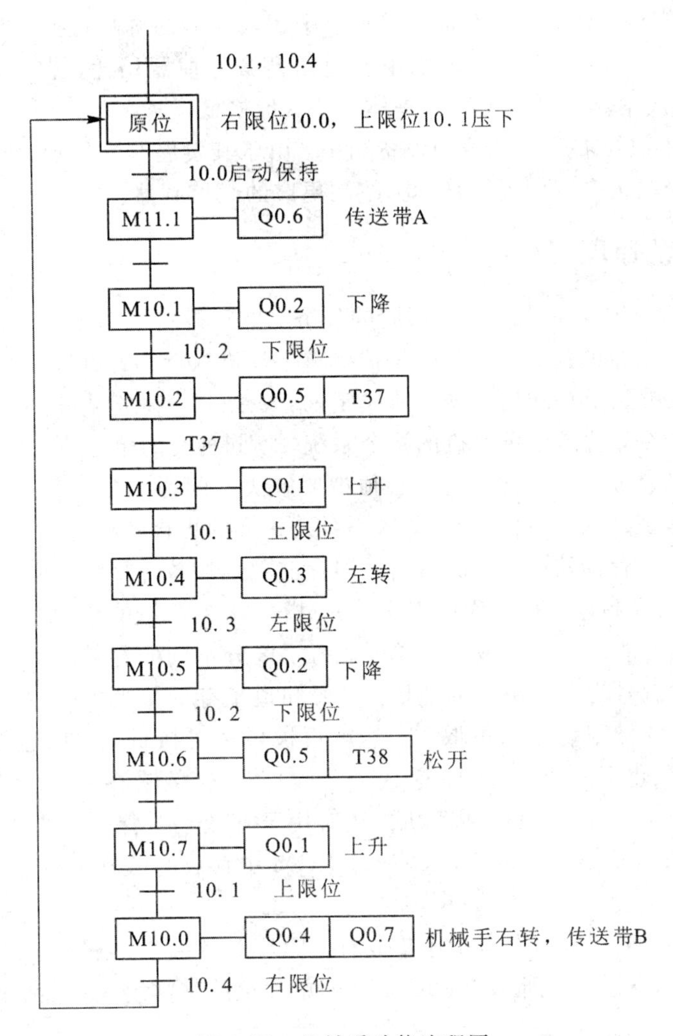

图 9.18 机械手功能流程图

1，这作为输入的数据，同时这也作为第一个移位脉冲信号。以后的移位脉冲信号由代表步位状态中间继电器的常开接点和代表处于该步位转换条件接点串联支路依次并联组成。在M10.0线圈回路中，串联M10.1～M11.1各位的常闭接点，是为了防止机械手在还没有回到原位的运行过程中移位寄存器的数据输入端再次置1，因为移位寄存器中的"1"信号在M10.1～M11.1之间移动时，各步位状态对应的常闭接点总有一个处于断开状态。当"1"信号移到M11.2时，机械手回到原位，此时移位寄存器的数据输入端重新置1，若启动电路保持接通(M0.0=1)，机械手将重复工作。当按下停止按钮时，使移位寄存器复位，机械手立即停止工作。若按下停止按钮后机械手的动作仍然继续进行，直到完成一周期的动作后，回到原位时才停止工作。由此可编制出该机械手的梯形图控制程序。

9.4 单 片 机

单片机全称单片微型计算机(Single-Chip Microcomputer)，又称微控制器(Microcontroller)，是把中央处理器、存储器、定时/计数器、各种输入/输出接口等都集成在一块集成电路芯片上的微型计算机。它不是完成某一个逻辑功能的芯片，而是把一个计算机系统集成到一个芯片上。与应用在个人电脑中的通用型微处理器相比，它更强调自供应(不用外接硬件)和节约成本。它的最大优点是体积小，价格低，输入/输出接口简单，更容易集成进复杂的而对体积要求严格的控制设备当中。由于其发展非常迅速，旧的单片机的定义已不能满足，所以在很多应用场合被称为范围更广的微控制器。

9.4.1 单片机的原理与结构

单片机执行不同的程序就能完成不同的任务。单片机自动完成赋予它的任务的过程，也就是一条条执行指令的过程。指令就是把要求单片机执行的各种操作用命令的形式写下来，这是由设计人员赋予它的指令系统所决定的，一条指令对应着一种基本操作；单片机所能执行的全部指令，就是该单片机的指令系统，不同种类的单片机，其指令系统亦不同。为使单片机能自动完成某一特定任务，必须把要解决的问题编成一系列指令(这些指令必须是选定单片机能识别和执行的指令)，这一系列指令的集合就称为程序。

程序存储在程序存储器中，存储器由许多存储单元组成，每个存储单元可以存放8位二进制信息(8个二进制位，通常称作1字节)，指令就在存储单元中存放，一条指令可能占用一个单元，也可能占用2个或3个单元。为了区分不同的存储单元，需要对存储单元进行编号，称这种编号为存储单元的地址。只要知道了存储单元的地址，就可以找到存储单元，在其中存储的指令就可以被取出，然后再被单片机执行。程序通常是顺序执行的，所以程序中的指令也是一条条顺序存放的。程序通常存储在只读存储器(Read Only Memory，ROM)里，除了ROM，单片机内还有用于存放临时保存的数据和中间结果的随机存储器(Random Access Memory，RAM)。ROM中存放的信息掉电后不丢失，RAM中存放的信息掉电后丢失。

除了存储器外，单片机内部至少还集成有CPU、I/O接口、振荡电路以及其他辅助电路(如中断系统)等，图9.19所示为89C51系列单片机的基本组成功能框图。

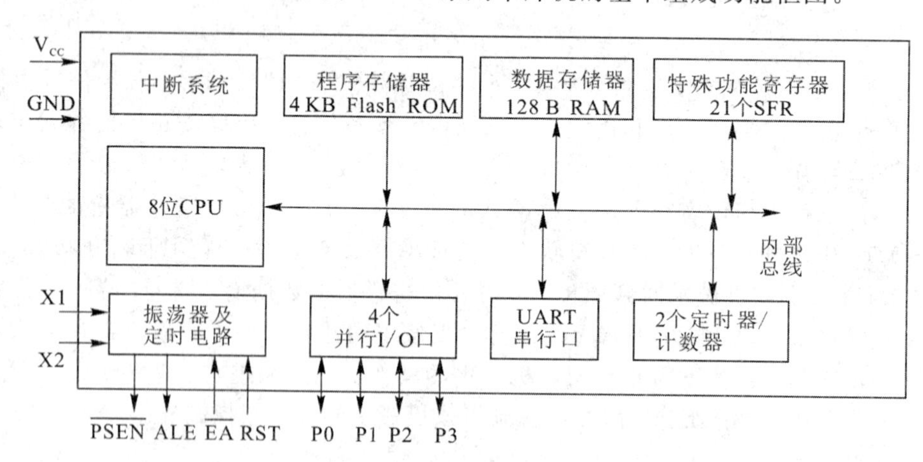

图9.19 89C51系列单片机基本组成功能框图

在执行程序的过程中起关键作用的是CPU。CPU由运算器和控制器两部分组成，主要完成各种运算和控制。

1. 运算器

运算器由运算部件算术逻辑单元(Arithmetic & Logical Unit，ALU)、累加器和寄存器等几部分组成。ALU 的作用是把传来的数据进行算术或逻辑运算，可以完成加、减、乘、除、加 1、减 1、BCD 码调整等算术运算，以及与、或、异或、求补、循环等逻辑操作。ALU 的输入源有两个，其中一个输入端接至累加器，接收由累加器送来的一个操作数；另一输入端通过暂存器接到内部数据总线，以接收来自其他寄存器的第二个操作数。参加运算的操作数在 ALU 中进行规定的操作运算后，一方面将运算结果送至累加器，另一方面将运算结果的特征或状态送程序状态字寄存器保存。由于所有运算的数据都要通过累加器，故累加器在微处理器中占有很重要的位置。运算器所执行的全部操作都是由控制器发出的控制信号来指挥的，并且一个算术操作产生一个运算结果，一个逻辑操作产生一个判决。

2. 控制器

控制器由程序计数器、指令寄存器、指令译码器、时序发生器和操作控制器等组成，是发布命令的“决策机构”，即协调和指挥整个微机系统的操作。控制电路完成指挥控制工作，协调单片机各部分的工作。其主要功能有：

(1) 从内存中取出一条指令，并指出下一条指令在内存中的位置；

(2) 对指令进行译码和测试，并产生相应的操作控制信号，以便于执行规定的动作；

(3) 指挥并控制 CPU、内存和输入/输出设备之间数据流动的方向。

微处理器内通过内部总线把 ALU、计数器、寄存器和控制部分互连，并通过外部总线与外部的存储器、输入/输出接口电路连接。外部总线又称为系统总线，分为数据总线 DB、地址总线 AB 和控制总线 CB。通过输入/输出接口电路，实现与各种外围设备连接。

9.4.2　单片机的软硬件开发平台

单片机系统的设计包括硬件设计和软件设计两方面，硬件设计主要包括根据系统功能和性能要求进行的芯片选型、电路原理图以及 PCB 图的设计，软件设计主要指基于硬件平台的应用程序设计。

1. 单片机硬件开发平台

用于电路原理图以及 PCB 图设计的硬件开发平台有 Protel、OrCAD、Cadence Allegro 等，每个开发平台都各有优势，因篇幅有限，本书只介绍功能相对简单，适合于单片机硬件电路开发的 Protel 硬件开发平台。

Protel 公司于 1985 年始创于澳大利亚塔斯马尼亚州霍巴特，并致力于开发基于 PC 的软件，为印制电路板提供辅助的设计。20 世纪 80 年代末期，Protel 公司开始以 Microsoft Windows 作为平台开发电子设计自动化的 EDA 软件。在以后的几年里，凭借各种产品附加功能和增强功能所带来的好处，Protel 形成了具有创新意识的 EDA 软件开发商的地位。1997 年，Protel 公司把所有的核心 EDA 软件工具集中到一个集成软件包里，从而实现从设计到生产的无缝集成。因此，Protel 发布了专为 Windows NT 平台构建的 Protel 98。

目前还在普遍使用的 Protel 99SE，因其简单易用的操作方法而在低端市场得到了广泛应用，它主要由五个功能模块组成：原理图设计模块、PCB 设计模块、自动布线器、原理图混合信号仿真模块和可编程逻辑器件(PLD)设计模块。其中原理图设计模块和 PCB

设计模块是一般电子设计的重点，而其他模块都是为这两个模块服务的。

1）原理图设计模块

原理图设计模块包括电路图编辑器、电路图元件库编辑器和各种文本编辑器。它为用户提供了智能化的高速原理图编辑方法，能够准确地生成原理图设计输出文件，包含有自动化的连线工具，同时具有强大的电气规则检查(ERC)功能。其主要特点如下：

(1) 模块化的原理图设计。Protel 99SE 支持自上而下或自下而上的模块化设计方法，用户可以将设计的系统按功能划分为几个子系统，每个子系统又可以划分为多个功能模块，从而实现分层设计。设计时可以先明确各个子系统或模块之间的关系；然后再分别对每个功能模块进行具体的电路设计，也可以先进行功能模块的设计；最后再根据它们之间的相互关系组合起来，形成一个完整的系统，如图 9.20 所示。Protel 99SE 对一个设计的层数和原理图张数没有限制，为用户提供了更加灵活方便的设计环境，使用户在遇到复杂系统设计的时候仍然能够轻松把握设计思路，让设计变得游刃有余。

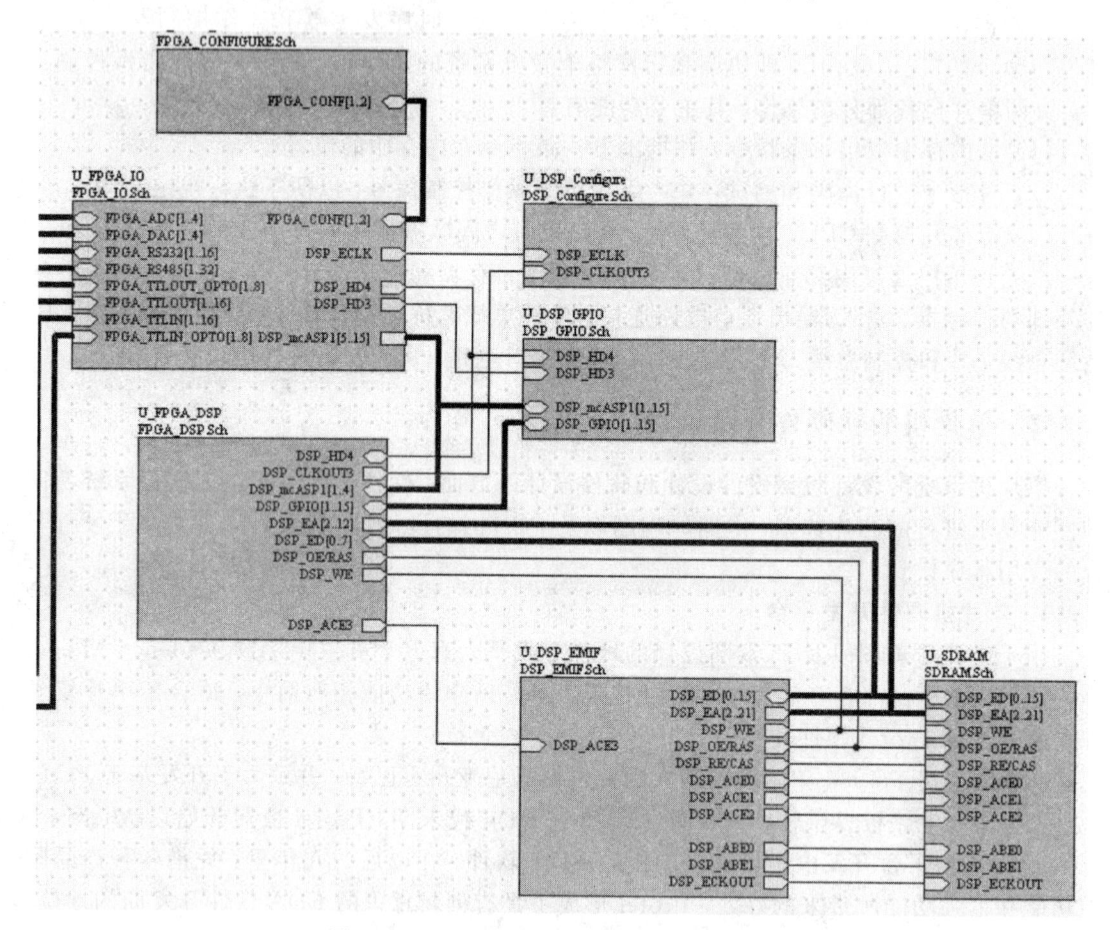

图 9.20　Protel 99SE 原理图分层设计示意图

(2) 强大的原理图编辑功能。Protel 99SE 的原理图编辑采用了标准的图形化编辑方式，用户能够非常直观地控制整个编辑过程。在原理图编辑器中，用户可以实现一些普通编辑操作，如复制、粘贴、删除、撤销等。编辑器所带电气栅格特性提供了自动连接功能，使布线更为方便，如图 9.21 所示。

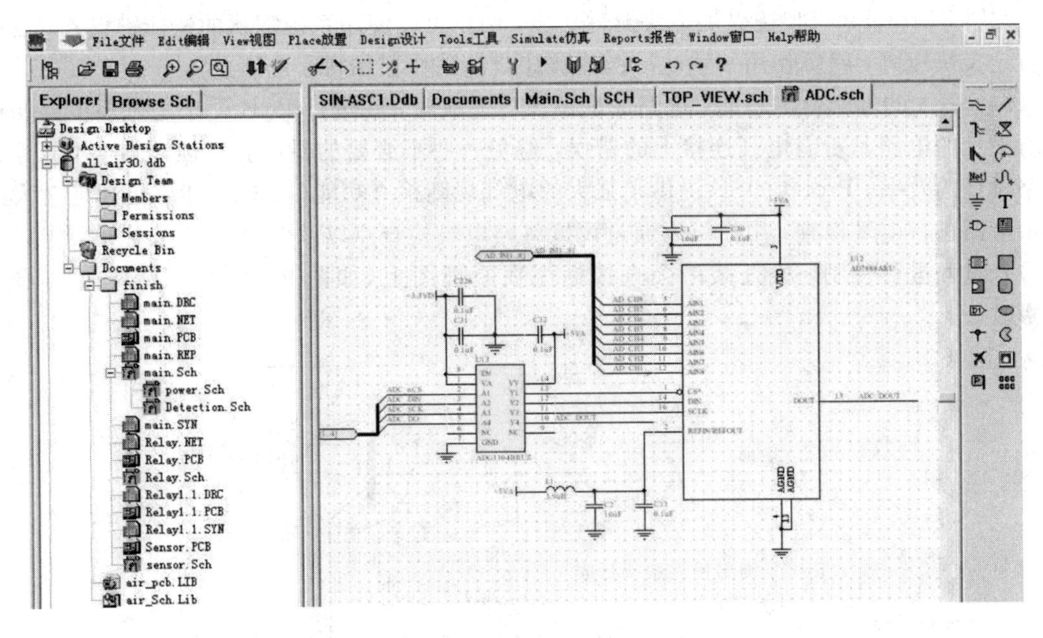

图 9.21　Protel 99SE 原理图设计操作界面

编辑器中采用了交互式的编辑方法，在编辑对象属性时，用户只需要在所需编辑的对象上双击，即可打开对象属性对话框，直接对其进行修改，非常直观、方便。此外，Protel 99SE 还提供了全局编辑功能，能够对多个类似对象同时进行修改，可以通过设置多种匹配条件选择需要进行编辑的对象和希望进行的修改操作(如图 9.22 所示)，为复杂电路的设计带来了极大的便利。

Part

Attributes | Graphical Attrs | Part Fields | Read-Only Fields

		Attributes To Match By		Copy Attribute
Lib Ref	AD7888ARU	Lib Ref	*	{}
Footprint	RU-16	Footprint	*	{}
Designat	U12	Designat	*	{}
Part	AD7888ARU	Part	*	{}
Sheet		Sheet	*	{}
Part	1	Part	Any	Part
Selection		Selection	Any	Selection
Hidden Pin		Hidden Pin	Any	Hidden P
Hidden Fiel		Hidden Fiel	Any	Hidden Fie
Field Name		Field Name	Any	Field Nar

OK　Help　Cancel　<< Local

Change Scope: Change Matching Items In Current Docu

图 9.22　Protel 99SE 对象属性全局编辑界面

另外，Protel 99 SE 还提供了快捷键功能，用户可以使用系统默认的快捷键设置，也可以自定义快捷键，熟练使用一些快捷键能够让设计工作更加得心应手。

(3) 强大的电气检测功能。电路原理图设计完成时，在进行 PCB 设计之前至少需要检查所设计的电路是否有电气连接上的错误，避免一些不必要的错误和麻烦，这样才能提高电路设计的效率。Protel 99SE 提供了强大的电气规则检查功能(ERC)，能够迅速地对大型复杂电路进行电气检查，用户可以通过设置忽略电气检查点以及修改电气规则等操作对电气检查过程进行控制，检查结果会直接标注在原理图上(如图 9.23 所示)，方便用户进行修改。

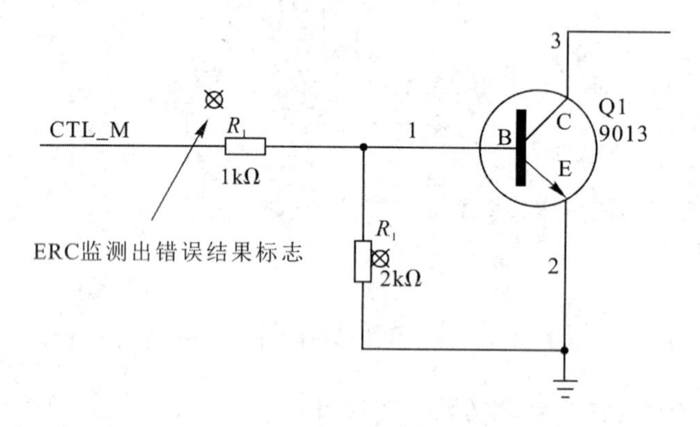

图 9.23　ERC 检测结果显示示意图

(4) 完善的库元件编辑和管理功能。Protel 99SE 提供了完善的库元件编辑和管理功能。原理图设计器提供了丰富的元件库，一些著名厂商如 Altera、Intel、Motorola 等公司的常用元件都能够在这里找到定义。如果用户在这些库中没有找到自己所需要的元件定义，则可以使用元件库编辑器自行创建新的元件。

(5) 同步设计功能。Protel 99 SE 具有原理图和 PCB 之间的同步设计功能，使原理图和 PCB 之间的变换更为简单。元件标号可双向注释，既可以从原理图将修正信息传递到 PCB 中，也可以从 PCB 中将修正信息传递到原理图中，从而保证了原理图和 PCB 之间高度的一致性。

2) PCB 设计模块

进行电路设计的最终目的是要设计出一个高质量的可加工的 PCB，这是一个电子产品开发的基础。Protel 99SE 在 PCB 设计功能上也有较多优势，其主要特点如下：

(1) 具有 32 位高精度设计系统。Protel 99SE 的 PCB 设计组件是 32 位的 EDA 设计系统，系统分辨率可达 0.0005 mil(毫英寸，1 mil＝0.0254 mm)，线宽范围为 0.001～10 000 mil(如图 9.24 所示)，字符串高度范围为 0.012～1000 mil。能够设计 32 个工作层，最大板图为 2540 mm×2540 mm，管理的元件、网络以及连接的数目仅受限于实际的物理内存，而且还能够提供各种形状的焊盘。

(2) 丰富而灵活的编辑功能。与原理图设计组件相似，Protel 99SE 的 PCB 编辑器也提供了丰富而灵活的编辑功能，用户可以很容易地实现元件的选取、移动、复制、粘贴、删除等操作，能够直接通过双击打开对象属性对话框进行修改。PCB 编辑器也提供了全局属性修改，方便用户操控。PCB 操作界面如图 9.25 所示。

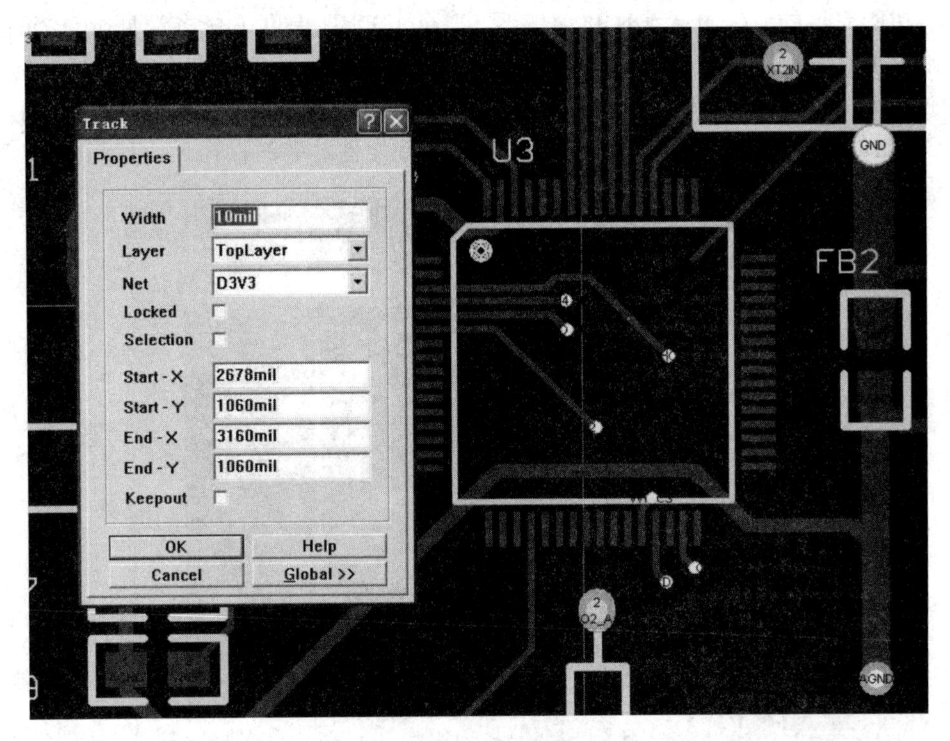

图 9.24　PCB 线宽设置界面

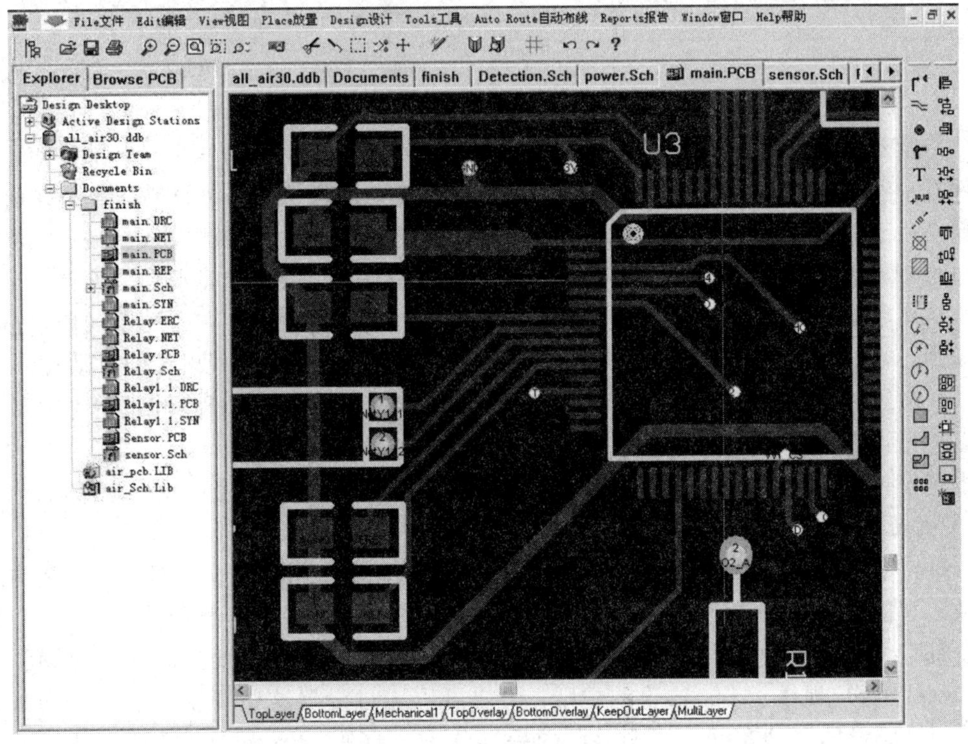

图 9.25　PCB 操作界面

(3) 功能完善的元件封装编辑和管理器。Protel 99SE 提供了众多常见 PCB 元件封装定义，用户可以方便地加载这些库件进行使用，同时也具备完善的库元件管理功能，用户可以通过多种方式，如 Protel 99SE 提供的模板或者用户自定义等，方便快速地创建一个新的 PCB 元件封装定义，从元件库中调用常见 PCB 元件封装的操作界面如图 9.26 所示。

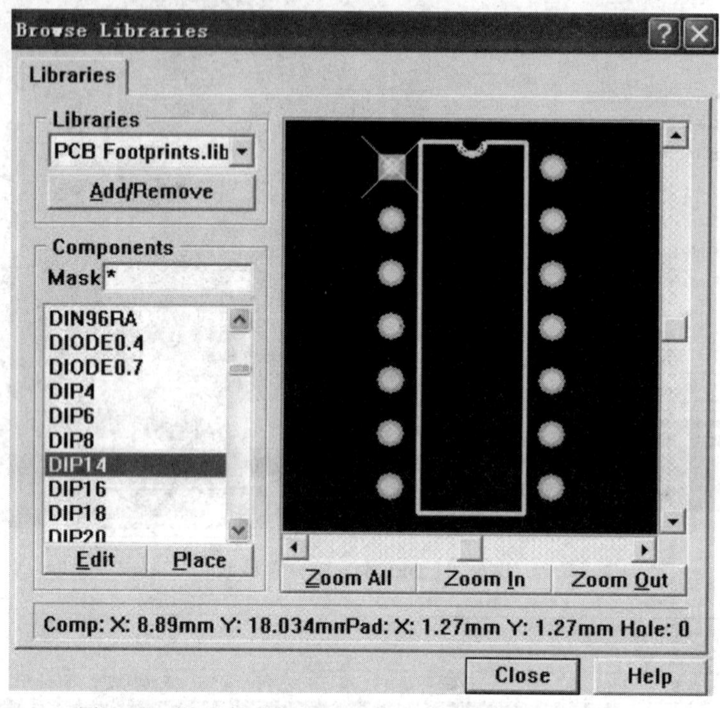

图 9.26　从元件库中调用现有 PCB 元件封装操作界面

(4) 强大的布线功能。Protel 99SE 强大的布线功能是该软件的一个显著的亮点。首先该软件有一些极优秀和稳定的手动布线特性，能够自动地弯折线，绕开障碍物，并与设计规则完全一致；同时结合拖拉线时自动抓取实体电气网格特性和预测放线特性，能够很合理地布出带有混合元件的复杂板，Protel 99SE 回路清除功能能够自动删除多余连线，具有智能推挤布线功能；Protel 99SE 还提供功能强大的自动布线功能，在自动布线前，先设置设计规则，然后设定系统进行自动布线时采用的布线策略，能够实现设计的自动化。

(5) 完备的设计规则检查(DRC)功能。Protel 99SE 支持在线 DRC 和批量 DRC，设计者可以通过设置选项打开在线 DRC，在设计过程中如果在布局、布线、线宽、孔径大小等方面出现了违规设计，系统会自动提示错误，并以高亮显示，方便用户发现和修改。

3) 自动布线器

Protel 99SE 的自动布线组件是通过 PCB 编辑器实现与用户的交互的。其布局方法是基于人工智能，对 PCB 版面进行优化设计，采用拆线重组的多层迷宫布线算法，可以同时处理全部信号层的自动布线，并不断进行优化。自动布线的设置界面如图 9.27 所示。

Protel 99SE 提供了丰富的设计规则，用户可以通过设置这些规则控制自动布线的过程，实现高质量的自动布线，减少后期的手动修改。此外，Protel 99SE 还支持基于形状(Shape-based)的布线算法，可以实现高难度、高精度的 PCB 自动布线。合理使用 Protel 99SE 提供的自动布线功能能够提高 PCB 设计的效率，减轻用户的设计工作量。

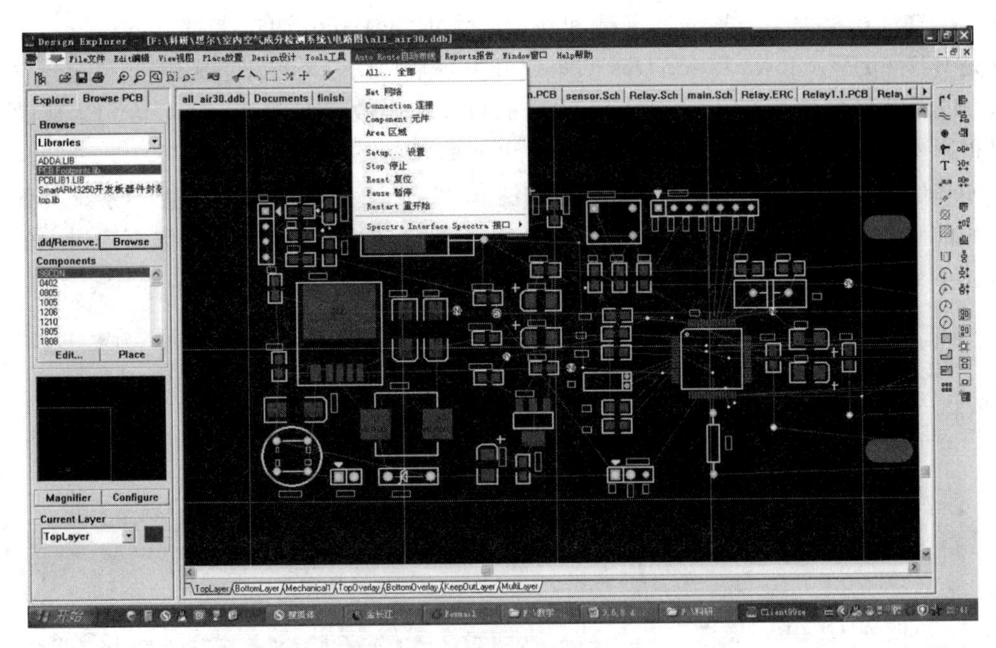

图 9.27　自动布线设置界面

4）原理图混合信号仿真模块

Protel 99SE 提供了优越的混合信号电路仿真引擎，全面支持含有模拟和数字元件的混合电路设计与仿真。同时还提供了大量的 Simulation 模型文件，每个都链接到标准的 SPICE 模型。混合信号仿真是在原理图的环境下进行功能仿真的，设计时与普通原理图的设计方法一致，连接好原理图，加上激励源即可进行仿真。

5）可编程逻辑器件(PLD)设计模块

Protel 99SE 嵌套的 PLD99 的开发环境下，包含一个新的 SCH - to - PLD 符号库，设计时从 PLD 符号库中使用组件，再从唯一的器件库中选择目标器件，进行编译将原理图转换成 CPUL. PLD 文件后，即可编译生成下载文件。此外，用户还可以使用 Protel 99SE 文本编辑器中易掌握而且功能强大的 CPUL 硬件描述语言(VHDL)直接编写 PLD 描述文件，然后选择目标器件进行编译。可编程逻辑器件设计可以直接面向用户要求，自上而下地逐层完成相应的描述、综合、优化、仿真与验证，直到生成能够下载到器件的 JED 文件，该方法结构严谨，易于操作。该方法为数字电路系统的设计提供了非常方便的手段，为众多复杂的实际工程问题提供了灵活的解决方案，从而可大大缩短研发时间。

2. 单片机软件开发平台

由于单片机厂商众多，目前还没有完全兼容所有厂商以及所有单片机型号的软件开发平台，每个厂商都有自己推荐或者开发的软件平台，如 STMicroelectronics 公司支持的 STM Studio，Microchip 公司支持的 MAPLAB IDE 等，没有办法一一介绍，本节以支持 51 系列单片机的 Keil C51 软件为例介绍单片机软件开发平台的特点及初步使用方法。

Keil C51 是美国 Keil Software 公司出品的 51 系列兼容单片机 C 语言软件开发系统，与汇编语言相比，C 语言在功能性、结构性、可读性、可维护性上有明显的优势，因而易学易用。Keil 则为其提供了包括 C 编译器、宏汇编、连接器、库管理和一个功能强大的仿真调试器等在内的完整开发方案，通过一个集成开发环境(μVision)将这些部分组合在一起。

Keil C51 软件还提供了丰富的库函数和功能强大的集成开发调试工具。μVision 与 Ishell 分别是 C51 for Windows 和 for Dos 的集成开发环境(IDE)，可以完成编辑、编译、连接、调试、仿真等整个开发流程。Keil C51 生成的目标代码效率非常高，多数语句生成的汇编代码很紧凑，容易理解，在开发大型软件时更能体现高级语言的优势。

Keil C51 启动后，进入主操作界面，如图 9.28 所示。选择新建工程后，系统会弹出选择单片机型号的界面，如图 9.29 所示。单片机型号确认选择结束后，进入新建工程的开发界面，可以新建、编辑源程序文件，操作界面如图 9.30 所示。

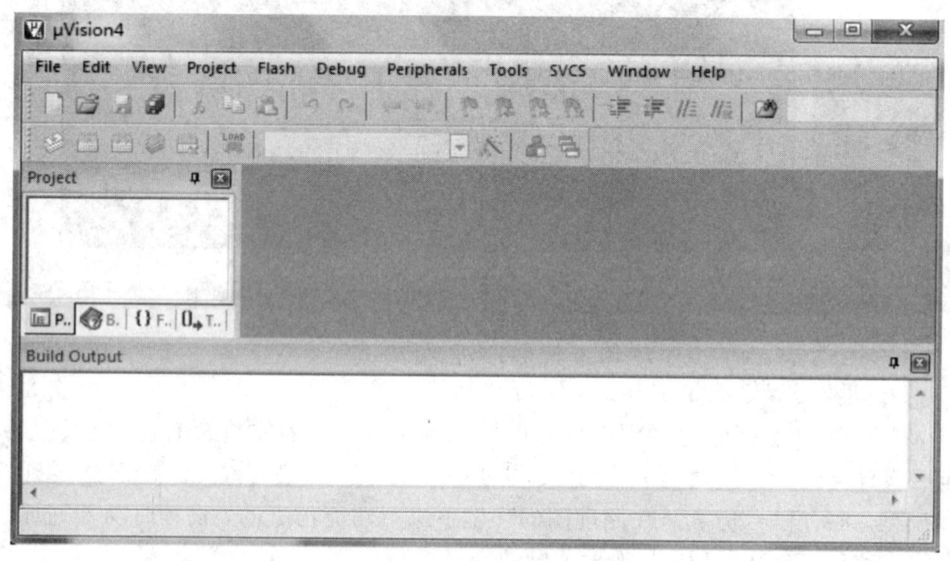

图 9.28　Keil C51 软件操作主界面

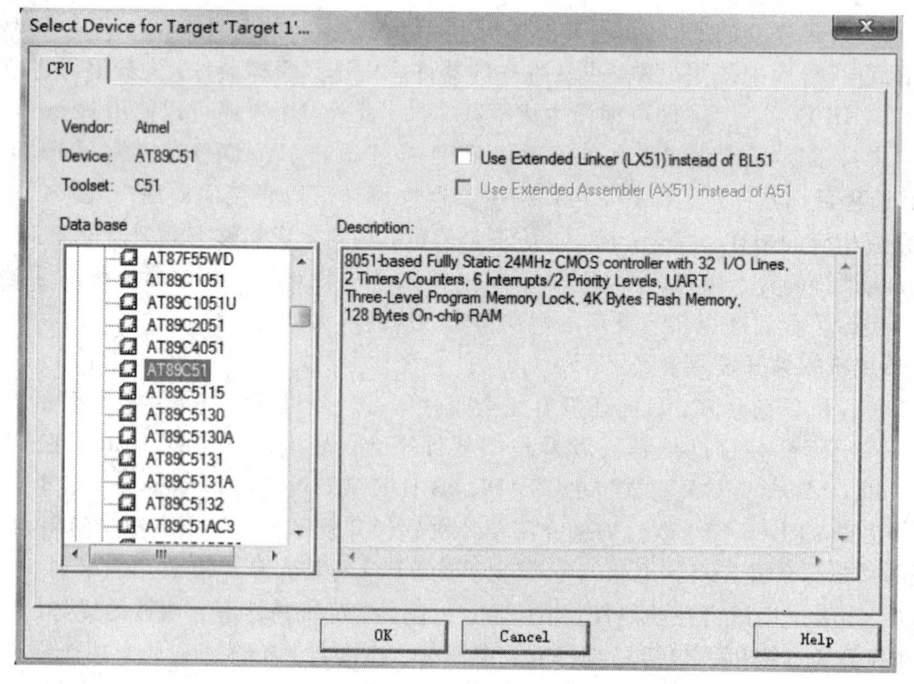

图 9.29　单片机型号选择界面

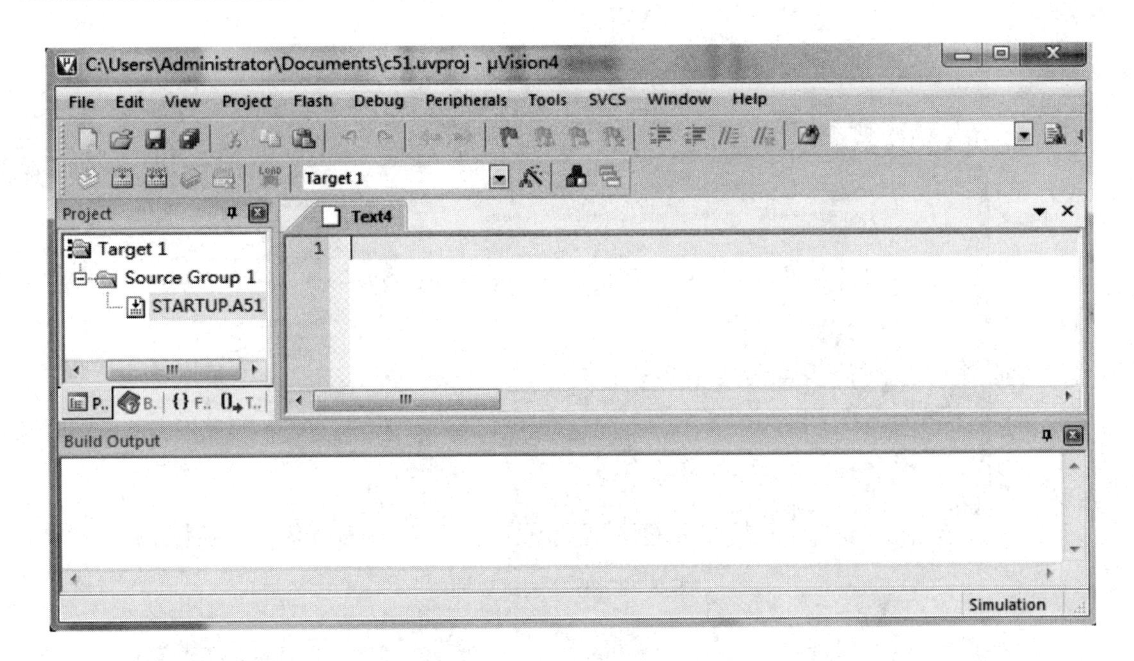

图 9.30　源程序编辑界面

源程序编写完成后，Keil C51 还支持编译和调试功能，编译界面如图 9.31 所示，调试界面如图 9.32 所示。

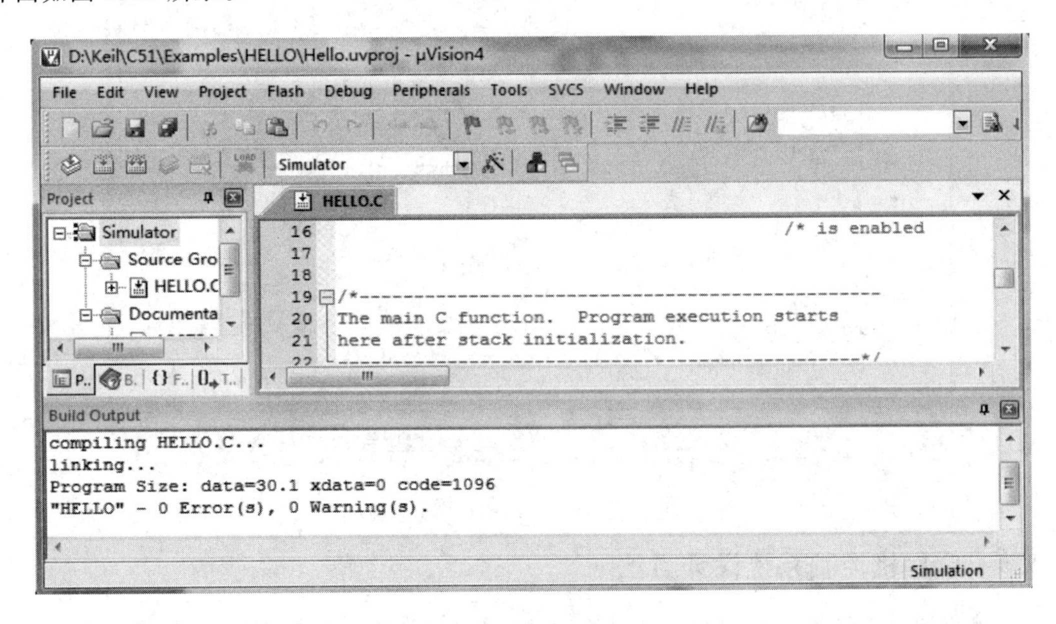

图 9.31　程序编译界面

如果调试结果正确，纯软件的开发过程就完成了。但是程序能否满足系统要求，还需要将程序下载到单片机进行基于硬件系统的功能测试。程序下载之前需要转换成 HEX 代码，如图 9.33 所示。最后使用下载器将 HEX 代码下载到单片机中。如果功能不满足要求，则需要根据测试结果进行软件的修改、调试及重新下载测试，直到软件功能满足要求。

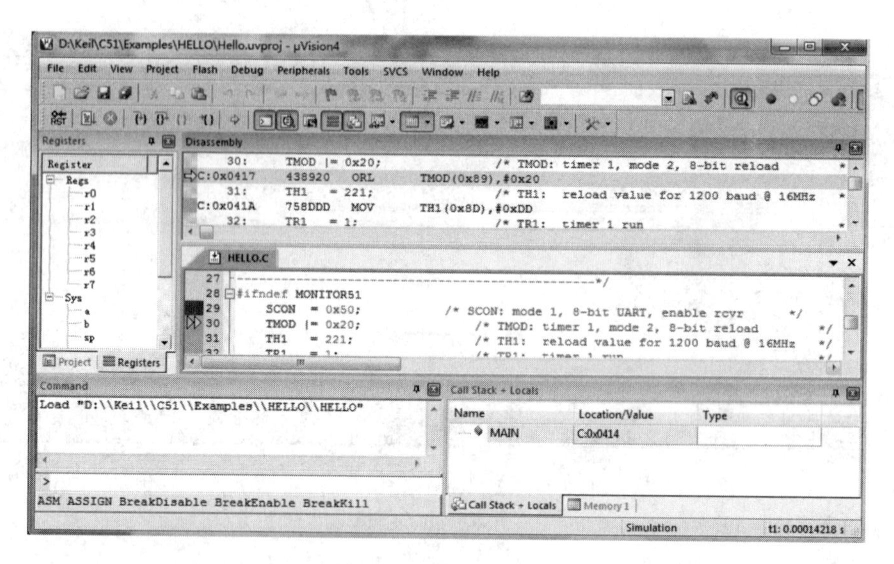

图 9.32　程序调试界面

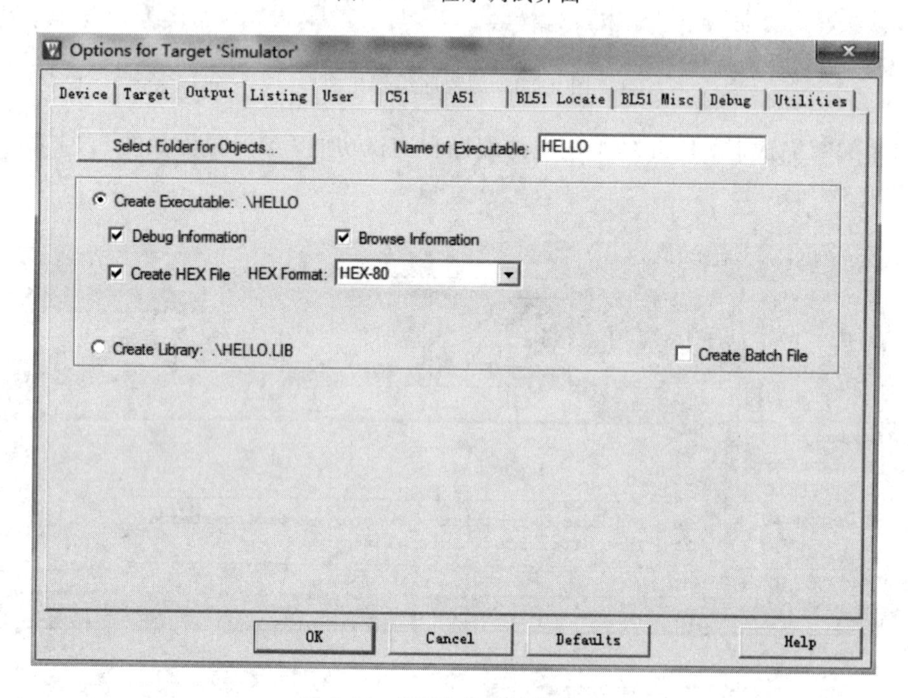

图 9.33　HEX 代码转换界面

9.4.3　单片机控制系统设计方法

单片机控制系统设计是一个多学科知识综合运用的过程，其中涉及自动控制理论、计算技术、计算方法、自动检测技术以及电路等多学科知识。要熟练地掌握单片机系统设计方法，应具备以下几方面的知识和能力：

首先，必须掌握一定的硬件基础知识。这些硬件不仅包括各种单片机、存储器及 I/O 接口，而且还包括对仪器或装置进行信息设定的键盘及开关、检测各种输入量的传感器、控制用的执行装置，单片机与各种仪器进行通信的接口，以及打印和显示设备等。还应掌握系统常用的I/O口扩展、A/D转换器及D/A转换器扩展、高电压、大电流负载接口电路的设计方法等。

其次，需要具备一定的软件设计能力。能够根据系统的要求，灵活地设计出所需要的程序，主要有数据采集程序、A/D转换程序、D/A转换程序、数码转换程序、数字滤波程序，以及各种控制算法及非线性补偿程序等。

再次，具有综合运用知识的能力。必须善于将一台智能化仪器或装置的复杂设计任务划分成许多便于实现的组成部分。特别是对软件、硬件的折中问题能够恰当地运用。设计单片机应用系统的一般原则是根据用户的设计要求，先选择和组织硬件构成应用系统，并充分分析硬件的可行性及与之相配的软件设计的可行性。然后是当硬件、软件之间需要折中协调时，进行折中协调。这是因为在通常情况下，硬件实时性强，但将使仪器增加投资，且结构复杂；软件可避免上述缺点，但实时性比较差。为保证系统能可靠工作，在软、硬件的设计过程中还包括系统的抗干扰设计。

最后，还应当了解生产过程的工艺性能及被测参数的测量方法，以及被控对象的动、静态特性，必要时建立被控对象的数学模型。

另外，为了更好地应用单片机，还应当有良好的自学能力。在电子领域，新的器件层出不穷，各种功能及性能良好的器件不断涌现。利用新器件，不但可以简化系统，还可以减小软件方面的开销，提高系统的稳定性等。要做到用中学，学中用。

单片机控制系统的设计的一般过程如图 9.34 所示。

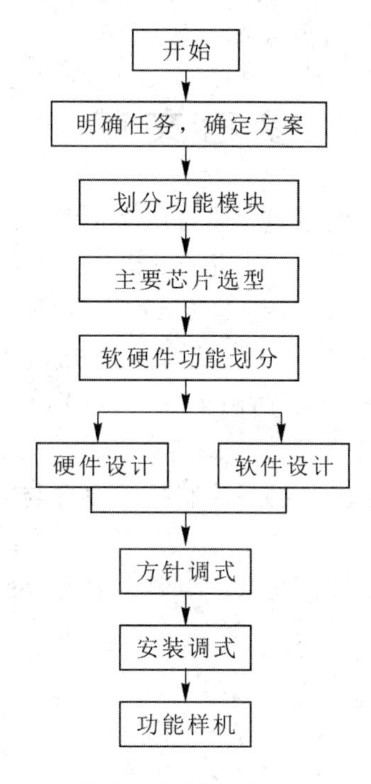

图 9.34　单片机控制系统一般开发流程

当然，系统的设计开发过程不可能一帆风顺，以上开发流程的每个环节都可能有反复，这是系统设计必然存在的环节，只有经过反复测试、反复改进的产品才能更好地满足系统功能要求。

单片机控制系统设计的主要内容可归纳为以下几点：

(1) 应用系统总体方案设计，包括系统的要求、应用方案的选择以及工艺参数的测量范围等；

(2) 选择各参数检测元件及变送器；

(3) 建立数学模型及确定控制算法；

(4) 单片机和主要芯片选型；

(5) 系统硬件设计，包括接口电路、逻辑电路及操作面板；

(6) 系统软件设计，包括管理、监控程序以及应用程序的设计；

(7) 系统的调试与实验。

由于其中涉及不同学科的知识太多，本书不再展开介绍以上的设计内容，相关的具体内容请参考其他资料。

思考与练习题

9.1 机电一体化系统的主控系统选型的参考指标有哪些？

9.2 试述工业控制计算机的硬件组成部分及各自的作用。

9.3 试述可编程控制器常用的编程语言及其各自特点。

9.4 进行可编程控制器系统硬件设计时应考虑哪些指标？

9.5 试述单片机控制系统设计开发的一般流程。

参考文献

[1] 张建民. 机电一体化系统设计. 修订版. 北京：北京理工大学出版社，2008.

[2] 姜培刚. 机电一体化系统设计，北京：机械工业出版社，2011.

[3] 吕强. 机电一体化原理及应用. 3 版. 北京：国防工业出版社，2010.

[4] 廖常初. PLC 编程及应用. 4 版. 北京：机械工业出版社，2014.

[5] 杨后川，张瑞，高建设，等. 西门子 S7－200PLC 应用 100 例. 北京：电子工业出版社，2009.

[6] 薛迎成，何坚强. 工控机及组态控制技术原理与应用. 2 版. 北京：中国电力出版社，2011.

[7] 袁涛. 单片机原理及应用. 北京：清华大学出版社，2012.

第 10 章　机械伺服系统设计

10.1　概　　述

机械伺服系统是现代精密加工设备、测试仪器的基础。设计中，应根据需要选择合适的机械伺服系统种类，确定合理的相关参数，建立模型并进行相应的分析。

伺服系统指用来精确地跟随或复现某个过程的反馈控制系统，又称随动系统。在很多情况下，伺服系统专指被控制量(系统的输出量)是机械位移或速度、加速度的反馈控制系统，其作用是使输出的机械位移(或转角)准确地跟踪输入的位移(或转角)。

10.1.1　伺服进给驱动系统的基本要求

伺服进给驱动系统的基本技术要求有精度、稳定性、响应特性和工作带宽。

1. 系统精度

系统精度是指输出量复现输入信号要求的精确程度，以误差的形式表现，可概括为动态误差、稳态误差和静态误差三个方面。一个“好”的伺服进给驱动系统当然具有高的系统精度。要实现高的系统精度，则要求系统具有高精度的检测装置、精确的执行和传动装置以及合理的反馈回路和控制方法。

2. 稳定性

稳定性是指系统在给定输入或外界干扰作用下，具有能在短暂的调节过程后到达新的或者回复到原有平衡状态的能力。

3. 响应特性

响应特性是伺服系统动态品质的标志之一，要求跟踪指令信号的响应要快，一方面要求过渡过程时间短；另一方面，为满足超调要求，要求过渡过程的前沿陡，即上升率要大。

系统的快速响应性和稳定性是密不可分的，系统要在短暂的调节过程后到达新的或者回复到原有的平衡状态必然要求系统有好的快速响应性，这样达到新的稳定状态的时间才能够足够短；而系统要满足较小的超调量要求，必然要求系统具有较好的稳定性，以避免在响应过程动态误差太大。稳定性和响应性方面的需求需要系统具有高性能的执行装置和合理的控制算法。

4. 工作带宽

工作带宽通常是指系统允许输入信号的频率范围。当工作频率信号输入时，系统能够按技术要求正常工作，而其他频率信号输入时，系统不能正常工作。系统的工作带宽要根据实际需要设计，合理的工作带宽要既能满足对工作频率的快速响应，又要能够实现对非工作频率的过滤作用，保证系统的稳定性。

10.1.2 典型伺服系统

典型的伺服系统包括主控装置、驱动装置、执行装置、传动装置和检测装置。其中主控装置通常为上位机或者嵌入式系统等；驱动装置一般为功率放大器(伺服放大器)等；执行装置指把各种能量转化为机械能的装置，如电机、液压泵、气动泵等；传动装置包括滚珠丝杠、传送带、齿轮等运动传递机构；检测装置有编码器、旋转变压器、光栅、磁栅等信号检测设备。

伺服系统按照信号是否反馈可分为开环伺服系统、闭环伺服系统和半闭环伺服系统三种。

1. 开环伺服系统

开环系统是指控制量(通常是脉冲信号)通过驱动和执行装置，施加到负载上，没有任何传感器信息的反馈。其典型结构如图 10.1 所示。

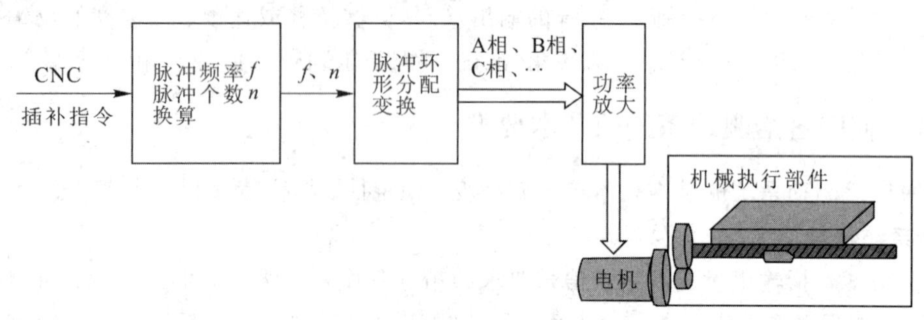

图 10.1 开环伺服系统结构简图

2. 闭环伺服系统

闭环伺服是指控制量通过驱动和执行装置施加到负载上，通常在电机高速轴有速度量的信息反馈，在负载轴上有位置信息的反馈，反馈信息分别加到系统的位置控制和速度控制环节进行在线实时调节。其典型结构如图 10.2 所示。

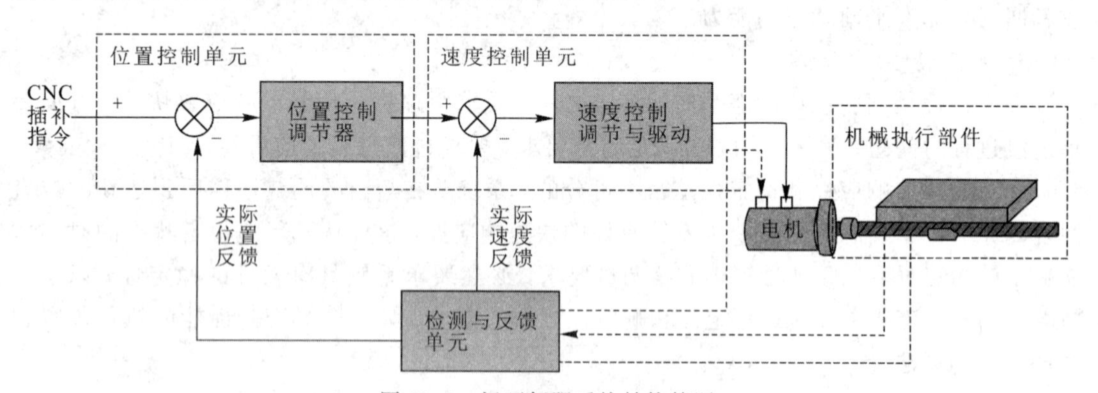

图 10.2 闭环伺服系统结构简图

3. 半闭环伺服系统

半闭环伺服系统是指控制量通过驱动和执行装置施加到负载上，在电机高速轴上有位置和速度信息的反馈，反馈系统加到系统的位置控制和速度控制环节进行在线实时调节。如图 10.3 所示，检测装置安装在电机高速轴上。

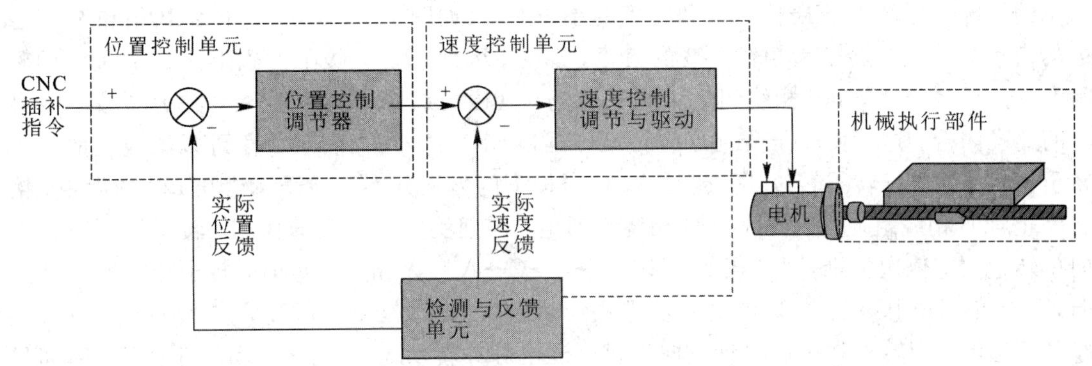

图 10.3 半闭环伺服系统结构简图

10.2 伺服进给驱动系统

10.2.1 步进电动机及其控制原理

步进电动机是一种将电脉冲转化为角位移的执行元件，它的旋转是以固定的角度(称为“步距角”)一步一步运行的，所以称为步进电动机。当步进电动机驱动器接收到一个脉冲信号(通常来自控制器)，它就驱动步进电动机按设定的方向转动一个固定的角度。步进电动机不能直接接到直流或交流电源上工作，必须使用专用的驱动电源(步进电动机驱动器)。步进电动机和步进电动机驱动器构成步进电机驱动系统。步进电动机驱动系统的性能，不但取决于步进电动机自身的性能，也取决于步进电动机驱动器的优劣。对步进电动机驱动器的研究几乎是与步进电动机的研究同步进行的。控制器可以通过控制脉冲的个数来控制角位移量，从而达到准确定位的目的；同时可以通过控制脉冲频率来控制电机转动的速度和加速度，从而达到调速的目的。

图 10.4 是最常见的三相反应式步进电动机的剖面示意图。电机的定子上有六个均布的磁极，其夹角是 60°。各磁极上套有线圈，按图 10.4 连成 A、B、C 三相绕组。转子上均布 40 个小齿，所以每个齿的齿距 $\theta_E=360°/40=9°$，而定子每个磁极的极弧上也有 5 个小齿，且定子和转子的齿距与齿宽均相同。

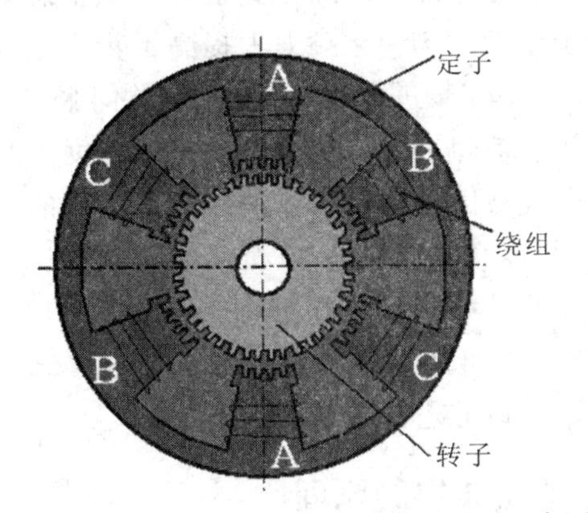

图 10.4 三相反应式步进电动机的剖面示意图

由于定子和转子的小齿数目分别是 30 和 40，其比值是一分数，这就产生了所谓的齿错位的情况。若以A相磁极小齿和转子的小齿对齐(如图10.4所示),那么B相和C相磁极的齿就会分别与转子齿相错1/3的齿距,即3°。因此,B、C极下的磁阻比A磁极下的磁阻大。若给B相通电,B相绕组产生定子磁场,其磁力线穿越B相磁极,并力图按磁阻最小的路径闭合,这就使转子受到反应转矩(磁阻转矩)的作用而转动,直到B磁极上的齿与转子齿对齐,恰好转子转过3°,此时A、C磁极下的齿又分别与转子齿错开1/3的齿距。接着停止对B相绕组通电,而改为C相绕组通电,同理受反应转矩的作用,转子按顺时针方向再转过3°。依次类推,当三相绕组按A→B→C→A顺序循环通电时,转子会按顺时针方向,以每个通电脉冲转动3°的规律步进式转动起来。若改变通电顺序,按A→C→B→A顺序循环通电,则转子就按逆时针方向以每个通电脉冲转动3°的规律转动。因为每一瞬间只有一相绕组通电,并且按三种通电状态循环通电,故称为单三拍运行方式。单三拍运行时的步矩角$\theta_b=30°$。三相步进电动机还有两种通电方式:双三拍运行(即按AB→BC→CA→AB顺序循环通电的方式)和单、双六拍运行(即按A→AB→B→BC→C→CA→A顺序循环通电的方式)。六拍运行时的步矩角将减小一半。

反应式步进电动机的步距角可按下式计算:

$$\theta_b = \frac{360°}{N \cdot E_r} \tag{10-1}$$

式中:E_r为转子齿数;N为运行拍数,$N=km$,m为步进电动机的绕组相数,$k=1$或2。

步进电机运转需要驱动器驱动,驱动器实际上是一种功率放大器,能把控制器发来的脉冲信号转化为步进电机的角位移。电机的转速与脉冲频率成正比,所以控制脉冲频率可以精确调速,控制脉冲数就可以精确定位。常用的步进电机驱动器驱动方式有恒流驱动、单极性驱动和双极性驱动等。

步进电机驱动器通常包括功率放大器和步距角细分电路两部分。将电机固有步距角细分成若干小步的驱动方法称为细分驱动。细分是通过驱动器精确控制步进电动机的相电流实现的,与电机本身无关。

细分驱动的原理是,让定子通电相电流不是一次升到位,而断电相电流也不是一次降为0(绕组电流波形不再是近似方波,而是N级近似阶梯波),则定子绕组电流所产生的磁场合力,会使转子有N个新的平衡位置(形成N个步距角)。国内外对细分驱动技术的研究十分活跃,高性能的细分驱动电路可以细分到上千甚至任意细分。目前已经能够做到通过复杂的计算使细分后的步距角均匀一致,大大提高了步进电动机的脉冲分辨率,减小或消除了振荡、噪声和转矩波动,使步进电动机更具有"类伺服"特性。

细分技术的主要作用并不是为了提高步进电动机的精度,步进电动机的细分技术实质上是一种电子阻尼技术,其主要目的是减弱或消除步进电机的低频振动,提高电机的运转精度只是细分技术的一个附带功能。细分后电机运转时对每一个脉冲的分辨率提高了,但运转精度能否达到或接近脉冲分辨率还取决于细分驱动器的细分电流控制精度等其他因素。不同厂家的细分驱动器精度可能差别很大;细分数越大精度越难控制。真正的细分对驱动器要有相当高的技术要求和工艺要求,成本亦会较高。

10.2.2 直流伺服电动机及其控制原理

直流伺服电机分为有刷电机和无刷电机。有刷直流伺服电机成本高,结构复杂,启动转矩大，调速范围宽，控制容易，需要维护，但维护方便(换碳刷)。不过，有刷直流伺服电机会产生电磁干扰，对环境有要求，因此它可以用于对成本敏感的普通工业和民用场合。无刷直流伺服电机体积小，重量轻，出力大，响应快，速度高，惯量小，转动平滑，力矩稳定，电机功率有局限故做不大；容易实现智能化，其电子换相方式灵活，可以方波换相或正弦波换相；电机免维护不存在碳刷损耗的情况，效率很高，运行温度低噪音小，电磁辐射很小，寿命长，可用于各种环境。

直流电动机的工作原理是建立在电磁力和电磁感应基础上的，是由于带电导体在磁场中受到电磁力的作用。直流电动机模型如图 10.5 所示，它包括三个部分：固定的磁极、电枢、换向片与电刷。当将直流电压加到 A、B 两电刷之间，电流从 A 刷流入，从 B 刷流出，载流导体 ab 在磁场中受的作用力 F 按左手定则指向逆时针方向。同理，载流导体 cd 受到的作用力也是逆时针方向的。因此，转子在电磁转矩的作用下逆时针方向旋转起来。当电枢恰好转过 90°时，电枢线圈处于中性面(此时线圈不切割磁力线)，电磁转矩为零。但由于惯性的作用，电枢将继续转动，当电刷与换向片再次接触时，导体 ab 和 cd 交换了位置。因此，导体 ab 和 cd 中的电流方向改变了，这就保证了电枢可以连续转动。

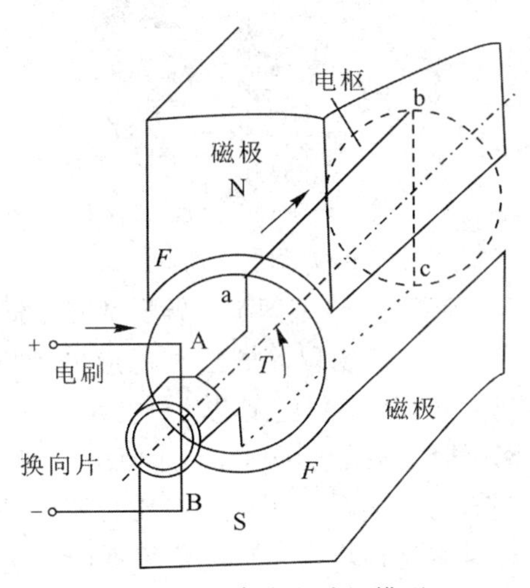

图 10.5　直流电动机模型

直流伺服电动机同样需要功率放大器将较小的输入信号放大为电枢电压和电流表示的较高的输出信号。功率放大器的结构原理如图 10.6 所示。功率放大是在控制信号作用下，将电源功率的一部分转换到输出功率。功率放大器自身也消耗部分功率。

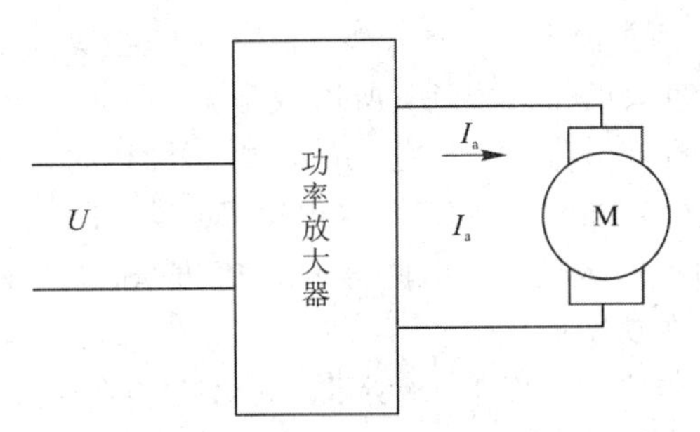

图 10.6　直流电动机功率放大器结构原理图

功率放大器能在可控条件下实现电机的四象限运行，能输出幅值及极性均可改变的电压来实现电机速度大小及方向的控制。能输出幅值及极性均可改变的电流来实现电机力矩大小及方向的控制。线性功率放大器、PWM桥式功率放大器是最常见的直流电动机功率放大器。

10.2.3 交流伺服电动机及其控制原理

交流伺服电动机的结构主要可分为两部分，即定子部分和转子部分。其中定子的结构与旋转变压器的定子基本相同，在定子铁芯中也安放着空间互成90°电角度的两相绕组，其结构如图10.7所示。其中一组为励磁绕组，另一组为控制绕组。交流伺服电动机使用时，励磁绕组两端施加恒定的励磁电压U_f，控制绕组两端施加控制电压U_k。当定子绕组加上电压后，伺服电动机很快就会转动起来。

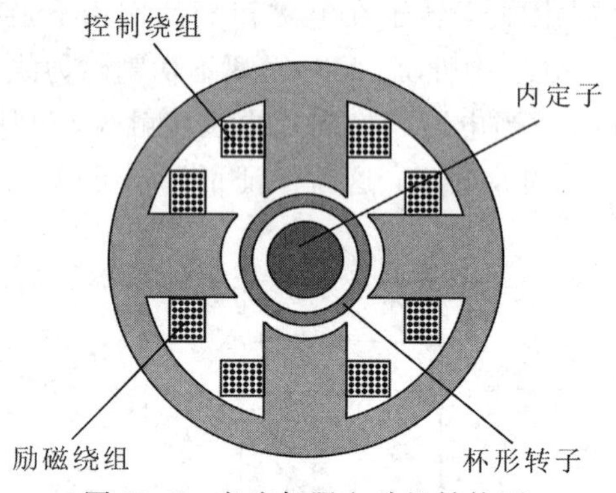

图10.7 交流伺服电动机结构图

交流伺服电动机可分为异步型和同步型两类。异步型交流伺服电动机有三相和单相之分，也可分为鼠笼式和线绕式，通常多用鼠笼式三相感应电动机。其结构简单，与同容量的直流电动机相比，质量轻1/2，价格仅为直流电动机的1/3；缺点是不能经济地实现范围很广的平滑调速，必须从电网吸收滞后的励磁电流，因而会令电网功率因数变坏。

同步型交流伺服电动机虽较感应电动机复杂，但比直流电动机简单。它的定子与感应电动机一样，都在定子上装有对称三相绕组。而转子却不同，按不同的转子结构又分电磁式及非电磁式两大类。非电磁式又分为磁滞式、永磁式和反应式三种。其中磁滞式和反应式同步电动机存在效率低、功率因数较差、制造容量不大等缺点。与电磁式相比，永磁式的优点是结构简单、运行可靠、效率较高；缺点是体积大、启动特性欠佳。但永磁式同步电动机采用高剩磁感应、高矫顽力的稀土类磁铁后，可比直流电动机外形尺寸约小1/2，质量减轻60%，转子惯量减到直流电动机的1/5。它与异步电动机相比，由于采用了永磁铁励磁，消除了励磁损耗及有关的杂散损耗，所以效率高。又因为没有电磁式同步电动机所需的集电环和电刷等，其机械可靠性与感应(异步)电动机相同，而功率因数却大大高于感应(异步)电动机，从而使永磁同步电动机的体积比异步电动机小些。这是因为在低速时，感应(异步)电动机由于功率因数低，输出同样的有功功率时，它的视在功率却要大得多，而电动机主要尺寸是据视在功率而定的。

交流伺服电动机的工作原理如图10.8所示。电动机定子上有两相绕组，一相称为励磁绕组f，接到交流励磁电源U_f上，另一相为控制绕组c，接入控制电源U_c，两绕组在空间上互差90°，励磁电压U_f和控制电压U_c频率相同。

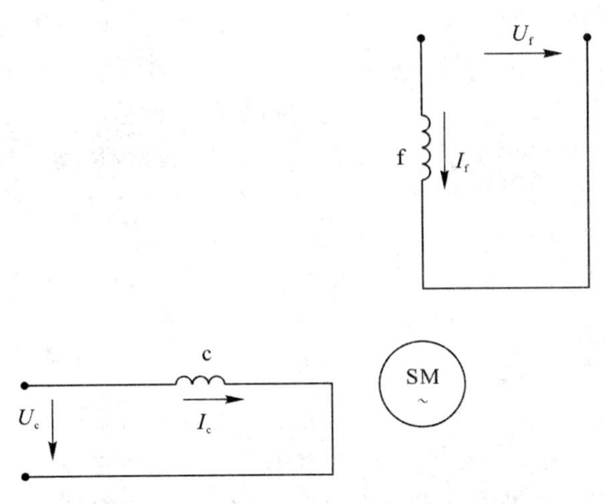

图 10.8　交流伺服电动机工作原理图

当交流伺服电动机的励磁绕组接到励磁电压 U_f 上时，若控制绕组加上的控制电压为零(即无控制电压)，这时定子内只有励磁绕组产生的脉动磁场，电动机无启动转矩，转子不能启动。当控制绕组加上控制电压，且产生的控制电流与励磁电流的相位不同时，则定子内产生椭圆形旋转磁场(若 I_c 与 I_f 相位差为 90°，即为圆形旋转磁场)，于是产生启动力矩，电动机的转子沿旋转磁场的方向转动起来。在负载恒定的情况下，电动机的转速将随控制电压的大小而变化，当控制电压的相位相反时，伺服电动机将反转。

10.2.4　直线电动机及其控制原理

1. 直线电动机简介

直线电动机(也称线性马达)(Linear Motor)是电动机的一种，其原理与传统的电动机不同。与传统的扭力及旋转动能不同，直线电动机是直接把输入电力转化为线性动能。它可以看成是一台旋转电机按径向剖开并展成平面而成的，其结构演变原理示意如图 10.9 所示。

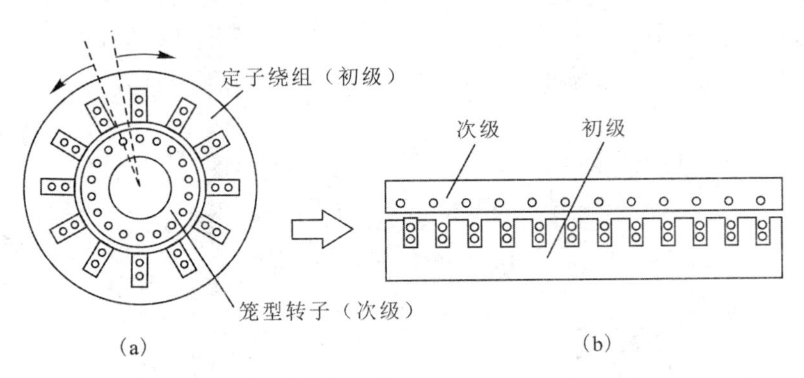

图 10.9　旋转电机演变成直线电机结构原理图

由定子演变而来的一侧称为初级，由转子演变而来的一侧称为次级。在实际应用时，将初级和次级制造成不同的长度，以保证在所需行程范围内初级与次级之间的耦合保持不变。直线电机可以是短初级长次级，也可以是长初级短次级。以直线感应电动机为例说明其工作原理，当初级绕组通入交流电源时，便在气隙中产生行波磁场，次级在行波磁场切割下，将感应出电动势并产生电流，该电流与气隙中的磁场相作用就产生电磁推力。如果初级固定，则次级在推力作用下做直线运动；反之，则初级做直线运动。随着自动控制技术和微型计算机的高速发展，对各类自动控制系统的定位精度提出了更高的要求，在这种情况下，传统的旋转电动机再加上一套变换机构组成的直线运动驱动装置，精度已经远不能满足现代控制系统的要求。直线电动机控制系统可以省去大量的中间传动机构，能够减小系统误差，提高控制精度。另外，直线电动机相对于旋转电动机还有结构简单、直线运动速度快、加速度高等优点，它可以采用交流电源、直流电源或脉冲电源等各种电源进行工作。因此，直线电动机的应用领域也越来越广。

2. 直线电动机的工作原理

直线电动机的控制原理与旋转电动机类似，在直线电动机的三相绕组中通入三相对称正弦电流后，也会产生气隙磁场。当不考虑由于铁芯两端开断而引起的纵向边端效应时，这个气隙磁场的分布情况与旋转电机相似，即可看成沿展开的直线方向呈正弦形分布。三相电流随时间变化时，气隙磁场将按 A、B、C 相序沿直线移动，这个原理与旋转电动机的相似。差异是这个磁场平移，而不是旋转，因此称为行波磁场，如图 10.10 所示。行波磁场的移动速度与旋转磁场在定子内圆表面上的线速度一样，称为同步速度。

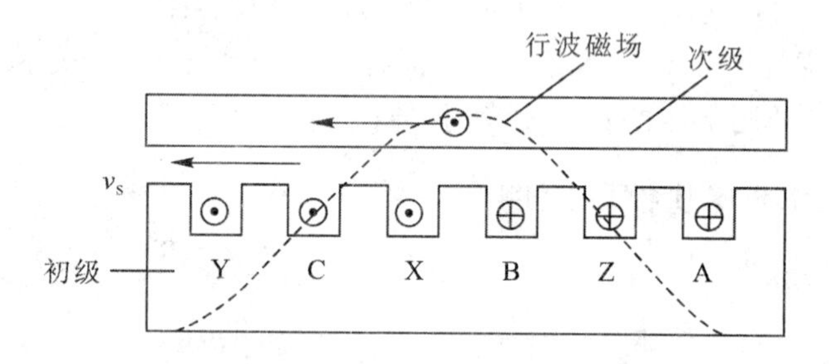

图 10.10　直线电动机基本工作原理

假定次级为栅形次级，次级导条在行波磁场切割下，将产生感应电动势并产生电流。所有导条的电流和气隙磁场相互作用便产生电磁推力。直线电动机的次级大多采用整块金属板或复合金属板，并不存在明显导条，可当做无限多导条并列安装来进行分析。图10.11为假想导条中的感应电流及金属板内电流的分布情况。

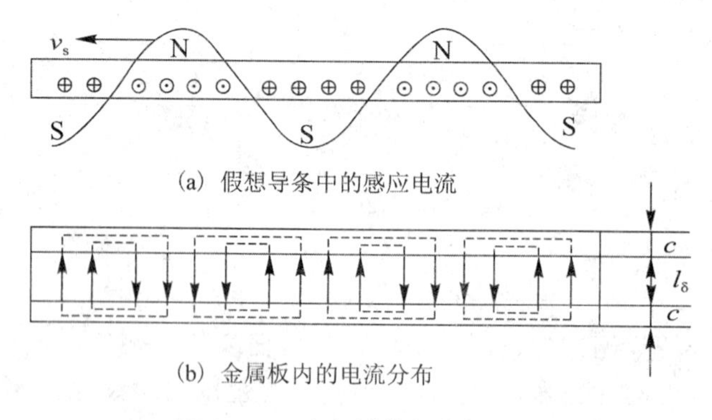

(a) 假想导条中的感应电流

(b) 金属板内的电流分布

图 10.11　次级导体板中的电流

旋转电动机通过对换任意两相的电源线，可以实现反向旋转。直线电动机也可以通过同样的方法实现反向运动。根据这一原理，可使直线电动机做往复直线运动。

3. 直线电动机的分类

1）按结构不同分类

直线电动机按结构形式可分为扁平型、圆盘型、圆弧型、圆筒型(或称为管型)等，另外根据初级长短还可以分为长初级和短初级两类。其分类示意图如图 10.12 所示。

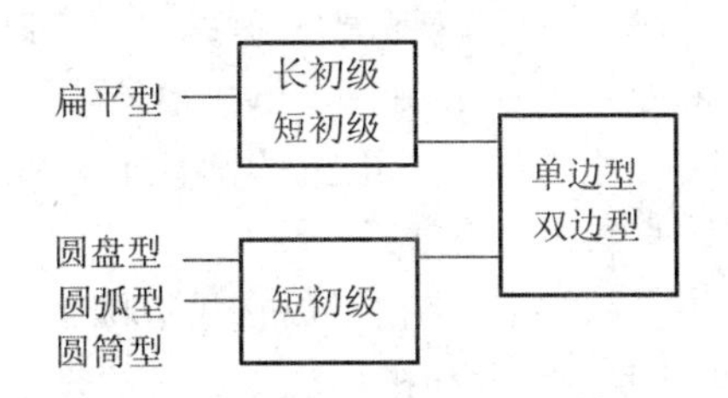

图 10.12　直线电动机按结构分类示意图

各种不同结构直线电动机的结构示意图如图 10.13～图 10.17 所示。

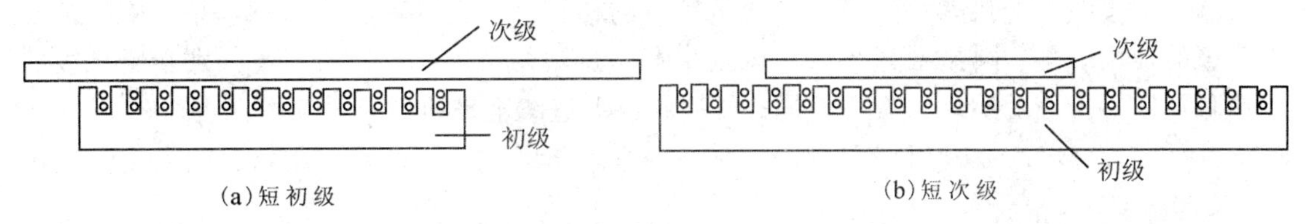

图 10.13　单边扁平型直线电动机结构示意图

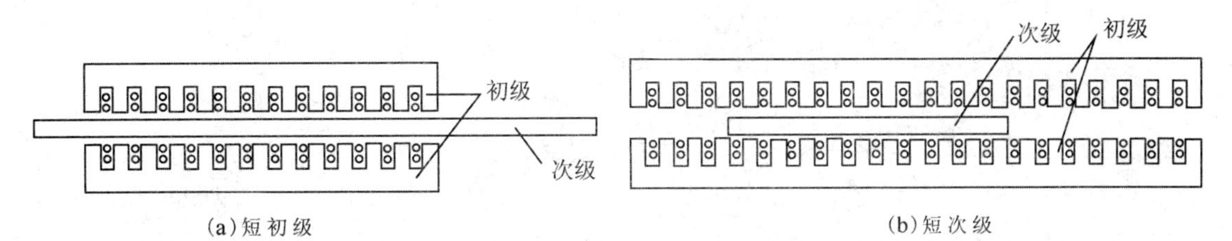

图 10.14　双边扁平型直线电动机结构示意图

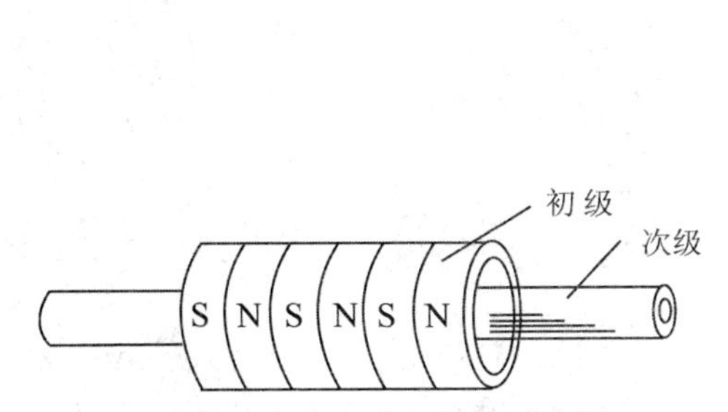

图 10.15　圆筒型直线电动机结构示意图

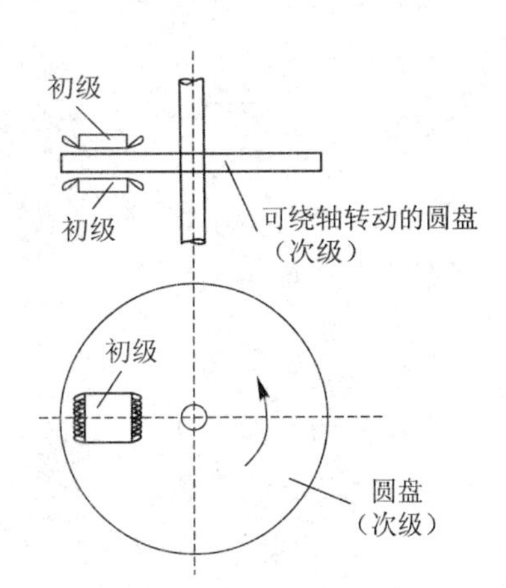

图 10.16　圆盘型直线电动机结构示意图

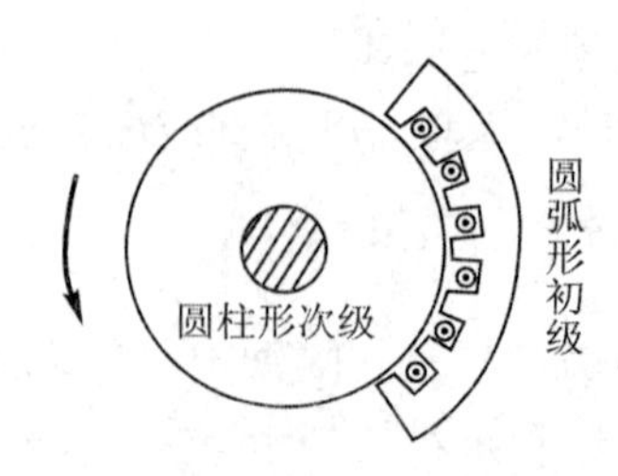

图 10.17　圆弧型直线电动机结构示意图

圆筒型直线电动机可以认为是将扁平型直线电机沿着和直线运动相垂直的方向卷接成筒形而来的。圆筒型直线电机的外形如旋转电机的圆柱形直线电动机，需要时可做成既有旋转运动又有直线运动的旋转直线电动机。

圆盘型结构是把次级做成一片圆盘，将初级放在次级圆盘靠近外缘的平面上，次级可以是双面的也可以是单面的。圆盘型直线电动机虽也做旋转运动，但与普通旋转电动机相比有两个突出优点：一是力矩与旋转速度可以通过多台初级组合的方法或通过初级在圆盘上的径向位置来调节；二是无需通过齿轮减速箱就能得到较低的转速，电机噪声和振动很小。

圆弧型直线电动机是将扁平型直线电动机的初级沿运动方向改成弧形，并安放于圆柱形次级的柱面外侧。圆弧型直线电动机也具有圆盘型的特点，两者的主要区别在于次级的形式和初级对次级的驱动点有所不同。弧型和盘型直线电动机的运动实际上是一个圆周运动，然而由于它们的运行原理和设计方法与扁平型直线电动机相似，所以也归入直线电动机的范畴。

2）按工作原理不同分类

直线电动机按工作原理可分为直流、异步、同步和步进等。下面仅对结构简单、使用方便、运行可靠的直线异步电动机做简要介绍。

直线异步电动机的结构主要包括定子、动子和直线运动的支撑轮三部分。为了保证在行程范围内定子和动子之间具有良好的电磁场耦合，定子和动子的铁芯长度不等。定子可制成短定子和长定子两种形式。由于长定子结构成本高、运行费用高，所以很少采用。直线电动机与旋转磁场一样，定子铁芯也是由硅钢片叠成的，表面开有齿槽，槽中嵌有三相、两相或单相绕组；单相直线异步电动机可制成罩极式，也可通过电容移相。直线异步电动机的动子有三种形式：

（1）磁性动子。动子是由导磁材料制成（钢板），既起磁路作用，又作为笼型动子起导电作用。

（2）非磁性动子。动子是由非磁性材料（铜）制成，主要起导电作用，这种形式电动机的气隙较大，励磁电流及损耗大。

（3）动子导磁材料表面覆盖一层导电材料，导磁材料只作为磁路导磁作用，覆盖导电材料作笼型绕组。

因磁性动子的直线异步电动机结构简单，动子不仅作为导磁、导电体，甚至可以作为结构部件，其应用前景广阔。

直线异步电动机的工作原理和旋转式异步电动机一样，定子绕组与交流电源相连接，通以多相交流电流后，则在气隙中产生一个平稳的行波磁场（当旋转磁场半径很大时，就成了直线运动的行波磁场）。该磁场沿气隙做直线运动，同时，在动子导体中感应出电动势，并产生电流，这个电流与行波磁场相互作用产生异步推动力，使动子沿行波方向做直线运动。若把直线异步电动机定子绕组中的电源相序改变一下，则行波磁场的移动方向也会反过来，根据这一原理，可使直线异步电动机做往复直线运动。

直线异步电动机主要用于功率较大场合的直线运动机构，如门自动开闭装置，起吊、传递和升降的机械设备，驱动车辆，尤其是用于高速和超速运输等。由于牵引力或推动力可直接产生，不需要中间连动部分，没有摩擦，无噪声，无转子发热，不受离心力影响等问题，因此其应用将越来越广。直线同步电动机由于性能优越，应用场合与直线异步电动机相同，有取代后者的趋势。

直线步进电动机应用于数控绘图仪、记录仪、数控制图机、数控裁剪机、磁盘存储器、精密定位机构等设备中。

4. 直线电动机的驱动控制技术

一个直线电动机应用系统不仅要有性能良好的直线电动机，还必须具有能在安全可靠的条件下实现技术可靠、经济性好的控制系统。随着自动控制技术与微计算机技术的发展，直线电动机的控制方法越来越多。对直线电动机控制技术的研究基本上可以分为三个方面：一是传统控制技术，二是现代控制技术，三是智能控制技术。

传统的控制技术如 PID 反馈控制、解耦控制等在交流伺服系统中得到了广泛的应用。其中 PID 控制蕴涵动态控制过程中的过去、现在和未来的信息，而且配置几乎为最优，具有较强的鲁棒性，是交流伺服电动机驱动系统中最基本的控制方式。为了提高控制效果，往往采用解耦控制和矢量控制技术。在对象模型确定、不变化且是线性的以及操作条件、运行环境不变的条件下，采用传统控制技术是简单有效的。但是在高精度微进给的高性能场合，就必须考虑对象结构与参数的变化、各种非线性的影响、运行环境的改变及环境干扰等不确定因素，才能得到满意的控制效果。因此，现代控制技术在直线伺服电动机控制的研究中越来越受到重视。现代控制技术的常用控制方法有自适应控制、滑模变结构控制、鲁棒控制及智能控制。近年来模糊逻辑控制、神经网络控制等智能控制方法也被引入直线电动机驱动系统的控制中。目前主要是将模糊逻辑、神经网络与 PID、H_∞ 控制等现有的成熟的控制方法相结合，取长补短，以获得更好的控制性能。

10.3　伺服进给驱动系统设计与分析

10.3.1　伺服进给驱动系统主要参数选择

伺服进给驱动系统要满足使用要求，需根据指标要求进行关键参数的设计分析和选型。伺服进给系统的主要参数指标包括精度、稳定性、响应特性和工作带宽等，与系统精度相关的参数包括系统机械结构的材料特性和加工精度、传动和驱动系统的随动及定位精度、检测系统的检测精度等指标；与系统稳定性相关的参数包括系统机械结构的材料特性、传动系统的刚度特性、驱动系统的抗干扰能力等指标；与系统响应性相关的参数包括系统传动系统的传送速度和传动比、驱动系统的驱动能力、检测系统的灵敏度等指标；与系统工作带宽相关参数包括系统机械结构频率特性、传动系统刚度特性、驱动系统的驱动能力等指标。

在机电一体化系统中，影响伺服进给系统的精度、稳定性、响应特性和工作带宽的关键因素包括产品机械结构的材料、尺寸，传动形式，传动装置额定速度、最大速度、传动比，驱动电机的功率、额定转速、最大转速、堵转扭矩、最大连续扭矩，检测系统误差、分辨率、定位精度等。另外，如果考虑电气特性，还需要注意产品的供电电压形式及大小、额定电流及额定功率等电气参数。

10.3.2 伺服系统建模

伺服进给系统的部分使用要求与产品参数之间有直接的关系，如电气特性要求，这类参数可以直接根据使用要求进行选型。还有部分使用要求与产品参数之间的关系比较复杂，如系统的响应特性与驱动电机的功率之间的关系等，这类参数的选型可以借助伺服系统的机电动力学模型来选型。

建立伺服系统的动力学模型的方法很多，但各种方法所建立的模型都是等价的，只是表达模型的方程形式不同，从而在计算或分析方面存在差异。下面介绍基于能量关系的机电动力学建模方法。

设有一机电系统，它由 m 个回路构成，图 10.18 所示的电路表示其中的第 k 个回路。$U_k(k=1,2,\cdots,m)$ 为作用于第 k 个回路的外电势，i_k 为通过第 k 个回路的电流，e_k 为电容器上的电荷，它和电流 i_k 的关系式为 $\mathrm{d}e_k=i_k\mathrm{d}t$，$R_k$ 为电阻，C_k 为电容器的电容，L_{kk} 为电感。则系统的电路方程，即 Maxwell 方程可表达为

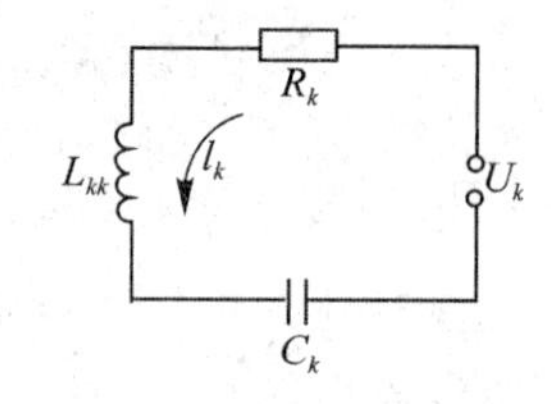

图 10.18　机电系统电路图

$$\frac{\mathrm{d}}{\mathrm{d}t}\left(\frac{\partial W_{\mathrm{m}}}{\partial i_k}\right)+\frac{\partial W_{\mathrm{e}}}{\partial e_k}+\frac{\partial F_{\mathrm{e}}}{\partial i_k}=U_k(k=1,2,\cdots,m) \tag{10-2}$$

式中：W_{e} 为电容极板间的电场能量，可表示为

$$W_{\mathrm{e}}=\frac{1}{2}\sum_{k=1}^{m}\frac{e_k^2}{C_k}$$

W_{m} 为系统的磁场能量，可表示为

$$W_{\mathrm{m}}=\frac{1}{2}\sum_{k=1}^{m}\sum_{r=1}^{m}L_{kr}i_k i_r$$

其中，$L_{kr}(k\neq r)$ 为第 k 个与第 r 个回路的互感。

电的耗散函数 F_{e} 表示为

$$F_{\mathrm{e}}=\frac{1}{2}\sum_{k=1}^{m}R_k\cdot i_k^2$$

用 T 来表示系统的动能，在稳定约束的情况下，它是广义速度的齐二次型：

$$T=\frac{1}{2}\sum_{i=1}^{n}a_{ij}q_j q_i$$

式中，a_{ij} 是一来自于广义坐标 q_1，q_2，…，q_n 的惯性系数。

机电系统机械部分的势能是广义坐标的函数：

$$V=V(q_1,q_2,\cdots,q_n)$$

表示黏性摩擦阻尼力的耗散函数为

$$F_{m} = F_{m}(q_j, \dot{q}_j)$$

考虑到在机械系统中，除了有势力 $-\dfrac{\partial V}{\partial q_j}$、$-\dfrac{\partial F_m}{\partial \dot{q}_j}$、非保守的广义机械力 Q_j 之外还作用有质动力 Q_j^*。Lagrange 方程可写成：

$$\frac{d}{dt}\left(\frac{\partial T}{\partial \dot{q}_i}\right)-\frac{\partial T}{\partial q_i}=-\frac{\partial V}{\partial q_j}-\frac{\partial F_m}{\partial \dot{q}_j}+Q_j+Q_j^*\ (j=1,2,\cdots,n) \tag{10-3}$$

其中有质动力 Q_j^* 可以表示为由磁能 W_m 与电能 W_e 之差对广义坐标求偏导数而得到，即

$$Q_j^* = \frac{\partial W_m}{\partial q_j}-\frac{\partial W_e}{\partial q_j}=\frac{\partial}{\partial q_j}(W_m-W_e)$$

对于所研究的机电系统，可以把电路方程式(10－2)及机械方程式(10－3)写成封闭的方程组：

$$\begin{cases}\dfrac{d}{dt}\left(\dfrac{\partial W_m}{\partial i_k}\right)+\dfrac{\partial W_e}{\partial e_k}+\dfrac{\partial F_e}{\partial i_k}=U_k(k=1,2,\cdots,m)\\[2ex]\dfrac{d}{dt}\left(\dfrac{\partial T}{\partial \dot{q}_j}\right)-\dfrac{\partial T}{\partial q_j}+\dfrac{\partial V}{\partial q_j}-\dfrac{\partial W_m}{\partial q_j}+\dfrac{\partial W_e}{\partial q_j}+\dfrac{\partial F_m}{\partial \dot{q}_j}=Q_j(j=1,2,\cdots,n)\end{cases} \tag{10-4}$$

引进机电系统的 Lagrange 函数：

$$L = T(q_j, \dot{q}_j)-V(q_j)+W_m(q_j, i_k)-W_e(q_j, e_k) \tag{10-5}$$

再引进机电系统的耗散函数，使其等于电的耗散函数与机械的耗散函数之和，即

$$F = F_e(i_k)+F_m(q_j, \dot{q}_j) \tag{10-6}$$

并考虑到电荷对时间的导数 $i_k=\dot{e}_k$，得到系统的 Lagrange－Maxwell 方程组，即机电动力学模型为

$$\begin{cases}\dfrac{d}{dt}\left(\dfrac{\partial L}{\partial \dot{e}_k}\right)-\dfrac{\partial L}{\partial e_k}+\dfrac{\partial F}{\partial \dot{e}_k}=U_k(k=1,2,\cdots,m)\\[2ex]\dfrac{d}{dt}\left(\dfrac{\partial L}{\partial \dot{q}_j}\right)-\dfrac{\partial L}{\partial q_j}+\dfrac{\partial F}{\partial \dot{q}_j}=Q_j(j=1,2,\cdots,n)\end{cases} \tag{10-7}$$

基于以上模型可以进行系统关键参数指标的数字仿真，将预设计或者预选型参数代入所建立模型，便可以根据仿真结果检验预设计或者预选型产品能否满足系统要求。

10.4　机械伺服系统设计

10.4.1　机械伺服系统设计过程

机械伺服系统的设计内容包括机械传动装置的设计、伺服驱动装置的设计和运动检测装置的设计三个主要部分。其中机械传动装置的设计包括传动形式设计与传动装置选型、传动结构设计等；伺服驱动装置的设计包括驱动装置的选型、控制器的选型等；运动检测装置的设计包括检测类型(对象)设计和检测传感器选型等。虽然三部分内容的功能不同，但是设计过程紧密相关，机械伺服系统的总体性能与各部分的性能以及相互之间的配合程

度息息相关，每一个部件的设计参数都会影响整个系统的性能。因此，机械伺服系统的设计建议采用由上及下的设计流程。

10.4.2 机械伺服系统设计举例

机械伺服系统的结构、传动形式、驱动装置和检测装置多种多样，本书内容难以完全涵盖。本小节将以一个典型的单轴机械伺服系统和一个多轴机械伺服系统为例介绍机械伺服系统的具体设计过程。

1. 单轴机械伺服系统的设计

单轴机械伺服系统由于其结构简单、控制方便、控制精度较高的特点，在机器人、注塑、数控机床等众多领域得到了广泛的应用。单轴机械伺服系统的设计过程同样包含机械结构的设计、传动装置的设计和选型、驱动装置和控制系统的设计以及检测装置的设计等步骤。下面以某一典型工作台为例介绍单轴机械伺服系统的设计过程。

例 10-1 如图 10.19 所示的半闭环伺服驱动控制系统，直流电机通过一级齿轮减速，驱动丝杠带动工作台运动。已知：

直流电机的额定转速 $v_m=3000$ r/min，功率 $P_m=1.5$ kW，转动惯量 $J_M=2.84\times10^{-4}$ kg·m^2（包含测速发电机）；齿轮箱的转速比为 $i=10$，齿轮系的转动惯量折算到电机轴的等效惯量为 $J_G=1.5\times10^{-4}$ kg·m^2；

滚珠丝杠的直径 $d=5$ cm，螺距 $p=2$ cm，长度 $l=216$ cm，支撑间距 $L'=180$ cm，最短拉压长度 $L_{min}=50$ cm，最长拉压长度 $L_{min}=150$ cm，丝杠的密度 $\rho=7.8\times10^3$ kg/m^3，剪切模量 $G=8.1\times10^{10}$ N/m^2，弹性模量 $E=2.1\times10^{11}$ N/m^2；

丝杠支撑轴向刚度 $K_B=2.0\times10^8$ N/m，丝杠螺母间的接触刚度 $K_N=1.02\times10^9$ N/m；

工作台最大速度 $v_{max}=5$ m/min，工作台及其附属物质量 $m=300$ kg，导轨摩擦系数 $f=0.2$；

定位精度为±0.002 mm，启动加速时间 $t_{ac}=0.1$ s。根据上述已知参数及要求对该伺服系统进行设计参数验证。

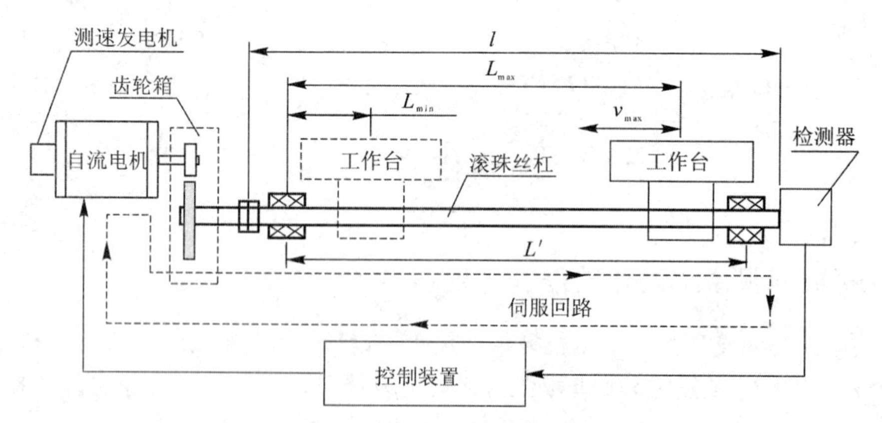

图 10.19 半闭环伺服驱动控制系统

设计及计算过程如下：

(1) 电动机轴上的等效转动惯量和匹配验算。

① 等效转动惯量。

(a) 齿轮系的等效负载转动惯量已知，即

$$J_G = 1.5 \times 10^{-4}\ \text{kg} \cdot \text{m}^2$$

(b) 丝杠转动惯量

$$J_S = \frac{1}{8} m_S d^2$$

其中 m_S 为丝杠质量，丝杠的等效直径为 $d = 43$ mm，有

$$m_S = \pi \left(\frac{d}{2}\right)^2 \times l \times \rho = \pi \left(\frac{0.043}{2}\right)^2 \times 2.16 \times 7.8 \times 10^3 = 24.5\ \text{kg}$$

$$J_S = \frac{1}{8} \times 24.5 \times 0.043^2 = 5.66 \times 10^{-3}\ \text{kg} \cdot \text{m}^2$$

(c) 工作台及其附属物折算到丝杠轴上的转动惯量为

$$J_Z = \left(\frac{p}{2\pi}\right)^2 m = \left(\frac{0.02}{2\pi}\right)^2 \times 300 = 3.04 \times 10^{-3}\ \text{kg} \cdot \text{m}^2$$

则电机轴上的负载等效惯量为

$$\begin{aligned} J_L &= J_G + (J_S + J_Z) \frac{1}{i^2} \\ &= 1.5 \times 10^{-4} + (5.66 \times 10^{-3} + 3.04 \times 10^{-3}) \times \frac{1}{10^2} \\ &= 2.37 \times 10^{-4}\ \text{kg} \cdot \text{m}^2 \end{aligned}$$

② 惯量匹配验算。系统设计要求电机转动惯量与负载等效转动惯量之比应满足下式：

$$1 \leqslant \frac{J_M}{J_L} \leqslant 4$$

那么，$\frac{J_M}{J_L} = \frac{2.84 \times 10^4}{2.37 \times 10^4} = 1.2$，满足上式要求。

(2) 速度验算。计算丝杠转速：

$$n_{\max} = \frac{v_{\max}}{p} = \frac{5}{0.02} = 250\ \text{r/min} = 4.17\ \text{r/s}$$

齿轮箱转速比为 10，电机最大转速为 2500 r/min 即可，所选电机满足要求。

(3) 转矩计算。

① 移动或摩擦转矩。该转矩克服摩擦力使工作台匀速移动，其转矩计算如下：

$$T_f = \frac{p}{2\pi\eta i} \times f \times g \times m = \frac{0.02}{2\pi \times 0.9 \times 10} \times 0.1 \times 9.8 \times 300 = 0.104\ \text{N} \cdot \text{m}$$

式中，η 为传动效率，滚珠丝杠一般可取 0.9。

② 加速或启动转矩为

$$T_a = J \times \ddot{\theta}$$

式中，J 为电机轴上的总惯量，即

$$J = J_L + J_M = 2.37 \times 10^{-4} + 2.84 \times 10^{-4} = 5.21 \times 10^{-4}\ \text{kg} \cdot \text{m}^2$$

$\ddot{\theta}$ 为电机轴的角加速度，则

$$\ddot{\theta} = \frac{2\pi N}{60 t_{ac}} = \frac{2\pi \times 250}{60 \times 0.1} = 261.67\ \text{rad/s}$$

则加速转矩为

$$T_a = J \times \ddot{\theta} = 5.21 \times 10^{-4} \times 261.67 = 0.136\ \text{N} \cdot \text{m}$$

则加速启动时电机轴上的总负载转矩为

$$T_{max} = T_f + T_a = 0.104 + 0.136 = 0.24\ \text{N} \cdot \text{m}$$

电机的最大转矩

$$T_{电机额定} = 9550 \times \frac{P}{n} = 9550 \times \frac{1.5}{3000} = 4.77\ \text{N} \cdot \text{m}$$

总负载转矩小于电机的最大转矩的75%，满足启动加速要求。

(4) 刚度计算。

① 拉压刚度。本系统丝杠采用两端轴向支撑，拉压刚度可按下式计算：

$$K_L = \frac{\pi d^2 E}{4}\left(\frac{1}{L} + \frac{1}{L' - L}\right)$$

那么在工作台行程范围内，可求得最大拉压长度和最短拉压长度两处的丝杠最小和最大拉压刚度：

$$\begin{aligned} K_{Lmin} &= \frac{\pi \times 0.043^2 \times 2.1 \times 10^{11}}{4} \times \left(\frac{1}{0.5} + \frac{1}{1.8 - 0.5}\right) \\ &= \frac{\pi \times 0.00185 \times 2.1 \times 10^{11}}{4} \times (2 + 0.77) \\ &= 8.45 \times 10^{-3} \times 10^{11} = 8.45 \times 10^8\ \text{N/m} \end{aligned}$$

$$\begin{aligned} K_{Lmax} &= \frac{\pi \times 0.043^2 \times 2.1 \times 10^{11}}{4} \times \left(\frac{1}{1.5} + \frac{1}{1.8 - 1.5}\right) \\ &= \frac{\pi \times 0.001\,85 \times 2.1 \times 10^{11}}{4} \times (0.667 + 3.333) \\ &= 0.0122 \times 10^{11} = 12.2 \times 10^8\ \text{N/m} \end{aligned}$$

计算丝杠的综合拉压刚度 K_0，需要计算最大行程和最小行程即最大拉压长度和最短拉压长度处的综合拉压刚度，忽略轴承座和螺母座的刚度影响，计算公式如下：

$$\frac{1}{K_0} = \frac{1}{2K_B} + \frac{1}{K_N} + \frac{1}{K_L}$$

则有：

$$\begin{aligned} \frac{1}{K_{0min}} &= \frac{1}{2K_B} + \frac{1}{K_N} + \frac{1}{K_{Lmin}} \\ &= \frac{1}{2 \times 2.0 \times 10^8} + \frac{1}{1.02 \times 10^9} + \frac{1}{8.45 \times 10^8} \\ &= 0.47 \times 10^{-8} \end{aligned}$$

求得：

$$K_{0min} = \frac{1}{0.47} \times 10^8 = 2.14 \times 10^8\ \text{N} \cdot \text{m}$$

$$\begin{aligned} \frac{1}{K_{0max}} &= \frac{1}{2K_B} + \frac{1}{K_N} + \frac{1}{K_{Lmax}} \\ &= \frac{1}{2 \times 2.0 \times 10^8} + \frac{1}{1.02 \times 10^9} + \frac{1}{12.2 \times 10^8} \\ &= 0.43 \times 10^{-8} \end{aligned}$$

求得：

$$K_{0\max} = \frac{1}{0.43} \times 10^8 = 2.32 \times 10^8\ \mathrm{N \cdot m}$$

② 扭转刚度。扭转刚度按下式计算：

$$K_{\mathrm{Tmin}} = \frac{\pi d^4 G}{32 l_{\max}}$$

则

$$K_{\mathrm{Tmin}} = \frac{\pi \times 0.043^4 \times 8.1 \times 10^{10}}{32 \times 1.5} = 1.77 \times 10^4\ \mathrm{N \cdot m/rad}$$

（5）固有频率计算。

① 系统纵振最低固有频率。丝杠—工作台纵振系统的最低固有频率可按下式计算：

$$\omega_{\mathrm{nc}} = \sqrt{\frac{K_{0\min}}{m + \frac{1}{3} m_{\mathrm{S}}}}$$

则

$$\omega_{\mathrm{nc}} = \sqrt{\frac{2.14 \times 10^8}{300 + \frac{1}{3} \times 24.5}} = 0.083 \times 10^4$$

② 系统扭振固有频率。折算到丝杠轴的系统的总当量转动惯量按下式计算：

$$J_{\mathrm{sd}} = J \times i^2$$

则

$$J_{\mathrm{sd}} = 5.21 \times 10^{-4} \times 10^2 = 5.21 \times 10^{-2}\ \mathrm{kg \cdot m^2}$$

如果忽略电动机轴和减速器的扭转变形，则系统的最低扭转振动固有频率可按下式计算：

$$\omega_{\mathrm{nc}} = \sqrt{\frac{K_{\mathrm{Tmin}}}{J_{\mathrm{sd}}}}$$

则

$$\omega_{\mathrm{nc}} = \sqrt{\frac{1.77 \times 10^4}{5.21 \times 10^{-2}}} = 0.582 \times 10^3 = 582\ \mathrm{rad/s} = 5560\ \mathrm{r/min}$$

从计算结果来看，$\omega_{\mathrm{nc}} = 5560\ \mathrm{r/min} > 250\ \mathrm{r/min}$，即扭振的固有频率大于丝杠的转速，满足要求。

（6）死区误差计算。假设齿轮传动和丝杠螺母机构都采取了消隙和预紧措施，则死区误差按下式计算：

$$\Delta_{\max} = \frac{2F_{\mathrm{f}}}{K_{0\min}} \times 10^3$$

式中，F_{f} 为工作台重力产生的静摩擦力，即

$$F_{\mathrm{f}} = mgf = 300 \times 9.8 \times 0.2 = 588\ \mathrm{N}$$

那么

$$\Delta_{\max} = \frac{2 \times 588}{2.14 \times 10^8} \times 10^3 = 5.495 \times 10^{-3} = 0.0055\ \mathrm{mm}$$

（7）由系统刚度变化引起的定位误差。工作台在行程范围内，刚度发生变化，由此引

起的定位误差按下式计算：

$$\delta_{\text{Kmax}} = F_{\text{f}}\left(\frac{1}{K_{0\min}} - \frac{1}{K_{0\max}}\right) \times 10^{3}$$

则

$$\delta_{\text{Kmax}} = 588 \times \left(\frac{1}{2.14 \times 10^{8}} - \frac{1}{2.32 \times 10^{8}}\right) \times 10^{3} = 23.52 \times 10^{-5} = 0.000\,23\ \text{mm}$$

δ_{Kmax} 值应小于系统定位误差的 1/5，系统要求定位误差为 ± 0.002 mm，即允许 $\delta =$ 0.004 mm，那么，$\delta_{\text{Kmax}} = 0.00023\ \text{mm} < \frac{\delta}{5} = \frac{0.004}{5} = 0.0008$ mm，所以系统刚度满足定位精度要求。

(8) 系统检测装置选型。系统采用半闭环控制，检测装置安装于滚珠丝杠所在轴上，假设系统采用旋转编码器作为检测定位装置。根据所提供系统参数，滚珠丝杠螺距为 2 cm，系统要求定位精度为±0.002 mm，则所需编码器精度计算方法如下：

$$\frac{360^{\circ}}{20\ \text{mm}/0.004\ \text{mm}} = 0.072^{\circ} = 4.32'$$

即所需编码器精度应该高于 4.32′。

假设所选编码器精度为 4′，按照分辨率要高于精度一个数量级的选型经验，则所需编码器的分辨率要高于 0.4′，由此可得所需编码器分辨率至少为 16 线。

2. 多轴机械伺服系统设计实例

本节以西安电子科技大学机电工程学院研制的自动化小车的伺服系统设计为例介绍伺服系统的常规设计过程。自动化小车由两轮独立驱动的运动平台、三轴跟瞄执行装置和光学瞄准装置组成，其结构造型图如图 10.20 所示。

图 10.20　自动化小车结构造型图

运动平台伺服系统的控制原理框图如图 10.21 所示。两轮独立驱动的运动平台由两个直流伺服电机驱动，电机由自主设计的以 DSP 为主控芯片的控制板控制，通过程控两个电机的运行状态，可以实现运动平台按照多种任意轨迹的路线行驶。

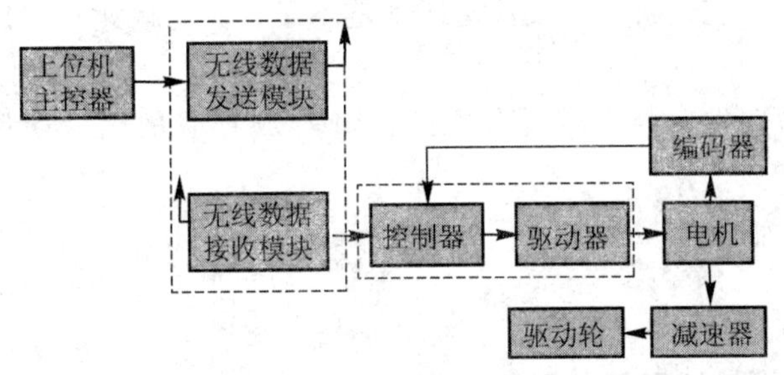

图 10.21　运动平台伺服系统控制原理框图

跟瞄执行装置由方位、俯仰和横倾三轴组成，三轴的控制原理类似，其控制原理框图如图 10.22 所示。三轴均由直流伺服电机驱动，电机同样由自主设计的以 DSP 为主控芯片的控制板控制，主控计算机通过 Zigbee 无线通信模块与控制板通信，可以下达控制指令，接收各轴运行状态信息，控制板与无线通信模块通过 RS232 接口连接；光学瞄准装置由电视跟踪器和数据处理系统、激光瞄准系统组成，电视跟踪器实现对目标的识别、锁定和粗跟踪功能，激光瞄准系统由激光发射器和光电位置敏感探测器及数据处理系统组成，实现对目标的精跟踪；主控计算机主要实现人机接口功能，可以基于各种计算机高级语言编写人机交互软件，实现对实验平台的实时控制、运行状态监控、运行数据记录处理等功能。

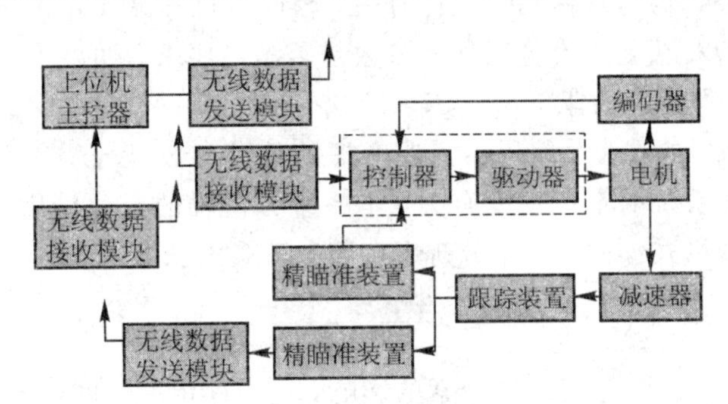

图 10.22　跟瞄装置伺服系统控制原理框图

本系统中两轮独立驱动的运动平台，方位、俯仰和横倾三轴均是典型的伺服控制系统。由于驱动装置均采用直流伺服电机，传动装置均采用齿轮减速器，检测装置均采用光电编码器，因此本节只以方位轴为例介绍伺服系统的设计过程。

根据系统设计需求，方位轴的最高转速 $v_{\mathrm{Amax}}=20\ \mathrm{r/min}$，由静止到最高转速的加速时间 $t_{\mathrm{Aa}}=0.5\ \mathrm{s}$；由机械结构设计图、材料属性和计算机辅助软件可估算出方位负载的质量 $m_{\mathrm{A}}=41.63\ \mathrm{kg}$，沿着方位轴的转动惯量 $J_{\mathrm{A}}=1.31\ \mathrm{kg\cdot m^2}$。

首先进行减速箱的选型，减速箱需要考虑的关键参数有最高转矩和减速比等。方位轴开始启动阶段需要的扭矩为

$$T_{\mathrm{a}}=J_{\mathrm{A}}\times v_{\mathrm{Amax}}\times\frac{2\pi}{60t_{\mathrm{Aa}}}=1.31\ \mathrm{kg\cdot m^2}\times20\ \mathrm{r/min}\times2\times\frac{\pi}{60\ \mathrm{s}\times0.5\ \mathrm{s}}=5.49\ \mathrm{N\cdot m}$$

因此，减速箱允许的最大输出扭矩要大于 5.49 N·m。

减速箱的减速比可以根据下面的公式选型：

$$i=\frac{\text{电机空载转速}\times80\%}{\text{负载最高转速}}$$

由于电机还没有选型，电机空载转速还确定不了，因此减速箱的减速比选型需要与电机的选型结合一起确定。

其次进行电机的选型，电机需要考虑的关键参数有惯量比、最大输出扭矩和空载转速等。

负载折算到电机轴的惯量为

$$J_{m} = \frac{J_{A}}{i^{2}}$$

选择惯量比时，可按照以下的经验选型方法选择：电机功率 750 W 以下选惯量比 20 倍以下，电机功率 1000 W 以上选惯量比 10 倍以下。

因此，选择惯量比时按照 $J_{A}/i^{2}/J_{m}<10$ 进行选型。

电机最大输出扭矩按照下面的公式选型：

$$\text{电机最大输出扭矩}\times 80\% > \frac{T_{a}}{\text{减速比}\times\text{减速箱效率}}$$

电机空载转速按照以下公式进行选型：

$$\frac{\text{电机空载转速}}{i} > v_{\text{Amax}}$$

由于以上选型公式均与减速箱减速比有关，因此电机和减速箱的选型要相互结合。选定特定一项后，再代入以上公式验证其他参数是否满足要求，如果不满足需要重新选型重新验证，直到满足系统性能要求。

最后，进行编码器的选型，编码器需要考虑的关键参数是分辨率，也叫线数。编码器的分辨率主要与伺服系统的定位精度有关，本系统方位轴的定位精度要求为 10 mrad。系统中的编码器选用增量式编码器，其分辨率按照以下公式选型：

$$\text{分辨率} > \frac{2\times\pi\times 1000}{10\ \text{mrad}} = 628$$

另外，考虑减速箱齿隙等非线性因素的影响，适当保留一定的余量，选用 10 位的编码器，则其分辨率为 1024，能够满足分辨率大于 628 的精度要求。

系统关键参数初选后，可以将初选的参数代入建立的机电动力学模型，进行系统性能的模拟仿真，根据仿真结果验证初选参数是否满足要求，如果不满足要求，则需要重新选型。

思考与练习题

10.1 简述伺服进给驱动系统的主要性能指标参数及各自的特点。

10.2 试述伺服进给驱动装置的分类及其特性。

10.3 简述伺服进给驱动系统的设计过程。

10.4 简述直流电机的工作原理。

10.5 简述步进电机的工作原理。

10.6 为什么在高速、高精度的伺服进给系统中选用直线电动机？

10.7 试述伺服进给系统数学建模的基本方法及实现步骤。

参考文献

[1] Seung-Ki Sul. 电机传动系统控制，北京：机械工业出版社，2013.
[2] Tan Kok kiong，Lee Tong Heng，Huang Sunan. 精密运动控制：设计与实现. 2版. 北京：机械工业出版社，2011.
[3] 钱平. 伺服系统. 2版. 北京：机械工业出版社，2011.
[4] 姚晓先. 伺服系统设计. 北京：机械工业出版社，2013.
[5] 倪敬. 机电传动系统与控制，杭州：浙江大学出版社，2015.
[6] 张大兴. 三轴ATP运动平台若干关键问题研究. 西安电子科技大学博士学位论文，2008.
[7] 李玉和，郭阳宽. 现代精密仪器设计. 2版. 北京：清华大学出版社，2010.

第 11 章　微组装技术及其系统设计

11.1 概　　述

在宏观尺度的概念下，人们可以将不同材料、不同加工方法获得的零部件进行组合装配，生产出功能多样、结构复杂的系统和产品，以满足工业生产、日常消费等需要。

近十几年来，微机电系统即 MEMS 技术得到了飞速发展，产品结构的微型化、功能的集成化为开展微组装技术深入研究提供了广阔的空间。一般而言，一个完整的 MEMS 由微传感器、微执行器、信号处理和控制电路、通信接口和电源等部件组成。其目标是把信息的获取、处理和执行集成在一起，组成具有多功能的微型系统，再将其集成于大尺寸系统中，从而大幅度地提高系统的自动化、智能化和可靠性水平。

从制造的角度来看，可通过两种方式来制造微机电系统：

(1) 单片加工，将多个功能集成在一个芯片上；

(2) 用现有的微细加工方法加工出微器件，然后通过微组装技术装配成微机电系统。

第一种方法类似于 IC 制造，这种方法不需要进行装配，目前在制造一些简单的 MEMS 部件(如微传感器、微驱动器)方面取得了成功。但是这种制造方法受到三维加工能力、不同加工工艺相容性以及加工材料的限制，只能制造出形状简单的二维或三维微小器件，其功能尚不能满足系统集成的需求。

通过采用传统的基于硅材料或一些不是基于硅材料的微加工方法，如用微细电火花加工、微激光束加工、微铸造、微冲压、微电化学加工等方法加工几何形状相对简单的零件，然后通过微组装将结构简单的部件组装成结构复杂的三维 MEMS 器件，微组装技术很好地解决了材料使用上的限制、加工工艺的相容性等问题。于是，微细加工技术和微组装技术就成为研制和集成 MEMS 的有效手段之一。

另外，当 MEMS 产品的结构变得更为复杂时，采用微组装技术可以提高产量和效率；再者，对于微小物体的作业，如细胞的操作和显微外科手术等，也需要微操作或微组装系统来完成。

11.1.1 微组装系统的定义

1. 宏组装与微组装

机电产品一般都是由许多零件或部件组成的，传统意义上的组装概念是指宏观零部件的装配过程，也即宏组装。所谓组装，是指按照规定的技术要求，将若干个零件组合成组件、部件，或将若干个组件、部件组成产品的过程，称为组装或装配。

微组装是相对于宏组装而言的，是指对微小尺寸的物体(微器件)的空间位置关系进行监测、控制，在微小误差范围内按照规定要求完成零部件组装的过程。这里的微小尺寸概念并没有严格的、统一的界定，一般而言，可以把微器件尺寸大于1 mm时的组装称为毫米级微组装，物体尺寸在100～1000 μm左右时的组装称为亚毫米级微组装，而把物体尺寸在100 μm以下时的组装称为微米级微组装。

由于微观物体的尺度效应、黏附效应等影响，给微组装技术带来了许多新的问题与挑战。例如，在传统的机器人宏观组装中，最具挑战性的问题是如何可靠地抓住物体，而在微装配中，由于静电力、范德华力等表面力的作用，微器件的精准夹取尤其是物体的释放成为微组装的核心问题。由于微装配的精度达到了微米、亚微米级，甚至达到了纳米级，微操作的对象具有轻、薄、脆、软的特征，对设备、操作环境以及操作方法都要求非常高。微器件的材料、结构特征，微夹持器的材料、结构以及操作环境的不同，其表面作用力的影响也有很大区别，需要研究如何减小表面作用力以及如何利用表面作用力的方法和手段，从而保证精确装配。

因此，微组装系统不单纯是微器件在物理尺度上的缩小，微器件的尺度效应使得微组装与宏组装有着明显不同的特点，主要体现在以下几个方面。

1）定位精度

在宏装配中，定位精度一般为几百微米，而在微组装/微操作中，定位精度通常要求在微米级或亚微米级，这种定位精度使用传统的开环装配方法已经难以满足。

2）操作机理

在宏观领域中，重力起主要作用，其操作机理是可以预测的，当夹持装置松开时，零件会在重力的作用下自由下落。而在微观世界中，由于尺度效应的影响，重力的影响已退居其次，零件与夹持器之间的黏附力将起主导作用。黏附力主要包括静电力(Electrostatic)、范德华力(Van De Waals)和表面张力(Surface Tension)。这些力目前仍未被人们完全理解。当夹持器靠近物体时，黏滞力可使物体跳离放置的位置，吸附到夹持器末端。当零件被放在指定位置后，由于这些力的作用，难以实现精确的定位和有效的控制。显而易见，黏附力的消极作用远大于它们所带来的积极作用。

3）操作环境限制

在微组装/微操作系统中，大多采用显微视觉控制，因而必须使用高放大倍数的显微镜，但这会带来以下三个方面的问题：

(1) 较高的放大倍数会将视场限制在一个很小的范围内，导致操作者失去操作的全局信息。因此，除了获得可变放大倍数的显微镜外，还需要提供全局信息的视觉传感器。

(2) 对于普通的光学显微镜来说，放大倍数越高，它的景深(Depth-of-Focus)与视场(Field-of-View)则越小，因此在观察非平面物体或正在运动、振动的物体时很难形成清晰的图像。

(3) 同样对于光学显微镜来说，放大倍数越高，则它的工作距离就越小。所谓工作距离，是指当物体处于显微镜的焦平面上时，物镜与物体之前的距离。当工作距离过小时，就会妨碍对物体的操作。

2. 微组装与微操作

研究微器件的装配方法，其核心是对微器件的空间关系进行控制，对于单个微器件的位置和姿态进行有效控制，是微组装的重要组成过程，这个过程称为微操作，一个完整的微组装包括一个或多个微操作过程。

由此可知，微装配技术的核心是微操作技术。要完成一次微器件装配，需要对微器件进行“夹持——运动(位置和姿态控制)——放置”等一系列操作过程，这个过程靠工作台、微夹持系统等共同完成，必须对微器件的运动轨迹和夹持力进行精确控制，才能实现对微器件的有效组装。

由此延伸分析，微操作既是微组装的核心组成过程，同时在电子产品的制造过程中，微操作也比比皆是，比如：光刻过程的掩膜对准、表面贴装；在芯片键合工艺中，键合头将引线精确对准键合点，完成引线焊接；等等。因为掩膜的特征尺寸已经是纳米级范畴，引线键合的间距也非常微小，实现掩膜对准、引线定位、拉弧等实际上就是微操作过程。微组装和微操作在电子产品制造中的应用，将在后面进行介绍。

11.1.2　微组装的分类及特点

1. 微组装的分类

微组装的分类方法不尽一致，根据操作方式的不同，有接触型微组装和非接触型微组装之分。接触性微操作指操作工具通过物理接触来实现对微器件的操作，如机械式手爪、黏附力手爪、真空吸盘等。非接触型微操作是指通过一些物理效应来实现微器件的操作，而不需要与微器件发生接触，如通过磁场力、电场力、光学捕获等。

按微视觉系统分类，可将微组装系统分为两类，一类是基于扫描电子显微镜(SEM)的微组装系统，另一类是基于光学显微镜的微组装系统。基于 SEM 的微装配系统具有放大倍数高(可达 5～100 倍)、分辨率高和调焦范围大的特点，可观察到 0.02 μm 的物体，但该微组装系统价格昂贵、操作复杂。基于光学显微镜的微装配系统具有结构简单、价格低廉、操作方便的特点，是目前微组装研究中较多采用的一种方法。

按操作机器人分类，也可将微组装系统分为两类，一类是固定式的机器人微组装系统，另一类是可移动微机器人微组装系统。固定式机器人微组装系统具有机构简单、紧凑，操作方便，但操作空间较小的特点；移动式机器人微组装系统自由灵活，可以实现全方位移动，可用于较复杂的装配环境。

根据每次装配零件数量的不同，微组装又可分为串行微组装与并行微组装。所谓串行微组装，是指对微器件进行逐个装配。串行微组装又分为手工微组装、半自动微组装、自动微组装等。并行微组装则是许多相同或不同的微器件同时被装配。可以分为确定性并行微组装和随机性并行微组装，确定性并行微组装中零件当前的位置与目的位置之间的关系已经预先设定好。

2. 串行微组装和并行微组装的特点

串行微组装与并行微组装的主要特点如下：

(1) 操作机制。串行微组装通常采用微操作机械手及微夹持器进行装配，并行微装配通常采用静电力、磁场力、毛细作用力、离心力等进行分布操作。

(2) 信息反馈。串行微组装需要显微视觉及微力反馈以实现微小零件的精确定位，需要闭环控制；并行微装配则很少需要反馈信息，通常为开环控制。

(3) 装配系统复杂度及成本。串行微组装比并行微组装系统复杂，因此装配成本也较高。

(4) 装配零件的复杂度及效率。采用串行微组装的方法可以装配结构复杂的零件，但装配效率低。并行装配只能装配结构简单的零件，但装配效率高。

(5) 装配灵活性。串行微组装的灵活性比并行的高。虽然在一次装配中只能装配一个零件，但在装配过程中并不像并行装配那样严格保持待装配零件的位置，而且可以适用于操作和装配不同形状、结构的零件，需要闭环控制；并行微组装则很少需要反馈信息，通常为开环控制。

串行微组装来自于传统的 pick-and-place(贴装)操作，能够操作复杂的微小零件，装配复杂系统。串行微组装适应性强，它通常采用闭环控制方式实现精确定位，具有定位精度高、适应性好等优点，但也存在生产效率低、装配成本高等缺点。在并行微组装中，许多相同或不同的零件同时被装配，生产效率高，装配成本低，但并行微组装技术只能装配简单系统，适应性不强，通常采用开环控制方式，定位精度低。串行微组装与并行微组装都有各自的优缺点，但它们之间也不是完全相互排斥的。究竟选用何种微组装方式则完全取决于具体的微组装任务。

11.1.3　微组装系统的组成

微组装与微操作覆盖的技术包括显微视觉伺服、微机器人技术、微驱动、微夹持与定位、微力传感器、机器视觉与计算机图形学等技术，是一个多学科交叉的研究领域。

如图 11.1 所示，一套典型的微组装系统应该包括以下几个模块：

(1) 立体显微视觉模块：主要包括 CCD 相机、放大镜头、图形采集处理设备、显微调焦装置等，主要完成对零件的识别、空间的定位，并对装配过程进行实时监控，通过视觉反馈对装配过程进行引导。

(2) 承载定位模块：一般包括行程大、速度快的宏动精密工作台，定位精确、分辨率高的微动工作台和真空吸附台等。精密工作台可以带动夹持器在操作空间内移动，微动工作台可以实现零件位置的微小调整，真空吸附台可以对待装配零件进行装夹、定位。

(3) 微夹持操作模块：主要实现微器件的夹持、运动和位姿的调整，完成微器件的装配。微夹持方式主要有机械式夹持、真空吸附夹持、黏附性夹持和静电力夹持等，可以完成微小零件的拾取、移动和装配，是实现微组装的关键部分，其结构特征、性能直接关系到装配的成败。

(4) 控制与驱动模块：包括各种需要驱动的元件的控制系统，并将这些控制系统集成在一起由计算机控制，可以根据图像反馈、力反馈来引导微组装的进行。

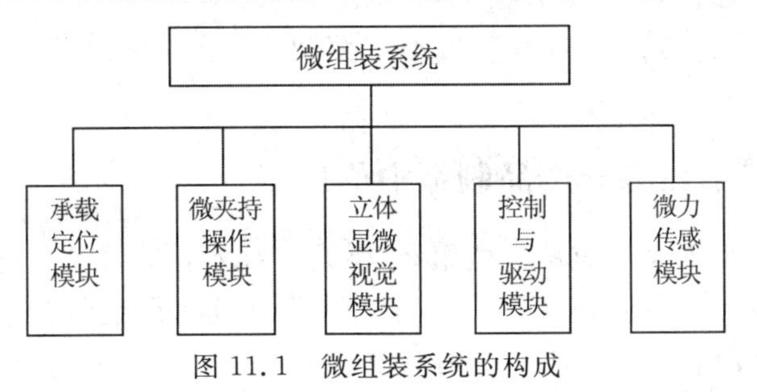

图 11.1　微组装系统的构成

11.2　微组装系统的关键技术及应用

11.2.1　微组装系统的关键技术

微组装是一个涵盖显微视觉伺服控制、微定位、微夹持、微力传感、自动调焦和图像处理技术的一个多学科交叉的研究领域。目前，微组装的研究主要集中在微组装系统的设计、自动调焦方法、显微视觉伺服控制方法、微夹钳的设计和微力传感方法等领域。

微组装系统经过十几年的发展，已经取得了很大的进步，但是由于微观世界与宏观世界相比存在很大的差异，所以在微组装系统中还有很多关键技术需要更进一步的研究，只有把这些技术解决好，微组装系统才能更好地向前发展。总的来说，微组装系统目前还存在以下技术难点。

1. 显微视觉调焦技术

微组装中的微器件多为亚毫米级，甚至达到微米级，仅仅依靠人眼识别既费时又费力，而且精度和效率都无法保证。只有通过显微视觉技术，才能很好地观测装配对象，完成对微器件形状的识别，对微器件的位置进行精确定位，而且能够与控制系统形成精确闭环控制。因此，建立一套高精度的显微视觉系统对实现自动化微组装具有十分重要的意义。

2. 测量检测技术

在微组装过程中，为了提高装配精度，需要使用各种传感检测技术对微器件的位置和夹持过程中的力进行及时的检测。为了测量微器件的位置，将视觉传感器集成到视觉系统中，采集到的图像传送到计算机中处理后可以得到零件的边界特征和空间的位置信息，完成零件的形状、位置识别。除了视觉检测，还要使用应力传感器对微组装过程中的力进行检测，以实现高精度的微组装。

3. 驱动控制技术

驱动控制技术是微组装的一项关键技术，不仅要求高的控制精度，还要有非常好的响应性，以实现准确、高效的微组装。

4. 微夹持技术

微夹持器是完成微组装的直接操作机构，微夹持器的性能直接决定了微组装的成败。微器件尺寸较小、形状不规则，对外界影响比较敏感。目前，针对不同材料、形状的微器件有机械夹钳式和真空吸附式两种微夹持器。夹钳式微夹持器可以完成对轴类零件的夹持，且在夹持过程中对夹持力实时可控，但释放时受黏附力影响较大。吸附式夹持器可以完成对片状不规则零件的夹持操作，但夹持力不易控制。总之，对微夹持技术的研究是微组装系统的重点内容。

11.2.2　微组装技术在电子产品制造中的应用

电子产品制造技术中大量应用了微组装/微操作技术，微组装/微操作技术是电子产品制造中的电气互连技术的主体技术之一，是电路模块微间距组装互连、微组件/微系统组装互联的主要技术手段。微组装技术应用对象的主要特征为微型元器件、微细间距、微小结构和微连接。微组装技术的主要应用场合包括器件级封装、电路模块级组装、微组件或微系统级组装。

电子产品微组装技术具有以下特征：

(1) 具有组装技术的一般特征；

(2) 采用元器件引脚间距小于0.3 mm间隙的表面组装技术；

(3) 采用微连接、微封装方式组装微小型组件/系统；

(4) 组装设计需要多学科优化和考虑微尺寸效应。

1. 半导体制造

在半导体晶圆制造过程中，最重要的一个工序就是图形转移。图形转移通常使用光学曝光技术，是半导体集成电路的微细加工技术之一。目前的曝光技术已经能大批量生产16 nm的集成电路，并且具备制作出7～10 nm集成电路的能力。

在掩膜对准式曝光技术中，对准工作过程需要将硅片承片台沿 X 轴、Y 轴移动，并绕 Z 轴转动，直到硅片上的对准标记与掩膜上的对准标记重合到一定精度范围为止。先进的掩膜对准式曝光机的对准精度一般可到达1 μm误差以内。

在如此高精度对准的过程中，承片台采用了宏微协调控制技术，微动台能够实现纳米级定位精度，完成承片台小范围内的高响应、高精度的同步动态位置补偿，实现精确跟踪定位。光刻工艺的对准过程就是一种典型的微操作技术。

2. 表面贴装

从贴片机的工作过程可知，贴片头通过真空吸附系统拾取元器件，并经过 $X/Y/Z/Q$ 四轴驱动系统的控制，将元器件准确转移到PCB基板上的贴装位置。随着贴片元件引脚密度增加，现在贴片机的贴装精确度已经达到微米数量级。

贴片机是典型的机光电一体化设备，贴装速度高，设备直线速度超过100 mm/s以上，加速度最高达5～6g，定位精度需保持在0.01 mm，甚至更高，只有高速运动、高精度、高响应的运动机构，才能根据器件的位姿信息，对贴装头运行轨迹进行调整。贴片机的贴装头就是一种真空吸附式微操作器，可以高速、高精度地进行微操作，实现器件的微组装。

3. 引线键合

引线键合是一种典型的芯片互连技术，就是将芯片和引线框架的内引线通过金属细线(金丝、铝丝、铜丝等)连接起来，实现电气上连接的过程。其中键合头是键合机的核心部件，它负责键合机的打线焊接。键合头完成一次引线焊接有8个动作，每一个动作都是一个微操作过程。键合头以劈刀的运动为主，劈刀引导金属引线在三维空间中做复杂高速的运动以形成各种满足不同封装形式需要的特殊线弧形状。劈刀的支持机构在 X、Y、Z 三个方向上协调运动的精度和速度，是保证键合设备焊线精度、可靠性、一致性和效率的关键。

随着技术进步，芯片的整体尺寸、焊盘间距都需要缩小，那么焊线的定位精度必须提高到一定水平。现在劈刀的定位精度一般小于3 μm。

11.3　微夹持系统

随着微机电系统(MEMS)的迅猛发展，研究对象不断向微细化发展。在MEMS领域，对微器件进行加工、调整，对多个微器件的装配作业等工作都需要微操作和微组装系统的参与，都离不开高精度的微夹持系统。微夹持系统在微组装和微操作过程中直接与夹持对象接触，其作为微组装和微操作系统中典型的末端微执行器，对微操作任务的实现有着重要的作用。

11.3.1 微观物体间的作用力

在微观环境下，因为物体过于微小，微小物体所受到的作用力主要是表面力，主要包括范德华力、静电力和表面张力。由于微小物体的尺度非常微小，表面力比其受到的重力作用大一个数量级，表面力成为微观物体之间的主要作用力。由于表面力经常导致微观物体间的相互黏附，因此又叫黏附力。微夹持器和微器件之间的黏附力会阻碍微器件与微操作器的分离，导致放置失败，即使在重力的作用下微器件与微操作器成功分离，但黏附力也可能导致微器件偏离设定位置，降低组装精度。

1. 范德华力

范德华力也称为分子间力，分子间力有三种来源，即色散力、诱导力和取向力。色散力是分子的瞬时偶极间的作用力，它的大小与分子的变形性等因素有关。一般分子量愈大，分子内所含的电子数愈多，分子的变形性愈大，色散力亦愈大。诱导力是分子的固有偶极与诱导偶极间的作用力，它的大小与分子的极性和变形性等有关。取向力是分子的固有偶极间的作用力，它的大小与分子的极性和温度有关。极性分子的偶极矩愈大，取向力愈大；温度愈高，取向力愈小。

在极性分子间有色散力、诱导力和取向力；在极性分子与非极性分子间有色散力和诱导力；在非极性分子间只有色散力。实验证明，对大多数分子来说，色散力是主要的；只有偶极矩很大的分子(如水)，取向力才是主要的；而诱导力通常是很小的。

微观物体尺度在 100 nm～1 mm 时，表面力主要组成部分是范德华力，它具有以下共性：

(1) 永远存在于分子之间；

(2) 力的作用很小；

(3) 无方向性和饱和性；

(4) 是近程力；

(5) 经常是以色散力为主。

2. 表面张力

所谓表面张力，是指液体表面层由于分子引力不均衡而产生的沿表面作用于任一界线上的张力。液体表面最基本的特性是倾向收缩，其表现是小液滴取球形以及液膜自动收缩等现象，这是表面张力作用的结果。表面张力的单位在 SI 制中为牛顿(N)。

3. 静电力

静止带电体的电荷激发电场，电场对处于其中的其他电荷施以电场力的作用。如果电荷相对于观察者是静止的，那么它在其周围产生的电场就是静电场，由静电场传递的作用力称为静电力。

对于两个固体之间的接触，其表面电荷可能有两个来源，一是物体表面在库仑吸引作用下吸附的净电荷，二是由于接触电势不同引起的接触电荷。对于微小物体来说，接触电势是主要的，在两个物体的接触点附近，这种由接触电荷形成的接触双电层会产生库仑吸引力，即两个物体间的静电力。

范德华力、表面张力和静电力都与外部环境的湿度有很大的关系。通常情况下，湿度小于 10%时，静电力会是几十微米尺度的物体间的主要作用力；湿度大于 60%时，表面张力便成为几十微米尺度的物体间的上要作用力。实验表明，对于几十微米尺度的两个物体，黏附力的典型值约为几百纳牛(nN)。

11.3.2　微夹持器的分类和发展方向

1. 微夹持器的分类

目前，微夹持器的研究方兴未艾，国内外正在研究的微夹持器形式多种多样，因此其分类方法也不尽相同。按照夹持微型零件的方式，微夹持器一般分为两类，即机械夹钳式微夹持器和吸附式微夹持器。机械式微型夹钳通过夹持器执行末端的运动产生夹持动作和夹持力，对微型物体的操作能够提供较大的灵活性。吸附式微型夹持器利用真空、液体等所产生的吸附力来抓取微型零件，它对所操作零件的形状、材质有严格的要求。

按照能量供给和驱动方式，微夹持器可分为吸附式、静电式、电磁式、形状记忆合金式、热驱动式、压电式、音圈电机驱动微夹钳等。

1) 吸附式微夹持器

(1) 真空吸附式微夹持器。真空吸附夹持器利用真空负压，通过吸管实现对微器件的拾取，释放时将吸管内负压变为正压，“吹落”微器件。真空吸附式微夹持器主要用于一些片状、易碎微器件的操作，对微器件的吸附表面有一定的要求。真空吸附系统主要由压缩空气源、压力调节阀、电磁阀、真空发生器(或用真空泵)和吸管等组成，可以通过调节压缩空气的气压实现真空吸附力和释放力的精确控制。

(2) 液体吸附式微型夹钳。液体吸附式微夹持器属于非接触式夹持，一般工作在液体环境下，主要分为两类，即液滴吸附微夹持器和冰冻微夹持器。国外研究人员研制了一种水下冰冻微夹持器，其原理如图 11.2 所示。

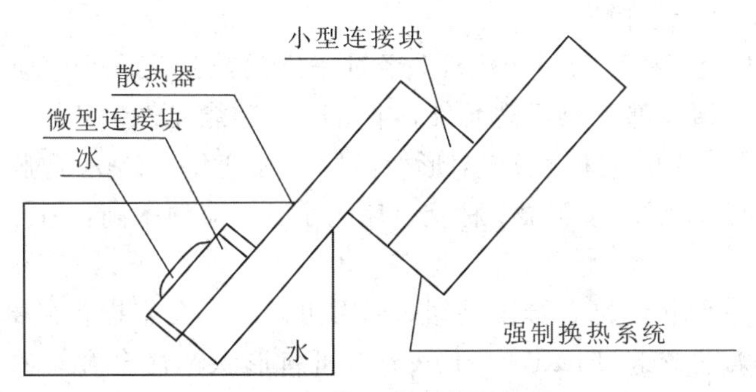

图 11.2　水下冰冻微夹持器

这种微夹持器主要依靠冰的黏结力将微型零件固定在微型夹钳上。当需要拾取零件时，微型夹钳端部和被夹持微器件之间的水凝结成冰，使微器件固定；当释放零件时，将微型夹钳端部的冰加热溶化，实现夹钳与微器件的脱离。两个珀耳帖装置集成在微型夹钳的端部，完成对其加热和冷凝。

2) 静电式微夹持器

静电式微夹持器采用静电力驱动方法。这种夹持器结构简单，并与集成电路工艺兼容，在微机电系统尤其是表面微机械器件中得到了广泛的应用，如微加速度计、微陀螺、微振动电动机等。静电作用虽然驱动力比较小，但其工艺兼容性好，可以采用体硅和表面微机械加工工艺，便于实现系统集成，代表了微执行器的一种发展趋势。

图 11.3 所示为美国研究人员开发的工艺静电驱动微夹持器。该夹持器由表面硅工艺制作，采用了梳状静电驱动结构，主体结构由多晶硅构成，厚度为 2 μm，最大长度为 500 μm，在 20 V 电压时微夹持臂位移量为 10 μm。

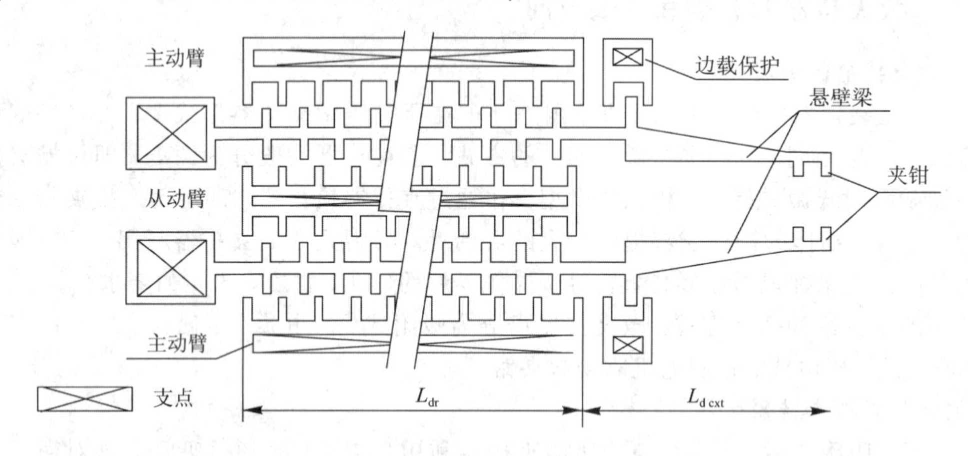

图 11.3　静电式微夹持器

3）形状记忆合金

形状记忆合金(SMA)之所以具有变形恢复能力，是因为变形过程中材料内部发生的热弹性马氏体相变。形状记忆合金中具有两种相，即高温奥氏体相和低温马氏体相。根据不同的热力载荷条件，形状记忆合金呈现出两种性能：一是形状记忆效应，包括单程记忆效应、双程记忆效应和全程记忆效应；二是伪弹性，当形状记忆合金在高温相奥氏体状态下受到外力发生较大变形，去除外力后，大变形完全恢复。但是在变形过程中，应力应变曲线并不是线性的，会产生耗散能。

形状记忆合金由于其特殊的相变机理，经过一定的热处理和记忆训练后，它对原有的形状具有记忆能力。SMA 都是热驱动元件，本身既是功能元件，又是结构材料，便于实现结构的简化和小型化，但响应速度较慢，形变呈阶跃性变化。SMA 薄膜与硅的双层薄膜构成的驱动器，其结构简单、位移明显、稳定、耗电小、振动频率高，适用于微泵、微阀等微机电系统。

图 11.4 所示为一形状记忆合金微夹钳，利用钳口的开合来操作微部件，钳口开合的最大距离为 120 μm。柔性铰链(Flexible Hinge)A 可将形状记忆合金线的直线运动转化为转动。柔性铰链 B 集中了大部分的夹持力，便于应变仪的测量。作为驱动元件的形状记忆合金丝(SMA Wire)，由直径为 100 μm 的镍—钛合金构成。

4）电磁式微夹持器

电磁驱动的特点在于动作响应快、便于控制，内置电磁驱动微夹持器能获得较大的动作范围，在加载较小的电压时，能够获得较大的变形。其缺点是驱动效率较低。韩国研究人员开发了一种依靠音圈电机提供驱动力的微夹钳，并在其末端集成了 PVDF 传感器用来检测夹持力信息。

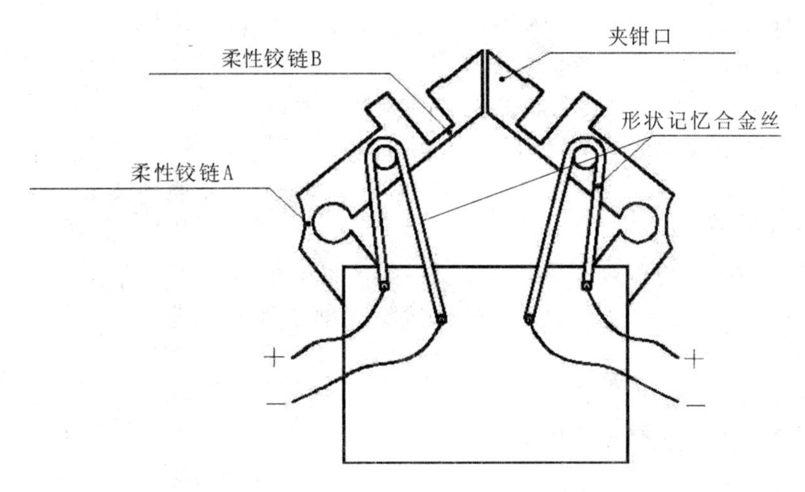

图 11.4　形状记忆合金微夹持器

5）热驱动式微夹持器

热驱动微夹持器按照加热元件的布置方式可以分为内置式和外置式两种。外置式微夹持器采用分立元件，采用传统的机械加工比较容易实现，但是体积较大，不易实现微集成，不易与微机械加工方法兼容。内置式微夹持器具有体积小、变形大、集成度高、力输出大、响应速度相对较快且加工工艺与微细加工工艺兼容等特点。热驱动式微夹持器响应时间较长，不利于快速操作与装配。图 11.5 所示为热变形微夹持器的示意图。

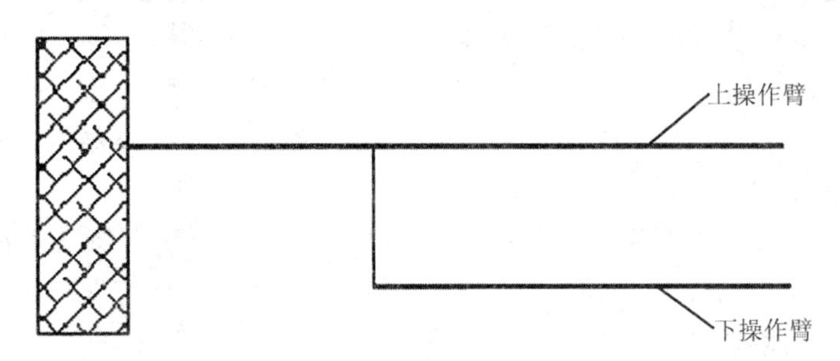

图 11.5　热变形微夹持器示意图

6）压电式微夹持器

压电陶瓷是一种广泛应用的微驱动器件，在微操作和微位移中得到了广泛的应用。近年来这类器件的研究和应用发展很迅速，已在功能陶瓷中形成了一个重要的分支。利用压电陶瓷的逆压电效应，可方便地实现精密的位置控制或输出较大的力，制成微位移驱动器。相比其他材料，压电陶瓷驱动器具有分辨率高、无摩擦和磨损、响应速度快、功耗低等多方面的优点。但压电陶瓷也存在迟滞、蠕变等特性，且变形量很小。

2. 微夹持器的发展方向

随着微夹持器的深入研究，微夹持器的发展方向将具有以下特点：

(1) 建立力学模型。通过微观尺度下操作机理的深入研究，建立完善影响微操作的力学模型。

(2) 结构微型化。微夹持器的结构进一步微型化，能够适应于微型零件的操作；同时微型夹钳的制造工艺与IC工艺相兼容，实现批量化生产，不断降低制造成本。

(3) 材料的多样化。微夹持器材料从使用硅和金属材料等向一些高聚物(玻璃、SUS等)材料发展，这些材料通常具有较低的弹性模量，可以用较低的温度来驱动，制造成本低，且具有稳定的化学特性，主要用于生物领域。

(4) 多学科技术结合。结合光学、化学、生物等多学科的新驱动技术将会不断涌现，推动微夹持技术的发展。

(5) 微传感器技术进一步发展。微传感器大多集成于微夹持器的执行末端，用于实时检测操作中的微操作力，以及检测与操作对象之间的距离信息，为驱动控制提供准确参数。

(6) 具有更高的柔顺性。为了适应不同形状和材料的微器件夹持操作，提高操作效率，微夹持器将更为柔顺，比如可更换的执行末端。

11.3.3 微夹持系统设计

1. 微夹持系统设计的基本要求

微夹持系统的设计是整个精密装配系统中的关键环节。微型夹钳不仅要考虑微操作条件下复杂的力不确定性，同时应具有一定的自由度和运动范围，以满足各种不同操作。设计微夹持系统时，应当遵循以下几点基本要求：

(1) 微组装系统中操作空间非常有限，微夹持系统应做到结构紧凑、体积小、重量轻，便于安装在精密平台等精密设备上。

(2) 传动机构要具有较大的运动范围，使微夹持器能在较大的空间范围内运动，完成零件的夹取、传送，同时应宏微结合，使微夹持器具有高的位移分辨率、定位精度和重复定位精度。

(3) 根据所组装微器件的结构特征、材料特性，合理设计夹持器结构、驱动方式和参数以及执行末端，保证具有足够的夹持力。

(4) 空间布局应充分考虑显微视觉监测的工作环境，便于数字图像采集和处理计算。

(5) 应考虑微夹持力的传感和控制方法，合理选择、设计微夹持器的驱动源，使之具有较高的输出力、位移分辨率和较大的工作行程。

(6) 微夹持器驱动方式应简单可靠、易于操作，能够精确、顺畅释放微器件。

2. 微夹持器的设计分析

1) 结构选型

对于机械式夹持而言，目前见诸文献资料的结构形式有两种，一是悬臂梁式，二是多级(多数为两级)柔性铰链放大机构。悬臂梁式结构一般采用压电方式驱动，这种夹持器开口较大，能够夹持较大的微器件，但是夹持力相对较小。柔性铰链放大机构可产生较大的夹持力，但由于需要对压电驱动器的驱动位移进行放大，所以其体积较大，结构也较为复杂。

对于吸附式夹持而言，考虑的主要问题则是吸嘴的结构形式和安装空间，而吸嘴的结构取决于微器件的形状、尺寸等。

微夹持器的尺寸应尽可能小，否则会遮挡显微镜的视场的全部或大部分，给视觉控制带来困难，同时要有明显的视觉特征，方便进行识别与定位。除了视觉反馈外，还要有力觉反馈，以保证准确和稳定的抓取与操作，又不会导致零件的损坏。因为执行末端尺寸很小，所以普通的力传感器已难以胜任，需要设计专用的微力检测装置进行微力的测量与控制。

2）驱动器选型

微夹持器中的动力源设计是一个关键环节，驱动方式决定了夹持器的主体结构、体积大小、夹持性能等。

上节所介绍的微夹持器驱动方式各有利弊，没有绝对的优劣。选择驱动形式首先应保证足够的驱动力，以产生足够的夹持力。当位移不能满足要求时，可以通过各种位移放大机构增大位移。在对夹持力的控制精度要求不高的情况下，则可以采用热膨胀或形状记忆合金驱动。如果对驱动电源成本有严格的要求，则不宜选用压电和静电两种驱动方式，因为这两种驱动方式都需要较高的驱动电压（典型值为 60～1000 V），而驱动电源的成本较高。

各种驱动方式的性能比较见表 11.1。

表 11.1　常见驱动方式的性能比较

驱动方式	体积	驱动力	位移	控制精度	响应速度
热膨胀/热双金属片	大/大	大/大	小/大	低/低	低/低
逆压电效应/压电双晶片	小/大	大/大	小/大	高/高	高/高
形状记忆合金	大	大	大	低	低
电磁	大	大	大	中	高
静电	大	大	小	高	高

3）微夹持器的静动态特性分析

下面以柔性铰链放大机构为例，说明微夹持器的静态和动态分析的方法与手段。

在微夹持器的结构初步确定后，为了获得其静动态特性，一般可按以下步骤进行：

(1) 建立微夹持器有限元模型。认真分析机构各处受力和应变特征，用有限元分析软件 ANSYS 及 Workbench 对微夹钳进行静动态特性分析。

(2) 网格划分。一般的静力学分析中，实体模型采用 ANSYS 内置程序中的自动划分网格形成有限元模型。

(3) 通过给微夹持器施加一定量的位移载荷，考虑到矩形柔性铰链的拉压弹性变形所造成的放大倍数减小及压电执行器预紧后的位移损失，这个位移应大于理论计算载荷。然后通过有限元计算，得出静力学特性的有关参数，包括：

① 输出位移特性分析：所施加的位移载荷是否能够产生夹持器的最大输出位移，同时可以验证夹持器末端的位移差别，验证夹持器平动性能，这是保证可靠夹持的重要指标。

② 应力特性分析：通过有限元计算，得到柔性机构的应力分布，得出应力集中的位置和最大应力，应保证最大应力小于材料的许用应力。

③ 位移传感特性分析：通过有限元分析，得到夹钳指尖的位移与夹持力的传感特性的关系，为夹持力和位移感知的实施奠定基础。

(4) 进行动力学特性分析，动力学特性分析主要包括：

① 模态分析，初步确定微夹持器在运动方向上的固有频率；

② 频率响应特性分析；

③ 阶跃响应特性分析。

(5) 查看分析结果，进行后处理。

3. 典型微夹持系统

1）真空吸附微夹持器

真空吸附微夹持器夹持微器件时，夹持器的吸附作用力应大于微器件自身的重力和微器件与微器件托盘间的黏附力，此时微器件的受力如图 11.6(a)所示。

(1) 完成微器件拾取时的条件为

$$F_{负压}+f_v \geqslant F_g+F_w \tag{11-1}$$

式中：$F_{负压}$ 为吸嘴内的吸附力；f_v 为微夹持器与微器件之间的黏附力；F_g为微器件与零件托盘之间的黏附力；F_w 为微器件自身的重力。

(2) 释放时受力如图 11.6(b)所示，完成微器件释放的条件为

$$f_v \leqslant F_{正压}+F_g+F_w \tag{11-2}$$

式中：$F_{正压}$为吸嘴内的正压力。

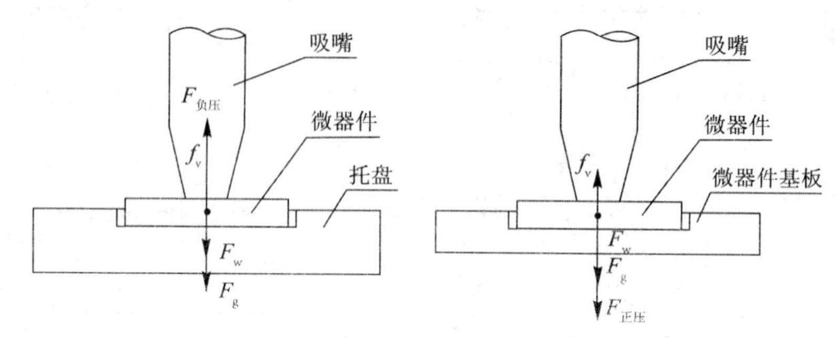

图 11.6　吸附夹持与释放的受力情况

(3) 微夹持器的气动力可表示为

$$F=\frac{d^2}{4}\pi\Delta\rho \tag{11-3}$$

式中：d 为吸嘴的内径；$\Delta\rho$ 为夹持器与大气压的压力差。

2）基于柔性铰链的微夹持系统

柔性铰链用于微夹持系统，其目的就是为了能够将驱动源——压电陶瓷驱动器的位移变化放大，并反映到抓取部分以实现拾取或者放置的运动。这种以柔性铰链作为运动副的机构被称为集中柔度的全柔性机构，区别于全部采用刚性元件的一类机构，利用柔性来输出运动或力。

采用柔性铰链放大机构的微夹持器在结构设计时进行下列假设：

(1) 微夹持器工作时，只在柔性铰链处产生弹性变形，而将其他部分作为刚体研究。

(2) 柔性铰链只发生转角变形，无伸缩及其他变形。

柔性铰链微夹持器的结构设计应根据微组装指标要求，确定微夹持器的结构特征、柔性铰链的放大倍数、夹持力、最大位移等主要参数，并通过计算或有限元分析，确定柔性机构材料的选择、铰链形式、尺寸参数，包括铰链宽度、铰链的圆弧半径以及铰链的厚度等。

下面以某研究者对微夹持器的结构设计的计算为例，给出结构设计的一般步骤和计算方法。

(1) 确定微夹持器的功能和指标。该微夹持器主要夹持 600 μm 以下的圆柱状微器件，根据夹持器件的特征和材料特性，微夹持器的关键指标如下：

① 微夹持器的末端最大开口为 990 μm；

② 微夹持器的夹持范围为 110～760 μm；

③ 最大加持力可达 0.61 N。

(2) 柔性机构基本结构设计。柔性放大机构的结构设计是一种创新性工作，经验与借鉴非常重要。该微夹持器采用柔性铰链放大机构的压电驱动，如图 11.7 所示。

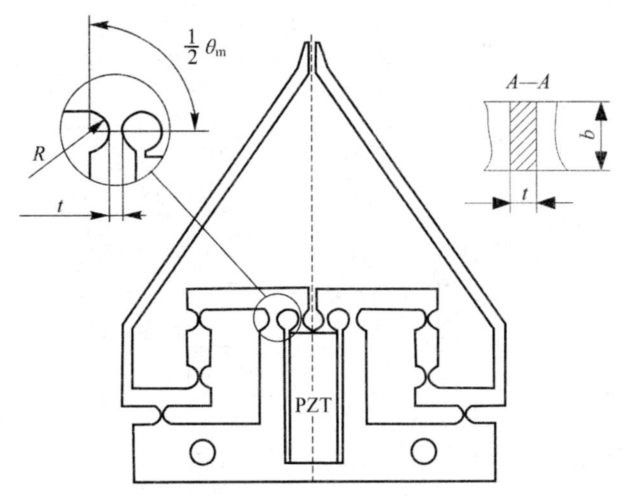

PZT: 压电陶瓷驱动器

图 11.7　微夹持器结构图

(3) 微夹持器的结构设计计算。在此设计中，柔性铰链的具体尺寸参数初步确定如下：半径 R=1.5 mm，b=3 mm，t=0.3 mm，选用直圆型铰链，θ_m=180°，如图 11.7 所示。微夹持器采用铜合金材料，其弹性模量为 210 GPa，泊松比为 0.3，许用应力$[\sigma]$=390 MPa。

① 刚度计算。根据第 8 章柔性铰链计算式(8－16)可得出转角刚度，即

$$k = \frac{EbR^2}{12f_1}$$

式中：

$$f_1 = \frac{2s^3(6s^2+4s+1)}{(2s+1)(4s+1)^2} + \frac{12s^4(2s+1)}{(4s+1)^{\frac{5}{2}}}\arctan\sqrt{4s+1},\ s = \frac{R}{t}$$

由此可计算出微夹持器中柔性铰链转角刚度，代入相关数据，计算结果为

$$f_1 = 64.1,\ k = 1.84\ \text{Nm/rad}$$

② 变形计算。柔性铰链在工作时弯曲变形较小，挠度大大小于柔性铰链的长度，并且转角很小，如图 11.8 所示，在 A、O_1、B 中，柔性铰链各点转角均相同，其转角 $\Delta\theta$ 计算公式为

$$\Delta\theta = \int_0^{\pi} \frac{12M_Z R\sin\theta_m}{Eb\,(2R+t-2R\sin\alpha)^3}\mathrm{d}\alpha \tag{11-4}$$

根据上式，可求得 A、O_1、B 柔性铰链的转角为

$$\Delta\theta_1 = 6.25\times10^{-3}\ \text{rad}$$

③ 应力计算。对于单轴柔性铰链，在绕 Z 轴转动时刚度最小，因此绕 Z 轴的转角最大，所产生的应力也最大，最大弯曲应力由转矩 M_Z 引起，发生在柔性铰链最薄弱处，考虑应力集中，则柔性铰链的最大应力为

$$\sigma = \frac{6kC\theta_m}{bt^2} \tag{11-5}$$

式中：C 为应力集中系数，$C=\dfrac{2.7t+5.4R}{8R+t}$。

根据式(11-5)计算得 C=1.05，最大应力 $\sigma_1=265$ MPa。

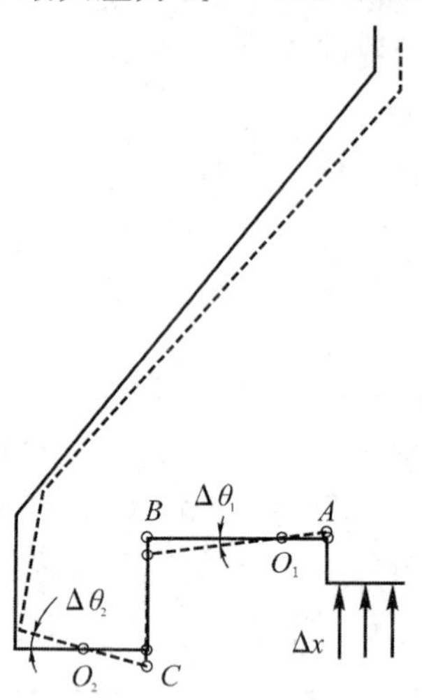

图 11.8 微夹持器模型图

同理，可求得 C、O_2 点的转角 $\Delta\theta_2=9.38\times10^{-3}$ rad，最大应力 $\sigma_2=386.8$ MPa。

④ 放大倍数计算。根据以上分析计算可知，微夹持器的理想放大倍数为 48 倍，当压电陶瓷伸长量为 25 μm 时，微夹持器的张合量为 990 μm，柔性铰链的最大应力为 386.8 MPa，小于材料的许用应力，满足设计要求。

11.4 显微视觉系统

11.4.1 显微视觉系统的组成和功能

1. 显微视觉系统的组成

基于显微视觉的微操作机器人系统的组成如图 11.9 所示，其中包括：

(1) 能完成对被操作对象精确移动、旋转、抓取、释放等动作的操作手；

(2) 具有足够分辨率，并能从多方向观察操作对象的显微镜监视系统；

(3) 能不失真地记录操作过程和操作对象、操作工具位置信息的图像采集系统，包括图像采集卡及摄像头；

(4) 图像信息处理系统，检测并识别操作手及操作对象，并对它们进行精确的定位；

(5) 操作手控制系统。

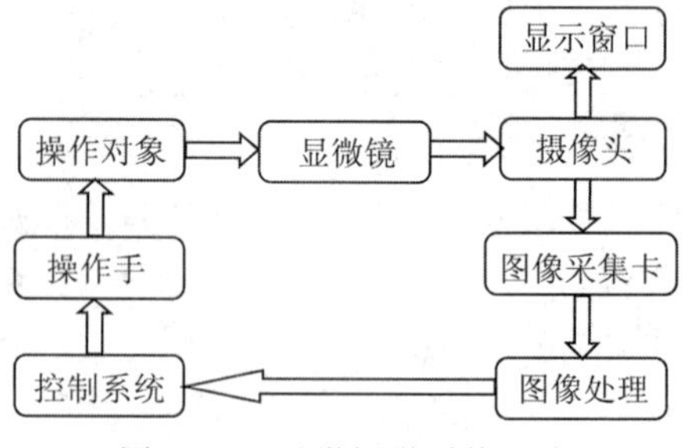

图 11.9 显微视觉系统组成

2. 显微视觉系统的功能

作为微装配机器人显微视觉系统，它应该具备以下功能：

(1) 能够多分辨率、多角度地完成对微装配作业过程的监视；

(2) 不失真地采集和记录装配全过程以及相应信息；

(3) 提供对微装配空间尺度的量测；

(4) 微装配图像处理以及信息提取；

(5) 微装配对象的检测与识别；

(6) 基于微装配图像信息的视觉伺服控制。

11.4.2　显微视觉系统技术重点

显微视觉系统的发展一直都受到国内外研究机构的重视，显微视觉技术研究的重点主要集中在以下几个方面。

1. 显微视觉系统的高精度标定

引入显微视觉系统的目的是为了实现精确的测量和视觉伺服控制。由于显微视觉系统一般采用末端闭环的全局视觉结构，其标定方法和需要标定的参数都和宏观的视觉系统标定有所不同。需要标定的参数和所采用的视觉伺服控制结构紧密相关，因此，应该将两者结合起来，研究适合于显微视觉系统的标定方法。

微操作系统的精度一般为微米级，因此要求标定精度达到亚微米或纳米级，有必要对高精度的标定进行深入研究。

2. 目标的检测、识别和跟踪

要完成对微器件的操作，首先就需要在显微镜的视野中找到微器件，这就需要视觉系统具有自动检测的功能；若操作悬浮在液体中的对象，由于操作工具运动引起的扰动，操作对象的位置不是固定不变的，这就需要视觉系统能够实时地识别出操作对象，并对其进行跟踪。微器件的检测、识别和跟踪是显微视觉系统的核心模块之一。

3. 自动调焦技术

传统的人工进行显微操作，在操作前需要将操作工具和被操作对象调整到同一个焦平面上，后续的操作就在这个平面上完成。目标是否在焦平面上需要操作人员来判断，过分依赖个人经验，对操作者的要求就较高，而且具有很大的人为误差。另一方面，在用视觉系统对被操作对象进行测量时，必须先将其准确聚焦。因此，需要一个量化的标准来判断目标是否准确聚焦，这就需要研究自动聚焦技术。研究的重点是基于图像分析的自动聚焦方法。

4. 实现视觉伺服控制

为补偿模型不准确造成的误差，以及实现微观非结构化环境下的自动操作，理想的解决办法是实现视觉伺服控制。对工业机器人视觉伺服控制的研究已经非常广泛，但对微操作机器人视觉伺服控制还是个新课题。视觉信息获取的延时一直是实现视觉伺服控制的主要障碍。虽然这方面已经有一些工作，但结果不够理想。尤其针对生物显微操作系统的视觉伺服控制，还有待深入研究。

5. 深度信息的获取

深度信息的获取是微操作机器人领域一个具有挑战性的问题。现有的思路无外乎两种。第一种思路是受宏观的双目立体视觉的启发，将其引入微操作领域。具体的实现有两种方式：① 通过水平方向和垂直方向分别放置显微镜，其实质是两个单目视觉系统的简单叠加；② 采用基于体视显微镜实现双目立体视觉，求对应点仍然是其最困难的问题，对于生物显微操作，此问题尤为突出。第二种思路是，利用显微镜的成像特点，采用聚焦分析的方法，实现单目视觉进行深度感知。

6. 快速视觉系统的实现

实现视觉伺服控制的主要障碍在视觉信息的获取速度太慢，对于微操作来说更为突出。因此，提高视觉系统的处理速度值得深入研究。视觉系统的实现包括软件算法设计和硬件实现。从目前的情况来看，仅依靠开发快速的算法仍难以达到要求。发展的趋势有两个：一是算法的硬件实现，用 DSP 等开发硬件图像处理器；二是使用专用的图像处理硬件。

11.5 基于立体显微镜的微组装系统设计

11.5.1 设计任务及目标

本节通过一套微组装系统的设计，介绍系统设计的基本流程和方法，让读者进一步了解微组装系统的实现手段、各组成部分的功能以及相互之间的关系。

微组装系统的设计总的来说有两大难点，一是微夹持系统的设计，二是微器件的位置和姿态的监测与调整。适用于不同工况的微夹持器已有很多学者进行过深入的研究，但至今仍未形成完整的产品体系，只能根据系统所设计的功能要求，借鉴已有的研究成果进行设计。

本系统是基于立体显微视觉下的自动化微组装系统，设计中将尽可能选用一些成熟的产品模块，来满足系统功能的要求。

基于显微视觉的微器件装配系统是通过显微放大后的图像的采集及控制系统对图像的分析，完成伺服系统定位工作，控制微夹持系统完成微器件的搬运、姿态调整等，最后完成微系统的装配。

本系统的功能要求和设计指标如下：

(1) 完成微小圆棒和片状微器件的组装，其特征尺寸为 500～1000 μm；

(2) 装配精度达到微米级；

(3) 微器件夹取和释放自动完成，基于立体显微镜进行图像检测，对微器件的位姿进行控制和调整。

11.5.2 系统方案

1. 操作机理

本系统设计组装的微器件由两种部件组成，如图 11.10 所示。其中基板是一块方形铝件，尺寸为 20 mm×20 mm，其上有多个圆形和方形孔或槽，圆孔或方孔的特征尺寸为 0.2～0.6 mm，公差为 $^{+0.006}_{0}$ mm，两种微器件的特征尺寸均为 0.2～0.6 mm，公差为

$^{-0.014}_{-0.020}$ mm，配合公差为 0.012 mm(微细孔与微细轴的加工和公差可参考相关资料及标准)。

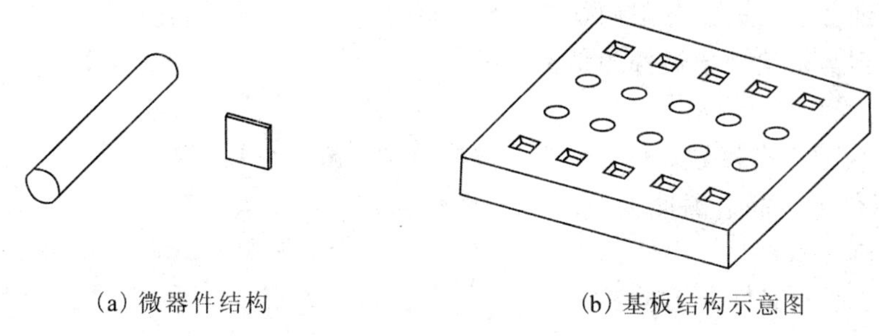

(a) 微器件结构　　　　(b) 基板结构示意图

图 11.10　微器件结构

完成以上微器件的组装，系统需要实现以下微操作步骤：

(1) 将基板放置在微动台上的真空吸附座上，通过真空吸附固定，再手工将两种器件库(本次设计只考虑圆柱状微器件，只放置一种器件库)放入工作平台。

(2) 通过三轴传动系统驱动微夹持器运动到器件库上方，微夹持器翻转至垂直方向，按指令夹取一个圆柱状微器件，夹取过程由 2 号显微相机实时监测。

(3) 夹持微器件后，微夹持器翻转至水平位置，微器件垂直于工作台，三轴传动系统做大范围运动，使微夹持器移动至基板上方适当位置。

(4) 摆动机构调整微器件轴线位置，使之垂直于基板，1 号显微相机根据获取到的基板安装孔的坐标，微动台对基板位置进行微调，使安装孔与圆柱形微器件对正。

(5) 与安装孔进行精密定位后，Z 轴驱动微夹持器下移，将微器件送入安装孔，组装完成。

2. 系统方案

本系统由工作平台、$X-Y-Z$ 三轴传动系统、承载模块、微夹持模块、驱动模块、显微视觉检测模块、软件控制模块等组成，系统整体结构如图 11.11 所示。

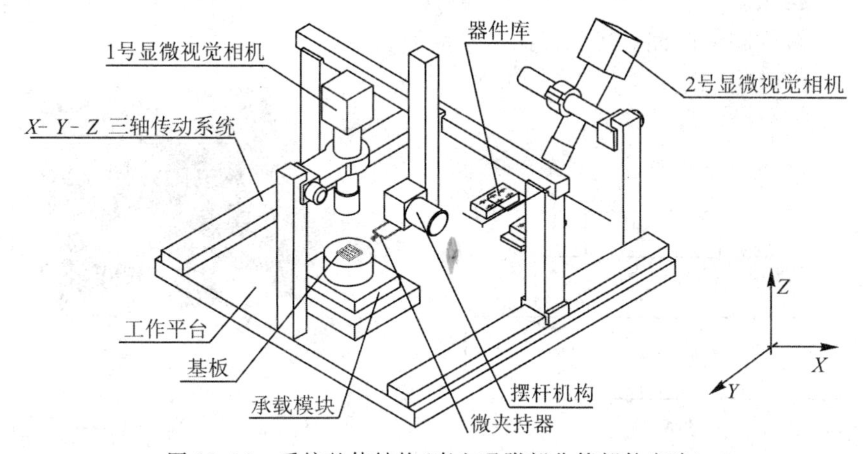

图 11.11　系统整体结构(真空吸附部分等部件省略)

1) $X-Y-Z$ 三轴传动机构

$X-Y-Z$ 三轴传动机构实现大行程 X、Y、Z 轴位移，Y 轴采用双轴驱动，三轴均采用直线电机直接驱动，实现微米级 X、Y、Z 轴的位移。

2）承载模块

承载模块用于放置基板，主要由精密微动台、真空吸附座等组成，完成基板的吸附定位。由于基板细孔加工的工艺限制，需要对基板进行 $X-Y$ 向的精密微动和 θ_X、θ_Y 角度的精密调整，达到与待组装微器件的精密对准。

3）微夹持模块

微夹持模块用于夹持微器件，主要由摆杆机构、微夹持器等组成。本系统要完成圆柱状和片状微器件的夹持，因此设计两套夹持机构：一套为柔性铰链＋压电驱动的微夹持器，用于夹持圆柱状器件，摆杆机构可以进行 90°翻转，从器件库将水平放置的微器件夹取，然后翻转，使微器件处于垂直状态；另一套为真空吸附夹持器，用于夹持片状器件。

4）控制驱动模块

控制驱动模块包括各种需要驱动元件的控制系统，并将这些控制系统集成在一起由计算机控制，可以根据图像反馈、力反馈来引导微组装的进行。

5）立体显微视觉检测模块

微组装系统的图像采集模块由可调焦的光学立体显微镜头、CCD 摄像机、图像采集卡、监视器等组成，主要是对微操作过程进行实时的图像信息采集，并送到计算机中对显微图像进行准确的识别、判断和分析处理，获取微器件的位姿信息，以便实现计算机视觉控制。因此，微组装系统借助立体显微图像系统，能够对组装过程微器件的位姿、移动调整进行实时监测，方便人机对话。

11.5.3 承载模块

1. 设计方案

精密微动台的组成如图 11.12 所示，微动台为两层结构，分别选用成熟的产品组成。

下层为二维纳米级精密定位台，如图 11.13 所示。当微器件移动至基板相应的安装孔时，需要对微器件进行微小的位移调整，可利用精密定位台调整零件的空间位置。该精密定位扫描台结构紧凑，采用压电驱动、无摩擦、柔性铰链微位移机构，可以实现纳米级的分辨率及毫秒级的响应时间。其主要技术参数见表 11.2。

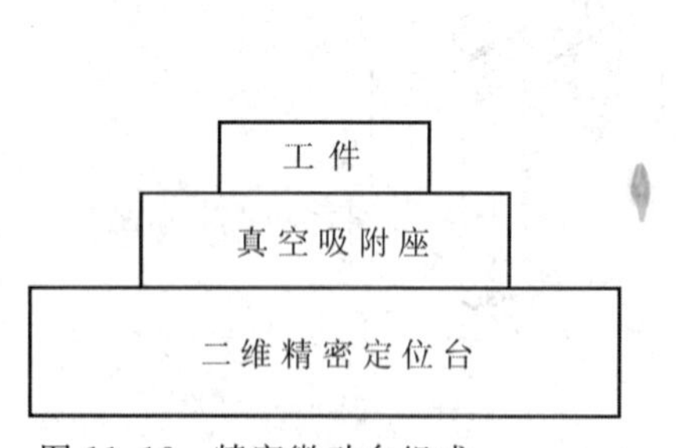

图 11.12　精密微动台组成

图 11.13　二维纳米级精密定位台

表 11.2　精密定位台基本参数

X、Y 标称行程/μm	X、Y 重复定位精度/μm	最大承载能力/kg	推力/N	空载响应频率/Hz	驱动电压/V	重量/g
40	0.05	1.5	20	200	0～120	150

上层为真空吸附座，它安装在微动工作台之上，如图 11.14 所示。真空吸附座由吸附台底座、多孔陶瓷和真空回路接口组成。吸附台底座由铝块加工而成，表面装有均布 5 μm 微孔的多孔陶瓷，当真空回路工作时可以将基板定位装夹在工作台上。

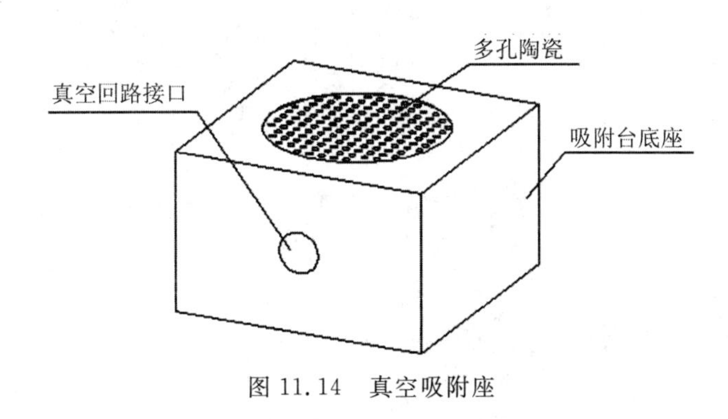

图 11.14　真空吸附座

2. 器件库

器件库用于置放两种微器件，位于精密微动台后方两侧，分别放置圆柱体微器件和片状微器件。

11.5.4　三轴精密传动机构与微夹持模块

1. 横梁式三轴精密传动机构

作为微夹持器的大行程运动机构，横梁式三轴精密传动机构的作用是带动微夹持器运动至器件库夹取微器件，然后运动到精密微动台，完成微器件的放置。

横梁式三轴精密定位传动机构的结构见图 11.11，Y 轴由双直线电机双边驱动，X 轴和 Z 轴均选直线电机驱动，X 轴横跨于 Y 轴之上，Z 轴与 X 轴连接，分别做 $X/Y/Z$ 三维运动，在器件库、CCD 和工作台之间按照设定轨迹运动。虽然工作载荷非常小，但要求较高的重复定位精度。其中 X、Y 轴最大行程均为 400 mm，定位精度为 0.06 mm，重复定位精度为±0.005 mm。Z 轴最大行程为 150 mm，定位精度为 0.06 mm，重复定位精度为±0.005 mm。

2. 微夹持器摆动机构

微夹持器摆动机构的作用是：在器件库夹持零件时钳式微夹持器向下旋转 90°，使钳口向下以便夹取微器件，然后向上旋转，使微夹持器呈水平状态，由 $X-Y$ 主传动机构带动至基板上方，通过显微 CCD 进行图像检测，获取圆柱状微器件的姿态，摆动机构做微小角度转动，带动微夹持器调整圆柱状微器件的姿态，使其中心线垂直于基板。

摆动机构由步进电机直接驱动，通过驱动器细分，减弱或消除步进电机的低频振动，提高步进电机的旋转精度。微夹持器摆动机构如图 11.15 所示。

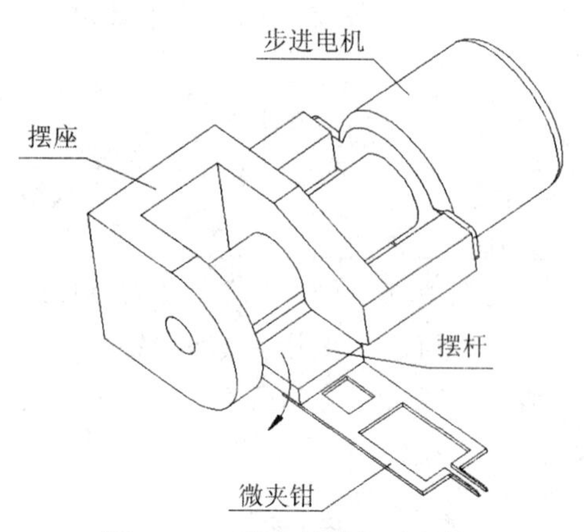

图 11.15　微夹持器摆动机构

3. 微夹持器

本系统微夹持器为组合式加持装置，由钳式微夹持器和真空吸附式微夹持器组成。钳式微夹持器用于夹持圆柱状微器件，吸附式微夹持器用于吸附片状微器件。

1）钳式微夹持器

钳式微夹持器是以压电陶瓷为驱动元件，考虑到压电陶瓷的运动范围较小，采用二级柔性铰链放大机构，把压电陶瓷的位移放大后传递到夹持器末端实现夹持器的张合运动。在夹持器的夹持臂上粘贴着电阻式应变片，可以在夹持过程中对夹持力实时进行检测，既能保证夹持器的可靠夹持，又能防止因夹持力过大对零件造成损坏。

钳式微夹持器与摆动机构连接，在 $X-Y-Z$ 做空间运动，并由摆动机构调整微器件的姿态。

针对此类特征的微器件的夹持，很多研究人员做了大量研究，本系统采用文献介绍的一种微夹持器结构，如图 11.16 所示。这种结构能够满足本系统的功能需求。

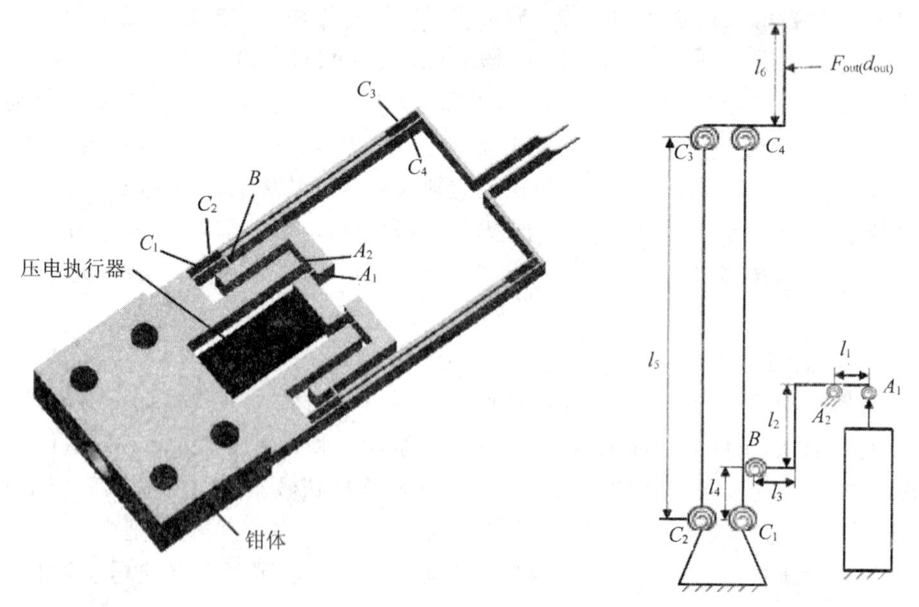

图 11.16　微夹钳的结构设计示意图

2）真空吸附式微夹持器

真空吸附式微夹持器由真空单元、控制单元、真空软管、吸嘴等组成，其结构组成如图 11.17 所示。真空吸附微夹持器是利用真空吸附原理，吸管尖端能产生正负可控压力，当吸管尖端产生负压时，可吸取微零件，吸取力的大小可通过调节负压值来改变，当吸管尖端为正压时，相对较高的气压可将微器件“吹落”，吹力的大小可通过调节正压值来改变。

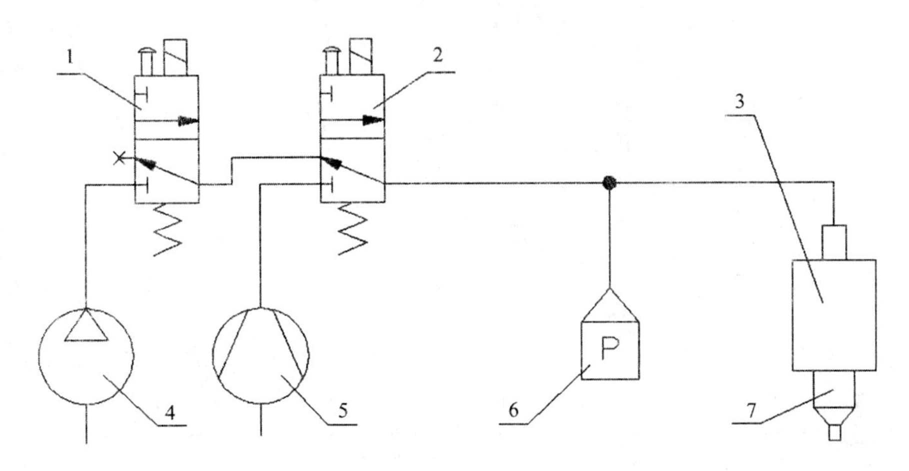

1—二位三通电磁阀(压力)；　2—二位三通电磁阀(真空)；
3—步进电机；4—气泵；　5—真空泵；　6—真空传感器；　7—吸嘴；

图 11.17　真空吸附式微夹持器结构组成

11.5.5　立体显微视觉检测模块

立体显微视觉检测模块采用两套显微视觉系统：一套置于微动台上方，为 1 号显微视觉系统，用于基板的定位和微器件组装时的过程监测；一套斜置于器件库侧方，为 2 号显微视觉系统，用于微器件夹取时的过程监测。立体显微视觉检测模块包括立体显微镜、CCD 摄像机、监视器、图像采集卡及显微调焦装置。

模块功能包括以下两方面：

(1) 装配操作的实时监视。由于微器件尺寸极其微小，为方便操作者对装配过程进行实时监控，必须借助于显微镜、监视器等成像系统。

(2) 基板、微器件的形状及位姿检测识别。微器件装配信息以数字图像的形式由图像采集卡传到微机控制系统，并通过图像分析软件进行处理，得到微器件装配的位置检测信息。

11.5.6　控制系统

控制系统组成如图 11.18 所示，其中硬件系统包括：

(1) 微动台压电陶瓷驱动电源控制系统；

(2) 显微视觉自动调焦控制系统；

(3) 三轴宏动工作台伺服驱动系统；

(4) 微夹持器压电陶瓷驱动电源控制系统、摆杆机构步进电机驱动系统。

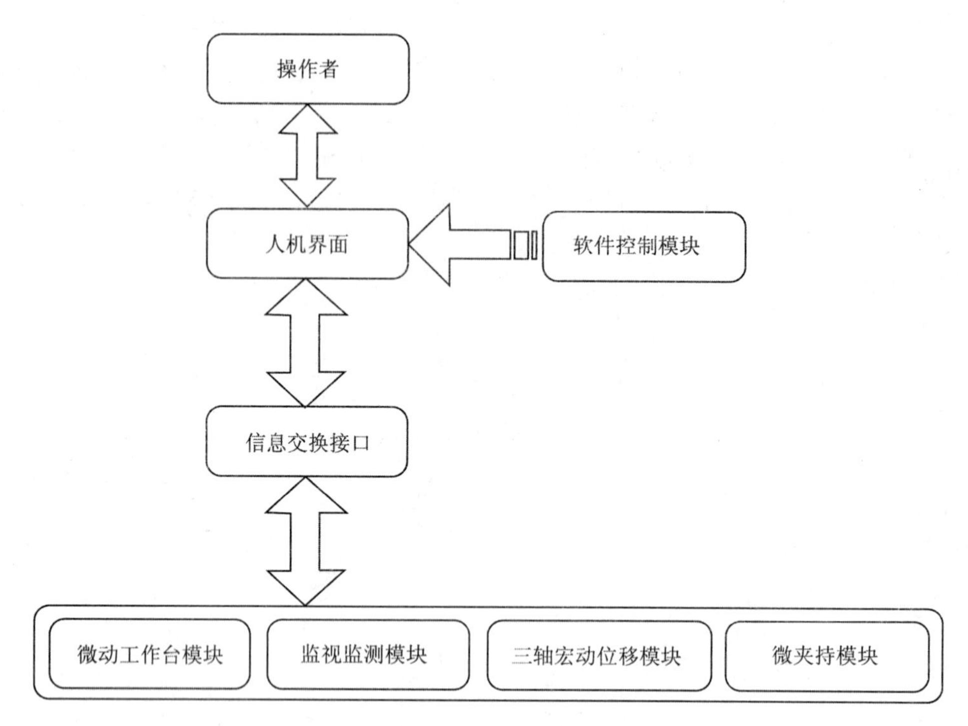

图 11.18　控制系统组成

微器件组装过程中，各个驱动单元需要根据软件控制模块的指令协调动作，操作微器件达到组装目标。

其中，在三轴传动机构的伺服电机驱动系统中，系统主控计算机通过三轴运动控制卡、运动控制卡转接卡将伺服控制信号传送给伺服驱动器，并同时通过三轴运动控制卡、运动控制卡转接卡接收实际速度和位置，各轴伺服驱动器输出驱动该轴伺服电机，同时伺服驱动器接收反馈光电编码器的脉冲反馈信号，各轴伺服电机与三轴精密定位平台直接连接。

微型夹持器驱动由压电陶瓷驱动，压电陶瓷由压电陶瓷驱动电源驱动，控制驱动电源的输出电压就能控制微型夹持器的动作。驱动电源的控制方式有手动、模拟、并口和波形控制四种。

摆杆机构的驱动采用带减速的微型步进电机(打印机电机)，减速比为 1∶5，驱动器细分数为 8，最小步进角为 0.045°。

11.5.7　微组装系统工作流程设计

微孔定位装配系统是在检测视觉系统导引下进行工作的。如图 11.19 所示，微组装系统工作过程分为两步，第一步为装配定位，第二步为微组装。

微组装系统工作过程设计如下：

(1) 采集微器件起始位置图像，经过视觉图像处理与位置检测得出微轴和微孔的初始位置坐标，将识别结果显示在观察窗内，分别以符号“＋”和“Δ”标记对应圆心位置。

(2) 计算起始位置和预定目标的距离，根据距离大小分配 x 和 y 向电机驱动参量，控制电机带动机械手向预定目标运动。运动过程中，微器件图像在观察窗中实时显示，并对

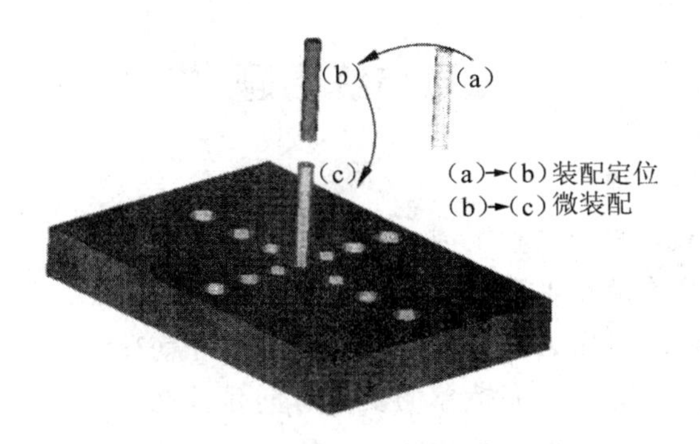

图 11.19　微装配系统工作过程

图像中微器件位置坐标进行实时识别。

(3) 经过几次循环驱动定位，微器件位置坐标非常接近预定目标，并满足预先设定的位置精度阈值，这时启动机械手装配微轴程序。

(4) 机械手复位进入下一个装配操作。

微组装系统工作流程设计如图 11.20 所示。整机系统软件的设计就可按照装配操作流程进行。

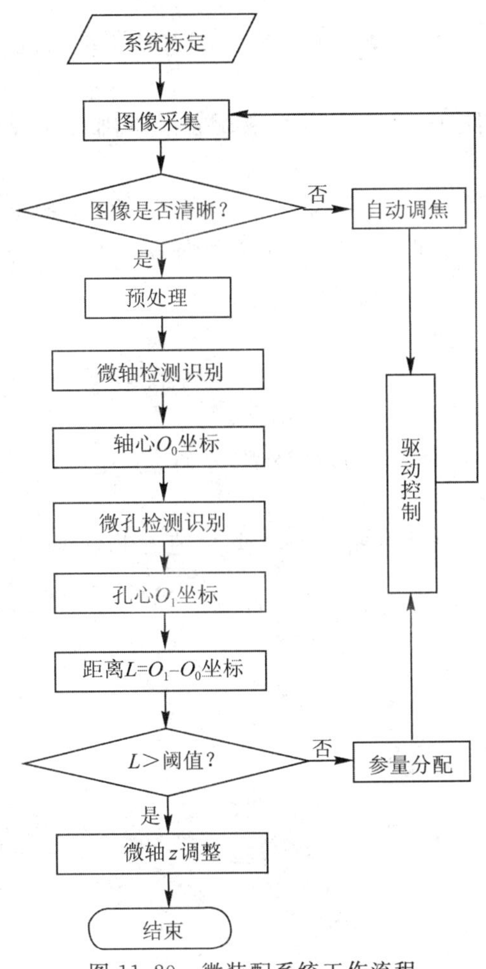

图 11.20　微装配系统工作流程

思考与练习题

10.1 什么是微组装系统？

10.2 简述微组装系统的分类和组成。

10.3 微组装系统的关键技术有哪些？

10.4 微观物体之间的作用力有哪些，分别有什么特点？

10.5 什么是微夹持系统？微夹持器的发展方向是什么？

10.6 简述显微视觉系统的组成和功能。

10.7 显微视觉系统的研究重点是什么？

10.8 微夹持系统设计的基本要求有哪些？

10.9 微位移驱动方式有哪些类型？压电驱动和电磁驱动有什么区别？

10.10 对微夹持器进行有限元分析常用什么软件？其基本步骤什么？

参考文献

[1] 王乃葭. 微机器人装配系统显微视觉相关技术的研究. 上海交通大学硕士学位论文，2009 年 1 月

[2] 王化明. 智能制造中的微操作/微装配系统基础技术研究. 南京航空航天大学博士学位论文，2004 年 9 月.

[3] 陈航. 微装配系统关键技术的研究. 沈阳理工大学硕士学位论文，2012 年 3 月.

[4] 吴朝明. 自动微装配系统的关键技术研究. 重庆大学博士学位论文，2013 年 4 月.

[5] 周德俭. 电子产品微组装技术. 电子机械工程，2011，27(1)：1－6.

[6] 王林. 微小型零件的夹持技术及微应力装配研究. 大连理工大学硕士学位论文，2010 年 12 月.

[7] 吴建华. 高效率的微器件自动装配技术研究. 中国科技大学博士学位论文，2007 年 3 月.

[8] 李玉和，郭阳宽. 现代精密仪器设计. 2 版. 北京：清华大学出版社，2010.